O NOVO ILUMINISMO

STEVEN PINKER

O novo Iluminismo

Em defesa da razão, da ciência e do humanismo

Tradução
Laura Teixeira Motta
e Pedro Maia Soares

6ª reimpressão

Companhia Das Letras

Grafia atualizada segundo o Acordo Ortográfico da Língua Portuguesa de 1990, que entrou em vigor no Brasil em 2009.

Título original
Enlightenment Now: The Case for Reason, Science, Humanism, and Progress

Capa
Thiago Lacaz

Preparação
Alexandre Boide

Índice remissivo
Probo Poletti

Revisão
Ana Maria Barbosa
Jane Pessoa

Dados Internacionais de Catalogação na Publicação (CIP)
(Câmara Brasileira do Livro, SP, Brasil)

Pinker, Steven
O novo Iluminismo : em defesa da razão, da ciência e do humanismo / Steven Pinker ; tradução Laura Teixeira Motta e Pedro Maia Soares. – 1ª ed. – São Paulo : Companhia das Letras, 2018.

Título original: Enlightenment Now: The Case for Reason, Science, Humanism, and Progress.
Bibliografia
ISBN 978-85-359-3144-0

1. Civilização moderna – Século 21 2. Humanismo 3. Mudança social 4. Progresso 5. Qualidade de vida 6. Razão. I Título.

18-17227 CDD-303.44

Índice para catálogo sistemático:
1. Desenvolvimento social : Sociologia 303.44

Iolanda Rodrigues Biode – Bibliotecária – CRB-8/10014

[2021]

EDITORA SCHWARCZ S.A.
Rua Bandeira Paulista, 702, cj. 32
04532-002 — São Paulo — SP
Telefone: (11) 3707-3500
www.companhiadasletras.com.br
www.blogdacompanhia.com.br
facebook.com/companhiadasletras
instagram.com/companhiadasletras
twitter.com/cialetras

Para
Harry Pinker (1928-2015)
otimista

Solomon Lopez (2017-)
e o século XXII

Os que são governados pela razão não desejam para si nada que também não desejem para o resto da humanidade.

Baruch Espinosa

Tudo o que não é proibido pelas leis da natureza é alcançável, dado o conhecimento certo.

David Deutsch

Sumário

Lista de figuras

Prefácio

A segunda metade da segunda década do terceiro milênio pode não parecer uma época auspiciosa para publicar um livro sobre a arrancada histórica do progresso e suas causas. Neste momento em que escrevo, meu país é governado por pessoas que têm uma opinião sombria sobre o nosso tempo: "Mães e filhos aprisionados na pobreza [...] um sistema de ensino que deixa nossos jovens e belos estudantes privados de conhecimento [...] e o crime, e as gangues, e as drogas que roubam inúmeras vidas". Estamos "inequivocamente em uma guerra" que se "expande e se alastra". A culpa por esse pesadelo pode ser atribuída a uma "estrutura global de poder" que erodiu "os alicerces espirituais e morais do cristianismo".[1]

Nas páginas a seguir, mostrarei que essa avaliação desoladora do estado do mundo é errada. E não apenas um pouco errada: erradíssima, espetacularmente errada, mais errada *impossível*. Mas este livro não trata do 45º presidente dos Estados Unidos e de seus assessores. Foi concebido alguns anos antes de Donald Trump anunciar sua candidatura, e espero que permaneça por muito mais tempo que o mandato dele. As ideias que prepararam o terreno para a eleição de Trump são comuns a grande parte dos intelectuais e dos leigos, tanto de esquerda como de direita. Entre elas estão o pessimismo quanto aos rumos que o mundo está tomando, o ceticismo em relação às instituições modernas e a incapacidade de conceber um propósito superior fora do âmbito da religião. Apresentarei uma visão diferente do mundo, alicerçada em fatos e inspirada nos ideais do Iluminismo: razão, ciência, humanismo e progresso. Os ideais do Iluminismo são atemporais, como espero demonstrar, e nunca foram mais relevantes do que agora.

O sociólogo Robert Merton identificou o comunalismo como uma virtude científica fundamental, junto com outras três: o universalismo, o desinteresse e o ceticismo organizado, aludidas em inglês na abreviação CUDOS.[2] Parabenizo os muitos cientistas que compartilharam seus dados com espírito comunitário e responderam às minhas indagações sem demora e pormenorizadamente. Dentre eles se destaca Max Roser, proprietário do seminal site Our World in Data; sua percepção e generosidade foram indispensáveis a muitas das discussões da parte II, que trata do progresso. Sou grato a Marian Tupy, da organização HumanProgress, e a Ola Rosling e Hans Rosling, da Gapminder, dois outros recursos inestimáveis para entender o estado da humanidade. Hans foi uma inspiração, e sua morte, em 2017, é uma tragédia para os que se empenham pela razão, pela ciência, pelo humanismo e pelo progresso.

Minha gratidão também aos demais cientistas de dados que importunei e às instituições que coligem e mantêm seus dados: Karlyn Bowman, Daniel Cox (PRRI), Tamar Epner (Social Progress Index), Christopher Fariss, Chelsea Follett (HumanProgress), Andrew Gelman, Yair Ghitza, April Ingram (Science Heroes), Jill Janocha (Bureau of Labor Statistics), Gayle Kelch (US Fire Administration/FEMA), Alaina Kolosh (National Safety Council), Kalev Leetaru (Global Database of Events, Language, and Tone), Monty Marshall (Polity Project), Bruce Meyer, Branko Milanović (Banco Mundial), Robert Muggah (Homicide Monitor), Pippa Norris (World Values Survey), Thomas Olshanski (US Fire Administration/FEMA), Amy Pearce (Science Heroes), Mark Perry, Therese Pettersson (Uppsala Conflict Data Program), Leandro Prados de la Escosura, Stephen Radelet, Auke Rijpma (OCDE Clio Infra), Hannah Ritchie (Our World in Data), Seth Stephens-Avidowitz (Google Trends), James X. Sullivan, Sam Taub (Uppsala Conflict Data Program), Kyla Thomas, Jennifer Truman (Bureau of Justice Statistics), Jean Twenge, Bas van Leeuwen (OECD Clio Infra), Carlos Vilalta, Christian Welzel (World Values Survey), Justin Wolfers, and Billy Woodward (Science Heroes).

David Deutsch, Rebecca Newberger Goldstein, Kevin Kelly, John Mueller, Roslyn Pinker, Max Roser e Bruce Schneider leram um rascunho do manuscrito inteiro e fizeram comentários inestimáveis. Também me beneficiei de recomendações de especialistas que leram capítulos ou excertos, entre eles Scott Aaronson, Leda Cosmides, Jeremy England, Paul Ewald, Joshua Goldstein, A. C. Grayling, Joshua Greene, Cesar Hidalgo, Jodie Jackson, Lawrence Krauss, Branko Milanović, Robert Muggah, Jason Nemirow, Matthew Nock, Ted Nordhaus, Anthony Pagden, Robert Pinker, Susan Pinker, Stephen Radelet, Peter Scoblic, Martin Seligman, Michael Shellenberger e Christian Welzel.

Outros amigos e colegas responderam a perguntas ou deram sugestões importantes, entre eles Charleen Adams, Rosalind Arden, Andrew Balmford, Nicolas Baumard, Brian Boutwell, Stewart Brand, David Byrne, Richard Dawkins, Daniel Dennett, Gregg Easterbrook, Emily-Rose Eastop, Nils Petter Gleditsch, Jennifer Jacquet, Barry Latzer, Mark Lilla, Karen Long, Andrew Mack, Michal McCullough, Heiner Rindermann, Jim Rossi, Scott Sagan, Sally Satel e Michael Shermer. Um agradecimento especial aos meus colegas de Harvard Mahzarin Banaji, Mercè Crosas, James Engell, Daniel Gilbert, Richard McNally, Kathryn Sikkink e Lawrence Summers.

Agradeço a Rhea Howard e Luz Lopez por seus heroicos esforços para compilar, analisar e representar em gráficos os dados, e a Keehup Yong por várias análises de regressão. Também sou grato a Ilavelin Subbiah por elaborar os elegantes gráficos e por suas sugestões sobre forma e conteúdo.

Sou imensamente grato a meus editores, Wendy Wolf e Thomas Penn, e ao meu agente literário, John Brockman, pela orientação e pelo incentivo ao longo de todo o projeto. Katya Rice cuidou da edição de texto de oito dos meus livros, e em todos eles seu trabalho muito me ensinou e beneficiou.

Agradecimentos especiais vão para minha família: Roslyn, Susan, Martin, Eva, Carl, Eric, Robert, Kris, Jack, David, Yael, Solomon, Danielle e, principalmente, para Rebecca, minha professora e parceira na valorização dos ideais do Iluminismo.

PARTE I

ILUMINISMO

O discernimento do século XVIII, seu entendimento dos fatos óbvios do sofrimento humano e das demandas óbvias da natureza humana, atuaram como um banho de limpeza moral no mundo.

Alfred North Whitehead

Nas várias décadas em que lecionei sobre linguagem, mente e natureza humana, já me fizeram algumas perguntas bem estranhas. Qual é a melhor língua? Mariscos e ostras têm consciência? Quando poderei transferir minha mente para a internet? A obesidade é uma forma de violência?

A pergunta mais instigante que já tive de responder, porém, veio no final de uma palestra na qual discorri sobre a ideia tão comum entre os cientistas de que a vida mental consiste em padrões de atividade nos tecidos do cérebro. Uma estudante na plateia levantou a mão e perguntou:

"Por que eu devo viver?"

A candura daquela estudante deixou claro que ela não era suicida nem estava sendo sarcástica; tinha uma curiosidade genuína sobre como encontrar sentido e propósito considerando que a nossa melhor ciência solapa as crenças religiosas tradicionais em uma alma imortal. Minha premissa é sempre de que não existe pergunta idiota e, para surpresa da estudante, da plateia e sobretudo minha, consegui formular uma resposta razoavelmente digna de crédito. O que me recordo de ter dito — embelezado, claro, pelas distorções da memória e pelo *esprit de l'escalier** — foi mais ou menos o seguinte:

* A tendência de só nos lembrarmos de dar uma resposta espirituosa depois que já não estamos mais na conversa. (N. T.)

No próprio ato de fazer essa pergunta você está buscando *razões* para suas convicções, portanto está comprometida com a razão como o meio para descobrir e justificar o que é importante para você. E há tantas razões para viver!

Como um ser senciente, você tem o potencial para *se desenvolver*. Pode refinar sua faculdade de raciocínio aprendendo e debatendo. Pode procurar explicações sobre o mundo natural na ciência e revelações sobre a natureza humana nas artes e humanidades. Pode explorar ao máximo a sua capacidade de prazer e satisfação, sendo isso o que permitiu aos seus ancestrais prosperar e, assim, possibilitar que você viesse a existir. Pode apreciar a beleza e a riqueza do mundo natural e cultural. Como herdeira de bilhões de anos em que a vida se perpetuou, você pode, por sua vez, perpetuar a vida. Você foi dotada do sentimento de *solidariedade* — definido aqui como a capacidade de gostar, amar, respeitar, ajudar e demonstrar bondade — e pode desfrutar o dom da benevolência mútua com amigos, parentes e colegas.

E, como a razão lhe diz que nada disso é exclusividade *sua*, você tem a responsabilidade de dar a outros o que espera para si. Você pode proporcionar bem-estar a outros seres sencientes aprimorando a vida, a saúde, o conhecimento, a liberdade, a abundância, a segurança, a beleza e a paz. A história mostra que, quando nos solidarizamos uns com os outros e aplicamos a nossa engenhosidade para melhorar a condição humana, o progresso torna-se possível, e você pode contribuir para a continuidade desse progresso.

Explicar o sentido da vida não costuma fazer parte das atribuições de um professor de ciência cognitiva, e não me atreveria a tentar responder a pergunta daquela estudante se a resposta dependesse dos meus conhecimentos técnicos herméticos ou da minha duvidosa sabedoria pessoal. Mas eu sabia que estava canalizando um conjunto de crenças e valores que haviam tomado forma mais de dois séculos antes e que agora são mais relevantes do que nunca: os ideais do Iluminismo.

O princípio iluminista de que podemos aplicar a razão e a solidariedade para aprimorar o desenvolvimento humano pode parecer óbvio, banal, antiquado. Escrevi este livro porque me dei conta de que não é o caso. Mais do que nunca, os ideais da razão, da ciência, do humanismo e do progresso necessitam de uma defesa entusiasmada. Não damos o devido valor às suas benesses: recém-nascidos que viverão por mais de oito décadas, mercados abarrotados de alimentos, água limpa que surge com um movimento dos dedos, dejetos que desaparecem com outro, comprimidos que debelam uma infecção dolorosa, filhos que não são mandados para a guerra, filhas que podem andar na rua em segurança, críticos de poderosos que não são presos ou fuzilados, o conhecimento e a cultura mundiais disponíveis no bolso da camisa. Mas tudo isso são realizações humanas, e não direitos cósmicos inatos. Na memória de muitos leitores deste livro — e na experiência de pessoas em partes menos afortunadas do planeta —, guerra, carestia, doença, ignorância e ameaça letal são uma parte natural da existência. Sabemos que países podem regredir a essas condições primitivas, portanto é um perigo não darmos o devido valor às realizações do Iluminismo.

Ao longo dos anos, depois de ter respondido à pergunta daquela jovem, sou lembrado frequentemente da necessidade de reafirmar os ideais do Iluminismo (também chamado de humanismo, sociedade aberta, liberalismo cosmopolita ou clássico). Não apenas porque perguntas como a dela aparecem de tempos em tempos na minha caixa de mensagens. ("Caro professor Pinker, que conselho daria a alguém que leva a sério as ideias expostas em seus livros e pela ciência e vê a si mesmo como um conjunto de átomos? Uma máquina com escopo limitado de inteligência, originada por genes egoístas, habitante do espaço-tempo?") É também porque o esquecimento da dimensão do progresso humano pode levar a sintomas piores do que a angústia existencial. Pode levar ao ceticismo com relação às instituições inspiradas no Iluminismo que asseguram esse progresso — por exemplo, a democracia liberal e as organizações de cooperação internacional — e direcionar as pessoas para alternativas atávicas.

Os ideais do Iluminismo são produtos da razão humana, mas vivem em conflito com outras facetas da nossa natureza: lealdade à tribo, acato à autoridade, pensamento mágico, atribuição de infortúnio a elementos malfazejos. A segunda década do século XXI testemunhou a ascensão de movimentos políticos segundo os quais seus países estão sendo empurrados para uma distopia infernal por facções malignas que só podem ser combatidas por um líder forte, capaz de forçar um retrocesso do país a fim de torná-lo "grande novamente". Esses movimentos foram favorecidos por uma narrativa compartilhada por muitos de seus mais ferrenhos oponentes: a de que as instituições da modernidade fracassaram e todos os aspectos da vida estão em crise acelerada — os dois lados na macabra concordância de que destruir essas instituições farão do mundo um lugar melhor. Já mais difícil de encontrar é uma perspectiva positiva que veja os problemas do mundo contra um pano de fundo de progresso e procure usá-la como trampolim para resolvê-los.

Se você ainda não está convencido de que os ideais do humanismo iluminista precisam de uma vigorosa defesa, considere o diagnóstico de Shiraz Maher, um analista dos movimentos islamitas radicais: "O Ocidente se envergonha de seus valores, não assume a defesa do liberalismo clássico. Não temos segurança a seu respeito. Eles nos constrangem". Compare isso com o Estado Islâmico, que "sabe exatamente o que defende", e essa segurança é "incrivelmente sedutora" — e Maher deve saber disso muito bem, pois já foi diretor regional do grupo jihadista Hizb ut-Tahrir.[1]

Ao refletir sobre os ideais liberais em 1960, não muito tempo depois de passarem pelo seu maior teste, o economista Friedrich Hayek observou: "Para que verdades antigas conservem seu lugar nas mentes dos homens, elas precisam ser reafirmadas na linguagem e nos conceitos das sucessivas gerações" (sem perceber, ele provou seu argumento com a expressão "mentes dos homens"). "O que, em dada época, foram suas expressões mais eloquentes torna-se pouco a pouco tão desgastado pelo uso que deixa de possuir um significado claro. As ideias básicas podem ser tão válidas quanto sempre foram, mas as palavras, mesmo quando se referem a problemas que continuam conosco, já não transmitem a mesma convicção."[2]

Este livro é minha tentativa de reafirmar os ideais do Iluminismo de acordo com a linguagem e os conceitos do século XXI. Primeiro, armarei uma estrutura para compreendermos a condição humana alicerçada na ciência moderna: quem somos, de onde viemos, quais são nossos desafios e como podemos enfrentá-los. A maior parte do livro é dedicada a defender esses ideais de um modo característico do século XXI: com dados. Essa análise do projeto iluminista baseada em evidências revela que não se trata de uma esperança ingênua. O Iluminismo *deu certo* — talvez seja a maior história (quase nunca contada) de todos os tempos. E, como o seu triunfo é tão pouco alardeado, os ideais fundamentais da razão, da ciência e do humanismo também são pouco valorizados. Longe de ser um consenso insípido, esses ideais são tratados com indiferença, com ceticismo e às vezes com desprezo por intelectuais do nosso tempo. Procurarei mostrar que, na verdade, quando avaliados adequadamente, os ideais do Iluminismo são empolgantes, inspiradores, nobres — uma razão para viver.

1. Ouse entender!

O que é iluminismo? Em um ensaio com esse título escrito em 1784, Immanuel Kant respondeu que é "a saída do ser humano da menoridade de que ele próprio é culpado", de sua submissão "preguiçosa e covarde" aos "dogmas e fórmulas" da autoridade religiosa ou política.[1] Seu lema, ele proclamou, é "ouse entender!", e sua exigência fundamental é a liberdade de pensamento e expressão. "Uma época não pode firmar um pacto que impeça épocas posteriores de ampliar sua visão, aprimorar seu conhecimento e reabilitar-se de seus erros. Isso seria um crime contra a natureza humana, cujo destino apropriado reside precisamente nesse progresso."[2]

Uma afirmação dessa mesma ideia no século XXI pode ser vista na defesa do iluminismo pelo físico David Deutsch em seu livro *The Beginning of Infinity*. Deutsch afirma que, se ousarmos entender, o progresso será possível em todas as esferas: a científica, a política e a moral:

> O otimismo (no sentido que defendi) é a teoria de que todas as falhas — todos os males — decorrem da insuficiência de conhecimento. [...] Problemas são inevitáveis, pois nosso conhecimento sempre estará infinitamente longe de ser completo. Alguns problemas são difíceis, mas é um erro confundir problemas difíceis com

problemas sem probabilidade de solução. Problemas são solucionáveis, e cada mal específico é um problema que pode ser resolvido. Uma civilização otimista é receptiva à inovação em vez de temerosa, e se baseia em tradições que incluem críticas. Suas instituições aperfeiçoam-se continuamente, e o conhecimento mais importante que incorporam é o conhecimento de como detectar e eliminar erros.[3]

O que é *o* Iluminismo?[4] Não existe uma resposta oficial, pois a época mencionada no ensaio de Kant nunca foi demarcada por cerimônias de abertura e encerramento, como os Jogos Olímpicos, e tampouco possuiu princípios estipulados em um juramento ou credo. Convencionalmente, situamos o Iluminismo nos dois últimos terços do século XVIII, embora tenha brotado da Revolução Científica e da Idade da Razão no século XVII e extravasado para o apogeu do liberalismo clássico na primeira metade do século XIX. Os pensadores do Iluminismo, provocados por contestações da ciência e da exploração à sabedoria convencional, informados sobre o banho de sangue das guerras religiosas recentes e apoiados na facilidade de movimentação de ideias e pessoas, buscaram uma nova compreensão da condição humana. Foi uma era exuberante em ideias, algumas contraditórias, mas todas ligadas por quatro temas: razão, ciência, humanismo e progresso.

O tema primordial é a razão. A razão é inegociável. Se você começar a discutir por que devemos viver (ou qualquer outra questão), se exigir que suas respostas, independentemente de quais forem elas, sejam sensatas ou justificadas ou verdadeiras e, portanto, que outras pessoas tenham de acreditar nelas também, estará comprometido com a razão e com a avaliação das suas crenças segundo critérios objetivos.[5] Se existiu algo que os pensadores do Iluminismo tiveram em comum foi a exigência de que se aplicasse vigorosamente o critério da razão para entender o mundo, em vez de recorrer a geradores de ilusão como a fé, o dogma, a revelação, a autoridade, o carisma, o misticismo, o profetismo, as visões, as intuições ou a análise interpretativa de textos sagrados.

Foi a razão que levou a maioria dos pensadores iluministas a repudiar a crença em um Deus antropomórfico e atento aos assuntos humanos.[6] A aplicação da razão revelou que os relatos de milagres eram duvidosos, que os autores de livros sagrados tinham lá as suas falhas demasiado humanas, que os eventos naturais aconteciam sem levar em conta o bem-estar das pessoas e que diferentes culturas acreditavam em deidades mutuamente incompatíveis, nenhuma das quais com probabilidade menor de ser obra da imaginação. (Como escreveu Montesquieu, "se os triângulos tivessem um deus, atribuiriam a ele três lados".) Entretanto, nem todos os pensadores iluministas eram ateus. Alguns eram deístas (em contraste com os teístas): para eles, Deus pôs o universo em movimento e então deixou de interferir, permitindo que se desenvolvesse de acordo com as leis da natureza. Outros eram panteístas que usavam "Deus" como *sinônimo* de leis da natureza. Mas poucos apelavam para o Deus legislador e milagroso das Escrituras.

Muitos autores atuais confundem a defesa iluminista da razão com a afirmação implausível de que os seres humanos são agentes perfeitamente racionais. Nada poderia estar mais distante da realidade histórica. Pensadores como Kant, Baruch Espinosa, Thomas Hobbes, David Hume e Adam Smith foram psicólogos inquisitivos e mais do que conscientes das nossas paixões e fraquezas irracionais. Asseveravam que só expondo as fontes comuns de insensatez poderíamos ter esperança de superá-las. A aplicação deliberada da razão era necessária justamente porque nossos hábitos comuns de pensamento não eram muito razoáveis.

Isso leva ao segundo ideal, a ciência, o refinamento da razão com o objetivo de entender o mundo. A Revolução Científica foi revolucionária de um modo que é difícil avaliar hoje, pois suas descobertas agora nos parecem nada mais do que naturais. O historiador David Wootton lembra-nos do que um inglês instruído sabia em 1600, às vésperas da Revolução Industrial:

> Ele acredita que bruxas podem invocar tempestades para afundar navios no mar. [...] Acredita em lobisomens, ainda que por acaso essas criaturas não existam na Inglaterra — sabe que existem na Bélgica. [...] Acredita que Circe de fato transformou em porcos a tripulação de Odisseu. Acredita que camundongos surgem por geração espontânea em montes de palha. Acredita em magos contemporâneos. [...] Ele já viu um chifre de unicórnio, mas não um unicórnio.
>
> Ele acredita que o corpo de uma pessoa assassinada sangrará na presença do assassino. Acredita na existência de um unguento que, se for aplicado na adaga que causou um ferimento, curará o ferimento. Acredita que a forma, a cor e a textura de uma planta podem dar uma pista de suas propriedades medicinais, pois Deus projetou a natureza para que fosse interpretada pelos homens. Acredita ser possível transformar metal sem valor em ouro, embora duvide que alguém saiba como fazê-lo. Acredita que a natureza abomina o vácuo. Acredita que o arco-íris é um sinal

> de Deus e que cometas pressagiam males. Acredita que sonhos predizem o futuro se soubermos como interpretá-los. Acredita, obviamente, que a Terra é imóvel e que o Sol e as estrelas fazem um giro em torno dela a cada 24 horas.[7]

Um século e um terço mais tarde, um descendente instruído desse inglês não acreditaria em nada disso. Foi uma libertação não só da ignorância, mas também do terror. O sociólogo Robert Scott observa que na Idade Média "a crença de que uma força externa controlava o cotidiano contribuía para uma espécie de paranoia coletiva":

> Tempestades, trovões, relâmpagos, vendavais, eclipses do Sol ou da Lua, frentes frias, ondas de calor, secas e terremotos eram considerados símbolos e sinais da desaprovação divina. Como resultado, "os bichos-papões" do medo habitavam todas as esferas da vida. O mar tornava-se um reino satânico, e as florestas eram povoadas de feras predadoras, ogros, bruxas, demônios e os muito reais ladrões e assassinos. [...] Quando escurecia, o mundo se enchia de presságios dos mais diversos perigos: cometas, meteoros, estrelas cadentes, eclipses lunares, uivos de animais selvagens.[8]

Para os pensadores iluministas, a libertação da ignorância e da superstição mostrou o quanto a nossa sabedoria convencional pode ser equivocada e como os métodos da ciência — ceticismo, falibilismo, debate aberto e verificação empírica — são um paradigma de como alcançar o conhecimento confiável.

Esse conhecimento inclui compreender a nós mesmos. A necessidade de uma "ciência do homem" foi um tema que uniu pensadores iluministas que discordavam sobre muitas outras coisas; entre eles estavam Montesquieu, Hume, Smith, Kant, Nicolas de Condorcet, Denis Diderot, Jean-Baptiste d'Alembert, Jean-Jacques Rousseau e Giambattista Vico. Sua crença na existência de uma natureza humana universal possível de ser estudada cientificamente fez deles praticantes precoces de ciências que só viriam a ser nomeadas séculos mais tarde.[9] Eles foram neurocientistas cognitivos que tentaram explicar o pensamento, a emoção e a psicopatologia com base em mecanismos físicos do cérebro. Foram psicólogos evolucionários que procuraram caracterizar a vida em estado de natureza e identificar os instintos animais "infundidos em nosso peito". Foram psicólogos sociais que escreveram sobre os sentimentos morais que nos atraem mutuamente, as paixões egoístas que nos dividem e as imperfeições da cegueira que atrapalham os nossos melhores planos. E foram antropólogos culturais que vasculharam relatos de viajantes e exploradores em busca de dados sobre elementos humanos universais e sobre a diversidade de costumes e práticas entre as culturas do mundo.

A ideia de uma natureza humana universal leva-nos a um terceiro tema, o humanismo. Os pensadores da Idade da Razão e do Iluminismo perceberam a necessidade urgente de um alicerce secular para a moralidade, pois viviam perseguidos pela memória histórica de séculos de carnificina religiosa: as Cruzadas, a Inquisição, as caças às bruxas, as guerras religiosas europeias. Esse alicerce foi assentado sobre o que hoje chamamos de humanismo, que privilegia o bem-estar dos homens, mulheres e crianças individualmente, acima da glória da tribo, raça, nação ou religião. Os indivíduos, e não os grupos, é que são *sencientes* — que sentem prazer e dor, satisfação e angústia. O que mobilizava a nossa preocupação moral, diziam os iluministas, era a capacidade universal de uma pessoa para sofrer e se desenvolver, fosse isso entendido como o objetivo de proporcionar a maior felicidade para o maior número, fosse como um imperativo categórico de tratar as pessoas como fins em vez de meios.

Felizmente, a natureza humana nos prepara para atender a esse chamado de mobilização. Isso acontece porque somos dotados do sentimento de *solidariedade*, que eles também chamavam de benevolência, piedade e compaixão. Como somos dotados da capacidade de nos solidarizarmos uns com outros, nada pode impedir que o círculo de solidariedade se expanda da família e da tribo para englobar toda a humanidade, sobretudo porque a razão nos incita a perceber que não pode existir nada do qual apenas nós mesmos ou qualquer um dos círculos a que pertencemos sejamos merecedores.[10] Somos forçados ao cosmopolitismo, a aceitar que somos cidadãos do mundo.[11]

Uma sensibilidade humanística impeliu os pensadores iluministas a condenar não só a violência religiosa, mas também as crueldades seculares de sua época, entre elas a escravidão, o despotismo, as execuções por ofensas triviais, como pequenos furtos e caça ilegal, e as punições sádicas, como açoitamento, amputação, empalação, estripação, o despedaçamento na roda, a incineração na fogueira. O Iluminismo às vezes é chamado de Revolução Humanitária por ter levado à abolição de práticas bárbaras que por milênios haviam sido comuns em várias civilizações.[12]

Se a abolição da escravidão e de castigos cruéis não for progresso, nada será, o que nos leva ao quarto ideal do Iluminismo. Com nossa compreensão do mundo desenvolvida pela ciência e nosso círculo de solidariedade expandido pela razão e pelo cosmopolitismo, a humanidade pôde progredir nas esferas intelectual e moral. Não precisa resignar-se aos sofrimentos e irracionalidades do presente, nem tentar fazer o relógio voltar a uma era dourada perdida.

Não devemos confundir a crença iluminista no progresso com a romântica crença oitocentista em forças, leis, dialéticas, lutas, desdobramentos, destinos, idades do homem e poderes evolucionários místicos que impeliriam a humanidade sempre para cima, em direção à utopia.[13] Como indica o comentário de Kant sobre "aprimorar o conhecimento e reabilitar-se dos erros", a crença iluminista era mais prosaica, uma combinação de razão e humanismo. Se nos mantivermos informados sobre como andam as nossas leis e maneiras, descobrirmos modos de melhorá-las, experimentarmos esses modos e conservarmos aqueles que aumentem o bem-estar das pessoas, poderemos gradualmente tornar o mundo um lugar melhor. A própria ciência evolui passo a passo nesse ciclo de teoria e experimentação, e seu avanço incessante, sobreposto a reveses e retrocessos localizados, nos mostra como o progresso é possível.

O ideal do progresso também não deve ser confundido com o movimento do século XX que visava à reengenharia da sociedade segundo conveniências de tecnocratas e planejadores, tendência essa que James Scott chama de alto modernismo autoritário.[14] Esse movimento negava a existência da natureza humana, com suas tumultuantes necessidades de beleza, natureza, tradição e intimidade social.[15] Os modernistas partiam do pressuposto de uma "toalha de mesa limpa" e criavam projetos de renovação urbana que substituíam bairros vibrantes por vias expressas, arranha-céus, enormes praças varridas pelo vento e arquitetura brutalista. "A humanidade renascerá e viverá em uma relação ordenada com o todo", eles supunham.[16] Embora essas tendências às vezes fossem associadas à palavra "progresso", o uso do termo era irônico: "progresso" não guiado pelo humanismo não é progresso.

Em vez de tentar moldar a natureza humana, a esperança de progresso do Iluminismo concentrava-se em instituições humanas. Sistemas criados pelo homem, como governos, leis, escolas, mercados e organismos internacionais, são um alvo natural para a aplicação da razão em prol do melhoramento da nossa espécie.

Nesse modo de pensar, o governo não é uma autorização divina para reinar, um sinônimo de "sociedade" ou um avatar da alma nacional, religiosa ou racial. É uma invenção humana, aceita tacitamente em um contrato social, criada para ampliar o bem-estar dos cidadãos, coordenando seu comportamento e dissuadindo as pessoas de certos atos egoístas que podem ser tentadores em termos individuais, mas pioram a situação de todos. Como determina o mais famoso produto do Iluminismo, a Declaração de Independência dos Estados Unidos, os governos são instituídos pelo povo para assegurar o direito à vida, à liberdade e à busca da felicidade, e derivam seus poderes do consentimento dos governados.

Entre os poderes do governo está a aplicação de punições, e autores como Montesquieu, Cesare Beccaria e os fundadores americanos repensaram a licença do governo para causar dano aos seus cidadãos.[17] Argumentaram que a punição ao crime não é um mandato para implementar a justiça cósmica, e sim parte de uma estrutura de incentivo que dissuade de atos antissociais sem causar um sofrimento maior do que aquele que desencoraja. A razão pela qual o castigo deve ser adequado ao crime não é, por exemplo, equilibrar alguma balança mística da justiça, e sim assegurar que um transgressor se detenha diante de uma infração menor em vez de passar para outra mais danosa. Punições cruéis, sejam ou não "merecidas" em certo sentido, não são mais eficazes para evitar danos do que punições moderadas porém mais garantidas; elas dessensibilizam os espectadores e brutalizam a sociedade que as implementa.

O Iluminismo também trouxe a primeira análise racional da prosperidade. Seu ponto de partida não foi a maneira como a riqueza é distribuída, e sim a questão primordial de como a riqueza surge.[18] Baseado em influências francesas, holandesas e escocesas, Smith observou que é impossível criar produtos em abundância com um agricultor ou artesão trabalhando sozinho. Isso depende de uma rede de especialistas, que aprenderam, cada qual, a produzir a sua mercadoria com a maior eficiência possível, e que combinam e trocam os frutos de seu engenho, sua habilidade e seu trabalho. Em um exemplo famoso, Smith calculou que um fabricante de alfinetes, labutando só, poderia produzir no máximo uma peça por dia, ao passo que em uma oficina onde "um homem puxa o fio, outro o endireita, um terceiro o corta, um quarto o afia, um quinto o aplaina na ponta para receber a cabeça", eles produziriam quase 5 mil unidades.

A especialização só funciona em um mercado que permite aos especialistas trocar seus bens e serviços, e Smith explicou que a atividade econômica era uma forma de cooperação mutuamente benéfica (um jogo de soma positiva, no jargão atual): cada um recebe em troca algo que é mais valioso para si do que aquilo que cedeu. Por meio dessa permuta voluntária, as pessoas beneficiam outras beneficiando a si mesmas; como ele escreveu, "não é da benevolência do açougueiro, do cervejeiro ou do padeiro que esperamos o nosso jantar, e sim da consideração de cada qual pelo seu próprio interesse. Em vez de apelarmos à sua humanidade, dirigimo-nos ao seu autointeresse". Smith não quis dizer que as pessoas são de um egoísmo implacável, nem que deveriam ser; ele foi um dos mais perspicazes analistas da solidariedade humana em toda a história. Apenas afirmou que, em um mercado, a tendência de um indivíduo a cuidar de sua família e de si mesmo pode atuar em benefício de todos.

A troca pode tornar toda uma sociedade não apenas mais rica, como também mais cordial, pois em um mercado eficaz é mais barato comprar do que roubar as coisas, e as outras pessoas lhe têm mais serventia vivas do que mortas. (Como sugeriria séculos mais tarde o economista Ludwig von Mises: "Se o alfaiate entrar em guerra com o padeiro, dali por diante terá de fazer seu próprio pão".) Muitos pensadores iluministas, incluindo Montesquieu, Kant, Voltaire, Diderot e o abade de Saint-Pierre, defenderam o ideal do *doux commerce*, o comércio gentil.[19] Os fundadores dos Estados Unidos — George Washington, James Madison e especialmente Alexander Hamilton — projetaram as instituições da jovem nação de modo a favorecer esse modelo.

Isso nos leva a outro ideal do Iluminismo, a paz. A guerra era tão comum na história que era natural vê-la como parte permanente da condição humana e pensar que a paz só poderia vir em uma era messiânica. Hoje, porém, não se interpreta a guerra como uma punição divina a ser suportada e deplorada, nem como uma competição gloriosa a ser vencida e celebrada, e sim como um problema prático a ser mitigado e, um dia, resolvido. Em *À paz perpétua*, Kant enumerou medidas para desencorajar os líderes a arrastar seus países para a guerra.[20] Além do comércio internacional, ele recomendou a república representativa (que nós chamaríamos de democracia), a transparência mútua, normas contrárias a conquistas e interferências internas, liberdade para viajar e imigrar, e uma federação de Estados que decida judicialmente as eventuais disputas entre si.

Apesar de toda a presciência de fundadores nacionais, legisladores e *philosophes*, este não é um livro sobre iluminismolatria. Os pensadores iluministas foram homens e mulheres de sua época, o século XVIII. Alguns eram racistas, machistas, antissemitas, escravistas ou duelistas. Algumas das questões que os preocupavam são quase incompreensíveis para nós, e eles tiveram muitas ideias tolas junto com as brilhantes. Mais a propósito, eles nasceram muito cedo para apreciar algumas bases na nossa compreensão moderna da realidade.

Eles, aliás, teriam sido os primeiros a admitir isso. Se você enaltece a razão, então o que importa é a integridade dos pensamentos, e não a personalidade dos pensadores. E se você está comprometido com o progresso, não poderá dizer que já pensou em tudo. Não é nenhum demérito para os pensadores iluministas identificarmos algumas ideias cruciais a respeito da condição humana e da natureza do progresso que nós conhecemos e eles não. Essas ideias, proponho, são: entropia, evolução e informação.

2. Entro, evo, info

O primeiro fundamento para compreender a condição humana é o conceito de entropia ou desordem, que nasceu da física do século XIX e foi definido em sua forma atual pelo físico Ludwig Boltzmann.[1] A segunda lei da termodinâmica determina que, em um sistema isolado (aquele que não interage com seu ambiente), a entropia nunca diminui. (A primeira lei estabelece que a energia se conserva; a terceira, que a temperatura de zero absoluto é inatingível.) Sistemas fechados tornam-se inexoravelmente menos estruturados, menos organizados, menos capazes de alcançar resultados interessantes e úteis, até que estacam em um equilíbrio de monotonia cinzenta, morna, homogênea, e nele permanecem.

Em sua formulação original, a segunda lei referia-se ao processo no qual a energia usável na forma de uma diferença de temperatura entre dois corpos inevitavelmente se dissipa conforme o calor passa do corpo mais quente para o mais frio. (Como explica o tema musical de Flanders & Swann, "*You can't pass heat from the cooler to the hotter; Try it if you like, but you far better notter*".)* Uma xícara de café, a menos que seja colocada em uma chapa térmica ligada na tomada, esfria-

* "Não dá para passar calor do mais frio para o mais quente; se quiser, tente, mas não vale a pena ir em frente." (N. T.)

rá. Quando acaba o carvão que alimenta uma máquina a vapor, o vapor resfriado de um lado do pistão não pode mais movê-lo, pois o vapor aquecido e o ar do outro lado estão empurrando de volta com a mesma força.

Assim que foi compreendido que o calor não é um fluido invisível, e sim a energia em moléculas em movimento, e que uma diferença de temperatura entre dois corpos consiste em uma diferença nas velocidades médias dessas moléculas, tomou forma uma versão mais geral e estatística do conceito de entropia e da segunda lei da termodinâmica. Tornou-se possível caracterizar a ordem em termos do conjunto de todos os estados microscopicamente distintos de um sistema (no sistema original, envolvendo calor, as possíveis velocidades e posições de todas as moléculas nos dois corpos). De todos esses estados, aqueles nos quais vemos utilidade de um modo geral (por exemplo, quando um corpo está mais quente do que outro, o que se traduz em maior velocidade média das moléculas em um corpo do que no outro) são uma fração minúscula das possibilidades, enquanto todos os estados desordenados ou inúteis (aqueles sem uma diferença de temperatura, nos quais as velocidades médias serão iguais nos dois corpos) são a imensa maioria. Disso decorre que qualquer perturbação do sistema, seja uma chacoalhada aleatória de suas partes, seja uma pancada vinda de fora, vai, pelas leis da probabilidade, empurrar o sistema em direção à desordem ou à inutilidade — não porque a natureza tenda à desordem, mas porque existem muitíssimos mais modos de ser desordenado do que de ser ordenado. Se você se afastar de um castelo de areia, ele não estará lá amanhã, pois, conforme o vento, as ondas, as gaivotas e as crianças moverem os grãos de areia, passará a ser muito mais provável que acabem compondo um arranjo que se encaixe no enorme número de configurações que não se parecem com um castelo do que no pequeno número que tem essa aparência. Eu me referirei com frequência à versão estatística da segunda lei — que não se aplica especificamente a diferenças de temperatura que se nivelam, e sim à dissipação da ordem — como a lei da entropia.

Como a entropia é importante para o ser humano? A vida e a felicidade dependem de uma parcela infinitesimal de arranjos ordenados de matéria em meio ao número astronômico de possibilidades. Nosso corpo é uma reunião improvável de moléculas e mantém essa ordem com a ajuda de outras improbabilidades: as poucas substâncias que podem nos nutrir, os poucos materiais nas poucas formas que podem nos vestir, nos abrigar e mover as coisas como desejamos. Um número imensamente maior de arranjos de matéria encontrados na Terra não tem utilidade para nós; por isso, quando as coisas mudam sem que um agente humano tenha direcionado a transformação, a probabilidade é que mudem para pior. A lei da entropia é amplamente reconhecida em nosso cotidiano em expressões como "seu mundo desmoronou", "se parar, enferruja", "a coisa desandou", "não dar sopa ao azar", "a lei de Murphy" (se algo pode dar errado, dará) e (do legislador texano Sam Rayburn) "Qualquer jumento pode derrubar um celeiro com um coice, mas é preciso um carpinteiro para construir um".

Os cientistas sabem que a segunda lei é muito mais do que uma explicação para as tribulações do cotidiano: é um alicerce da nossa compreensão do universo e do nosso lugar nele. Em 1928, o físico Arthur Eddington escreveu:

> A lei segundo a qual a entropia sempre aumenta [...] ocupa, a meu ver, a posição suprema entre as leis da Natureza. Se alguém lhe disser que a sua teoria favorita do universo está em desacordo com as equações de Maxwell, danem-se as equações de Maxwell. Se for descoberto que ela é refutada pela observação, ora, esses experimentalistas às vezes fazem burrada mesmo. Mas, se for constatado que a sua teoria não condiz com a segunda lei da termodinâmica, não posso lhe dar nenhuma esperança; a ela só resta desmoronar na mais profunda humilhação.[2]

Em suas famosas Rede Lectures de 1959, publicadas em livro com o título *The Two Cultures and the Scientific Revolution*, o cientista e escritor de ficção C. P. Snow comentou o desdém pela ciência entre os britânicos instruídos da sua época:

> Estive presente em um bocado de reuniões de pessoas que, pelos padrões da cultura tradicional, são consideradas altamente instruídas e que expressaram com um entusiasmo considerável a sua incredulidade pela ignorância dos cientistas. Uma ou duas vezes me exasperei e perguntei ao grupo quantos ali sabiam enunciar a segunda lei da termodinâmica. A resposta foi fria e também negativa. No entanto, minha pergunta era mais ou menos o equivalente científico de: *Você já leu alguma obra de Shakespeare?*[3]

O químico Peter Atkins alude à segunda lei no título de seu livro *Four Laws that Drive the Universe*. E, na minha área, os psicólogos evolucionários John Tooby, Leda Cosmides e Clark Barrett intitularam um artigo recente sobre as bases da ciência da mente "A segunda lei da termodinâmica é a primeira lei da psicologia".[4]

Por que a reverência pela segunda lei? De um ponto de vista olímpico, ela define o destino do universo e o propósito fundamental da vida, da mente e do empenho humano: usar energia e conhecimento para repelir a maré de entropia e criar refúgios de ordem benéfica. De um ponto de vista mais humano, podemos ser mais específicos, mas antes de entrar em terreno conhecido preciso expor as duas outras ideias básicas.

À primeira vista, parece que a lei da entropia ensejaria apenas uma história desoladora e um futuro deprimente. O universo começou em um estado de baixa entropia, o Big Bang, com sua concentração inimaginavelmente densa de energia. A partir de então, tudo degringolou, com o universo se dispersando — como continuará a fazer — em um mingau ralo de partículas distribuídas de maneira uniforme e esparsa por todo o espaço. Na realidade, obviamente, o universo como o encontramos não é um mingau informe. Ele é animado com galáxias, planetas, montanhas, nuvens, flocos de neve e uma eflorescência de flora e fauna, que nos inclui.

Uma razão para o cosmo ser repleto de coisas interessantes é um conjunto de processos chamado auto-organização, que permite o surgimento de zonas de ordem circunscritas.[5] Quando entra energia em um sistema e ele dissipa essa energia em seu resvalo para a entropia, pode adquirir uma configuração ordenada e até bela: esfera, espiral, galáxia *starburst*, rodamoinho, onda, cristal, fractal. A propósito, o fato de acharmos belas essas configurações sugere que a beleza talvez não esteja apenas nos olhos de quem vê. A resposta estética do cérebro pode ser uma receptividade aos padrões contraentrópicos que podem surgir na natureza.

No entanto, existe outro tipo de ordenação na natureza que também precisa ser explicado: não as simetrias e os ritmos elegantes do mundo físico, mas a estrutura funcional do mundo vivo. Os seres vivos são compostos de órgãos dotados de partes heterogêneas que são impressionantemente moldadas e dispostas para manter o organismo vivo (ou seja, continuar a absorver energia e resistir à entropia).[6]

A ilustração que se costuma usar para o design biológico é a do olho, mas usarei como exemplo meu segundo órgão dos sentidos favorito. A orelha humana contém um tímpano elástico que vibra em resposta ao menor deslocamento de ar, uma alavanca óssea que multiplica a força da vibração, um pistão que transmite a vibração para o fluido em um longo túnel (convenientemente espiralado para encaixar-se na parede do crânio), uma membrana afunilada que percorre toda a extensão do túnel e separa fisicamente a forma de onda em seus harmônicos e um conjunto de células com cílios minúsculos que são flexionados para a frente e para trás pela membrana vibratória e enviam uma sequência de impulsos elétricos para o cérebro. É impossível explicar por que tais membranas, ossos, fluidos e cílios organizam-se desse modo improvável sem notar que essa configuração permite ao cérebro registrar sons padronizados. Até a carnuda orelha externa— assimétrica de cima a baixo e da parte frontal até a posterior, e toda pregueada de cristas e vales — tem um feitio que esculpe o som entrante de modo a informar ao cérebro se a fonte está em cima ou embaixo, na frente ou atrás.

Os organismos são dotados de inúmeras configurações de carne improváveis — olhos, orelhas, coração, estômago — que exigem explicação. Antes que Charles Darwin e Alfred Russel Wallace propusessem uma, em 1859, era razoável atribuir tudo isso à atuação de um "designer" divino — uma das razões, desconfio, por que tantos pensadores iluministas foram deístas e não inequivocamente ateus. Darwin e Wallace tornaram o designer desnecessário. Assim que processos físicos e químicos auto-organizadores produzissem uma configuração de matéria capaz de se replicar, as cópias fariam cópias, estas fariam cópias das cópias e assim por diante, em uma explosão exponencial. Os sistemas replicantes competiriam pelo material para produzir suas cópias e pela energia necessária à replicação. Como nenhum processo de cópia é perfeito — a lei da entropia garante isso —, surgiriam erros e, embora a maioria dessas mutações viesse a degradar o replicador (entropia de novo), a pura sorte por fim faria surgir um que fosse mais eficaz em se replicar, e seus descendentes prevaleceriam na competição. À medida que erros de cópia que aumentam a estabilidade e a replicação se acumulassem ao longo das gerações, o sistema replicante — que chamamos de organismo — pareceria ter sido projetado tendo em vista a sobrevivência e a reprodução no futuro, embora apenas preservasse os erros de cópia que, no passado, favoreceram a sobrevivência e a reprodução.

Os criacionistas costumam deturpar a segunda lei da termodinâmica, usando-a para afirmar que a evolução biológica, um aumento da ordem no decorrer do tempo, é fisicamente impossível. A parte da lei que eles omitem é "em um sistema fechado". Organismos são sistemas abertos: captam energia do Sol, de alimentos ou de chaminés oceânicas para criar bolsões temporários de ordem em seus corpos e ninhos enquanto descartam calor e resíduos no ambiente, aumentando a desordem no mundo como um todo. O uso de energia pelos organismos para manter sua integridade diante da pressão da entropia é uma explicação moderna do princípio do *conatus* (esforço ou tentativa), que Espinosa definiu como "o empenho para perseverar e prosperar em seu próprio ser", e que foi base de várias teorias da vida e da mente na era iluminista.[7]

O requisito implacável de extrair energia do ambiente acarreta uma das tragédias dos seres vivos. Enquanto as plantas saboreiam a energia solar e algumas criaturas das profundezas salgadas se banqueteiam da sopa química que brota de fendas no leito oceânico, os animais são exploradores natos: vivem da duramente obtida energia armazenada no corpo de plantas e outros animais, comendo-os. O mesmo fazem os vírus, bactérias e outros patógenos e parasitas, que devoram corpos por dentro. Com exceção das frutas, tudo que chamamos de "alimento" é uma parte corpórea ou um depósito de energia de algum outro organismo, que preferiria manter essa energia para si mesmo. A natureza é uma guerra, e boa parte do que chama a nossa atenção no mundo natural é uma corrida armamentista. Animais que são presas se protegem com carapaças, espinhos, garras, chifres, veneno, camuflagem, fuga ou autodefesa; plantas têm espinhos, cascas, cortiça e substâncias irritantes e venenosas que saturam seus tecidos. Pela evolução, animais ganham armas para penetrar nessas defesas: carnívoros têm velocidade, garras, visão de águia, enquanto herbívoros possuem dentes moedores e um fígado que desintoxica venenos naturais.

E agora chegamos ao terceiro fundamento, a informação.[8] A informação pode ser concebida como uma diminuição da entropia — como o ingrediente que distingue um sistema ordenado, estruturado, do imenso conjunto de sistemas aleatórios e inúteis.[9] Imagine páginas de caracteres aleatórios digitadas por um macaco em uma máquina de escrever, ou um trecho de ruído branco emitido por um rádio entre uma estação e outra, ou uma tela sarapintada de confetes devido a um arquivo corrompido no computador. Cada um desses objetos pode assumir trilhões de formas diferentes, uma mais maçante do que a outra. Mas agora suponha que os dispositivos sejam controlados por um sinal que arranja os caracteres, ondas sonoras ou pixels em um padrão que se correlaciona com alguma coisa do mundo: a Declaração de Independência, os compassos de abertura de "Hey Jude", um gato de óculos escuros. Dizemos que o sinal transmite *informação* sobre a declaração, a canção ou o gato.[10]

A informação contida em um padrão depende do quanto a nossa visão do mundo é minuciosa ou mais geral. Se nos importamos com a sequência *exata* de caracteres na produção do macaco, com a diferença exata entre uma emissão de ruído e outra, ou com o padrão específico de pixels em apenas uma das exibições aleatórias na tela do computador, então teremos de dizer que cada um dos itens contém a mesma quantidade de informação que os demais. Aliás, os interessantes conteriam *menos* informação, pois, quando examinamos uma parte (por exemplo, a letra *q*), podemos adivinhar outras (por exemplo, a letra seguinte, *u*) sem necessidade do signo. Porém, é mais comum agruparmos a imensa maioria de configurações de aparência aleatória como equivalentemente maçantes e as distinguirmos das pouquíssimas que se correlacionam com alguma outra coisa. Dessa perspectiva, a foto do gato contém mais informações que os confetes de pixels, pois é preciso uma mensagem eloquente para destacar uma configuração ordenada rara de um número imenso de configurações desordenadas. Afirmar que o universo é ordenado em vez de aleatório é dizer que ele contém informações nesse sentido. Alguns físicos veneram a informação como um dos componentes básicos do universo, juntamente com matéria e energia.[11]

Informação é aquilo que se acumula em um genoma ao longo da evolução. A sequência de bases em uma molécula de DNA correlaciona-se com a sequência de aminoácidos nas proteínas que compõem o corpo de um organismo, e elas ganharam essa sequência estruturando os ancestrais do organismo — reduzindo sua entropia — nas configurações improváveis que lhes permitiram captar energia, crescer e se reproduzir.

Informações também são coletadas pelo sistema nervoso de um animal enquanto ele cuida da vida. Quando a orelha converte som em disparos neurais, os dois processos físicos — ar que vibra e íons que se difundem — são muito diferentes. Porém, graças à correlação entre eles, o padrão de atividade neural no cérebro do animal conduz informações sobre o som no mundo. Dali as informações podem passar de elétricas a químicas e novamente a elétricas conforme são submetidas às sinapses que conectam um neurônio ao neurônio contíguo; ao longo de todas essas transformações físicas, as informações são preservadas.

Uma descoberta fundamental da neurociência teórica no século XX é que redes de neurônios não só podem preservar informações, mas também transformá-las de modos que permitem explicar como cérebros podem ser *inteligentes*. Dois neurônios de entrada podem ser conectados a um neurônio de saída de maneira que seus padrões de disparo correspondam a relações lógicas do tipo E, OU e NÃO, ou a uma decisão estatística que depende do peso das evidências entrantes. Isso dá às redes neurais a capacidade de se ocupar de processamento de informações, ou computação. Dada uma rede suficientemente grande construída com esses circuitos lógicos e estatísticos (e, com seus bilhões de neurônios, o cérebro tem espaço para muitas), um cérebro pode computar funções complexas, o requisito prévio da inteligência. Pode transformar as informações sobre o mundo enviadas pelos órgãos dos sentidos de modo que reflitam as leis que governam o mundo, o que, por sua vez, lhe permite fazer inferências e previsões úteis.[12] As representações internas que se correlacionam confiavelmente com estados do mundo e participam de inferências que tendem a derivar implicações verdadeiras de premissas verdadeiras podem ser chamadas de conhecimento.[13] Dizemos que alguém sabe o que é um tordo se essa pessoa pensar "tordo" sempre que vir um e se for capaz de inferir que se trata de um tipo de ave que aparece na primavera e cata minhocas do chão.

Voltando à evolução, um cérebro que já viesse dotado de informações no genoma para efetuar computações com base em informações provenientes dos sentidos poderia organizar o comportamento do animal de modo a lhe permitir captar energia e resistir à entropia. Poderia, por exemplo, implementar a regra "se grasnar, persiga; se latir, fuja".

No entanto, perseguir e fugir não são apenas sequências de contrações musculares; são processos *direcionados para um objetivo.* Perseguir pode consistir em correr ou escalar, saltar ou emboscar, dependendo das circunstâncias, desde que isso aumente as chances de capturar a presa; fugir pode incluir esconder-se, paralisar-se ou deslocar-se em zigue-zague. E isso faz lembrar outra ideia fundamental do século XX, às vezes chamada de cibernética, feedback ou controle. Essa ideia explica como um sistema físico pode parecer teleológico, isto é, dirigido por propósitos ou objetivos. Ele só precisa de um modo de perceber o seu próprio estado e o estado de seu ambiente, uma representação de um estado pretendido (o que ele "quer", o que está "tentando obter"), a capacidade de computar a diferença entre o estado corrente e o estado almejado e um repertório de ações que sejam identificadas com seus efeitos típicos. Se o sistema for programado de modo a desencadear ações que costumam reduzir a diferença entre o estado corrente e o estado pretendido, podemos dizer que se empenha em objetivos (e que, quando o mundo é suficientemente previsível, eles serão alcançados). Esse princípio foi descoberto pela seleção natural sob a forma da homeostase — por exemplo, quando nosso corpo regula sua temperatura tremendo e suando. Quando os humanos o descobriram, usaram-no para construir sistemas análogos como o termostato e o controle de velocidade de veículos e, mais tarde, sistemas digitais como programas de computador para jogar xadrez e robôs autônomos.

Os princípios de informação, computação e controle reduzem o abismo entre o mundo físico de causa e efeito e o mundo mental do conhecimento, inteligência e propósito. Dizer que ideias podem mudar o mundo não é só uma aspiração retórica— é um fato decorrente da constituição física dos cérebros. Os pensadores iluministas suspeitavam que o pensamento podia consistir em padrões na matéria — compararam as ideias a impressões em cera, vibrações em uma corda ou ondas provocadas por um barco. E alguns, como Hobbes, propuseram que "raciocinar é simplesmente calcular". Contudo, antes de os conceitos de informação e computação terem sido elucidados, era razoável um indivíduo acreditar em um dualismo mente-corpo e atribuir a vida mental a uma alma imaterial (do mesmo modo que, antes de o conceito de evolução ser elucidado, era razoável ser um criacionista e atribuir as complexas obras da natureza a um criador cósmico). Desconfio que essa seja outra razão pela qual muitos pensadores iluministas eram deístas.

Evidentemente, é natural duvidar que o seu celular "sabe" um número favorito, que o GPS "calcula" o melhor trajeto para voltar para casa e que o seu aspirador de pó automático "quer" limpar o assoalho. Porém, à medida que os sistemas de processamento de informação tornam-se mais complexos — à medida que suas representações do mundo tornam-se mais ricas, seus objetivos são organizados em hierarquias de subobjetivos dentro de subobjetivos, e suas ações para atingir os objetivos tornam-se mais diversificadas e menos previsíveis —, começa a parecer chauvinismo hominídeo insistir que eles não se sofisticam. (No último capítulo tratarei da questão de a informação e a computação explicarem ou não a *consciência* além de conhecimento, inteligência e propósito.)

A inteligência humana continua a ser o referencial para o tipo artificial, e o que faz do *Homo sapiens* uma espécie singular é o fato de que nossos ancestrais cultivaram cérebros maiores que coligiam mais informações sobre o mundo, raciocinavam a respeito delas de modos mais refinados e recorriam a uma maior variedade de ações para atingir seus objetivos. Eles se especializaram no nicho cognitivo, também chamado nicho cultural e nicho dos caçadores-coletores.[14] Isso abrangia um conjunto de novas adaptações, entre elas a habilidade de manipular modelos mentais do mundo e prever o que aconteceria quando se tentassem coisas novas; a habilidade de cooperar com outros, que permitia a equipes realizarem o que seria impossível para um indivíduo sozinho; e a linguagem, que lhes permitia coordenar suas ações e contribuir com suas experiências para o reservatório de habilidades e normas que chamamos de cultura.[15] Essas disposições permitiram aos primeiros hominídeos derrotar as defesas de uma grande variedade de plantas e animais e colher a recompensa em forma de energia, a qual, armazenada em seus cérebros cada vez maiores, ampliou seus conhecimentos e seu acesso a ainda mais energia. Uma tribo contemporânea de caçadores-coletores bastante estudada, os hadza, da Tanzânia, que vive no ecossistema onde os primeiros humanos modernos evoluíram e provavelmente preserva boa parte do modo de vida deles, extrai 3 mil calorias diárias por pessoa de mais de 880 espécies.[16] Os hadza criaram esse cardápio recorrendo a modos engenhosos e exclusivamente humanos de obter alimento — por exemplo, abater animais grandes com flechas envenenadas, remover abelhas da colmeia com fumaça para roubar mel e aumentar o valor nutricional da carne e tubérculos pelo cozimento.

A energia canalizada pelo conhecimento é o elixir com o qual postergamos a entropia, e avanços na captação de energia são avanços no destino humano. A invenção da agricultura, por volta de 10 mil anos atrás, multiplicou a disponibilidade de calorias obtidas de plantas cultivadas e animais domésticos, liberou parte da população das tarefas de caçar e coletar e, por fim, deu às pessoas o luxo de escrever, pensar e acumular ideias. Por volta do ano 500 antes da era comum, na época que o filósofo Karl Jaspers chamou de Era Axial, várias culturas vastamente separadas convergiram de sistemas de rituais e sacrifícios destinados apenas a afastar o azar para sistemas de crenças filosóficas e religiosas que promoviam o altruísmo e prometiam a transcendência espiritual.[17] O taoismo e o confucionismo na China, o hinduísmo, o budismo e o jainismo na Índia, o zoroastrismo na Pérsia, o judaísmo do Segundo Templo na Judeia e a filosofia e o teatro clássicos na Grécia surgiram no espaço de poucos séculos. (Confúcio, Buda, Pitágoras, Ésquilo e os últimos profetas hebreus andaram pela Terra na mesma época.) Recentemente, uma equipe interdisciplinar de estudiosos identificou uma causa comum.[18] Não foi uma aura de espiritualidade que envolveu o planeta, e sim algo mais prosaico: a captação de energia. A Era Axial foi o período em que avanços na agricultura e na economia proporcionaram um surto de energia: mais de 20 mil calorias diárias por pessoa em alimento, forragem, combustível e matérias-primas. Esse crescimento explosivo permitiu que civilizações pudessem dar-se ao luxo de ter cidades maiores e uma classe de estudiosos e sacerdotes e reorientar suas prioridades, da sobrevivência no curto prazo para a harmonia no longo prazo. Como diria Bertold Brecht milênios mais tarde: primeiro a boia, depois a ética.[19]

Quando a Revolução Industrial liberou uma profusão de energia utilizável extraída do carvão, petróleo e água, desencadeou a Grande Saída da pobreza, da doença, da fome, do analfabetismo e da morte prematura, primeiro no Ocidente e, cada vez mais, no resto do mundo (como veremos nos capítulos 5 a 8). E o próximo salto no bem-estar humano — o fim da extrema pobreza e a disseminação da abundância, com todos os seus benefícios morais — dependerá de avanços tecnológicos que forneçam energia a um custo econômico e ambiental aceitável para o mundo todo (capítulo 10).

Entro, evo, info. Esses conceitos definem a narrativa do progresso humano: a tragédia em que nascemos e nossos meios para conseguir arduamente uma existência melhor.

A primeira noção sábia que esses conceitos oferecem é: *Pode ser que ninguém tenha culpa por um infortúnio.* Um grande avanço da Revolução Científica — talvez o maior — foi refutar a intuição de que o universo é impregnado de propósito. Na concepção primitiva, mas onipresente, tudo acontece por uma razão; por isso, quando ocorrem coisas ruins — acidentes, doença, fome, pobreza —, algum agente só pode ter *desejado* que elas acontecessem. Se uma pessoa pode ser considerada culpada pelo infortúnio, pode ser punida ou forçada a ressarcir prejuízos. Quando não é possível atribuir a culpa a nenhum indivíduo, pode-se culpar a minoria étnica ou religiosa mais próxima e linchá-la ou massacrá-la em um pogrom. Se nenhum mortal puder ser acusado de forma plausível, sempre dá para procurar por bruxas e queimá-las ou afogá-las. Se isso falhar, invocam-se deuses sádicos, que não podem ser punidos, mas podem ser aplacados com orações e sacrifícios. E há também forças incorpóreas como o carma, o destino, mensagens espirituais, justiça cósmica e outras garantias da instituição de que "tudo o que acontece tem uma razão".

Galileu, Newton e Laplace substituíram esse drama da moralidade cósmica por um universo mecanicista no qual os eventos são causados por condições do presente, e não por objetivos para o futuro.[20] *Pessoas* têm objetivos, claro, mas projetá-los no funcionamento da natureza é uma ilusão. As coisas podem acontecer sem que ninguém leve em conta seus efeitos sobre a felicidade humana.

Esse vislumbre revelador da Revolução Científica e do Iluminismo foi aprofundado pela descoberta da entropia. Não só o universo não se importa com os nossos desejos, como também, no curso natural dos acontecimentos, parece frustrá-los, já que existem imensamente mais modos de as coisas darem errado do que de darem certo. Casas pegam fogo, navios naufragam, batalhas são perdidas por falta de pregos de ferradura.

A noção da indiferença do universo enraizou-se ainda mais quando a evolução foi compreendida. Predadores, parasitas e patógenos tentam nos devorar constantemente, pragas e organismos decompositores tentam carcomer nossos bens materiais. Isso pode nos causar grande sofrimento, mas eles não se importam.

A pobreza também dispensa explicações. Em um mundo governado por entropia e evolução, esse é o estado-padrão da humanidade. Matéria não se arranja espontaneamente para ser abrigo ou roupa, e seres vivos fazem de tudo para não se tornar nossa comida. Como observou Adam Smith, o que precisa ser explicado é a riqueza. Contudo, ainda hoje, quando poucos acreditam que acidentes e doenças têm perpetradores, grande parte das discussões sobre pobreza consiste em argumentos sobre quem deve ser culpado por ela.

Nada disso significa que o mundo natural seja isento de malevolência. Ao contrário, a evolução garante que ela exista em abundância. A seleção natural consiste na competição entre genes a serem representados na próxima geração, e os organismos que vemos hoje são descendentes daqueles que suplantaram seus rivais em competições por parceiros reprodutivos, alimento e dominância. Isso não quer dizer que todos os seres sejam sempre rapinantes; a teoria evolucionária moderna explica como genes egoístas podem originar organismos altruístas. No entanto, a generosidade é limitada. Ao contrário das células de um corpo ou dos indivíduos de um organismo colonial, cada ser humano é geneticamente único; cada indivíduo acumulou e recombinou um conjunto diferente de mutações que surgiram em sua linhagem ao longo de gerações de replicação sujeita à entropia.

A individualidade genética nos dá gostos e necessidades diferentes, além de preparar o terreno para disputas. Famílias, casais, amigos, aliados e sociedades fervilham com conflitos parciais de interesse, que se manifestam em tensão, discussões e, às vezes, violência. Outra implicação da lei da entropia é que um sistema complexo como um organismo pode ser facilmente incapacitado, pois seu funcionamento depende de que inúmeras condições improváveis sejam satisfeitas ao mesmo tempo. Uma pedrada na cabeça, mãos em volta da garganta, uma flecha bem localizada, e a competição é neutralizada. Ainda mais tentador para um organismo usuário de linguagem: uma *ameaça* de violência pode servir para coagir um rival, abrindo a porta para a opressão e a exploração.

A evolução nos deixou outro fardo: nossas faculdades cognitivas, emocionais e morais são adaptadas a sobrevivência e reprodução do indivíduo em um ambiente arcaico, e não à prosperidade universal em um ambiente moderno. Para avaliar esse fardo, não precisamos acreditar que somos homens das cavernas extemporâneos; basta saber que a evolução, com seu limite de velocidade medido em gerações, não foi capaz de adaptar nosso cérebro à tecnologia e às instituições modernas. Os humanos atuais dependem de faculdades cognitivas que funcionavam bem em sociedades tradicionais, mas que agora percebemos estar infestadas de falhas.

Por natureza, as pessoas não nascem sabendo ler e calcular; quantificam o mundo com base em "um, dois, muitos" e estimativas aproximadas.[21] Imaginam que as coisas físicas possuem essências ocultas que obedecem a leis de relações mágicas ou voduístas, e não a leis da física ou biologia: objetos podem exercer influência através do tempo e do espaço sobre coisas que se assemelham a eles ou que estiveram em contato com eles no passado (lembre-se das crenças dos ingleses em tempos pré-Revolução Científica).[22] Pensam que palavras e pensamentos sob a forma de orações e maldições podem interferir no mundo físico. Subestimam a prevalência da coincidência.[23] Generalizam com base em amostras insignificantes, isto é, na sua experiência pessoal, e raciocinam com base em estereótipos, projetando as características típicas de um grupo sobre qualquer indivíduo pertencente a ele. Inferem causas com base em correlações. Raciocinam de maneira holística, em preto e branco, e física, tratando redes abstratas como matéria concreta. Não são cientistas intuitivos, mas são advogados e políticos intuitivos, pois coligem evidências que confirmam suas convicções e descartam evidências que as contradizem.[24] Superestimam seu próprio conhecimento, sua idoneidade, competência e sorte.[25]

O senso moral humano também pode atuar em detrimento do nosso bem-estar.[26] As pessoas demonizam quem discorda delas, atribuindo diferenças de opinião a estupidez e desonestidade. Para cada infortúnio, procuram um bode expiatório. Veem a moralidade como uma fonte de justificativas para condenar rivais e mobilizar indignação contra eles.[27] A justificativa para condenação pode ser o fato de o réu ter prejudicado alguém, mas também o fato de ter desobedecido aos costumes, questionado a autoridade, solapado a solidariedade tribal ou participado de práticas sexuais ou alimentícias impuras. As pessoas veem a violência como moral, não imoral: em todo o mundo e ao longo de toda a história, mais pessoas foram assassinadas para aplicar justiça do que para satisfazer à cobiça.[28]

Mas não somos de todo ruins. A cognição humana vem com duas características que lhe dão os meios para transcender suas limitações.[29] A primeira é a abstração. As pessoas podem, por associação, usar seu conceito de um objeto em dado lugar para conceituar uma entidade em uma circunstância — por exemplo, quando aplicamos o padrão de *O cavalo foi do lago ao topo da montanha* a *O menino foi da euforia à tristeza*. Podem usar por associação o conceito de um agente exercendo força física para conceituar outros tipos de causalidade — por exemplo, quando estendemos a imagem em *Ela forçou sua passagem na multidão* para *Ela forçou sua irmã a ir junto* ou *Ela se forçou a sorrir*. Essas fórmulas dão às pessoas um meio de pensar sobre uma variável com um valor e sobre uma causa e seu efeito — exatamente o mecanismo conceitual de que precisamos para estruturar teorias e leis. Podemos fazer isso não apenas com os elementos do pensamento, mas também com associações mais complexas, permitindo pensar com base em metáforas e analogias: o calor é um fluido, uma mensagem é um recipiente, uma sociedade é uma família, obrigações são laços.

A segunda escada da cognição é o seu poder combinatório, recursivo. A mente pode contemplar uma variedade explosiva de ideias reunindo conceitos básicos — coisa, lugar, caminho, ator, causa, objetivo — para formar proposições. E pode contemplar não só proposições, mas também proposições sobre proposições, e proposições sobre as proposições sobre as proposições. Corpos contêm humores; a doença é um desequilíbrio nos humores que o corpo contém; não acredito mais na teoria de que a doença é um desequilíbrio nos humores que o corpo contém.

Graças à linguagem, ideias não são apenas abstraídas e combinadas na cabeça de um único pensador, mas também podem ser compartilhadas em uma comunidade de pensadores. Thomas Jefferson explicou o poder da linguagem com a ajuda de uma analogia: "Aquele que recebe uma ideia de mim recebe a instrução para si sem diminuir a minha, assim como aquele que acende sua vela na minha recebe a luz sem me deixar na escuridão".[30] A potência da linguagem como um aplicativo de compartilhamento original foi multiplicada pela invenção da escrita (e novamente, em épocas posteriores, pela prensa tipográfica, pela disseminação da alfabetização e pela mídia eletrônica). As redes de pensadores que se comunicam expandiram-se com o tempo, conforme as populações cresceram, misturaram-se e se concentraram em cidades. E a disponibilidade de energia além do mínimo necessário à sobrevivência deu a mais pessoas o luxo de pensar e conversar.

Quando comunidades grandes e conectadas ganham forma, podem conceber modos de organizar seus assuntos que favoreçam o benefício mútuo de seus membros. Embora todos queiram estar certos, assim que as pessoas começam a expor suas ideias incompatíveis torna-se claro que não é possível todos estarem certos a respeito de tudo. Além disso, o desejo de estar certo colide com um segundo, o de conhecer a verdade, que é supremo na mente de quem observa uma discussão sem interesse pessoal na vitória de nenhum dos lados. Assim, comunidades podem elaborar regras que permitam o surgimento de crenças verdadeiras a partir das turbulências da discussão, por exemplo: você tem de expor razões para suas crenças, tem permissão para apontar falhas nas crenças dos outros, mas não pode calar à força as pessoas que discordam de você. Adicione a regra de que deve ser permitido que o mundo lhe mostre se as suas crenças são verdadeiras ou falsas, e podemos chamar essas regras de ciência. Com as regras certas, uma comunidade de pensadores não totalmente racionais pode cultivar pensamentos racionais.[31]

A sabedoria da multidão também pode elevar nossos sentimentos morais. Quando um círculo de pessoas suficientemente grande delibera sobre o melhor modo de tratar umas às outras, a conversa tende a seguir certas direções. Se a minha proposta inicial for "Eu posso roubar, espancar e matar você e a sua família, mas você não pode roubar, espancar, escravizar ou matar a mim ou à minha família", não há como eu esperar que você concorde com o trato, nem que terceiros o ratifiquem, pois não há como justificar tais privilégios só porque eu sou eu e você não é.[32] Provavelmente também não concordaremos com o trato "Posso roubar, espancar, escravizar e matar você e sua família, e você pode roubar, espancar, escravizar e matar a mim e à minha família", apesar da simetria, pois as vantagens que cada um de nós poderia obter prejudicando o outro são em muito superadas pelas desvantagens que sofreríamos por ser prejudicados (mais uma implicação da lei da entropia: prejudicar é mais fácil e pode ter efeitos maiores que beneficiar). Seria mais sábio implementarmos um contrato social que nos deixasse em um jogo de soma positiva: nenhum dos dois pode prejudicar o outro, e somos ambos incentivados a promover a ajuda mútua.

Assim, apesar de todas as deficiências na natureza humana, ela contém as sementes de seu próprio aperfeiçoamento, contanto que proponha normas e instituições que canalizem interesses particulares para benefícios universais. Entre essas normas estão a liberdade de expressão, a não violência, a cooperação, o cosmopolitismo, os direitos humanos e o reconhecimento da falibilidade humana; entre as instituições estão a ciência, a educação, os meios de comunicação, o governo democrático, as organizações internacionais e os mercados. Não por coincidência, esses foram os principais frutos do Iluminismo.

3. Contrailuminismos

Quem poderia ser contra a razão, a ciência, o humanismo ou o progresso? São palavras doces, expressam ideais inatacáveis. Definem as missões de todas as instituições da modernidade: escolas, hospitais, entidades beneficentes, agências de notícias, governos democráticos, organizações internacionais. Esses ideais precisam mesmo de defesa?

Com certeza. Desde os anos 1960, a confiança nas instituições da modernidade despencou, e a segunda década do século XXI viu a ascensão de movimentos populistas que repudiam com estardalhaço os ideais do Iluminismo.[1] Eles são tribalistas em vez de cosmopolitas, autoritários em vez de democráticos, desprezam especialistas em vez de respeitar o conhecimento e têm saudade de um passado idílico em vez de esperança em um futuro melhor. No entanto, essas reações não se restringem ao populismo político do século XXI (um movimento que examinaremos nos capítulos 20 e 23). Longe de brotar das massas ou de canalizar a ira dos iletrados, o desdém pela razão, pela ciência, pelo humanismo e pelo progresso tem sua longa linhagem na cultura intelectual e artística da elite.

Na verdade, uma crítica comum ao projeto iluminista — a de que é uma invenção ocidental, inadequada ao mundo com toda a sua diversidade — é duplamente equivocada. Para começar, todas as ideias têm de provir de algum lugar, e o local de nascimento não tem importância para seu mérito. Embora muitas ideias do Iluminismo tenham sido expressas em sua forma mais clara e influente na Europa e nos Estados Unidos no século XVIII, têm raízes na razão e na natureza humana, portanto qualquer ser dotado de razão pode se interessar por elas. É por isso que em muitas épocas da história os ideais do Iluminismo foram expressos em civilizações não ocidentais.[2]

Contudo, minha principal reação à afirmação de que o Iluminismo é o ideal que norteia o Ocidente é: quem me dera! O Iluminismo foi rapidamente seguido por um contrailuminismo, e o Ocidente está dividido desde então.[3] Nem bem as pessoas saíram à luz e já vieram lhes dizer que a escuridão não era tão ruim, afinal de contas, que deviam parar de se atrever a compreender tanto, que os dogmas e as fórmulas mereciam outra chance, que o destino da natureza humana não era o progresso, e sim o declínio.

O movimento romântico exerceu uma força de particular intensidade contra ideais iluministas. Rousseau, Johann Herder, Friedrich Schelling e outros negaram que a razão podia ser separada da emoção, que indivíduos podiam ser considerados fora de sua cultura, que as pessoas deviam apresentar razões para seus atos, que valores aplicavam-se independentemente do lugar e da época e que a paz e a prosperidade eram fins desejáveis. Um ser humano é parte de um todo orgânico — uma cultura, raça, nação, religião, espírito, força histórica —, e as pessoas deveriam canalizar criativamente a unidade transcendente da qual fazem parte. A luta heroica, e não a resolução de problemas, é o bem supremo, e a violência é inerente à nossa natureza e não pode ser tolhida sem drenar a força da vida. "Existem apenas três grupos dignos de respeito", escreveu Charles Baudelaire, "o sacerdote, o guerreiro e o poeta. Conhecer, matar e criar."

Parece loucura, mas no século XXI esses ideais contrailuministas continuam a ser encontrados em uma surpreendente variedade de movimentos culturais e intelectuais. A noção de que devemos aplicar nosso raciocínio coletivo em prol da prosperidade e da redução do sofrimento é considerada tola, ingênua, débil, tacanha. Mencionarei algumas das alternativas populares a razão, ciência, humanismo e progresso; elas reaparecerão em outros capítulos, e na parte III do livro eu as confrontarei diretamente.

A mais óbvia é a fé religiosa. Ter fé em algo significa acreditar nisso sem uma boa razão; portanto, por definição a fé na existência de entidades sobrenaturais conflita com a razão. As religiões também colidem com o humanismo toda vez que elevam algum bem moral acima do bem-estar dos seres humanos — por exemplo, na aceitação de um salvador divino, na ratificação de uma narrativa sagrada, na imposição de rituais e tabus, na conversão de outras pessoas para fazerem o mesmo, e punição ou demonização de quem não o fizer. Além disso, religiões podem bater de frente com o humanismo ao valorizar a *alma* mais do que a *vida*, o que não é tão edificante quanto parece. A crença em uma vida após a morte implica que riqueza e felicidade não valem grande coisa, pois a vida na Terra é uma porção infinitesimal da existência, que coagir pessoas a aceitar a salvação é fazer-lhes um favor e que o martírio pode ser a melhor coisa que pode acontecer a alguém. Quanto às incompatibilidades com a ciência, temos as legendárias e as atuais, desde Galileu e o julgamento do macaco de Scopes* até as pesquisas com células-tronco e as mudanças climáticas.

Uma segunda ideia contrailuminista é a de que as pessoas são células descartáveis de um superorganismo — clã, tribo, grupo étnico, religião, raça, classe, nação — e que o bem supremo é a glória dessa coletividade, e não o bem-estar dos membros que a compõem. Um exemplo óbvio é o nacionalismo, no qual o superorganismo é o Estado-nação, isto é, um grupo étnico com um governo. Vemos o conflito entre nacionalismo e humanismo em lemas patrióticos mórbidos como "*Dulce et decorum est pro patria mori*" (É doce e honroso morrer pela pátria) e "Felizes os que que com fé resplandecente abraçam juntas a morte e a vitória".[4] Até o menos tétrico lema de John F. Kennedy — "Não pergunte o que seu país pode fazer por você, mas o que você pode fazer pelo seu país" — deixa clara a tensão.

Não se deve confundir nacionalismo com valores cívicos, espírito público, responsabilidade social ou orgulho cultural. Os humanos são uma espécie social, e o bem-estar de cada indivíduo depende de padrões de cooperação e harmonia que abrangem uma comunidade. Quando uma "nação" é concebida como um contrato social tácito entre pessoas que compartilham um território, nos moldes de uma associação condominial, é um meio essencial para promover a prosperidade de seus membros. E, obviamente, é admirável que um indivíduo sacrifique seus interesses pessoais em favor dos interesses de muitos. Mas outra coisa é

* Famoso julgamento do professor americano de ensino médio John Scopes por ensinar a teoria da evolução quando a lei do estado do Tennessee proibia a divulgação de ideias contrárias ao criacionismo. (N. T.)

forçar uma pessoa a fazer o sacrifício supremo em benefício de um líder carismático, um retângulo de tecido ou cores num mapa. Tampouco é doce e honroso abraçar a morte para impedir que uma província se separe, expandir uma esfera de influência ou empreender uma cruzada irredentista.

Religião e nacionalismo são causas típicas de conservadorismo político e continuam a afetar o destino de bilhões de pessoas nos países sob sua influência. Muitos colegas de esquerda aplaudiram quando souberam que eu estava escrevendo um livro sobre razão e humanismo, saboreando a perspectiva de um arsenal de argumentos contra a direita. Contudo, não muito tempo atrás a esquerda era simpática ao nacionalismo, quando vinha fundido a movimentos marxistas de libertação. E muitos na esquerda apoiam os políticos identitários e os partidários da justiça social que menosprezam os direitos individuais e privilegiam o igualamento das condições de raça, classe e gênero, vistos como competidores em um jogo de soma zero.

A religião também tem defensores nas duas metades do espectro político. Até mesmo autores que não aceitam defender o conteúdo literal de crenças religiosas podem defender ferozmente a religião e hostilizar a ideia de que a ciência e a razão têm algo a dizer sobre a moralidade (a maioria desses autores não mostra sequer ter consciência de que o humanismo existe).[5] Os defensores da fé garantem que a religião tem o mandato exclusivo para questões sobre o que realmente importa. Ou que, embora nós, pessoas refinadas, não precisemos de religião para ser morais, as massas prolíficas precisam. Ou que, apesar do fato de que todos estariam melhor sem a fé religiosa, é inútil debater sobre o lugar da religião no mundo porque a religião é parte da natureza humana, motivo por que, zombando das esperanças iluministas, ela se mostra mais tenaz do que nunca. No capítulo 23 examinarei todas essas afirmações.

A esquerda tende a simpatizar com outro movimento que subordina os interesses humanos a uma entidade transcendente: o ecossistema. O quixotesco Movimento Verde vê a captação de energia pelos seres humanos não como um modo de resistir à entropia e promover a prosperidade das pessoas, e sim como um crime hediondo contra a natureza, que fará justiça com uma vingança medonha na forma de guerras por recursos, poluição do ar e da água e mudança climática aniquiladora da civilização. Nossa salvação depende de nos arrependermos, repudiarmos a tecnologia e o crescimento econômico e revertermos a um modo de vida mais simples e natural. Obviamente, nenhuma pessoa bem informada pode negar que danos a sistemas naturais pela atividade humana são prejudiciais e que, se não tomarmos providências, podem tornar-se catastróficos. A questão é se uma sociedade complexa, tecnologicamente avançada, *está* condenada a não tomar providências. No capítulo 10 examinarei um ambientalismo humanístico, mais iluminista do que quixotesco, às vezes chamado de ecomodernismo ou eco-pragmatismo.[6]

As próprias ideologias políticas de esquerda e de direita tornaram-se religiões seculares que proporcionam às pessoas uma comunidade de irmãos com uma afinidade de ideias, um catecismo de crenças, uma demonologia populosa e uma confiança beatífica na virtude de sua causa. No capítulo 21 veremos como a ideologia política prejudica a razão e a ciência.[7] Ela enevoa o discernimento, inflama uma mentalidade tribal primitiva e desvia seus adeptos de uma compreensão mais sensata das maneiras de melhorar o mundo. Em última análise, nossos maiores inimigos não são os adversários políticos, e sim a entropia, a evolução (na forma de pestilência e de falhas na natureza humana) e, sobretudo, a ignorância — uma deficiência de conhecimento sobre modos melhores de solucionar nossos problemas.

Os dois últimos movimentos contrailuministas desconsideram a linha divisória entre esquerda e direita. Por quase dois séculos, uma grande variedade de autores proclamou que a civilização moderna, longe de usufruir o progresso, declina a olhos vistos e está à beira do colapso. Em *A ideia de decadência na história ocidental*, o historiador Arthur Herman enumera dois séculos de profetas do fim do mundo que soaram o alarme da degeneração racial, cultural, política ou ecológica. Ao que parece, já faz um bom tempo que o mundo está acabando.[8]

Uma forma de decadentismo deplora o nosso Prometeu que brinca com a tecnologia.[9] Quando roubamos o fogo dos deuses, só demos à nossa espécie o meio para pôr fim à própria existência, no mínimo envenenando o meio ambiente, mas também deixando soltos no mundo armas nucleares, nanotecnologia, ciberterrorismo, bioterrorismo, inteligência artificial e outras ameaças à existência (capítulo 19). E, mesmo que a nossa civilização tecnológica consiga escapar da aniquilação pura e simples, está descambando para uma distopia de violência e injustiça: um admirável mundo novo de terrorismo, drones, trabalho semiescravo, gangues, tráfico, refugiados, desigualdade, ciberbullying, ataques sexuais e crimes de ódio.

Outra variedade de decadentismo aflige-se com o problema oposto: não que a modernidade tenha tornado a vida dura e perigosa demais, e sim que a tornou demasiado agradável e segura. Segundo esses críticos, saúde, paz e prosperidade são distrações burguesas que nos afastam daquilo que realmente importa na vida. Ao nos proporcionar esses prazeres filistinos, o capitalismo tecnológico só condenou as pessoas a um vazio aniquilador da alma, atomizado, conformista, consumista, materialista, influenciável, desarraigado, rotinizado. Em sua existência absurda, as pessoas sofrem de alienação, angústia, anomia, apatia, fé equivocada, tédio, mal-estar e náusea; são "homens ocos comendo seus almoços nus no terreno baldio esperando Godot".[10] (Examinarei essas ideias nos capítulos 17 e 18.) No crepúsculo de uma civilização decadente, degenerada, a verdadeira libertação será encontrada não numa racionalidade estéril ou num humanismo afetado, mas em um ser-em-si autêntico, heroico, holístico, orgânico, sagrado, vital e na vontade de poder. Caso você se pergunte em que consiste esse heroísmo sagrado, Friedrich Nietzsche, que cunhou o termo "vontade de poder", recomenda a violência aristocrática das "bestas louras teutônicas" e dos samurais, vikings e heróis homéricos: "Duros, frios, terríveis, sem sentimentos e sem consciência, esmagam tudo e respingam tudo com sangue".[11] (Veremos essa moralidade em mais detalhes no último capítulo.)

Herman observou que os intelectuais e artistas que predizem o colapso da civilização reagem à sua profecia de um dentre dois modos. Os pessimistas históricos temem a queda, mas lamentam serem impotentes para impedi-la. Os pessimistas culturais a saúdam "com um demoníaco *schadenfreude*".* A modernidade está tão falida que não pode ser melhorada, apenas transcendida, eles dizem. Dos escombros de seu colapso emergirá uma nova ordem que só pode ser superior.

Uma última alternativa ao humanismo iluminista critica a defesa da ciência. Podemos chamar isso de Segunda Cultura, na linha de C. P. Snow: essa é a visão de mundo de muitos intelectuais literários e críticos culturais, que contrasta com a Primeira Cultura da ciência.[12] Snow criticou a cortina de ferro entre as duas culturas e clamou por maior integração da ciência na vida intelectual. Não era apenas o fato de a ciência ser "em sua profundidade, complexidade e articulação intelectual a mais bela e fascinante obra coletiva da mente do homem".[13] Conhecer a ciência era um imperativo moral, pois ela podia aliviar o sofrimento em es-

* Deleite com o sofrimento alheio. (N. T.)

cala global curando doenças, alimentando famintos, salvando vidas de crianças e mães e permitindo que as mulheres controlassem sua fertilidade, ele argumentou.

Embora hoje o argumento de Snow pareça presciente, em 1962 uma famosa réplica do crítico literário F. R. Leavis foi tão agressiva que, antes de publicá-la, a revista *The Spectator* precisou pedir a Snow que prometesse não processá-los por difamação.[14] Depois de comentar sobre a "total carência de distinção intelectual e [...] constrangedora vulgaridade de estilo" de Snow, Leavis escarneceu de um sistema de valores no qual o "padrão de vida" é o critério supremo e elevá-lo é o grande objetivo.[15] Como alternativa, sugeriu que "ao compreender a grande literatura, descobrimos em que, no fundo, acreditamos de fato. Para quê... essencialmente para quê? De que vive o homem? — essas são questões eficazes e reveladoras do que só posso chamar de profundidade religiosa de pensamento e sentimento". (Qualquer um cuja "profundidade de pensamento e sentimento" se estenda a uma mulher de um país pobre que viveu para ver seu recém-nascido porque seu padrão de vida elevou-se, e então multiplique essa solidariedade por algumas centenas de milhões, poderia se perguntar por que "compreender a grande literatura" seria moralmente superior a "elevar o padrão de vida" como critério para aquilo "que, no fundo, acreditamos de fato" — ou por que, afinal, as duas coisas têm de ser vistas como alternativas conflitantes.)

Como veremos no capítulo 22, a perspectiva de Leavis pode ser encontrada hoje em uma vasta parcela da Segunda Cultura. Muitos intelectuais e críticos menosprezam a ciência como nada além de um remédio para problemas corriqueiros. Escrevem como se o consumo da arte da elite fosse o bem moral supremo. Sua metodologia para buscar a verdade consiste não em elaborar hipóteses e citar evidências, mas em emitir pronunciamentos extraídos do seu escopo de erudição e de um hábito vitalício de leitura. Revistas intelectuais criticam regularmente o "cientificismo", a intrusão da ciência no território das humanidades, por exemplo, na política e nas artes. Em muitas faculdades e universidades, a ciência é apresentada não como a busca de explicações verdadeiras, e sim como apenas mais uma narrativa ou mito. Costuma-se culpar a ciência pelo racismo, pelo imperialismo, pelas guerras mundiais e pelo Holocausto. E ela é acusada de roubar o encantamento da vida e destituir os seres humanos de liberdade e dignidade.

Portanto, o humanismo iluminista está longe de agradar a todos. A ideia de que o bem supremo é usar o conhecimento para aprimorar o bem-estar humano não entusiasma as pessoas. Explicações profundas sobre o universo, o planeta, a vida, o cérebro? Se não contiverem magia, não queremos acreditar nelas. Salvar a vida de bilhões, erradicar doenças, alimentar os famintos? Que tédio! Pessoas estendendo sua compaixão a toda a humanidade? Não é bom o bastante — queremos que *as leis da física* se importem conosco! Longevidade, saúde, compreensão, beleza, liberdade, amor? A vida precisa ser mais do que isso!

O que mais fica atravessado na garganta, entretanto, é a ideia do progresso. Mesmo quem acha uma boa ideia, em teoria, usar o conhecimento para aprimorar o bem-estar garante que isso nunca funcionará na prática. E diariamente o noticiário corrobora em profusão esse ceticismo: o mundo é retratado como um vale de lágrimas, uma história triste, um pântano de desesperança. Como nenhuma defesa da razão, ciência e humanismo teria valor algum se, 250 anos depois do Iluminismo, não estivéssemos em melhor situação que os nossos ancestrais da Idade das Trevas, é por uma avaliação do progresso humano que precisamos começar a argumentação.

PARTE II

PROGRESSO

Se você tivesse que escolher um momento na história para nascer e não soubesse de antemão quem você seria — não soubesse se iria nascer em uma família rica ou em uma família pobre, em que país nasceria, se seria homem ou mulher —, se tivesse que escolher cegamente o momento em que gostaria de nascer, você escolheria agora.

Barack Obama, 2016

4. Progressofobia

Intelectuais odeiam o progresso. Intelectuais que se intitulam "progressistas" odeiam *muito* o progresso. Não são os *frutos* do progresso que eles odeiam, veja bem: a maioria dos doutos, críticos e seus leitores *bien-pensants* usa computador em vez de pena e tinteiro, e prefere submeter-se a uma cirurgia com anestesia em vez de sem. É a *ideia* de progresso que exaspera a classe loquaz — a crença iluminista de que, entendendo o mundo, podemos melhorar a condição humana.

Para expressar seu desdém, eles criaram todo um léxico de injúrias. Se você acha que o conhecimento pode ajudar a resolver problemas, então tem uma "fé cega" e uma "crença quase religiosa" na "superstição ultrapassada" e na "falsa promessa" do "mito" da "marcha à frente" do "progresso inevitável". Você é um "animador da torcida" do "vulgar empreendedorismo americano", com o "eufórico" espírito da "ideologia empresarial" do "Vale do Silício" e da "Câmara de Comércio". Você é um "historiador Whig",* um "otimista ingênuo", uma "Poliana" e, obviamente, um "Pangloss", uma versão moderna do filósofo do *Cândido* de Voltaire, para quem "tudo é para o melhor no melhor dos mundos possíveis".

* Estilo de historiografia que apresenta o passado como uma marcha inexorável em direção ao progresso e à liberdade, criticado como teleológico. (N. T.)

Na verdade, o professor Pangloss é o que hoje definiríamos como um pessimista. Um otimista moderno acredita que o mundo poderá ser *muito, muito* melhor do que é hoje. Voltaire satirizava não a esperança de progresso do Iluminismo, mas seu oposto, a racionalização religiosa do sofrimento, chamada teodiceia, segundo a qual Deus não tem escolha a não ser permitir epidemias e massacres porque um mundo sem essas coisas é metafisicamente impossível.

Epítetos à parte, a ideia de que o mundo é melhor do que já foi e pode tornar-se ainda melhor saiu de moda entre a intelectualidade muito tempo atrás. Em *A ideia de decadência na história ocidental*, Arthur Herman mostra que profetas do apocalipse são os astros do currículo de ciências humanas; entre eles temos Nietzsche, Arthur Schopenhauer, Martin Heidegger, Theodor Adorno, Walter Benjamin, Herbert Marcuse, Jean-Paul Sartre, Frantz Fanon, Michel Foucault, Edward Said, Cornel West e um coro de ecopessimistas.[1] Herman faz um levantamento da paisagem intelectual do final do século XX e lamenta a "saída de cena" dos "ilustres expoentes" do humanismo iluminista, aqueles que acreditavam que "como as pessoas geram conflitos e problemas na sociedade, também podem resolvê-los". Em *História da ideia de progresso*, o sociólogo Robert Nisbet concorda: "O ceticismo quanto ao progresso do Ocidente, antes restrito a um número muito pequeno de intelectuais do século XIX, cresceu e se difundiu não apenas pela grande maioria dos intelectuais neste último quarto de século, mas também para muitos milhões de outras pessoas no Ocidente".[2]

Sim, não são apenas os que ganham a vida intelectualizando que acham que o mundo vai de mal a pior. São também as pessoas comuns quando entram no modo intelectualoide. Há tempos os psicólogos sabem que as pessoas tendem a ver a própria vida com otimismo: acham que para elas é menor a probabilidade de se tornarem vítimas de um divórcio, uma demissão, um acidente, uma doença ou um crime. Mas mude a pergunta da vida da *pessoa* para a sua *sociedade* e ela se transforma de Poliana em Ió.*

Os pesquisadores de opinião pública chamam isso de disparidade de otimismo.[3] Por mais de duas décadas, em tempos bons e ruins, quando pesquisadores perguntaram aos europeus se a sua situação econômica *pessoal* seria melhor ou pior no ano seguinte, a maioria respondia que iria melhorar; porém, quando a

* Ió é um burro cinzento, personagem da turma do Ursinho Pooh, conhecido por ser pessimista e resmungão. (N. T.)

pergunta era sobre a situação econômica de seu *país*, a maioria dizia que iria piorar.[4] A maior parte dos britânicos considera a imigração, a gravidez na adolescência, o lixo nas ruas, o desemprego, o crime, o vandalismo e as drogas um problema no Reino Unido como um todo, enquanto poucos acham que são problemas em sua região.[5] Na maioria dos países, a qualidade ambiental também é considerada pior no país do que na comunidade e pior no mundo do que no país.[6] Em quase todos os anos, de 1992 a 2015, uma era na qual a taxa de crimes violentos despencou, a maioria dos americanos disse aos pesquisadores que a criminalidade estava em alta.[7] Em fins de 2015, grandes maiorias em onze países desenvolvidos disseram que "o mundo está piorando", e na maior parte dos últimos quarenta anos uma substancial maioria dos americanos afirmou que o país está "seguindo na direção errada".[8]

Será que eles têm razão? O pessimismo está certo? Poderia o estado do mundo afundar sem parar, como as listras de um poste de barbearia, que dão a ilusão de girar sempre para baixo? É fácil entender por que as pessoas se sentem assim: todo dia o noticiário vem repleto de informes sobre guerra, terrorismo, crime, poluição, desigualdade, uso abusivo de drogas e opressão. E não estamos falando só nas manchetes; são também os editoriais e as reportagens mais extensas. As capas de revista alertam sobre iminentes anarquias, pragas, epidemias, colapsos e tantas "crises" (na agricultura, saúde, aposentadoria, assistência social, energia, déficit) que os redatores são obrigados a usar termos cada vez mais veementes no lugar da redundante "crise grave".

Independentemente de o mundo estar ou não piorando de verdade, a natureza das notícias interage com a natureza da cognição para nos fazer pensar que sim. O noticiário fala de coisas que acontecem, não de coisas que não acontecem. Nunca vemos um jornalista dizer para a câmera "Falamos ao vivo de um país onde não eclodiu uma guerra" — ou de uma cidade que não foi bombardeada, ou de uma escola onde não aconteceu um ataque a tiros. Enquanto as coisas ruins não tiverem desaparecido da face da Terra, sempre haverá incidentes o bastante para preencher o noticiário, ainda mais quando bilhões de celulares transformam a maior parte da população mundial em repórteres policiais e correspondentes de guerra.

Além disso, entre as coisas que acontecem, as positivas e as negativas seguem cronologias diferentes. O noticiário, longe de ser "um primeiro esboço da história", lembra mais os comentários de programas de esportes para cada partida:

concentra-se em eventos isolados, em geral os que ocorreram desde a última edição (antigamente, no dia anterior; hoje, segundos antes).[9] Coisas ruins podem acontecer rapidamente, mas coisas boas não se fazem em um dia; por isso, não ocorrem em sincronia com o ciclo do noticiário. Johan Galtung, que faz pesquisas sobre a paz, salientou que, se um jornal fosse publicado apenas de cinquenta em cinquenta anos, não noticiaria meio século de fofocas sobre celebridades ou escândalos políticos. Informaria sobre as mudanças globais mais importantes, como o aumento na expectativa de vida.[10]

A natureza do noticiário tende a distorcer a visão de mundo das pessoas devido à falha mental que os psicólogos Amos Tversky e Daniel Kahneman chamam de heurística da disponibilidade: as pessoas estimam a probabilidade de um evento ou a frequência de um tipo de coisa pela facilidade com que esses tipos de caso lhes vêm à mente.[11] Em muitas ocasiões na vida, essa é uma regra prática útil. Eventos frequentes deixam traços de memória mais fortes, por isso lembranças mais fortes geralmente indicam eventos mais corriqueiros: você de fato está pisando em terreno sólido quando supõe que nas cidades os pombos são mais comuns do que os papafigos, apesar de recorrer às suas memórias de encontros com esses animais, e não a um censo de aves. Contudo, sempre que uma lembrança aparece no alto da lista de resultados do mecanismo de busca da mente por outras razões que não a frequência — porque é recente, vívida, sangrenta, nítida ou perturbadora —, as pessoas superestimarão sua probabilidade no mundo. Na língua inglesa, quais palavras são mais numerosas, as que começam com *k* ou as que têm *k* na terceira posição? Muitos falantes do inglês acham que são as primeiras. Na verdade, porém, existem três vezes mais palavras com *k* na terceira posição (*ankle*, *ask*, *awkward*, *bake*, *cake*, *make*, *take*...), mas as palavras são recuperadas na memória por seus sons iniciais, por isso *keep*, *kind*, *kill*, *kid* e *king* têm maior probabilidade de vir à mente com mais prontidão.

Os erros de disponibilidade são uma fonte comum de tolices no raciocínio humano. Calouros do curso de medicina interpretam toda erupção na pele como sintoma de uma doença exótica, e turistas não entram na água depois de terem ouvido falar de um ataque de tubarão ou de terem acabado de assistir ao filme de Spielberg com esse título.[12] Desastres de avião sempre viram notícia, mas acidentes de carro, que matam muito mais pessoas, dificilmente são noticiados. Não é de surpreender que muitas pessoas tenham medo de viajar de avião, mas quase nenhuma se apavore com a ideia de dirigir um carro. As pessoas pensam que os tornados (que matam cerca de cinquenta americanos por ano) são uma causa de morte mais comum do que a asma (que mata mais de 4 mil americanos por ano), presumivelmente porque os tornados dão mais audiência na televisão.

É fácil ver por que a heurística da disponibilidade, insuflada pela política da mídia "Se tem sangue, a notícia é boa", pode induzir um sentimento de pessimismo quanto ao estado do mundo. Pesquisadores dos meios de comunicação que computam vários tipos de notícias ou apresentam aos editores um cardápio de possíveis reportagens para ver quais escolherão e como as exibirão confirmam que, mantendo os eventos constantes, os responsáveis pelo que vai ser noticiado preferem a cobertura negativa à positiva.[13] Isso, por sua vez, fornece uma fórmula fácil para os pessimistas na página de editorial: faça uma lista das piores coisas que estão acontecendo em qualquer parte do planeta nesta semana e teremos uma defesa impressionante do argumento de que a civilização nunca esteve tão ameaçada quanto agora.

As consequências de notícias negativas também são negativas. O público que as recebe em profusão, longe de ficar mais bem informado, torna-se descalibrado. Essas pessoas se preocupam mais com a criminalidade mesmo quando os índices estão caindo, e às vezes se desligam por completo da realidade: uma pesquisa de 2016 revelou que a grande maioria dos americanos acompanha atentamente as notícias sobre o Estado Islâmico (EI), e 77% concordam que "os militantes islâmicos em ação na Síria e Iraque representam uma ameaça grave à existência ou sobrevivência dos Estados Unidos" — uma crença nada menos do que delirante.[14] Os consumidores de notícias negativas ficam deprimidos, como seria de esperar: um levantamento recente da literatura especializada citou "percepção errônea de risco, ansiedade, níveis de humor mais baixos, desamparo aprendido, desprezo e hostilidade pelos outros, dessensibilização e, em alguns casos, [...] recusa total a ver o noticiário".[15] E se tornam fatalistas, dizem coisas como "Para que votar? Não ajuda nada", ou "Eu poderia doar dinheiro, mas na semana que vem vai haver outra criança morrendo de fome".[16]

Sabendo como os hábitos jornalísticos e os vieses cognitivos agravam-se mutuamente, como podemos avaliar com sensatez o estado do mundo? A resposta é: *contando*. Quantas pessoas são vítimas de violência em proporção ao número de seres humanos vivos? Quantas estão doentes, quantas são vítimas da fome, quantas são pobres, quantas são oprimidas, quantas são analfabetas, quantas são infelizes? E esses números estão aumentando ou diminuindo? A perspectiva quantitativa, apesar de sua aura nerd, é na verdade a mais moralmente iluminista, pois trata todas as vidas humanas como dotadas do mesmo valor, em vez de privilegiar as pessoas que nos são próximas ou as que são mais fotogênicas. E traz a esperança de que possamos identificar as causas do sofrimento e, assim, descobrir quais medidas têm maior probabilidade de reduzi-lo.

Esse foi o objetivo de meu livro *Os anjos bons da nossa natureza*, de 2011, no qual apresentei uma centena de gráficos e mapas mostrando que a violência e as condições que a promovem declinaram ao longo da história. Para ressaltar que os declínios ocorreram em épocas diferentes e tiveram causas distintas, eu os nomeei. O "Processo de Pacificação" foi uma redução em cinco vezes na taxa de mortes decorrentes de ataques e inimizades tribais, a consequência de Estados exercendo controle eficaz sobre um território. O "Processo Civilizador" foi uma redução em quarenta vezes nas taxas de homicídio e outros crimes violentos, decorrente da consolidação do estado de direito e de normas de autocontrole nos primeiros tempos da Europa moderna. "Revolução Humanitária" é outro nome para a abolição da escravidão, perseguição religiosa e castigos cruéis na era iluminista. "Longa Paz" é o termo com que os historiadores designam o declínio da guerra entre grandes potências e das guerras civis após a Segunda Guerra Mundial. Depois do fim da Guerra Fria, o mundo tem desfrutado de uma "Nova Paz", com menos guerras civis, genocídios e autocracias. E, desde os anos 1950, uma avalanche de Revoluções por Direitos percorre o planeta: direitos civis, direitos das mulheres, direitos dos homossexuais, direitos das crianças, direitos dos animais.

Poucos desses declínios são contestados por especialistas que estão a par dos números. Os estudiosos da criminologia histórica, por exemplo, concordam que os homicídios despencaram depois da Idade Média, e os analistas de relações internacionais estão mais do que cientes da redução do número de guerras importantes após 1945. No entanto, a maioria das pessoas leigas do mundo surpreende-se ao saber desses fatos.[17]

Pensei que um desfile de gráficos com o tempo no eixo horizontal, a contagem de corpos ou outras medidas de violência no vertical, e uma linha sinuosa descendo do alto à esquerda até embaixo à direita curaria o público do viés da disponibilidade e o persuadiria de que, pelo menos nessa esfera do bem-estar, o mundo progrediu. Mas as perguntas e objeções das pessoas me fizeram ver que a resistência à ideia de progresso é ainda mais poderosa do que falácias estatísticas. Obviamente, qualquer conjunto de dados é um reflexo imperfeito da realidade;

portanto é legítimo questionar se os números são de fato acurados e representativos. Contudo, as objeções revelaram não apenas um ceticismo com relação aos dados, mas também um despreparo para a *possibilidade* de a condição humana melhorar. Muita gente não possui as ferramentas conceituais para avaliar se houve ou não progresso; a própria ideia de que as coisas podem melhorar não faz sentido para essas pessoas. Eis algumas versões estilizadas de diálogos que tive com muitos dos questionadores.

Então a violência declinou linearmente desde o começo da história! Impressionante!

Não, não "linearmente" — seria espantoso se qualquer medida do comportamento humano, com todas as suas vicissitudes, declinasse de forma regular segundo uma quantidade constante por unidade de tempo, década após década e século após século. E também não monotonicamente (o que talvez os questionadores tivessem em mente): isso significaria que essa medida sempre declinaria ou se manteria igual, e nunca aumentaria. Curvas históricas reais mostram oscilações, subidas, picos e às vezes guinadas vertiginosas. Entre os exemplos temos as duas guerras mundiais, uma explosão da criminalidade em países ocidentais desde meados dos anos 1960 até o começo dos 1990 e uma alta substancial em guerras civis no mundo em desenvolvimento na esteira da descolonização nos anos 1960 e 1970. O progresso consiste em tendências da violência, nas quais essas flutuações são sobrepostas: uma queda brusca ou um declínio lento, um retorno a uma linha de base baixa após uma alta temporária. Nem sempre o progresso pode ser monotônico, pois as soluções para problemas criam novos problemas.[18] Mas o progresso pode ser retomado quando os novos problemas forem resolvidos.

A propósito, o caráter não monotônico dos dados sociais fornecem uma fórmula fácil para os meios de comunicação acentuarem o lado negativo. Se forem desconsiderados todos os anos nos quais um indicador de algum problema declinou e cada subida for informada (já que, afinal de contas, ela é "notícia"), os leitores terão a impressão de que a vida vai cada vez pior em vez de melhor. Nos seis primeiros meses de 2016, o *New York Times* usou esse truque por três vezes, com números sobre longevidade e mortes por suicídio e acidentes de automóvel.

Ora, se os níveis de violência nem sempre caem, isso significa que são cíclicos; portanto, mesmo que estejam baixos neste momento, é só questão de tempo para que voltem a subir.

Não. As mudanças ao longo do tempo podem ser *estatísticas*, com flutuações imprevisíveis, sem ser *cíclicas*, isto é, sem oscilar como um pêndulo entre dois extremos. Em outras palavras, mesmo que seja possível ocorrer uma reversão a qualquer momento, isso não significa que ela se torna mais provável com o passar do tempo. (Muitos investidores perderam tudo porque apostaram em um "ciclo econômico" — um termo muito mal escolhido — que na verdade consiste em guinadas imprevisíveis.) O progresso pode ocorrer quando as reversões de uma tendência positiva tornam-se menos frequentes, menos pronunciadas ou, em alguns casos, cessam totalmente.

Como você pode dizer que a violência diminuiu? Não leu sobre o tiroteio na escola (ou o homem-bomba, ou o ataque com granada, ou a briga de torcidas de futebol, ou o esfaqueamento na pista de dança) no noticiário de hoje?

Declínio não quer dizer desaparecimento. (A afirmação "$x > y$" é diferente da afirmação "$y = 0$".) Uma coisa pode diminuir muito sem desaparecer por completo. Isso significa que o nível de violência no dia de hoje é *totalmente irrelevante* para a questão de a violência ter ou não declinado ao longo da história. O único modo de responder a essa pergunta é comparar o nível de violência atual com o nível de violência no passado. E, sempre que você examina o nível de violência no passado, encontra-o muito alto, apesar de não estar tão fresco na memória quanto a manchete da manhã.

Todas essas estatísticas bonitinhas sobre a queda da violência não significam nada se você for uma das vítimas.

Certo, mas elas significam que é menor a probabilidade de você *ser* uma vítima. Por essa razão, são importantíssimas para os milhões de pessoas que não são vítimas, mas teriam sido se as taxas de violência tivessem permanecido iguais.

Então você está dizendo que todos podemos ficar sossegados porque a violência vai acabar por si mesma.

Ilógico, capitão. Se você vir que um monte de roupa suja diminuiu, isso não significa que as roupas se lavaram sozinhas. Significa que alguém as lavou. Se um tipo de violência diminuiu, então alguma mudança no meio social, cultural ou material causou o declínio. Se as condições persistirem, a violência pode permanecer baixa ou decrescer ainda mais; do contrário, não cairá. Por isso é importante descobrir quais são as causas, para que possamos tentar intensificá-las e aplicá-las de modo mais abrangente a fim de assegurar que o declínio da violência continue.

Dizer que a violência diminuiu é ser ingênuo, sentimental, idealista, quixotesco, crédulo, utópico, poliânico, panglossiano.

Não. Examinar dados que mostram um declínio da violência e afirmar que "a violência diminuiu" é constatar um fato. Examinar dados que mostram que a violência diminuiu e dizer "a violência aumentou" é delirar. Desconsiderar dados sobre a violência e insistir que "a violência aumentou" é ser um ignorante completo.

Quanto às acusações de quixotesco, posso replicar com certa confiança. Também sou autor do nada quixotesco e antiutópico *Tábula rasa: A negação contemporânea da natureza humana*, livro no qual afirmei que a evolução equipou os seres humanos com várias motivações destrutivas como cobiça, luxúria, dominância, vingança e autoengano. Mas acredito que as pessoas também são munidas de um senso de solidariedade, de uma capacidade para refletir sobre seu sofrimento e de faculdades de conceber e compartilhar novas ideias — os anjos bons da nossa natureza, nas palavras de Abraham Lincoln. Somente examinando os fatos podemos saber em que grau os nossos anjos bons prevalecem sobre os nossos demônios interiores em determinada época e lugar.

Como você pode prever que a violência continuará a diminuir?

A afirmação de que determinada medida da violência declinou não é uma "teoria", e sim a observação de um fato. E, sim, o fato de que uma medida mudou com o passar do tempo não é sinônimo de uma previsão de que continuará a mudar nessa direção o tempo todo e para sempre. Como se exige que seja dito nos anúncios de investimentos, o desempenho passado não é garantia de resultados futuros.

Nesse caso, de que adiantam todos esses gráficos e análises? Uma teoria científica não tem de fazer suposições passíveis de ser testadas?

Uma teoria científica faz previsões em *experimentos* nos quais as influências causais são controladas. Nenhuma teoria pode fazer uma predição sobre o mundo como um todo, com 7 bilhões de pessoas disseminando ideias virais em redes globais e interagindo com ciclos caóticos de clima e recursos. Declarar o que o futuro reserva em um mundo incontrolável, e sem saber a razão de os eventos ocorrerem como ocorrem, não é previsão, é *profecia*; e, como observa David Deutsch: "A mais importante de todas as limitações à criação de conhecimento é não sermos capazes de profetizar: não podemos prever o conteúdo de ideias que ainda serão concebidas, nem seus efeitos. Essa limitação não é apenas condizente com o crescimento ilimitado do conhecimento: é acarretada por ele".[19]

Obviamente, a incapacidade de profetizar não é pretexto para desconsiderar os fatos. Uma melhora em alguma medida do bem-estar humano sugere que, de modo geral, mais coisas foram impelidas na direção certa do que na direção errada. Se devemos ou não esperar que o progresso continue, vai depender de conhecermos ou não que forças são essas e por quanto tempo permanecerão atuando. Isso vai variar para cada tendência. Algumas poderão mostrar-se mais condizentes com a lei de Moore (o número de transistores por chip de computador duplica a cada dois anos) e dar margem à confiança (mas não certeza) de que os frutos do engenho humano se acumularão e o progresso continuará. Algumas podem ser como o mercado de ações e pressagiar flutuações de curto prazo, mas ganhos de longo prazo. Destas, algumas podem refletir uma distribuição estatística de "cauda gorda", na qual eventos extremos, ainda que menos prováveis, não podem ser excluídos.[20] Outras ainda podem ser cíclicas ou caóticas. Nos capítulos 19 e 21 examinaremos previsões racionais em um mundo incerto. Por ora, devemos ter em mente que uma tendência positiva sugere (mas não prova) que estivemos fazendo alguma coisa direito e que devemos nos empenhar para identificar que coisa é essa e fazer cada vez mais.

Quando todas essas objeções são refutadas, muitas vezes vejo as pessoas quebrarem a cabeça para encontrar *algum* modo de mostrar que a notícia não pode ser tão boa quanto os dados sugerem. Em desespero, apelam para a semântica.

Provocação na internet não é uma forma de violência? Mineração a céu aberto não é uma forma de violência? Desigualdade não é uma forma de violência? Poluição não é uma forma de violência? Pobreza não é uma forma de violência? Consumismo não é uma forma de violência? Divórcio não é uma forma de violência? Publicidade não é uma forma de violência? Estudos estatísticos não são uma forma de violência?

Por mais fascinante que seja uma metáfora como expediente retórico, não se trata de um bom modo de avaliar o estado da humanidade. O raciocínio moral requer proporcionalidade: maldades proferidas no Twitter podem causar chateação, mas não equivalem ao tráfico de escravos ou ao Holocausto. Requer também distinguir retórica de realidade. Invadir um centro de assistência a vítimas de estupro e indagar o que está sendo feito a respeito do estupro do meio ambiente não ajuda nem as vítimas de estupro nem o meio ambiente. Por fim, melhorar o mundo requer compreensão de causa e efeito. Embora instituições morais primitivas tendam a agrupar todas as coisas ruins e encontrar um vilão culpado por todas, não existe nenhum fenômeno coerente de "coisas ruins" que possamos procurar entender a fim de eliminar (a entropia e a evolução as geram em abundância). Guerra, crime, poluição, pobreza, doença e incivilidade são males que podem ter pouco em comum e, se quisermos reduzi-los, não podemos recorrer a jogos de palavras que impossibilitam até mesmo discuti-los individualmente.

Enumerei essas objeções com o objetivo de preparar o caminho para minha apresentação de outras medidas do progresso humano. A reação incrédula a *Anjos bons* convenceu-me de que não é apenas a heurística da disponibilidade que torna as pessoas fatalistas com relação ao progresso. Tampouco podemos culpar totalmente a predileção da mídia pelas más notícias em sua cínica busca pela atenção do público. Não: as raízes psicológicas da progressofobia são mais profundas.

A mais profunda é um viés que foi resumido em um lema: "O mal é mais forte do que o bem".[21] Essa ideia pode ser compreendida através de uma série de experimentos mentais sugerida por Tversky.[22] Quanto você é capaz de se imaginar sentindo-se melhor do que neste momento? Quanto você é capaz de se imaginar sentindo-se *pior*? Ao responder a primeira conjectura, a maioria de nós consegue imaginar um pouco mais de elasticidade em nossos passos ou de brilho nos olhos, mas a resposta à segunda é: infinitamente. Essa assimetria de humor pode ser explicada por uma assimetria na vida (um corolário da lei da entropia). Quantas coisas poderiam acontecer hoje que deixariam você em uma situação muito melhor? Quantas coisas poderiam acontecer que lhe deixariam muito *pior*? Mais uma vez, para responder à primeira pergunta poderíamos citar ganhar na loteria ou ter alguma grande sorte, porém a resposta à segunda é: incontáveis. Mas não precisamos depender da imaginação. A literatura psicológica confirma que as pessoas temem muito mais perder do que anseiam por ganhar, que se demoram ruminando um revés muito mais do que saboreando uma boa sorte, e que se magoam muito mais com críticas do que se animam com elogios. (Como psicolinguista, sou impelido a acrescentar que a língua inglesa tem muito mais palavras para emoções negativas do que para positivas.)[23]

Uma exceção ao viés da negatividade é encontrada na memória autobiográfica. Embora sejamos propensos a recordar tanto eventos ruins quanto bons, a coloração negativa dos infortúnios, em especial os que nos acometeram, desbota com o tempo.[24] Temos uma tendência inata a sentir saudade: na memória humana, o tempo cura a maioria das feridas. Duas outras ilusões nos levam ao equívoco de pensar que as coisas não são mais como antes: confundimos os fardos crescentes da maturidade e da criação dos filhos com um mundo menos inocente, e confundimos um declínio em nossas faculdades com um declínio dos tempos.[25] Como afirmou o colunista Franklin Pierce Adams: "Nada é mais responsável pelos bons tempos do que uma memória ruim".

A cultura intelectual deveria empenhar-se em contrabalançar nossos vieses cognitivos, porém no mais das vezes os reforça. A cura para o viés da disponibilidade é o pensamento quantitativo, mas o professor de literatura Steven Connor observou que "nas artes e humanidades existe um consenso sem exceções acerca do horroroso avanço do domínio dos números".[26] Essa "acalculia ideológica, e não acidental" leva autores a concluir, por exemplo, que, como hoje ocorrem guerras e no passado ocorreram guerras, "nada mudou" — porém não reconhecem a diferença entre uma era com um punhado de guerras que matam coletivamente aos milhares e uma era com dezenas de guerras que mataram coletivamente aos milhões. E isso não lhes permite avaliar os processos sistêmicos que pouco a pouco acrescentam melhoras incrementais no decorrer de um longo tempo.

A cultura intelectual também não está equipada para lidar com o viés da negatividade. Pelo contrário, nosso estado de alerta para notícias ruins abre um mercado para rabugentos profissionais que nos chamam a atenção para coisas más que possam ter passado despercebidas. Experimentos mostraram que um crítico que desanca um livro é visto como mais competente do que um crítico que elogia a obra, e o mesmo pode valer para os críticos da sociedade.[27] "Sempre preveja o pior, e será aclamado profeta", aconselhou o humorista musical Tom Lehrer. Pelo menos desde a época dos profetas hebreus, que mesclavam críticas sociais com advertências sobre desastres, o pessimismo é igualado à seriedade moral. Os jornalistas acreditam que, ao acentuarem o negativo, estão cumprindo seu dever de vigiar, investigar, informar e afligir os acomodados. E os intelectuais sabem que podem alcançar a importância instantânea apontando um problema não resolvido e teorizando que se trata de um sintoma de uma sociedade doente.

O inverso também vale. O autor da área de finanças Morgan Housel notou que, enquanto os pessimistas parecem estar tentando ajudar você, os otimistas dão a impressão de querer vender alguma coisa.[28] Sempre que alguém oferece uma solução para um problema, críticos se apressam a frisar que não se trata de uma panaceia, uma bala de prata, um projétil mágico ou uma solução universal; é apenas um paliativo ou um remédio tecnológico rápido que não afeta as raízes do mal e produzirá efeitos colaterais e consequências impremeditadas. Evidentemente, como nada é uma panaceia e tudo tem efeitos colaterais (é impossível fazer uma coisa só), esses tropos comuns não passam de recusas para cogitar a possibilidade de que alguma coisa pode ser melhorada.[29]

O pessimismo na intelligentsia também pode ser uma forma de estar por cima. Uma sociedade moderna é uma liga das elites política, industrial, financeira, tecnológica, militar e intelectual, todas competindo por prestígio e influência e com diferentes responsabilidades no funcionamento da sociedade. Reclamar da sociedade moderna pode ser um modo oblíquo de desmerecer os rivais: de acadêmicos sentirem-se superiores a empresários, empresários sentirem-se superiores a políticos etc. Como observou Thomas Hobbes em 1651, "a competição de elogios tende a reverenciar a antiguidade, pois os homens disputam com os vivos, não com os mortos".

É claro que o pessimismo tem seu lado bom. O círculo expandido de solidariedade traz preocupações sobre males que nos passariam despercebidos em épocas mais insensíveis. Hoje reconhecemos a guerra civil na Síria como uma tragédia humanitária. As guerras de décadas anteriores — por exemplo, a Guerra Civil na China, a partição da Índia e a Guerra da Coreia — raramente são lembradas dessa forma, apesar de terem matado e desalojado mais pessoas. Quando eu era garoto, o bullying era considerado uma parte natural da fase de crescimento. Era inimaginável que, algum dia, o presidente dos Estados Unidos faria um discurso sobre os males dessa prática, como fez Barack Obama em 2011. À medida que nossa preocupação se estende a uma parte maior da humanidade, tendemos a confundir os males que vemos à nossa volta com sinais de que o mundo decaiu mais, e não de que os nossos critérios se elevaram.

No entanto, a própria negatividade inflexível pode ter consequências impremeditadas, e recentemente algumas pessoas na imprensa começaram a ressaltá-las. Na esteira da eleição americana de 2016, os jornalistas do *New York Times* David Bornstein e Tina Rosenberg refletiram sobre o papel da mídia no resultado chocante:

> Trump foi beneficiário de uma crença — quase universal no jornalismo americano — de que "notícia séria" é definida essencialmente como "o que está errado". [...] Por décadas, o enfoque incessante do jornalismo sobre problemas e patologias aparentemente incuráveis veio preparando o solo que permitiu que as sementes de insatisfação e desesperança de Trump criassem raízes. [...] Uma consequência é que, hoje, muitos americanos têm dificuldade para imaginar, valorizar e até acreditar na promessa da mudança incremental do sistema, o que leva a um maior apetite por mudança revolucionária e brusca.[30]

Bornstein e Rosenberg não apontam para os culpados de costume (TV a cabo, redes sociais, comediantes que satirizam a política); em vez disso, identificam a origem na mudança ocorrida entre as eras Vietnã e Watergate — passando de glorificar governantes a refrear seu poder, e então extrapolando os limites e adentrando o terreno do cinismo indiscriminado, em que tudo nos atores cívicos do país convida a agressões humilhantes.

Se as raízes da progressofobia residem na natureza humana, estou sugerindo que essa tendência vem aumentando devido a uma ilusão do viés da disponibilidade? Antecipemos os métodos que usarei no resto do livro e examinemos uma medida objetiva. O cientista de dados Kalev Leetaru aplicou uma técnica chamada análise de sentimentos a cada matéria publicada no *New York Times* entre 1945 e 2005 e a um arquivo de reportagens traduzidas e transmissões radiofônicas de 130 países entre 1979 e 2010. A análise de sentimentos avalia o tom emocional de um texto computando o número e os contextos de palavras com conotações positivas e negativas, como *bom*, *agradável*, *terrível* e *pavoroso*. A figura 4.1 mostra os resultados. Desconsiderando os sacolejos e as ondas que refletem as crises do dia, vemos que a impressão de que as notícias tornaram-se mais negativas com o passar do tempo é real. O *New York Times* tornou-se invariavelmente mais soturno desde o começo dos anos 1960 até o começo da década seguinte, animou-se um pouco (mas bem pouco) nos anos 1980 e 1990, e então despencou em uma disposição de espírito cada vez mais sombria na primeira década do novo século. Também no resto do mundo o tom dos noticiários anuviou-se progressivamente desde fins dos anos 1970 até nossos dias.

Então de fato o mundo rolou ladeira abaixo durante essas décadas? Mantenha a figura 4.1 em mente enquanto examinamos o estado da humanidade nos próximos capítulos.

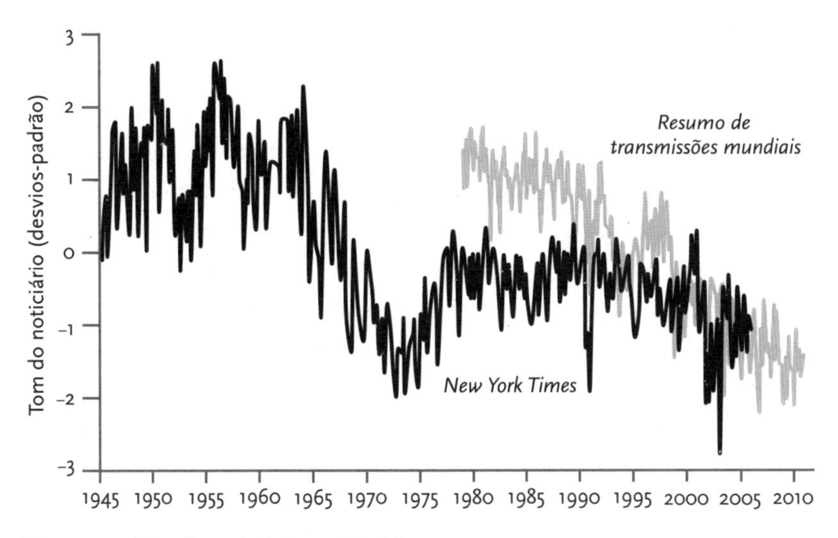

Figura 4.1: *Tom do noticiário, 1945-2010.*
FONTE: Leetaru, 2011. Dados mensais a partir de janeiro.

O que é progresso? Você poderia pensar que se trata de uma pergunta tão subjetiva e culturalmente relativa que nunca poderá ser respondida. Na verdade, é uma das mais fáceis de responder.

A maioria das pessoas concorda que vida é melhor do que morte. Saúde é melhor do que doença. Sustento é melhor do que fome. Abundância é melhor do que pobreza. Paz é melhor do que guerra. Segurança é melhor do que perigo. Liberdade é melhor do que tirania. Direitos iguais são melhores do que intolerância e discriminação. Inteligência é melhor do que estupidez. Felicidade é melhor do que tristeza. Oportunidades de usufruir a família, os amigos, a cultura e a natureza é melhor do que uma labuta incessante e a monotonia.

Todas essas coisas podem ser medidas. Se aumentaram com o tempo, isso é progresso.

É bem verdade que nem todos concordariam a respeito dos pontos dessa lista. Tais valores são reconhecidamente humanísticos e deixam de fora virtudes religiosas, românticas e aristocráticas como salvação, graça, sacralidade, heroísmo, honra, glória e autenticidade. Mas a maioria concordaria que temos aí um ponto de partida necessário. É fácil enaltecer valores transcendentes no abstrato, porém a maioria das pessoas prioriza vida, saúde, segurança, letramento, sustento e estímulo pela óbvia razão de que são um requisito prévio para tudo o mais. Se você está lendo isto, não está morto, famélico, paupérrimo, moribundo, apavorado, escravizado e não é analfabeto, portanto não está em posição de esnobar esses valores, nem de negar que outras pessoas deveriam ter a mesma boa sorte que você tem.

Acontece que esses valores são consenso no mundo. No ano 2000, todos os 189 membros das Nações Unidas, juntamente com mais de vinte organizações internacionais, concordaram sobre oito Objetivos de Desenvolvimento do Milênio para o ano de 2015 que se encaixam com perfeição nessa lista.[31]

E eis a grande surpresa: *o mundo fez um progresso espetacular em todas as medidas de bem-estar humano.* E a segunda surpresa: *quase ninguém sabe disso.*

É até fácil encontrar informações sobre o progresso humano, apesar de estarem ausentes dos principais meios de comunicação e de publicações intelectuais especializadas. Os dados não estão sepultados em relatórios áridos, e sim exibidos em esplêndidos sites na internet, em especial Our World in Data, de Max Roser, HumanProgress, de Marian Tupy e Gapminder, de Hans Rosling. (Rosling descobriu que nem mesmo engolir uma espada durante uma TED Talk em 2007 era suficiente para chamar a atenção do mundo.) O argumento foi apresentado em livros primorosos, alguns escritos por autores laureados com o prêmio Nobel, que alardeiam a notícia no título: *Progresso*, *O paradoxo do progresso*, *Infinite Progress* [Progresso infinito], *The Infinite Resource* [O recurso infinito], *O otimista racional*, *The Case for Rational Optimism* [Em defesa do otimismo racional], *Utopia para realistas*, *Mass Flourishing* [Prosperidade em massa], *Abundância*, *The Improving State of the World* [A melhora do estado do mundo], *Getting Better* [Melhorando], *The End of Doom* [O fim da perdição], *The Moral Arc* [O arco moral], *The Big Ratchet* [A grande catraca], *A grande saída*, *The Great Surge* [O grande surto], *The Great Convergence* [A grande convergência].[32] (Nenhuma dessas obras foi reconhecida com um prêmio importante, sendo que, no período em que foram lançadas, quatro livros sobre genocídio, três sobre terrorismo, dois sobre câncer, dois sobre racismo e um sobre extinção receberam o prêmio Pulitzer de não ficção.) E, para aqueles cujos hábitos de leitura privilegiam as listas, os anos recentes trouxeram "Cinco boas notícias surpreendentes que ninguém está divulgando", "Cinco razões pelas quais 2013 foi o melhor ano da história humana", "Sete razões por que o mundo parece pior do que realmente é", "26 tabelas e gráficos para mostrar que o mundo está melhorando muito", "40 modos como o mundo está melhorando" e a minha favorita: "50 razões pelas quais estamos vivendo no melhor período da história". Examinemos algumas dessas razões.

5. Vida

A luta para manter-se vivo é o impulso primordial dos seres animados, e os humanos empregam sua engenhosidade e sua determinação consciente para protelar a morte tanto quanto possível. "Escolhe, pois, a vida, para que vivas tu e a tua descendência", ordenou o Deus da Bíblia hebraica; "Luta, luta com fúria contra a morte da luz", exortou Dylan Thomas. Uma vida longa é a bênção suprema.

Quanto tempo, em média, você acha que uma pessoa pode esperar viver no mundo hoje? Lembre que a média global é puxada para baixo pelas mortes prematuras em razão de fome e doença nos países populosos do mundo em desenvolvimento, em especial pela mortalidade de bebês, que trazem uma profusão de zeros ao cálculo da média.

A resposta para 2015 é 71,4 anos.[1] Sua suposição chegou perto? Em um levantamento recente, Hans Rosling constatou que menos de um em cada quatro suecos supunha um valor tão elevado, e esse dado condiz com os resultados de outros censos mundiais de opiniões sobre longevidade, letramento e pobreza, na iniciativa que Rosling apelidou de Projeto Ignorância. O logotipo do projeto é um chimpanzé, porque, como Rosling explicou: "Se para cada pergunta eu escrevesse as alternativas em bananas e pedisse a chimpanzés do zoológico que apontassem as respostas certas, eles teriam se saído melhor do que os respondentes".

Entre estes havia estudantes e professores de saúde global, que não eram ignorantes, e sim vítimas da falácia pessimista.[2]

A figura 5.1, um gráfico de Max Roser para a expectativa de vida ao longo dos séculos, mostra um padrão geral na história mundial. No período em que as linhas têm início, meados do século XVIII, a expectativa de vida na Europa e nas Américas estava em torno de 35 anos, onde andara estacionada durante os 225 anteriores para os quais dispomos de dados.[3] A expectativa de vida para o mundo como um todo era de 29 anos. Esses números estão na faixa das expectativas de vida para a maior parte da história humana. A expectativa de vida de caçadores-coletores é de cerca de 32,5 anos, e provavelmente diminuiu entre os primeiros povos agricultores devido à sua dieta rica em amido e a doenças que contraíam de seus animais de criação e uns dos outros. Na Idade do Bronze, a expectativa de vida havia retornado a um nível pouco acima dos trinta anos, em que se manteve por milhares de anos, com pequenas flutuações entre os séculos e as regiões.[4] Esse período da história humana poderia ser chamado de Era Malthusiana, quando eventuais avanços na agricultura ou na saúde eram logo anulados pelo resultante aumento da população — apesar de "era" ser um termo estranho para designar 99,9% do tempo de existência da nossa espécie.

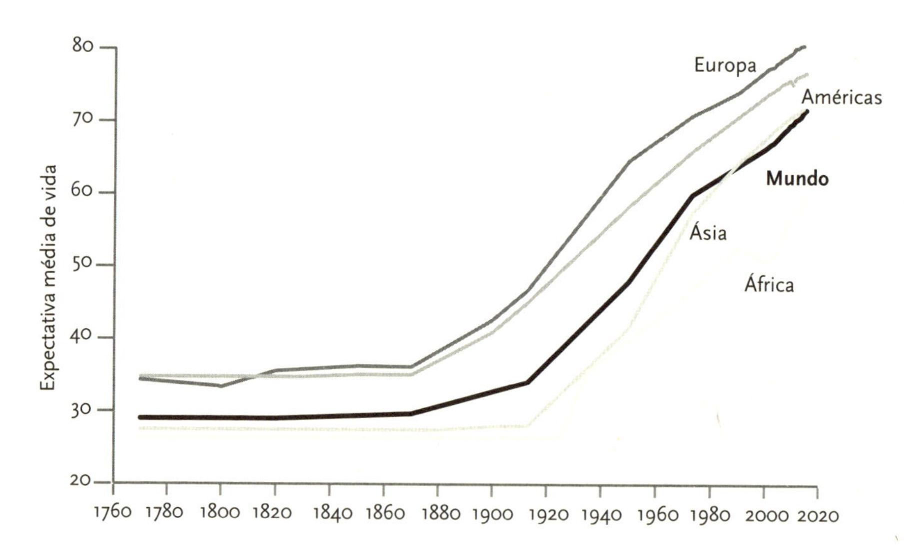

Figura 5.1: *Expectativa de vida, 1771-2015.*

FONTE: Our World in Data, Roser, 2016n, baseado em dados de Riley, 2005, para os anos anteriores a 2000, e da Organização Mundial da Saúde e Banco Mundial para os anos subsequentes. Atualizado com dados fornecidos por Max Roser.

A partir do século XIX, porém, o mundo encontrou a Grande Saída, termo do economista Angus Deaton para designar a libertação da humanidade de seu legado de pobreza, doença e mortalidade precoce. A expectativa de vida começou a aumentar, ganhou ímpeto no século XX e não dá sinais de desacelerar. Como observa o historiador da economia Johan Norberg, tendemos a pensar que "para cada ano que envelhecemos ficamos um ano mais próximos da morte, mas durante o século XX a pessoa comum aproximou-se da morte apenas sete meses para cada ano que envelheceu". É sensacional que a dádiva da longevidade tenha se difundido por toda a espécie humana, inclusive nos países mais pobres, e a um ritmo bem maior nestes do que nos ricos. "A expectativa de vida no Quênia aumentou quase dez anos entre 2003 e 2013", escreveu Norberg. "Depois de ter vivido, amado e labutado por toda uma década, a pessoa comum no Quênia não havia perdido um único ano do tempo de vida que lhe restava. Todos ficaram dez anos mais velhos, e no entanto a morte não estava nem um passo mais próxima."[5]

Em consequência, a desigualdade na expectativa de vida, que aumentara durante a Grande Saída quando alguns países afortunados se desgarraram da manada, está encolhendo, porque os demais os estão alcançando. Em 1800, nenhum país do mundo tinha uma expectativa de vida superior a quarenta anos. Em 1950, ela subira para aproximadamente sessenta na Europa e nas Américas, deixando a África e a Ásia muito para trás. No entanto, desde então a Ásia disparou a uma taxa quase duas vezes maior que a europeia, e a África a uma taxa uma vez e meia maior. Um africano nascido hoje pode esperar viver tanto quanto uma pessoa nascida nas Américas em 1950 ou na Europa nos anos 1930. A média seria ainda maior sem a calamidade da aids, que causou a terrível queda nos anos 1990, antes que os medicamentos retrovirais começassem a controlar a epidemia.

A queda no gráfico devido à aids na África nos alerta que o progresso não é uma escada rolante sempre a elevar o bem-estar de todos os seres humanos em todos os tempos. Isso seria mágica, e o progresso não resulta de magia, mas de resolução de problemas. Estes são inevitáveis, e às vezes setores específicos da humanidade sofrem reveses terríveis. Além da epidemia africana de aids, a longevidade reverteu seu rumo para os adultos jovens no mundo todo durante a pandemia de gripe espanhola de 1818-9 e para os americanos brancos não hispânicos de meia-idade e sem nível universitário no começo do século XXI.[6] Mas problemas podem ser resolvidos, e o fato de a longevidade continuar a aumentar em todas as demais populações ocidentais significa que as soluções para as dificuldades enfrentadas por esse grupo também existem.

As expectativas médias de vida são influenciadas principalmente por decréscimos na mortalidade de bebês e crianças, porque os pequenos são mais frágeis e porque a morte de uma criança acarreta mais diminuição da média do que a morte de um sexagenário. A figura 5.2 mostra o que ocorreu com a mortalidade infantil desde a Era Iluminista em cinco países que são mais ou menos representativos de seus continentes.

Examine os números no eixo vertical: eles denotam a porcentagem de crianças que morrem antes dos cinco anos de idade. Sim, o século XIX já tinha avançado bastante e, na Suécia, um dos países mais ricos do mundo, entre *um quarto e um terço* de todas as crianças morria antes do quinto aniversário; em alguns anos, a parcela chegou à metade. Isso parece ser típico na história humana: um quinto das crianças de caçadores-coletores morre no primeiro ano de vida, e quase a metade antes de atingir a idade adulta.[7] As fortes oscilações na curva antes do século XX são reflexos não só de ruído nos dados, mas também da natureza perigosa da vida: epidemias, guerras e fomes coletivas podiam levar a morte à porta das pessoas a qualquer momento. Até os abastados eram atingidos por tragédias: Charles Darwin perdeu dois filhos ainda bebês e sua amada filha Annie aos dez anos de idade.

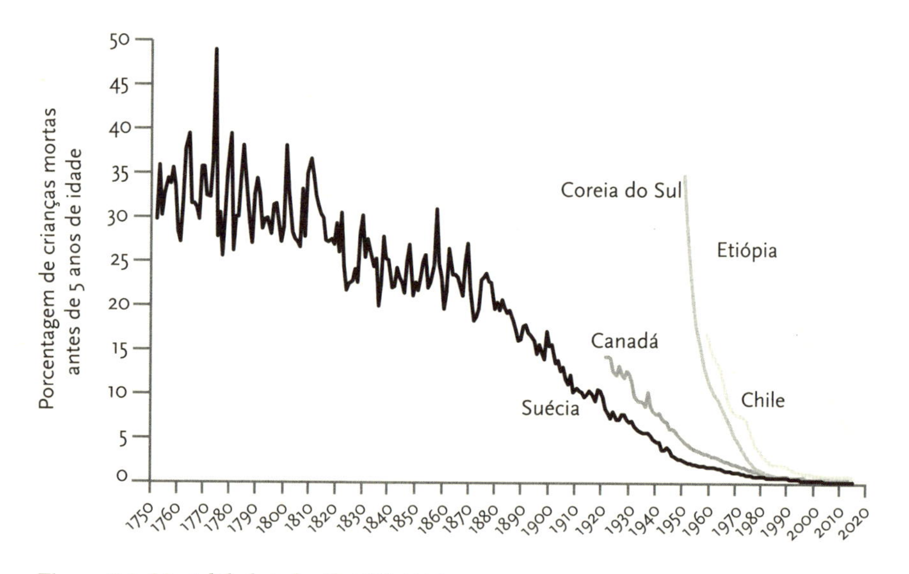

Figura 5.2: *Mortalidade infantil, 1751-2013.*
FONTES: Our World in Data, Roser, 2016a, baseado em dados de estimativas da ONU para mortalidade infantil, <http://www.childmortality.org/>; e Human Mortality Database, <http://www.mortality.org/>.

E então aconteceu algo notável. A taxa de mortalidade infantil caiu cem vezes, chegou a uma fração de um ponto percentual em países desenvolvidos, e essa queda tornou-se global. Como Deaton observou em 2013: "Hoje não existe país no mundo onde a mortalidade de bebês ou crianças não seja inferior ao que era em 1950".[8] Na África subsaariana, a taxa de mortalidade infantil caiu de aproximadamente uma em quatro nos anos 1960 para menos de uma em dez em 2015, e a taxa global diminuiu de 18% para 4% — ainda está alta demais, porém sem dúvida declinará se o atual esforço para melhorar a saúde global continuar.

Lembremos dois fatos por trás dos números. Um deles é demográfico: quando menos crianças morrem, os pais têm menos filhos, pois não precisam mais garantir-se contra perder a família inteira. Assim, contrariamente à preocupação de que salvar vidas de crianças só faria detonar uma "bomba populacional" (um grande ecopânico dos anos 1960 e 1970 que inspirou clamores pela redução da assistência médica no mundo em desenvolvimento), o declínio da mortalidade infantil desarmou-a.[9]

O outro fato é pessoal. Perder um filho é uma das experiências mais devastadoras que há. Imagine a tragédia, e então tente imaginá-la mais 1 milhão de vezes. Esse é um quarto do número de crianças que não morreu *apenas no ano passado*, mas teria morrido caso tivesse nascido quinze anos antes. Agora repita, duzentas e tantas vezes, para os anos desde que começou o declínio da mortalidade infantil. Gráficos como o da figura 5.2 retratam um triunfo do bem-estar humano cuja magnitude a mente não consegue sequer começar a compreender.

Igualmente difícil de avaliar é o iminente triunfo da humanidade sobre outra crueldade da natureza, a morte de uma mãe ao dar à luz. O Deus da Bíblia hebraica, sempre misericordioso, disse à primeira mulher: "Multiplicarei as dores de tuas gravidezes, na dor darás à luz os filhos". Até pouco tempo atrás, cerca de 1% das mães morria no processo; para uma americana, estar grávida um século atrás era quase tão perigoso quanto ter câncer de mama hoje.[10] A figura 5.3 mostra a trajetória da mortalidade materna desde 1751 em quatro países que são representativos de suas regiões.

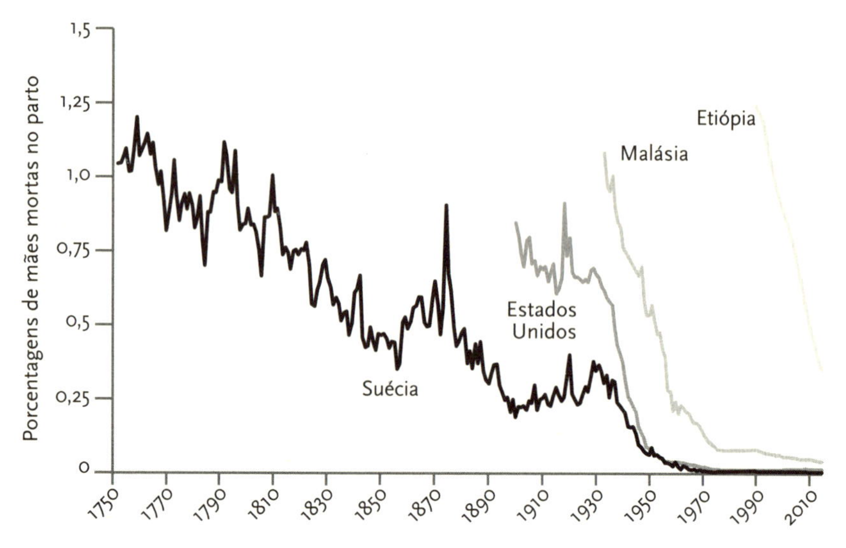

Figura 5.3: *Mortalidade materna, 1751-2013.*
FONTE: Our World in Data, Roser, 2016p, baseado parcialmente em dados de Claudia Hanson da Gapminder, <https://gapminder.org/data/documentation/gd010/>.

A partir da metade do século XVIII na Europa, a taxa de mortalidade despencou trezentas vezes, de 1,2% para 0,004%. Os declínios disseminaram-se para o resto do mundo, inclusive para os países mais pobres, onde a taxa de mortalidade caiu ainda mais depressa, embora por um período mais curto devido ao começo tardio. Para o mundo todo, depois de cair quase pela metade em apenas 25 anos, a taxa é agora em torno de 0,2%, mais ou menos onde estava a Suécia em 1941.[11]

Você talvez se pergunte se as quedas na mortalidade infantil explicam todos os ganhos em longevidade mostrados na figura 5.1. Estamos mesmo vivendo mais tempo ou apenas sobrevivendo à infância em maiores números? Afinal de contas, o fato de que antes do século XIX as pessoas tinham uma expectativa média de vida ao nascer em torno de trinta anos não significa que todo mundo caía morto no trigésimo aniversário. As muitas crianças que morriam puxavam a média para baixo, compensando o impulso para cima das que morriam idosas, e em todas as sociedades existem velhos. Dizem que, na época da Bíblia, o tempo da nossa vida era de setenta anos, e foi com essa idade que Sócrates teve sua vida ceifada não por causas naturais, mas por uma taça de cicuta em 399 AEC. A maioria das tribos de caçadores-coletores tem muitos membros septuagenários e até alguns octogenários. Embora a expectativa de vida ao nascer para uma mulher hadza seja de 32,5 anos, se ela chegar aos 45 pode esperar viver mais 21 anos.[12]

Então hoje aqueles dentre nós que sobrevivem às provações do parto e da infância vivem mais tempo do que os sobreviventes de eras passadas? Sim, muito mais. A figura 5.4 mostra a expectativa de vida ao nascer no Reino Unido, e em diversas idades de um a setenta, ao longo dos três últimos séculos.

Independentemente da sua idade hoje, você tem mais anos de vida pela frente do que as pessoas da mesma idade em décadas e séculos anteriores. Um bebê britânico que sobrevivesse aos perigosos primeiros anos de existência viveria até os 47 anos em 1845, 57 em 1905, 72 em 1955 e 81 em 2011. Uma pessoa de trinta anos podia contar com mais 35 anos de vida em 1845, mas 36 em 1905, mais 43 em 1955 e mais 52 em 2011. Se Sócrates tivesse sido absolvido em 1905, poderia esperar viver mais nove anos; em 1955, mais dez; em 2011, mais dezesseis. Uma pessoa de oitenta anos em 1845 tinha mais cinco anos de vida; em 2011, mais nove.

Tendências semelhantes, embora com números menores (até agora), ocorrem em todas as partes do mundo. Por exemplo, um etíope de dez anos em 1950 podia esperar viver até os 44; hoje um etíope de dez anos pode esperar viver até

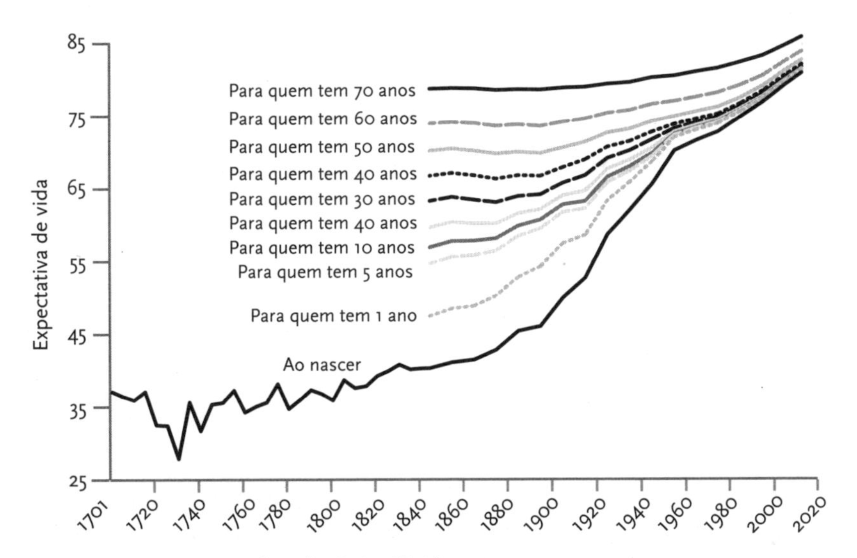

Figura 5.4: *Expectativa de vida, Reino Unido, 1701-2013.*
FONTES: Our World in Data, Roser, 2016n. Dados anteriores a 1845 são para Inglaterra e País de Gales, extraídos de OECD Clio Infra, Van Zanden et al., 2014. Dados a partir de 1845 são apenas para anos do meio da década, extraídos de Human Mortality Database, <http://www.mortality.org/>.

os 61. O economista Steven Radelet observou que "as melhoras na saúde entre os pobres do mundo nestas últimas décadas são tão grandes e disseminadas que se classificam entre os maiores avanços na história humana. Raramente o bem-estar básico de tantas pessoas no mundo todo aumentou em grau tão substancial e com tanta rapidez. No entanto, pouquíssimas pessoas têm sequer a noção de que isso está acontecendo".[13]

E não, os anos adicionais de vida não serão passados na senilidade e na cadeira de balanço. É claro que, quanto mais vivemos, mais anos passaremos como idosos, com as inevitáveis mazelas e dores da idade avançada. Mas os corpos que resistem melhor a um golpe mortal também resistem melhor aos ataques menos graves de doenças, lesões e desgastes. Conforme a expectativa de vida aumenta, nossa fase vigorosa também se prolonga, ainda que não pelo mesmo número de anos. Um heroico projeto chamado Global Burden of Disease [Estudo Global do Ônus de Doença] tentou medir essa melhora computando não apenas o número de pessoas que morrem em decorrência de cada uma de 291 doenças e incapacidades, mas também quantos anos de vida saudável elas perdem, ponderados segundo o grau em que cada condição compromete sua qualidade de vida. Para o mundo em 1990, o projeto estimou que 56,8 dos 64,5 anos de vida que se podia esperar para uma pessoa comum eram anos de vida *saudável*. E, pelo menos nos países desenvolvidos, para os quais também há estimativas para 2010, sabemos que, dos 4,7 anos de vida adicional esperados que ganhamos nessas duas décadas, 3,8 foram anos saudáveis.[14] Números como esses mostram que hoje as pessoas vivem muito mais anos com boa saúde do que seus ancestrais viviam no total, sadios ou enfermos. Para muitas pessoas, o maior medo trazido pela perspectiva de uma vida mais longa é a demência, porém outra surpresa agradável veio à luz: entre 2000 e 2012, o índice de ocorrência desse problema entre os americanos acima de 65 anos caiu um quarto, e a idade média por ocasião do diagnóstico elevou-se de 80,7 para 82,4 anos.[15]

Temos ainda mais notícias boas. As curvas na figura 5.4 não representam os fios da nossa vida que são esticados e medidos por duas das Parcas e um dia serão cortados pela terceira. São projeções a partir de estatísticas demográficas atuais, baseadas na suposição de que os conhecimentos da medicina se manterão no estado em que se encontram hoje. Não que alguém acredite nessa suposição, mas, por ser impossível a clarividência sobre os avanços futuros da medicina, não temos alternativa. Isso significa que quase certamente viveremos mais tempo — talvez muito mais tempo — do que os números vistos no eixo vertical.

As pessoas reclamam de tudo: em 2001 George W. Bush instituiu um Conselho Presidencial de Bioética para lidar com a ameaça crescente dos avanços médicos que prometem vida mais longa e mais saudável.[16] Seu presidente, o médico e intelectual público Leon Kass, decretou que "o desejo de prolongar a juventude é a expressão de um anseio pueril e narcisista incompatível com a devoção à posteridade"; disse ainda que os anos que seriam adicionados às vidas de outras pessoas não teriam valor ("Será que os tenistas profissionais iriam realmente gostar de jogar 25% a mais de partidas?", ele indaga). A maioria das pessoas preferiria decidir por si mesma; e, mesmo se ele tiver razão na ideia de que "a mortalidade traz importância à vida", longevidade não é sinônimo de imortalidade.[17] Mas o fato de as afirmações de especialistas sobre a máxima expectativa de vida possível terem sido repetidamente desmentidas (em média cinco anos depois de ser publicadas) leva a questionar se a longevidade poderá aumentar indefinidamente e um dia escapar por completo dos soturnos grilhões da mortalidade.[18] Devemos nos preocupar com um mundo de multicentenários reacionários que resistirão às inovações de nonagenários emergentes e talvez proibir por completo a geração de crianças impertinentes?

Alguns visionários do Vale do Silício estão tentando trazer esse mundo mais para perto.[19] Eles financiam institutos de pesquisa cujo objetivo não é desbastar a mortalidade de uma doença por vez, e sim fazer a engenharia reversa do processo de envelhecimento e atualizar o hardware de nossas células para uma versão sem esse bug. O resultado, esperam, será um aumento da expectativa de vida em cinquenta, cem e até mil anos. Em seu best-seller de 2006 *The Singularity is Near*, o inventor Ray Kurzweil prevê que aqueles dentre nós que chegarem ao ano 2045 viverão para sempre, graças a avanços na genética, nanotecnologia (como os nanorrobôs que percorrerão nossa corrente sanguínea e repararão nosso corpo por dentro) e inteligência artificial, que não só descobrirá como fazer tudo isso, mas melhorará recursivamente e sem limite a nossa inteligência.

Para os leitores de informativos médicos e outros hipocondríacos, as perspectivas de imortalidade parecem bem diferentes. Decerto encontramos melhoras incrementais para celebrar, por exemplo, um declínio de cerca de um ponto percentual ao ano na taxa de mortalidade por câncer nos últimos 25 anos, o que só nos Estados Unidos já salva 1 milhão de vidas.[20] Mas também nos decepcionamos muitas vezes com remédios milagrosos que não funcionam melhor do que um placebo, tratamentos com efeitos colaterais piores do que a doença e benefícios celebrados que acabam sendo eliminados na meta-análise. O progresso na medicina hoje está mais para Sísifo do que para Singularidade.

Como nos falta o dom da profecia, não é possível saber se um dia os cientistas encontrarão a cura para a mortalidade. Mas a evolução e a entropia garantem essa improbabilidade. A senescência está contida em nosso genoma em todos os níveis de organização, pois a seleção natural favorece genes que nos tornam vigorosos quando somos jovens em detrimento daqueles que nos fazem viver pelo tempo mais longo possível. Esse viés existe devido à assimetria do tempo: em qualquer momento existe uma probabilidade diferente de zero de que sejamos aniquilados por um acidente impossível de prevenir, como uma queda de raio ou uma avalanche, o que torna discutível a vantagem de algum dispendioso gene da longevidade. Para lançarem o salto da imortalidade, os biólogos precisariam reprogramar milhares de genes ou vias moleculares, cada qual com um efeito pequeno e incerto sobre a longevidade.[21]

E, mesmo se fôssemos equipados com um maquinário biológico perfeitamente ajustado, a marcha da entropia o degradaria. Como observa o físico Peter Hoffman, "a vida joga a biologia contra a física em um combate mortal". Moléculas que se agitam com violência colidem o tempo todo com o maquinário das nossas células, inclusive aquele que posterga a entropia, corrigindo erros e reparando danos. Conforme se acumulam os danos a vários sistemas de controle, o risco de colapso aumenta de forma exponencial, e mais cedo ou mais tarde sobrepujará quaisquer proteções que a ciência biomédica nos tiver dado contra riscos constantes como câncer e falência de órgãos.[22]

A meu ver, a melhor projeção do resultado da nossa guerra multicentenária contra a morte é a lei de Stein — "as coisas que não podem durar para sempre não durarão" —, emendada pelo corolário de Davies — "as coisas que não podem durar para sempre podem durar muito mais do que você pensa".

6. Saúde

Como explicar o dom da vida que vem sendo concedido a cada vez mais membros da nossa espécie desde fins do século XVIII? O momento oferece uma pista. Em *A grande saída*, Deaton escreve: "Desde que as pessoas rebelaram-se contra a autoridade no Iluminismo e recorreram à força da razão para melhorar sua vida, têm encontrado um modo de fazê-lo, e não resta dúvida de que continuarão a obter vitórias contra as forças da morte".[1] Os ganhos de longevidade celebrados no capítulo anterior são os espólios da vitória contra várias dessas forças — doença, fome, guerra, homicídio, acidentes —, e neste capítulo e nos subsequentes contarei a história de cada um.

Durante a maior parte da história humana, a mais devastadora causa de morte foram as doenças infecciosas — a perversa característica da evolução na qual organismos minúsculos que se reproduzem rapidamente sustentam-se às nossas custas e pegam carona de corpo em corpo em insetos, vermes e eflúvios corporais. Epidemias matavam aos milhões, dizimavam civilizações inteiras e traziam sofrimentos súbitos a populações de toda uma região. Um exemplo é a febre amarela, uma doença viral transmitida por mosquitos, que ganhou esse nome porque suas vítimas adquiriam essa cor antes de agonizar até a morte. Segundo um relato sobre uma epidemia em Memphis em 1878, os doentes haviam "se arrastado para buracos, deformados, e seus corpos só foram descobertos mais tarde pelo fedor de carne em decomposição. [...] [Uma mãe foi encontrada morta] com o corpo esparramado na cama [...] vômito preto como grãos de café respingado por toda parte [...] os filhos rolando no chão, gemendo".[2]

Os opulentos não eram poupados: em 1836, o homem mais rico do mundo, Nathan Meyer Rothschild, morreu devido a um abscesso infeccionado. Os poderosos também não: vários monarcas britânicos foram abatidos por disenteria, varíola, pneumonia, tifo, tuberculose e malária. Também presidentes americanos eram vulneráveis: William Henry Harrison adoeceu pouco após sua posse em 1841 e morreu de choque séptico 31 dias depois; James Polk sucumbiu ao cólera três meses depois de deixar o cargo, em 1849. Já em 1924, o filho de dezesseis anos de um presidente em exercício, Calvin Coolidge Jr., morreu devido a uma bolha infeccionada que ganhou jogando tênis.

O sempre criativo *Homo sapiens* por muito tempo vinha lutando contra doenças por meio de charlatanismos como orações, sacrifícios, sangrias, ventosas, metais tóxicos, homeopatia, esmagamento de uma galinha contra uma parte do corpo infeccionada. Mas a partir do século XVIII, com a invenção da vacina, e acelerando-se no século XIX com a aceitação da teoria de que germes causavam doença, a maré da batalha começou a virar. Lavagem das mãos, obstetrícia, controle de mosquitos e especialmente a proteção da água potável por sistemas públicos de esgoto e água encanada clorada viriam a salvar bilhões de vidas. Antes do século XX, as cidades eram infestadas de excrementos a céu aberto, os rios e lagos viscosos de dejetos tinham seu pútrido líquido marrom usado pelos moradores para beber e lavar roupa.[3] Pensava-se que as epidemias eram causadas por miasmas — ar fétido — até que John Snow (1813-58), o primeiro epidemiologista, descobriu que os londrinos vitimados pelo cólera obtinham água de um cano instalado perto de um emissor de esgoto. Os próprios médicos costumavam representar um perigo à saúde, pois saíam de uma autópsia e entravam na sala de consulta vestindo aventais pretos incrustados de sangue e pus secos, tocavam nas feridas dos pacientes sem lavar as mãos e os costuravam com suturas que guardavam nas botoeiras, até que Ignaz Semmelweis (1818-65) e Joseph Lister (1827-1912) levaram-nos a esterilizar mãos e equipamentos. Antissepsia, anestesia e transfusões de sangue permitiram que as cirurgias curassem em vez de torturar e mutilar, e antibióticos, antitóxicos e inúmeros outros avanços da medicina rechaçaram ainda mais os ataques de pestilência.

A ingratidão pode não ter entrado para a lista dos sete capitais, mas, segundo

Dante, consigna os pecadores ao nono círculo do Inferno — é nele que a cultura intelectual pós-anos 1960 poderá acabar por sua amnésia em relação aos que venceram doenças. Nem sempre foi assim. Quando eu era menino, um gênero muito apreciado de literatura infantil eram as biografias heroicas de pioneiros da medicina como Edward Jenner, Louis Pasteur, Joseph Lister, Frederick Banting, Charles Best, William Osler e Alexander Fleming. Em 12 de abril de 1955, um grupo de cientistas anunciou que a vacina de Jonas Salk contra a pólio — a doença que matara milhares por ano, paralisara Franklin Roosevelt e condenara muitas crianças a viver dentro de pulmões de ferro — era comprovadamente segura. Segundo a história dessa descoberta relatada por Richard Carter, nesse dia "as pessoas observaram momentos de silêncio, tocaram sinos, buzinaram, acionaram sirenes de fábrica, dispararam salvas de tiros [...] tiraram o resto do dia de folga, fecharam as escolas ou convocaram fervilhantes reuniões nos prédios escolares, fizeram brindes, abraçaram as crianças, foram à igreja, sorriram para estranhos e perdoaram inimigos".[4] A cidade de Nova York ofereceu uma homenagem a Salk com um desfile pelas ruas com direito a chuva de papel picado, mas, polidamente, ele recusou.

E quanto você tem pensado ultimamente em Karl Landsteiner? Ora, quem? Ele salvou apenas *1 bilhão de vidas* com sua descoberta dos grupos sanguíneos. E nestes outros heróis, você tem pensado?

Cientista	Descoberta	Vidas salvas
Abel Wolman (1892-1982) e Linn Enslow (1891-1957)	cloração da água	177 milhões
William Foege (1936-)	estratégia de erradicação da varíola	131 milhões
Maurice Hilleman (1919-2005)	oito vacinas	129 milhões
John Enders (1897-1985)	vacina contra sarampo	120 milhões
Howard Florey (1898-1968)	penicilina	82 milhões
Gaston Ramon (1886-1963)	vacinas contra difteria e tétano	60 milhões
David Nalin (1941-)	terapia de reidratação oral	54 milhões
Paul Ehrlich (1854-1915)	antitoxinas diftérica e tetânica	42 milhões
Andreas Grüntzig (1939-85)	angioplastia	15 milhões
Grace Eldering (1900-88) e Pearl Kendrick (1890-1980)	vacina contra coqueluche	14 milhões
Gertrude Elion (1918-99)	planejamento de fármacos	5 milhões

Os pesquisadores que coligiram essas estimativas conservadoras calculam que mais de *5 bilhões* de vidas foram salvas (até agora) pelos cento e poucos cientistas selecionados.[5] Histórias de heróis, claro, não fazem jus ao modo como a ciência realmente é feita. Os cientistas apoiam-se nos ombros de gigantes, colaboram em equipes, labutam na obscuridade e agregam ideias em redes mundiais. No entanto, independentemente de serem os cientistas ou a ciência que desconsideramos, o descaso pelas descobertas que transformaram a vida para melhor acusa o nosso pouco apreço pela condição humana moderna.

Como psicolinguista que já escreveu um livro inteiro sobre o tempo verbal passado, posso destacar meu exemplo favorito na história da língua inglesa.[6] Ele provém da primeira sentença de um verbete da Wikipedia:

> **Varíola** foi uma doença infeciosa causada por uma de duas variantes virais, *Variola major* e *Variola minor*.

Sim: a "varíola *foi*". A doença, que ganhou o apelido popular de "bexigas" em razão das dolorosas pústulas que recobrem a pele, boca e olhos da vítima e que matou mais de 300 milhões de pessoas no século XX, deixou de existir. (O último caso foi diagnosticado na Somália em 1977.) Por esse impressionante triunfo moral podemos agradecer, entre outros, a Edward Jenner, que descobriu a vacinação em 1796, à Organização Mundial da Saúde, que em 1959 estabeleceu o audacioso objetivo de erradicar a doença, e a William Foege, que descobriu que vacinar parcelas pequenas mas estrategicamente escolhidas das populações vulneráveis daria conta do trabalho. Em *Getting Better*, o economista Charles Kenny comenta:

> O custo total do programa nesses dez anos [...] ficou em torno de 132 milhões de dólares — talvez 32 centavos por pessoa em países infectados. O programa de erradicação custou quase o mesmo que a produção de cinco blockbusters recentes de Hollywood, ou a asa de um bombardeiro B-2, ou pouco menos que um décimo do custo do projeto de melhoria de rodovias em Boston apelidado de Big Dig. Por mais que admiremos a vista aprimorada do litoral de Boston, as linhas do furtivo bombardeiro, o talento artístico de Keira Knightley em *Piratas do Caribe* ou até o do gorila em *King Kong*, esse ainda parece ser um excelente negócio.[7]

Apesar de ser morador do litoral de Boston, sou obrigado a concordar. Mas essa realização estupenda foi só o começo. A definição da Wikipedia para a peste bovina, que trouxe a fome para milhões de agricultores e pastores ao longo da história dizimando seus rebanhos, também é conjugada no passado. E quatro outras causas de infortúnio no mundo em desenvolvimento estão marcadas para erradicação. Jonas Salk não viveu para ver a Iniciativa Global de Erradicação da Pólio atingir seu objetivo: em 2016 a doença havia sido reduzida a apenas 37 casos em três países (Afeganistão, Paquistão e Nigéria), o mais baixo nível na história, e a uma taxa ainda mais baixa em 2017.[8] A filária é um parasita de quase um metro de comprimento que penetra nos membros inferiores das pessoas e diabolicamente forma uma bolha dolorosa. Quando o doente mergulha o pé na água em busca de alívio, a bolha arrebenta e libera milhares de larvas na água, que outras pessoas bebem, dando continuidade ao ciclo. O único tratamento consiste em remover o verme ao longo de vários dias ou semanas. Porém, graças a três décadas de uma campanha de educação e tratamento de água pelo Carter Center, o número de casos caiu de 3,5 milhões em 21 países em 1986 para apenas 25 em três países em 2016 (e somente três em um país no primeiro trimestre de 2017).[9] Elefantíase, oncocercose ("cegueira do rio") e tracoma, cujos sintomas são tão terríveis quanto os nomes, também poderão ser definidos no passado até 2030, e sarampo, rubéola, bouba, doença do sono e ancilostomíase também estão na mira dos epidemiologistas.[10] (Será que saudaremos esses triunfos com momentos de silêncio, repique de sinos, buzinaços, sorrisos para estranhos e perdão aos inimigos?)

Mesmo doenças que não estão em processo de erradicação vêm sendo dizimadas. Entre 2000 e 2015 o número de mortes por malária (uma doença que, no passado, matou metade das pessoas que já viveram) caiu 60%. A Organização Mundial da Saúde tem um plano para reduzir a taxa em mais 90% até 2030 e eliminar a doença de 35 dos 97 países onde hoje é endêmica (assim como ela foi eliminada dos Estados Unidos, onde foi endêmica até 1951).[11] A Fundação Bill e Melinda Gates trabalha com o objetivo de erradicar totalmente a doença.[12] Como vimos no capítulo 5, nos anos 1990 o HIV/aids na África foi um revés para o progresso da humanidade no quesito aumento da expectativa de vida. Mas a maré virou na década seguinte, e a taxa de mortalidade global para crianças foi reduzida à metade; com isso, em 2016 a ONU concordou com um plano para pôr fim à epidemia de aids (embora sem necessariamente erradicar o vírus) até 2030.[13] A figura 6.1 mostra que, entre 2000 e 2013, o mundo também viu grandes reduções

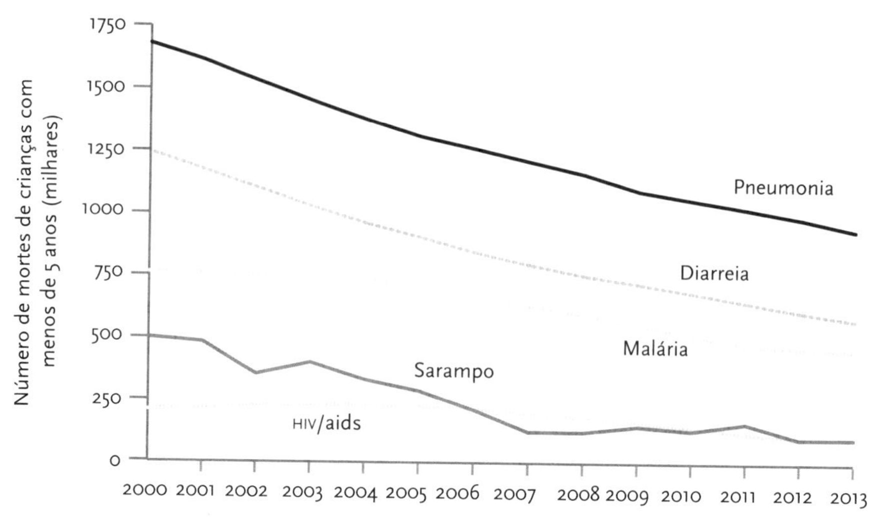

Figura 6.1: *Mortes na infância por doenças infecciosas, 2000-13.*
FONTE: Child Health Epidemiology Reference Group da Organização Mundial da Saúde, Liu et al., 2014, apêndice suplementar.

no número de crianças mortas pelas cinco doenças infecciosas mais letais. Ao todo, o controle de doenças infecciosas desde 1990 salvou a vida de mais de 100 milhões de crianças.[14]

E, no plano mais ambicioso de todos, um grupo de especialistas em saúde global chefiado pelos economistas Dean Jamison e Lawrence Summers elaborou um plano para "uma grande convergência na saúde global" até 2035, quando as mortes por doenças infeciosas, no parto e na infância em todas as partes do mundo poderão ser reduzidas aos níveis hoje encontrados nos países de renda média mais saudáveis.[15]

Por mais impressionante que tenha sido a vitória sobre as doenças infecciosas na Europa e nos Estados Unidos, o progresso atual entre os pobres do planeta é ainda mais assombroso. Parte da explicação está no desenvolvimento econômico (capítulo 8), pois um mundo mais rico é um mundo mais saudável. Outra parte deve-se à expansão do círculo da solidariedade, que inspirou líderes globais como Bill Gates, Jimmy Carter e Bill Clinton a escolher para seu legado a saúde dos pobres em países distantes em vez de edifícios resplandecentes perto de casa. George W. Bush, por sua vez, foi elogiado até por seus críticos mais contundentes graças à sua política de redução da aids na África, que salvou milhões de vidas.

No entanto, quem mais contribuiu foi a ciência. "O conhecimento é o principal", afirma Deaton. "A renda, embora seja importante por si mesma e como um componente do bem-estar [...], não é a causa fundamental do bem-estar."[16] Os frutos da ciência não são apenas fármacos de alta tecnologia como vacinas, antibióticos, medicamentos antirretrovirais e vermífugos. Eles também abrangem *ideias* — que podem ter uma implementação barata e parecer óbvias depois que já foram concebidas, mas que salvam milhões de vidas. Entre os exemplos estão: ferver, filtrar ou clorar a água; lavar as mãos; dar suplementos de iodo a grávidas; amamentar e acariciar bebês; defecar em latrinas e não em plantações, ruas e rios; proteger a cama das crianças com mosquiteiros impregnados de inseticida e tratar a diarreia com uma solução de sal e açúcar em água limpa. Inversamente, o progresso pode ser revertido por ideias perversas — por exemplo, a teoria da conspiração difundida pelo Talibã e pelo Boko Haram de que as vacinas esterilizam as meninas muçulmanas ou a de que as vacinas causam autismo, propagada por ativistas americanos ricos. Deaton observa que até mesmo a ideia central do Iluminismo — a de que o conhecimento pode melhorar nossa vida — pode ser uma revelação em partes do mundo onde as pessoas vivem resignadas à péssima saúde e nunca sonharam que mudanças em suas instituições e normas podem melhorá-la.[17]

7. Sustento

Além da senescência, do parto e dos patógenos, a evolução e a entropia nos legaram outra crueldade: nossa necessidade incessante de energia. A fome tem sido parte da condição humana desde tempos imemoriais. A Bíblia hebraica fala de sete anos de vacas magras no Egito; na Bíblia cristã, a Fome é um dos quatro cavaleiros do Apocalipse. Mesmo quando o século XIX já ia bem avançado, uma quebra de safra podia de repente lançar na miséria até partes privilegiadas do mundo. Johan Norberg cita uma recordação de infância do contemporâneo de um de seus ancestrais na Suécia no inverno de 1868:

> Muitas vezes víamos nossa mãe chorando pelos cantos, e era difícil para uma mãe não ter o que pôr na mesa para seus filhos famintos. Era comum ver crianças esqueléticas, famélicas, implorando migalhas de pão de fazenda em fazenda. Um dia, três crianças apareceram em nossa casa; choravam e pediam alguma coisa que lhes aliviasse as dores da fome. Nossa mãe, de olhos marejados, foi obrigada a lhes dizer que não tínhamos nada além de umas migalhas de pão que nos eram necessárias. Quando nós, seus filhos, vimos a angústia nos olhos suplicantes daquelas crianças desconhecidas, desatamos a chorar e pedimos à nossa mãe que dividisse com elas as migalhas que tínhamos. Ela hesitou, mas por fim atendeu nosso pedido, e as crianças desconhecidas devoraram o alimento antes de seguirem para a fazenda

seguinte, que ficava bem longe da nossa casa. No dia seguinte, todas as três foram encontradas mortas no caminho para a fazenda vizinha.[1]

O historiador Fernand Braudel documentou que a cada poucas décadas a Europa pré-moderna sofria fomes coletivas.[2] Os camponeses, desesperados, colhiam os grãos antes da maturação, comiam grama ou carne humana e seguiam em massa para as cidades, onde iam mendigar. Até em épocas boas muitos obtinham a maior parte de suas calorias de pães ou mingaus, e nem eram tantas assim: em *The Escape from Hunger and Premature Death, 1700-2100*, o economista Robert Fogel observou que "o valor energético da dieta típica na França no começo do século XVIII era tão baixo quanto o de Ruanda em 1965, o país mais subnutrido naquele ano".[3] Muitos dos que não morriam de fome ficavam fracos demais para trabalhar, e isso os acorrentava à pobreza. Europeus famintos excitavam-se com pornografia alimentícia como os contos sobre Cocanha, um país onde panquecas cresciam em árvores, as ruas eram asfaltadas com massa de pão, leitões assados perambulavam com facas no lombo para serem facilmente trinchados e peixes cozidos pulavam da água aos pés das pessoas.

Hoje vivemos em Cocanha, e o nosso problema não é a escassez de calorias, e sim o excesso. Como disse o comediante Chris Rock: "Esta é a primeira sociedade na história onde os pobres são gordos". Com a costumeira ingratidão do Primeiro Mundo, os críticos sociais modernos esbravejam contra a epidemia de obesidade com um nível de indignação compatível com o que poderia ser gerado por uma fome coletiva (isso quando não estão esbravejando contra insultos aos gordos, supermodelos magérrimas ou transtornos alimentares.) Ainda que a obesidade certamente seja um problema de saúde pública, pelos padrões da história é um problema bom de se ter.

E quanto ao resto do mundo? A fome que muitos ocidentais associam à África e à Ásia está longe de ser um fenômeno moderno. Índia e China sempre foram vulneráveis à fome, pois milhões de pessoas subsistiam com arroz, que dependia da água fornecida por monções irregulares ou frágeis sistemas de irrigação e precisava ser transportada através de grandes distâncias. Braudel relata o testemunho de um mercador holandês que esteve na Índia durante uma fome coletiva em 1630-1:

> "Homens abandonavam cidades e vilarejos e vagueavam desamparados. Era fácil reconhecer sua condição: olhos afundados no crânio, lábios pálidos e cobertos de muco, pele enrijecida com ossos despontando, o ventre nada mais do que uma bolsa

vazia pendente. [...] Um gemia e gritava de fome, enquanto outro, esparramado no chão, morria na miséria." Resultavam daí os tão conhecidos dramas humanos: mulheres e filhos abandonados, crianças vendidas pelos pais, quando não eram enjeitadas, suicídios coletivos. [...] E então veio a fase em que os famélicos abriam a barriga dos mortos ou moribundos e "procuravam nas entranhas o que pôr em seu próprio ventre". "Muitas centenas de milhares de homens morreram de fome, e o país inteiro cobriu-se de cadáveres insepultos cujo fedor enchia e infestava o ar. [...] No vilarejo de Susuntra [...] carne humana era vendida no mercado a céu aberto."[4]

Recentemente, porém, o planeta foi abençoado com outro avanço impressionante, mas pouco notado: apesar de seu crescimento populacional explosivo, o mundo em desenvolvimento está alimentando a si mesmo. Isso é mais evidente na China, onde 1,3 bilhão de pessoas hoje têm acesso a 3100 calorias diárias em média por habitante — a quantidade que, segundo diretrizes do governo americano, é necessária a um homem jovem intensamente ativo.[5] O bilhão de habitantes da Índia consome em média 2400 calorias diárias, a quantidade recomendada para uma mulher jovem intensamente ativa ou um homem de meia-idade ativo. Para o continente africano, a quantidade é intermediária às dos anteriores: 2600.[6] A figura 7.1, que indica as calorias disponíveis para uma amostra representativa de países desenvolvidos e em desenvolvimento e para o mundo como um todo, mostra um padrão já visto em gráficos anteriores: penúria por toda parte antes do século XIX, progresso rápido na Europa e nos Estados Unidos nos dois séculos seguintes e, em décadas recentes, o mundo em desenvolvimento alcançando o desenvolvido.

Os números na figura 7.1 são médias aritméticas e proporcionariam um índice enganoso de bem-estar se o aumento se devesse apenas a gente rica devorando mais calorias (isto é, se ninguém estivesse comendo bem, exceto os já superalimentados). Felizmente, os números refletem um aumento na disponibilidade de calorias no conjunto todo, inclusive entre os mais pobres. Quando crianças são subalimentadas, têm seu crescimento prejudicado, e por toda a vida esses indivíduos terão um risco maior de adoecer e morrer. A figura 7.2 mostra a proporção de crianças com déficit de crescimento em uma amostra representativa de países para os quais há dados para os períodos mais longos. Embora a proporção de crianças com déficit de crescimento em países pobres como Quênia e Bangladesh seja deplorável, vemos que em apenas duas décadas a taxa de déficit de crescimento reduziu-se à metade. Países como Colômbia e China também

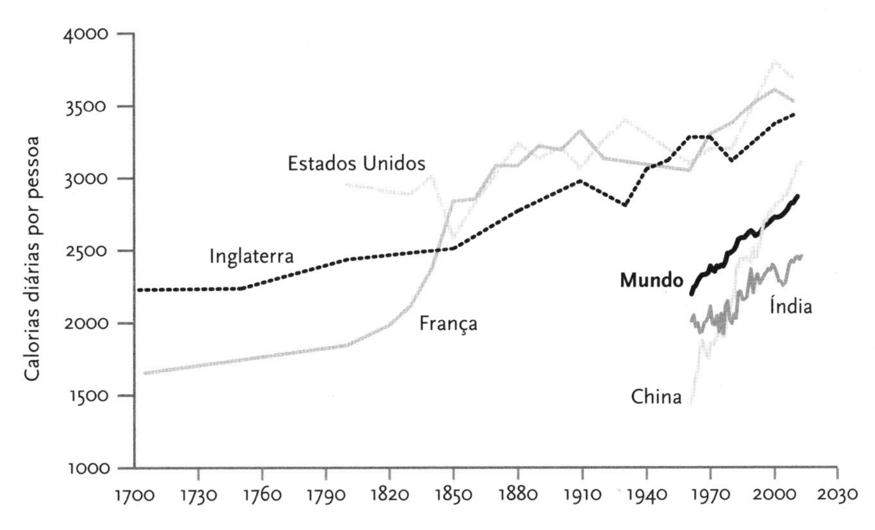

Figura 7.1: *Calorias, 1700-2013.*
FONTES: Estados Unidos, Inglaterra e França: Our World in Data, Roser, 2016d, baseado em dados de Fogel, 2004. China, Índia e o mundo: FAO, Organização das Nações Unidas, <http://www.fao.org/faostat/en/#data>.

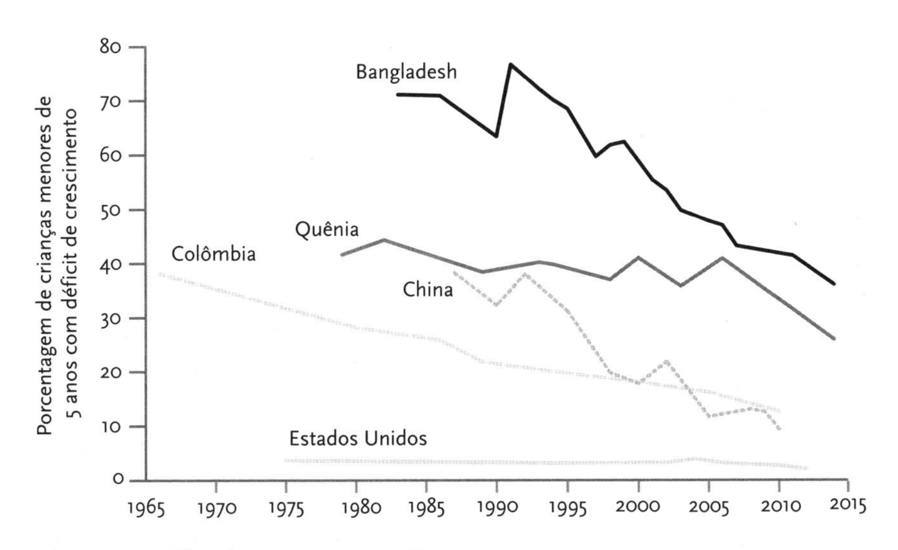

Figura 7.2: *Déficit de crescimento na infância, 1966-2014.*
FONTE: Our World in Data, Roser, 2016j, baseado em dados de FAO, Nutrition Landscape Information System, <http://www.who.int/nutrition/nlis/en/>.

tinham altas taxas de déficit de crescimento há não muito tempo, e conseguiram trazê-las para níveis ainda mais baixos.

A figura 7.3 mostra de outra perspectiva como o mundo vem alimentando os famintos. Nela está indicada a taxa de subnutrição (um ano ou mais com alimentação insuficiente) para países em desenvolvimento em cinco regiões e para o mundo como um todo. Nos países desenvolvidos, não incluídos nas estimativas, a taxa de subnutrição foi inferior a 5% durante todo o período, portanto estatisticamente indistinguível de zero. Embora ainda seja demais haver 13% das pessoas no mundo em desenvolvimento com subnutrição, é bem melhor do que 35%, o nível encontrado 45 anos antes, ou mesmo 50%, uma estimativa para o mundo como um todo em 1947 (não mostrada no gráfico).[7] Lembre-se de que esses números indicam proporções. A população do mundo cresceu em quase *5 bilhões* de pessoas nesses setenta anos, o que significa que, enquanto reduzia os índices de fome, o planeta estava também alimentando bilhões de bocas a mais.

O declínio vem ocorrendo não só na subnutrição, mas também nas fomes catastróficas: as crises que matam pessoas em grandes números e causam emaciamento generalizado (condição em que o indivíduo está dois desvios-padrão abaixo

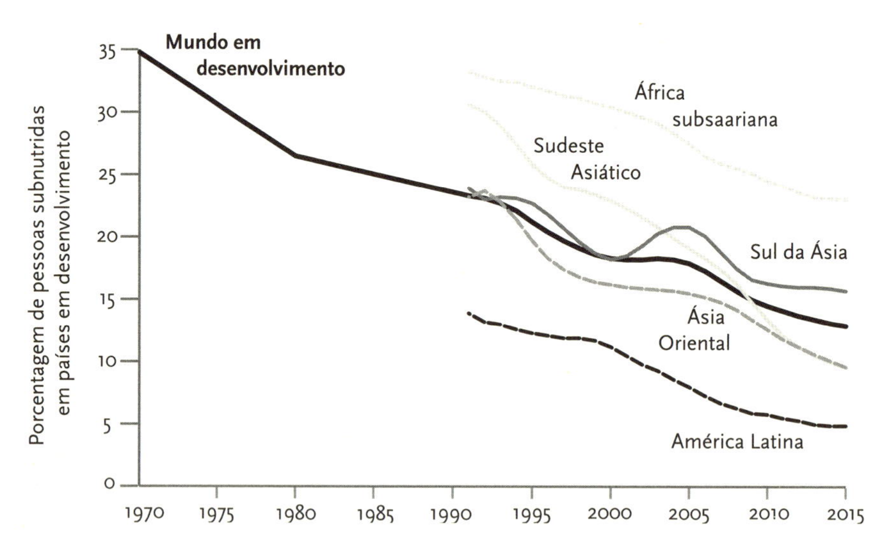

Figura 7.3: *Subnutrição, 1970-2015.*
FONTE: Our World in Data, Roser, 2016j, baseado em dados da FAO 2014, também informado em <http://www.fao.org/economic/ess/ess-fs/ess-fadata/en/>.

do peso esperado) e *kwashiorkor* (deficiência de proteína responsável pelo inchaço abdominal nas crianças mostradas em fotografias que se tornaram ícones da fome).[8] A figura 7.4 mostra o número de mortes em grandes fomes coletivas por década para os últimos 150 anos, em proporção à população mundial da época.

Em 2000, o economista Stephen Devereux resumiu o progresso do mundo no século XX:

> A vulnerabilidade à fome parece ter sido praticamene erradicada de todas as regiões, exceto a África. [...] A fome como um problema endêmico na Ásia e na Europa parece estar consignada à história. O sinistro rótulo "terra da fome" deixou a China, a Rússia, a Índia e Bangladesh, e desde os anos 1970 reside apenas na Etiópia e no Sudão.
>
> [Além disso] o elo entre a quebra de safra e a fome foi rompido. Crises alimentares mais recentes por seca ou inundação foram adequadamente superadas por uma combinação de ajuda humanitária local e internacional. [...]
>
> Se essa tendência prosseguir, o século XX terá sido o último no qual dezenas de milhões de pessoas morreram por não ter acesso a alimentos.[9]

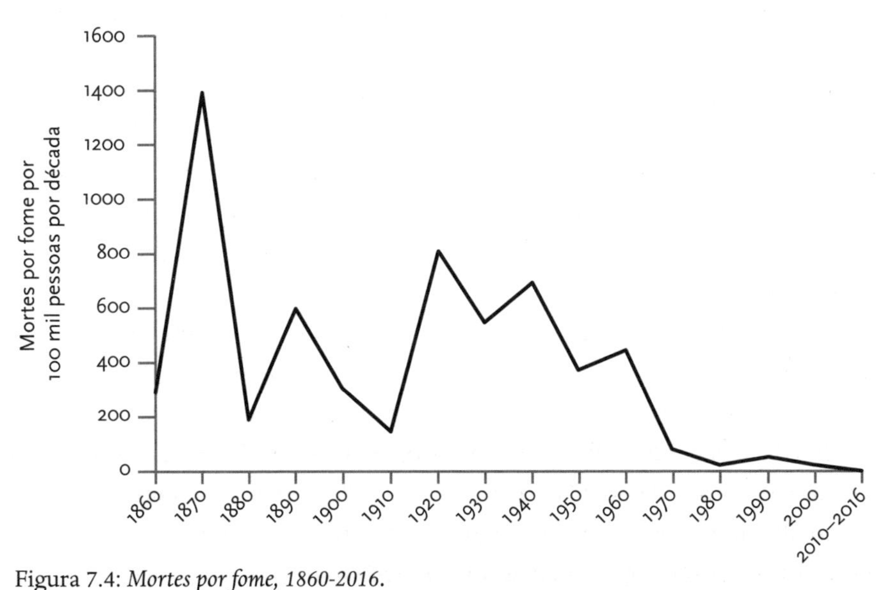

Figura 7.4: *Mortes por fome, 1860-2016.*
FONTES: Our World in Data, Hassel e Roser, 2017, baseado em dados de Devereux, 2000; Ó Gráda, 2009; White, 2011, e EM-DAT, The International Disaster Database, <http://www.emdat.be/>; e outras fontes. A definição de fome é a de Ó Gráda, 2009.

Até agora, a tendência *prossegue*. Ainda existe fome no mundo (inclusive entre os pobres de países desenvolvidos); fomes coletivas ocorreram no leste da África em 2011, no Sahel em 2012 e no Sudão do Sul em 2016, e em menor grau na Somália, na Nigéria e no Iêmen. Mas esses episódios não mataram nas mesmas proporções das catástrofes que foram ocorrências regulares nos séculos anteriores.

Nada disso estava previsto. Em 1798, Thomas Malthus explicou que as fomes coletivas frequentes de sua época eram inevitáveis e só piorariam, pois "a população, se não for controlada, aumenta em progressão geométrica. A subsistência aumenta apenas em proporção aritmética. Um conhecimento elementar de cálculo mostrará a enormidade da primeira razão em comparação com a segunda". A inferência era que esforços para alimentar os famintos só provocariam mais sofrimento, pois eles teriam mais filhos, que por sua vez também estariam condenados à fome.

Pouco tempo atrás, o pensamento malthusiano foi revivido com grande ímpeto. Em 1967, William e Paul Paddock escreveram *Famine 1875!*, e em 1968 o biólogo Paul R. Ehrlich publicou *The Population Bomb*, no qual proclamou que "a batalha para alimentar toda a humanidade terminou", prevendo que, até os anos 1980, 65 milhões de americanos e 4 bilhões de pessoas em outras partes morreriam de fome. Os leitores da *New York Times Magazine* foram apresentados ao termo "triagem" da forma como é usado no campo de batalha (prática emergencial de separar os soldados feridos que podem ser salvos dos que não têm salvação) e aos argumentos de seminário de filosofia sobre ser ou não ser moralmente permissível jogar alguém para fora de um bote salva-vidas superlotado para impedir que a embarcação vire e todos se afoguem.[10] Ehrlich e outros ambientalistas propuseram o fim da ajuda alimentar a países que consideravam casos perdidos.[11] Robert McNamara, presidente do Banco Mundial de 1968 a 1981, desaconselhou as verbas para assistência médica "exceto se fossem muito rigorosamente relacionadas ao controle populacional, pois em geral os recursos para a saúde contribuíam para o declínio da taxa de mortalidade e, com isso, para a explosão populacional". Programas de controle da população na Índia e na China (especialmente com a política do filho único na China) coagiram mulheres para que se submetessem a esterilizações, abortos e implantes dolorosos e sépticos de DIUS.[12]

Onde foi que a matemática de Malthus errou? Analisando a primeira de suas curvas, já vimos que o crescimento da população não precisa ocorrer indefinidamente em progressão geométrica, pois, quando as pessoas se tornam mais ricas e mais bebês sobrevivem, elas passam a ter menos filhos (ver também figura 10.1). Por outro lado, as fomes coletivas não reduzem o crescimento da população por muito tempo. Elas matam de forma desproporcional crianças e velhos e, quando as condições melhoram, os sobreviventes reabastecem rapidamente a população.[13] Como observou Hans Rosling: "Não se pode deter o crescimento da população permitindo que as crianças pobres morram".[14]

Examinando a segunda curva, descobrimos que o estoque de alimento *pode* crescer geometricamente quando se aplica *conhecimento* para aumentar a quantidade de gêneros capaz de ser extraída de um pedaço de terra. Desde o surgimento da agricultura, 10 mil anos atrás, os humanos aplicam engenharia genética a plantas e animais, promovendo a reprodução seletiva daqueles que possuem a maior quantidade de calorias e a menor quantidade de toxinas e que são mais fáceis de plantar e colher. O ancestral selvagem do milho era uma gramínea com um punhado de sementes duras; o ancestral da cenoura tinha aparência e sabor parecidos com os da raiz de dente-de-leão; os ancestrais de muitas frutas silvestres eram amargos, adstringentes e tinham mais sementes do que polpa. Agricultores habilidosos também fizeram experimentos com irrigação, arados e fertilizantes orgânicos, mas Malthus sempre teve a última palavra.

Só na época do Iluminismo e da Revolução Industrial as pessoas descobriram como virar a curva para cima.[15] No romance de Jonathan Swift de 1726, o rei de Brobdingnag explica a Gulliver o imperativo moral: "Quem fizer crescer duas espigas de milho ou duas folhas de grama onde antes só crescia uma merece mais da humanidade e presta um serviço mais essencial à sua terra do que toda a raça de políticos reunida". Logo depois, como mostra a figura 7.1, realmente se conseguiu que crescessem mais espigas de milho no processo que foi chamado de Revolução Agrícola Britânica.[16] A rotação de culturas e aperfeiçoamentos de arados e semeadeiras foram seguidos pela mecanização, com combustíveis fósseis substituindo os músculos de humanos e animais. Em meados do século XIX eram necessários 25 homens e um dia inteiro para colher e debulhar uma tonelada de grãos; hoje um operador de colheitadeira faz isso em seis minutos.[17]

Máquinas também resolvem um problema inerente dos gêneros alimentícios. Como qualquer plantador de abobrinha sabe, no fim do verão elas se tornam disponíveis em profusão, todas ao mesmo tempo, após o que logo apodrecem ou são devoradas por pragas. Ferrovias, canais, caminhões, silos e refrigeração nivelaram os picos e vales da oferta e a equipararam à demanda, coordenados pelas informações transmitidas pelos preços. Mas o aumento verdadeiramente colossal viria da química. O *N* em SPONCH, o acrônimo ensinado aos estudantes que representa os elementos químicos componentes da maior parte do nosso corpo, é o símbolo do nitrogênio, um ingrediente essencial das proteínas, DNA, clorofila e o transportador de energia ATP. Átomos de nitrogênio são abundantes no ar, porém se ligam em pares (daí a fórmula química N_2), os quais são difíceis de separar para que as plantas possam usá-los. Em 1909 Carl Bosch aperfeiçoou um processo inventado por Fritz Haber, que usava metano e vapor para extrair nitrogênio do ar e transformá-lo em fertilizante em uma escala industrial, substituindo as imensas quantidades de excremento de aves, até então necessárias para devolver nitrogênio a solos esgotados. Esses dois químicos estão no topo da lista dos cientistas do século XX que salvaram o maior número de vidas na história: 2,7 bilhões.[18]

Então esqueça as progressões aritméticas: no século passado, a produção de grãos por hectare disparou, enquanto os preços reais despencaram. As economias são estonteantes. Se os gêneros alimentícios cultivados hoje tivessem de depender das técnicas agrícolas pré-nitrogênio, uma área do tamanho da Rússia ficaria sob o arado.[19] Nos Estados Unidos em 1901, uma hora de salário podia comprar quase três litros de leite; um século depois, esse mesmo salário comprava *quinze* litros. As quantidades de outros alimentos que podem ser adquiridas com uma hora de trabalho também se multiplicaram: de meio quilo de manteiga para mais de dois quilos, de uma dúzia de ovos para doze dúzias, de um quilo de costela de porco para mais de dois quilos, e de quatro quilos de farinha para 22 quilos.[20]

Nos anos 1950 e 1960, outro gigassalvador de vidas, Norman Borlaug, passou a perna na evolução e fomentou a Revolução Verde no mundo em desenvolvimento.[21] Na natureza, as plantas investem muita energia e nutrientes em caules lenhosos que erguem suas folhas e flores acima da sombra das ervas-daninhas e de suas congêneres vizinhas. Como fãs num show de rock, todo mundo fica em pé, mas ninguém consegue ver direito. É assim que a evolução atua: míope, ela seleciona com base na vantagem individual, e não no bem maior da espécie, muito menos no bem de alguma outra espécie. Da perspectiva do agricultor, não só os pés de trigo altos desperdiçam energia em talos não comestíveis, mas, ainda por cima, quando são enriquecidos com fertilizante, desabam com o peso das espigas. Borlaug fez a evolução com as próprias mãos: cruzou milhares de linhagens de trigo e selecionou os descendentes com talos anões, produção elevada, resistência à ferrugem e insensibilidade à duração do dia. Após vários anos desse "trabalho estonteantemente enfadonho", Borlaug obteve linhagens de trigo (e depois de milho e arroz) com rendimentos muitas vezes maior que a dos ancestrais. Combinando essas linhagens com técnicas modernas de irrigação, fertilização e manejo de safra, Borlaug transformou quase instantaneamente o México, e mais tarde Índia, Paquistão e outros países propensos a fomes coletivas, em exportadores. A Revolução Verde prossegue — é apelidada de "o segredo que ninguém contou para a África" —, impelida por aperfeiçoamentos no sorgo, painço, mandioca e tubérculos.[22]

Graças à Revolução Verde, o mundo precisa de menos de um terço das terras que antes usava para produzir determinada quantidade de alimento.[23] Outro modo de demonstrar a fartura é indicar que, entre 1961 e 2009, a quantidade de terras usadas no cultivo de alimentos aumentou 12%, mas a quantidade obtida cresceu 300%.[24] Além de vencer a fome, a capacidade de cultivar mais alimento em menos terra tem sido boa para o planeta como um todo. Apesar de seu encanto bucólico, as fazendas são desertos biológicos que se espraiam na paisagem em detrimento de florestas e pradarias. Agora que as fazendas diminuíram em algumas partes do mundo, florestas temperadas vêm retornando à cena, um fenômeno que retomaremos no capítulo 10.[25] Se a eficiência agrícola houvesse permanecido a mesma nos últimos cinquenta anos enquanto o mundo cultivasse a mesma quantidade de alimentos, uma área do tamanho de Estados Unidos, Canadá e China combinados teria de ser desmatada e arada.[26] O cientista ambiental Jesse Ausubel estimou que o mundo atingiu o "pico de terras cultiváveis": talvez nunca mais precisemos de tanta terra quanto a que usamos hoje.[27]

Como todos os avanços, a Revolução Verde foi criticada assim que teve início. Os críticos disseram que a agricultura de alta tecnologia consumia combustíveis fósseis e água de lençóis freáticos, usava herbicidas e pesticidas, prejudicava a agricultura de subsistência tradicional, era biologicamente artificial e gerava lucros para grandes empresas. Considerando que salvou 1 bilhão de vidas e ajudou a mandar as grandes fomes coletivas para a lata de lixo da história, esse me parece um preço razoável a ser pago. Mais importante é que esse preço não precisa vigorar para sempre. A beleza do progresso científico está em nunca nos atrelar a uma tecnologia e em poder desenvolver outras com menos problemas do que as anteriores (uma dinâmica à qual retornaremos no capítulo 10, p. 161.

Hoje a engenharia genética pode realizar em dias o que agricultores tradicionais conseguiram depois de milênios e Borlaug obteve depois de "anos de trabalho estonteantemente enfadonho". Estão sendo desenvolvidas plantas transgênicas de alto rendimento, com vitaminas essenciais para a vida, tolerância a seca e salinidade, resistência a doenças, pragas e decomposição e menor necessidade de terra, fertilizantes e aração. Centenas de estudos, todas as grandes organizações de saúde e ciências e mais de cem laureados com o prêmio Nobel atestam a segurança dos transgênicos (o que não surpreende, pois não existe nenhuma espécie de planta cultivada que não tenha sido modificada geneticamente).[28] No entanto, grupos ambientalistas tradicionais, com sua "costumeira indiferença à fome", nas palavras do escritor da área de ecologia Stewart Brand, empreendem uma cruzada fanática para afastar os transgênicos das pessoas — não apenas dos gourmets da alimentação integral em países ricos, mas também dos agricultores pobres dos países em desenvolvimento.[29] A oposição desses grupos começa por um comprometimento com o valor sagrado, mas sem sentido, do "natural", o que os leva a lamentar a "poluição genética" e o "brincar com a natureza", e a promover o "verdadeiro alimento" baseado na "agricultura ecológica". E então se aproveitam de intuições primitivas sobre essencialismo e contaminação entre o público cientificamente iletrado. Estudos sobre depressão mostraram que cerca de metade da população acredita que os tomates comuns não possuem genes, mas os geneticamente modificados sim, que um gene inserido em um alimento pode migrar para o genoma da pessoa que o ingere e que um gene de espinafre inserido em uma laranja deixaria a fruta com gosto de espinafre. Oitenta por cento aplaudiria uma lei que impusesse a inserção de um aviso em todos os alimentos que "contêm DNA".[30] Nas palavras de Brand: "Ouso dizer que o movimento ambientalista causou mais danos com sua oposição à engenharia genética do que qualquer coisa a respeito da qual tenhamos errado. Matamos pessoas de fome, tolhemos a ciência, prejudicamos o ambiente natural e negamos aos nossos profissionais uma ferramenta crucial".[31]

Uma razão do severo julgamento de Brand é que a oposição aos transgênicos tem sido perniciosamente eficaz na parte do mundo que mais poderia beneficiar-se deles. A África subsaariana foi amaldiçoada com solo ralo, chuvas inconstantes e escassez de enseadas e rios navegáveis, e nunca chegou a construir uma vasta rede de estradas, ferrovias ou canais.[32] Como toda terra cultivada, seus solos esgotaram-se, mas, ao contrário do resto do mundo, não foram revitalizados com fertilizante sintético. A adoção de culturas transgênicas, tanto as já em uso como outras adaptadas para a África, aliada a práticas modernas como o plantio direto e a irrigação por gotejamento, poderiam permitir que a África dispensasse as práticas mais invasivas da primeira Revolução Verde e eliminasse a subnutrição que ainda resta no continente.

Por mais importante que seja a agronomia, a segurança alimentar não depende apenas da agricultura. Fomes coletivas são causadas não só por escassez de alimentos, mas também quando as pessoas não podem comprá-los, quando exércitos as impedem de ter acesso à comida ou quando o governo não se importa com a quantidade de alimento de que dispõem.[33] Os pináculos e vales na figura 7.4 mostram que a vitória sobre a fome não foi uma história de ganhos constantes de eficiência agrícola. No século XIX, além de serem desencadeadas pelas secas e pragas de costume, fomes coletivas também foram exacerbadas na Índia colonial e na África pela insensibilidade, pela incompetência e às vezes por políticas deliberadas de administradores que não tinham interesse benevolente pelo bem-estar de seus governados.[34] No começo do século XX, as políticas coloniais já tinham se tornado mais responsivas às crises de alimentos, e avanços na agricultura haviam trazido certo alívio ao problema da fome.[35] Mas então um show de horrores de catástrofes políticas provocou fomes esporádicas pelo resto do século.

Dos 70 milhões de pessoas que morreram em grandes fomes coletivas no século XX, 80% foram vítimas de coletivização forçada, confiscos punitivos e planejamento central de regimes comunistas.[36] Esses casos incluíram fomes coletivas na União Soviética e na esteira da Revolução Russa, da Guerra Civil Russa e da Segunda Guerra Mundial; o Holodomor (terror-fome) de Stálin na Ucrânia em 1932-3; o Grande Salto à Frente de Mao em 1958-61; o Ano Zero de Pol Pot em 1975-9 e, muito recentemente, nos anos 1990, a Árdua Marcha de Kim Jong-il na Coreia do Norte. Os primeiros governos na África e Ásia pós-coloniais muitas vezes implementaram políticas ideologicamente em voga, mas desastrosas para a economia — por exemplo, a coletivização em massa da agricultura, restrições às importações para promover a "autossuficiência" e preços de alimento artificialmente baixos que beneficiaram habitantes das zonas urbanas com maior influência política às custas dos agricultores.[37] Quando os países mergulhavam na guerra civil, o que acontecia com muita frequência, não só a distribuição de alimentos era interrompida, mas também os dois lados podiam usar a fome como arma, às vezes com a cumplicidade de seus patronos da Guerra Fria.

Felizmente, desde os anos 1990 os requisitos prévios para a fartura vêm se estabelecendo em mais partes do mundo. Assim que os segredos do cultivo de alimentos em abundância são desvendados e a infraestrutura para transportá-los é instalada, o declínio da fome depende do declínio da pobreza, da guerra e da autocracia. Examinemos o progresso que foi feito contra cada um desses flagelos.

8. Riqueza

"A pobreza não tem causas", escreveu o economista Peter Bauer. "A riqueza tem." Em um mundo governado pela entropia e pela evolução, as ruas não são pavimentadas com massa de pão, e peixes cozidos não saltam da água aos nossos pés. Mas é fácil esquecer esse truísmo e pensar que a riqueza sempre esteve conosco. Mais do que pelos vitoriosos, a história é escrita pelos abastados, aquela fraçãozinha da humanidade que dispõe de tempo livre e educação para escrevê-la. Como observaram o economista Nathan Rosenberg e o jurista L. E. Birdzell Jr.: "Somos induzidos a esquecer a miséria dominante em outras épocas em parte por obra da literatura, poesia, romance e lenda, que celebram os que viveram bem e esquecem os que viveram no silêncio da pobreza. As eras de penúria foram mitificadas e talvez até sejam lembradas como eras de ouro da simplicidade bucólica. Não foram".[1]

Norberg, baseado em Braudel, dá exemplos dessa era de indigência, quando a definição de pobreza era simples: "Se alguém pudesse comprar pão para sobreviver por mais um dia, não era pobre".

Na rica Gênova, todo inverno pobres vendiam a si mesmos como escravos das galés. Em Paris, os muito pobres eram acorrentados aos pares e forçados a fazer o árduo trabalho de limpar os escoadouros. Na Inglaterra, os pobres tinham de trabalhar nas *workhouses* para receber assistência, e lá eles labutavam longas horas em troca de quase nada. Alguns recebiam ordem de triturar ossos de cães, cavalos e bois para fazer fertilizante, até o dia em que uma inspeção de uma *workhouse* em 1845 mostrou que pobres famélicos estavam lutando entre si pelos ossos em decomposição, para sugarem o tutano.[2]

Outro historiador, Carlo Cipolla, conta:

Na Europa pré-industrial, comprar uma roupa ou tecido para fazer vestimentas continuava a ser um luxo que as pessoas comuns só podiam ter algumas vezes na vida. Uma das principais preocupações da administração dos hospitais era assegurar que as roupas dos mortos não fossem usurpadas, e sim entregues aos legítimos herdeiros. Durante epidemias de peste, as autoridades das cidades tinham de lutar para confiscar as roupas dos mortos e queimá-las: as pessoas esperavam que outros morressem para se apossarem do que vestiam — o que geralmente acabava por propagar a epidemia.[3]

A necessidade de explicar a criação de riqueza é obscurecida mais uma vez nas sociedades modernas por debates políticos sobre como a riqueza deve ser distribuída, e isso pressupõe, para começar, que exista riqueza a ser distribuída. Economistas apontam uma "falácia da quantidade fixa" ou "falácia física" na qual uma quantidade finita de riqueza sempre existiu, como um veio de ouro, e as pessoas disputam o modo de dividi-lo desde o começo dos tempos.[4] Uma das percepções do Iluminismo é a de que *a riqueza é criada*.[5] Ela é criada primordialmente por conhecimento e cooperação: redes de pessoas organizam matéria em configurações improváveis, mas úteis, e combinam os frutos de seu engenho e trabalho. O corolário, igualmente radical, é que podemos descobrir como produzir mais riqueza.

A persistência da pobreza e a transição para a riqueza moderna podem ser mostradas em um gráfico simples, mas impressionante. Ele representa, para os últimos 2 mil anos, uma medida-padrão de criação de riqueza, o Produto Mundial Bruto, medido em dólares internacionais de 2011. (Um dólar internacional é uma unidade monetária hipotética equivalente a um dólar americano em um ano de referência específico, ajustado pela inflação e pela paridade do poder de compra.

Este último compensa as diferenças nos preços de bens e serviços comparáveis em diferentes lugares — por exemplo, o fato de que um corte de cabelo é mais barato em Dhaka do que em Londres.)

A história do crescimento da prosperidade na história humana retratada na figura 8.1 é mais ou menos assim: nada... nada... nada... (repita para alguns milhares de anos)... *bum!* Um milênio depois do ano 1 EC, o mundo praticamente não estava nem um pouco mais rico do que era na época de Jesus. Foi preciso mais meio milênio para que a renda dobrasse. Algumas regiões mostraram um ou outro surto de prosperidade, porém nada que levasse a um crescimento cumulativo e sustentado. A partir do século XIX, os incrementos passaram a ser muito rápidos. Entre 1820 e 1900, a renda mundial triplicou. Tornou a triplicar em pouco mais de cinquenta anos. Foram necessários apenas outros 25 anos para que triplicasse novamente, e outros 35 para tornar a triplicar. Agora o Produto Mundial Bruto mostra um crescimento de quase cem vezes desde que a Revolução Industrial acontecia em 1820, e de quase duzentas vezes desde o começo do Iluminismo no século XVIII. Muitos debates sobre distribuição e crescimento econômico apontam o contraste entre dividir um bolo e fazer um bolo maior (ou, como George W. Bush deturpou, "tornar o bolo mais alto"). Se o bolo que dividíamos

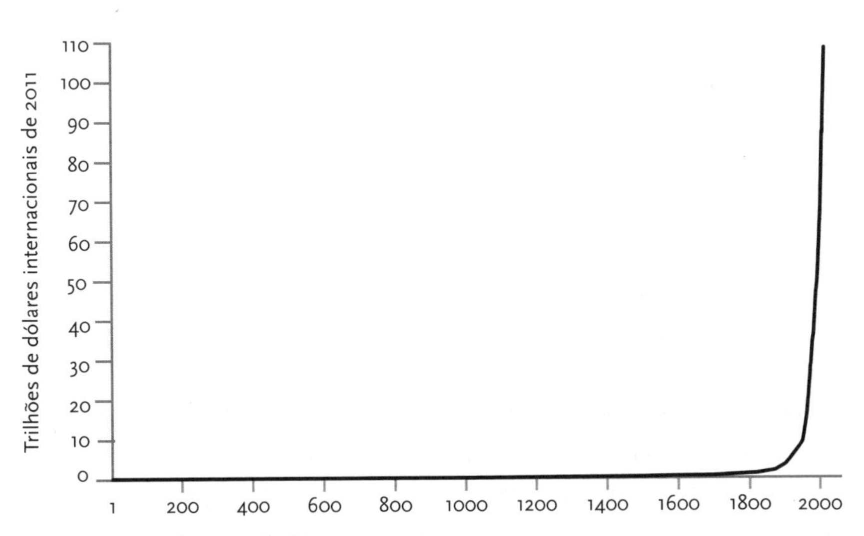

Figura 8.1: *Produto Mundial Bruto, 1-2015.*
FONTE: Our World in Data, Roser, 2016c, baseado em dados do Banco Mundial e de Angus Maddison e Maddison Project, 2014.

em 1700 fosse assado em uma fôrma-padrão de 22 centímetros, o bolo do nosso tempo teria mais de três metros de diâmetro. Caso extraíssemos cirurgicamente a fatia mais fina imaginável — digamos, uma que em sua parte mais larga tivesse cinco centímetros —, teria o tamanho do bolo inteiro de 1700.

Na verdade, o Produto Mundial Bruto *subestima* brutalmente a expansão da prosperidade.[6] Como contar unidades monetárias, por exemplo, libras ou dólares, ao longo de séculos, para que possam ser representadas em um gráfico numa única linha? Será que cem dólares do ano 2000 equivalem mais ou menos a um dólar de 1800? São apenas pedaços de papel com números grafados; seu valor depende do que as pessoas podem comprar com eles em determinada época, e isso muda com a inflação e revalorizações. O único modo de comparar um dólar de 1800 com um dólar de 2000 é pesquisar quanto uma pessoa precisaria dar em troca de uma cesta básica de mercadorias: uma quantidade fixa de alimento, roupa, assistência médica, combustível etc. Esse é o modo como os números da figura 8.1 e de outros gráficos representados em dólares ou libras foram convertidos em uma escala única — por exemplo, "dólares internacionais de 2011".

O problema é que o avanço da tecnologia confunde a própria ideia de uma cesta de mercadorias inalterável. Para começar, a qualidade dos itens da cesta melhora com o passar do tempo. Uma peça de "roupa" em 1800 podia ser uma capa de chuva feita de oleado rígido, pesado e permeável; em 2000, seria uma capa de chuva fechada com zíper feita de tecido sintético leve e respirável. "Tratamento odontológico" em 1800 significava alicate e dentadura de madeira; em 2000, significava Novocaína e implantes. Portanto, é enganoso dizer que os trezentos dólares necessários para adquirir certa quantidade de roupas e tratamento odontológico em 2000 podem ser equiparados aos dez dólares que comprariam "a mesma quantidade" em 1800.

Além disso, a tecnologia não apenas aperfeiçoa coisas já existentes: ela inventa novas. Quanto custava em 1800 um refrigerador, uma música gravada, uma bicicleta, um celular, a Wikipedia, uma foto do seu filho, um notebook e uma impressora, uma pílula anticoncepcional, uma dose de antibiótico? A resposta é: dinheiro nenhum no mundo. A combinação de produtos melhores e novos torna quase impossível acompanhar o bem-estar material no decorrer das décadas e dos séculos.

A queda dos preços adiciona outra complicação. Hoje uma geladeira custa em torno de quinhentos dólares. Quanto alguém teria de pagar para que você desistisse da refrigeração? Com certeza muito mais do que isso! Adam Smith definiu isso como o paradoxo do valor: quando um bem importante torna-se abundante, custa muito menos do que as pessoas estão dispostas a pagar por ele. A diferença é chamada de excedente do consumidor, e é impossível computar a explosão desse excedente ao longo do tempo. Os economistas são os primeiros a salientar que suas medidas, como o cínico de Oscar Wilde, captam o preço de tudo, mas o valor de nada.[7]

Isso não significa que comparações de riqueza entre diferentes épocas e lugares em moeda corrigida pela inflação e pelo poder de compra não tenham sentido — elas são melhores do que a ignorância ou os palpites; mas significa que elas subestimam nossa avaliação do progresso. Uma pessoa cuja carteira contém o equivalente a cem dólares internacionais de 2011 hoje é incrivelmente mais rica do que seu ancestral com o valor equivalente em sua carteira duzentos anos atrás. Como veremos, isso também afeta nossa avaliação da prosperidade no mundo em desenvolvimento (este capítulo), da igualdade de renda no mundo desenvolvido (próximo capítulo) e o futuro do crescimento econômico (capítulo 20).

O que deflagrou a Grande Saída? A causa mais óbvia foi a aplicação da ciência à melhora da vida material, que levou ao que o historiador da economia Joel Mokyr chama de "economia esclarecida".[8] As máquinas e fábricas da Revolução Industrial, as fazendas produtivas da Revolução Agrícola e os encanamentos de água da Revolução da Saúde Pública puderam fornecer mais roupas, ferramentas, veículos, livros, móveis, calorias, água potável e outras coisas que as pessoas desejam do que os artesãos e fazendeiros podiam fornecer um século antes. Muitas das primeiras inovações, por exemplo, máquinas a vapor, teares, máquinas de fiar, fundições e engenhos, vieram das oficinas e quintais de diletantes ateóricos.[9] Acontece que o processo de tentativa e erro é uma árvore profusamente ramificada de possibilidades, a maioria das quais não leva a lugar nenhum, mas a árvore pode ser podada pela aplicação da ciência, acelerando assim o ritmo da descoberta. Como observa Mokyr: "Depois de 1750 a base epistêmica da tecnologia começou a se expandir lentamente. Não só apareceram novos produtos e técnicas, mas também se compreendeu melhor por que e como os produtos e técnicas antigos funcionavam; assim, eles puderam ser refinados, aperfeiçoados, depurados de falhas, combinados a outros de modos inéditos e adaptados a novos usos".[10] A invenção do barômetro em 1643, que provou a existência da pressão atmosférica, levou por fim à invenção de máquinas a vapor, conhecidas na época como "máquinas atmosféricas". Outras vias de mão dupla entre ciência e tecnologia incluíram a aplicação da química aos fertilizantes sintéticos, facilitada pela invenção da bateria, e a aplicação da teoria microbiana das doenças, possibilitada pelo microscópio, para manter os patógenos longe da água potável e das mãos e dos instrumentos dos médicos.

Não fosse por duas outras inovações, os cientistas aplicados não teriam tido motivação para empreender sua engenhosidade com o objetivo de amenizar as agruras do cotidiano, e suas invenções teriam permanecido em seus laboratórios e garagens.

Uma delas foi a criação de *instituições* que facilitaram a troca de bens, serviços e ideias: a dinâmica apontada por Adam Smith como geradora de riqueza. Os economistas Douglass North, John Wallis e Barry Weingast mostram que o modo mais natural para que os Estados funcionem, tanto na história como em muitas partes do mundo atual, é as elites concordarem em não roubar nem matar umas às outras, recebendo em troca disso um feudo, um privilégio, uma concessão, um monopólio, uma esfera de influência ou uma clientela que lhes permita controlar algum setor da economia e viver de rendas (no sentido usado pelos economistas: uma receita extraída do acesso exclusivo a um recurso).[11] Na Inglaterra do século XVIII, esse clientelismo deu lugar a economias *abertas* nas quais qualquer pessoa podia vender o que quisesse a qualquer um, e suas transações eram protegidas pelo estado de direito, pelos direitos de propriedade, contratos executáveis e instituições como bancos, empresas e departamentos governamentais que funcionavam com base em obrigações fiduciárias, e não em ligações pessoais. A partir de então uma pessoa empreendedora podia introduzir um novo tipo de produto no mercado ou vender mais barato do que outros comerciantes, caso fosse capaz de produzir a um custo mais baixo, aceitar dinheiro imediato em troca de algo que só forneceria mais tarde, ou investir em equipamento ou terra que talvez não desse lucro durante anos. Hoje eu sei que, se quiser leite, posso ir à mercearia e encontrarei um litro nas prateleiras, o leite não será diluído nem contaminado, será vendido por um preço que posso pagar e o proprietário me deixará levá-lo depois de passar um cartão, muito embora nós dois não nos conheçamos, talvez nunca mais nos vejamos e não tenhamos amigos em comum que atestem nossa idoneidade. Algumas portas adiante, posso fazer a mesma coisa com uma calça jeans, uma furadeira elétrica, um computador, um carro. É preciso que uma porção de instituições funcionem para que essas e os milhões de outras transações anônimas que compõem a economia moderna se deem tão facilmente.

A terceira inovação, depois da ciência e das instituições, foi uma mudança de valores: a aprovação do que a historiadora da economia Deirdre McCloskey chama de virtude burguesa.[12] As culturas aristocráticas, religiosas e marciais sempre desprezaram o comércio como um ofício venal e de mau gosto. Mas, na Inglaterra e Holanda do século XVIII, o comércio passou a ser visto como moral e edificante. Voltaire e outros *philosophes* iluministas valorizavam a mentalidade comercial por sua capacidade de resolver ódios sectários:

> Veja a Royal Exchange em Londres, um lugar mais venerável do que muitas cortes de justiça, onde os representantes de todas as nações reúnem-se em benefício da humanidade. Ali o judeu, o maometano e o cristão transacionam juntos como se todos professassem a mesma religião, e não chamam de infiel a ninguém a não ser os falidos. Ali o presbiteriano confia no anabatista, e o padre confia na palavra do quacre. Todos ficam satisfeitos.[13]

Comentando essa passagem, o historiador Roy Porter observou que "ao descrever homens satisfeitos, e satisfeitos por estarem satisfeitos — diferindo, mas concordando em diferir —, o *philosophe* indicou uma reavaliação do *summum bonum* [o sumo bem], uma mudança do temor a Deus para uma individualidade mais psicologicamente orientada. Assim, o Iluminismo traduziu a questão fundamental — 'Como posso ser salvo?' para a pragmática 'Como posso ser feliz?' — e, com isso, introduziu uma nova práxis de ajustamento pessoal e social".[14] Essa práxis incluía normas de propriedade, frugalidade e autocontrole, uma orientação para o futuro, e não para o passado, e uma atribuição de dignidade e prestígio aos comerciantes e inventores, em vez de apenas aos soldados, padres e cortesãos. Napoleão, um expoente da glória marcial, escarneceu da Inglaterra como "um país de lojistas". Só que, na época, os britânicos ganhavam 83% a mais e consumiam um terço a mais de calorias do que os franceses, e todo mundo sabe o que aconteceu em Waterloo.[15]

A Grande Saída da Grã-Bretanha e Holanda logo foi seguida pela saída dos Estados germânicos, dos países nórdicos e das filiais coloniais da Grã-Bretanha:

Austrália, Nova Zelândia, Canadá e Estados Unidos. Em 1905, o sociólogo Max Weber propôs que o capitalismo dependia de uma "ética protestante" — uma hipótese que trazia a intrigante previsão de que os judeus fracassariam em sociedades capitalistas, sobretudo nos negócios e nas finanças. Em todo caso, os países católicos da Europa também escaparam velozmente da pobreza, e uma sucessão de outras saídas mostrada na figura 8.2 desmentiu as várias teorias que explicavam por que o budismo, o confucionismo, o hinduísmo ou os valores genéricos "asiáticos" e "latinos" eram incompatíveis com economias de mercado dinâmicas.

As curvas não britânicas da figura 8.2 contam um segundo capítulo espantoso da história da prosperidade: a partir da segunda metade do século XX, os países pobres também começaram a sair da pobreza. A Grande Saída está se tornando a Grande Convergência.[16] Países que até pouco tempo atrás eram paupérrimos tornaram-se confortavelmente ricos, como Coreia do Sul, Taiwan e Cingapura. (Minha ex-sogra cingapurense lembra-se de um jantar em sua infância em que sua família dividiu um ovo em quatro.) Desde 1955, trinta dos 109 países em desenvolvimento do mundo, incluindo lugares tão diversos quanto Bangladesh, El Salvador, Etiópia, Geórgia, Mongólia, Moçambique, Panamá, Ruanda, Uzbequistão e Vietnã, têm alcançado taxas de crescimento econômico que equivalem a uma

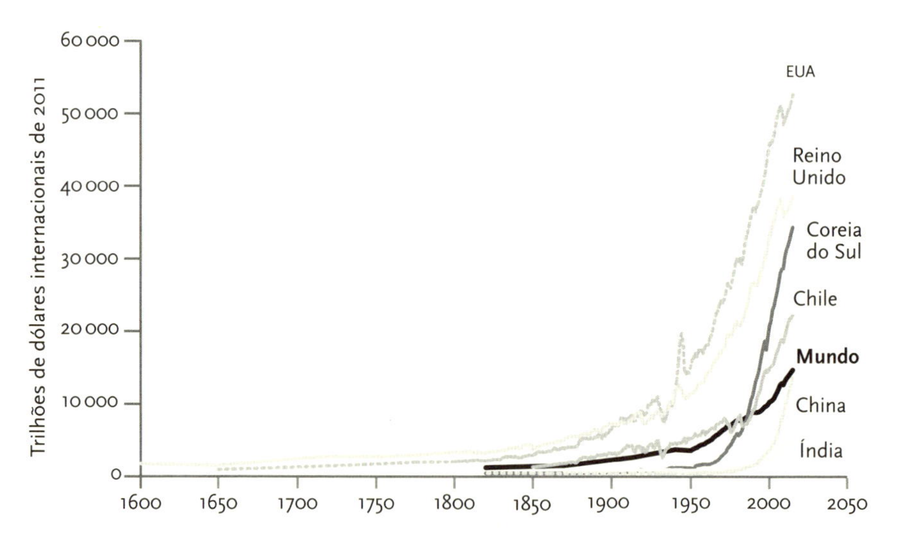

Figura 8.2: *PIB per capita, 1600-2015.*
FONTE: Our World in Data, Roser, 2016c, baseado em dados do Banco Mundial e do Maddison Project, 2014.

duplicação da renda a cada dezoito anos. Outros quarenta países têm obtido taxas que duplicariam sua renda a cada 35 anos, o que é comparável à taxa de crescimento histórica dos Estados Unidos.[17] É notável o fato de a China e a Índia apresentarem, em 2008, a mesma renda per capita que a Suécia tinha em 1950 e 1920, respectivamente, e mais notável ainda quando pensamos em quantas cabeças foram contadas nesse "per capita": 1,3 bilhão e 1,2 bilhão de pessoas. Em 2008, a população mundial — 6,7 bilhões — tinha uma renda média equivalente à da Europa Ocidental em 1964. E não só porque os ricos estão cada vez mais ricos (embora obviamente estejam, um assunto que examinarei no próximo capítulo). A extrema pobreza está sendo erradicada, e o mundo está se tornando classe média.[18]

O estatístico Ola Rosling (filho de Hans) representou a distribuição da renda mundial em histogramas nos quais a altura da curva indica a proporção de pessoas em dado nível de renda, para três períodos históricos (figura 8.3). Em 1800, no início da Revolução Industrial, em todas as partes a maioria das pessoas era pobre. A renda média equivalia à dos países mais pobres da África atual (em torno de quinhentos dólares ao ano, em dólares internacionais), e quase 95% do mundo vivia no que hoje consideramos "extrema pobreza" (menos de 1,90 dólar ao dia). Em 1975, a Europa e suas filiais já haviam concluído a Grande Saída, deixando o

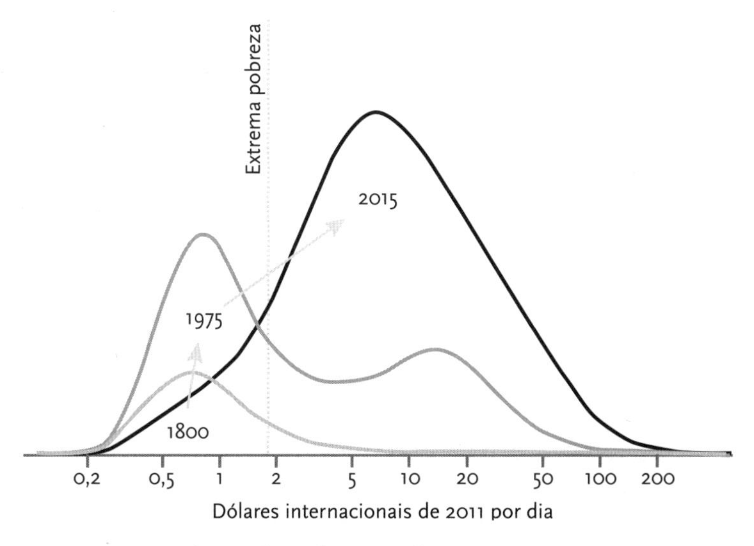

Figura 8.3: *Distribuição de renda no mundo, 1800, 1975 e 2015.*
FONTE: Gapminder, por Ola Rosling, <http://www.gapminder.org/tools/mountain>. A escala é em dólares internacionais.

resto do mundo para trás, com um décimo de sua renda, na corcova mais baixa da curva com perfil de camelo.[19] No século XXI, o camelo torna-se um dromedário, com uma só corcova deslocada para a direita e uma cauda muito mais longa à esquerda: o mundo tornou-se mais rico e mais igual.[20]

As fatias à esquerda da linha pontilhada merecem sua própria imagem. A figura 8.4 mostra a porcentagem da população mundial que vive na "extrema pobreza". É preciso reconhecer que qualquer ponto de corte para essa condição tem de ser arbitrário, mas as Nações Unidas e o Banco Mundial fazem o melhor que podem, combinando as linhas de pobreza nacionais de uma amostra de países em desenvolvimento, as quais, por sua vez, são baseadas na renda de uma família típica que consegue prover o próprio sustento. Em 1996 esse ponto era dado pela aliterada expressão "um dólar ao dia", e hoje está em 1,90 dólar ao dia em dólares internacionais de 2011.[21] (As curvas com pontos de corte mais generosos são mais altas e mais rasas, mas também são descendentes.)[22] Repare não apenas no feitio da curva, mas também no quanto ela desceu: para 10%. Em duzentos anos, a taxa de extrema pobreza no mundo despencou de 90% para 10%, e quase metade desse declínio ocorreu nos últimos 35 anos.

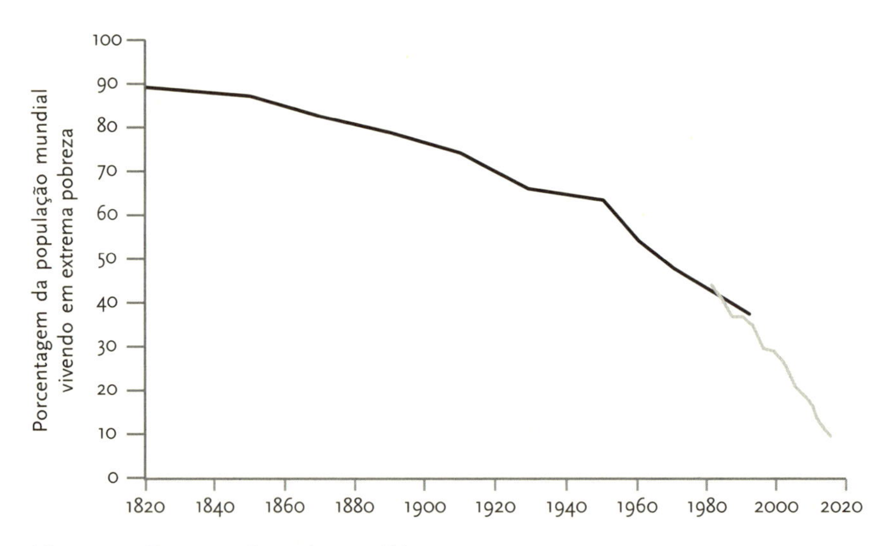

Figura 8.4: *Extrema pobreza (proporção), 1820-2015.*
FONTES: Our World in Data, Roser e Ortiz-Ospina, 2017, baseado em dados de Bourguignon e Morrisson, 2002 (1820-1992); a média de suas porcentagens para "Extrema pobreza" e "Pobreza" foram calculadas de modo a serem comensuráveis com os dados sobre "Extrema pobreza" para 1981-2015 do Banco Mundial, 2016g.

O progresso mundial pode ser avaliado a partir de duas perspectivas. Por uma delas, as proporções e taxas per capita que representei aqui são as medidas de progresso moralmente relevantes, pois condizem com o experimento mental de John Rawls para definir uma sociedade justa: especifique um mundo no qual você concorda em encarnar em um habitante aleatório partindo de trás de um véu de ignorância, sem conhecer as circunstâncias desse cidadão.[23] Um mundo com uma porcentagem mais elevada de pessoas longevas, saudáveis, bem alimentadas e prósperas é um mundo no qual preferiríamos apostar nessa loteria do nascimento. Porém, de outra perspectiva, os números absolutos também são importantes. Cada pessoa adicional que é longeva, saudável, bem alimentada e próspera é um ser senciente capaz de ser feliz, e o mundo é um lugar melhor porque tem mais dessas pessoas. Além disso, um aumento no número de indivíduos que conseguem suportar as agruras da entropia e a luta da evolução é um testemunho da imensa magnitude dos poderes benéficos da ciência, dos mercados, do bom governo e de outras instituições modernas. No gráfico de áreas sobrepostas da figura 8.5, a espessura da área inferior representa o número de pessoas que vivem na extrema pobreza e a espessura da área superior indica o número das que não vivem na extrema pobreza, enquanto a altura da pilha representa a população do mundo.

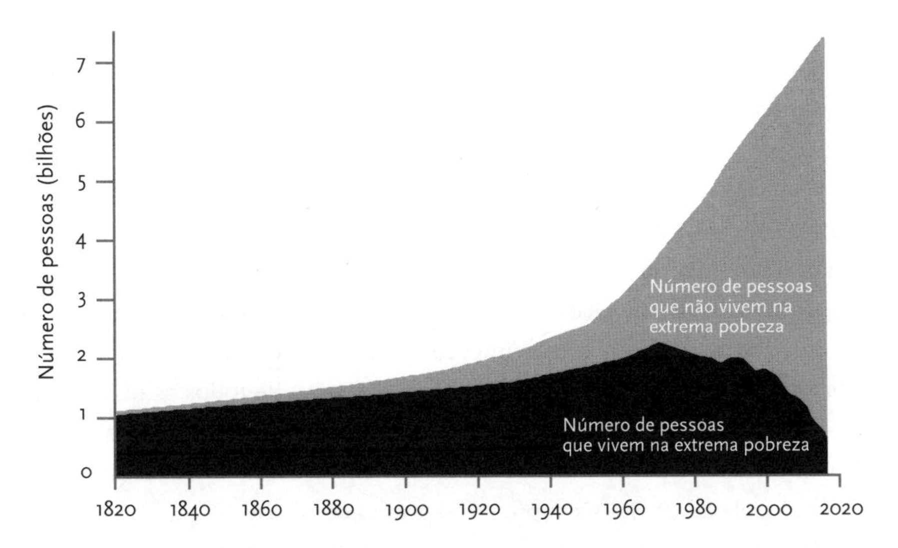

Figura 8.5: *Extrema pobreza (número), 1820-2015.*
FONTES: Our World in Data, Roser e Ortiz-Ospina, 2017, baseado em dados de Bourguignon e Morrisson, 2002 (1820-1992) e Banco Mundial, 2016g (1981-2015).

O gráfico mostra que o número de pobres diminuiu justo quando a população aumentou explosivamente, de 3,7 bilhões em 1970 para 7,3 bilhões em 2015. (Max Roser observa que, se os meios de comunicação de fato informassem a mudança no estado do mundo, poderiam estampar a manchete NÚMERO DE PESSOAS NA EXTREMA POBREZA DIMINUIU EM 137 MIL DESDE ONTEM, todos os dias, nos últimos 25 anos.) Vivemos em um mundo que não só tem uma proporção menor de pessoas paupérrimas, mas também um número menor dessas pessoas, e onde existem 6,6 bilhões de pessoas que não estão nessa condição.

A maioria das surpresas na história é desagradável, mas essa notícia foi um choque agradável até para os otimistas. Em 2000 as Nações Unidas estabeleceram os oito Objetivos de Desenvolvimento do Milênio, com as linhas de partida recuadas para 1990.[24] Na época, observadores céticos dessa organização que deixa a desejar menosprezaram as metas como uma declaração genérica de intenções. Cortar pela metade a pobreza global, tirar 1 bilhão de pessoas da pobreza, em 25 anos? Conte outra. Mas o mundo cumpriu a meta *cinco anos antes do prazo.* Os especialistas em desenvolvimento ainda estão esfregando os olhos, incrédulos. Deaton escreveu: "Esse talvez seja o fato mais importante sobre o bem-estar no mundo desde a Segunda Guerra Mundial".[25] O economista Robert Lucas (como Deaton, laureado com o prêmio Nobel) disse que "as consequências para o bem-estar humano [quando nos damos conta do rápido desenvolvimento econômico] são simplesmente atordoantes; quando começamos a pensar sobre elas, fica difícil pensar em qualquer outra coisa".[26]

Não paremos de pensar no amanhã. Embora sempre seja perigoso extrapolar uma curva histórica, o que acontece quando tentamos? Se alinharmos uma régua com os dados do Banco Mundial na figura 8.4, veremos que cruza o eixo *x* (indicando uma taxa de pobreza igual a zero) em 2026. A ONU deu a si mesma uma margem em seus Objetivos de Desenvolvimento Sustentável de 2015 (os sucessores dos Objetivos de Desenvolvimento do Milênio) e estabeleceu a meta de "acabar com a extrema pobreza para todas as pessoas de todos os lugares" até 2030.[27] Acabar com a extrema pobreza para todas as pessoas de todos os lugares! Tomara que eu viva para poder ver esse dia. (Nem Jesus foi tão otimista: quando interpelado, ele disse: "Pois sempre tereis pobres convosco".)

Evidentemente, esse dia ainda está longe de chegar. Centenas de milhões de pessoas permanecem na extrema pobreza, e chegar a zero irá requerer um esforço maior do que apenas extrapolar uma régua. Embora os números estejam em declínio em países como Índia e Indonésia, são crescentes nos mais pobres dentre os países pobres, como Congo, Haiti e Sudão, e os derradeiros bolsões de pobreza serão os mais difíceis de eliminar.[28] Além disso, conforme nos aproximarmos do objetivo, devemos mover a meta, porque uma pobreza não tão extrema continua sendo pobreza. Quando introduzi o conceito de progresso, alertei que não se deve confundir um avanço conseguido a duras penas com um processo que acontece como que por mágica. O objetivo, ao chamarmos a atenção para o progresso, não é repousar sob os louros, e sim identificar as causas para que possamos fazer mais daquilo que funciona. E, já que sabemos que alguma coisa funcionou, é desnecessário continuar a classificar o mundo em desenvolvimento como um caso perdido para ver se sacudimos as pessoas e as tiramos da apatia, pois assim se corre o risco de elas pensarem que dar ajuda adicional seria apenas jogar dinheiro pelo ralo.[29]

Então *o que* o mundo está fazendo direito? Como na maioria das formas de progresso, uma porção de coisas boas acontece ao mesmo tempo, e todas se reforçam mutuamente, dificultando assim a identificação do primeiro dominó. Explicações cínicas — por exemplo, a de que o enriquecimento é um dividendo único de uma alta estratosférica no preço do petróleo e outras commodities, ou de que as estatísticas estão infladas pela ascensão da populosa China — foram analisadas e descartadas. Radelet e outros especialistas em desenvolvimento enumeram cinco causas.[30]

"Em 1976", Radlet escreve, "Mao mudou sozinho e dramaticamente os rumos da pobreza global com um simples ato: ele morreu."[31] Embora a ascensão da China não seja exclusivamente responsável pela Grande Convergência, o tamanho imenso do país influencia os totais de maneira decisiva, e as explicações para seu progresso aplicam-se a outras partes. A morte de Mao Tsé-tung é emblemática de três das principais causas da Grande Convergência.

A primeira é o declínio do comunismo (junto com o intruso socialismo). Pelas razões que já vimos, as economias de mercado podem gerar riqueza em níveis prodigiosos, enquanto as economias totalitaristas planejadas impõem a escassez, a estagnação e muitas vezes a fome. As economias de mercado, além de colherem os benefícios da especialização e de fornecerem incentivos para que as pessoas produzam coisas que outros desejam, resolvem o problema de coordenar os esforços de centenas de milhões de indivíduos usando os preços para propagar amplamente as informações sobre necessidade e disponibilidade — um problema computacional que nenhum planejador é brilhante o suficiente para resolver em seu departamento central.[32] No começo dos anos 1980 ocorreu em várias frentes uma mudança da coletivização, controle centralizado, monopólios governamentais e sufocantes burocracias de licenciamento (situação que na Índia era chamado "o raj da licença") em direção a economias abertas. Nesse processo incluíram-se a aceitação do capitalismo por Deng Xiaoping na China, o colapso da União Soviética e seu domínio sobre o Leste Europeu, e a liberalização de economias na Índia, no Brasil, no Vietnã e em outros países.

Embora os intelectuais se sintam inclinados a cuspir no chão quando leem uma defesa do capitalismo, os benefícios econômicos desse sistema são tão óbvios que não precisam ser demonstrados com números. Podem ser literalmente vistos do espaço. Uma fotografia por satélite da Coreia que mostra o Sul capitalista cintilando de luzes e o Norte comunista na escuridão de breu ilustra de forma vívida o contraste na capacidade de gerar riqueza entre os dois sistemas econômicos, mantendo constantes a geografia, a história e a cultura. Outros pares que combinam um grupo experimental e um grupo de controle levam à mesma conclusão: Alemanhas Ocidental e Oriental quando estiveram divididas pela Cortina de Ferro; Botsuana versus Zimbábue sob Robert Mugabe; Chile versus Venezuela sob Hugo Chávez e Nicolás Maduro — este último já foi um país abastado, rico em petróleo, e hoje é assolado pela fome coletiva e pela escassez crítica de assistência médica.[33] É importante acrescentar que as economias de mercado que prosperaram em partes mais afortunadas do mundo em desenvolvimento não foram as anarquias de laissez-faire das fantasias da direita e dos pesadelos da esquerda. Em vários graus, seus governos investiram em educação, saúde pública, infraestrutura e ensino agrícola e profissionalizante, aliados à previdência social e a programas de redução da pobreza.[34]

A segunda explicação de Radelet para a Grande Convergência é a liderança. Mao impôs mais do que o comunismo na China. Ele foi um megalomaníaco volúvel que impingiu esquemas malucos ao país — por exemplo, o Grande Salto à Frente (com suas comunas gigantescas, fundições rudimentares inúteis e práticas agronômicas insanas) e a Revolução Cultural (que transformou a geração mais jovem em turbas de celerados que aterrorizavam professores, administradores e descendentes de "camponeses ricos").[35] Durante as décadas de estagnação dos anos 1970 até o começo dos anos 1990, muitos outros países em desenvolvimento foram comandados por tiranos psicopatas que promoveram agendas ideológicas, religiosas, tribais, paranoicas ou egocêntricas em vez de governar para aumentar o bem-estar dos cidadãos. Dependendo de sua simpatia ou antipatia pelo comunismo, foram apoiados pela União Soviética ou pelos Estados Unidos, segundo o princípio "ele pode ser um canalha, mas é um canalha *nosso*".[36] Os anos 1990 e 2000 viram a propagação da democracia (capítulo 14) e a ascensão de líderes sensatos e humanistas — não só governantes nacionais como Nelson Mandela, Corazon Aquino e Ellen Johnson Sirleaf, mas também líderes religiosos e civis locais que atuaram para melhorar a vida de seus conterrâneos.[37]

A terceira causa foi o fim da Guerra Fria. Isso não só puxou o tapete de vários ditadores fajutos, mas também esfriou muitas das guerras civis que vinham assolando países em desenvolvimento desde que haviam obtido a independência, nos anos 1960. A guerra civil é um desastre humanitário e econômico, pois a infraestrutura é destruída, há desvios de recursos, crianças deixam de ir à escola e administradores e trabalhadores são afastados do emprego ou mortos. O economista Paul Collier, que se refere às guerras como "desenvolvimento às avessas", estimou que uma guerra civil típica custa 50 bilhões de dólares a um país.[38]

A quarta causa é a globalização, em especial a explosão do comércio possibilitada pelos navios de carga e aviões a jato e pela liberalização das tarifas e outras barreiras ao investimento e comércio. A economia clássica e o bom senso concordam que, em média, uma rede comercial maior deve tornar todos mais prósperos. Quando os países se especializam em diferentes bens e serviços, podem produzir com mais eficiência, e não lhes custa muito mais oferecer suas mercadorias a bilhões de pessoas em vez de a milhares. Ao mesmo tempo, os compradores procuram o melhor preço no bazar global e podem adquirir mais daquilo que desejam. (É menos provável que o bom senso compreenda um corolário chamado vantagem comparativa, segundo o qual, em média, todos prosperam mais quando cada país vende os bens e serviços que pode produzir com mais eficiência, *mesmo se* os compradores pudessem produzi-los ainda mais eficientemente.) Apesar do horror que a palavra desperta em muitas partes do espectro político, os especialistas concordam que a globalização tem sido benéfica para os pobres. Deaton observou: "Alguns dizem que a globalização é uma conspiração neoliberal para enriquecer uns poucos em detrimento de muitos. Se for verdade, essa conspiração fracassou espantosamente — ou, pelo menos, ajudou mais de 1 bilhão de pessoas como uma consequência impremeditada. Quem me dera que consequências impremeditadas sempre atuassem tão favoravelmente!".[39]

É bem verdade que a industrialização do mundo em desenvolvimento, como a Revolução Industrial dois séculos antes dela, produz condições de trabalho que são penosas pelos padrões dos países modernos e motivam críticas veementes. No século XIX, o movimento romântico foi, em parte, uma reação às "fábricas sinistras, satânicas" (nas palavras de William Blake), e desde aquela época execrar a indústria tem sido um valor sagrado dos intelectuais literários da Segunda Cultura de C. P. Snow.[40] Mais do que tudo, a seguinte passagem do ensaio de Snow enfureceu seu crítico F. R. Leavis:

> É muito fácil para nós, aqui do nosso conforto, pensar que os padrões da vida material não são assim tão importantes. Não vejo problema se alguém, como escolha pessoal, rejeitar a industrialização — fazer um Walden moderno, digamos assim — e, se você tiver pouco o que comer, vir a maioria dos seus filhos morrer ainda bebês, desprezar os benefícios da leitura e da escrita, aceitar uma diminuição de vinte anos em sua vida, então eu o respeito pela valentia da sua repulsa estética. Mas não lhe tenho o menor respeito se, mesmo passivamente, você tentar impor essa mesma escolha a outros que não têm liberdade para escolher. Aliás, sabemos qual seria essa escolha. Porque, em singular unanimidade, em qualquer país onde tiveram a chance, os pobres deixaram o campo e entraram nas fábricas tão depressa quanto as fábricas puderam recebê-los.[41]

Como vimos, Snow acertou em suas afirmações sobre os avanços na vida e na saúde, e também quando afirmou que o critério apropriado, ao considerarmos as agruras dos pobres em países industrializados, é o conjunto de alternativas que eles têm no lugar e na época em que vivem. O argumento de Snow encontra eco cinquenta anos mais tarde nos especialistas em desenvolvimento como Radelet, para quem "embora muitos digam que o trabalho no chão de fábrica é penoso e mal remunerado, ele frequentemente é melhor do que o avô de todos os chãos de fábrica: trabalhar no campo como um lavrador diarista".

> Quando fui viver na Indonésia, no começo dos anos 1990, lá cheguei com uma ideia meio romantizada da beleza do povo trabalhando nos arrozais e certa indignação com o crescimento rápido do trabalho em fábricas. Quanto mais tempo eu passava lá, mais reconhecia o quanto é terrivelmente árduo trabalhar nos arrozais. É uma labuta extenuante, na qual as pessoas mal ganham para sobreviver, curvadas

durante horas ao sol escaldante para terracear as plantações, remover ervas daninhas, transplantar as mudas, espantar animais e colher os grãos. Permanecer em pé nos alagados atrai sanguessugas e o constante risco de malária, encefalite e outras doenças. E, naturalmente, faz calor o tempo todo. Por isso, não surpreendeu muito, quando surgiu emprego em fábricas oferecendo salários de dois dólares por dia, que centenas de pessoas fizessem fila só para tentar se candidatar.[42]

Os benefícios do emprego na indústria podem ir além do padrão de vida material. Para as mulheres que conseguem esse tipo de trabalho, pode ser uma libertação. Em seu artigo "The Feminist Side of the Sweatshops", Chelsea Follett (editora administrativa do site HumanProgress) comenta que o trabalho fabril no século XIX oferecia às mulheres uma forma de escapar dos papéis de gênero tradicionais da vida na zona rural e nos vilarejos, e por isso alguns homens na época o consideravam "suficiente para condenar à infâmia a moça mais digna e virtuosa". Já as moças nem sempre pensavam assim. Uma operária de tecelagem em Lowell, Massachusetts, escreveu em 1840:

> Somos levadas [...] para ganhar dinheiro, o máximo e o mais depressa que pudermos. [...] Estranho seria se, na Nova Inglaterra, que tanto gosta de dinheiro, um dos mais lucrativos empregos femininos fosse rejeitado por ser extenuante, ou porque algumas pessoas têm preconceito contra ele. As moças ianques têm *independência* demais para *isso*.[43]

Também nesse caso, experiências do tempo da Revolução Industrial prefiguram as do atual do mundo em desenvolvimento. Kavita Ramdas, diretora do Global Fund for Women, disse em 2001 que, em um vilarejo indiano, "tudo o que há para uma mulher fazer é obedecer ao marido e a parentes, moer painço e cantar. Se ela se mudar para a cidade, pode arrumar um emprego, abrir um negócio e conseguir educação para os filhos".[44] Uma análise em Bangladesh confirmou que as mulheres que trabalhavam na indústria de vestuário (como fizeram os meus avós no Canadá nos anos 1930) são beneficiadas com salários crescentes, casamento mais tardios e filhos menos numerosos e mais instruídos.[45] No decorrer de uma geração, comunidades miseráveis, *barrios* e favelas podem metamorfosear-se em subúrbios, e a classe operária pode tornar-se classe média.[46]

Para termos uma ideia dos benefícios de longo prazo da industrialização, não é preciso aceitar suas crueldades. Podemos imaginar uma história alternativa à da Revolução Industrial, na qual as sensibilidades modernas se aplicaram mais cedo e as fábricas funcionaram sem crianças e com melhores condições de trabalho para os adultos. Hoje, no mundo em desenvolvimento, sem dúvida existem fábricas que poderiam oferecer o mesmo número de empregos e ainda assim ser lucrativas tratando os seus operários de forma mais humana. A pressão de sindicatos e protestos de consumidores melhorou mensuravelmente as condições de trabalho em muitos lugares, e isso é uma progressão natural à medida que os países se tornam mais ricos e mais integrados à comunidade global (como veremos nos capítulos 12 e 17, quando examinarmos a história das condições de trabalho em nossa sociedade).[47] O progresso consiste não em aceitar cada mudança como parte de um pacote indivisível — como se tivéssemos de tomar uma decisão do tipo sim ou não sobre se a Revolução Industrial, ou a globalização, é uma coisa boa ou ruim a cada detalhe que surge durante seu avanço. O progresso consiste em separar tanto quanto possível as características de um processo social, para maximizar os benefícios enquanto minimizamos os males.

A última — e, em muitas análises, a mais importante — contribuição para a Grande Convergência é a da ciência e tecnologia.[48] A vida está ficando mais barata, no bom sentido. Graças a avanços tecnológicos, uma hora de trabalho pode comprar mais alimento, saúde, educação, vestuário, material de construção e pequenas necessidades e luxos do que antigamente. Não só as pessoas podem ter alimentos e remédios a preços mais baixos, mas também as crianças podem usar sandálias plásticas baratas em vez de andar descalças, e os adultos podem reunir-se, fazer um penteado ou assistir a um jogo de futebol usando painéis solares e eletrodomésticos baratos. Quanto a bons conselhos sobre saúde, agricultura e negócios, eles são melhores do que baratos: são gratuitos.

Hoje cerca de metade dos adultos no mundo possui um smartphone, e existe o mesmo número de linhas e de pessoas. Em partes do mundo sem estradas, linhas telefônicas terrestres, serviço postal, jornais ou bancos, os celulares são mais do que um modo de bater papo e ver fotos de gatinhos: são grandes criadores de riqueza. Permitem que as pessoas transfiram dinheiro, encomendem mercadorias, acompanhem a previsão do tempo e os mercados, encontrem trabalho como diaristas, obtenham orientação sobre saúde e práticas agrícolas e até uma educação elementar.[49] Uma análise do economista Robert Jensen, com o subtítulo "The Micro and Mackerel Economics of Information" [Microeconomia da informação sobre a cavalinha], mostrou como os pequenos pescadores do sul da Índia aumentaram sua renda e reduziram o preço local dos peixes usando seus celulares no mar para encontrar o mercado que oferecia o melhor preço do dia, o que os poupa de descarregar seu pescado perecível em cidades com excesso de oferta de peixes enquanto outras ficam sem a mercadoria.[50] Dessa maneira, os celulares estão permitindo que centenas de milhões de pequenos agricultores e pescadores se tornem agentes racionais oniscientes nos mercados ideais sem atrito descritos nos livros didáticos de economia. Segundo uma estimativa, cada celular adiciona 3 mil dólares ao PIB anual de um país em desenvolvimento.[51]

O poder benéfico do conhecimento está reescrevendo as regras do desenvolvimento global. Entre os especialistas em desenvolvimento não há consenso acerca da pertinência da ajuda externa. Alguns dizem que faz mais mal do que bem porque enriquece governos corruptos e compete com o comércio local.[52] Outros citam números recentes indicando que a ajuda alocada com inteligência pode realmente fazer um bem enorme.[53] Porém, embora discordem sobre os efeitos de doar alimentos e dólares, todos concordam, sem ressalvas, que doar tecnologia — remédios, aparelhos eletrônicos, variedades de espécies para cultivo e as melhores práticas para a agricultura, os negócios e a saúde pública — tem sido uma dádiva. (Como Jefferson observou, quem recebe uma ideia de mim recebe conhecimento sem subtrair o meu.) E, apesar de toda a ênfase que dei ao PIB per capita, o valor do conhecimento tornou essa medida menos relevante do que aquela que de fato nos interessa: a qualidade de vida. Se eu tivesse adicionado uma linha para a África no canto inferior direito da figura 8.3, ela não pareceria grande coisa: seria uma curva ascendente, é verdade, mas sem o arranco exponencial das linhas da Europa e Ásia. Charles Kenny salienta que o progresso real da África desmente essa curva rasa, porque hoje a saúde, a longevidade e a educação estão muito mais acessíveis do que antes. Embora de modo geral as pessoas de países mais ricos vivam mais tempo (uma relação chamada de curva de Preston, batizada com o nome do economista que a descobriu), a curva toda é empurrada para cima, pois todos estão vivendo mais tempo, independentemente da renda.[54] No país mais rico dois séculos atrás (a Holanda), a expectativa de vida era de apenas quarenta anos, e em nenhum país superava 45. Hoje a expectativa no país *mais pobre* do mundo (a República Centro-Africana) é de 54 anos, e em nenhum país é *inferior* a 45.[55]

Embora seja fácil menosprezar a renda nacional como uma medida superficial e materialista, ela se correlaciona com todos os indicadores da prosperidade humana, como veremos seguidas vezes nos próximos capítulos. As correlações mais evidentes do PIB per capita são com a longevidade, a saúde e a nutrição.[56] Menos óbvia é a correlação com valores éticos superiores como paz, liberdade, direitos humanos e tolerância.[57] Em média, os países mais ricos guerreiam menos entre si (capítulo 11), são menos propensos a cindir-se em guerras civis (capítulo 11), têm maior probabilidade de se tornar e permanecer democráticos (capítulo 14) e demonstram mais respeito pelos direitos humanos (capítulo 14 — mas em média, pois os países árabes petrolíferos são ricos, porém repressivos). Os cidadãos de países mais ricos têm mais respeito por valores "emancipadores" ou liberais, como igualdade para as mulheres, livre expressão, direitos dos homossexuais, democracia participativa e proteção ao meio ambiente (capítulos 10 e 15). Não é de surpreender o fato de que, conforme os países enriquecem, se tornam mais felizes (capítulo 18); mais surpreendente é que, à medida que enriquecem, se tornam mais inteligentes (capítulo 16).[58]

Na explicação para esse continuum Somália-Suécia, com países pobres, violentos, repressivos e infelizes num extremo e países ricos, pacíficos, liberais e felizes no outro, correlação não significa causalidade, e outros fatores como educação, geografia, história e cultura podem ter seus papéis.[59] Mas quando o pessoal de exatas tenta separá-los, descobre que o desenvolvimento econômico parece realmente ser um grande motor do bem-estar humano.[60] Em uma antiga piada acadêmica, um reitor está presidindo uma reunião de docentes quando um gênio aparece e lhe oferece um de três desejos: dinheiro, fama ou sabedoria. O reitor responde: "Essa é fácil. Sou um estudioso. Dediquei minha vida ao conhecimento. Obviamente escolho a sabedoria". O gênio faz um gesto com a mão e desaparece numa nuvem de fumaça. A fumaça se dissipa e deixa à mostra o reitor, com a cabeça entre as mãos, perdido em pensamentos. Um minuto se passa. Dez minutos. Quinze. Por fim, um professor indaga: "E aí? E aí?". O reitor resmunga: "Eu deveria ter escolhido o dinheiro".

9. Desigualdade

"Mas vão ser todos ricos?" Essa é uma pergunta natural a ser feita em países desenvolvidos na segunda década do século XXI, quando a desigualdade econômica virou obsessão. O papa Francisco diz que essa é "a raiz dos males sociais"; para Barack Obama, é "o desafio que define nossa época". Entre 2009 e 2016, a proporção de matérias no *New York Times* contendo a palavra : "desigualdade" decuplicou, chegando a uma a cada 73.[1] A nova sabedoria convencional afirma que o 1% mais rico ficou com todo o crescimento econômico nas décadas recentes, enquanto os demais não progrediram ou estão afundando lentamente. Se for assim, a explosão de riqueza documentada no capítulo anterior não merece ser celebrada, pois não terá contribuído para o bem-estar geral da humanidade.

A desigualdade econômica é uma questão das mais atacadas pela esquerda há muito tempo e ganhou relevo depois do início da Grande Recessão em 2007. Foi a fagulha que acendeu o movimento Occupy Wall Street em 2011 e a campanha para a presidência em 2016 do autointitulado socialista Bernie Sanders, que proclamou: "Um país não sobreviverá nem moral nem economicamente quando tão poucos têm tanto enquanto tantos têm tão pouco".[2] Naquele ano, porém, a revolução devorou seus próprios filhos e impulsionou a candidatura de Donald Trump, segundo o qual os Estados Unidos tinham se tornado "um país de Terceiro Mundo" e a culpa pelo declínio da sorte da classe trabalhadora estava não em Wall Street e no 1%, mas na imigração e no comércio exterior. Os extremos do espectro político, exaltados com a desigualdade econômica por razões diferentes, enrodilharam-se e se encontraram, e seu ceticismo comum em relação à economia moderna ajudou a eleger o presidente americano mais radical dos últimos tempos.

A desigualdade crescente empobreceu mesmo a maioria dos cidadãos? Sem dúvida a desigualdade econômica aumentou na maioria dos países ocidentais desde seu ponto baixo, por volta de 1980, em especial nos Estados Unidos e em outros países de língua inglesa, e sobretudo no contraste entre os muito ricos e todos os demais.[3] A desigualdade econômica costuma ser medida pelo coeficiente de Gini, um número que pode variar entre 0, quando cada pessoa tem o mesmo que todas as outras, e 1, quando uma pessoa tem tudo e as demais não têm nada. (Os valores de Gini costumam variar de 0,25 para as distribuições de renda mais igualitárias, como na Escandinávia depois de impostos e benefícios, a 0,7, para uma distribuição altamente desigual, como na África do Sul.) Nos Estados Unidos, o índice de Gini para a renda de mercado (renda bruta menos impostos e benefícios) aumentou de 0,44 em 1984 para 0,51 em 2012. A desigualdade também pode ser medida pela proporção da renda total que é recebida por determinada fração (quantil) da população. Nos Estados Unidos, a parcela da renda auferida pelo 1% mais rico passou de 8% em 1980 para 18% em 2015, enquanto a parcela auferida pela *décima parte* desse 1% mais rico passou de 2% para 8%.[4]

Sem dúvida nenhuma, alguns dos fenômenos que se encaixam na categoria da desigualdade (existem muitos) são graves e requerem providências, no mínimo para esfriar as propostas destrutivas que incitaram — por exemplo, abandonar a economia de mercado, o progresso tecnológico e o comércio exterior. Analisar a desigualdade é diabolicamente complicado (em uma população de 1 milhão, existem 999 999 modos de ser desigual), e esse tema ocupou muitos livros. Preciso de um capítulo sobre esse assunto porque muita gente foi arrebatada pela retórica distópica e interpreta a desigualdade como um sinal de que a modernidade não conseguiu melhorar a condição humana. Veremos que isso está errado, e por muitas razões.

O ponto de partida para entender a desigualdade no contexto do progresso humano é reconhecer que a desigualdade de renda não é um componente fundamental do bem-estar. Não é como saúde, prosperidade, conhecimento, segurança, paz e as outras áreas de progresso que examino nestes capítulos. A razão pode ser discernida em uma velha piada da União Soviética. Igor e Boris são camponeses miseráveis que mal conseguem extrair de suas pequenas glebas o suficiente para alimentar a família. A única diferença entre eles é que Boris tem uma cabra esquelética. Um dia, uma fada aparece para Igor e lhe concede um desejo. Igor diz: "Desejo que a cabra do Boris morra".

O que a piada quer mostrar, evidentemente, é que os dois camponeses se tornam mais iguais, porém nenhum fica em melhor situação, exceto pelo fato de Igor satisfazer sua inveja rancorosa. Esse argumento é defendido de forma mais elaborada pelo filósofo Harry Frankfurt em seu livro de 2015 *Sobre a desigualdade*.[5] Frankfurt procura demonstrar que a desigualdade em si não é moralmente censurável; censurável é a *pobreza*. Se uma pessoa tem uma vida longa, saudável, agradável e estimulante, não interessa quanto dinheiro o vizinho ganha, o tamanho da casa dele e quantos carros tem. Nas palavras de Frankfurt: "Do ponto de vista da moralidade, não é importante que todos tenham *o mesmo*. O que é moralmente importante é cada um ter *o suficiente*".[6] De fato, um enfoque limitado à desigualdade econômica pode ser destrutivo se nos perturbar a ponto de matar a cabra de Boris em vez de procurar descobrir como Igor pode conseguir uma para si.

A confusão de desigualdade com pobreza emana diretamente da falácia da quantidade fixa — a ideia de que a riqueza é um recurso finito, como uma carcaça de antílope, que precisa ser repartida sob os ditames da soma zero — isto é, se alguém ficar com mais, é inevitável que outros tenham menos. Como acabamos de ver, a riqueza não é assim: desde a Revolução Industrial, ela se expande de forma exponencial.[7] Isso significa que quando os ricos se tornam mais ricos, os pobres também podem ficar mais ricos. Até especialistas repetem a falácia da quantidade fixa, talvez por fervor retórico, e não por confusão conceitual. Thomas Piketty, cujo best-seller de 2014 *O capital no século XXI* tornou-se um talismã no alarido em torno da desigualdade, escreveu: "A metade mais pobre da população é tão pobre hoje quanto foi no passado, não chegando a possuir 5% da riqueza total em 2010, como ocorria em 1910".[8] Acontece que hoje a riqueza total é imensamente maior do que era em 1910; portanto, se a metade mais pobre é dona da mesma proporção, está muito mais rica, e não "tão pobre quanto".

Uma consequência mais danosa da falácia da quantidade fixa é a crença de que, se alguém se tornar mais rico, só pode ter roubado do quinhão de outra pessoa. Uma ilustração famosa do filósofo Robert Nozick, atualizada para o século XXI, mostra por que isso é incorreto.[9] Entre os bilionários do planeta está J. K. Rowling, autora da série de livros *Harry Potter*, que vendeu mais de 400 milhões de exemplares e foi adaptada para uma série de filmes vistos por um número equivalente de pessoas.[10] Suponha que 1 bilhão de indivíduos pagou dez dólares cada um pelo prazer de ter um exemplar com capa brochura de *Harry Potter* ou um ingresso de cinema, e que um décimo da receita foi para Rowling. Ela se tornou uma bilionária, o que aumentou a desigualdade, porém contribuiu para o bem-estar das pessoas, e não para piorar a situação delas (isso não quer dizer que todo rico melhore a vida dos outros). Não estou afirmando que a riqueza de Rowling é simplesmente o que ela merece por seu esforço ou sua habilidade, ou uma recompensa pelo hábito de leitura e felicidade que acrescentou ao mundo; nenhuma comissão jamais julgou que ela merecia ser tão rica. Sua riqueza surgiu como um subproduto das decisões voluntárias de bilhões de compradores de livros e frequentadores de cinema.

Com certeza pode haver razões para nos preocuparmos com a desigualdade em si, não apenas com a pobreza. Talvez a maioria das pessoas seja como Igor, e sua felicidade dependa de como se comparam com seus vizinhos, e não com do quanto elas possuem em termos absolutos. Quando os ricos enriquecem demais, todos os outros se sentem pobres, portanto a desigualdade reduz o bem-estar, ainda que todos se tornem mais ricos. Essa é uma ideia antiga da psicologia social, com várias designações, como teoria da comparação social, grupos de referência, ansiedade de status e privação relativa.[11] No entanto, é preciso manter a ideia em perspectiva. Imagine Seema, uma mulher analfabeta em um país pobre que vive presa ao seu vilarejo, perdeu metade dos filhos por motivo de doença e morrerá aos cinquenta anos, como a maioria das pessoas que ela conhece. Agora imagine Sally, uma mulher instruída em um país rico, que já visitou várias cidades e parques nacionais, viu os filhos crescerem e viverá até os oitenta anos, porém está empacada na classe média baixa. É concebível que Sally, desanimada por ver uma riqueza ostentada que nunca terá, não seja particularmente feliz, e pode ser até mais infeliz do que Seema, que é grata por suas pequenas bênçãos. Mas seria loucura supor que Sally não está em melhores condições, e seria uma perversidade inquestionável concluir que é preferível não tentar melhorar a vida de Seema porque isso poderia melhorar a vida de seus vizinhos ainda mais e ela não se tornaria mais feliz.[12]

De qualquer modo, o experimento mental é irrelevante, pois na vida real Sally quase certamente *é* mais feliz. Ao contrário da velha crença de que as pessoas prestam tanta atenção nos seus conterrâneos mais ricos que vivem reajustando seu medidor interno de felicidade de acordo com uma linha de referência, sem se importar com o quanto sua situação seja boa, veremos no capítulo 18 que as pessoas mais ricas e as pessoas de países mais ricos são (em média) mais felizes do que as mais pobres e do que os habitantes de países mais pobres.[13]

Contudo, mesmo que as pessoas sejam mais felizes quando elas e seus países se tornam mais ricos, será que podem se tornar mais angustiadas se os outros à sua volta foram mais ricos do que elas — isto é, quando a desigualdade econômica aumenta? Em seu conhecido livro *O nível*, os epidemiologistas Richard Wilkinson e Kate Pickett afirmam que os países com maior desigualdade de renda também têm maiores taxas de homicídio, encarceramento, gravidez na adolescência, mortalidade infantil, doenças físicas e mentais, descrença social, obesidade e uso de drogas.[14] Eles argumentam que a desigualdade econômica *causa* as doenças: sociedades desiguais fazem as pessoas sentir que estão em uma competição por dominância na qual o vencedor fica com tudo, e o estresse as torna doentes e autodestrutivas.

A teoria do Nível foi descrita como "a nova teoria de tudo da esquerda", e é tão problemática quanto qualquer outra que dê um salto a partir de um emaranhado de correlações para uma explicação com uma causa única. Para começar, não é tão óbvio que as pessoas sejam levadas a um estado de ansiedade competitiva pela existência de J. K. Rowling e Sergey Brin em comparação com os seus próprios concorrentes locais pelo sucesso profissional, amoroso e social. Para piorar, países economicamente igualitários como Suécia e França diferem de países desiguais como Brasil e África do Sul em muitos outros aspectos além da distribuição de renda. Os países igualitários são, entre outras coisas, mais ricos, mais instruídos, mais bem governados e mais homogêneos em termos culturais, portanto uma correlação bruta entre desigualdade e felicidade (ou qualquer outro bem social) pode mostrar apenas que existem muitas razões por que é melhor viver na Dinamarca do que em Uganda. A amostra de Wilkinson e Pickett restringiu-se a países desenvolvidos, porém mesmo nessa amostra as correlações são evanescentes, surgem e desaparecem conforme as escolhas de quais países são incluídos.[15] O mais frequente é países ricos, mas desiguais, como Cingapura e

Hong Kong, serem socialmente mais sadios do que países pobres, porém mais iguais, como os do Leste Europeu ex-comunista.

Um estrago maior veio dos sociólogos Jonathan Kelley e Mariah Evans, que cortaram a ligação causal entre desigualdade e felicidade em um estudo de 200 mil pessoas de 68 sociedades ao longo de três décadas.[16] (Veremos como a felicidade e a satisfação com a vida são medidas no capítulo 18.) Kelley e Evans mantiveram constantes os principais fatores que sabidamente afetam a felicidade: PIB per capita, idade, sexo, educação, estado civil e observância religiosa, e constataram que a teoria de que a desigualdade causa infelicidade "naufraga na rocha dos fatos". Em países em desenvolvimento, a desigualdade não é desanimadora, e sim alentadora: as pessoas de sociedades mais desiguais são *mais felizes*. Os autores sugerem que, sem levar em conta inveja, ansiedade de status ou privação relativa que as pessoas possam sentir em países pobres e desiguais, esses sentimentos são ofuscados pela *esperança*. A desigualdade é vista como um arauto da oportunidade, um sinal de que a educação e outras rotas para a mobilidade ascendente podem ser compensadoras para elas e seus filhos. Nos países desenvolvidos (mas não os ex-comunistas), a desigualdade não fez diferença nem de um lado nem de outro. (Em países ex-comunistas, os efeitos também foram ambíguos: a desigualdade prejudicou a geração de idosos que cresceu sob o comunismo, mas ajudou as gerações mais novas ou não fez diferença para elas.)

A natureza volúvel dos efeitos da desigualdade sobre o bem-estar gera outra confusão comum nessas discussões: igualar desigualdade a *injustiça*. Muitos estudos de psicologia mostram que as pessoas, inclusive as crianças pequenas, preferem que ganhos inesperados sejam divididos de forma igual entre os participantes, mesmo se todos acabarem com menos no total. Isso levou alguns psicólogos a supor uma síndrome chamada de aversão à desigualdade: um aparente desejo de distribuir a riqueza. No entanto, em seu artigo recente "Why People Prefer Unequal Societies", os psicólogos Christina Starmans, Mark Sheskin e Paul Bloom reexaminaram os estudos e constataram que as pessoas preferiam distribuições *desiguais*, tanto entre os participantes no laboratório como entre os seus conterrâneos, contanto que sentissem que a alocação era *justa*: que os bônus fossem dados a quem trabalhasse mais, a quem ajudasse com mais generosidade ou até a quem tivesse mais sorte em uma loteria imparcial.[17] Os autores concluem: "Até agora, não há evidências de que crianças ou adultos possuam uma aversão generalizada à desigualdade". As pessoas aceitam a desigualdade econômica desde que sintam que o país é meritocrático, e se aborrecem quando sentem que não é. Narrativas sobre as *causas* da desigualdade pesam mais na mente das pessoas do que a *existência* de desigualdade. Isso cria uma margem para que políticos excitem as massas apontando trapaceiros que têm um quinhão maior do que o justo: fraudadores da seguridade social, imigrantes, países estrangeiros, banqueiros ou os ricos, às vezes identificados com minorias étnicas.[18]

Além dos efeitos sobre a psicologia individual, a desigualdade foi associada a vários tipos de disfunção na sociedade como um todo, incluindo estagnação econômica, instabilidade financeira, imobilidade intergeracional e tráfico de influência política. Esses males precisam ser levados a sério, mas também aqui o salto de correlação para causalidade foi contestado.[19] De qualquer modo, desconfio que apontar o índice de Gini como uma causa arraigada de muitos males sociais seja menos eficaz do que mirar nas soluções para cada problema: investir em pesquisa e infraestrutura para escapar da estagnação econômica, regular o setor financeiro para reduzir a instabilidade, aumentar o acesso à educação e ao treinamento profissional para facilitar a mobilidade econômica, instituir a transparência eleitoral e a reforma financeira para eliminar a influência ilícita etc. A influência do dinheiro sobre a política é particularmente perniciosa porque distorce todas as políticas governamentais, porém o problema aqui não é igual à desigualdade econômica. Afinal de contas, na ausência de reforma eleitoral, os doadores mais ricos podem ter acesso aos políticos sem importar se controlam 2% ou 8% da renda nacional.[20]

Portanto, a desigualdade econômica em si não é uma dimensão do bem-estar humano e não deve ser confundida com injustiça ou com pobreza. Passemos, agora, da importância moral da desigualdade para a questão de saber por que sua percepção mudou no decorrer do tempo.

A narrativa mais simplista da história da desigualdade diz que ela vem junto com a modernidade. Sem dúvida começamos em um estado de igualdade original: quando não existe riqueza, todo mundo tem partes iguais de nada; então, quando se cria riqueza, alguns podem ter mais do que outros. Nessa história, a desigualdade começou no zero e, à medida que a riqueza aumentou, a desigualdade a acompanhou. Só que não foi bem assim.

Os caçadores-coletores, ao que tudo indica, são acentuadamente igualitários, um fato que inspirou a teoria do "comunismo primitivo" de Marx e Engels. No entanto, etnógrafos mostram que a imagem de igualitarismo nessa categoria é enganosa. Para começar, os bandos de caçadores-coletores que ainda existem e podem ser estudados não são representativos de um modo de vida ancestral, pois foram empurrados para territórios marginais e levam uma vida nômade que impossibilita a acumulação de riqueza, no mínimo porque seria difícil carregá-la por toda parte. Já os caçadores-coletores sedentários, como os nativos do noroeste do Pacífico, uma área rica em salmão, frutas silvestres e animais de pele valiosa, primaram por passar longe do igualitarismo e criaram uma nobreza hereditária que mantinha escravos, acumulava artigos de luxo e ostentava riqueza em espalhafatosos *potlatches.** Além disso, embora os caçadores-coletores nômades compartilhem carne — pois a caça depende demais da sorte, e partilhar o que se conseguiu garante todo mundo contra aqueles dias em que se volta para casa de mãos vazias —, é menos provável que distribuam os alimentos de origem vegetal, pois a coleta é questão de esforço, e um compartilhamento indiscriminado daria margem a parasitismos.[21] Algum grau de desigualdade é universal nas sociedades, tanto quanto a percepção da desigualdade.[22] Um levantamento recente sobre as formas de riqueza possíveis para os caçadores-coletores (casas, barcos e ganhos com caça e forrageio) indicou que esses grupos estavam "longe de um estado de 'comunismo primitivo'": os coeficientes de Gini foram, em média, de 0,33, próximos do valor para a renda disponível nos Estados Unidos em 2012.[23]

O que acontece quando uma sociedade começa a gerar uma riqueza substancial? Um aumento na desigualdade *absoluta* (a diferença entre os mais ricos e os mais pobres) é quase uma necessidade matemática. Na ausência de uma Autoridade de Distribuição de Renda que reparta o todo em porções idênticas, algumas pessoas fatalmente aproveitarão melhor do que outras as novas oportunidades, seja por sorte, habilidade ou esforço, e colherão recompensas desproporcionais.

Um aumento na desigualdade *relativa* (medida pelo coeficiente de Gini ou pelas participações na renda) não é matematicamente necessário, porém é muito provável. Segundo uma famosa conjectura do economista Simon Kuznets, à me-

* Festanças ostentatórias tradicionais de certas tribos indígenas americanas e povos da Melanésia, nas quais o anfitrião distribui aos convidados toda a sua riqueza, esperando que sua generosidade seja retribuída. (N. T.)

dida que os países enriquecem, devem tornar-se menos iguais, pois algumas pessoas trocam a agricultura por tipos de trabalho mais bem remunerados enquanto o restante permanece na penúria rural. Contudo, a subida da maré acaba por elevar todos os barcos. Conforme mais indivíduos são arrebatados pela economia moderna, a desigualdade deve diminuir na população, configurando uma curva em forma de U invertido. Esse arco de desigualdade hipotético é chamado de curva de Kuznets.[24]

No capítulo anterior, vimos indícios de uma curva de Kuznets para a desigualdade entre países. Quando a Revolução Industrial ganhou ímpeto, países europeus alcançaram a Grande Saída da pobreza universal e deixaram os outros para trás. Deaton observa que "um mundo melhor gera um mundo de diferenças; saídas geram desigualdade".[25] Conforme a globalização avançou e os conhecimentos sobre como gerar riqueza se difundiram, países pobres começaram a aproximar-se dos mais ricos em uma Grande Convergência. Vimos indícios de uma queda na desigualdade global na decolagem do PIB de países asiáticos (figura 8.2), na transfiguração da distribuição de renda mundial de caracol para camelo de duas corcovas e depois para dromedário de uma corcova (figura 8.3) e na queda vertiginosa da proporção (figura 8.4) e do número (figura 8.5) de pessoas vivendo em extrema pobreza.

Para confirmar que esses ganhos de fato constituem um declínio da desigualdade — ou seja, que países pobres estão enriquecendo mais depressa que países ricos — precisamos de uma medida única que os combine, um Gini internacional que trate cada país como uma pessoa. A figura 9.1 mostra que o Gini internacional passou de apenas 0,16 em 1820, quando todos os países eram pobres, para elevados 0,56 em 1960, quando alguns eram ricos, e então, como Kuznets previu, atingiu um patamar estável e por fim começou a cair nos anos 1980.[26] Mas um Gini internacional é uma medida um tanto enganosa, pois considera uma melhora no padrão de vida de 1 bilhão de chineses equivalente a uma melhora, digamos, nas condições de 4 milhões de panamenhos. A figura 9.1 também mostra um coeficiente de Gini internacional calculado pelo economista Branko Milanović no qual cada país é representado em proporção à sua população, deixando mais evidente o impacto humano da queda da desigualdade.

Ainda assim, um Gini internacional trata todos os chineses como se ganhassem a mesma quantia, todos os americanos como se ganhassem a média dos Estados Unidos e assim por diante; por consequência, subestima a desigualdade

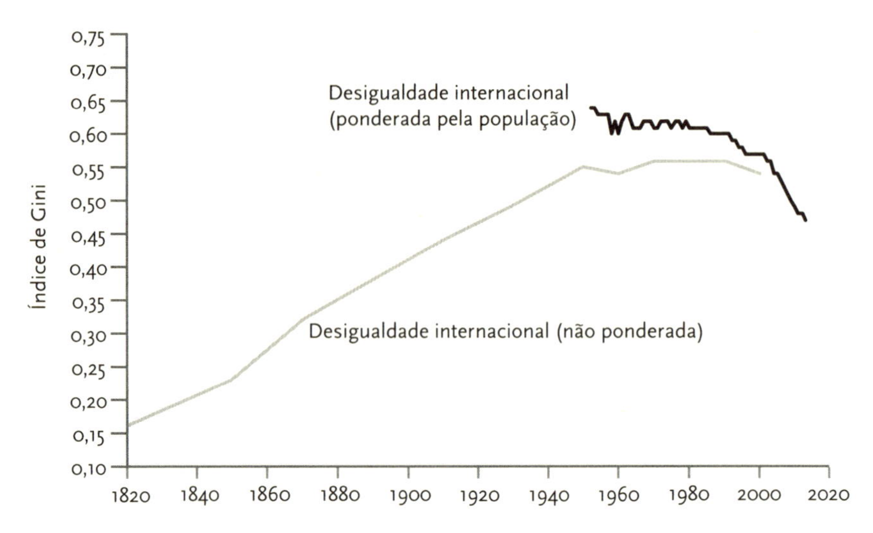

Figura 9.1: *Desigualdade internacional, 1820-2013.*
FONTES: Desigualdade internacional: OCDE Clio Infra Project, Moatsos et al., 2014; dados de renda de mercado das famílias para os vários países. Desigualdade internacional ponderada pela população: Milanović, 2012; dados de 2012 e 2013 fornecidos por Branko Milanović, comunicação pessoal.

entre os membros da raça humana. Um Gini global, no qual *cada pessoa representa o mesmo peso que as demais*, independentemente do país, é mais difícil de calcular, pois requer misturar as rendas de países díspares em um único cesto; apesar disso, a figura 9.2 mostra duas estimativas. As linhas flutuam em alturas diferentes porque foram calibradas em dólares ajustados pela paridade do poder de compra em anos distintos. Mas suas inclinações desenham uma espécie de curva de Kuznets: depois da Revolução Industrial, a desigualdade global aumentou de forma constante até por volta de 1980, e então começou a cair. As curvas do Gini internacional e global mostram que, apesar da preocupação com a desigualdade crescente em países ocidentais, *a desigualdade no mundo está diminuindo*. Esse, porém, é um modo tortuoso de mostrar o progresso; o importante no declínio da desigualdade é que se trata de um declínio da pobreza.

A versão de desigualdade que gerou a preocupação recente é a da desigualdade dentro de países desenvolvidos como Estados Unidos e Reino Unido. A trajetória de longo prazo desses países é mostrada na figura 9.3. Até pouco tempo atrás, ambos obedeceram a um arco de Kuznets. A desigualdade aumentou du-

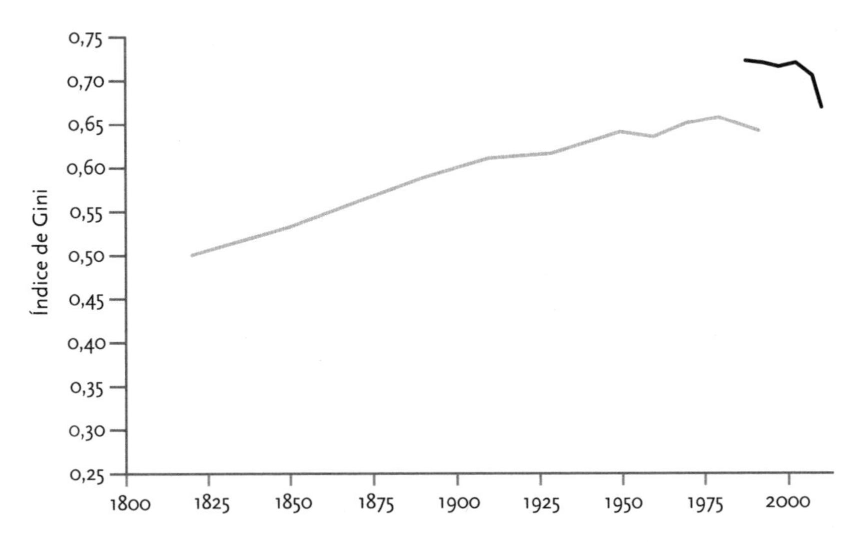

Figura 9.2: *Desigualdade global, 1820-2011.*
FONTE: Milanović, 2016, fig. 3.1. A curva da esquerda é baseada em dólares internacionais de 1990 de renda per capita disponível; a da direita mostra dólares internacionais de 2005 e combina levantamentos domiciliares da renda disponível e consumo per capita.

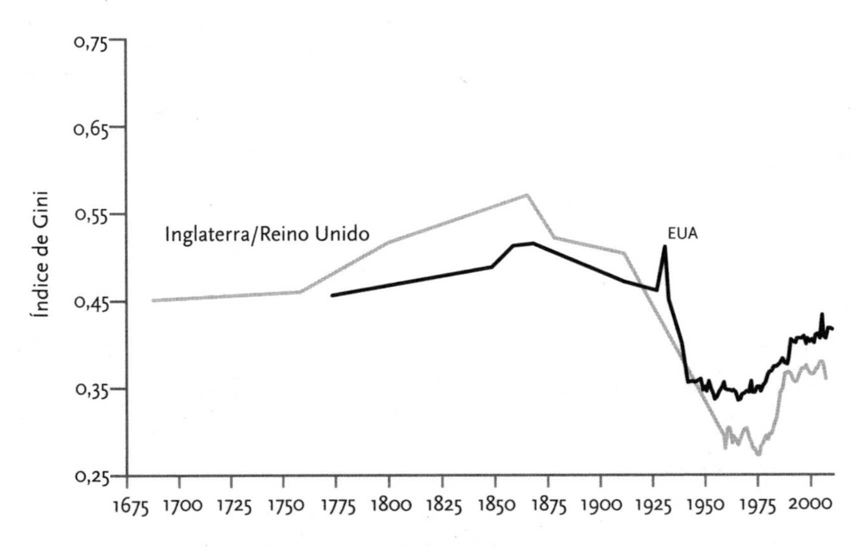

Figura 9.3: *Desigualdade, Reino Unido e EUA, 1688-2013.*
FONTE: Milanović, 2016, fig. 2.1, renda per capita disponível.

rante a Revolução Industrial e então passou a cair, primeiro de modo gradual em fins do século XIX, depois em uma guinada abrupta em meados do século XX. Porém, mais ou menos a partir de 1980, a desigualdade deu uma guinada e apresentou uma alta decididamente não kuznetsiana. Examinemos um segmento por vez.

A ascensão e a queda da desigualdade no século XIX refletem a expansão econômica de Kuznets, que impele gradualmente mais pessoas para ocupações urbanas, qualificadas e, portanto, mais bem remuneradas. Mas a queda acentuada no século XX — chamada de Grande Nivelamento ou Grande Compressão — tem causas mais súbitas. A queda é simultânea às duas guerras mundiais, e não por coincidência: grandes guerras costumam nivelar a distribuição da renda.[27] Guerras destroem capital gerador de riqueza, inflam de forma exorbitante os ativos de credores e induzem os ricos a tolerar impostos mais altos, que o governo distribui nos holerites dos militares e empregados de fábricas de munição, o que, por sua vez, eleva a demanda por mão de obra no resto da economia.

Guerras são apenas um dos tipos de catástrofe que podem gerar a igualdade, segundo a lógica da anedota de Igor e Boris. O historiador Walter Scheidel identifica os "Quatro Cavaleiros do Nivelamento": guerra com mobilização em massa, revolução transformadora, colapso do Estado e pandemia letal. Além de destruir a riqueza (e, nas revoluções comunistas, as pessoas que a possuem), os quatro cavaleiros reduzem a desigualdade matando grande número de trabalhadores, impelindo assim a alta de salários dos que sobrevivem. Scheidel conclui: "Aqueles dentre nós que prezam a maior igualdade econômica precisam lembrar que, com raríssimas exceções, ela só foi criada em decorrência de sofrimento. Cuidado com aquilo que deseja".[28]

O alerta de Scheidel aplica-se no longo prazo da história. Contudo, a modernidade trouxe um modo mais benigno de reduzir a desigualdade. Como vimos, uma economia de mercado é o melhor programa de redução da pobreza que conhecemos para um país inteiro. Por outro lado, é inapropriada para cuidar dos indivíduos que, nesse país, não têm o que dar em troca: os muito jovens, os velhos, os doentes, os desafortunados e outros cujas habilidades e trabalho não são suficientemente valiosos para outros a ponto de lhes permitir, em troca, ganhar a vida a contento. (Outro modo de expressar essa noção é dizer que uma economia de mercado maximiza a média, mas nós também nos importamos com a variação e a abrangência.) Conforme o círculo de solidariedade se expande em um país para abranger os pobres (e como as pessoas querem garantir-se para a eventualidade de empobrecerem), a população destina cada vez mais uma parte de seus recursos conjuntos — ou seja, fundos do governo — para diminuir a pobreza. Esses recursos têm de provir de algum lugar. Podem vir de um imposto corporativo ou sobre vendas, ou de um fundo soberano, mas, na maioria dos países, em grande medida provêm de um imposto progressivo sobre a renda, no qual os cidadãos mais ricos são tributados segundo uma alíquota maior porque não sentem a perda na mesma intensidade que os menos ricos. O resultado líquido é a "redistribuição", porém essa é uma denominação imprópria, pois o objetivo é elevar a base, e não rebaixar o topo, e no entanto na prática é o topo que desce.

Os que criticam as sociedades capitalistas modernas por insensibilidade para com os pobres provavelmente não sabem o quanto as sociedades pré-capitalistas do passado gastavam pouco para amenizar a pobreza. Não era apenas porque tinham menos dinheiro disponível em termos absolutos: elas gastavam uma proporção menor da sua riqueza. Uma proporção *muito* menor: desde a Renascença até o começo do século XX, países europeus gastaram em média 1,5% de seu PIB com redução de pobreza, educação e outras formas de assistência social. Em muitos países e períodos, o gasto foi zero.[29]

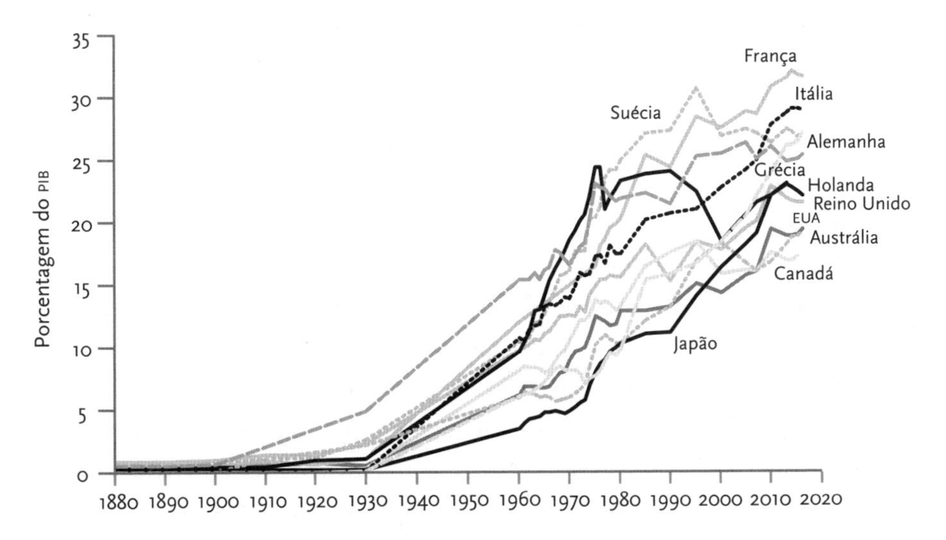

Figura 9.4: *Gasto social, países da OCDE, 1880-2016.*
FONTE: Our World in Data, Ortiz-Ospina e Roser, 2016b, baseado em dados de Lindert, 2004, e OCDE, 1985, 2014, 2017. A Organização para Cooperação e Desenvolvimento Econômico inclui 35 Estados democráticos com economias de mercado.

Em outro exemplo de progresso, que alguns chamam de Revolução Igualitária, sociedades modernas alocam hoje uma parcela substancial de sua riqueza para saúde, educação, pensões e programas de transferência de renda.[30] A figura 9.4 mostra que o gasto social decolou nas décadas intermediárias do século XX (nos Estados Unidos, com o New Deal da década de 1930; em outros países desenvolvidos, com a ascensão do Estado de bem-estar social após a Segunda Guerra Mundial). Hoje o gasto social absorve em média 22% do PIB desses países.[31]

A explosão do gasto social redefiniu a missão do governo: de guerrear e policiar para também sustentar.[32] Os governos passaram por essa transformação por várias razões. O gasto social vacina os cidadãos contra a sedução do comunismo e do fascismo. Alguns dos benefícios, como educação e saúde pública universais, são bens públicos que favorecem todos, não apenas os beneficiários diretos. Muitos dos programas indenizam cidadãos em caso de infortúnios contra os quais não podem ou não querem assegurar-se por conta própria (daí o eufemismo "rede de segurança social"). E a assistência a necessitados aplaca a consciência moderna, que não suporta a ideia de a Pequena Vendedora de Fósforos morrer de frio, de Jean Valjean ser preso por roubar pão para salvar sua irmã de morrer de fome ou de os Joad enterrarem o Vovô à beira da Rota 66.

Como não tem sentido todos mandarem dinheiro para o governo só para depois receberem de volta (deduzida a mordida da burocracia), o gasto social destina-se a ajudar pessoas com menos dinheiro, sendo a conta paga por aqueles que possuem mais. Esse é o princípio conhecido como redistribuição, Estado de bem-estar social, social-democracia ou socialismo (de forma enganosa, pois o capitalismo de livre mercado é compatível com qualquer quantidade de gasto social). Independentemente de o gasto social ser ou não *projetado* para reduzir a desigualdade, esse é um dos seus efeitos, e o aumento dos gastos sociais dos anos 1930 até os 1970 explica parte do declínio no índice de Gini.

O gasto social demonstra um aspecto impressionante do progresso que tornaremos a encontrar em capítulos subsequentes.[33] Embora eu desconfie de toda e qualquer inevitabilidade histórica, forças cósmicas ou místicos arcos de justiça,* alguns tipos de mudança social realmente parecem ser executados por uma ine-

* Expressão famosa, originalmente extraída de um sermão do ministro unitarista Theodore Parker, publicado em 1853 em uma coletânea. A frase completa diz: "O arco do universo moral é longo, mas se curva na direção da justiça". (N. T.)

xorável força tectônica. Quando avançam, certas facções opõem-se a eles com vigor, porém a resistência malogra. O gasto social é um exemplo. Os Estados Unidos são famosos por resistir a qualquer coisa que cheire a redistribuição. No entanto, destina 19% de seu PIB a serviços sociais e, apesar dos melhores esforços de conservadores e libertários, o gasto continua a crescer. As expansões mais recentes são um benefício para medicamentos prescritos introduzido por George W. Bush e o epônimo plano de seguro-saúde conhecido como Obamacare introduzido por seu sucessor.

Na verdade, o gasto social nos Estados Unidos é ainda maior do que parece, pois muitos americanos são forçados a pagar por planos de assistência médica, aposentadoria e invalidez por intermédio de seus empregadores, e não do governo. Quando se adiciona esse gasto social administrado pela iniciativa privada à parcela pública, os Estados Unidos pulam do 24º para o segundo lugar entre os 35 países da OCDE, logo atrás da França.[34]

Apesar de todos os protestos contra o inchaço governamental e os impostos elevados, o povo *gosta* do gasto social. A previdência social é chamada de o terceiro trilho da política americana, pois os políticos que tocam nela morrem. Segundo uma lenda, um eleitor furioso alertou seu representante em uma sessão da Câmara municipal: "Não ponha a mão do governo no meu Medicare" (referindo-se ao programa governamental de seguro-saúde para idosos).[35] Mal o Obamacare foi aprovado, o Partido Republicano passou a combatê-lo como uma causa sagrada, porém cada um de seus ataques ao plano depois de o partido conseguir o controle da presidência em 2017 foi rechaçado por cidadãos coléricos em assembleias municipais e por legisladores temerosos dessa ira. No Canadá, os dois principais passatempos nacionais (depois do hóquei) são reclamar do sistema nacional de saúde e gabar-se do sistema nacional de saúde.

Os países em desenvolvimento hoje, como os desenvolvidos um século atrás, são frugais no gasto social. A Indonésia, por exemplo, gasta 2% de seu PIB; a Índia, 2,5%, e a China, 7%. Porém, conforme enriquecem, se tornam mais munificentes, um fenômeno conhecido como lei de Wagner.[36] Entre 1985 e 2012, o México quintuplicou a proporção de seus gastos sociais, e a do Brasil atual está em 16%.[37] A lei de Wagner, ao que parece, não é um alerta contra a imoderação do governo e o inchaço da burocracia, e sim uma manifestação de progresso. O economista Leandro Prados de la Escosura descobriu uma forte correlação entre a porcentagem do PIB que um país da OCDE destinou a transferências sociais enquanto se desenvolveu entre 1880 e 2000 e sua pontuação em uma medida composta de prosperidade, saúde e educação.[38] E revelou-se que o número de paraísos libertários no mundo — países desenvolvidos sem um gasto social substancial — é zero.[39]

A correlação entre gasto social e bem-estar social mantém-se apenas até certo ponto: a curva estabiliza-se a partir de aproximadamente 25% e pode até declinar em proporções maiores. O gasto social, como tudo o mais, tem suas desvantagens. Como em todos os seguros, pode criar um "risco moral", no qual os segurados se tornam negligentes ou correm riscos tolos, contando com a seguradora para tirá-los de um eventual apuro. E, como os prêmios têm de cobrir os benefícios pagos, o sistema pode entrar em colapso se os atuários errarem nos cálculos ou se os números mudarem de modo que saia mais dinheiro do que entra. Na realidade, o gasto social nunca é exatamente como um seguro, e sim uma combinação de seguro, investimento e caridade. Portanto, seu êxito depende do grau em que os cidadãos de um país se sentem parte de uma comunidade, e esse sentimento fraterno pode ser exigido além dos limites quando quantidades desproporcionais de beneficiários são compostas de imigrantes ou minorias étnicas.[40] Essas tensões são inerentes ao gasto social e sempre serão motivo de disputas políticas. Embora não exista uma "quantia correta", todos os Estados desenvolvidos determinaram que os benefícios de transferências sociais superam os custos e se decidiram por quantias moderadamente elevadas, escorados em sua grande riqueza.

Completemos o nosso percurso pela história da desigualdade examinando o segmento final da figura 9.3, o aumento da desigualdade em países ricos iniciado por volta de 1980. Esse é o retrocesso que inspirou a noção de que a vida piorou para todos, exceto para os mais ricos. O recuo não condiz com a curva de Kuznets, segundo a qual a desigualdade deveria ter se estabilizado em um nível de equilíbrio baixo. Muitas explicações foram propostas para essa surpresa.[41] As restrições do tempo da guerra à competição econômica podem ter sido persistentes e perdurado depois da Segunda Guerra Mundial, mas enfim se dissiparam, liberando os ricos para se tornarem ainda mais ricos graças ao rendimento de seus investimentos e para franquearem uma arena da concorrência dinâmica na qual os vencedores ficam com o total dos ganhos. A mudança ideológica associada a Ronald Reagan e Margaret Thatcher desacelerou o movimento em direção ao aumento do gasto social financiado com impostos sobre os ricos e erodiu as normas sociais contra salários exorbitantes e ostentação de riqueza. Conforme mais pessoas permaneciam solteiras ou se divorciavam, e ao mesmo tempo mais casais bem remunerados juntavam dois salários polpudos, era inevitável que a variação da renda entre os domicílios viesse a aumentar, mesmo se as remunerações permanecessem iguais. Uma "segunda revolução industrial" impelida pelas tecnologias eletrônicas reproduziu a elevação de Kuznets, criando uma demanda por profissionais altamente qualificados, barrando o acesso dos menos instruídos ao mesmo tempo que os empregos que requeriam menos instrução eram eliminados pela automação. A globalização permitiu que trabalhadores na China, Índia e outras partes pudessem ter sua mão de obra vendida por salários menores que os pagos aos seus concorrentes americanos em um mercado de trabalho mundial, e as empresas nacionais que não aproveitassem essas oportunidades no exterior veriam seus preços perderem competitividade. Ao mesmo tempo, a produção intelectual dos analistas, empreendedores, investidores e criadores bem-sucedidos passou a estar cada vez mais disponível para um mercado global imenso. O operário da Pontiac é demitido, enquanto J. K. Rowling torna-se milionária.

Milanović combinou as duas tendências da desigualdade dos últimos trinta anos — declínio da desigualdade no mundo todo, aumento da desigualdade em países ricos — em um só gráfico que lembra os simpáticos contornos de um elefante (figura 9.5). Essa "curva de incidência do crescimento" classifica a população mundial em vinte categorias numéricas, ou quantis, dos mais pobres aos mais ricos, e indica graficamente quanto cada categoria ganhou ou perdeu em termos de renda real per capita entre 1988 (pouco antes da queda do Muro de Berlim) e 2008 (pouco antes da Grande Recessão).

Segundo o clichê, a globalização cria vencedores e perdedores, e a curva elefantina mostra-os em picos e vales. Ela revela que os vencedores incluem a maioria da humanidade. A parte principal do elefante (corpo e cabeça), que inclui aproximadamente sete décimos da população mundial, consiste na "classe média global emergente", sobretudo na Ásia. No decorrer desse período, essas pessoas tiveram ganhos cumulativos de 40% a 60% na renda real. As narinas na ponta da tromba representam o 1% mais rico do planeta, que também teve uma alta estratosférica em sua renda. O resto da ponta da tromba, que inclui os 4% seguintes na escala da riqueza, também se saiu bem. No trecho em que a curva da tromba

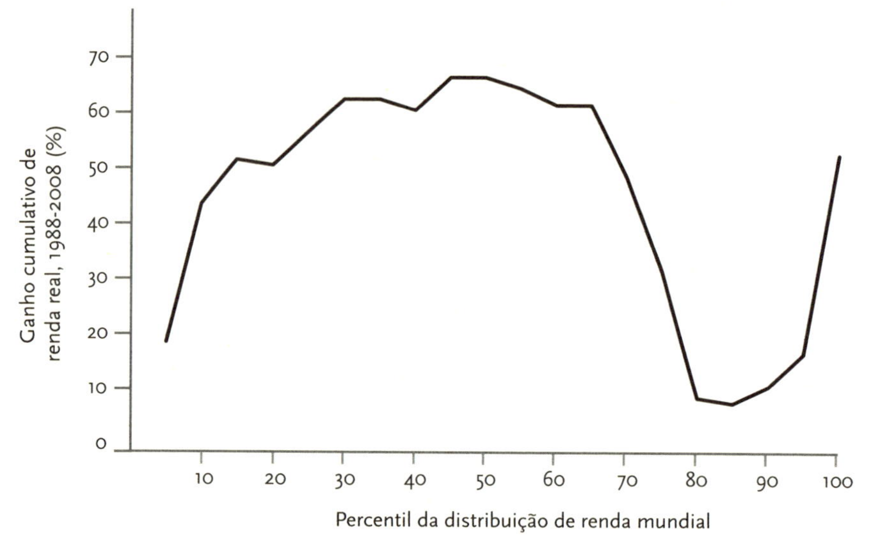

Figura 9.5: *Ganhos de renda, 1988-2008.*
FONTE: Milanović, 2016, fig. 1.3.

paira perto da base, em torno do 85º percentil, vemos os "perdedores" da globalização: as classes médias baixas do mundo rico, que ganharam menos de 10%. Elas são o foco da nova preocupação com a desigualdade: a "classe média esvaziada", os eleitores de Trump, as pessoas que a globalização deixou para trás.

Não resisti a reproduzir o elefante mais reconhecível do rebanho de Milanović, pois serve como um vívido recurso mnemônico para os efeitos da globalização (além de formar um belo trio animal ao lado do camelo e do dromedário da figura 8.3). No entanto, essa curva faz o mundo parecer mais desigual do que de fato é, por duas razões. A primeira é que a crise financeira de 2008, que veio após o gráfico, teve um efeito curiosamente igualador sobre o mundo. A Grande Recessão foi, na verdade, uma recessão em países do Atlântico Norte, explica Milanović. As rendas do 1% mais rico foram podadas, mas as dos trabalhadores de todas as partes aumentaram de forma substancial (na China, duplicaram). Três anos depois da crise, continuamos a ver um elefante, porém ele baixou a ponta da tromba e arqueou o dorso até uma altura duas vezes maior.[42]

Outro fator de distorção do nosso paquiderme é uma questão conceitual que gera confusão em muitas discussões sobre desigualdade. De quem estamos falando quando dizemos "a quinta parte na base" ou "o 1% no topo"? A maioria das distribuições de renda usa o que os economistas chamam de dados anônimos: refletem categorias estatísticas, não pessoas reais.[43] Suponha que eu lhe diga que a idade do americano médio diminuiu de trinta anos em 1950 para 28 em 1970. Se o seu primeiro pensamento for "Nossa, como esse cara ficou dois anos mais novo?", então você confundiu as duas coisas: o "médio" é uma categoria, não uma pessoa. Leitores cometem a mesma falácia quando leem que "o 1% no topo em 2008" tinha rendas que eram 50% mais altas que o "1% no topo em 1988" e concluem que um punhado de indivíduos ricos acabou tendo uma vez e meia a riqueza que possuía antes. Pessoas entram e saem de faixas de renda, embaralham a ordem, por isso não estamos necessariamente falando sobre os mesmos indivíduos. Isso também vale para "a quinta parte na base" e todas as demais categorias estatísticas.

Dados não anônimos ou longitudinais, que acompanham pessoas ao longo do tempo, são indisponíveis na maioria dos países, por isso Milanović escolheu a segunda melhor alterativa e acompanhou quantis individuais em países específicos para que, digamos, indianos pobres em 1988 não fossem mais comparados com ganeses pobres em 2008.[44] Ele ainda obteve um elefantoide, porém com cauda e quadril muito mais altos, pois as classes mais pobres de muitos países saíram da extrema pobreza. O padrão permanece — a globalização ajudou as classes baixas e médias de países pobres, bem como a classe mais alta de países ricos, muito mais do que ajudou a classe média baixa de países ricos —, só que as diferenças foram menos extremadas.

Agora que examinamos a história da desigualdade e vimos as forças que a impelem, podemos avaliar a afirmação de que a desigualdade crescente das três últimas décadas significa que o mundo está piorando — que só os ricos prosperaram, enquanto todos os demais estão estagnados ou sofrendo. Os ricos decerto prosperaram mais do que todos, talvez mais do que deveriam, porém a afirmação a respeito de todo o resto não é correta, por várias razões.

Mais obviamente, é falsa para o mundo como um todo: a maioria da raça humana está agora em condições muito melhores. O camelo de duas corcovas tornou-se um dromedário de uma corcova; o elefante tem o tamanho do corpo de um elefante; a extrema pobreza despencou e pode até desaparecer; e os coeficientes internacionais e globais de desigualdade estão em declínio. É bem verdade que, em parte, os pobres do mundo ficaram mais ricos em detrimento da classe média baixa americana e, se eu fosse um político americano, não admitiria em público que a troca valeu a pena. Porém, como cidadãos do mundo considerando a humanidade como um todo, só podemos dizer que valeu.

Contudo, até nas classes baixa e média baixa de países ricos os ganhos de renda moderados não significam declínio no padrão de vida. Muitas das discussões atuais sobre desigualdade comparam desfavoravelmente a era atual com uma época dourada de empregos industriais bem remunerados e prestigiados que se tornaram obsoletos em virtude da automação e da globalização. Essa imagem idílica é desmentida por descrições contemporâneas das agruras da vida dos operários naquela época, tanto em relatos jornalísticos (por exemplo, o livro *A outra América*, de Michael Harrington, como em filmes realistas (como *Sindicato de ladrões*, *Vivendo na corda bamba*, *O destino mudou sua vida* e *Norma Rae*). A historiadora Stephanie Coontz, que desmascara a nostalgia dos anos 1950, contribui com alguns números para essas descrições:

> Nada menos do que 25% dos americanos, de 40 milhões a 50 milhões de pessoas, eram pobres em meados dos anos 1950 e, como não havia auxílio-alimentação nem programas habitacionais, era uma pobreza excruciante. Mesmo em fins daquela década, um terço das crianças americanas era pobre. Sessenta por cento dos americanos com mais de 65 anos tinham rendas inferiores a mil dólares em 1958, consideravelmente abaixo dos 3 mil a 10 mil dólares julgados representativos da condição de classe média. A maioria dos idosos também não contava com seguro-saúde. Apenas metade da população tinha economias em 1959; um quarto da população não possuía nenhum tipo de ativo líquido. Mesmo quando consideramos apenas as famílias brancas nascidas no país, um terço não conseguia sustentar-se com a renda do chefe da família.[45]

Como conciliar as óbvias melhoras em padrões de vida nas décadas recentes com a noção convencional da estagnação econômica? Os economistas apontam quatro modos pelos quais as estatísticas sobre desigualdade podem pintar um quadro enganoso da maneira como as pessoas viviam, cada qual dependente de uma distinção que examinamos.

O primeiro é a diferença entre prosperidade absoluta e relativa. Assim como nem todas as crianças podem ser acima da média, não é sinal de estagnação quando a proporção da renda auferida pela quinta parte na base não aumenta ao longo do tempo. O que é relevante para o bem-estar é quanto as pessoas ganham, e não a sua posição em uma classificação. Um estudo recente do economista Stephen Rose dividiu a população americana em classes usando marcos fixos em vez de quantis. "Pobre" foi definido como uma renda de zero a trinta dólares anuais (em dólares de 2014) para uma família de três pessoas, "classe média baixa" como a faixa de 30 mil a 50 mil dólares e assim por diante.[46] O estudo constatou que, em termos absolutos, os americanos estão ascendendo. Entre 1979 e 2014, a porcentagem de americanos pobres caiu de 24% para 20%, a porcentagem na classe média baixa caiu de 24% para 17%, e a porcentagem na classe média encolheu de 32% para 30%. Para onde foram? Muitos foram parar na classe média alta (renda de 100 mil a 350 mil dólares), que passou de 13% para 30%, e na classe alta, que passou de 0,1% para 2%. A classe média está sendo esvaziada em parte porque muitos americanos estão se tornando ricos. A desigualdade aumentou, sem dúvida — os ricos ficaram mais ricos mais depressa que as classes pobre e média ficaram mais ricas —, porém todo mundo (em média) se tornou mais rico.

A segunda confusão é entre dados anônimos e longitudinais. Se (digamos) a quinta parte na base da população americana não ganhou terreno em vinte anos, isso não significa que o encanador Joe recebia o mesmo salário em 1988 e em 2008 (ou um salário um pouco maior, para compensar os aumentos no custo de vida). As pessoas ganham mais conforme progridem em idade e experiência, ou conseguem empregos mais bem remunerados, por isso o encanador Joe pode ter passado da quinta parte na base para, digamos, a quinta parte no meio, enquanto um homem ou uma mulher mais jovem ou um imigrante ocupou o lugar de Joe na base. A rotatividade está longe de ser pequena. Um estudo recente com dados longitudinais mostrou que metade dos americanos estará na décima parte mais alta das categorias de renda pelo menos por um ano de sua vida de trabalho, e que um em nove estará no 1% do topo (embora a maioria não permaneça ali por muito tempo).[47] Essa pode ser uma das razões por que as opiniões econômicas estão sujeitas à disparidade de otimismo (o viés "eu estou bem, eles não"): a maioria dos americanos acredita que o padrão de vida da classe média declinou em anos recentes, mas que seu próprio padrão de vida melhorou.[48]

Uma terceira razão de a desigualdade crescente não ter piorado as condições das classes da base da pirâmide é que as rendas baixas são mitigadas por transferências sociais. Apesar de toda a sua ideologia individualista, nos Estados Unidos ocorre muita redistribuição. O imposto de renda ainda é progressivo, e as rendas baixas contam com o amortecimento de um "estado de bem-estar oculto" que inclui seguro-desemprego, previdência social, sistemas públicos de saúde para pessoas de baixa renda, como o Medicare e o Medicaid, assistência temporária para famílias necessitadas, auxílio-alimentação e o Earned Income Tax Credit, uma espécie de imposto de renda negativo pelo qual o governo aumenta a renda de quem ganha pouco. Junte tudo isso, e os Estados Unidos tornam-se muito menos desiguais. Em 2013 o índice de Gini para a renda de mercado americana (antes de impostos e transferências), 0,53, foi elevado; para a renda disponível (depois de impostos e transferências), foi moderado: 0,38.[49] Os Estados Unidos não vão tão longe quanto países como Alemanha e Finlândia, que começam com uma distribuição semelhante para a renda de mercado, mas a nivelam de forma incisiva, empurrando seus Gini bem para baixo até a casa dos 0,2 e evitando grande parte do aumento da desigualdade pós-anos 1980. Independentemente de o generoso Estado de bem-estar social europeu ser ou não sustentável no longo prazo e transplantável para os Estados Unidos, algum tipo de Estado de bem-estar pode ser encontrado em todos os países desenvolvidos, que reduz a desigualdade mesmo quando é oculto.[50]

Essas transferências não apenas reduziram a desigualdade de renda (um feito dúbio), mas também elevaram as rendas dos não ricos (um feito real). Uma análise do economista Gary Burtless mostrou que entre 1979 e 2010 as rendas disponíveis dos quatro quintis inferiores cresceram 49%, 37%, 36% e 45%, respectivamente.[51] E isso foi antes da demorada recuperação depois da Grande Recessão: entre 2014 e 2016, os salários médios tiveram a maior alta de todos os tempos.[52]

Ainda mais significativo é o que aconteceu na base da escala. Tanto a esquerda como a direita há tempos se mostram céticas quanto aos programas de combate à pobreza, como vemos no famoso gracejo de Ronald Reagan: "Alguns anos atrás, o governo federal declarou guerra à pobreza, e a pobreza ganhou". Na realidade, a pobreza está perdendo. O sociólogo Christopher Jencks calculou que, quando são adicionados os benefícios do Estado de bem-estar social oculto e se estima o custo de vida de modo a levar em conta a melhora da qualidade e a queda nos preços dos bens de consumo, constata-se que a taxa de pobreza diminuiu em mais de três quartos nos últimos cinquenta anos, e em 2013 estava em 4,8%.[53] Outras três análises chegaram à mesma conclusão; dados de uma delas, dos economistas Bruce Meyer e James Sullivan, são mostrados na linha superior da figura 9.6. O progresso estagnou em torno do período da Grande Recessão, mas recuperou o ímpeto em 2015 e 2016 (não mostrado no gráfico), quando a renda da classe média atingiu seu ponto mais alto e a taxa de pobreza teve sua maior queda desde 1999.[54] E, em outro avanço não alardeado, entre 2007 e 2015, apesar da Grande Recessão, diminuiu em quase um terço o número dos mais pobres dentre os pobres: as pessoas sem teto.[55]

A linha inferior na figura 9.6 salienta o quarto modo pelo qual medidas de desigualdade subestimam o progresso das classes baixas e médias em países ricos.[56] A renda é apenas um meio para um fim: um modo de pagar pelas coisas de que as pessoas precisam, gostam e desejam — ou, na definição insípida dos economistas, o consumo. Quando a pobreza é definida em termos do que as pessoas consomem, e não da renda que recebem, descobrimos que a taxa de pobreza nos

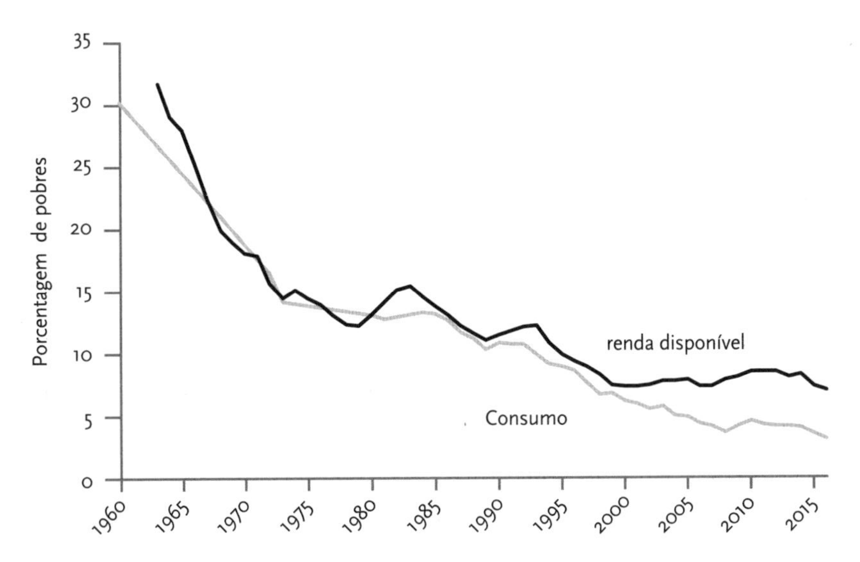

Figura 9.6: *Pobreza, EUA, 1960-2016.*
FONTES: Meyer e Sullivan, 2017a,b. "Renda disponível" indica a "renda monetária após tributação", e inclui créditos, ajustada pela inflação usando o CPI-U-RS [índice de preços ao consumidor urbano] com correção de viés e representando uma família de dois adultos e duas crianças. "Consumo" indica dados do BLS Consumer Expenditure Survey com alimento, moradia, veículos, eletrodomésticos, mobília, vestuário, adereços, seguro e outras despesas. "Pobreza" corresponde à definição do censo dos EUA para 1980, ajustada pela inflação; ancorar a linha da pobreza em outros anos resultaria em números absolutos diferentes, mas nas mesmas tendências. Ver Meyer e Sullivan, 2011, 2012 e 2017a,b para detalhes.

Estados Unidos declinou 90% desde 1960, de 30% da população para apenas 3%. As duas forças célebres por aumentar a desigualdade de renda também diminuíram simultaneamente a desigualdade naquilo que é mais importante. A primeira, a globalização, pode produzir vencedores e perdedores na renda, mas no consumo transforma quase todos em vencedores. Fábricas asiáticas, navios de carga e eficiência nas vendas varejistas levam às massas mercadorias que antes eram luxos para os ricos. (Em 2005 o economista Jason Furman estimou que o Walmart representou uma economia de 2300 dólares por ano para uma família americana típica.)[57] A segunda força, a tecnologia, continua a revolucionar o significado de renda (como vimos na discussão do paradoxo do valor no capítulo 8). Um dólar hoje, por mais que seja heroicamente ajustado pela inflação, compra muito mais melhorias para a vida do que um dólar ontem. Compra coisas que não existiam, por exemplo, refrigeração, eletricidade, instalações sanitárias, vacinas, telefones, contracepção e viagens aéreas, e transforma coisas que já existem, como uma linha telefônica comum intermediada por uma telefonista em um smartphone com tempo de ligação ilimitado.

Juntas, a tecnologia e a globalização transformaram o significado de ser uma pessoa pobre, ao menos em países desenvolvidos. O velho estereótipo da pobreza era um mendigo esquelético e esfarrapado. Hoje os pobres têm a mesma probabilidade de seus empregadores de sofrer de sobrepeso, usar o mesmo agasalho flanelado, tênis e calça jeans. Os pobres antes eram chamados de despossuídos. Em 2011, mais de 95% dos lares americanos abaixo da linha da pobreza possuíam eletricidade, água corrente, vasos sanitários com descarga, refrigerador, fogão e TV em cores.[58] (Um século e meio antes, os Rothschild, Astor e Vanderbilt não tinham nada dessas coisas.) Quase metade dos domicílios abaixo da linha da pobreza possuía lavadora e secadora de roupa, e mais de 80% tinham condicionador de ar, filmadora e celular. Na era dourada da igualdade econômica na qual cresci, os "abonados" da classe média não contavam com quase nada ou nenhuma dessas coisas. Como consequência, os mais preciosos dos recursos — tempo, liberdade e experiências que valem a pena — estão aumentando para todos sem exceção, um assunto que examinaremos no capítulo 17.

Os ricos ficaram mais ricos, porém suas vidas não melhoraram *tanto*. Warren Buffett pode ter mais condicionadores de ar do que a maioria das pessoas, ou aparelhos melhores, mas, pelos padrões históricos, o fato de a maioria dos americanos pobres chegar a *possuir* ar-condicionado é impressionante. Quando se calculou o índice de Gini com base no consumo, e não na renda, a área da desigualdade permaneceu rasa ou rente à linha da igualdade no gráfico.[59] A desigualdade na felicidade autodeclarada na população americana também diminuiu.[60] E, embora eu considere de mau gosto — ou mesmo grotesco — celebrar o declínio dos índices de Gini para vida, saúde e educação (como se fosse bom para a humanidade matar os mais ricos e manter os mais inteligentes fora da escola), na verdade eles declinaram pelas razões certas: a vida dos pobres está melhorando mais rapidamente que a dos ricos.[61]

Reconhecer que a vida das classes baixa e média nos países desenvolvidos melhorou em décadas recentes não é negar os enormes problemas das economias do século XXI. Embora a renda disponível tenha aumentado, o ritmo de crescimento é lento, e a resultante escassez de demanda dos consumidores pode estar tolhendo a economia como um todo.[62] As dificuldades enfrentadas por um setor da população — o dos americanos brancos não urbanos de meia-idade e menos instruídos — são reais e trágicas, e se manifestam em maiores taxas de overdose (capítulo 12) e suicídio (capítulo 18). Avanços na robótica ameaçam tornar obsoletos milhões de empregos adicionais. Os caminhoneiros, por exemplo, exercem a ocupação mais comum na maioria dos estados americanos, e os veículos autônomos podem mandar essas pessoas pelo mesmo caminho dos copistas, consertadores de rodas de carroças e telefonistas. A educação, grande impulsionadora da mobilidade econômica, não está acompanhando as demandas das economias modernas: o custo do ensino universitário subiu para as alturas (em contraste com o barateamento de quase todas as outras mercadorias), e em bairros pobres dos Estados Unidos o nível do ensino primário e secundário é condenavelmente inferior. Muitas partes do sistema tributário americano são regressivas, e o dinheiro compra influência política em demasia. Talvez mais pernicioso ainda seja que a impressão de que a economia moderna deixou a maioria das pessoas para trás encoraja políticas luditas e protecionistas que piorariam a situação para todos.

Ainda assim, um enfoque tacanho sobre a desigualdade de renda e a nostalgia pela Grande Compressão de meados do século XX são equivocados. O mundo moderno pode continuar a melhorar mesmo se o índice de Gini ou as fatias de renda do topo permanecerem altos, o que pode muito bem acontecer, já que as forças que os elevaram não desaparecerão. Os americanos não podem ser forçados a comprar o Pontiac em vez do Prius. Os livros da série *Harry Potter* não serão mantidos longe das crianças do mundo porque transformam J. K. Rowling em bilionária. Não faz sentido obrigar dezenas de milhões de americanos pobres a pagar mais caro por roupas com o objetivo de salvar dezenas de milhares de empregos na indústria têxtil.[63] Também não faz sentido, no longo prazo, ter pessoas fazendo trabalhos maçantes e perigosos que poderiam ser executados com mais eficiência por máquinas só para dar uma ocupação remunerada a essas pessoas.[64]

Em vez de combater a desigualdade em si, talvez seja mais construtivo lidar com os problemas específicos relacionados a ela.[65] Uma prioridade óbvia é impulsionar a taxa de crescimento econômico, pois isso engordaria a fatia do bolo para todos e resultaria em mais bolo para redistribuir.[66] As tendências do século passado, assim como um levantamento dos países do mundo, apontam para um maior papel do governo nos dois casos. Governos estão em uma posição privilegiada para investir em educação, pesquisa básica e infraestrutura, para administrar os benefícios de saúde e aposentadoria (livrando as empresas americanas de sua erosiva obrigação de providenciar serviços sociais) e para suplementar rendas a um nível acima de seu preço de mercado, o qual, para milhões de pessoas, pode declinar mesmo quando a riqueza global aumenta.[67]

O passo seguinte na tendência histórica a um maior gasto social pode ser uma renda básica universal (ou seu parente próximo, um imposto de renda negativo). Essa ideia corre em boatos há décadas, e seu dia pode estar chegando.[68] Apesar do aroma socialista, a ideia foi defendida por economistas (como Milton Friedman), políticos (como Richard Nixon) e estados (como o Alasca) que são associados à direita política, e hoje está no radar de analistas de todo o espectro político. Embora esteja longe de ser fácil implementar uma renda básica universal (as contas têm de bater, e os incentivos para educação, trabalho e iniciativa de risco precisam ser mantidos), sua promessa não pode ser desconsiderada. Ela poderia trazer racionalidade à desengonçada colcha de retalhos do Estado de bem-estar oculto e poderia transformar o desastre em câmera lenta dos robôs substituindo trabalhadores em uma fonte de fartura. Muitos dos trabalhos que passarão a ser feitos por robôs envolvem tarefas de que as pessoas não costumam gostar muito, e os dividendos em produtividade, segurança e lazer poderiam ser uma dádiva para a humanidade, contanto que fossem repartidos de maneira ampla. O espectro da anomia e falta de sentido provavelmente é exagerado (segundo estudos de regiões que fizeram experimentos com uma renda garantida), e poderia ser resolvido por meio de empregos públicos que os mercados não sustentam e os robôs não podem executar, ou com novas oportunidades em trabalhos voluntários significativos e outras formas de altruísmo eficaz.[69] O efeito líquido poderia ser a redução na desigualdade, mas com um efeito colateral de elevar o padrão de vida de todos, sobretudo dos economicamente vulneráveis.

Em resumo, a desigualdade econômica não é um contraexemplo para o progresso humano, e não estamos vivendo uma distopia de rendas declinantes que reverteu os séculos de aumento da prosperidade. E também não precisamos, por causa disso, destruir os robôs, erguer a ponte levadiça, adotar o socialismo ou trazer de volta os anos 1950. Deixe-me resumir essa história complicada de um tema complicado.

Desigualdade não é o mesmo que pobreza, tampouco é uma dimensão fundamental da prosperidade humana. Em comparações de bem-estar entre países, sua importância se dissipa diante da riqueza geral. Um aumento na desigualdade não é necessariamente ruim: à medida que saem da pobreza universal, as sociedades estão fadadas a tornar-se desiguais, e a onda de heterogeneidade pode repetir-se quando uma sociedade descobre novas fontes de riqueza. E também nem sempre uma diminuição da desigualdade é algo bom: os niveladores mais eficazes de disparidades econômicas são epidemias, grandes guerras, revoluções violentas e colapso estatal.

Ainda assim, a tendência de longo prazo na história desde o Iluminismo é a de aumento na riqueza para todos. Além de gerar imensas quantidades de riqueza, as sociedades modernas dedicam uma proporção crescente dela a beneficiar os menos afortunados.

A globalização e a tecnologia tiraram bilhões da pobreza e criaram uma classe média global, e a desigualdade internacional e global diminuiu; ao mesmo tempo, tornaram-se mais ricas as elites cujo impacto analítico, criativo ou financeiro têm alcance global. As condições das classes mais baixas em países desenvolvidos melhoraram relativamente muito menos, mas melhoraram, muitas vezes porque seus membros ascendem a classes superiores. Os avanços são intensificados pelo gasto social, pela queda no custo de vida e pelo aumento na qualidade das coisas que as pessoas desejam. Em alguns aspectos, o mundo tornou-se menos igual, porém em mais aspectos a vida melhorou para as pessoas de todo o mundo.

10. O meio ambiente

Mas o progresso é sustentável? Uma resposta comum à boa notícia sobre nossa saúde, riqueza e sustentação é que isso não tem como continuar. Enquanto infestamos o mundo com nossa prolificidade exorbitante, devoramos os recursos da Terra, indiferentes à sua finitude, e emporcalhamos nossos ninhos com poluição e resíduos, apressamos o dia do acerto de contas com o meio ambiente. Se a superpopulação, o esgotamento de recursos e a poluição não liquidar conosco, a mudança climática o fará.

Como no capítulo sobre a desigualdade, não vou fazer de conta que todas as tendências são positivas ou que os problemas que enfrentamos são pequenos. Mas apresentarei um modo de pensar sobre esses problemas que difere da lúgubre sabedoria convencional e oferece uma alternativa construtiva ao radicalismo ou fatalismo que inspira. A ideia básica é que os problemas ambientais, como muitos outros, são passíveis de resolução quando se detém o conhecimento certo.

É verdade que a própria ideia de que *existem* problemas ambientais não pode ser um pressuposto. Do ponto de vista de um indivíduo, a Terra parece infinita, e os nossos efeitos, irrelevantes. Dos pontos de vista da ciência, a ideia é mais preocupante. O ponto de vista microscópico revela poluentes que envenenam insidiosamente a nossa espécie e espécies que admiramos e das quais dependemos; o macroscópico revela efeitos sobre o ecossistema que podem ser imperceptíveis considerando uma ação por vez, mas que, somados, resultam em uma pilhagem trágica. A partir dos anos 1960, o movimento ambientalista cresceu baseado no conhecimento científico (da ecologia, saúde pública, geociências e ciências atmosféricas) e em uma reverência romântica pela natureza. O movimento fez da saúde do planeta uma prioridade permanente na agenda humana e, como veremos, merece crédito por realizações substanciais — outra forma de progresso humano.

Ironicamente, muitas vozes do movimento ambientalista tradicional recusam-se a reconhecer esse progresso, ou até que o progresso humano seja uma aspiração meritória. Neste capítulo, apresentarei uma concepção mais nova sobre o ambientalismo, que também tem o objetivo de proteger o ar e a água, as espécies e os ecossistemas, mas se fundamenta no otimismo iluminista, e não no decadentismo romântico.

A partir dos anos 1970, a corrente principal do movimento ambientalista aferrou-se a uma ideologia quase religiosa, o verdismo, que pode ser encontrada nos manifestos de ativistas tão diversos como Al Gore, o Unabomber e o papa Francisco.[1] A ideologia verde começa com uma imagem da Terra como uma donzela virginal que foi violada pela rapacidade humana. Como declarou o papa Francisco em sua encíclica de 2015 *Laudato Si'* [Louvado sejas], " [...] a mãe terra [...] [é] nossa casa comum [que] se pode comparar [...] a uma irmã com quem partilhamos a existência [...] [e agora] clama contra o mal que lhe provocamos". O mal, segundo essa narrativa, vem piorando inexoravelmente: "A terra, nossa casa, parece transformar-se cada vez mais num imenso depósito de lixo". A causa básica é o comprometimento iluminista com a razão, a ciência e o progresso: "O progresso da ciência e da técnica não equivale ao progresso da humanidade e da história", escreveu Francisco. "Os caminhos fundamentais para um futuro feliz são outros": a valorização da misteriosa rede de "relações que existem entre as coisas" e (obviamente) o "tesouro da experiência espiritual cristã". Se não nos arrependermos dos nossos pecados revertendo o crescimento e a industrialização e rejeitando os falsos deuses da ciência, da tecnologia e do progresso, a humanidade terá um medonho ajuste de contas no dia do Juízo Final ambiental.

Como muitos movimentos apocalípticos, o verdismo é entremeado de misantropia e insensibilidade à fome, e se compraz com fantasias horripilantes sobre um planeta despovoado e comparações nazistoides dos seres humanos com animais daninhos, patógenos e câncer. Por exemplo, Paul Watson, da ONG Sea Shepherd Conservation Society, escreveu: "Precisamos reduzir de modo radical e inteligente as populações humanas para menos de 1 bilhão de pessoas. [...] Assim como curar um corpo de câncer requer terapia invasiva e radical, curar a biosfera do vírus humano também irá requerer um método radical e invasivo".[2]

Uma atitude alternativa em relação à proteção ambiental foi defendida recentemente por John Asafu-Adjaye, Jesse Ausubel, Andrew Balmford, Stewart Brand, Ruth DeFries, Nancy Knowlton, Ted Nordhaus, Michael Shellenberger e outros. Chamam-na de ecomodernismo, ecopragmatismo, geo-otimismo e movimento azul-verde ou turquesa, embora também possamos pensar a respeito como um ambientalismo iluminista ou ambientalismo humanístico.[3]

O ecomodernismo começa com a compreensão de que algum grau de poluição é uma consequência inescapável da segunda lei da termodinâmica. Quando usamos energia para criar uma zona de estrutura em nosso corpo e em nossas casas, temos de aumentar a entropia em outras partes do meio ambiente, sob a forma de resíduos, poluição e outros tipos de desordem. A espécie humana sempre foi engenhosa nesse mister — é isso que nos diferencia de outros mamíferos — e nunca viveu em harmonia com o meio ambiente. No mais das vezes, quando povos nativos puseram os pés em um ecossistema pela primeira vez, caçaram animais até a extinção e com frequência queimaram e desmataram vastos trechos de floresta.[4] Um segredinho sujo do movimento conservacionista é o fato de que reservas naturais só são estabelecidas depois de povos indígenas terem sido dizimados ou removidos do local à força — nesses casos se incluem os parques nacionais dos Estados Unidos e o Serengeti, no leste da África.[5] Como escreveu o historiador do meio ambiente William Cronon, uma "área sem cultivo" não é um santuário intocado: ela é, em si, um produto da civilização.

Quando os seres humanos passaram a praticar a agricultura, tornaram-se ainda mais destrutivos. Segundo o paleoclimatologista William Ruddiman, a adoção da cultura do arroz em terreno alagado na Ásia, por volta de 5 mil anos atrás, pode ter liberado na atmosfera uma quantidade de metano emanado da decomposição vegetal suficiente para mudar o clima. Ele aventa: "Pode-se muito bem supor que os povos da Idade do Ferro e até de fins da Idade da Pedra tiveram um impacto per capita muito maior sobre a paisagem do planeta do que uma pessoa comum em nossos dias".[6] E, como observa Brand (capítulo 7), a expressão "agricultura natural" contém uma contradição de termos. Sempre que ele ouve as palavras "alimento natural", tem vontade de esbravejar:

> Nenhum produto da agricultura tem a mais ínfima fração natural para um ecologista! Você pega um belo ecossistema complexo, corta-o em retângulos, arranca toda a vegetação e lhe impõe um sistema perpétuo de sucessão inicial! Destrói a relva, nivela o terreno e o inunda com enormes quantidades de água constante! E então você o povoa com monocultivos uniformes de plantas profundamente danificadas, incapazes de viver por conta própria! Cada vegetal usado como alimento é um patético especialista limitado a uma só qualificação, fruto de milhares de anos de endocruzamentos até atingir seu presente estado de idiotia genética! Essas plantas são tão frágeis que precisaram domesticar os humanos só para cuidarem delas eternamente![7]

Uma segunda percepção do movimento ecomodernista é que a industrialização tem sido boa para a humanidade.[8] Alimenta milhões, duplicou a expectativa de vida, reduziu imensamente a extrema pobreza e, substituindo músculos por máquinas, contribuiu para a abolição da escravidão, a emancipação das mulheres e a escolarização das crianças (capítulos 7, 15 e 17). Ela permite que as pessoas leiam à noite, vivam onde quiserem, mantenham-se aquecidas no inverno, vejam o mundo e multipliquem o contato humano. Quaisquer custos em poluição e perda de hábitat têm de ser avaliados levando em conta essas benesses. Como disse o economista Robert Frank, existe uma quantidade ótima de poluição no ambiente, assim como existe uma quantidade ótima de sujeira na sua casa. Mais limpo é melhor, porém não em detrimento de tudo o mais na sua vida.

A terceira premissa é de que o custo do bem-estar humano em termos de dano ambiental pode ser renegociado pela tecnologia. Como usufruir de mais calorias, lúmens, BTUs, bits e quilômetros com menos poluição e terra é, em si, um problema tecnológico que o mundo cada vez mais está resolvendo. Os economistas falam em uma curva de Kuznets ambiental, uma contrapartida do arco em formato de U que representa a desigualdade como uma função do crescimento econômico. Quando países começam a se desenvolver, priorizam o crescimento em detrimento da pureza ambiental. Porém, à medida que se tornam mais ricos, passam a se preocupar com o meio ambiente.[9] Se as pessoas só puderem obter eletricidade à custa de um ar enfumaçado, tolerarão o ar impuro, mas quando puderem se dar ao luxo de ter eletricidade *e* ar puro, se apressarão a preferir o ar despoluído. Isso pode acontecer tanto mais rápido quanto mais a tecnologia produzir carros, fábricas e usinas mais limpas e, portanto, tornar o ar puro mais acessível.

O crescimento econômico arqueia a curva de Kuznets ambiental graças a avanços não só na tecnologia, mas também em valores. Algumas preocupações ambientais são totalmente práticas: as pessoas se queixam de ar poluído em sua cidade ou de asfaltamento de áreas verdes. Outras considerações, contudo, são mais intangíveis. O destino do rinoceronte-negro e o bem-estar dos nossos descendentes no ano 2525 são considerações morais importantes, mas não deixa de ser um luxo nos preocuparmos com isso agora. À medida que as sociedades se tornam mais ricas e as pessoas deixam de pensar em pôr comida na mesa e ter um teto para se abrigar, seus valores ascendem em uma hierarquia de necessidades, e o escopo de suas preocupações expande-se no espaço e no tempo. Ronald Inglehart e Christian Welzel, usando dados do projeto World Values Survey, descobriram que pessoas com valores promotores de emancipação mais fortes — tolerância, igualdade, liberdade de pensamento e de expressão —, os quais tendem a andar juntos com riqueza e educação, também têm maior probabilidade de reciclar e de pressionar governos e empresas para proteger o meio ambiente.[10]

Os ecopessimistas costumam menosprezar todo esse modo de pensar como "a fé de que a tecnologia nos salvará". Na verdade, trata-se de um ceticismo que acredita que o status quo nos condenará — que o conhecimento irá congelar-se em seu estado presente e as pessoas persistirão roboticamente em seu comportamento atual, sem se importar com as circunstâncias. Contudo, foi uma fé ingênua na estagnação que diversas vezes inspirou profecias de danação ambiental nunca realizadas.

A primeira é a da "bomba populacional", que (como vimos no capítulo 8) desarmou a si mesma. Quando países se tornam mais ricos e mais instruídos, passam pelo que os demógrafos chamam de transição demográfica.[11] Primeiro, as taxas de mortalidade declinam conforme a nutrição e a saúde melhoram. Isso ocasiona grande aumento na população, é verdade, porém não é algo a lamentar: como salienta Johan Norberg, a razão não é as pessoas de países pobres começarem a se reproduzir como coelhos, e sim pararem de morrer como moscas. De qualquer modo, o crescimento é temporário: as taxas de natalidade alcançam um pico e então caem, por no mínimo duas razões. Os pais não produzem mais uma prole numerosa como um seguro contra a morte de alguns filhos, e as mulheres, quando adquirem mais instrução, casam-se mais tarde e adiam a maternidade. A figura 10.1 mostra que a taxa de crescimento da população mundial atingiu o auge em 2,1% ao ano em 1962, caiu para 1,2% por volta de 2010 e provavelmente diminuirá para menos de 0,5% até 2050, aproximando-se de zero por volta de 2070, quando, segundo projeções, a população se estabilizará e então entrará em declínio. As taxas de fecundidade caíram mais notavelmente em regiões desenvolvidas, como Europa e Japão, mas podem entrar em colapso súbito em outras partes do mundo, muitas vezes surpreendendo os demógrafos. Apesar da crença generalizada de que as sociedades muçulmanas são resistentes às mudanças sociais que transformaram o Ocidente e serão sempre sacudidas por terremotos de jovens, os países muçulmanos tiveram um declínio de 40% na fecundidade nas

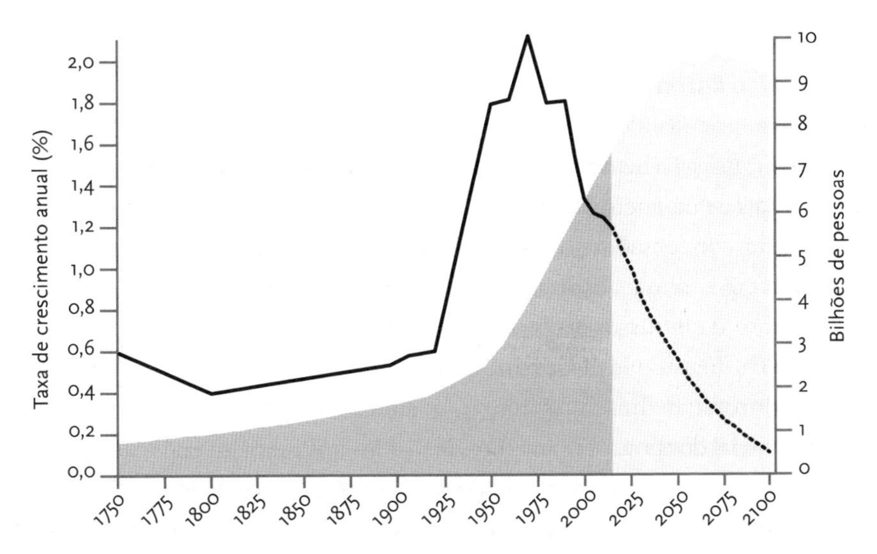

Figura 10.1: *População e crescimento populacional, 1750-2015, e projeção para 2100.* FONTES: Our World in Data, Ortiz-Ospina e Roser, 2016d. 1750-2015: United Nations Population Division e History Database of the Global Environment (HYDE), PBL Netherlands Environmental Assessment Agency (sem data). Projeções pós-2015: Taxa de Crescimento anual (a mesma usada para 1750-2015). Bilhões de pessoas: International Institute for Applied Systems Analysis, Medium Projection (agregado de estimativas específicas de países, levando em conta a educação), Lutz, Butz e Samir, 2014.

três últimas décadas, com uma queda de 70% no Irã e 60% em Bangladesh e em sete países árabes.[12]

O outro temor dos anos 1960 foi o esgotamento dos recursos do planeta. Só que os recursos se recusaram a acabar. Os anos 1980 chegaram e se foram sem as supostas fomes coletivas que iriam dizimar dezenas de milhões de americanos e bilhões de pessoas no mundo. Veio o ano de 1992 e, contrariando projeções do best-seller de 1972 *Os limites do crescimento* e filípicas afins, o mundo não ficou sem alumínio, cobre, cromo, ouro, níquel, estanho, tungstênio ou zinco. (Em 1980, Paul Ehrlich fez uma famosa aposta com o economista Julian Simon: até o fim daquela década, cinco desses metais estariam mais escassos e, portanto, mais caros; perdeu nos cinco casos. Na verdade, a maioria dos metais e minérios é mais barata hoje do que em 1960.)[13] A partir dos anos 1970 até a primeira metade dos anos 2000, revistas de notícias ilustraram periodicamente matérias de capa sobre o estoque de petróleo do mundo com um mostrador de medidor de combustível apontando para o tanque vazio. Em 2013 a revista *The Atlantic* estampou uma reportagem sobre a revolução do fraturamento hidráulico na extração intitulada "Nunca ficaremos sem petróleo".

Isso sem falar nas terras-raras, como ítrio, escândio, európio e lantânio, que você talvez se lembre de ter visto na tabela periódica nas aulas de química ou ouvido na música "The Elements", de Tom Lehrer. Esses metais são componentes essenciais de magnetos, lâmpadas fluorescentes, monitores de vídeo, catalisadores, lasers, condensadores, vidro óptico e outras aplicações da alta tecnologia. Fomos alertados de que, quando começassem a se esgotar, haveria escassez crítica, o colapso da indústria da tecnologia e, talvez, uma guerra com a China, a fonte de 95% do estoque desses materiais no planeta. Foi essa a causa da Grande Crise do Európio de fins do século XX, quando o mundo se viu sem esse ingrediente essencial dos pontos vermelhos de fósforo nos tubos de raios catódicos dos televisores e monitores de computador em cores, e a sociedade se dividiu entre Possuidores, que guardavam zelosamente as últimas tevês em cores que ainda funcionavam, e irados Não Possuidores, forçados a se virar com o branco e preto. Como assim, você nunca ouviu falar nisso? Entre as razões de uma crise dessas não ter acontecido está o fato de que os tubos de raios catódicos foram suplantados pelas telas de cristal líquido, fabricadas com matérias-primas comuns.[14] E a Guerra das Terras-Raras? Na verdade, quando a China reduziu suas exportações em 2010 (não por escassez, e sim como uma arma geopolítica e mercantilista), outros países começaram a extrair terras-raras de suas próprias minas, reciclá-las de resíduos industriais e remodelar produtos para que não precisassem mais desses materiais.[15]

Quando predições de escassez apocalíptica de recursos repetidamente não se cumprem, temos de concluir que ou a humanidade escapou mais uma vez por milagre da morte certa, como um herói de filmes de ação de Hollywood, ou existe uma falha no pensamento que prevê a escassez apocalíptica de recursos. Essa falha já foi apontada muitas vezes.[16] A humanidade não suga recursos da terra como um canudo no milk-shake até um gorgolejo indicar que o recipiente está vazio. Em vez disso, conforme escasseia o estoque de mais fácil extração, o preço desse recurso aumenta, incentivando as pessoas a economizá-lo, explorar jazidas menos acessíveis ou encontrar substitutos mais baratos e mais abundantes.

Aliás, para começo de conversa, é uma falácia pensar que as pessoas "precisam de recursos".[17] Nós precisamos de modos de cultivar alimentos, de nos deslocarmos, de iluminarmos a casa, de transmitir informações e de outras fontes de bem-estar. Satisfazemos essas necessidades com *ideias*: com receitas, fórmulas, técnicas, projetos e algoritmos para manipular o mundo físico dele e extrair o que desejamos. A mente humana, com sua capacidade combinatória recursiva, pode explorar um espaço de ideias infinito, e não é limitada pela quantidade de algum tipo específico de material no solo. Quando uma ideia deixa de funcionar, outra pode tomar seu lugar. Isso não está em conflito com as leis da probabilidade: obedece a elas. Por que as leis da natureza iriam permitir *apenas um* modo fisicamente possível de satisfazer um desejo humano, nem mais e nem menos?[18]

Devo admitir que esse modo de pensar não condiz com a ética da "sustentabilidade". Na figura 10.2, o cartunista Randall Munroe ilustra o que há de errado com essa palavra e valor sagrado da moda. A doutrina da sustentabilidade pressupõe que a atual taxa de uso de um recurso pode ser extrapolada para o futuro até bater em um teto. A implicação é que temos de trocá-lo por um recurso renovável que possa ser reabastecido à mesma proporção em que o usamos, indefinidamente. Na verdade, as sociedades sempre abandonaram um recurso em troca de outro melhor muito antes de o mais antigo se esgotar. É comum dizerem que a Idade da Pedra não terminou porque o mundo ficou sem pedras, e isso vale também para a energia. "Ainda havia bastante madeira e palha a serem exploradas quando o mundo mudou para o carvão", salienta Ausubel. "O carvão era abundante quando o petróleo entrou em cena. Hoje o petróleo é farto enquanto o metano ascende."[19] Como veremos, o gás, por sua vez, poderá ser substituído por fontes de energia com baixa emissão de carbono bem antes de o último metro cúbico se dissipar numa chama azul.

A oferta de alimentos também cresceu exponencialmente (como vimos no capítulo 7), embora nenhum método de cultivo jamais tenha sido sustentável. Em *The Big Ratchet: How Humanity Thrives in the Face of Natural Crisis* [A grande catraca: Como a humanidade prospera na presença de crise da natureza], a geógrafa Ruth DeFries descreve a sequência como "catraca-machado-pivô". As pessoas descobrem um modo de cultivar mais alimentos, a população cresce e faz a lingueta da catraca avançar. O método não consegue acompanhar a demanda ou apresenta efeitos colaterais danosos, e o machado cai. E então as pessoas contornam o problema adotando um novo método. Em épocas variadas, agricultores adotaram horticultura de queimada, necessidades noturnas (eufemismo para fezes huma-

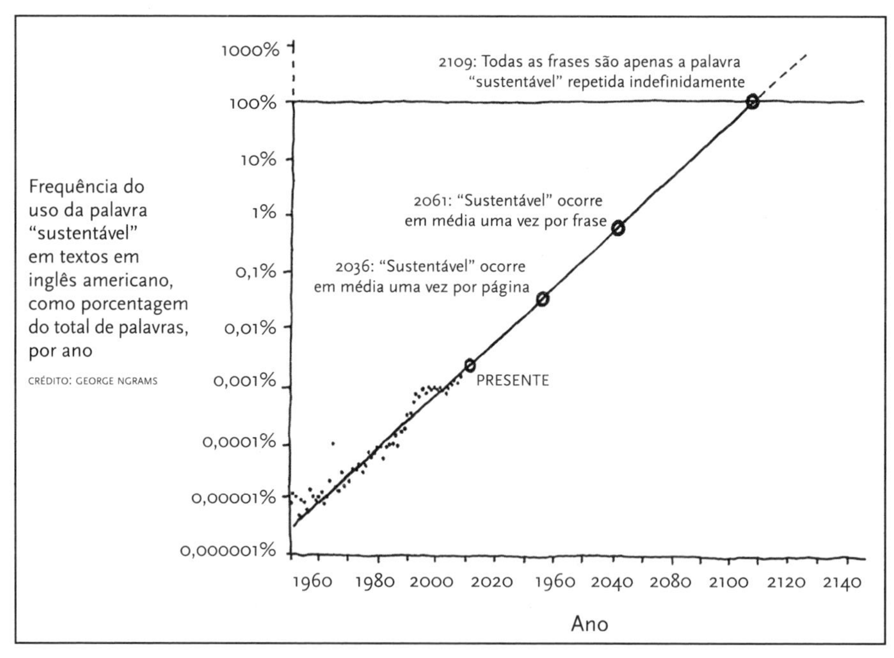

Figura 10.2: *Sustentabilidade, 1955-2109.*
FONTE: Randall Munroe, *XKCD*, <http://xkcd.com/1007/>. Crédito: Randall Munroe, <xkcd.com>.

nas), rotação de culturas, guano, salitre, ossos de bisão triturados, fertilizante químico, cultivos híbridos, pesticidas e Revolução Verde.[20] Futuras mudanças podem incluir organismos geneticamente modificados, hidroponia, aeroponia, fazendas verticais urbanas, colheita robótica, carne cultivada in vitro, algoritmos de inteligência artificial com dados de GPS e biossensores, recuperação de energia e fertilizante em esgoto, aquicultura com peixes que comem tofu em vez de outros peixes, e sabe-se lá o que mais — contanto que deixem as pessoas porem em prática sua engenhosidade.[21] Embora a água seja um recurso que as pessoas nunca deixarão de usar, os agricultores poderiam poupar quantidades colossais se mudassem para o cultivo de precisão no estilo israelita. E se o mundo descobrir abundantes fontes de energia livres de carbono (um tema que analisaremos mais à frente), poderá obter o que precisa dessalinizando água marinha.[22]

Não só os desastres profetizados pelo verdismo nos anos 1970 não aconteceram, como os avanços que esse movimento julgava impossíveis *aconteceram*. À medida que o mundo enriqueceu e atingiu a crista da curva ambiental, a natureza começou a se regenerar.[23] O "depósito de lixo" imaginado pelo papa Francisco é a visão de alguém que acordou pensando que estamos em 1965, a era das chaminés fumacentas, das cataratas de esgoto, dos rios em chamas e das piadas sobre nova-iorquinos que não gostavam de respirar um ar que não pudessem ver. A figura 10.3 mostra que, desde 1970, quando os Estados Unidos instituíram a Agência de Proteção Ambiental, o país reduziu em quase dois terços suas emissões de cinco poluentes atmosféricos. Nesse mesmo período, a população aumentou quase 40%, e essas pessoas percorriam o dobro de quilômetros em veículos e se tornaram duas vezes e meia mais ricas. O uso de energia estabilizou-se, e até as emissões de dióxido de carbono deram uma guinada, como veremos adiante. Os declínios não refletem apenas a transferência da indústria pesada para o mundo em desenvolvimento, pois o grosso do uso de energia e das emissões provém de transporte, aquecimento e geração de eletricidade, cuja produção não pode ser transferida para fora do país. O que refletem é, principalmente, ganho de eficiência e controle de emissão. Essas curvas divergentes refutam tanto a afirmação dos verdes ortodoxos de que só um recuo no crescimento pode reduzir a poluição como a afirmação da direita ortodoxa de que a proteção do meio ambiente sabota o crescimento econômico e o padrão de vida da população.

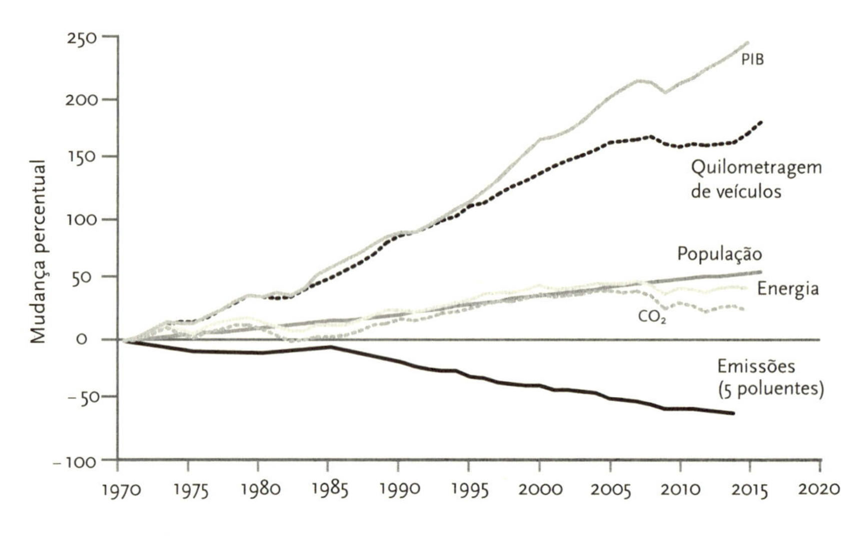

Figura 10.3: *Poluição, energia e crescimento, EUA, 1970-2015.*
FONTES: US Environmental Protection Agency, 2016, baseado nas seguintes fontes: PIB: Bureau of Economic Analysis. Quilômetros percorridos por veículos: Federal Highway Administration. População: US Census Bureau. Consumo de energia: US Department of Energy. CO_2: US Greenhouse Gas Inventory Report. Emissões (monóxido de carbono, óxidos de nitrogênio, partículas menores do que dez micrômetros, dióxido de enxofre e compostos orgânicos voláteis): EPA, <https://www.epa.gov/air-emissions-inventories/air-pollutant-emissions-trends-data>.

Muitos dos avanços são visíveis a olho nu. Há menos cidades amortalhadas sob névoa pardacenta, e Londres não tem mais o *fog* — na verdade, fumaça de carvão — imortalizado em pinturas impressionistas, em romances góticos, na música de Gershwin e na marca de capas de chuva. Vias navegáveis urbanas que eram consideradas mortas — incluindo Puget Sound, baía de Chesapeake, baía de Boston, lago Erie e os rios Hudson, Potomac, Chicago, Charles, Sena, Reno e Tâmisa (este último descrito por Disraeli como "um flúmen estigial recendendo a inefáveis e intoleráveis horrores") — foram recolonizadas por peixes, aves, mamíferos marinhos e, em alguns casos, nadadores. Nos arredores das cidades, os moradores dos subúrbios americanos agora veem lobos, raposas, ursos, linces, texugos, veados, águias-pescadoras, perus-selvagens e águias-americanas. Conforme a agricultura ganha eficiência (capítulo 7), as terras cultivadas vão retornando à floresta temperada, como bem sabe qualquer apreciador de caminhadas em trilhas que já topou com um muro de pedra incongruentemente erguido num bosque da Nova Inglaterra. Embora florestas tropicais ainda estejam sendo desmatadas de forma assustadora, entre meados do século XX e a virada para o XXI a taxa de desmatamento caiu em dois terços (figura 10.4).[24] O desmatamento da Amazônia, a maior floresta tropical do mundo, chegou ao auge em 1995, e de 2004 a 2013 a taxa diminuiu em quatro quintos.[25]

O declínio há muito necessário do desmatamento nos trópicos é um sinal de que a proteção ambiental está se difundindo dos países desenvolvidos para o resto do mundo. O progresso do planeta pode ser acompanhado em um relatório chamado Índice de Desempenho Ambiental, uma compilação de indicadores da qualidade do ar, água, florestas, áreas de pesca, agricultura e hábitats naturais. De 180 países que foram acompanhados por uma década ou mais, só dois deixaram de apresentar melhora.[26] Em média, quanto mais rico um país, mais limpo é seu meio ambiente: os países nórdicos são os menos poluídos; Afeganistão, Bangladesh e vários países subsaarianos, os mais comprometidos. Duas das formas mais letais de poluição — água potável contaminada e fumaça de cozinha não dissipada em ambientes fechados — são males de países pobres.[27] Mas conforme países pobres tornaram-se mais ricos em décadas recentes, foram escapando desses ma-

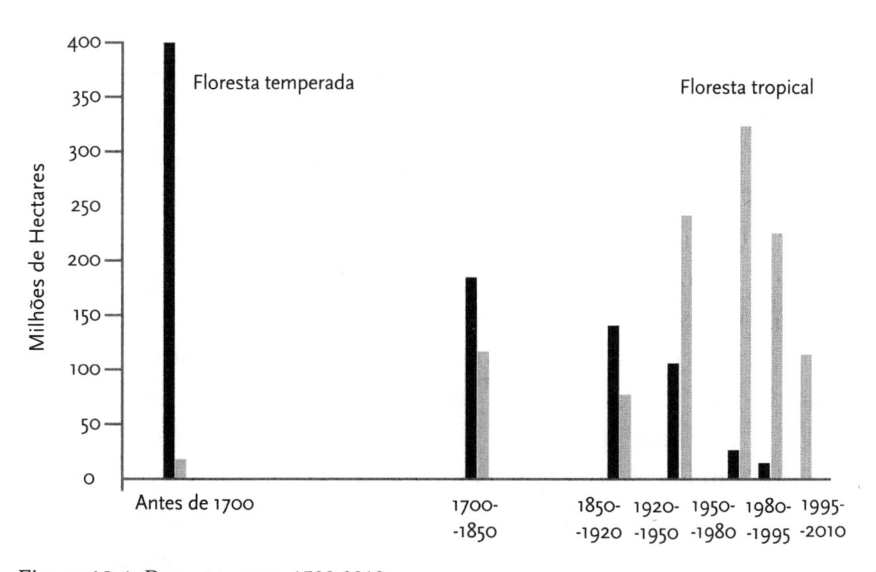

Figura 10.4: *Desmatamento, 1700-2010.*
FONTE: Organização das Nações Unidas para Agricultura e Alimentação, 2012, p. 9. As barras representam os totais para diferentes períodos, e não para taxas anuais, e portanto não são diretamente comensuráveis.

les: a proporção da população mundial que bebe água suja caiu em cinco oitavos, e a proporção que respira fumaça de queima de combustíveis sólidos na cozinha, em um terço.[28] Como disse Indira Gandhi: "A pobreza é o que mais polui".[29]

O epítome da agressão ambiental são os derramamentos de óleo de petroleiros, que cobre praias intocadas com lodo preto tóxico e gruda na plumagem de aves marinhas e na pelagem de lontras e focas. Em nossa memória coletiva persistem os desastres mais lamentavelmente conhecidos, como o do *Torrey Canyon* em 1967 e o do *Exxon Valdez* em 1989, e pouca gente sabe que o transporte marítimo de petróleo tornou-se muito mais seguro. A figura 10.5 mostra que o número anual de derramamentos de óleo caiu de mais de cem em 1973 para apenas cinco em 2016 (e o número de derramamentos *importantes* passou de 32 em 1978 para um em 2016). O gráfico também mostra que, além de menos óleo estar sendo derramado, o transporte só se intensificou; as curvas cruzadas são evidência adicional de que a proteção ambiental é compatível com o crescimento econômico. Não é mistério o fato de que as companhias petrolíferas *querem* reduzir os acidentes com petroleiros, pois seus interesses coincidem com os do meio ambiente: derramamentos de óleo são desastres de relações públicas (ainda mais quando o nome da companhia vem gravado no casco rachado de um navio), acarretam multas pesadíssimas e, claro, desperdiçam petróleo valioso. Mais interessante ainda é que, em grande medida, as companhias têm sido bem-sucedidas. As tecnologias seguem uma curva de aprendizado e se tornam menos sujeitas a riscos no decorrer do tempo, conforme os cientistas eliminam dos projetos as vulnerabilidades mais perigosas (retomaremos esse assunto no capítulo 12). Apesar disso, as pessoas se recordam dos acidentes e ignoram os avanços incrementais. Os aprimoramentos em diferentes tecnologias seguem cronogramas distintos: em 2010, quando os derramamentos de óleo no mar haviam atingido o ponto mais baixo de todos os tempos, aconteceu o terceiro pior vazamento em plataforma marítima de petróleo. O acidente na *Deepwater Horizon*, no golfo do México, levou a novas regulamentações para equipamentos de controle de pressão, desenho, monitoração e contenção de poços.[30]

Outro avanço foi a proteção contra o uso de faixas inteiras de terra e oceano pelos humanos. Os especialistas em conservação são unânimes em afirmar que as áreas protegidas ainda são insuficientes, mas o ritmo é impressionante. A figura 10.6 mostra que a proporção das terras do planeta reservadas como parques nacionais, santuários de vida selvagem e outras áreas protegidas passou de 8,2%

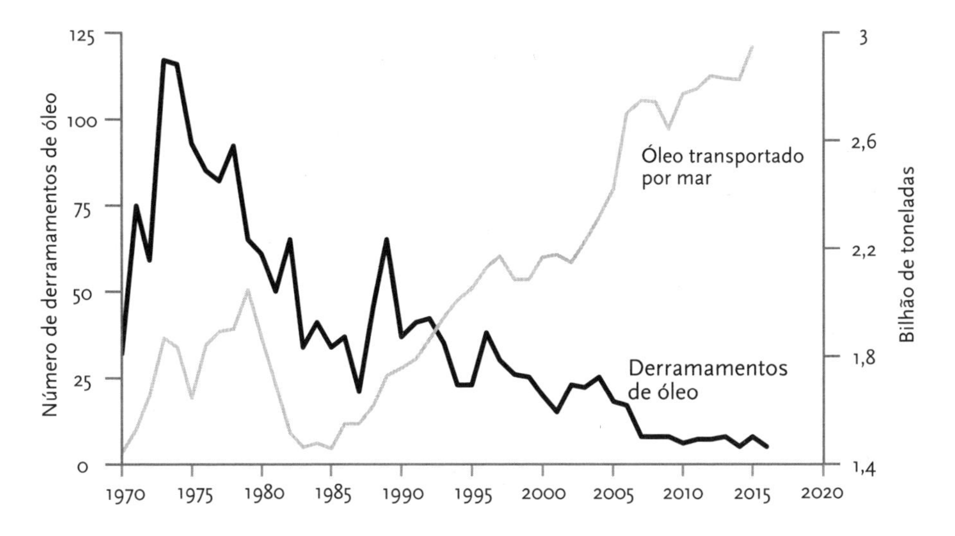

Figura 10.5: *Derramamentos de óleo, 1970-2016.*
FONTE: Our World in Data, Roser, 2016r, baseado em dados (atualizados) de International Tanker Owners Pollution Federation, <http://www.itopf.com/knowledge-resources/data-statistics/statistics>. Derramamentos de óleo incluem todos os que resultam em perda de no mínimo sete toneladas de combustível. O óleo transportado consiste em "carga total de óleo bruto, derivados de petróleo e gás".

em 1990 para 14,8% em 2014: uma área duas vezes maior que a dos Estados Unidos. Também cresceram as áreas de conservação marinhas: mais que duplicaram nesse período, e agora protegem mais de 12% dos oceanos.

Graças à proteção de hábitat e a esforços de conservação específicos, muitas espécies benquistas foram tiradas do limiar da extinção — por exemplo, albatroz, condor, peixe-boi, órix, panda, rinoceronte, diabo-da-tasmânia e tigre; segundo o ecologista Stuart Pimm, a taxa de extinção de aves reduziu-se em 75%.[31] Embora a sobrevivência de muitas espécies continue precária, alguns ecologistas e paleontólogos julgam exagerada a afirmação de que os humanos estão causando uma extinção em massa como as do Permiano e Cretáceo. Brand observa: "A vida selvagem ainda tem inúmeros problemas a serem resolvidos, mas descrevê-los com excessiva frequência como crises de extinção provoca um pânico generalizado de que a natureza é fragilíssima ou já está inapelavelmente danificada. Isso nem de longe é verdade. A natureza como um todo está exatamente tão vigorosa quanto sempre foi — talvez mais ainda. [...] É trabalhando com esse vigor que atingimos os objetivos da conservação".[32]

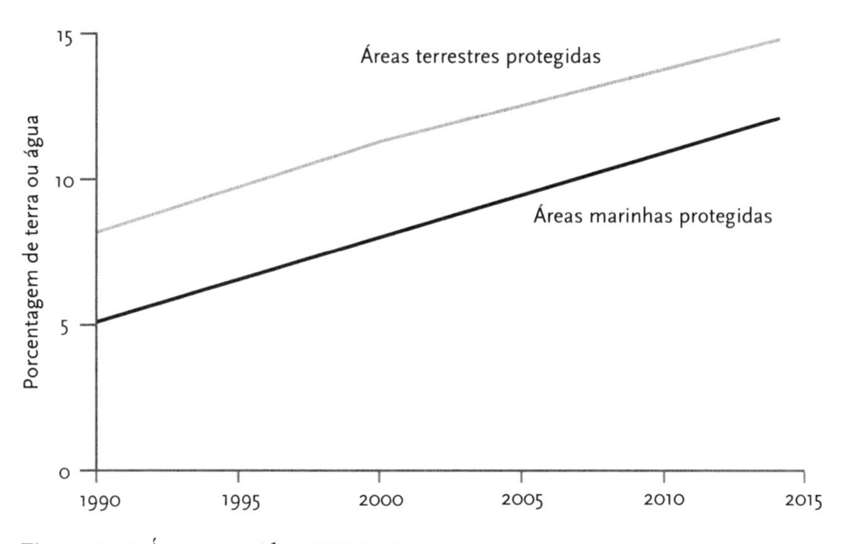

Figura 10.6: *Áreas protegidas, 1990-2014.*
FONTE: Banco Mundial, 2016 e 2017, baseado em dados do Programa das Nações Unidas para o Meio Ambiente e World Conservation Monitoring Centre, compilados pelo World Resources Institute.

Outros avanços são globais. O tratado de 1963 que proibiu testes nucleares na atmosfera eliminou a mais aterradora forma de poluição, a precipitação radioativa, e provou que os países do mundo podiam concordar com medidas para proteger o planeta mesmo na ausência de um governo mundial. Desde então, a cooperação global tem se dedicado a resolver vários outros problemas. Tratados internacionais assinados nos anos 1980 e 1990 para reduzir as emissões de enxofre e outras formas de "poluição atmosférica transnacional de longo alcance" ajudaram a eliminar o medo da chuva ácida.[33] Graças à proibição ao uso de clorofluorcarbonos ratificada em 1987 por 197 países, prevê-se que a cama de ozônio se recuperará até meados do século XXI.[34] Como veremos, esses êxitos prepararam o palco para o histórico Acordo de Paris sobre a mudança climática em 2015.

Como todas as demonstrações de progresso, muitas notícias sobre a melhora do estado do meio ambiente são recebidas com raiva combinada com falta de lógica. O fato de que várias medidas da qualidade ambiental estão progredindo *não* significa que esteja tudo bem, que o meio ambiente melhorou por conta própria ou que agora podemos cruzar os braços e relaxar. Pelo meio ambiente mais limpo que temos hoje devemos agradecer aos argumentos, ao ativismo, à legislação, às regulações, aos tratados e à engenhosidade tecnológica das pessoas que se empenharam nesses avanços no passado.[35] Precisaremos de mais de tudo isso para sustentar o progresso já alcançado, prevenir retrocessos (sobretudo durante a presidência de Trump) e estendê-lo aos perversos problema que ainda enfrentamos, como a saúde dos oceanos e, como veremos, os gases de efeito estufa na atmosfera.

Mas, por muitas razões, é hora de aposentar o auto de edificação moral que retrata os humanos modernos como uma raça desprezível de destruidores e saqueadores que apressarão o apocalipse a menos que desfaçam a Revolução Industrial, renunciem à tecnologia e retornem a uma harmonia ascética com a natureza. Na verdade, podemos tratar a proteção ambiental como um problema a ser resolvido: como as pessoas podem ter uma vida segura, confortável e estimulante com o mínimo grau possível de poluição e perda de hábitat natural? Longe de tolerar a acomodação, nosso progresso até agora na resolução desse problema encoraja o empenho por mais. E também revela as forças que impeliram esse progresso.

Um caminho para dissociar a produtividade dos recursos é obter mais benefício humano com menos matéria-prima e energia. Isso significa valorizar a *densidade*.[36] Conforme a agricultura se torna mais intensiva com culturas que são manejadas ou projetadas para produzir mais proteínas, calorias e fibras com menos terra, água e fertilizante, poupa-se mais terra que pode se transformar novamente em hábitats naturais. (Os ecomodernistas ensinam que a agricultura orgânica, que requer muito mais terra para produzir um quilo de alimento, não é verde nem sustentável.) À medida que as pessoas se mudam para as cidades, não só liberam terras na zona rural, mas também passam a necessitar de menos recursos para deslocar-se até o local de trabalho, construir e aquecer seus ambientes, pois o teto de um homem é o piso de outro. Quando densas plantações de árvores fornecem de cinco a dez vezes a produção que seria extraída de florestas naturais, poupam-se áreas de mata natural, juntamente com seus habitantes de penas, pelos e escamas.

Todos esses processos são favorecidos por outra amiga da Terra, a *desmaterialização*. O progresso tecnológico nos permite fazer mais com menos. Uma lata de refrigerante de alumínio antes pesava 85 gramas; hoje pesa menos de catorze. Celulares não precisam de quilômetros de postes e fios telefônicos. A revolução digital, ao substituir átomos por bits, está desmaterializando o mundo bem diante dos nossos olhos. Os metros cúbicos de vinil que antes compunham minha coleção de músicas deram lugar a centímetros cúbicos de CDs e depois ao ínfimo MP3. O rio de notícias impressas que corria pelo meu apartamento foi estancado por um iPad. Com um terabyte de armazenamento em meu notebook não preciso mais comprar caixas e caixas de papel. E pense em todo o plástico, metal e papel que não se usa mais nos quarenta e tantos produtos que podem ser substituídos por um smartphone, entre eles telefone, secretária eletrônica, agenda, câmera fotográfica, câmera de vídeo, gravador, rádio, despertador, calculadora, dicionário, porta-cartões de visita, calendário, guia de ruas, lanterna, fax e bússola — e até metrônomo, termômetro de rua e nível de pedreiro.

A tecnologia digital também desmaterializa o mundo, possibilitando a economia do compartilhamento: carros, ferramentas e dormitórios não precisam ser fabricados em números colossais para permanecer sem uso pela maior parte do tempo. O analista de publicidade Rory Sutherland observou que a desmaterialização também vem sendo ajudada por mudanças nos critérios de status social.[37] Hoje o imóvel mais caro de Londres pareceria incrivelmente pequeno para os vitorianos ricos, e no entanto o centro da cidade agora é mais chique do que os subúrbios abastados. As redes sociais incentivam os jovens a exibir suas experiências em vez de carros e roupas, e a "hipsterização" inspira-os a se distinguir por suas preferências de cerveja, café e música. A era dos Beach Boys e do filme *American Graffiti* já passou: metade dos americanos de dezoito anos não tem carteira de motorista.[38]

A expressão "Pico do Petróleo", que se popularizou depois das crises de energia dos anos 1970, refere-se ao ano em que o mundo atingiria sua máxima quantidade de petróleo extraído. Ausubel observa que, em virtude da transição demográfica, da densificação e da desmaterialização, talvez já tenhamos atingido o Pico dos Filhos, o Pico da Terra Cultivável, o Pico da Madeira, o Pico do Papel e o Pico do Automóvel. Na verdade, podemos estar chegando ao Pico dos Materiais: de cem matérias-primas computadas por Ausubel, 36 atingiram seu pico de uso absoluto nos Estados Unidos, e outras 53 podem estar prestes a entrar em queda, entre elas água, nitrogênio e eletricidade, deixando apenas onze ainda em crescimento. Os britânicos também atingiram o Pico dos Materiais, pois reduziram seu uso anual de 15,1 toneladas por pessoa em 2001 para 10,3 em 2013.[39]

Essas tendências impressionantes não necessitaram de coerção, legislação ou moralização; ocorreram de forma espontânea à medida que as pessoas fizeram escolhas sobre seu modo de vida. De forma nenhuma essas tendências mostram que a legislação ambiental seja dispensável: todos os estudos indicam que as agências de proteção ambiental, os padrões obrigatórios de eficiência de energia, a proteção de espécies ameaçadas e as leis nacionais e internacionais sobre qualidade do ar e da água tiveram efeitos imensamente benéficos.[40] Mas sugerem que a maré da modernidade não arrasta a espécie humana na direção do uso cada vez mais insustentável de recursos. Alguma coisa na natureza da tecnologia, sobretudo a tecnologia da informação, atua para dissociar a prosperidade humana da exploração de coisas físicas.

Assim como não devemos aceitar a narrativa de que a humanidade saqueia inexoravelmente todas as partes do meio ambiente, não devemos aceitar a narrativa de que todas as partes do meio ambiente se recuperarão se submetidas às nossas práticas atuais. Um ambientalismo esclarecido tem de encarar os fatos, sejam esperançosos ou alarmantes, e um conjunto de fatos é inquestionavelmente assustador: os gases de efeito estufa e sua influência sobre o clima do planeta.[41]

Sempre que queimamos madeira, carvão, óleo ou gasolina, o carbono no combustível oxida-se e forma dióxido de carbono (CO_2), liberado na atmosfera. Embora parte do CO_2 se dissolva no oceano, combine-se quimicamente com rochas ou seja absorvido por plantas na fotossíntese, esses sorvedouros naturais não dão conta dos 38 bilhões de toneladas que despejamos na atmosfera por ano. Conforme gigatoneladas de carbono depositadas durante o Período Carbonífero foram virando fumaça, a concentração de CO_2 na atmosfera passou de aproximadamente 270 partes por milhão antes da Revolução Industrial para mais de quatrocentas partes hoje. Como o CO_2, em um efeito análogo ao do vidro de uma estufa, aprisiona o calor que irradia da superfície da Terra, a média de temperatura global também se elevou em aproximadamente 0,8°C, e 2016 foi o ano mais quente já registrado, com 2015 em segundo lugar e 2014 em terceiro. A atmosfera também está sendo aquecida em razão da queima de florestas que absorvem carbono e da liberação de metano (um gás de efeito estufa ainda mais potente) por vazamentos em poços de gás natural, pelo derretimento do pergelissolo do Ártico e pelos orifícios nas duas extremidades corporais dos animais de criação. Poderá tornar-se ainda mais quente, em um processo circular descontrolado, se a neve branca e o gelo, refletores de calor, forem substituídos por terra e água escuras, absorventes de calor, caso o derretimento do pergelissolo se acelerar e mais vapor de água (outro gás de efeito estufa) for liberado no ar.

Continuando a emissão de gases de efeito estufa, a temperatura média da Terra aumentaria em no mínimo 1,5°C acima do nível pré-industrial até o fim do século XXI, e talvez em até 4°C ou mais além daquele nível. Isso provocaria ondas de calor mais frequentes e mais intensas, mais inundações em regiões úmidas, mais secas em regiões áridas, tempestades mais fortes, furacões mais destrutivos, diminuição das safras em regiões quentes, extinção de mais espécies, perda de recifes de coral (porque os oceanos ficariam mais quentes e mais ácidos) e uma elevação média do nível do mar entre 0,7 e 1,2 metro devido ao derretimento do gelo terrestre e à expansão da água marinha. (O nível do mar já subiu quase vinte centímetros desde 1870, e a taxa de elevação parece estar se acelerando.) Áreas baixas seriam inundadas, países insulares desapareceriam sob as ondas, grandes áreas de terras agrícolas deixariam de ser cultiváveis e milhões de pessoas seriam desalojadas. Os efeitos poderiam piorar ainda mais no século XXII e posteriormente e, em teoria, desencadear perturbações como um desvio da Corrente do Golfo (o que transformaria a Europa numa Sibéria) ou um colapso do manto de gelo da Antártida. Supõe-se que um aumento de 2°C é o máximo a que o mundo conseguiria adaptar-se de maneira razoável, e um aumento de 4°C, nas palavras de um relatório do Banco Mundial, "não pode absolutamente ser permitido".[42]

Para manter a elevação em até 2°C ou menos, o mundo teria, no mínimo, de reduzir suas emissões de gases de efeito estufa em metade ou mais até meados do século XXI ou eliminá-los por completo antes da virada do século XXII.[43] É um desafio assombroso. Combustíveis fósseis fornecem 86% da energia mundial e movem quase todos os carros, caminhões, trens, aviões, navios, tratores, caldeiras e fábricas do planeta, junto com a maioria de suas usinas de eletricidade.[44] A humanidade nunca enfrentou um problema como esse.

Uma resposta à perspectiva da mudança climática é negar que ela esteja ocorrendo ou que a atividade humana seja a causa. Obviamente é apropriado questionar a hipótese da mudança climática antropogênica com argumentos científicos, sobretudo diante das medidas extremas requeridas caso seja verdadeira. A grande virtude da ciência é que, no longo prazo, uma hipótese verdadeira suporta as tentativas de refutá-la. A mudança climática antropogênica é a hipótese científica mais vigorosamente questionada na história. Até agora, todos os principais argumentos contrários — por exemplo, o de que as temperaturas globais parecem ter parado de subir, o de que só parecem estar subindo porque foram medidas em ilhas de calor urbanas ou o de que estão mesmo subindo, mas só porque o Sol está ficando mais quente — foram refutados, e até muitos céticos se convenceram disso.[45] Um levantamento recente mostrou que exatamente *quatro* dos 69 406 autores de artigos de literatura científica publicados apenas depois de submetidos à revisão de especialistas na área rejeitaram a hipótese do aquecimento global antropogênico e que "a literatura não contém evidências convincentes contra [a hipótese]".[46]

Apesar disso, um movimento na direita política americana, generosamente financiado por interesses do setor de combustíveis fósseis, promove uma campanha fanática e falaz para negar que os gases de efeito estufa estão aquecendo o planeta.[47] Com isso, promove a teoria da conspiração de que a comunidade científica sofreu uma infecção fatal pelo vírus do politicamente correto e está comprometida em termos ideológicos com o controle da economia pelo governo. Como alguém que se considera uma espécie de cão de guarda contra o dogma do politicamente correto no meio acadêmico, posso asseverar que isso é um disparate: os especialistas das ciências exatas não atuam de acordo com essa linha de pensamento, e as evidências falam por si.[48] (E é em virtude desses questionamentos que todos os estudiosos de todas as áreas têm o dever de assegurar a credibilidade da academia, *não* impondo ortodoxias políticas.)

É verdade que existem céticos imparciais da mudança climática, às vezes chamados de "*lukewarmers*",* que aceitam a ciência convencional mas acentuam o que é positivo.[49] Preferem acreditar nas possibilidades marginais de um aumento com a maior lentidão possível na elevação da temperatura, argumentam que os piores cenários de processo circular descontrolado são hipotéticos, ressaltam que temperaturas e níveis de CO_2 moderadamente mais altos são benéficos para a produção agrícola e devem ser sopesados com seus custos, e argumentam que, se for permitido que os países enriqueçam o máximo possível (sem restrições aos combustíveis fósseis que acabam prejudicando o crescimento), eles se tornarão mais bem equipados para adaptar-se à mudança climática que de fato ocorrer. Porém, como salienta o economista William Nordhaus, esse é um jogo temerário no que ele chama de Cassino do Clima.[50] Se as condições do momento apresen-

* "*Lukewarm*" significa "morno" e também "não muito entusiasmado". (N. T.)

tam, digamos, 50% de probabilidade de que o mundo vá piorar de forma significativa e uma probabilidade de 5% de que passará a um ponto crítico e se defrontará com uma catástrofe, seria prudente uma ação preventiva, ainda que o resultado catastrófico não seja certo — pela mesma razão por que compramos extintores de incêndio e contratamos um seguro para nossa casa e não abrimos latas de gasolina na garagem. Como lidar com a mudança climática será um esforço de várias décadas; há bastante tempo para recuar se, felizmente, a temperatura, o nível do mar e a acidez dos oceanos pararem de aumentar.

Outra resposta à mudança climática, esta da extrema esquerda, parece concebida para confirmar as teorias da conspiração da extrema direita. Segundo o movimento da "justiça climática" popularizado pela jornalista Naomi Klein em seu best-seller de 2014 *This Changes Everything: Capitalism vs. the Climate* [Isso muda tudo: Capitalismo versus clima], não devemos encarar a ameaça da mudança climática como um problema a ser prevenido. Não: devemos tratá-la como uma oportunidade para abolir os livres mercados, reestruturar a economia global e remodelar nosso sistema político.[51] Em um dos episódios mais surreais na história da política ambiental, Klein aliou-se aos mal-afamados David e Charles Koch, bilionários da indústria petrolífera e financiadores da negação da mudança climática, para ajudar a derrotar uma iniciativa estadual de referendo sobre a implementação do primeiro imposto sobre emissão de carbono no país, a medida política que quase todo analista considera um requisito prévio para lidar com a mudança climática.[52] Por quê? Porque essa medida seria "favorável à direita" e não obrigaria "os poluidores a pagar nem a pôr seus lucros imorais para trabalhar na reparação dos danos que criaram conscientemente". Em 2015, Klein chegou a opor-se às análises quantitativas da mudança climática:

> Não vamos vencer recitando números. Não podemos derrotar a turma dos números em seu próprio jogo. Vamos vencer porque essa é uma questão de valores, de direitos humanos, de certo e errado. Por acaso agora temos este breve período em que também dispomos de boas estatísticas para brandir, mas não devemos perder de vista o fato de que o que realmente toca o coração das pessoas são os argumentos baseados no valor da vida.[53]

Menosprezar análises quantitativas como mero exercício de "recitar números" não é apenas anti-intelectual, mas também atua *contra* "valores, direitos humanos, certo e errado". Quem valoriza a vida humana preferirá as políticas que tiverem maior chance de salvar pessoas de ser desalojadas ou passar fome ao mesmo tempo que lhes derem meios para ter uma vida sadia e plena.[54] Em um universo governado pelas leis da natureza, e não por magia ou poderes demoníacos, isso requer analisar os números. Mesmo quando se trata do desafio puramente retórico de "tocar o coração das pessoas", a eficácia importa: é mais provável que as pessoas aceitem a realidade do aquecimento global se lhes for explicado que o problema pode ser resolvido por inovações em programas de ação e tecnologias do que se lhes forem dados alertas aterrorizantes sobre como tudo será medonho.[55]

Outro sentimento comum sobre o modo de prevenir a mudança climática foi expresso na seguinte carta, um exemplo das que recebo ocasionalmente:

> Caro professor Pinker
>
> Precisamos tomar providências a respeito do aquecimento global. Por que os cientistas que receberam o prêmio Nobel não assinam uma petição? Por que não dizem a verdade pura e simples: os políticos são uns porcos que não se importam com quantas pessoas morrem em enchentes e secas?
>
> Por que o senhor e alguns amigos não iniciam um movimento na internet para convencer as pessoas a assinar um compromisso de que farão sacrifícios reais para combater o aquecimento global? Porque esse é o problema. Ninguém quer fazer sacrifício. As pessoas deveriam prometer não viajar de avião a não ser em caso de vida ou morte, pois aviões queimam combustível demais. Deviam prometer não comer carne no mínimo três dias por semana, pois a produção de carne libera muito carbono na atmosfera. Deviam prometer não comprar joias, pois refinar ouro e prata consome muita energia. Deveríamos proibir a produção de cerâmica artística, pois ela queima muito carbono. Os ceramistas dos departamentos de artes nas universidades terão de aceitar o fato de que não podemos mais continuar assim.

Perdoem-me por recitar números, mas, se todo mundo desistir de suas joias, isso não fará a menor diferença na emissão mundial de gases de efeito estufa, que é dominada por indústria pesada (29%), construção civil (18%), transporte (15%), mudança no uso da terra (15%) e energia necessária para fornecer energia (13%). (A pecuária é responsável por 5,5%, principalmente metano e não CO_2, e a aviação por 1,5%.)[56] É claro que a pessoa que me enviou a mensagem sugeriu abrir mão das joias e da cerâmica não tendo em vista o *efeito*, e sim o *sacrifício*, e não é de surpreender que tenha escolhido as joias, a quintessência do luxo. Menciono sua ingênua sugestão para ilustrar dois impedimentos psicológicos que defrontamos ao lidar com a mudança climática.

O primeiro é cognitivo. As pessoas têm dificuldade de pensar em escala: não diferenciam entre ações que reduziriam as emissões de CO_2 em milhares de toneladas, milhões de toneladas e bilhões de toneladas.[57] Também não distinguem entre nível, taxa, aceleração e derivadas de ordem superior — entre ações que afetariam a taxa de *aumento* nas emissões de CO_2, que afetariam a *taxa* de emissões de CO_2, que afetariam o *nível* de CO_2 na atmosfera e que afetariam as *temperaturas* globais (as quais subirão mesmo se o nível de CO_2 permanecer constante). Somente estas últimas importam, mas quem não raciocinar em termos de escala e ordens de mudança pode ficar satisfeito com políticas inócuas.

O outro impedimento é moralista. Como mencionei no capítulo 2, o moralismo humano não é particularmente dado à moralidade; ele incentiva a desumanização ("os políticos são uns porcos") e a agressão punitiva ("obrigar os poluidores a pagar"). Além disso, ao fundir desperdício com perversidade e ascetismo com virtude, o moralismo pode santificar demonstrações inúteis de sacrifício.[58] Em muitas culturas, as pessoas ostentam virtude com jejuns, castidade, abnegação, queima de supérfluos e sacrifícios de animais (ou até humanos). Mesmo em sociedades modernas — segundo estudos que fiz junto com os psicólogos Jason Nemirow, Max Krasnow e Rhea Howard —, o apreço que uma pessoa conquista depende de quanto tempo ou dinheiro despende em seus atos altruístas, e não em quanto bem ela faz.[59]

Grande parte da ladainha a respeito de mitigar a mudança climática envolve sacrifícios voluntários como reciclar, comer apenas o que é produzido perto de casa, tirar o carregador da tomada etc. (Eu mesmo já posei para cartazes em várias dessas campanhas lançadas por estudantes de Harvard.)[60] No entanto, por mais que essas exibições possam dar uma sensação de virtude, são uma distração que nos afasta do colossal desafio com que nos confrontamos. O problema é que as emissões de carbono são um clássico jogo dos bens públicos, também conhecido como a Tragédia dos Comuns. As pessoas beneficiam-se dos sacrifícios de todos os demais e sofrem com os sacrifícios que elas próprias fazem, por isso todos têm incentivo para "pegar carona", ou seja, deixar de fazer sua parte e aproveitar o sacrifício dos outros, resultando em sofrimento para todos. Um remédio clássico para dilemas de bens públicos é uma autoridade coercitiva que possa punir esse tipo de caroneiro. No entanto, qualquer governo com poder totalitário para abolir a cerâmica artística muito provavelmente não irá restringir esse poder para maximizar o bem comum. Por outro lado, pode-se sonhar que a persuasão moral é potente o bastante para induzir todo mundo a fazer os sacrifícios necessários. Porém, embora os humanos tenham sentimentos públicos, não é sensato deixar o destino do planeta dependente da esperança de que bilhões de pessoas se disponham de bom grado a agir contra seu autointeresse. Mais importante ainda é que o sacrifício necessário para reduzir as emissões de carbono pela metade e, depois a zero, é imensamente maior do que abrir mão das joias: requereria abrir mão da eletricidade, do aquecimento, do aço, do cimento, do papel, das viagens, dos alimentos e das roupas a preços acessíveis.

Os guerreiros da justiça climática, entregues à fantasia de que o mundo em desenvolvimento fará exatamente isso, defendem um regime de "desenvolvimento sustentável". Como satirizam Shellenberger e Ted Nordhaus, isso consiste em "pequenas cooperativas na Floresta Amazônica nas quais agricultores camponeses e índios coletariam frutas silvestres e nozes para vender à Ben & Jerry's para seu sabor de sorvete 'Crocante da Floresta'".[61] A eles seria permitido possuir painéis solares que pudessem acender uma lâmpada LED ou carregar um telefone celular, porém não mais que isso. Nem é preciso dizer que as pessoas que de fato vivem nesses países pensam de outra forma. Sair da pobreza requer energia abundante. A proprietária da HumanProgress, Marian Tupy, salienta que, em 1962, Botsuana e Burundi eram igualmente pobres, com renda per capita anual de setenta dólares, e nenhum dos dois emitia muito CO_2. Em 2010, os botsuaneses ganhavam 7650 dólares por ano, 32 vezes mais do que os ainda pobres burundienses, e emitiam 89 vezes mais CO_2.[62]

Confrontados com esses fatos, os guerreiros da justiça climática replicam que, em vez de enriquecer os países pobres, deveríamos empobrecer os ricos, voltando, por exemplo, para a "agricultura intensiva em mão de obra" (a essa sugestão, a resposta apropriada seria: você primeiro). Shellenberger e Nordhaus observam que a política progressista mudou muito desde o tempo em que a eletrificação rural e o desenvolvimento econômico estavam entre seus projetos característicos: "Em nome da democracia, agora oferecem aos pobres do mundo não o que eles querem — eletricidade barata —, e sim mais do que não querem, ou seja, energia intermitente e cara".[63]

O progresso econômico é um imperativo tanto para os países ricos como para os pobres, pois será necessária uma adaptação à mudança climática que efetivamente ocorrerá. Em grande medida graças à prosperidade, os seres humanos tornaram-se mais saudáveis (capítulos 5 e 6), mais bem alimentados (capítulo 7), mais pacíficos (capítulo 11) e mais protegidos contra perigos e desastres naturais (capítulo 12). Esses avanços tornaram a humanidade mais resiliente diante de ameaças de origem natural e humana: surtos de doença não se transformam em pandemias, perdas de safra em uma região são aliviadas por excedentes em outra, conflitos locais são debelados antes de eclodirem em guerra, as populações estão mais bem protegidas contra tempestades, enchentes e secas. Parte da nossa resposta à mudança climática tem de ser assegurar que esses ganhos de resiliência continuem a ocorrer em ritmo mais acelerado do que as ameaças que o planeta em aquecimento representará para essa resiliência. A cada ano que os países em desenvolvimento ficarem mais ricos, obterão mais recursos para construir quebra-mares e reservatórios, melhorar os serviços públicos de saúde e transferir a população para longe do mar em elevação. Por essa razão, não devem ser mantidos na pobreza energética — porém tampouco faz sentido aumentarem suas rendas queimando carvão em doses gigantescas só para mais tarde serem derrotados por desastres climáticos.[64]

Mas então *como* devemos lidar com a mudança climática? Temos de lidar com ela. Concordo com o papa Francisco e com os guerreiros da justiça climática que prevenir a mudança climática é uma questão moral, já que tem potencial para prejudicar bilhões de pessoas, em especial os pobres do mundo todo. No entanto, moralidade é diferente de moralismo, e este costuma estorvar aquela. (A encíclica papal teve efeito contrário ao pretendido: *diminuiu* a preocupação com a mudança climática entre os católicos que estavam conscientes do problema.)[65] Pode trazer satisfação demonizar as companhias petrolíferas que nos vendem a energia que desejamos, ou sinalizar nossa virtude fazendo sacrifícios ostensivos, mas a satisfação que isso traz não vai evitar a mudança climática destrutiva.

A resposta esclarecida à mudança climática é procurar descobrir como obter o máximo de energia com a menor emissão de gases de efeito estufa. É verdade que uma visão trágica da modernidade afirma que isso é impossível: a sociedade industrial, movida pelo carbono ardente, contém o combustível da sua própria destruição. Só que a visão trágica é incorreta. Ausubel observa que o mundo moderno está sendo progressivamente *des*carbonizado.

Os hidrocarbonos no material que queimamos são compostos de hidrogênio e carbono, que liberam energia ao combinar-se com oxigênio, formando H_2O e CO_2. No mais antigo combustível de hidrocarbono, a madeira seca, a razão entre átomos de carbono combustível e átomos de hidrogênio é de aproximadamente 10 para 1.[66] O carvão que a substituiu durante a Revolução Industrial tem razão média entre carbono e hidrogênio de 2 para 1.[67] Um combustível destilado do petróleo como o querosene pode ter razão de 1 para 2. O gás natural compõe-se principalmente de metano, cuja fórmula química é CH_4, com razão de 1 para 4.[68] Portanto, à medida que o mundo industrializado subiu pela escada da energia desde a madeira até o carvão, depois o petróleo e o gás (a mais recente transição acelerou-se no século XXI graças à abundância de gás de xisto extraído por fraturamento hidráulico), a razão entre carbono e hidrogênio na fonte de energia caiu de forma constante, assim como a quantidade de carbono que tem de ser queimada para liberar uma unidade de energia (de trinta quilos de carbono por gigajoule em 1850 para aproximadamente quinze hoje).[69] A figura 10.7 mostra que as emissões de carbono seguem um arco de Kuznets: quando países ricos como Estados Unidos e Inglaterra se industrializaram, passaram a emitir cada vez mais CO_2 para produzir um dólar de PIB, mas deram uma guinada nos anos 1950 e desde então vêm emitindo cada vez menos. A China e a Índia seguem pelo mesmo caminho, e atingiram o pico em fins dos anos 1970 e em meados dos anos 1990, respectivamente. (A China extrapolou em fins dos anos 1950 devido aos desatinados esquemas de Mao, como fundições de fundo de quintal, com emissões copiosas, mas produção zero.) A intensidade do carbono para o mundo como um todo vem declinando há meio século.[70]

A descarbonização é uma consequência natural das preferências das pessoas. "O carbono enegrece os pulmões dos mineiros, compromete o ar urbano e traz a ameaça da mudança climática", Ausubel explica. "O hidrogênio é o mais inocente dos elementos, encerra a combustão como água."[71] As pessoas querem energia densa e limpa e, quando se mudam para as cidades, só aceitam eletricidade e gás, entregues direto na cabeceira da cama e no queimador do fogão. Notavelmente, esse avanço natural levou o mundo ao Pico do Carvão e talvez até ao Pico do Carbono. Como se vê na figura 10.8, as emissões globais estabilizaram-se de 2014

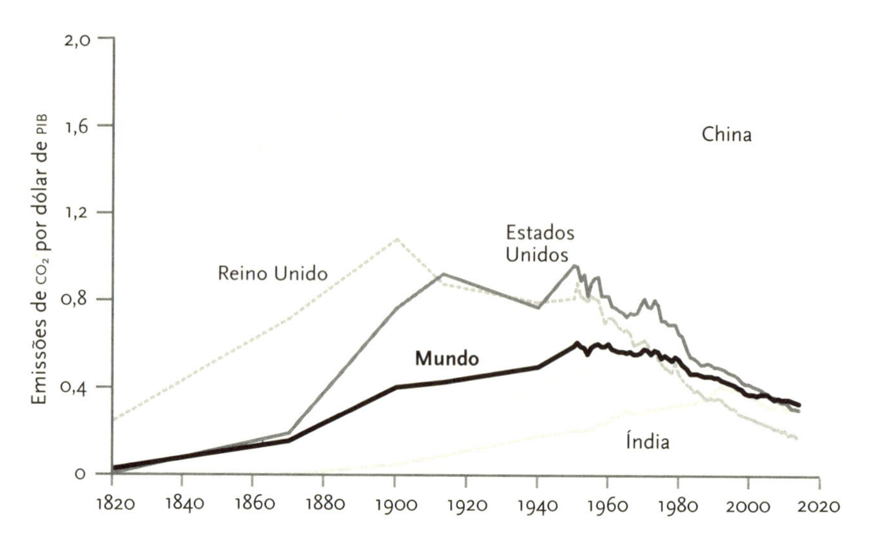

Figura 10.7: *Intensidade de carbono (emissões de CO_2 por dólar de PIB), 1820-2014.* FONTE: Ritchie e Roser, 2017, baseado em dados do Carbon Dioxide Information Analysis Center, <http://cdiac.ornl.gov/trends/emis/tre_coun.html>. O PIB é de 2011 em dólares internacionais; para os anos anteriores a 1990, o PIB baseou-se no Maddison Project, 2014.

a 2015 e declinaram entre os três principais emissores: China, União Europeia e Estados Unidos. (Como vimos para os Estados Unidos na figura 10.3, as emissões de carbono estabilizaram-se enquanto a prosperidade aumentou: entre 2014 e 2016, o Produto Mundial Bruto cresceu 3% anuais.)[72] Parte do carbono foi reduzida pelo crescimento da energia eólica e solar, mas a maior parcela, sobretudo nos Estados Unidos, foi reduzida pela substituição do carvão $C_{137}H_{97}O_9NS$ pelo gás CH_4.

O longo alcance da descarbonização mostra que crescimento econômico não é sinônimo de queima de carbono. Alguns otimistas acreditam que, se permitirmos que a tendência evolua para sua próxima fase — do gás natural com baixa emissão de carbono para a energia nuclear com zero, um processo abreviado como "N2N" —, o clima terá uma aterrissagem suave. Porém só mesmo os mais animados acreditam que isso acontecerá por si só. As emissões anuais de CO_2 podem ter se estabilizado por ora em torno de 36 bilhões de toneladas, mas isso ainda é *muito* CO_2 adicionado à atmosfera a cada ano, e não há sinal da queda abrupta de que precisamos para afastar os resultados danosos. A descarbonização precisa ser impelida por políticas e pela tecnologia, uma ideia conhecida como descarbonização profunda.[73]

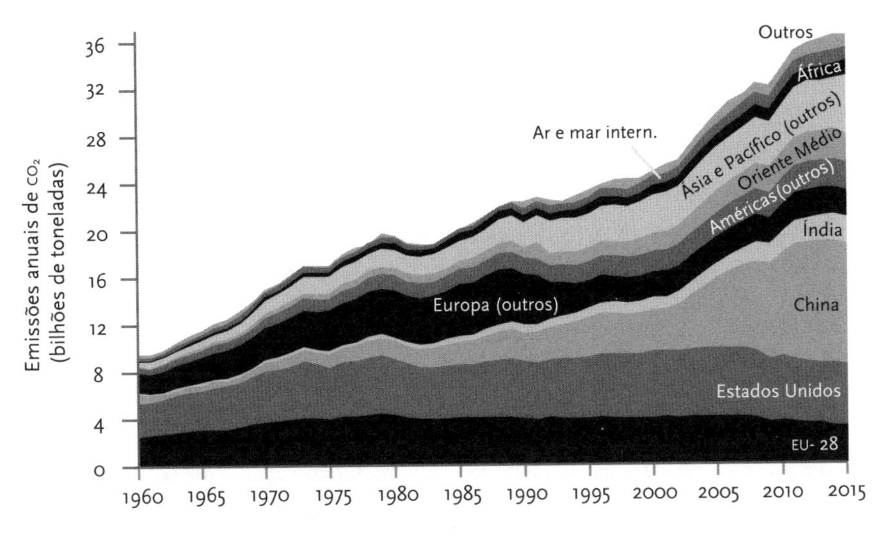

Figura 10.8: *Emissões de CO_2, 1960-2015.*
FONTES: Our World in Data, Ritchie e Roser, 2017, e <https://ourworldindata.org/grapher/annual-co2-emissions-by-region>, baseado em dados de Carbon Dioxide Information Analysis Center, <http://cdiac.ornl.gov/CO_2_Emission/>, e Le Quéré et al., 2016. "Ar e mar internacional" refere-se a aviação e transporte marítimo; corresponde a combustíveis de navegação nas fontes originais. "Outros" refere-se à diferença entre emissões globais estimadas de CO_2 e a soma dos totais regionais e nacionais; corresponde ao componente "diferença estatística".

O processo começa com a determinação dos preços do carbono: cobrar das pessoas e empresas pelos danos que causam quando o despejam na atmosfera, seja com um imposto sobre a emissão de carbono, seja com a fixação de um limite nacional para as emissões aliado à possibilidade de negociar créditos de emissão. Economistas de todo o espectro político endossam o apreçamento do carbono por combinar as vantagens únicas de governos e mercados.[74] Como ninguém é dono da atmosfera, as pessoas (e empresas) não têm razão para economizar nas emissões que lhes permitem desfrutar de sua energia enquanto prejudicam todos os demais: um resultado perverso que os economistas chamam de externalidade negativa (outro nome para custos coletivos em um jogo dos bens públicos, ou dano ao bem comum na Tragédia dos Comuns). Um imposto sobre emissões de carbono, que só governos podem impor, "internaliza" os custos públicos e força as pessoas a contabilizar o dano de cada decisão que implique emissão de carbono. Uma situação em que bilhões de pessoas decidem como conservar do melhor modo possível considerando seus valores e as informações transmitidas pelos preços com certeza será mais eficiente e humana do que uma situação em que analistas do governo tentam adivinhar em suas mesas de trabalho qual a melhor combinação. Os ceramistas não precisarão esconder seus fornos da Polícia do Carbono; poderão fazer sua parte na salvação do planeta tomando banhos mais rápidos, abrindo mão de longas viagens de carro aos domingos e trocando o bife pela berinjela. Os pais não terão de calcular se os serviços de entrega de fraldas em domicílio, com seus caminhões e suas lavanderias, emitem mais carbono do que os fabricantes de fraldas descartáveis: a diferença estará embutida nos preços, e cada empresa terá incentivo para reduzir suas emissões a fim de competir com as outras. Inventores e empreendedores poderão correr os riscos ligados às fontes de energia não emissoras de carbono que concorreriam com os combustíveis fósseis em uma arena imparcial em vez da arena enviesada que temos hoje, na qual os fósseis conseguem vomitar de graça seus dejetos na atmosfera. Sem o apreçamento do carbono, os combustíveis fósseis — incomparáveis em abundância, portabilidade e densidade energética — têm uma vantagem grande demais em relação às alternativas.

É verdade que a tributação do carbono atinge os pobres de um modo que preocupa a esquerda e transfere dinheiro do setor privado para o público de um modo que incomoda a direita. No entanto, esses efeitos podem ser neutralizados por ajustes em outros impostos e transferências sobre vendas, salários, renda etc. (Como aconselhou Al Gore: tributar o que você queima, não o que você ganha.) Além disso, se o imposto começar baixo e aumentar com o tempo de modo acentuado e previsível, as pessoas poderão levá-lo em conta em suas aquisições e investimentos de longo prazo e, se preferirem as tecnologias de baixa emissão de carbono à medida que evoluírem, escapar por completo da maioria dos impostos.[75]

Uma segunda providência para a descarbonização profunda traz à baila uma verdade inconveniente para o Movimento Verde tradicional: a energia nuclear é a fonte de energia mais abundante e proporcionalmente livre de carbono do planeta.[76] Apesar de fontes de energia renováveis, em especial a solar e a eólica, terem se tornado muito mais baratas e de sua participação na energia mundial ter mais do que triplicado nestes últimos cinco anos, essa proporção ainda é ínfima: 1,5%, e há limites para seu aumento.[77] O vento não é sempre constante, e o Sol se põe à noite e pode ser encoberto por nuvens. Já as pessoas precisam de energia 24 horas por dia, com chuva ou com sol. Baterias capazes de armazenar e liberar grandes quantidades de energia de fontes renováveis ajudariam, mas as que poderão funcionar na escala das grandes cidades ainda estão anos no futuro. Além disso, as instalações de energia eólica e solar ocupam vastas extensões de terra, contrariando o processo de densificação, que é o mais favorável ao meio ambiente. Uma estimativa do analista de energia Robert Bryce indica que acompanhar o aumento no uso de energia mundial requereria transformar a cada ano uma área do tamanho da Alemanha em usinas eólicas.[78] Para atender às necessidades mundiais com fontes renováveis até 2050, seria preciso plantar turbinas eólicas e painéis solares em uma área do tamanho dos Estados Unidos (incluindo o Alasca), somada às extensões do México, América Central e a parte inabitada do Canadá.[79]

Por outro lado, a energia nuclear representa a suprema densidade, pois, em uma reação nuclear, $E = mc^2$, obtemos uma quantidade colossal de energia (proporcional ao quadrado da velocidade da luz) com uma quantidade minúscula de massa. A mineração do urânio para energia nuclear deixa uma cicatriz ambiental muito menor do que a extração de carvão, petróleo ou gás, e as usinas requerem aproximadamente a quingentésima parte da terra necessária à energia eólica ou solar.[80] A energia nuclear está disponível dia e noite e pode ser ligada a redes elétricas que forneçam força concentrada onde necessário. Deixa uma pegada de carbono menor que as energias solar, hidráulica e de biomassa, e também é mais segura. Nos sessenta anos com energia nuclear, houve 31 mortes no desastre de Chernobyl em 1986, resultantes de extraordinário descuido soviético, somadas a alguns milhares de mortes precoces por câncer acima das 100 mil mortes naturais por câncer na população exposta.[81] Os outros dois acidentes famosos, em Three Mile Island em 1979 e em Fukushima em 2011, não mataram ninguém. Por outro lado, dia após dia grande número de pessoas morre em virtude da poluição da queima de combustíveis e de acidentes no transporte e mineração dessas matérias-primas, mas nada disso aparece nas manchetes. Em comparação com a energia nuclear, o gás natural mata 38 vezes mais pessoas por quilowatt-hora de eletricidade gerada, a biomassa 63 vezes mais, o petróleo 243 vezes mais e o carvão 387 vezes mais — talvez 1 milhão de mortes por ano.[82]

Nordhaus e Shellenberger resumem os cálculos de um número cada vez maior de climatologistas: "Não existe um caminho factível para reduzir as emissões globais de carbono sem uma expansão enorme da energia nuclear. É a única tecnologia de baixo carbono que temos hoje com capacidade demonstrada de produzir grandes quantidades de energia elétrica em usinas centrais".[83] O Deep

Carbonization Pathway Project, um consórcio de equipes de pesquisadores que elaborou planos para os países reduzirem suas emissões o suficiente para atender a meta de 2°C, estima que os Estados Unidos terão de obter entre 30% e 60% de sua eletricidade da energia nuclear até 2050 (1,5 a 3 vezes a fração atual), e ao mesmo tempo gerarem muito mais dessa eletricidade para substituir a dos combustíveis fósseis no aquecimento de casas, abastecimento de veículos e produção de aço, cimento e fertilizante.[84] De acordo com uma das projeções, isso requereria quadruplicar a capacidade nuclear do país. Expansões semelhantes seriam necessárias na China, Rússia e outros países.[85]

Infelizmente, o uso da energia nuclear vem diminuindo justo quando deveria estar crescendo. Nos Estados Unidos, onze reatores nucleares foram desativados em tempos recentes ou ameaçados de desativação, o que cancelaria toda a economia de carbono proveniente do maior uso de energia eólica e solar. A Alemanha, que depende da energia nuclear para grande parte de sua eletricidade, também está desativando instalações e aumentando suas emissões de carbono com usinas termoelétricas que substituem as nucleares, e França e Japão podem seguir o exemplo.

Por que os países ocidentais estão indo pelo caminho errado? A energia nuclear aperta várias questões de ordem psicológica: medo de envenenamento, facilidade de imaginar catástrofes, desconfiança do desconhecido e do que é feito pelo homem — e o temor é amplificado pelo Movimento Verde tradicional e seus partidários duvidosamente "progressistas".[86] Um analista põe a culpa pelo aquecimento global nos Doobie Brothers, Bonnie Raitt e outros astros do rock cujo filme e show *No Nukes* galvanizou os sentimentos dos *baby boomers* contra a energia nuclear. (Uma amostra da letra do hino de encerramento: "*Just give me the warm power of the sun* [...] *But won't you take all your atomic poison power away*".*)[87] Parte da culpa poderia ser de Jane Fonda, Michael Douglas e dos produtores do filme-catástrofe *Síndrome da China*, assim intitulado porque o núcleo derretido do reator nuclear supostamente poderia penetrar pela crosta da Terra e abrir caminho até chegar à China, depois de tornar inabitável "uma área do tamanho da Pensilvânia". Em uma coincidência diabólica, a usina de Three Mile Island, no centro da Pensilvânia, sofreu um derretimento parcial de seu reator duas semanas

* "Dê-me a energia cálida do Sol [...] Mas por favor leve embora toda a sua energia atômica venenosa." (N.T.)

depois do lançamento do filme e provocou pânico generalizado, tornando a própria ideia da energia nuclear tão radioativa quanto seu combustível de urânio.

Muitos dizem que, quando o assunto é mudança climática, os que sabem mais têm mais medo, enquanto para a energia nuclear os que sabem mais temem menos.[88] Como nos casos dos petroleiros, carros, aviões, prédios e fábricas (capítulo 12), os engenheiros aprenderam com os acidentes ocorridos ou que quase aconteceram e foram progressivamente introduzindo mais segurança nos reatores nucleares, reduzindo os riscos de acidentes e contaminação para níveis bem inferiores aos dos acidentes com combustíveis fósseis. A vantagem estende-se inclusive à radioatividade, que é uma propriedade natural das cinzas volantes e efluentes gasosos emitidos na queima do carvão.

Ainda assim, a energia nuclear é cara, principalmente porque precisa lidar com grandes obstáculos regulatórios enquanto suas concorrentes têm passagem livre. Além disso, nos Estados Unidos, usinas nucleares estão sendo construídas, depois de um prolongado hiato, por empresas privadas que usam projetos inusitados, que não subiram pela curva de aprendizado dos engenheiros até descobrir as melhores práticas de desenho, fabricação e construção. Por outro lado, Suécia, França e Coreia do Sul construíram dezenas de reatores padronizados e agora têm energia barata com emissões de carbono substancialmente menores. Como disse Ivan Selin, ex-membro da Comissão Reguladora Nuclear do governo americano: "Os franceses têm dois tipos de reator e centenas de tipos de queijo, enquanto para os Estados Unidos os números são invertidos".[89]

Para que a energia nuclear tenha um papel transformador na descarbonização, precisará um dia superar a tecnologia da segunda geração de reatores de água leve. (A "primeira geração" consistiu em protótipos dos anos 1950 e começo dos 1960.) Dentro em breve serão lançados alguns reatores da Geração III, que evoluíram a partir dos projetos atuais com aperfeiçoamentos na segurança e eficiência, mas até agora estão enredados em problemas de recursos financeiros e de construção. Os reatores da Geração IV compreendem meia dúzia de novos projetos que prometem transformar usinas nucleares em uma mercadoria produzida em massa em vez de caprichosas edições limitadas.[90] Determinado tipo poderia ser construído rapidamente em uma linha de montagem, como os aviões a jato, acondicionado em contêineres de navio, transportado por trilhos e instalado em barcaças ancoradas na costa de cidades. Isso lhe permitiria contornar os protestos de moradores do entorno da usina nuclear, escapar de tempestades ou tsunamis e ser rebocado para desativação no fim da vida útil. Dependendo do projeto, esses modelos poderiam ser enterrados e operados no subsolo, resfriados por gás inerte ou sal derretido que não precisa ser pressurizado, reabastecidos continuamente com um fluxo de combustível granulado em vez de serem desligados para a substituição de varetas combustíveis, equipados para gerar também hidrogênio (o mais limpo dos combustíveis) e projetados para desligar-se sem energia ou intervenção humana em caso de superaquecimento. Alguns usariam como combustível o tório, um elemento relativamente abundante, e outros, urânio extraído de água marinha, de armas nucleares desmontadas (a suprema transformação de espadas em arados), de resíduos de reatores existentes ou até de seus próprios resíduos — o mais próximo que jamais chegaríamos de uma máquina de moto-contínuo, capaz de fornecer energia ao mundo por milhares de anos. Até a fusão nuclear, por tanto tempo ridicularizada como a fonte de energia que está "trinta anos no futuro e sempre estará", pode estar de fato trinta anos (ou menos) no futuro dessa vez.[91]

Os benefícios da energia nuclear avançada são incalculáveis. A maioria das iniciativas ligadas à mudança climática requer medidas políticas (por exemplo, a determinação de preços do carbono) que permanecem controversas e serão difíceis de implementar no planeta inteiro, até nas projeções mais otimistas. Uma fonte de energia mais barata, mais densa e mais limpa do que os combustíveis fósseis venderia a si mesma, não precisaria de nenhuma vontade política hercúlea nem de cooperação internacional.[92] Não só atenuaria a mudança climática, mas também traria várias outras benesses. Os povos dos países em desenvolvimento poderiam pular os degraus intermediários da escada da energia e elevar seu padrão de vida para o nível do ocidental sem sufocar em fumaça de carvão. A dessalinização da água marinha a preços acessíveis, um processo que consome muita energia, poderia irrigar plantações, fornecer água potável e, com a redução da necessidade de água superficial e de energia hidrelétrica, permitiria desmontar barragens e restaurar o fluxo de rios para lagos e mares para reviver ecossistemas inteiros. A equipe que levasse energia limpa e abundante ao mundo beneficiaria mais a humanidade do que todos os santos, heróis, profetas, mártires e prêmios Nobel combinados.

Revoluções energéticas podem provir de startups fundadas por inventores idealistas, de laboratórios de companhias energéticas ou de projetos nascidos de caprichos de bilionários da tecnologia, em especial se tiverem uma carteira diversificada de cartadas seguras e apostas malucas.[93] Mas a pesquisa e o desenvolvimento também vão precisar de incentivo governamental, pois esses bens públicos globais implicam um risco grande demais e trazem uma recompensa muito pequena para empresas privadas. Os governos têm de agir porque, como explica Brand, "a infraestrutura é uma das coisas que delegamos aos governos, especialmente a infraestrutura de energia, que requer uma infinidade de leis, títulos, direitos de passagem, regulações, subsídios, pesquisa e contratos públicos-privados com fiscalização minuciosa".[94] Isso inclui um ambiente regulatório condizente com os desafios do século XXI, e não com a tecnofobia e o temor nuclear dos anos 1970. Algumas tecnologias nucleares de quarta geração estão prontas para o início da construção, porém permanecem enredadas na burocracia regulatória e talvez nunca vejam a luz do dia, pelo menos não nos Estados Unidos.[95] China, Rússia, Índia e Indonésia, sedentas de energia, saturadas de fumaça e livres dos melindres e do engarrafamento político americanos, saem na frente.

Seja quem for o implementador da descarbonização profunda, e seja qual for o combustível usado, o processo vai depender de progresso tecnológico. Por que supor que os conhecimentos de 2018 são o melhor que podemos fazer? A descarbonização precisará de inovações não só em energia nuclear, mas também em outras fronteiras tecnológicas: baterias para armazenar a energia intermitente de fontes renováveis; redes de força inteligentes, nos moldes da internet, que distribuam eletricidade de fontes dispersas para usuários dispersos em tempos dispersos; tecnologias que eletrifiquem e descarbonizem processos industriais como a produção de cimento, fertilizante e aço; biocombustíveis líquidos para caminhões pesados e aviões que requerem energia densa e portátil; e métodos de captar e armazenar CO_2.

Esta última necessidade é crucial, por uma razão simples. Mesmo se as emissões de gases de efeito estufa caírem pela metade até 2050 e forem zeradas até 2075, o mundo ainda estará a caminho de um aquecimento arriscado, pois o CO_2 já emitido permanecerá na atmosfera por muito tempo. Não basta parar de espessar a estufa; em algum momento, precisaremos desmontá-la.

A tecnologia básica tem mais de 1 bilhão de anos. Plantas sugam carbono do ar quando usam energia da luz solar para combinar CO_2 com H_2O e produzir açúcares (como $C_6H_{12}O_6$), celulose (uma cadeia de unidades de $C_6H_{12}O_5$) e lignina (uma cadeia de unidades como $C_{10}H_{14}O_4$) — estas duas últimas compõem a maior parte da biomassa da madeira e dos caules. O modo mais óbvio de remover CO_2 do ar, portanto, é recrutar o maior número de plantas famintas de carbono para nos ajudar. Podemos fazer isso incentivando a transição para o reflorestamento e o plantio de novas florestas, revertendo a destruição causada por plantações e alagamentos e restaurando hábitats costeiros e marinhos. E, para reduzir a quantidade de carbono que retorna à atmosfera quando plantas mortas se decompõem, poderíamos incentivar a construção com madeira e outros produtos vegetais, ou cozinhar a biomassa transformando-a em carvão que não se decompõe e enterrá-la como um condicionador de solo chamado biocarvão.[96]

Outras ideias para a captura do carbono abrangem um vasto conjunto de esquisitices, pelo menos pelos padrões da tecnologia atual. Os extremos mais especulativos confundem-se com a geoengenharia e incluem planos para dispersar rocha pulverizada que absorva CO_2 conforme fique exposta às intempéries, para adicionar álcalis a nuvens ou oceanos a fim de dissolver mais CO_2 em água e para fertilizar o oceano com ferro visando acelerar a fotossíntese pelo plâncton.[97] O extremo mais comprovado consiste em tecnologias que podem raspar CO_2 das chaminés das plantas que servem como combustíveis fósseis e bombeá-lo para fendas e buracos na crosta terrestre. (Em teoria, é possível extrair diretamente da atmosfera as esparsas quatrocentas partes por milhão, mas o processo seria de uma ineficiência proibitiva, embora pudesse mudar se a energia nuclear fosse barateada.) As tecnologias podem ser remodeladas para ser adotadas em fábricas e usinas de força já existentes e, embora elas próprias sejam grandes consumidoras de energia, poderiam reduzir as emissões de carbono na vasta infraestrutura de energia já instalada (resultando no chamado carvão limpo). As tecnologias também podem ser adotadas em usinas de gaseificação que convertem carvão em combustíveis líquidos, os quais ainda podem ser necessários para aviões e caminhões pesados. O geofísico Daniel Schrag explica que o processo de gaseificação já tem de separar CO_2 do fluxo de gás, por isso sequestrar esse CO_2 para proteger a atmosfera é um gasto incremental modesto e produziria combustível líquido com uma pegada de carbono menor que a do petróleo.[98] Melhor ainda: se a matéria-prima carvão for suplementada com biomassa (incluindo grama, resíduos agrícolas, material de corte florestal, lixo municipal e talvez algumas plantas ou algas geradas por engenharia genética), poderia ser neutra em emissão de carbono. O melhor de tudo é que se a matéria-prima consistisse *exclusivamen-*

te de biomassa, seria carbono-*negativa*. As plantas extraem CO_2 da atmosfera e, quando sua biomassa é usada para energia (por meio de combustão, fermentação ou gaseificação), o processo de captura de carbono mantém o CO_2 de fora. A combinação, às vezes chamada de BECCS (sigla em inglês para "bioenergia com captura e armazenamento de carbono") já foi saudada como a tecnologia salvadora contra a mudança climática.[99]

Alguma dessas coisas vai acontecer? Os obstáculos são preocupantes; incluem a crescente necessidade de energia no mundo, a conveniência dos combustíveis fósseis aliada à sua vasta infraestrutura, a negação do problema por companhias energéticas e pela direita política, a hostilidade a soluções tecnológicas por parte dos Verdes tradicionais e da esquerda justiceira climática e a Tragédia dos Comuns gerada pelo carbono. Apesar de tudo isso, prevenir a mudança climática é uma ideia cuja hora chegou. Um indício disso está em um trio de manchetes publicadas na revista *Time* ao longo de três semanas em 2015: "China mostra que fala a sério sobre mudança climática", "Walmart, McDonald's e outros 79 comprometem-se a combater o aquecimento global" e "Negação da mudança climática por americanos nunca foi tão baixa". Nessa mesma época, o *New York Times* noticiou: "Pesquisa encontra consenso global sobre necessidade de lidar com mudança climática". Nos quarenta países pesquisados, exceto um (Paquistão), a maioria dos entrevistados, inclusive 69% dos americanos, declarou-se a favor de limitar emissões de gases de efeito estufa.[100]

O consenso global não é só da boca para fora. Em dezembro de 2015, 195 países assinaram um histórico acordo comprometendo-se a manter o aumento da temperatura global "bem abaixo" de 2°C (com meta de 1,5°C) e a alocar anualmente para países em desenvolvimento 100 bilhões de dólares do financiamento para mitigação climática (algo que tinha sido motivo de impasse em tentativas anteriores e malogradas de chegar ao consenso global).[101] Em outubro de 2016, 115 dos signatários ratificaram o acordo, que entrou em vigor. A maioria dos signatários apresentou planos detalhados sobre como se empenhariam por essas metas até 2025, e todos prometeram atualizar seus planos a cada cinco anos com intensificação de esforços. Sem esses avanços incrementais, os planos correntes são inadequados: permitiriam que a temperatura mundial aumentasse em até 2,7°C e reduziriam a chance de uma perigosa crise dos 4°C em 2100 em apenas 75%, o que não dá margem a tranquilidade. Mas os comprometimentos públicos, combinados a avanços tecnológicos contagiosos, poderiam impulsionar os avanços incrementais, e nesse caso o acordo de Paris reduziria substancialmente a probabilidade de um aumento de 2°C e, na prática, eliminaria a possibilidade de um aumento de 4°C.[102]

Essa estratégia sofreu um revés em 2017, quando Donald Trump, que lastimavelmente havia tachado a mudança climática de "lorota chinesa", anunciou que os Estados Unidos se retirariam do acordo. Mesmo se a retirada ocorrer em novembro de 2020 (a data mais próxima possível), a descarbonização impulsionada pela tecnologia e pela economia continuará, e políticas de prevenção da mudança climática serão implementadas por prefeituras, governos estaduais, empresas e inovadores tecnológicos, além de outros países do mundo que declararam o acordo "irreversível" e podem pressionar os Estados Unidos a manter a palavra impondo tarifas sobre emissão de carbono às exportações americanas e outras sanções.[103]

Mesmo com ventos auspiciosos e corrente favorável, o esforço para prevenir a mudança climática precisa ser imenso, e não temos garantia de que as transformações necessárias na tecnologia e políticas estarão prontas para uso a tempo de desacelerar o aquecimento global antes que seja causado um dano substancial. Isso nos leva a uma medida protetora de último recurso: baixar a temperatura mundial reduzindo a quantidade de radiação solar que atinge a baixa atmosfera e a superfície da Terra.[104] Uma frota de aviões borrifaria na estratosfera uma névoa fina de sulfatos, calcita ou nanopartículas, abrindo um tênue véu que refletiria a luz solar apenas o suficiente para prevenir um aquecimento perigoso.[105] Isso imitaria os efeitos de uma erupção vulcânica como a do monte Pinatubo nas Filipinas em 1991, que lançou tanto dióxido de enxofre na atmosfera que o planeta resfriou-se em meio grau centígrado por dois anos. Ou uma frota de aeronaves poderia aspergir uma fina névoa de água marinha no ar. Conforme a água evaporasse, cristais de sal penetrariam nas nuvens e vapor de água se condensaria ao redor deles, formando gotículas que embranqueceriam as nuvens e refletiriam mais luz solar para o espaço. Essas medidas são relativamente baratas, não requerem nenhuma tecnologia nova e exótica e poderiam baixar de forma acelerada as temperaturas globais. Outras ideias para manipular a atmosfera e os oceanos também foram aventadas, mas as pesquisas sobre todas ainda são incipientes.

A própria ideia de engenharia climática soa como um plano estrambótico de algum cientista maluco e já foi tabu. Críticos a veem como uma insensatez prometeica que poderia ter consequências impremeditadas, como perturbar os padrões pluviométricos e danificar a camada de ozônio. Como os efeitos de qualquer medida aplicada ao planeta inteiro são desiguais em diferentes áreas, a engenharia climática traz a questão de quem controlará o termostato: como em um casal briguento, se um país baixasse sua temperatura à custa de outro, isso poderia desencadear uma guerra. Assim que o mundo se tornasse dependente da engenharia climática, se ela afrouxasse por alguma razão, as temperaturas na atmosfera saturada de carbono subiriam muito mais depressa do que a capacidade de adaptação das pessoas. A mera menção de uma válvula de escape para a crise climática cria um risco moral, tentando os países a se esquivar do dever de reduzir as emissões de gás de efeito estufa. E o CO_2 acumulado na atmosfera continuaria a se dissolver na água marinha, transformando lentamente os oceanos em ácido carbônico.

Por todas essas razões, nenhuma pessoa responsável diria que podemos simplesmente continuar a lançar carbono no ar e empastar a estratosfera de bloqueador solar como compensação. No entanto, em 2013 um livro do físico David Keith propôs uma forma de engenharia climática *moderada*, *sensível* e *temporária*. "Moderada" significa que as quantidades de sulfato ou calcita seriam suficientes apenas para reduzir o ritmo do aquecimento, não cancelá-lo por completo; a moderação é uma virtude, pois pequenas manipulações têm menos probabilidade de trazer surpresas desagradáveis. "Sensível" significa que qualquer manipulação seria cuidadosa, gradual, monitorada com atenção, constantemente ajustada e, se necessário, interrompida. E "temporária" significa que o programa seria concebido apenas para a humanidade ganhar tempo enquanto elimina as emissões de gases de efeito estufa e restitui o CO_2 na atmosfera aos níveis pré-industriais. Em resposta ao medo de que o mundo se vicie para sempre na engenharia climática, Keith replica: "É plausível que não consigamos descobrir como tirar, digamos, cinco gigatoneladas de carbono por ano do ar até 2075? Duvido".[106]

Embora Keith seja um dos mais destacados engenheiros climáticos do mundo, não pode ser acusado de ser deslumbrado por inovações. Uma argumentação igualmente ponderada pode ser encontrada no livro *The Planet Remade*, de Oliver Morton, publicado em 2015; esse autor expõe as dimensões históricas, políticas e morais da engenharia climática, juntamente com o que há de mais avançado na tecnologia pertinente. Morton mostra que a humanidade vem perturbando os ciclos globais da água, nitrogênio e carbono há mais de um século, portanto é tarde demais para preservar um sistema primevo no planeta. E, dada a enormidade do problema da mudança climática, é insensato supor que o resolveremos com rapidez ou facilidade. Parece prudente pesquisar como poderíamos minimizar os danos a milhões de pessoas antes que as soluções sejam implementadas de forma integral, e Morton apresenta cenários para implementarmos um programa de engenharia climática moderada ou temporária mesmo em um mundo que está aquém da governança global ideal. O jurista Dan Kahan mostrou que, longe de criar um risco moral, fornecer informações sobre engenharia climática tornaria as pessoas *mais* preocupadas com a mudança climática e menos influenciáveis por sua ideologia política.[107]

Apesar de meio século de pânico, a humanidade não está em um caminho irrevogável para o suicídio ecológico. O medo da escassez de recursos é equivocado. Também é errado o ambientalismo misantrópico que vê os humanos modernos como desprezíveis saqueadores de um planeta intocado. Um ambientalismo esclarecido reconhece que os humanos precisam usar energia para sair da pobreza para a qual a entropia e a evolução os empurram, e busca os meios para fazer isso com o menor dano ao planeta e ao mundo vivo. A história sugere que esse ambientalismo moderno, pragmático e humanístico pode ter êxito. Conforme o mundo se torna mais rico e avançado em tecnologia, mais se desmaterializa, se descarboniza e se densifica, poupando terras e espécies. Quanto mais ricas e instruídas as pessoas se tornam, mais se preocupam com o meio ambiente e descobrem maneiras de protegê-lo, além de melhorarem as suas condições de arcar com os custos disso. Muitas partes do meio ambiente estão em recuperação, e isso nos dá alento para lidar com os problemas reconhecidamente graves que permanecem.

O mais destacado entre eles é a emissão de gases de efeito estufa com a ameaça da perigosa mudança climática que isso traz. Algumas pessoas me perguntam se eu acho que a humanidade vai enfrentar o desafio com sucesso ou se vamos cruzar os braços e deixar o desastre acontecer. Se querem mesmo saber, acho que vamos vencer o desafio, porém é vital entender a natureza desse otimismo. O economista Paul Romer distingue entre otimismo *acomodado*, como o sentimento do menino que espera presentes no Natal, e o otimismo *condicional*, como o sentimento do menino que deseja uma casa na árvore e percebe que, se arranjar madeira e pregos e convencer alguns amigos a ajudar, poderá construí-la.[108] Não podemos ser otimistas acomodados na questão da mudança climática, mas podemos ser otimistas condicionais. Dispomos de alguns modos viáveis de prevenir os danos e temos os meios para aprender mais. Problemas são solucionáveis. Isso não significa que se resolverão por si mesmos, mas significa que podemos resolvê-los *se* sustentarmos as forças benéficas da modernidade que nos permitiram resolver problemas até agora, entre elas a prosperidade social, mercados regulados com sabedoria, governança internacional e investimentos em ciência e tecnologia.

11. Paz

Até que profundidade fluem as correntes do progresso? Será que podem parar ou reverter seu rumo subitamente? A história da violência nos dá a oportunidade de confrontar essas questões. Em *Os anjos bons da nossa natureza* mostrei que, a partir da primeira década do século XXI, todas as medidas objetivas de violência estavam em declínio. Enquanto eu escrevia o livro, pareceristas me alertaram de que tudo poderia explodir antes de o primeiro exemplar chegar às livrarias. (Uma guerra, possivelmente nuclear, entre Irã e Israel ou Estados Unidos era a preocupação do momento.) Como o livro foi publicado em 2011, parecia que se tornaria obsoleto em decorrência de uma avalanche de más notícias: guerra civil na Síria, atrocidades do EI, terrorismo na Europa Ocidental, autocracia no Leste Europeu, mortes a tiros causadas pela polícia nos Estados Unidos, crimes de ódio e outros surtos de racismo e misoginia por populistas revoltados em todo o Ocidente.

No entanto, os mesmos vieses da disponibilidade e negatividade que impeliram as pessoas a não acreditar na possibilidade de que a violência havia declinado levaram-nas a concluir logo que qualquer declínio se reverteu. Nos próximos cinco capítulos porei em perspectiva as más notícias recentes voltando aos dados. Apresentarei as trajetórias históricas de vários tipos de violência até o presente, incluindo um lembrete sobre os dados disponíveis mais recentes quando *Os anjos bons da nossa natureza* foi para o prelo.[1] Sete anos e pouco são um piscar de olhos na história, mas podem indicar vagamente se o livro aproveitou um instante bem-afortunado ou se identificou uma tendência contínua. O mais importante é que tentarei explicar as tendências em termos de forças históricas mais profundas, situando-as na narrativa de progresso que é o tema deste livro. (Pelo caminho, apresentarei algumas ideias novas sobre quais são essas forças.) Começarei com a mais exorbitante forma de violência, a guerra.

Durante a maior parte da história humana, a guerra foi o passatempo natural dos governos, e a paz, mero intervalo entre conflitos.[2] Isso pode ser visto na figura 11.1, que mostra a proporção do tempo, ao longo do último meio milênio, em que as grandes potências da época estiveram em guerra. (Grandes potências são o punhado de Estados e impérios que podem projetar força além das fronteiras, que tratam umas às outras como pares e que controlam coletivamen-

Figura 11.1: *Guerra entre grandes potências, 1500-2015.*
FONTE: Levy e Thompson, 2011, atualizado para o século XXI. Porcentagem de anos em que grandes potências guerrearam entre si, agregada em períodos de 25 anos, exceto para 2000-15. A seta indica 1975-99, o último quarto de século representado na figura 5.12 de Pinker, 2011.

te a maioria dos recursos militares do mundo.)[3] As guerras entre grandes potências, que incluem guerras mundiais, são as formas de destruição mais intensas que nossa lastimável espécie já conseguiu conceber, e são responsáveis pela maior parte das vítimas de todas as guerras combinadas. O gráfico mostra que, no despontar da era moderna, as grandes potências praticamente viviam em guerra. Hoje, porém, quase nunca há guerra entre elas: a mais recente opôs os Estados Unidos, a China e a Coreia mais de sessenta anos atrás.

O declínio recortado da guerra entre grandes potências esconde duas tendências que até recentemente seguiram direções opostas.[4] Por 450 anos as guerras envolvendo uma grande potência tornaram-se mais breves e menos frequentes. Porém, à medida que seus exércitos foram ganhando efetivos maiores e se tornaram mais bem treinados e armados, as guerras que ocorreram ficaram mais letais, culminando nas curtas mas espantosamente destrutivas guerras mundiais. Foi só depois da segunda destas que todas as três medidas da guerra — frequência, duração e letalidade — declinaram juntas, e o mundo entrou no período que foi chamado de Longa Paz.

Não só as grandes potências pararam de lutar entre si, mas também a guerra, no sentido clássico de conflito armado entre exércitos uniformizados de dois Estados-nação, parece estar obsoleta.[5] Não houve mais de três em qualquer dado ano desde 1945, nenhuma ocorreu na maioria dos anos desde 1989, e também não houve nenhuma desde a invasão do Iraque encabeçada pelos americanos em 2003, o período mais longo sem uma guerra entre Estados desde o fim da Segunda Guerra Mundial.[6] Hoje escaramuças entre exércitos nacionais matam dezenas de pessoas em vez das centenas, dos milhares ou dos milhões que morreram nas guerras gerais em que Estados-nação se envolveram ao longo de toda a história. A Longa Paz certamente vem sendo posta à prova desde 2011 — por exemplo, em conflitos entre Armênia e Azerbaijão, Rússia e Ucrânia e as duas Coreias —, porém, em cada caso, os beligerantes recuaram em vez de partir para a guerra total. Obviamente, isso não significa que é impossível um conflito intensificar-se até se transformar em uma grande guerra, apenas que uma situação dessas é considerada extraordinária, algo que os países tentam evitar a (quase) todo custo.

Também a geografia da guerra continua a encolher. Em 2016, um acordo de paz entre o governo da Colômbia e os guerrilheiros marxistas das Farc encerrou o último conflito armado de cunho político no Hemisfério Ocidental e o último remanescente da Guerra Fria. Essa é uma mudança de grande significado em relação a apenas algumas décadas antes.[7] Na Guatemala, em El Salvador e no Peru, assim como na Colômbia, guerrilheiros de esquerda combateram governos apoiados pelos Estados Unidos, e na Nicarágua ocorreu o oposto ("contras" apoiados pelos Estados Unidos combateram um governo de esquerda), em conflitos que mataram coletivamente mais de 650 mil pessoas.[8] A transição de um hemisfério inteiro para a paz segue o caminho de outras grandes regiões do globo. Os sangrentos séculos de guerra na Europa Ocidental, que culminaram nas duas guerras mundiais, deram lugar a mais de sete décadas de paz. Na Ásia Oriental, as guerras de meados do século XX ceifaram milhões de vidas — nas conquistas do Japão, Guerra Civil da China e guerras na Coreia e no Vietnã. Contudo, apesar de graves disputas políticas, o Leste e o Sudeste da Ásia estão atualmente quase livres de combates intensos entre Estados.

Hoje as guerras no planeta concentram-se quase exclusivamente em uma zona que se estende da Nigéria até o Paquistão, uma área com menos de um sexto da população mundial. São guerras civis, que o projeto Uppsala Conflict Data Program (UCDP) define como conflito armado entre um governo e uma força organizada que comprovadamente mata no mínimo mil soldados e civis por ano. Aqui vemos alguma razão para desalento. Um declínio abrupto no número de guerras civis depois do fim da Guerra Fria — de catorze em 1990 para quatro em 2007 — reverteu-se para onze em 2014 e 2015 e doze em 2016.[9] A guinada é impelida principalmente por conflitos que têm um grupo islamita radical em um dos lados (oito dos onze em 2015, dez dos doze em 2016); sem esses, não teria havido aumento no número de guerras. Talvez não por coincidência, duas das guerras de 2014 e 2015 foram insufladas por outra ideologia contrailuminista — o nacionalismo russo, que impeliu forças separatistas apoiadas por Vladimir Putin a combater o governo da Ucrânia em duas de suas províncias.

A pior das guerras atuais é a da Síria, onde o governo de Bashar al-Assad pulverizou o país na tentativa de derrotar um conjunto diversificado de forças rebeldes, islamitas e não islamitas, com ajuda de Rússia e Irã. A guerra civil da Síria, com 250 mil mortes em batalha a partir de 2016 (estimativas conservadoras), é responsável pela maior parte do aumento da taxa de mortalidade global em guerras mostrada na figura 11.2.[10]

No entanto, esse aumento vem no final de uma queda vertiginosa durante seis décadas. A Segunda Guerra Mundial em sua fase mais cruenta teve quase trezentas mortes em batalha por 100 mil pessoas por ano; isso não é mostrado no

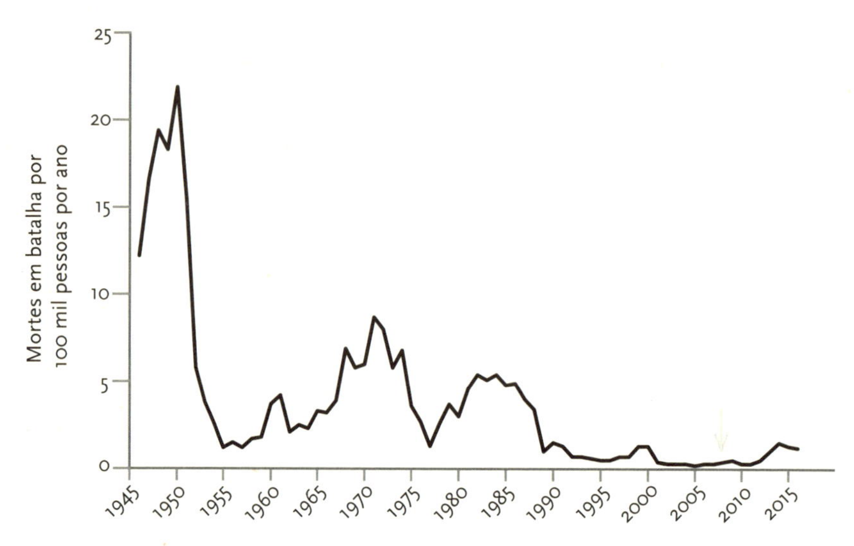

Figura 11.2: *Mortes em batalha, 1946-2016.*
FONTES: Adaptado de Human Security Report Project, 2007. Para 1946-88: *Peace Research Institute of Oslo Battle Deaths Dataset* 1946-2008, Lacina e Gleditsch, 2005. Para 1989-2015: *UCDP Battle-Related Deaths Dataset version 5.0*, Uppsala Conflict Data Program 2017, Melander, Pettersson e Themnér, 2016, atualizado com informações de Therese Pettersson e Saum Taub do UCDP. Dados da população mundial: 1950-2016, US Census Bureau; 1946-9, McEvedy e Jones, 1978, com ajustes. A seta indica 2008, o último ano representado na figura 6.2 de Pinker, 2011.

gráfico porque espremeria a linha para todos os anos subsequentes até parecer um tapete amassado. Nos anos pós-guerra, como indica o gráfico, a taxa de mortes seguiu um declive de montanha-russa, com pico em 22 durante a Guerra da Coreia, nove durante a Guerra do Vietnã em fins dos anos 1960 e começo da década seguinte e cinco durante a guerra Irã-Iraque em meados dos anos 1980, antes de saltitar rente ao piso a menos de 0,5 entre 2001 e 2011. Subiu um pouquinho, até 1,5 em 2014, e caiu para 1,2 em 2016, o ano mais recente para o qual há dados disponíveis.

Quem acompanhou os noticiários em meados dos anos 2010 poderia pensar que a carnificina na Síria teria apagado todo o progresso histórico das décadas precedentes. Isso porque não considera as muitas guerras civis que terminaram sem alarde depois de 2009 (em Angola, Chade, Índia, Irã, Peru e Sri Lanka) e também as anteriores com grandes números de mortes, como as guerras na Indochina (1946-54, 500 mil mortes), Índia (1946-8, 1 milhão de mortes), China

(1946-50, 1 milhão de mortes), Sudão (1956-72, 500 mil mortes e 1983-2002, 1 milhão de mortes), Uganda (1971-8, 500 mil mortes) Etiópia (1974-91, 750 mil mortes), Angola (1975-2002, 1 milhão de mortes) e Moçambique (1981-92, 500 mil mortes).[11]

Imagens marcantes de refugiados da guerra civil síria desesperados, muitos deles lutando para instalar-se na Europa, inspiraram a ideia de que hoje o mundo tem mais refugiados do que em qualquer outro momento histórico. No entanto, esse é mais um sintoma de amnésia histórica e do viés da disponibilidade. O cientista político Joshua Goldstein observa que os atuais 4 milhões de refugiados da Síria são superados numericamente pelos 10 milhões de desalojados pela Guerra de Independência de Bangladesh em 1971, 14 milhões de desalojados pela partição da Índia em 1947 e 60 milhões de desalojados pela Segunda Guerra Mundial só na Europa, e isso em épocas nas quais a população mundial era uma fração da atual. Quantificar toda essa desgraça não é insensibilidade aos terríveis sofrimentos das vítimas dos nossos dias. Além de honrar o sofrimento das vítimas do passado, assegura que os agentes políticos atuem no interesse dessas pessoas, trabalhando com base em uma compreensão acurada do mundo. Em especial, isso deve impedir que eles tirem conclusões perigosas sobre "um mundo em guerra" que poderia incitá-los a descartar a governança global ou retornar a uma mítica "estabilidade" de confronto de Guerra Fria. "O mundo não é o problema", observa Goldstein. "A Síria é o problema. [...] As políticas e práticas que encerraram guerras [em outras partes] hoje podem, com esforço e inteligência, pôr fim a guerras no Sudão do Sul, Iêmen e talvez na Síria."[12]

Os massacres de civis desarmados, também conhecidos como genocídios, democídios ou violência unilateral, podem ser tão letais quanto guerras, e frequentemente são simultâneos a elas. Segundo os historiadores Frank Chalk e Kurt Jonassohn, "o genocídio foi praticado em todas as regiões do mundo e durante todos os períodos da história".[13] Durante a Segunda Guerra Mundial, dezenas de milhões de civis foram massacrados por Hitler, Stálin e pelo Japão imperial, e em bombardeios deliberados de áreas civis por todos os lados (duas vezes com armas nucleares); no auge, a taxa de mortalidade foi em torno de 350 a cada 100 mil pessoas por ano.[14] No entanto, contrariando a afirmação de que "o mundo não aprendeu nada com o Holocausto", o período pós-guerra não viu nada parecido com o mar de sangue dos anos 1940. Mesmo no período pós-guerra, a taxa de

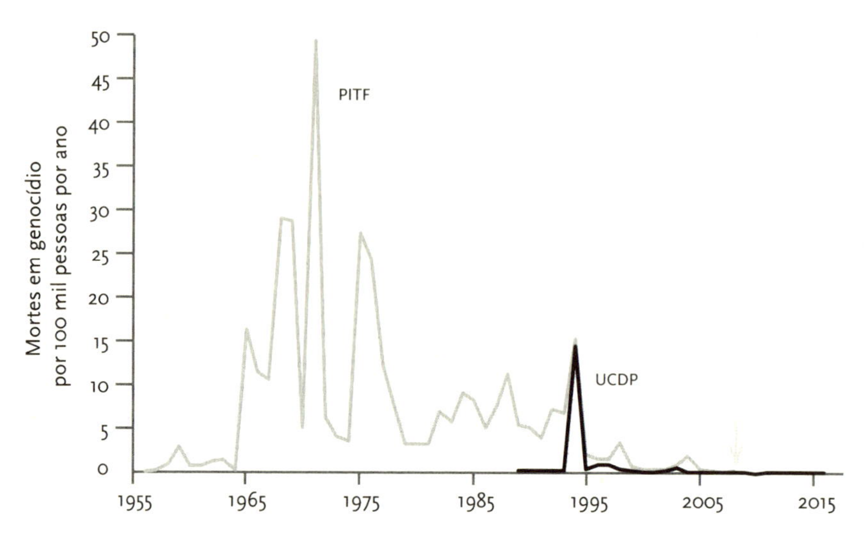

Figura 11.3: *Mortes em genocídio, 1956-2016.*

FONTES: PITF, 1955-2008: *Political Instability Task Force State Failure Problem Set*, 1955--2008, Marshall, Gurr e Harff, 2009; Center for Systemic Peace, 2015. Cálculos descritos em Pinker, 2011, p. 338. UCDP, 1989-2016: *UCDP One-Sided Violence Dataset v. 2.5-2016*, Melander, Pettersson e Themnér, 2016; Uppsala Conflict Data Program 2017, estimativas de "mortalidade elevada", atualizadas com dados de Sam Taub do UCDP, proporcionais a dados da população mundial do US Census Bureau. A seta indica 2008, o último ano representado na figura 6.8 de Pinker, 2011.

mortes em genocídios foi jogada para baixo em um denteado profundo, como vemos em dois conjuntos de dados representados na figura 11.3.

Os picos no gráfico são correspondentes a mortes em massa no "ano de viver perigosamente" para os anticomunistas da Indonésia (1965-6, 700 mil mortes), na Revolução Cultural Chinesa (1966-75, 600 mil mortes), conflito dos tutsis contra hutus no Burundi (1965-73, 140 mil), Guerra de Independência de Bangladesh (1971, 1,7 milhão), violência norte contra sul no Sudão (1956-72, 500 mil), regime de Idi Amin em Uganda (1972-9, 150 mil), regime de Pol Pot no Camboja (1975-9, 2,5 milhões), mortes de inimigos políticos no Vietnã (1965-75, 500 mil) e em massacres mais recentes na Bósnia (1992-5, 225 mil), Ruanda (1994, 700 mil) e Darfur (2003-8, 373 mil).[15] O aumento quase imperceptível de 2014 a 2016 inclui as atrocidades que contribuem para a impressão de que estamos vivendo em tempos de violência sem precedentes: no mínimo 4500 civis yazidis, cristãos e xiitas mortos pelo EI; 5 mil mortos pelo Boko Haram na Nigéria, em Camarões e no Chade; e

1750 mortos por milícias muçulmanas e cristãs na República Centro-Africana.[16] Nunca se pode usar a palavra "felizmente" quando se trata de mortes de inocentes, mas os números do século XXI são uma fração dos de décadas anteriores.

Obviamente, não podemos interpretar os números de um conjunto de dados como uma informação direta sobre o risco constante de guerra. O registro histórico é especialmente escasso quando se trata de estimar alguma mudança na probabilidade para guerras muito raras, mas muito destrutivas.[17] Para analisar dados esparsos em um mundo cuja história só acontece uma vez, precisamos suplementar os números com conhecimentos sobre os geradores de guerra, pois, como diz o lema da Unesco: "As guerras começam na mente de homens". De fato, constatamos que a involução da guerra consiste em mais do que a mera redução de conflitos e de mortes; isso também pode ser visto nos preparativos dos países para a guerra. A prevalência do recrutamento, o tamanho das forças armadas e o nível dos gastos globais com forças armadas como porcentagem do PIB diminuíram em décadas recentes.[18] E o mais importante é que houve mudanças na mente dos homens (e mulheres).

Como isso aconteceu? A Idade da Razão e o Iluminismo trouxeram críticas à guerra por parte de Pascal, Swift, Voltaire, Samuel Johnson e os quacres, entre outros. E também foram dadas sugestões práticas sobre como reduzir ou até eliminar a guerra, em especial no famoso ensaio de Kant *À paz perpétua*.[19] Atribui-se à difusão dessas ideias o declínio na guerra entre grandes potências nos séculos XVIII e XIX e os vários hiatos na beligerância durante esse intervalo.[20] Mas só depois da Segunda Guerra Mundial as forças pacificadoras identificadas por Kant e outros foram sistematicamente mobilizadas.

Como vimos no capítulo 1, muitos pensadores iluministas propuseram a teoria do comércio gentil, segundo a qual o comércio internacional deveria reduzir o atrativo das guerras. E, de fato, o comércio como proporção do PIB teve grande alta na era pós-guerra, e análises quantitativas confirmaram que países mercantis têm menor probabilidade de guerrear, mantendo-se os outros fatores constantes.[21]

Outro fruto do Iluminismo é a teoria de que o governo democrático funciona como freio para líderes inebriados pela glória que arrastariam seu país para guerras inúteis. A partir dos anos 1970, e em ritmo mais acelerado após a queda do Muro de Berlim em 1989, mais países deram uma chance à democracia (capítulo 14). Embora seja dúbia a afirmação categórica de que nunca duas democracias guerrearam entre si, os dados corroboram uma versão matizada da teoria da Paz Democrática, na qual pares de países que são mais democráticos têm menor probabilidade de confrontar-se em disputas militarizadas.[22]

A Longa Paz também foi ajudada pela realpolitik. O colossal poder de destruição dos exércitos americano e soviético (mesmo sem suas armas nucleares) obrigou as duas superpotências da Guerra Fria a pensar duas vezes antes de se confrontar em campo de batalha — e, para a surpresa e alívio do mundo, nunca o fizeram.[23]

No entanto, o maior desafio na ordem internacional é uma ideia que hoje raramente levamos em conta: *a guerra é ilegal*. Durante a maior parte da história, não foi assim. Quem fazia a lei era o mais forte, a guerra era a continuação da política por outros meios, e o vitorioso ficava com os despojos. Se um país se sentia injustiçado por outro, podia declarar guerra, conquistar territórios como compensação e torcer para que a anexação fosse reconhecida pelo resto do mundo. O motivo de Arizona, Califórnia, Colorado, Nevada, Novo México e Utah serem estados americanos é terem sido conquistados do México pelos Estados Unidos em 1846, em uma guerra por dívidas não liquidadas. Hoje isso não pode acontecer: os países do mundo comprometeram-se a não guerrear exceto em defesa própria ou com a aprovação do Conselho de Segurança das Nações Unidas. Estados são imortais, fronteiras têm direito adquirido e qualquer país que se lançar em uma guerra de conquista pode contar com o repúdio — e não a aquiescência — dos demais.

Os juristas Oona Hathaway e Scott Shapiro afirmam que grande parte do crédito pela Longa Paz deve ser atribuído à ilegalidade da guerra. A ideia de que os países deveriam decretar a guerra como ilegal foi proposta por Kant em 1795. Concordou-se com isso pela primeira vez no muito ridicularizado Pacto de Paris de 1928, também conhecido como Pacto Kellogg-Briand, mas a ideia entrou em vigor para valer apenas com a fundação das Nações Unidas em 1945. Desde então, o tabu da conquista ocasionalmente foi imposto com uma resposta militar, por exemplo, quando uma coalizão internacional reverteu a conquista do Kuwait pelo Iraque em 1990-1. No mais das vezes, a proibição tem funcionado como uma norma — "Guerra não é coisa de país civilizado" —, apoiada por sanções econômicas e punições simbólicas. Essas penalidades são eficazes na medida em que os países valorizam seu conceito na comunidade internacional — um lembrete do motivo por que devemos apreciar e fortalecer essa comunidade diante de ameaças de nacionalismo populista hoje em dia.[24]

É verdade que, às vezes, essa norma é convenientemente esquecida, e um dos exemplos mais recentes foi a anexação da Crimeia pela Rússia em 2014. Isso parece confirmar a cética ideia de que, enquanto não tivermos um governo mundial, as normas internacionais serão inócuas e desrespeitadas sem nenhuma consequência. Hathaway e Shapiro replicam que leis nacionais também são transgredidas, desde estacionamento em local proibido até homicídio; contudo, uma lei aplicada com imperfeição é melhor do que lei nenhuma. Esses autores calculam que, no século anterior ao Pacto de Paz de Paris, houve o equivalente a *onze anexações do tamanho da Crimeia por ano*, cuja maioria foi acatada. Mas, depois de 1928, praticamente cada hectare de terra conquistada foi devolvido ao Estado que a perdeu. Frank Kellogg e Aristide Briand (o secretário de Estado americano e o ministro do Exterior francês) riram por último.

Hathaway e Shapiro observam que a ilegalidade da guerra entre Estados tem uma desvantagem. Quando impérios europeus desocuparam os territórios coloniais que haviam conquistado, em muitos casos deixaram para trás Estados fracos de fronteiras indistintas e sem um sucessor reconhecido para governá-los. Muitos desses Estados descambaram para a guerra civil e a violência entre comunidades. Sob a nova ordem internacional, não eram mais alvos legítimos de conquista por potências mais eficazes e se estagnaram por décadas em uma semianarquia.

Ainda assim, o declínio da guerra entre Estados foi um magnífico exemplo de progresso. Guerras civis matam menos do que guerras entre Estados, e desde fins dos anos 1980 as guerras civis também declinaram.[25] Terminada a Guerra Fria, as grandes potências tornaram-se menos interessadas em quem vencia uma guerra civil do que em como encerrá-la, e apoiaram as forças de paz da ONU e outras forças internacionais que se postavam no meio dos beligerantes e, no mais das vezes, de fato preservavam a paz.[26] Além disso, conforme os países enriquecem, tornam-se menos vulneráveis à guerra civil. Seus governos têm recursos para fornecer assistência médica, educação e segurança, e com isso vencem a competição com os rebeldes pela lealdade dos cidadãos e conseguem reaver o controle das regiões de fronteira tomadas por chefes militares, máfias e guerrilheiros (com frequência, a mesma gente).[27] E uma vez que muitas guerras têm como estopim o medo mútuo de que, a menos que um país ataque preventivamente, será aniquilado por um ataque preventivo do inimigo (o cenário na teoria dos jogos chamado de dilema da segurança ou armadilha hobbesiana), a chegada da paz a uma área, seja qual for sua causa inicial, pode reforçar a si mesma. (Por outro lado, a guerra pode ser contagiosa.)[28] Isso ajuda a explicar o encolhimento da geografia da guerra, pois a maioria das regiões do planeta está em paz.

Junto com ideias e políticas que reduzem a incidência de guerras, houve uma mudança de valores. Em certo sentido, as forças pacificadoras que vimos até agora são tecnológicas: constituem os meios pelos quais se pode fazer a balança pender para o lado da paz — se paz as pessoas quiserem. No mínimo desde os anos 1960, época da música folk e de Woodstock, a ideia de que a paz é inerentemente valiosa tornou-se arraigada nos ocidentais. Quando foram feitas intervenções militares, justificaram-nas como medidas lamentáveis mas necessárias para impedir uma violência maior. Contudo, não faz muito tempo que a *guerra* era valorizada. Era gloriosa, empolgante, espiritual, viril, nobre, heroica, altruística — uma purificação contra a efeminação, o egoísmo, o consumismo e o hedonismo da sociedade burguesa decadente.[29]

Hoje vemos como delírios de um louco a ideia de que é inerentemente nobre matar e mutilar pessoas e destruir suas estradas, pontes, fazendas, casas, escolas e hospitais. Mas durante o Contrailuminismo do século XIX, tudo aquilo fazia sentido. O militarismo romântico tornou-se cada vez mais a moda, não só entre os oficiais militares de ponteira metálica no capacete, mas também entre muitos artistas e intelectuais. A guerra "amplia a mente de um povo e eleva seu caráter", escreveu Alexis de Tocqueville. Era "a própria vida", segundo Émile Zola; "o alicerce de todas as artes [...] [e] das virtudes e faculdades sublimes do homem", escreveu John Ruskin.[30]

O militarismo romântico fundia-se às vezes com o nacionalismo romântico, que exaltava a língua, a cultura, a pátria e a composição racial de um grupo étnico — o éthos do sangue e solo — e pregava que um país só poderia cumprir seu destino como um Estado soberano etnicamente purificado.[31] Extraía forças da difusa ideia de que a luta violenta é a força vital da natureza ("rubra nos dentes e nas garras") e o motor do progresso humano. (Podemos ver aí uma distinção em relação à ideia iluminista de que o motor do progresso humano é a resolução de problemas.) A valorização da luta harmonizava-se com a teoria de Friedrich Hegel sobre uma dialética na qual forças históricas geram um Estado-nação superior: as guerras são necessárias "porque salvam o Estado da petrificação e estagnação social", Hegel escreveu.[32] Marx adaptou essa ideia para os sistemas econômicos e profetizou que uma progressão de conflitos de classe violentos culminaria em uma utopia comunista.[33]

Mas talvez o maior impulsionador do militarismo romântico tenha sido o decadentismo, a repulsa que os intelectuais sentiam ao pensar que as pessoas comuns pareciam estar usufruindo a vida em paz e prosperidade.[34] O pessimismo cultural tornou-se particularmente arraigado na Alemanha graças à influência de Schopenhauer, Nietzsche, Jacob Burckhardt, Georg Simmel e Oswald Spengler, autor de *A decadência do Ocidente* (1918-23). (Voltaremos a essas ideias no capítulo 23.) Até hoje, historiadores da Primeira Guerra Mundial se perguntam, intrigados, por que Inglaterra e Alemanha, países que tinham tanto em comum — ocidentais, cristãos, industrializados, ricos —, escolheram protagonizar um banho de sangue tão inútil. As razões são muitas e intricadas, mas, em termos de ideologia, os alemães antes da Primeira Guerra Mundial "consideravam-se *fora* da civilização europeia ou ocidental", como observa Arthur Herman.[35] Em especial, pensavam estar resistindo bravamente ao avanço insidioso de uma cultura liberal, democrática e comercial que andava minando a vitalidade do Ocidente desde o Iluminismo, com a cumplicidade da Grã-Bretanha e dos Estados Unidos. Muitos achavam que só das cinzas de um cataclismo redentor poderia nascer uma nova ordem heroica. Seu desejo foi atendido no quesito do cataclismo. E depois de outro, ainda mais medonho, o romance enfim foi expurgado da guerra, e a paz tornou-se o objetivo declarado de toda instituição ocidental e internacional. A vida humana passou a ser mais preciosa, enquanto glória, honra, primazia, virilidade, heroísmo e outros sintomas de excesso de testosterona foram rebaixados.

Muitos se recusam a acreditar até que o progresso em direção à paz, ainda que espasmódico, pode ser possível. Asseveram que a natureza humana inclui um impulso insaciável de conquista. (E não só a natureza humana: alguns analistas projetam a megalomania do *Homo sapiens* do sexo masculino sobre todas as formas de inteligência e alertam que não devemos procurar vida extraterrestre porque uma raça avançada de alienígenas do espaço poderia descobrir nossa existência e vir até aqui nos subjugar.) Embora uma visão de paz mundial possa ter rendido algumas boas músicas a John e Yoko, no mundo real é inapelavelmente ingênua.

Na verdade, a guerra pode ser apenas mais um obstáculo que uma espécie esclarecida aprende a superar, como a peste, a fome e a pobreza. Embora a conquista possa ser tentadora no curto prazo, em última análise é melhor descobrir como conseguir o que desejamos sem os custos do conflito destrutivo e os riscos inerentes de viver pela espada — ou seja, quando você representa uma ameaça para outros, dá a eles um incentivo para destruí-lo primeiro. No longo prazo, um mundo no qual todas as partes se abstenham de guerrear é melhor para todos. Invenções como comércio, democracia, desenvolvimento econômico, forças de paz e direito e normas internacionais são ferramentas que ajudam a construir esse mundo.

12. Segurança

O corpo humano é frágil. Mesmo quando as pessoas se mantêm nutridas, ativas e livres de patógenos, são vulneráveis aos "mil abalos naturais que a carne herdou". Nossos ancestrais eram presas fáceis para predadores como crocodilos e grandes felinos. Sucumbiam a veneno de cobras, aranhas, insetos, caracóis, rãs. Enredados no dilema dos onívoros, podiam ser vítimas de ingredientes tóxicos em suas dietas variegadas que incluíam peixes, feijões, raízes, sementes, fungos. Quando se aventuravam no alto das árvores à procura de frutas e mel, seus corpos obedeciam à lei da gravitação universal de Newton e ficavam sujeitos a acelerar em direção ao solo à velocidade de 9,8 metros por segundo ao quadrado. Se penetrassem demais em rios e lagos, a água podia cortar seu suprimento de ar. Brincavam com fogo e às vezes se queimavam. E podiam ser vítimas de maldades premeditadas: qualquer tecnologia capaz de matar um animal pode matar um rival humano.

Hoje poucas pessoas são devoradas, mas todo ano dezenas de milhares morrem por mordida de cobra, e outros perigos continuam a nos matar em grandes números.[1] Acidentes são a quarta causa principal de morte nos Estados Unidos, depois de doença cardíaca, câncer e doenças respiratórias. No mundo todo, ferimentos são responsáveis por cerca de um décimo das mortes, superando as causadas por aids, malária e tuberculose combinadas, e por 11% dos anos perdidos em razão de morte e invalidez.[2] A violência pessoal também faz suas vítimas: está entre os cinco maiores riscos para jovens nos Estados Unidos e para todas as pessoas na América Latina e África subsaariana.[3]

Há muito tempo as pessoas refletem sobre as causas de perigo e como podem se proteger. Talvez o momento mais impressionante na observância religiosa judaica seja uma prece recitada diante da Arca da Torá aberta durante os Dias de Arrependimento:

> Em Rosh Hashaná será inscrito e no Yom Kipur será selado: [...] quem viverá e quem morrerá; quem morrerá em seu tempo e quem antes de seu tempo, quem pela água e quem pelo fogo, quem pela espada e quem pela fera, quem pela fome e quem pela sede, quem por terremoto e quem pela peste, quem estrangulado e quem apedrejado. [...] Mas o arrependimento, a prece e a caridade revogam a severidade do decreto.

Felizmente, nosso conhecimento sobre como são causadas as fatalidades vai além das inscrições divinas, e nossos modos de preveni-las tornaram-se mais confiáveis do que arrependimento, prece e caridade. A engenhosidade humana tem vencido os principais riscos à vida, inclusive todos os enumerados nessa prece, e hoje vivemos a época mais segura da história.

Em capítulos anteriores, vimos como vieses cognitivos e moralistas atuam para condenarmos o presente e absolvermos o passado. Neste, veremos outro modo como escondem o nosso progresso. Embora os ferimentos letais sejam um grande flagelo na vida humana, reduzir seus números não é uma causa glamorosa. O inventor do *guard rail* em rodovias não recebeu o prêmio Nobel, e quem redige bulas de medicamentos com maior clareza não ganha menções honrosas por serviços humanitários. No entanto, a humanidade beneficia-se imensamente de esforços não celebrados que derrubam o número de mortes por todo tipo de lesão.

Quem pela espada... Comecemos com a categoria de lesão que é a mais difícil de eliminar justamente por não ser acidental: homicídio. Com exceção das guerras mundiais, mais pessoas perecem em homicídios do que em guerras.[4] Durante o belicoso ano de 2015, a razão foi de 4,5 para um; mais comumente, é de dez para um ou acima. No passado, homicídios eram uma ameaça à vida muito maior. Na Europa medieval, senhores massacravam os servos de seus rivais, aristocratas e seus séquitos duelavam entre si, salteadores e bandos assassinavam as vítimas de seus roubos e pessoas comuns esfaqueavam-se na mesa do jantar por causa de um insulto.[5]

Contudo, em um avanço histórico radical que o sociólogo alemão Norbert Elias chamou de Processo Civilizador, os europeus ocidentais começaram a resolver suas disputas de modos menos violentos a partir do século XIV.[6] Elias atribuiu a mudança ao surgimento de reinos centralizados a partir da colcha de retalhos medieval de baronatos e ducados, quando as disputas entre feudos, o banditismo e as batalhas endêmicas foram domesticados pela "paz do rei". No século XIX, sistemas de justiça criminal foram ainda mais profissionalizados por forças policiais municipais e por um sistema de tribunais mais deliberativo. Ao longo desses séculos, a Europa também desenvolveu uma infraestrutura de comércio, tanto física, na forma de estradas e veículos melhores, como financeira, na forma de moedas e contratos. O comércio gentil proliferou, e a pilhagem de terras de soma zero deu lugar à troca de bens e serviços de soma positiva. As pessoas viram-se ligadas a redes de obrigações comerciais e ocupacionais estipuladas em regras legais e burocráticas. Suas normas para a conduta diária mudaram da cultura masculina da honra, na qual as afrontas tinham de ser respondidas com violência, para uma cultura cavalheiresca da dignidade, na qual o prestígio era conquistado com mostras de decência e autocontrole.

O criminologista histórico Manuel Eisner montou bancos de dados sobre homicídios na Europa que expressam em números a narrativa publicada por Elias em 1939.[7] (As taxas de homicídio são o indicador mais confiável de crimes violentos nas comparações de épocas e lugares porque um cadáver sempre é difícil de ignorar, e as taxas de homicídio correlacionam-se com taxas de outros crimes violentos, como roubos, agressões e estupros.) Eisner mostra que a teoria de Elias estava no caminho certo, e não só na Europa. Sempre que um governo submete uma região de fronteira ao estado de direito e seu povo torna-se integrado a uma sociedade comercial, as taxas de violência caem. Na figura 12.1, mostro os dados de Eisner para Inglaterra, Holanda e Itália, com atualizações até 2012; as curvas para outros países europeus são semelhantes. Adicionei linhas para partes das Américas aonde a lei e a ordem chegaram mais tarde: a Nova Inglaterra colonial, seguida por uma região no "Oeste Selvagem", seguida pelo México, hoje famigerado pela violência, mas muito menos violento no passado.

Quando apresentei o conceito de progresso, ressaltei que nenhuma tendência progressista é inexorável, e o crime violento é um exemplo. A partir dos anos 1960, a maioria das democracias ocidentais sofreu um aumento abrupto na violência pessoal que apagou um século de avanço.[8] Isso foi mais pronunciado nos Estados Unidos, onde a taxa de homicídios aumentou duas vezes e meia, e a vida urbana e política foi afetada pelo medo generalizado (e em parte justificado) da criminalidade. No entanto, essa reversão tem suas próprias lições para a natureza do progresso.

Durante as décadas de criminalidade elevada, a maioria dos especialistas americanos declarou que nada se podia fazer a respeito do crime violento. Disseram que estava entrelaçado no tecido de uma sociedade violenta e não poderia ser controlado sem que se resolvessem as raízes de suas causas: racismo, pobreza e desigualdade. Essa versão de pessimismo histórico pode ser chamada de "casuísmo de raiz": a ideia pseudoprofunda de que todo mal social é sintoma de alguma doença moral profunda e nunca pode ser mitigado por tratamentos simplistas que não curem a gangrena em seu cerne.[9] O problema do casuísmo de raiz não é que as dificuldades do mundo real são simples, e sim o oposto: elas são mais complexas do que uma típica teoria de causa raiz supõe, em especial quando a teoria se baseia em moralização, e não em dados. Aliás, são tão complexas que tratar os sintomas pode ser o melhor modo de lidar com o problema, pois não requer onisciência sobre o emaranhado das verdadeiras causas. E, ao vermos o que de fato reduz os sintomas, podemos testar hipóteses sobre as causas em vez de apenas supor que sejam verdadeiras.

No caso da explosão de criminalidade nos anos 1960, até os fatos disponíveis refutaram a teoria da causa raiz. Aquela foi a década dos direitos civis, com o racismo em forte declínio (capítulo 15), e de uma arrancada na economia, com níveis de desigualdade e desemprego dos quais sentimos saudade.[10] Por outro lado, os anos 1930 foram a década da Grande Depressão, das leis Jim Crow de segregação racial e dos linchamentos mensais, e no entanto a taxa global de crimes despencou. A causa raiz foi verdadeiramente desvinculada do racismo por um avanço que pegou todo mundo de surpresa. A partir de 1992, a taxa de homicídios nos Estados Unidos entrou em queda livre durante uma era de aumento abrupto na desigualdade, depois tornou a cair durante a Grande Recessão iniciada em 2007 (figura 12.2).[11] Inglaterra, Canadá e a maioria dos outros países industrializados também tiveram queda nas taxas de homicídio nas duas últimas déca-

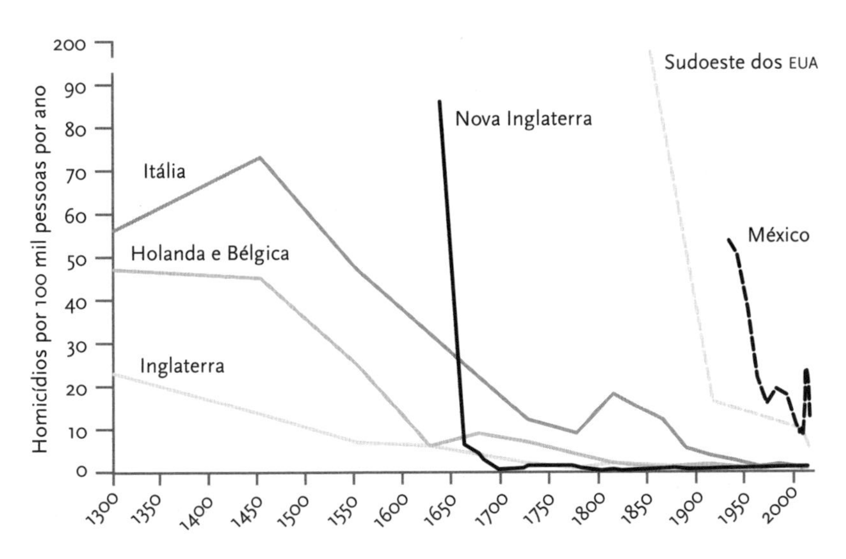

Figura 12.1: *Mortes por homicídio, Europa Ocidental, Estados Unidos e México, 1300-2015.*
FONTES: Inglaterra, Holanda e Bélgica, Itália, 1300-1994: Eisner, 2003, representado na figura 3.3 de Pinker, 2011. Inglaterra 2000-14: UK Office for National Statistics. Itália e Holanda, 2010-2: United Nations Office on Drugs and Crime, 2014. Nova Inglaterra (Nova Inglaterra, apenas brancos, 1636-1790, e Vermont e New Hampshire, 1780-1890): Roth, 2009, representado na figura 3.13 de Pinker, 2011; 2006 e 2014 de FBI Uniform Crime Reports. Sudoeste dos EUA (Arizona, Nevada e Novo México), 1850 e 1914: Roth, 2009, representado na figura 3.16 de Pinker, 2011; 2006 e 2014 de FBI Uniform Crime Reports. México: Calos Vilalta, comunicação pessoal, originalmente do Instituto Nacional de Estadística y Geografía, 2016, e Botello, 2016, média das décadas até 2010.

das. (No caminho oposto, na Venezuela durante o regime Chávez-Maduro, a desigualdade caiu enquanto os homicídios alçaram a estratosfera.)[12] Embora os números do mundo todo existam só para este milênio e incluam especulações heroicas para países que são verdadeiros desertos de dados, a tendência também parece ser de queda, de 8,8 homicídios por 100 mil pessoas em 2000 para 6,2 em 2012. Isso significa que hoje há 180 mil pessoas andando por aí que teriam sido assassinadas só no ano passado se a taxa global de homicídios tivesse permanecido em seu nível de doze anos atrás.[13]

O crime violento é um problema resolúvel. Talvez nunca cheguemos a baixar a taxa de homicídios do mundo até os níveis do Kuwait (0,4 por 100 mil habitantes por ano), Islândia (0,3) ou Cingapura (0,2), muito menos para zero.[14] Porém em 2014 Einser propôs, com assessoria da Organização Mundial da Saúde, o ob-

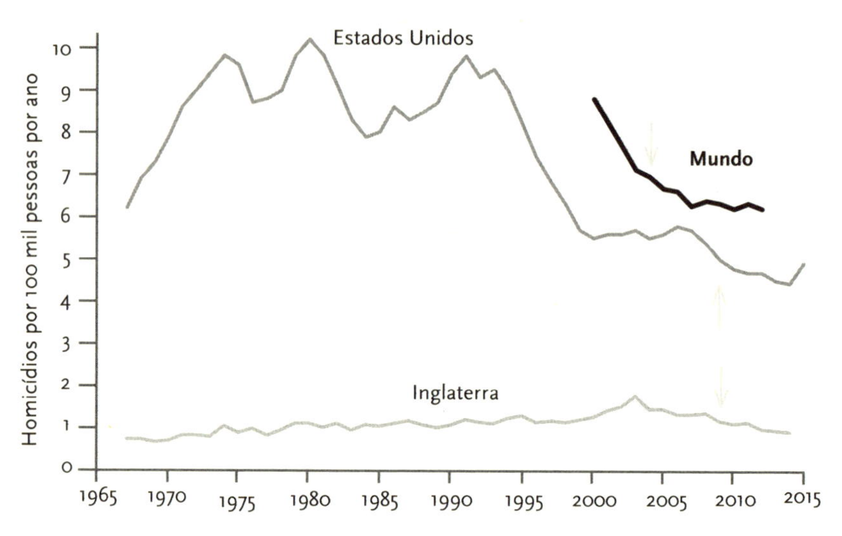

Figura 12.2: *Mortes por homicídio, 1967-2015.*
FONTES: Estados Unidos: *FBI Uniform Crime Reports*, <https://ucr.fbi.gov/>, e Federal Bureau of Investigation, 2016a. Inglaterra (dados incluem País de Gales): Office for National Statistics, 2017. Mundo, 2000: Krug et al., 2002. Mundo, 2003-11: United Nations Economic and Social Council, 2014, fig. 1; as porcentagens foram convertidas para taxas de homicídio fixando a taxa de 2012 em 6,2, a estimativa informada em Escritório das Nações Unidas sobre Drogas e Crime, 2014, p. 12. As setas indicam os anos mais recentes mostrados em Pinker, 2011 para o mundo (2004, fig. 3.9), EUA (2009, fig. 3.18) e Inglaterra (2009, fig. 3.19).

jetivo de reduzir a taxa de homicídios global em 50% no decorrer de trinta anos.[15] Não é uma aspiração utópica, e sim prática, baseada em dois fatos ligados às estatísticas de homicídio.

O primeiro é que a distribuição dos homicídios é altamente desigual em todos os níveis de subdivisão dos dados. As taxas de homicídio nos países mais perigosos são várias centenas de vezes maiores que as dos mais seguros; exemplos dos primeiros são Honduras (90,4 homicídios por 100 mil habitantes por ano), Venezuela (53,7), El Salvador (41,2), Jamaica (39,3), Lesoto (38) e África do Sul (31).[16] Metade dos homicídios do mundo é cometido em apenas 23 países que contêm aproximadamente um décimo da humanidade, e um quarto é cometido em apenas quatro: Brasil (25,2), Colômbia (25,9), México (12,9) e Venezuela. (As duas zonas de assassinato do planeta — norte da América Latina e sul da África subsaariana — são distintas das zonas de guerra do mundo, que se estendem da

Nigéria, passando pelo Oriente Médio, até o Paquistão.) A heterogeneidade continua em escala fractal. Dentro de um país, a maioria dos homicídios concentra-se em algumas cidades, como Caracas (120 por 100 mil) e San Pedro Sula (em Honduras, 187). Em bairros, concentram-se em alguns quarteirões; e, em quarteirões, muitos são perpetrados por uns poucos indivíduos.[17] Em Boston, onde moro, 70% das mortes por arma de fogo acontecem em 5% da cidade, e metade desses crimes são perpetrados por 1% dos jovens.[18]

A outra inspiração para o objetivo 50-30 evidencia-se na figura 12.2: taxas de homicídio altas podem ser reduzidas rapidamente. Na democracia afluente campeã em assassinatos, os Estados Unidos, a taxa de homicídios despencou quase à metade em nove anos; o declínio foi ainda maior na cidade de Nova York nesse período, em torno de 75%.[19] Países ainda mais famosos pela violência também tiveram reduções abruptas, entre eles Rússia (de 19 por 100 mil habitantes em 2004 para 9,2 em 2012), África do Sul (de 60 em 1995 para 31,2 em 2012) e Colômbia (de 79,3 em 1991 para 25,9 em 2015).[20] Entre os 88 países com dados confiáveis, 67 apresentaram declínio nos últimos quinze anos.[21] Os desafortunados (a maioria latino-americanos) foram assolados por aumentos terríveis, mas mesmo nesses lugares, quando os governantes de cidades e regiões empenharam-se em reduzir o derramamento de sangue, muitas vezes os esforços foram bem-sucedidos.[22] A figura 12.1 mostra que o México, depois de sofrer uma reversão de 2007 a 2011 (totalmente atribuível ao crime organizado), teve uma reversão da reversão em 2014, inclusive uma queda de quase 90% de 2010 a 2012 na famigerada Juárez.[23] Bogotá e Medellín tiveram declínios de quatro quintos em duas décadas, e em São Paulo e nas favelas do Rio de Janeiro as quedas foram de dois terços.[24] Até na capital mundial do assassinato, San Pedro Sula, as taxas de homicídios caíram 62% em apenas *dois anos*.[25]

Se combinarmos a distribuição heterogênea dos crimes violentos com a possibilidade comprovada de que é possível diminuir rapidamente as taxas elevadas desses crimes, a matemática é direta: uma redução de 50% em trinta anos não só é viável, mas também quase comedida demais.[26] E não é nenhum truque estatístico. O valor moral da quantificação está no fato de tratar todas as vidas como igualmente valiosas, e assim as ações que reduzem os números mais elevados de homicídios previnem a maior quantidade de tragédias humanas.

A distribuição desigual do crime violento também aponta uma faiscante seta vermelha para o melhor modo de reduzi-lo.[27] Esqueça as causas raiz. Mantenha-se perto dos sintomas — os bairros e indivíduos responsáveis pelas maiores fatias da violência — e elimine os incentivos e oportunidades que impelem esses elementos.

Começa-se pela aplicação da lei. Como argumentou Thomas Hobbes na Idade da Razão, zonas de anarquia sempre são violentas.[28] Não é porque cada um quer ser predador dos demais, e sim porque, na ausência de governo, a ameaça de violência pode inflar a si mesma. Se até mesmo uns poucos possíveis predadores espreitarem na região ou puderem aparecer de repente, as pessoas precisarão adotar uma postura agressiva para dissuadi-los. Essa dissuasão só terá credibilidade se a determinação das pessoas for anunciada na forma de retaliação contra qualquer afronta e vingança contra qualquer depredação, custe o que custar. Essa "armadilha hobbesiana", como às vezes é chamada, pode facilmente desencadear ciclos de rixas e atos vingativos: cada um precisa ser no mínimo tão violento quanto seus adversários para não virar capacho deles. A maior categoria de homicídios, e a que mais varia na comparação de épocas e lugares, consiste em confrontos entre homens jovens que conhecem superficialmente uns aos outros e brigam por território, reputação ou vingança. Uma terceira parte desinteressada e dotada do monopólio do uso legítimo da força — ou seja, um Estado com força policial e judiciário — pode interromper o ciclo na raiz. Não só desincentiva agressores com a ameaça de punição, mas também tranquiliza todos os demais de que os agressores são desincentivados e, com isso, livra as pessoas da necessidade de autodefesa beligerante.

A evidência mais gritante do impacto da aplicação da lei pode ser vista nas taxas de violência altíssimas em épocas e lugares em que a imposição da lei é rudimentar, por exemplo, os extremos no alto à esquerda das curvas na figura 12.1. Igualmente persuasivo é o que acontece quando policiais entram em greve: uma explosão de saques e de justiça feita pelas próprias mãos.[29] Mas as taxas de crimes também podem subir muito se a aplicação da lei for ineficaz, quando as autoridades são tão ineptas, corruptas ou sobrecarregadas que as pessoas sabem que podem transgredir a lei com impunidade. Esse fator esteve presente na onda de crimes dos anos 1960, quando o sistema judiciário não deu conta da torrente de *baby boomers* que entrou na faixa etária com maior probabilidade de cometer crimes; isso também contribui para as regiões de alta criminalidade na América Latina atual.[30] Por outro lado, uma expansão do policiamento e da punição criminal (embora com grande exagero nas detenções) explica boa parte do grande declínio da criminalidade nos Estados Unidos nos anos 1990.[31]

Eis, em uma frase de Eisner, um resumo de como reduzir a taxa de homicídios à metade em três décadas: "Um estado de direito eficaz, baseado na aplicação legítima da lei, proteção às vítimas, decisão judicial rápida e justa, punição moderada e prisões humanas, é fundamental para reduções sustentáveis na violência letal".[32] Os adjetivos "eficaz", "legítima", "rápida", "justa", "moderada" e "humana" diferenciam essa recomendação da retórica de endurecer o tratamento à criminalidade defendida por políticos de direita. As razões foram explicadas por Cesare Beccaria há 250 anos. Embora a ameaça de punições cada vez mais severas seja barata e satisfatória em termos emocionais, não é muito eficaz, pois os transgressores contumazes as consideram acidentes raros — horríveis, é verdade, mas um risco que faz parte do trabalho. Punições que sejam previsíveis, ainda que menos draconianas, têm maior probabilidade de influir nas escolhas do dia a dia.

Além da presença da imposição da lei, a *legitimidade* do regime parece ser importante, pois os indivíduos não só respeitam a autoridade legítima, mas também levam em conta o grau em que supõem que possíveis adversários também a respeitam. Eisner, assim como o historiador Randolph Roth, observa que a criminalidade aumenta de forma drástica em décadas nas quais as pessoas questionam sua sociedade e governo; exemplos dessa tendência são encontrados nas épocas da Guerra de Secessão Americana, nos anos 1960 e na Rússia pós-soviética.[33]

Textos recentes sobre o que funciona e o que não funciona na prevenção de crimes corroboram a recomendação de Eisner, em especial uma colossal meta-análise feita pelos sociólogos Thomas Abt e Christopher Winship, de 2300 estudos que avaliam praticamente todas as políticas, planos, programas, projetos, iniciativas, intervenções, panaceias e chamarizes que já foram tentados em décadas nos últimos tempos.[34] Eles concluíram que a tática mais eficaz para reduzir crimes violentos é a *dissuasão focada*. Um "foco de laser" tem de ser direcionado para as áreas onde a criminalidade é alta ou onde os crimes estão apenas começando a aumentar, identificando-se os "*hot spots*" por dados coletados em tempo real. Além disso, o foco tem de estar nos indivíduos e gangues que estão intimidando vítimas ou procurando briga. E tem de passar uma mensagem simples e concreta sobre o comportamento que se espera deles, por exemplo: "Parem de atirar e nós os ajudaremos; continuem a atirar e os prenderemos". Transmitir a mensagem e depois cumpri-la depende da cooperação de outros membros da comunidade: lojistas, padres, treinadores, agentes de fiscalização de liberdade condicional e parentes.

A terapia cognitiva comportamental provavelmente também é eficaz. Não estamos falando de psicanalisar os conflitos de infância de um transgressor ou em manter suas pálpebras abertas enquanto ele tem náuseas assistindo a vídeos de violência como no filme *Laranja mecânica*. Trata-se de um conjunto de protocolos concebidos para combater hábitos de pensamento e comportamentos conducentes a atos criminosos. Desordeiros são impulsivos: aproveitam oportunidades súbitas para roubar ou vandalizar e agridem pessoas que os contrariam, sem pensar nas consequências de longo prazo.[35] Essas tentações podem ser refreadas com terapias que ensinam estratégias de autocontrole. Os desordeiros têm também padrões narcisistas e sociopáticos — por exemplo, achar que sempre têm razão, que todos devem submeter-se a eles, que discordâncias são insultos pessoais e que as outras pessoas não têm sentimentos ou interesses. Embora não possam ser "curados" dessas ilusões, podem ser treinados para reconhecê-las e neutralizá-las.[36] Essa mentalidade arrogante é amplificada em uma cultura da honra, e pode ser desconstruída com terapias de controle da raiva e treinamento de habilidades sociais em aconselhamento para jovens de grupo de risco ou em programas de prevenção de reincidência.

Independentemente de sua impetuosidade ter sido controlada ou não, os transgressores em potencial podem manter-se longe de encrencas apenas porque as oportunidades de gratificação instantânea foram removidas de seu meio.[37] Quando é mais difícil roubar carros, invadir casas, furtar e receptar objetos, quando os pedestres levam mais cartões de crédito do que dinheiro vivo e as vielas são iluminadas e monitoradas por câmeras, os aspirantes ao crime não procuram outro local para dar vazão aos seus impulsos rapinantes. A tentação passa, e o crime não é cometido. Bens de consumo mais baratos são outro avanço que transformou delinquentes não muito empenhados em cidadãos respeitadores da lei, ainda que a contragosto. Quem hoje correria o risco de invadir um apartamento só para roubar um rádio-relógio?

Além da anarquia, da impulsividade e da oportunidade, um grande gatilho para a violência criminosa é o contrabando. Os empreendedores que transacionam com mercadorias e passatempos ilegais não podem apelar para a justiça quando se sentem lesados nem chamar a política quando são ameaçados, por isso precisam proteger seus interesses com uma ameaça de violência digna de crédito.

Os crimes violentos explodiram nos Estados Unidos na época da proibição de bebidas alcoólicas nos anos 1920 e quando o crack popularizou-se nos anos 1980, e a criminalidade é altíssima em países da América Latina e do Caribe onde hoje há tráfico de cocaína, heroína e maconha. A violência alimentada pelas drogas continua a ser um problema internacional não resolvido. Talvez a descriminalização da maconha, agora em andamento, e no futuro a de outras drogas remova essas atividades de seu submundo ilegal. Enquanto isso, Abt e Winship observam: "A repressão incisiva às drogas traz poucos benefícios antidrogas e, de modo geral, aumenta a violência", ao passo que "os tribunais especializados para usuários e os tratamentos têm longa história de eficácia".[38]

Qualquer avaliação baseada em evidências fatalmente irá jogar água fria em programas que pareciam promissores no teatro da imaginação. Na lista das medidas que funcionam, primam pela ausência iniciativas arrojadas como a remoção de favelas, recompra de armas, policiamento de tolerância zero, experiências árduas de sobrevivência na natureza, sentenças com penas fixas e progressivas, aulas de conscientização sobre drogas orientadas pela polícia e programas de "aterrorização" em que jovens de grupos de risco são expostos a prisões miseráveis e a condenados violentos. E talvez o mais decepcionante para os que têm fortes convicções sem as necessárias evidências sejam os efeitos equívocos da legislação sobre armas. Descobriu-se que nem as leis de direito de porte defendidas pela direita, nem as proibições e restrições defendidas pela esquerda fazem grande diferença, embora ainda precisemos de muito mais conhecimento e haja impedimentos políticos e práticos a mais descobertas.[39]

Quando procurei explicar vários declínios na violência em *Os anjos bons da nossa natureza*, não dei grande importância à ideia de que, no passado, "a vida humana valia pouco" e, com o tempo, tornou-se mais preciosa. Ela me parecia vaga e impossível de testar, quase circular, por isso me ative a explicações que eram mais próximas dos fenômenos — por exemplo, governança e comércio. Depois de enviar o manuscrito para publicação, tive uma experiência que me deixou em dúvida. Como recompensa por concluir a tarefa colossal, decidi trocar meu velho carro enferrujado; comprei, então, o número mais recente da revista *Car and Driver* para pesquisar. A edição começava com um artigo intitulado "Segurança nos números: Mortes no trânsito têm nível mais baixo da história".

E era ilustrada com um gráfico que logo me pareceu familiar: o tempo no eixo *x*, a taxa de mortes no eixo *y* e uma linha que serpenteava do alto à esquerda até a base à direita.[40] Entre 1950 e 2009, a taxa de mortes em acidentes de trânsito diminuiu *seis vezes*. Lá estava, olhando para mim, mais um declínio em mortes violentas, só que dessa vez a dominância e o ódio não tinham nenhum papel. Alguma combinação de forças havia atuado ao longo das décadas para reduzir o risco de morrer no trânsito — e, sim, a vida tornara-se mais preciosa, conforme a sociedade enriqueceu, gastou mais renda, engenhosidade e fervor moral para salvar vidas na estrada.

Mais tarde, fiquei sabendo que a *Car and Driver* tinha fornecido estimativas conservadoras. Se o seu gráfico incluísse dados desde o primeiro ano da publicação, 1921, mostraria uma redução de quase *24 vezes* na taxa de mortes. A figura 12.3 mostra a linha de tempo completa — e nem assim conta a história toda, já que, para cada pessoa que morreu, houve outras mutiladas, desfiguradas e torturadas pela dor.

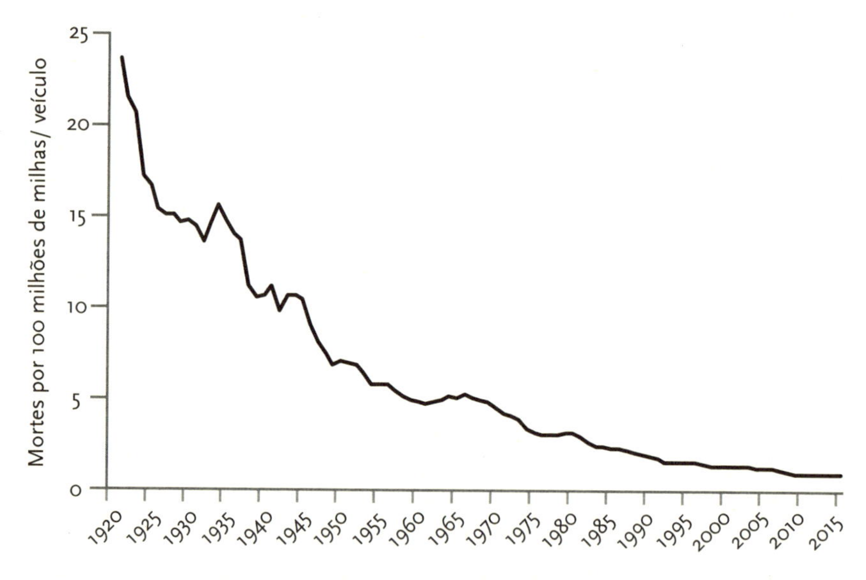

Figura 12.3: *Mortes por acidente em veículo motorizado, EUA, 1921-2015.*
FONTES: National Highway Traffic Safety Administration, <http://www.informedforlife.org/demos/FCKeditor/UserFiles/File/TRAFFICFATALITIES(1899-2005).pdf>, <http://www.fars.nhtsa.dot.gov/Main/index.aspx> e <https://crashstats.nhtsa.dot.gov/Api/Public/ViewPublication/812384>.

No gráfico da revista havia indicações de marcos na segurança automotiva que identificavam as forças tecnológicas, comerciais, políticas e moralísticas atuantes. No curto prazo, às vezes tolheram umas às outras, mas no longo prazo puxaram coletivamente a taxa de mortes cada vez mais para baixo. Houve algumas cruzadas morais para reduzir a carnificina, estampando os fabricantes de veículos como vilãos. Em 1965, um jovem advogado chamado Ralph Nader publicou o livro *Unsafe at Any Speed* [Inseguro a qualquer velocidade], uma acusação à indústria automobilística por negligenciar a segurança no design automotivo. Pouco depois foi instituída a Administração Nacional de Segurança no Trânsito em Rodovias e aprovada uma lei determinando que os carros novos viessem equipados com vários dispositivos de segurança. No entanto, o gráfico mostra que reduções mais acentuadas ocorreram *antes* do ativismo e da legislação e que a indústria automobilística às vezes esteve à frente de seus clientes e reguladores. Um marco indicado no gráfico em 1956 diz: "Ford Motor Company oferece o pacote 'Salva-Vidas'. [...] Inclui cintos de segurança, painel e para-sóis acolchoados e eixo do volante recuado para não transformar o motorista em purê em caso de colisão. É um fracasso de vendas". Demorou uma década para que esses itens se tornassem obrigatórios.

Ao longo da linha descendente estão salpicados outros episódios de *push-pull** entre engenheiros, consumidores, executivos e burocratas do governo. Em vários momentos, zonas de deformação programada, sistema de freios ABS, colunas de direção retráteis, terceira luz de freio, cinto de segurança de três pontos com trava e sistemas de air bag e controle de estabilidade abriram caminho do laboratório ao showroom. Outro salva-vidas foi a pavimentação de longas estradas de terra rurais que se transformaram em rodovias interestaduais de mão dupla com refletores, *guard rails*, curvas suaves e acostamentos largos. Em 1980 formou-se a ONG Mothers Against Drunk Driving, que militou pelo aumento da idade legal para o consumo de bebida alcoólica, redução dos níveis permitidos de álcool no sangue e estigmatização do motorista que bebe, que a cultura popular

* Termo do marketing que designa estratégias de vendas distintas: muito simplificadamente, na estratégia "*push*" (empurrar), o fabricante tenta vender diretamente o produto (com ofertas, promoções etc.), e na estratégia "*pull*" (puxar), procura interessar o consumidor, com intenso esforço publicitário, para que ele próprio tome a iniciativa de procurar o produto do qual ouviu falar. (N. T.)

tratou como motivo de piada (como nos filmes *Intriga internacional* e *Arthur, o milionário sedutor*). Testes de colisão, aplicação das leis de trânsito e educação de motoristas (aliados a fatores impremeditados como estradas congestionadas e recessões econômicas) salvaram ainda mais vidas. *Muitas* vidas: desde 1980, cerca de 650 mil americanos teriam morrido se as taxas de morte no trânsito tivessem permanecido iguais.[41] São números ainda mais impressionantes quando consideramos que, a cada década, os americanos percorreram mais quilômetros (88 bilhões em 1920, 737 bilhões em 1950, 2,4 trilhões em 1980 e 4,8 trilhões em 2013) e puderam usufruir todos os prazeres dos arborizados bairros suburbanos, levar os filhos para treinar futebol, conhecer o país em seu Chevrolet ou simplesmente passear de carro pelas ruas, sentindo-se livre e longe das vistas, gastando todo o seu dinheiro no sábado à noite.[42] A quilometragem adicional não anulou os ganhos de segurança: as mortes per capita em automóveis (não em quilômetros por veículo) tiveram seu auge em 1937, em quase trinta por 100 mil por ano, e estão em declínio constante desde fins dos anos 1970, chegando a 10,2 em 2014, o nível mais baixo desde 1917.[43]

O progresso no número de motoristas que chegam vivos aos seus destinos não é exclusivamente americano. As taxas de fatalidade despencaram em outros países ricos, como França, Austrália e, naturalmente, na Suécia, tão ciosa da segurança. (Acabei comprando um Volvo.) Mas isso *pode* ser atribuído ao fato de se viver em um país rico. Países emergentes como Índia, China, Brasil e Nigéria têm taxas per capita de morte no trânsito duas vezes maiores que as dos Estados Unidos e sete vezes maiores que as da Suécia.[44] Riqueza compra vida.

Um declínio nas mortes no trânsito seria um sucesso duvidoso se nos deixasse mais em perigo do que estávamos antes da invenção do automóvel. Mas a vida antes do carro também não era tão segura. O curador de imagens Otto Bettmann descreve relatos contemporâneos sobre ruas urbanas na era da tração por cavalos:

> "É preciso mais habilidade para atravessar a Broadway [...] do que para atravessar o Atlântico em um barco pesqueiro." [...] O motor das lesões corporais na cidade era o cavalo. Subalimentado e nervoso, esse vigoroso animal frequentemente era açoitado até a exaustão por condutores impiedosos, que exultavam em avançar "com suprema fúria, desafiando a lei e deleitando-se na destruição". Fugas eram comuns. A balbúrdia matava milhares de pessoas. Segundo o National Safety Council, a taxa

de fatalidades associadas a cavalos era dez vezes maior que a associada a carros na era moderna [em 1974, cuja taxa é mais que o dobro da atual — N. A.].[45]

O time de beisebol Brooklyn Dodgers,* antes de se mudar para Los Angeles, recebera seu nome por associação com os pedestres da cidade, famosos por sua habilidade em sair velozmente do caminho de carruagens em disparada. (Nem todos os seus contemporâneos conseguiam: a irmã do meu avô foi morta por um bonde puxado por cavalo em Varsóvia nos anos 1910.) Assim como a vida dos motoristas e passageiros, a vida dos pedestres tornou-se mais preciosa graças a semáforos, faixas de pedestre, passarelas, aplicação das leis de trânsito e extinção de ornamentos no capô, ponteiras no para-choque e outras armas cromadas. A figura 12.4 mostra que andar pelas ruas nos Estados Unidos hoje é seis vezes mais seguro do que em 1927.

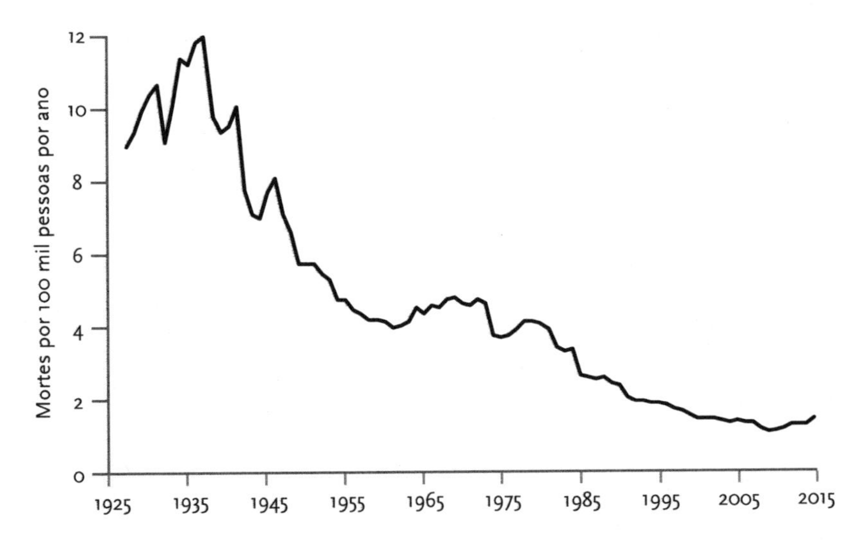

Figura 12.4: *Mortes de pedestres, EUA, 1927-2015.*

FONTES: National Highway Traffic Safety Administration. Para 1927-84: Federal Highway Administration, 2003. Para 1985-95: National Center for Statistics and Analysis, 1995. Para 1995-2005: National Center for Statistics and Analysis. Para 2005-14: National Center for Statistics and Analysis, 2016. Para 2015: National Center for Statistics and Analysis, 2017.

* "*Dodge*" significa esquivar-se. (N. T.)

Quase 5 mil mortes de pedestres em 2014 ainda é um número consternador (basta comparar com as 44 mortes por terroristas, que receberam muito mais publicidade), porém é melhor do que as 15 500 em 1937, quando o país tinha dois quintos do número de habitantes e muito menos carros. E a maior salvação ainda está por vir. Dentro de uma década, a contar deste momento em que escrevo, a maioria dos novos carros será guiada por computadores em vez de humanos avoados e de raciocínio lento. Quando os carros robóticos forem onipresentes, poderão salvar mais de 1 milhão de vidas por ano e serão uma das maiores dádivas à humanidade desde a invenção do antibiótico.

Um lugar-comum nas discussões sobre percepção de risco é a observação de que muita gente tem medo de viajar de avião, mas quase ninguém teme andar de carro, apesar da segurança imensamente maior das viagens aéreas. Mas os supervisores de segurança no tráfego aéreo nunca estão satisfeitos. Examinam de forma minuciosa a caixa-preta e os destroços depois de cada acidente e invariavelmente vêm tornando ainda mais seguro um meio de transporte já seguro. A figura 12.5 mostra que, em 1970, a probabilidade de um passageiro morrer em um acidente aéreo era menos de cinco em 1 milhão; em 2015, esse pequeno risco havia diminuído cem vezes.

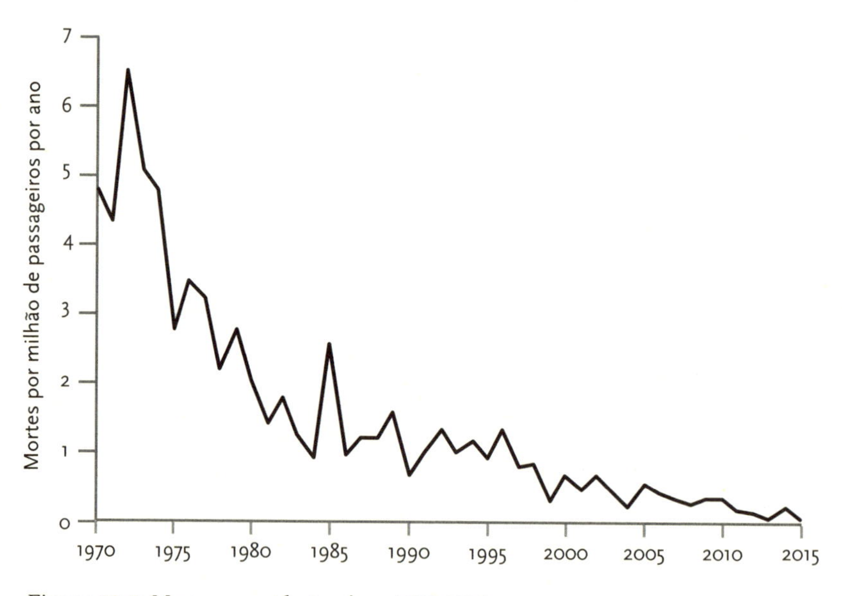

Figura 12.5: *Mortes em acidente aéreo, 1970-2015.*
FONTE: Aviation Safety Network, 2017. Dados sobre o número de passageiros são do Banco Mundial, 2016b.

* * *

Quem pela água e quem pelo fogo... Muito antes da invenção do carro e do avião, as pessoas eram vulneráveis a perigos letais em seu ambiente. O sociólogo Robert Scott começou assim a história da vida na Europa medieval que escreveu: "Em 14 de dezembro de 1421, na cidade inglesa de Salisbury, uma menina de catorze anos chamada Agnes sofreu uma lesão grave quando um espeto quente perfurou seu torso". (Disseram que foi curada por uma oração a santo Osmundo.)[46] Esse foi apenas um exemplo de como as comunidades da Europa medieval eram "lugares muito perigosos". Bebês e crianças pequenas, deixados sem cuidados enquanto seus pais trabalhavam, eram especialmente vulneráveis, como explica a historiadora Carole Rawcliffe:

> A combinação de lareiras abertas, leitos de palha, pisos cobertos de junco e chamas sem proteção em cômodos escuros e apinhados representava uma ameaça constante a pequeninos curiosos. [Até quando brincavam] as crianças corriam perigo na presença de tanques de água, implementos agrícolas ou industriais, pilhas de madeira, barcos e carroças carregadas sem vigilância, elementos que aparecem com consternadora frequência em relatórios de legistas como causa de morte de crianças.[47]

A *Encyclopedia of Children and Childhood in History and Society* registra que "para o público moderno, a imagem de uma porca devorando um bebê, mostrada no 'Conto do Cavaleiro' de Chaucer, beira o absurdo, porém quase certamente refletia a ameaça comum que os animais representavam para as crianças".[48]

Os adultos não estavam mais seguros. Um site chamado Everyday Life and Fatal Hazard in Sixteen-Century England (às vezes também chamado de prêmios Darwin para a Era Tudor) todo mês publica atualizações de análises de relatórios de legistas por historiadores. Entre as causas de morte estavam ingestão de cavalinha contaminada, entalação ao tentar entrar por uma janela, esmagamento por uma pilha de blocos de turfa, estrangulamento por uma faixa da qual pendiam cestos levados ao ombro, queda de um penhasco ao caçar cormorões e queda sobre uma faca durante o abate de um porco.[49] Na ausência de iluminação artificial, quem se aventurasse ao ar livre depois de escurecer corria o risco de se afogar em poços, rios, valas, fossos, canais e cloacas.

Hoje não tememos que bebês sejam comidos por porcas, mas outros perigos ainda estão entre nós. Depois dos acidentes de carro, a causa de morte acidental mais provável são as quedas, seguidas por afogamentos e incêndios, e depois envenenamentos. Sabemos disso porque epidemiologistas e engenheiros de segurança computam mortes acidentais com uma atenção aos detalhes quase equivalente à dedicada aos acidentes aéreos; elas são classificadas e subclassificadas para determinar o que mata mais e como os riscos podem ser reduzidos. (A *Classificação Estatística Internacional de Doenças e Problemas Relacionados com a Saúde* [CID], décima revisão, contém códigos para 153 tipos de queda, além de 39 exclusões.) À medida que suas recomendações são traduzidas em leis, regras de construção, regimes de inspeção e melhores práticas, o mundo torna-se mais seguro. Desde os anos 1930, a probabilidade de americanos sofrerem uma queda fatal diminuiu 72%, pois eles passaram a ser protegidos por parapeitos, sinalização, barras em janelas, barras de apoio, correias de segurança para trabalhadores, pisos e escadas mais seguros e inspeções. (A maioria das mortes remanescentes é de pessoas idosas e com saúde

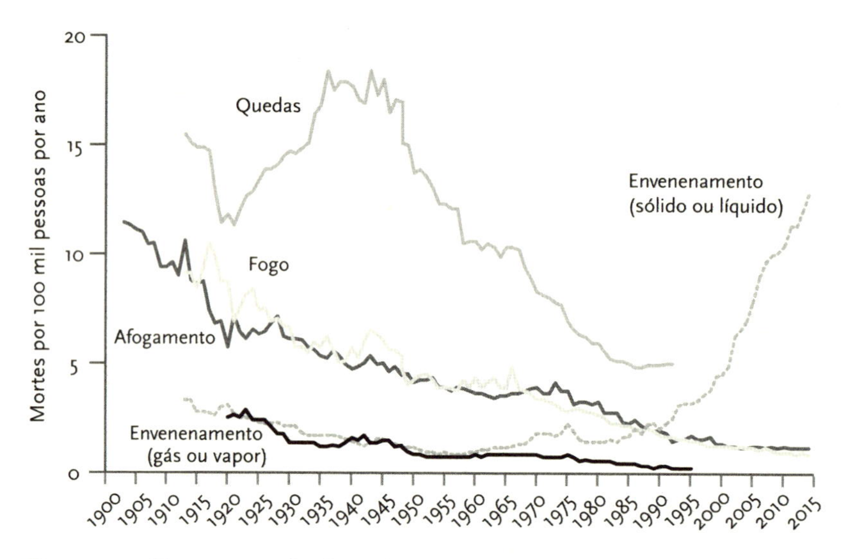

Figura 12.6: *Mortes por queda, fogo, afogamento e envenenamento, EUA, 1903-2014.*
FONTE: National Safety Council, 2016. Os dados para fogo, afogamento e envenenamento (sólido ou líquido) foram agregados em conjuntos de dados para 1903-98 e 1999-2014. Para 1999-2014, dados sobre envenenamento (sólido ou líquido) incluem envenenamento por gás ou vapor. Dados de quedas estendem-se apenas até 1992 devido a mudanças em registro de dados nos anos subsequentes (ver nota 50 para detalhes).

mais frágil.) A figura 12.6 mostra a queda das quedas,[50] juntamente como as trajetórias dos outros riscos principais de morte acidental desde 1903.

As inclinações das curvas para as litúrgicas categorias de morte por fogo e morte por água são quase idênticas, e o número de vítimas de cada categoria declinou mais de 90%. Hoje poucos americanos morrem afogados, graças a coletes salva-vidas, salva-vidas humanos, cercas de proteção em piscinas, aulas de natação e salvamento e crescente percepção da vulnerabilidade de crianças pequenas, que podem afogar-se na banheira, no vaso sanitário e até em baldes.

Cada vez menos gente sucumbe por fogo e fumaça. No século XIX foram criados corpos de bombeiros profissionais para apagar incêndios antes que se transformassem em conflagrações capazes de arrasar cidades inteiras. Em meados do século XX, os corpos de bombeiros passaram a dedicar-se também à prevenção de incêndios. A campanha foi motivada por incêndios terríveis, como o da boate Cocoanut Grove, em Boston, que causou 492 mortes em 1942 e ganhou publicidade com a ajuda de fotos comoventes de bombeiros carregando corpos de criancinhas para fora de casas enfumaçadas. Os incêndios foram proclamados emergência moral em escala nacional em relatórios de comissões presidenciais com títulos como *America Burning*.[51] A campanha rendeu os agora onipresentes aspersores, detectores de fumaça, portas corta-fogo, saídas de incêndio, treinamentos contra incêndio, extintores, materiais que retardam a combustão e mascotes de educação anti-incêndio como o urso Smokey e o cachorro bombeiro Sparky. Em consequência, os corpos de bombeiros estão acabando com sua própria razão de ser. Aproximadamente 96% de seus chamados são para atender pessoas com parada cardíaca e outras emergências médicas, e a maioria dos restantes é para incêndios pequenos. (Ao contrário da imagem simpática, eles não resgatam gatinhos de árvores.) Um bombeiro típico vê apenas um prédio em chamas a cada dois anos.[52]

Diminuíram as mortes de americanos por envenenamento acidental com gás. Um avanço foi a transição do tóxico gás de carvão para o gás natural atóxico na cozinha e no sistema de aquecimento nas casas a partir dos anos 1940. Outro foi a melhora do desenho e da manutenção dos fogões a gás para que não queimem incompletamente o combustível e lancem monóxido de carbono na casa. A partir dos anos 1970, os carros foram equipados com conversor catalítico, projetado para reduzir a poluição atmosférica, mas que também impede que o carro se transforme numa câmara de gás em movimento. E por todo o século as pessoas foram cada vez mais lembradas de que é má ideia ligar carros, geradores, churrasqueiras a carvão e aquecedores de combustão em ambientes fechados ou sob janelas.

A figura 12.6 mostra uma aparente exceção na vitória contra os acidentes: a categoria intitulada "Envenenamento (sólido ou líquido)". A alta brusca a partir dos anos 1990 é anômala em uma sociedade cada vez mais protegida por travas, alarmes, acolchoamentos, grades de proteção e placas de alerta, e de início não entendi por que mais americanos pareciam estar ingerindo veneno contra baratas ou água sanitária. Depois percebi que a categoria dos envenenamentos acidentais inclui overdose de drogas. (Eu deveria ter me lembrado daquela música de Leonard Cohen baseada na prece do Yom Kipur que traz os versos "*Who in her lonely slip/ Who by barbiturate*".*) Em 2013, 98% das mortes por "envenenamento" foram por drogas (92%) ou álcool (6%), e quase todas as outras foram por gases ou vapores (principalmente monóxido de carbono). Riscos domésticos ou ocupacionais por materiais como solventes, detergentes, inseticidas e fluido de isqueiro causaram menos de meio a 1% das mortes por envenenamento, e rapariam o piso da figura 12.6.[53] Embora crianças pequenas ainda xeretem embaixo da pia, provem seus achados e sejam levadas às pressas para centros de controle de envenenamentos, poucas morrem.

Portanto, a única ascensão de curva na figura 12.6 não é um contraexemplo para o progresso da humanidade na redução dos riscos ambientais, embora sem dúvida seja um passo atrás no que diz respeito a um tipo de risco diferente, o abuso de drogas. A curva começa a subir nos psicodélicos anos 1960, tem outra alta brusca durante a epidemia de crack dos anos 1980 e explode durante a epidemia muito mais grave de dependência de opioides no século XXI. A partir dos anos 1990, médicos prescreveram em excesso analgésicos opioides sintéticos como oxicodona, hidrocodona e fentanil, que não só causam dependência, mas também funcionam como porta de entrada para a heroína. Overdoses por opioides legais e ilegais tornaram-se uma grande ameaça, matando mais de 40 mil pessoas por ano e elevando o "envenenamento" à maior categoria de mortes acidentais, acima até dos acidentes de trânsito.[54]

As overdoses são claramente um tipo de fenômeno diferente dos acidentes de trânsito, quedas, incêndios, afogamentos e envenenamento por gás. Ninguém

* "Quem em seu declínio solitário/ Quem por barbitúrico." (N. T.)

se vicia em monóxido de carbono, nem tem fissura por escadas cada vez mais altas, por isso os tipos de salvaguardas mecânicas que funcionaram tão bem para os riscos ambientais não bastarão para deter a epidemia dos opioides. Políticos e autoridades de saúde pública estão às voltas com a enormidade desse problema e implementando medidas de combate: monitoração de receitas médicas, incentivo ao uso de analgésicos mais seguros, censura ou punição a indústrias farmacêuticas que promovem irresponsavelmente essas drogas, aumento da disponibilidade do antídoto naloxona e tratamento de dependentes com antagonistas de opioides e terapia cognitiva comportamental.[55] Um sinal de que essas medidas podem ser eficazes é o fato de que o número de overdoses por opioides prescritos (embora não por heroína e fentanil obtidos de forma ilícita) chegou ao auge em 2010 e pode estar começando a diminuir.[56]

Também é importante observar que as overdoses de opioides são, em grande medida, uma epidemia da coorte de *baby boomers* doidões que estão chegando à meia-idade. O pico de idade nas mortes por envenenamento em 2011 foi de aproximadamente cinquenta anos, mais do que os quarenta e poucos anos em 2003, os trinta e tantos em 1993, os trinta e poucos em 1983 e os vinte e poucos em 1973.[57] Faça as subtrações e verá que, em cada década, são os membros da geração nascida entre 1953 e 1963 que estão se matando com drogas. Apesar do eterno temor pelos adolescentes, a garotada de hoje, em termos relativos, está bem, ou pelo menos melhor. Segundo um grande estudo longitudinal de adolescentes chamado Monitoring the Future, o consumo de álcool, cigarro e drogas (exceto maconha e drogas inaladas em vaporizadores) por estudantes de ensino médio caiu para os níveis mais baixos desde que o levantamento começou, em 1976.[58]

Com a transição da economia industrial para a de serviços, muitos críticos sociais se dizem saudosos da era das fábricas, minas e tecelagens, provavelmente porque nunca trabalharam em uma delas. Além de todos os riscos letais que examinamos, os locais de trabalho fabris adicionam inúmeros outros, pois tudo o que uma máquina pode fazer com suas matérias-primas — costurar, triturar, assar, rasgar, prensar, debulhar ou trinchar — também pode fazer com os operários que as manejam. Em 1892, o presidente Benjamin Harrison observou que "os operários americanos estão sujeitos a perigos para a vida e a integridade física tão grandes quanto um soldado em tempo de guerra". Bettmann comenta sobre algumas das medonhas ilustrações e legendas que coligiu daquela época:

> Diziam que o mineiro "descia para o trabalho como para um túmulo aberto, sem saber quando a terra poderia fechar-se por cima dele". [...] Cabos de força desencapados mutilavam e matavam operárias de saia-balão. [...] A vida do acrobata circense e do piloto de testes hoje goza de mais segurança que a do guarda-freios de ontem, cujo trabalho requeria saltos precários entre sacolejantes vagões de carga sob o comando do apito da locomotiva. [...] Também sujeitos à morte súbita [...] estavam os acopladores de trem, cujo risco onipresente era perder mãos e dedos nos primitivos mecanismos de ligar e cavilhar. [...] Quando um trabalhador era mutilado por uma serra, esmagado por uma viga, sepultado em uma mina, quando caía em um poço, era sempre porque tivera "azar".[59]

"Azar" era uma explicação conveniente para os empregadores, e até recentemente fez parte do fatalismo generalizado em torno dos acidentes mortais, que costumavam ser atribuídos ao destino ou a atos de Deus. (Hoje os engenheiros de segurança e pesquisadores de saúde pública nem sequer usam a palavra "acidente", pois isso implica um capricho do destino; o termo técnico é "lesão não intencional".) As primeiras medidas de segurança e apólices de seguro nos séculos XVIII e XIX protegiam a propriedade, não as pessoas. Quando as lesões e mortes passaram a aumentar de forma flagrante durante a Revolução Industrial, foram menosprezadas como "o preço do progresso", segundo a definição não humanística de "progresso" que não levava em conta o bem-estar humano. Um superintendente de ferrovia justificou sua recusa em instalar um telhado sobre uma plataforma de carga dizendo que "homens são mais baratos do que telhas. [...] Quando um se vai, há uma dúzia de outros à espera".[60] O ritmo desumano da produção industrial foi imortalizado em ícones culturais como Charlie Chaplin na linha de montagem em *Tempos modernos* e Lucille Ball na fábrica de chocolate em *I Love Lucy*.

Os locais de trabalho começaram a mudar em fins do século XIX, quando os primeiros sindicatos se organizaram, jornalistas abraçaram a causa e departamentos do governo passaram a coligir dados que quantificavam as perdas humanas.[61] O comentário de Bettmann sobre a letalidade do trabalho nas ferrovias não se baseou somente em imagens: nos anos 1890, a taxa de mortalidade anual para os ferroviários foi de espantosos 852 por 100 mil trabalhadores, quase 1% ao ano. A carnificina reduziu-se quando uma lei de 1893 determinou o uso de freios de ar comprimido e acopladores automáticos em todos os trens de carga; essa foi a primeira lei federal destinada a melhorar a segurança no trabalho.

As proteções difundiram-se por outras ocupações nas primeiras décadas do século XX, a Era Progressista. Resultaram da militância de reformadores, sindicatos e jornalistas investigativos e romancistas como Upton Sinclair.[62] A reforma mais eficaz foi uma mudança simples na legislação importada da Europa: responsabilizar o empregador e indenizar os empregados. Antes disso, os trabalhadores acidentados ou seus sobreviventes tinham de requerer judicialmente uma indenização, e em geral não eram bem-sucedidos. Depois da alteração da legislação, os empregadores passaram a ter de indenizá-los em valores fixos. Essa mudança agradou aos administradores tanto quanto aos trabalhadores, pois tornava os custos mais previsíveis e os empregados mais cooperativos. Mais importante foi atrelar os interesses de administradores e empregados: ambas as partes, assim como as seguradoras e os departamentos do governo que determinaram a indenização, tinham interesse em tornar o local de trabalho mais seguro. Empresas criaram comissões e departamentos de prevenção de acidentes, contrataram engenheiros de segurança e implementaram muitas proteções, ora por motivos econômicos ou humanitários, ora como resposta a críticas do público depois de um desastre muito divulgado, e frequentemente sob coação de processos judiciais e regulações governamentais. Os resultados evidenciam-se na figura 12.7.[63]

Em 2015 o número de trabalhadores mortos em serviço, quase 5 mil, ainda é muito alto, mas é bem melhor do que as 20 mil mortes em 1929, quando a população tinha dois quintos do tamanho. Grande parte da economia de vidas é fruto da militância de trabalhadores na agricultura, indústria, comércio e escritório. Mas boa parte é uma dádiva da descoberta de que salvar vidas enquanto se produz o mesmo número de artigos é um problema solúvel.

Quem por terremoto... Será que os esforços de meros mortais poderiam mitigar o que os advogados chamam de "atos de Deus" — secas, enchentes, incêndios, tempestades, vulcões, avalanches, deslizamentos de terra, sumidouros, ondas de calor, frentes frias, quedas de meteoro e, claro, terremotos, que são a quintessência das catástrofes incontroláveis? A resposta, mostrada na figura 12.8, é que sim.

Depois da icônica década de 1910, quando o mundo foi devastado por uma

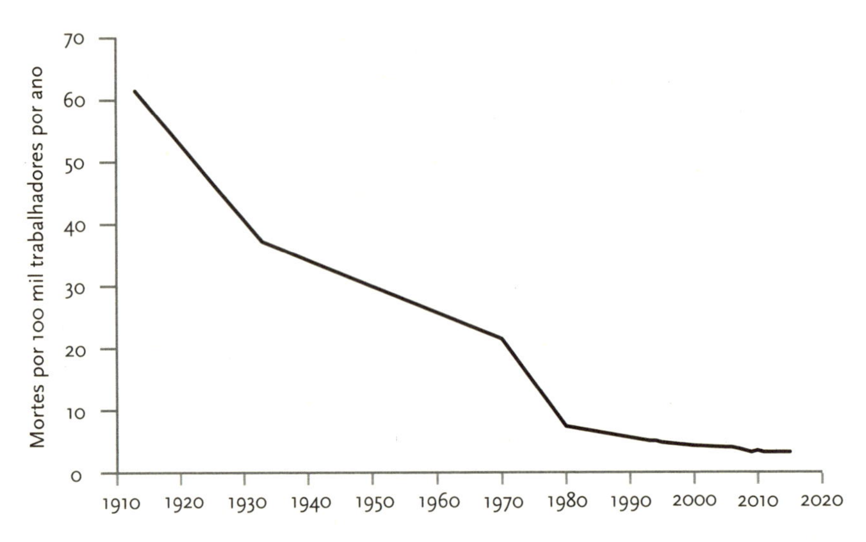

Figura 12.7: *Mortes em acidentes ocupacionais, EUA, 1913-2015.*
FONTES: Os dados são de fontes diferentes e podem não ser totalmente comensuráveis (ver detalhes na nota 63). Para 1913, 1933 e 1980: Bureau of Labor Statistics, National Safety Council e CDC National Institute for Occupational Safety and Health, respectivamente, citado em Centers for Disease Control, 1999. Para 1970: Occupational Safety and Health Administration, "Timeline of OSHA's 40 Year History", disponível em: <https://www.osha.gov/osha40/timeline.html>. Para 1993-4: Bureau of Labor Statistics, citado em Pegula e Janocha, 2013. Para 1995-2005: National Center for Health Statistics, 2014, tabela 38. Para 2006-14: Bureau of Labor Statistics, 2016a. Estes últimos dados foram registrados como mortes por equivalente a trabalhadores em tempo integral e multiplicados por 0,95, tendo em vista uma comensurabilidade aproximada com os anos precedentes, baseado no ano 2007, quando o Census of Fatal Occupational Injuries informou taxas por trabalhador (3,8) e por equivalente a trabalhadores em tempo integral (4,0).

guerra mundial e uma pandemia de gripe, mas relativamente poupado de desastres naturais, a taxa de mortes em acidentes naturais declinou de forma acelerada de seu pico. A razão não foi que, a cada década, o mundo se viu abençoado com menos terremotos, vulcões e meteoros. Foi o fato de que uma sociedade mais rica e mais avançada em termos tecnológicos tem capacidade de impedir que riscos naturais se tornem catástrofes humanas. Quando um terremoto acontece, menos pessoas são esmagadas por desabamento de concreto ou queimadas em incêndios. Quando a chuva não vem, podem usar água represada em reservatórios. Quando a temperatura sobe ou cai demais, permanecem em ambientes fechados climatizados. Quando um rio inunda suas margens, a água potável está protegida de dejetos humanos e industriais. As represas e eclusas que guardam água para beber e irrigar, quando projetadas e construídas de maneira adequada, tornam as enchentes menos prováveis. Sistemas de alerta com antecedência permitem que as pessoas evacuem uma área ou se abriguem antes da passagem de um ciclone. Embora os geólogos ainda não saibam prever terremotos, muitas vezes conseguem predizer erupções vulcânicas, e podem preparar as pessoas que residem no entorno do Círculo de Fogo do Pacífico e de outras zonas de falha geológicas para que adotem medidas de precaução e salvem as suas vidas. E, claro, um mundo mais rico consegue resgatar e tratar seus feridos e se reconstruir com rapidez.

Os países pobres são hoje os mais vulneráveis a riscos naturais. Em 2010, um terremoto no Haiti matou mais de 200 mil pessoas, enquanto outro mais forte, ocorrido no Chile algumas semanas depois, matou muito menos: quinhentas. O Haiti também perde dez vezes mais habitantes para furacões do que a República

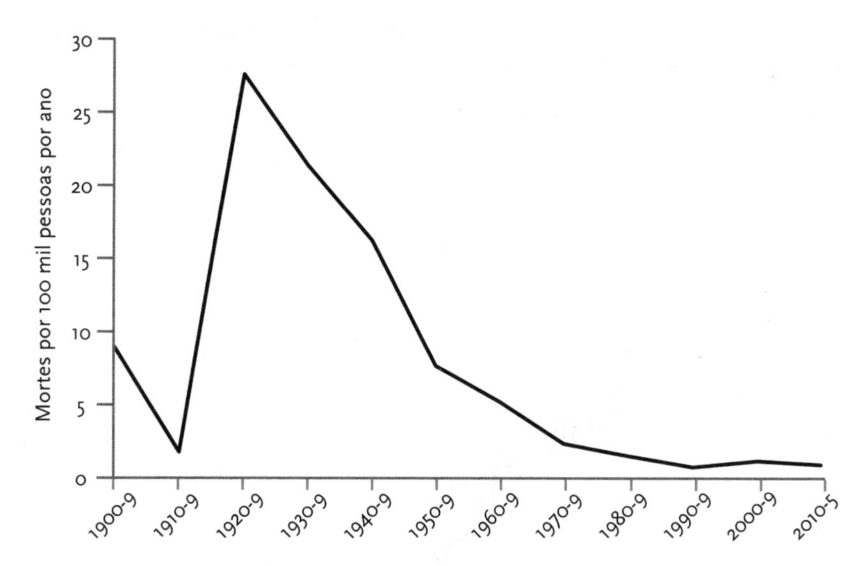

Figura 12.8: *Mortes em desastres naturais, 1900-2015.*
FONTE: Our World in Data, 2016q, baseado em dados de EM-DAT, The International Disaster Database, <www.emdat.be>. O gráfico representa a soma das taxas de mortes por seca, terremoto, temperatura extrema, inundação, impacto, deslizamento de terra, movimento de massa (seca), tempestade, atividade vulcânica e incêndio (exclui epidemia). Em muitas décadas, um único tipo de desastre domina os números: secas nos anos 1910, 1920, 1930 e 1960; inundações nos anos 1930 e 1950; terremotos nos anos 1970, 2000 e 2010.

Dominicana, um país mais rico também situado na ilha Hispaniola. A boa notícia é que, conforme os países mais pobres enriquecem, se tornam mais seguros (pelo menos enquanto o desenvolvimento econômico se der a um ritmo mais rápido que a mudança climática). A taxa anual de mortes em desastres naturais em países de baixa renda caiu de 0,7 por 100 mil habitantes nos anos 1970 para 0,2 hoje, uma taxa inferior à de países de renda média-alta nos anos 1970. A taxa atual continua a ser mais alta que a de países de renda elevada (que de 0,09 caiu para 0,05), mas mostra que tanto os países ricos como os pobres podem progredir na autodefesa contra uma deidade vingativa.[64]

E quanto ao próprio arquétipo de ato divino? O projétil que Zeus lançava das alturas do Olimpo? A clássica expressão do imprevisível encontro marcado com a morte? O literal "caiu como um raio"?

Sim, graças à urbanização e a avanços na previsão do tempo, educação sobre segurança, tratamentos médicos e aprimoramento de sistemas elétricos, houve um declínio de 37 vezes em relação aos números da virada do século XX na probabilidade de que um americano venha a ser morto por um raio.

A vitória da humanidade contra os perigos cotidianos é uma forma de pro-

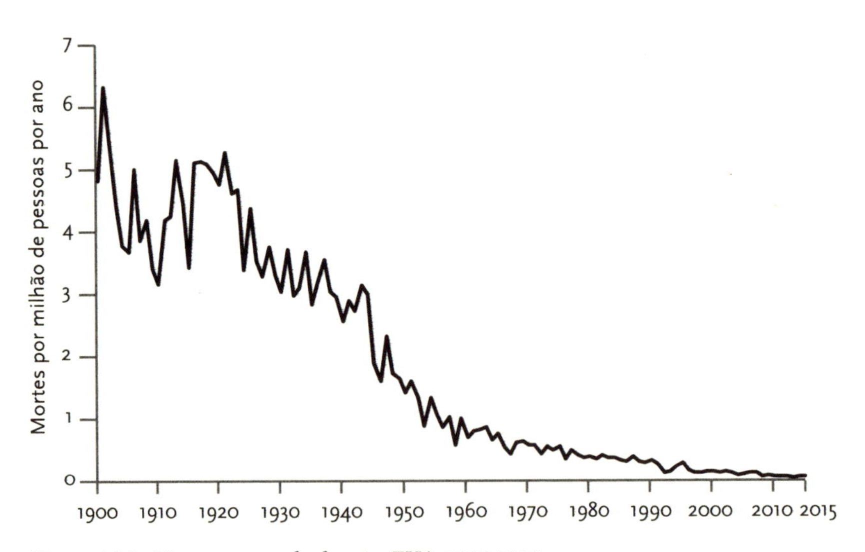

Figura 12.9: *Mortes por queda de raio, EUA, 1900-2015.*
FONTE: Our World in Data, Roser, 2016q, baseado em dados de National Oceanic and Atmospheric Administration, <http://www.lightingsafety.noaa.gov/victims/shtml>, e López e Hole, 1998.

gresso singularmente pouco entendida. (Alguns que leram um rascunho deste capítulo até ficaram em dúvida sobre a pertinência desse tópico em um livro sobre progresso.) Embora acidentes matem mais gente do que todas as guerras exceto as piores, quase nunca os encaramos a partir de uma perspectiva moral. Como se diz, acidentes acontecem. Se alguma vez tivéssemos sido confrontados com o dilema: "1 milhão de mortes e 10 milhões de lesões por ano é um preço adequado a se pagar pela conveniência de dirigir nossos próprios carros a velocidades convenientes?", poucos de nós responderíamos que sim. No entanto, essa é a monstruosa escolha que fizemos de forma tácita, porque o dilema nunca nos foi apresentado nesses termos.[65] De vez em quando, um risco é moralizado e arma-se uma cruzada contra ele, sobretudo se o desastre virar manchete e for possível apontar um vilão (um industrial ganancioso, uma autoridade negligente). No entanto, logo volta à loteria da vida.

Assim como as pessoas tendem a não ver os acidentes como atrocidades (pelo menos quando elas próprias não são as vítimas), também não veem os ganhos em segurança como triunfos morais, isso quando estão cientes de sua existência. No entanto, quando milhões de vidas são poupadas e quando há redução em enfermidades, desfiguramentos e sofrimento em escala colossal, isso merece que nos sintamos gratos e exige uma explicação. A afirmação vale inclusive para o assassinato, o mais moralizado dos atos, cuja taxa despencou por motivos que não se encaixam nas narrativas costumeiras.

A ascensão da segurança, como outras formas de progresso, foi encabeçada por alguns heróis, mas também impelida por uma miscelânea de agentes que remaram na mesma direção, palmo a palmo: ativistas de base, legisladores paternalistas e um conjunto de inventores, engenheiros, planejadores e matemáticos muito pouco incensados. Embora às vezes nos irritemos com alarmes falsos e intrusões do Estado-babá, acabamos por usufruir das bênçãos da tecnologia sem as ameaças à vida e à integridade física.

E, embora a história do cinto de segurança, do alarme de fumaça e do policiamento de "*hot spots*" não seja uma parte habitual da saga do Iluminismo, tudo isso reflete os mais profundos temas iluministas. Quem viverá e quem morrerá não está inscrito no Livro da Vida. É um destino afetado pelo conhecimento e por atos humanos à medida que o mundo se torna mais inteligível, e a vida, mais preciosa.

13. Terrorismo

No capítulo anterior, quando escrevi que estamos vivendo na época mais segura da história, sabia da incredulidade que essas palavras provocariam. Nestes últimos anos, ataques terroristas e massacres raivosos noticiados à exaustão têm enervado o mundo e promovido a ilusão de que vivemos em tempos perigosos como nunca. Em 2016, a maioria dos americanos apontou o terrorismo como o problema mais importante enfrentado pelo país, declarou ter medo de tornar-se vítima ou ver algum familiar vitimado, e identificou o EI como uma ameaça à existência ou sobrevivência dos Estados Unidos.[1] O medo confunde não só as pessoas comuns que tentam se livrar de um pesquisador de opinião ao telefone, mas também intelectuais públicos, em especial pessimistas culturais eternamente sedentos de sinais de que a civilização ocidental está (como sempre) à beira do colapso. O filósofo político John Gray, progressofóbico declarado, descreveu as sociedades contemporâneas da Europa Ocidental como "terrenos de conflito violento" nos quais "paz e guerra [são] fatalmente indistinguíveis".[2]

Contudo, isso é, sim, uma ilusão. O terrorismo é um perigo ímpar, pois combina um pavor enorme com um dano pequeno. Eu não computaria as tendências do terrorismo como um exemplo de progresso, pois no longo prazo não apresentam o declínio que constatamos para doença, fome, pobreza, guerra, crime violento e acidentes. Mas mostrarei que o terrorismo é um ruído na nossa avaliação do progresso e, de certo modo, um tributo indireto a esse progresso.

Gray menosprezou dados reais sobre violência como "amuletos" ou "feitiçaria". A tabela a seguir mostra por que ele precisou dessa acalculia ideológica para poder prosseguir com suas lamúrias. A tabela mostra o número de vítimas de quatro categorias de assassinato — terrorismo, guerra, homicídios e acidentes — junto com o total geral de mortes no ano mais recente para o qual dispomos de dados (2015 ou antes). Representar isso em gráfico é impossível, pois os espaços para os números do terrorismo seriam menores do que um pixel.

Tabela 13.1: *Mortes por terrorismo, guerra, homicídio e acidentes*

	EUA	Europa Ocidental	Mundo
Terrorismo	44	175	38 422
Guerra	28	5	97 496
Homicídio	15 696	3962	437 000
Acidentes com veículos motorizados	35 398	19 219	1 250 000
Total de acidentes	136 053	126 482	5 000 000
Total de mortes	2 626 418	3 887 598	56 400 000

"Europa Ocidental" é definida como em Global Terrorism Database, abrangendo 24 países e população de 418 245 997 habitantes em 2014 (Statistics Times, 2015). Aqui omiti Andorra, Córsega, Gibraltar, Luxemburgo e Ilha de Man.

FONTES: Terrorismo (2015): National Consortium for the Study of Terrorism and Responses to Terrorism 2016. Guerra, EUA e Europa Ocidental (Reino Unido + OTAN) (2015), <icausalties.org>, <http://icausalties.org>. Guerra, Mundo (2015): *UCDP Battle-Related Deaths Dataset*, Uppsala Conflict Data Program, 2017. Homicídio, EUA (2015): Federal Bureau of Investigation, 2016a. Homicídio, Europa Ocidental e Mundo (2012 ou mais recente): Escritório das Nações Unidas para Drogas e Crime, 2013. Dados para Noruega excluem o ataque terrorista em Utøya. Acidentes com veículos motorizados, Total de acidentes e Total de mortes, EUA (2014): Kochanek et al., 2016, tabela 10. Acidentes com veículos motorizados, Europa Ocidental (2013): Organização Mundial da Saúde, 2016c. Total de acidentes, Europa Ocidental (2014 ou mais recente): Organização Mundial da Saúde, 2015a. Acidentes com veículos motorizados e Total de acidentes, Mundo (2012): Organização Mundial da Saúde, 2014. Total de mortes, Europa Ocidental (2012 ou mais recente): Organização Mundial da Saúde, 2017a. Total de mortes, Mundo (2015): Organização Mundial da Saúde, 2017c.

Comecemos pelos Estados Unidos. O que salta à vista na tabela é o número minúsculo de mortes causadas por terrorismo em 2015 em comparação com os óbitos decorrentes de perigos que provocam muito menos ou nenhuma aflição. (Em 2014 o número de mortes por terrorismo foi ainda menor: dezenove.) Até a estimativa de 44 é generosa: provém do Global Terrorism Database, que computa como exemplos de "terrorismo" os crimes de ódio e a maioria dos massacres perpetrados por atiradores enlouquecidos. As baixas são comparáveis ao número de mortes de militares no Afeganistão e Iraque (28 em 2015, 58 em 2014), as quais, de forma condizente com a imemorial desvalorização da vida dos soldados, receberam uma fração da cobertura nos noticiários. A linha logo abaixo na tabela mostra que, em 2015, um americano tinha probabilidade mais de 350 vezes maior de ser morto em um homicídio registrado em boletim policial do que em um ataque terrorista, oitocentas vezes maior de morrer em acidente de carro e 3 mil vezes maior em um acidente de qualquer tipo. (Entre as categorias de acidente que costumam matar mais de 44 pessoas em um dado ano estão "Queda de raio", "Contato com água quente encanada", "Contato com marimbondos, vespas e abelhas", "Mordida ou ataque de mamíferos, exceto cães", "Afogamento e submersão durante imersão ou queda em banheira" e "Ignição ou derretimento de vestuário e acessórios exceto traje de dormir".)[3]

Na Europa Ocidental o perigo relativo de terrorismo foi maior do que nos Estados Unidos. Em parte, isso ocorreu porque 2015 foi um *annus horribilis* para o terrorismo naquela região, com ataques no aeroporto de Bruxelas, em várias boates parisienses e em um festejo público em Nice. (Em 2014, apenas cinco pessoas foram mortas.) No entanto, o risco relativamente maior de terrorismo também é sinal do quanto a Europa é mais segura em todos os outros aspectos. Os europeus ocidentais são menos propensos a cometer assassinatos do que os americanos (com aproximadamente um quarto das taxas de homicídio dos Estados Unidos) e também menos aficcionados pelo automóvel, razão pela qual menos pessoas morrem nas ruas e estradas.[4] Mesmo com esses fatores fazendo a balança pender para o terrorismo, em 2015 um europeu ocidental teve probabilidade vinte vezes maior de morrer em um dos (relativamente raros) homicídios do que em um ataque terrorista, mais de cem vezes maior de morrer em um acidente de carro e mais de setecentas vezes maior de ser esmagado, envenenado, queimado, asfixiado ou morto em algum outro tipo de acidente.

A terceira coluna mostra que, apesar de toda a aflição recente com o terrorismo no Ocidente, a nossa situação é tranquila se comparada com o resto do mundo. Embora Estados Unidos e Europa Ocidental contenham cerca de um décimo da população mundial, em 2015 sofreram apenas 0,5% do total de mortes por terrorismo. Isso não ocorreu porque o terrorismo é uma causa importante de morte em outras partes. É porque, em grande medida, o terrorismo, como é hoje definido, consiste em um fenômeno de guerra, e não ocorrem mais guerras nos Estados Unidos e na Europa Ocidental. Nos anos desde os ataques de 11 de setembro de 2001, a violência antes referida como fruto de "insurgência" ou "guerrilha" passou a ser muitas vezes classificada como "terrorismo".[5] (Por incrível que pareça, o Global Terrorism Database não classifica nenhuma morte no Vietnã nos últimos cinco anos da guerra naquele país como "terrorismo".)[6] A maioria das mortes por terrorismo no mundo ocorre em zonas de guerra civil (incluem 8831 no Iraque, 6208 no Afeganistão, 5288 na Nigéria, 3916 na Síria, 1606 no Paquistão e 689 na Líbia), e muitas são contadas em duplicidade como baixas de guerra, pois "terrorismo" é simplesmente um crime de guerra durante uma guerra civil — um ataque deliberado a civis — cometido por um grupo não pertencente ao governo. (Excluindo essas seis zonas de guerra civil, o número de mortes por terrorismo em 2015 foi de 11 884.) Contudo, mesmo com a dupla contagem de terrorismo e guerra durante o pior ano do século XXI para mortes em guerras, um cidadão global teve probabilidade onze vezes maior de morrer por homicídio do que por ataque terrorista, mais de trinta vezes maior de morrer em acidente de carro e mais de 125 vezes maior de morrer em qualquer tipo de acidente.

O terrorismo aumentou com o passar do tempo, independentemente do número de vítimas? É difícil discernir as tendências históricas. Como "terrorismo" é uma categoria elástica, as linhas de tendência têm aparências diferentes dependendo de o banco de dados incluir ou não crimes durante guerra civil, assassinatos múltiplos (que abrangem assaltos à mão armada ou ataques de máfias com várias vítimas) ou ataques suicidas nos quais o assassino expressou previamente alguma crítica política. (O Global Terrorism Database, por exemplo, inclui o massacre na escola Columbine em 1999, mas não o da escola Sandy Hook em 2012.) Além disso, assassinatos em massa são espetáculos midiáticos: as notícias inspiram imitadores e, assim, o número de episódios aumenta e diminui conforme um evento inspira outro até que a novidade se esgota por algum tempo.[7] Nos Estados Unidos, o número de "incidentes com agressores ativos" (massacres durante surtos de fúria) oscila com tendência ascendente desde 2000, embora o número de "assassinatos em massa" (quatro ou mais mortes em um incidente) não mostre mudança sistemática (na verdade, apresenta um ligeiro declínio) de 1976 a 2011.[8] A taxa de mortes per capita em "incidentes de terrorismo" é mostrada na figura 13.1, juntamente com as confusas tendências para a Europa Ocidental e o mundo.

A taxa de mortes por terrorismo nos Estados Unidos em 2001, que inclui as 3 mil mortes nos ataques de Onze de Setembro, domina o gráfico. Em outra parte, vemos uma corcova em 1995 em razão do atentado a bomba em Oklahoma City (165 mortes) e rugas quase imperceptíveis em outros anos.[9] Excluindo o Onze de Setembro e Oklahoma, desde 1990 foram mortos por extremistas de direita aproximadamente o dobro do número de americanos mortos por grupos terroristas islamitas.[10] A linha que representa a Europa Ocidental mostra que o aumen-

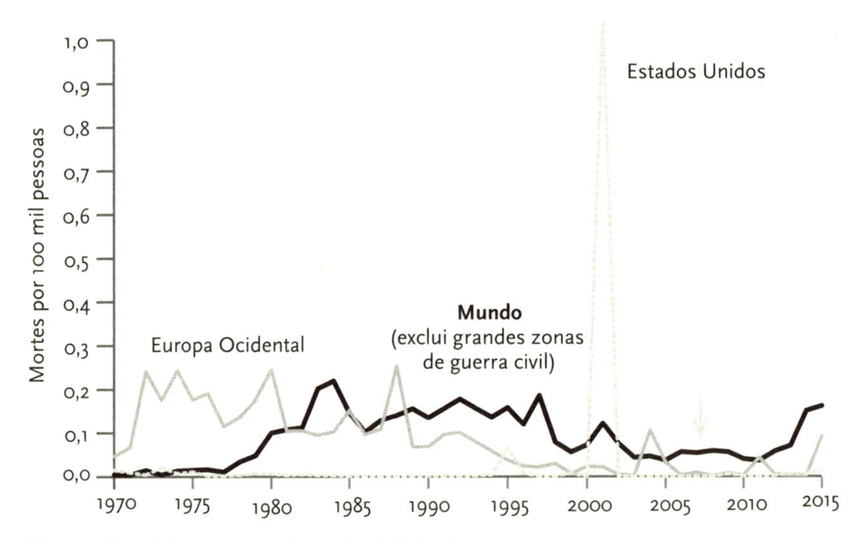

Figura 13.1: *Mortes por terrorismo, 1970-2015.*
FONTES: "Global Terrorism Database", National Consortium for the Study of Terrorism and Responses to Terrorism, 2016, <https://www.start.umd.edu/gtd/>. A taxa mundial exclui mortes no Afeganistão após 2001, Iraque após 2003, Paquistão após 2004, Nigéria após 2009, Síria após 2011 e Líbia após 2014. As estimativas de população para o mundo e a Europa Ocidental são da União Europeia em 2015, em Revision of World Population Prospects (<https://esa.un/org/unpd/wpp/>); estimativas para os Estados Unidos são de US Census Bureau, 2017. A seta vertical indica 2007, o último ano representado nas figuras 6.9, 6.10 e 6.11 em Pinker, 2011.

to em 2015 ocorreu após uma década de relativa tranquilidade, e nem sequer foi o pior já visto na região: a taxa de mortes foi maior nos anos 1970 e 1980, quando ocorreram regularmente explosões e ataques a tiros perpetrados por grupos marxistas e secessionistas (incluindo o Exército Republicano Irlandês e o movimento basco ETA). A linha para o mundo como um todo (que exclui mortes em grandes zonas de guerra, examinadas no capítulo sobre a guerra) contém um platô com picos nos anos 1980 e 1990, uma queda após o fim da Guerra Fria e uma alta recente em um nível ainda inferior ao das décadas anteriores. Portanto, as tendências históricas, assim como os números atuais, refutam o medo de que estejamos vivendo em novos tempos perigosos, sobretudo no Ocidente.

Embora o terrorismo represente um perigo minúsculo em comparação com outros riscos, cria pânico e histeria descomunais porque é para isso que foi concebido. O terrorismo moderno é um subproduto do alcance colossal da mídia.[11] Um grupo de indivíduos busca uma fatia da atenção mundial pelo único meio garantido de atraí-la: matando pessoas inocentes, especialmente em circunstâncias nas quais os leitores da notícia conseguem se imaginar. Os veículos noticiosos mordem a isca e fazem a cobertura das atrocidades até a saturação. A heurística da disponibilidade contribui com sua parte, e as pessoas são acometidas por um temor desproporcional ao nível de perigo.

Não é só o destaque de um evento medonho que alimenta o terror. Nossas emoções são muito mais mobilizadas quando a causa da tragédia é uma intenção malévola do que quando é um acidente.[12] (Como vou com frequência a Londres, confesso que fiquei muito mais transtornado quando li a manchete MULHER MORRE EM ATAQUE "TERRORISTA" COM FACA NA PRAÇA RUSSELL do que quando li COLECIONADOR DE ARTE FAMOSO MORRE ATROPELADO POR ÔNIBUS NA TRAGÉDIA DA RUA OXFORD.) Existe algo de muito inquietante na ideia de que um ser humano quer nos matar, e por uma boa razão evolucionária. Causas acidentais de morte não *tentam* nos liquidar, nem se preocupam com o modo como reagimos, ao passo que malfeitores humanos usam a inteligência para nos vencer e vice-versa.[13]

Como os terroristas não são riscos impensados, e sim agentes humanos com objetivos, poderia ser *racional* nos preocuparmos com eles apesar do pequeno grau de dano que causam? Afinal de contas, nos sentimos justificadamente indignados quando déspotas executam dissidentes, muito embora o número de suas vítimas possa ser tão pequeno quanto as do terrorismo. A diferença é que a violência despótica tem efeitos estratégicos desproporcionais às baixas: elimina as ameaças mais potentes ao regime e desestimula o resto da população a pôr outras no lugar. A violência terrorista, quase por definição, atinge vítimas de forma aleatória. Assim, a importância objetiva além do dano imediato depende do que essa matança a esmo pretende obter.

Na prática, para muitos terroristas o objetivo é apenas a publicidade. O jurista Adam Lankford analisou os motivos das categorias sobrepostas de terroristas suicidas, atiradores em surto de violência e assassinos em crimes de ódio, incluindo os lobos solitários autorradicalizados e os homens-bomba recrutados por líderes terroristas.[14] No mais das vezes, os assassinos são solitários e malsucedidos na vida, muitos sofrem de doenças mentais não tratadas, são consumidos por ressentimento e têm fantasias de vingança e reconhecimento. Alguns fundem seu rancor com a ideologia islamita, outros com uma causa nebulosa como "deflagrar uma guerra racial" ou "uma revolução contra o governo federal, os impostos e as leis desarmamentistas". Matar muita gente oferece-lhes a chance de ser alguém, mesmo que apenas em antegozo, e desaparecer em chamas de glória significa que não precisarão lidar com as irritantes consequências de ser um assassino de massa. A promessa do paraíso e uma ideologia que racionaliza o massacre como um ato em prol de um bem maior tornam a fama póstuma ainda mais convidativa.

Outros terroristas integram grupos militantes desejosos de atrair a atenção para sua causa, forçar um governo a mudar suas políticas, incitar governantes a recorrer a respostas extremas que possam render novos simpatizantes, criar uma zona de caos a ser explorada ou solapar o governo disseminando a impressão de que não é uma instituição capaz de proteger a população. Antes de concluirmos que "representam uma ameaça à existência ou sobrevivência dos Estados Unidos", devemos ter em mente o quanto essa tática na prática é ineficaz.[15] O historiador Yuval Harari observa que o terrorismo é o oposto da ação militar, que procura debilitar a capacidade do inimigo de retaliar e ser bem-sucedido.[16] Quando o Japão atacou Pearl Harbor em 1941, deixou os Estados Unidos sem uma frota que pudesse ser mandada ao Sudeste Asiático como resposta. Seria loucura o Japão optar pelo terroristmo, digamos, torpedeando um navio de passageiros e provocando os Estados Unidos a reagir com uma Marinha intacta. Segundo Harari, os terroristas, em sua posição de fragilidade, não estão interessados nos danos, e sim na farsa. A imagem que a maioria das pessoas conserva do Onze de Setembro não é a do ataque da Al-Qaeda ao Pentágono — que destruiu parte do quartel-general do inimigo e matou comandantes e analistas —, mas a do ataque ao totêmico World Trade Center, que matou corretores de valores, contadores e outros civis.

A despeito das grandes esperanças dos terroristas, sua violência em pequena escala quase nunca lhes dá o que desejam. Levantamentos de centenas de movimentos terroristas ativos desde os anos 1960, feitos separadamente pelos cientistas políticos Max Abrahms, Audrey Cronin e Virginia Page Fortna, mostram que todos se extinguiram ou perderam a força sem alcançar seus objetivos estratégicos.[17]

Na verdade, a ascensão do terrorismo na percepção do público não é sinal do quanto o mundo se tornou perigoso, e sim o oposto. O cientista político Robert Jervis observa que situar o terrorismo no topo da lista de ameaças "deriva, em parte, de um ambiente de segurança notavelmente benigno".[18] Não só as guerras entre Estados se tornaram mais raras como também rareou o uso da violência política na arena nacional. Harari explica que, na Idade Média, cada setor da sociedade tinha sua milícia privada — aristocratas, guildas, cidades e até igrejas e mosteiros — e assegurava seus interesses pela força: "Se em 1150 alguns extremistas muçulmanos assassinassem um punhado de civis em Jerusalém exigindo que os Cruzados deixassem a Terra Santa, a reação seria de zombaria em vez de terror. Para ser levado a sério, era preciso no mínimo conseguir o controle de um ou dois castelos fortificados". Quando Estados modernos alcançaram o direito ao monopólio da força e reduziram a taxa de assassinatos dentro de suas fronteiras, abriram um nicho para o terrorismo:

> Tantas vezes o Estado frisou que não tolerará violência política dentro de suas fronteiras que não lhe resta alternativa além de considerar qualquer ato de terrorismo intolerável. E, como os cidadãos se acostumaram a nenhuma violência política, o teatro do terror incita temores viscerais de anarquia, dando-lhes a sensação de que a ordem social está prestes a ruir. Após séculos de lutas sangrentas, rastejamos para fora do buraco negro da violência, porém sentimos que o buraco negro continua por aqui, esperando pacientemente para nos engolir de novo. Bastam algumas atrocidades horripilantes, e já imaginamos que estamos caindo outra vez.[19]

Os Estados, tentando dar conta do impossível mandato de proteger seus cidadãos de toda violência política em todas as partes e o tempo todo, são tentados a responder com seu próprio teatro. O efeito mais danoso do terrorismo é a reação exagerada dos países, e um excelente exemplo disso são as invasões do Afeganistão e Iraque lideradas pelos Estados Unidos depois do Onze de Setembro.

Melhor seria os países lidarem com o terrorismo empregando sua maior vantagem: conhecimento e análise, sobretudo o conhecimento dos números. O objetivo supremo deveria ser assegurar que os números permaneçam pequenos, protegendo as armas de destruição em massa (capítulo 19). Ideologias que justificam violência contra inocentes, como religiões militantes, nacionalismo e marxismo, podem ser combatidas com melhores sistemas de valores e crenças (capítulo 23). A mídia pode examinar seu papel essencial no show business do terrorismo calibrando sua cobertura para mostrar apenas os perigos objetivos e refletindo melhor sobre os incentivos perversos que seus noticiários desencadeiam. (Lankford, junto com o sociólogo Erik Madfis, recomendou a seguinte política para lidar com massacres por atiradores enlouquecidos: "Não divulgue o nome, não mostre o perpetrador, mas noticie todo o resto"; essa recomendação baseia-se em uma política para assassinos juvenis já em vigor no Canadá e em outras estratégias de comedimento calculado dos meios de comunicação.)[20] Os governos poderiam mobilizar as ações de seus órgãos de inteligência e agentes infiltrados contra as redes de terrorismo e seus tributários financeiros. E as pessoas poderiam ser incentivadas a manter a calma e continuar seus afazeres normalmente, como aconselhava o famoso cartaz britânico de tempos de guerra durante uma época de perigo muito maior.

No longo prazo, os movimentos terroristas definham porque sua violência em pequena escala não atinge seus objetivos estratégicos, apesar do sofrimento e medo localizados que causa.[21] Isso aconteceu com os movimentos anarquistas na virada do século XX (depois de muitas explosões e assassinatos), com os movimentos marxistas e secessionistas da segunda metade do século XX e quase certamente acontecerá com o EI neste século. Talvez nunca sejamos capazes de reduzir a zero o número de mortes por terrorismo, mas podemos lembrar que o terror causado pelo terrorismo é um sinal não do quanto nossa sociedade se tornou perigosa, e sim segura.

14. Democracia

Desde o surgimento dos primeiros governos, por volta de 5 mil anos atrás, a humanidade tenta encontrar um caminho para avançar entre a violência da anarquia e a violência da tirania. Na ausência de governo ou de vizinhos poderosos, povos tribais tendem a resvalar para ciclos de ataques e hostilidades, com taxas de mortalidade superiores até às de sociedades modernas em suas eras mais violentas.[1] Os governos antigos pacificavam o povo que governavam, reduzindo a violência mutuamente destrutiva, mas impunham um reino de terror que incluía escravidão, haréns, sacrifício humano, execuções sumárias e tortura e mutilação de dissidentes e elementos desviantes.[2] (Na Bíblia não faltam exemplos.) O despotismo persistiu ao longo da história não só porque ser um déspota é um trabalho vantajoso para quem o consegue, mas também porque, do ponto de vista do povo, a alternativa muitas vezes é pior. Matthew White, que se autointitula necrometrista, estimou o número de mortes nos cem episódios mais sangrentos em 2500 anos de história humana. Depois de procurar padrões na lista, relatou como o primeiro deles o seguinte:

> O caos é mais letal do que a tirania. Da desestruturação da autoridade resultam mais multicídios do que do exercício dela. Em comparação com um punhado de

ditadores como Idi Amin e Saddam Hussein, que exerceram seu poder absoluto para matar centenas de milhares, encontrei convulsões mais mortais como o Tempo das Perturbações [Rússia no século XVII], a Guerra Civil Chinesa [1926-37, 1945-9] e a Revolução Mexicana [1910-20], quando ninguém exercia controle suficiente para impedir a morte de milhões.[3]

Podemos conceber *democracia* como uma forma de governo que passa entre os dois extremos, aplicando apenas a força suficiente para impedir que as pessoas sejam predadoras umas das outras e sem que o governo se torne predador do próprio povo. Um bom governo democrático permite que o povo viva em segurança, protegido de violência da anarquia, e em liberdade, protegido da violência da tirania. Só por essa razão, a democracia já é uma contribuição imensa para a prosperidade humana. Mas há outras: democracias também têm taxas maiores de crescimento econômico, menos guerras e genocídios, povo mais saudável e instruído e praticamente nenhuma fome coletiva.[4] Se o mundo tornou-se mais democrático com o passar do tempo, isso é progresso.

De fato, o mundo tornou-se, *sim*, mais democrático, embora nem sempre em maré crescente e constante. O cientista político Samuel Huntington organizou a história da democratização em três ondas.[5] A primeira subiu no século XIX, quando o grandioso experimento iluminista da democracia constitucional americana com seus freios ao poder do governo pareceu funcionar. O experimento, com variações locais, foi imitado por uma série de países, principalmente na Europa Ocidental, e atingiu o maior número em 1922: 29 países. Essa primeira onda foi empurrada para trás pela ascensão do fascismo e, em 1942, já havia refluído para apenas doze países. Com a derrota do fascismo na Segunda Guerra Mundial, uma segunda onda ganhou força quando colônias obtiveram a independência de suas metrópoles europeias, elevando o número de democracias reconhecidas para 36 em 1962. Ainda assim, as democracias europeias viam-se em meio a ditaduras dominadas pelos soviéticos a leste e ditaduras fascistas em Portugal e Espanha a sudoeste. E a segunda onda logo foi rechaçada por juntas militares na Grécia e América Latina, regimes autoritários na Ásia e tomadas de poder por comunistas na África, no Oriente Médio e no Sudeste Asiático.[6] Em meados dos anos 1970, as perspectivas pareciam desoladoras para a democracia. O chanceler alemão ocidental Willy Brandt lamentou: "Restam apenas mais vinte ou trinta anos de democracia à Europa Ocidental. Depois disso ela sairá à deriva, sem motor e sem leme, para o mar circundante da ditadura". O senador e cientista social americano Daniel Patrick Moynihan concordou e escreveu que "a democracia liberal no modelo americano tende cada vez mais para a condição da monarquia no século XIX: uma forma de governo residual, que persiste em lugares isolados ou peculiares e pode até ter sua serventia em circunstâncias especiais, mas não tem a menor relevância para o futuro. É para onde o mundo estava, e não para onde está indo".[7]

Antes de secar a tinta com que foram escritas essas lamentações, houve a terceira onda de democratização — melhor seria dizer tsunami. Caíram governos militares e fascistas na Europa Meridional (Grécia e Portugal em 1974, Espanha em 1975), América Latina (incluindo Argentina em 1983, Brasil em 1985 e Chile em 1990) e Ásia (incluindo Taiwan e Filipinas por volta de 1986, Coreia do Sul por volta de 1987 e Indonésia em 1998). O Muro de Berlim foi derrubado em 1989, liberando os países do Leste Europeu para instituírem regimes democráticos, e o comunismo implodiu na União Soviética em 1991, abrindo espaço para a Rússia e a maioria das outras repúblicas fazerem a transição. Alguns países africanos livraram-se de seus déspotas, e as derradeiras colônias europeias a obter a independência, a maioria no Caribe e na Oceania, optaram pela democracia como sua primeira forma de governo. Em 1989 o cientista político Francis Fukuyama publicou um famoso ensaio argumentando que a democracia liberal representava "o fim da história" — não porque nunca mais aconteceriam novos eventos, mas porque o mundo estava chegando a um consenso sobre a forma humanamente melhor de governo e não precisava mais lutar por essa causa.[8]

Fukuyama cunhou um meme irresistível: nas décadas a partir da publicação de seu ensaio, livros e artigos anunciaram "o fim" da natureza, ciência, fé, pobreza, razão, dinheiro, homens, advogados, doença, livre mercado e sexo. Por outro lado, Fukuyama também se tornou um saco de pancadas para os editorialistas em comentários sobre as recentes más notícias, que anunciavam com alegria sardônica "o retorno da história" e a ascensão de alternativas à democracia, por exemplo, a teocracia no mundo muçulmano e o capitalismo autoritário na China. As próprias democracias pareciam estar descambando para o autoritarismo com a vitória de populistas na Polônia e na Hungria e a tomada de poder por Recep Erdogan na Turquia e Vladimir Putin na Rússia (o retorno do sultão e do tsar). Pessimistas históricos, com seu costumeiro *schadenfreude*, anunciaram que a terceira onda de democratização dera lugar a uma "contracorrente", "recessão", "erosão", "recuo" ou "colapso".[9] Disseram que a democratização era um conceito de ocidentais que projetavam suas preferências sobre o resto do mundo, enquanto o autoritarismo parecia satisfazer perfeitamente a maior parte da humanidade.

A história recente implica mesmo que pessoas brutalizadas pelo governo estão felizes? A ideia em si é duvidosa, por duas razões. A mais óbvia é que, em um país não democrático, como é possível saber? A demanda reprimida por democracia pode ser enorme, mas ninguém ousa expressá-la, temendo ser preso ou fuzilado. A outra razão é a falácia da manchete: um endurecimento de regime é alardeado com mais frequência do que uma liberalização, e o viés da disponibilidade poderia nos fazer esquecer tudo sobre os tediosos países que se tornam democráticos aos pouquinhos.

Como sempre, o único modo de saber qual caminho o mundo está seguindo é quantificar. Surge então a questão de o que se pode considerar uma "democracia", palavra que adquiriu tamanha aura benigna que quase perdeu seu sentido. Uma boa regra prática é que qualquer país com a palavra "democrática" em seu nome oficial — por exemplo, República Democrática Popular da Coreia (Coreia do Norte) ou República Democrática Alemã (Alemanha Oriental) — não é democrático. Também não adianta perguntar aos cidadãos de Estados não democráticos o que pensam que a palavra significa: quase metade acha que o significado é "o Exército assume o poder quando o governo é incompetente" ou "os líderes religiosos são os supremos intérpretes das leis".[10] Nas classificações de especialistas encontramos um problema similar quando suas checklists abrangem uma miscelânea de coisas boas como "livre de desigualdades econômicas" e "livre de guerra".[11] Outra complicação é o fato de os países variarem continuamente nos diversos componentes da democracia como liberdade de expressão, abertura do processo político e restrições ao poder dos governantes, por isso qualquer contagem que dicotomize os países em "democracias" e "autocracias" flutuará de ano a ano, dependendo de escolhas arbitrárias ao classificar os países que estão no limiar entre uma coisa e outra (esse problema exacerba-se quando os critérios de quem faz a classificação elevam-se com o passar do tempo, um fenômeno que voltaremos a analisar).[12] O banco de dados Polity Project lida com esses obstáculos usando um conjunto fixo de critérios para atribuir uma contagem entre –10 e 10 a cada país em cada ano, indicando o quanto é autocrático ou democrático, com enfoque na capacidade dos cidadãos para expressar preferências políticas, nas restrições ao poder do Executivo e na garantia de liberdades civis.[13] O total mundial desde 1800, abrangendo as três ondas de democratização, é mostrado na figura 14.1.

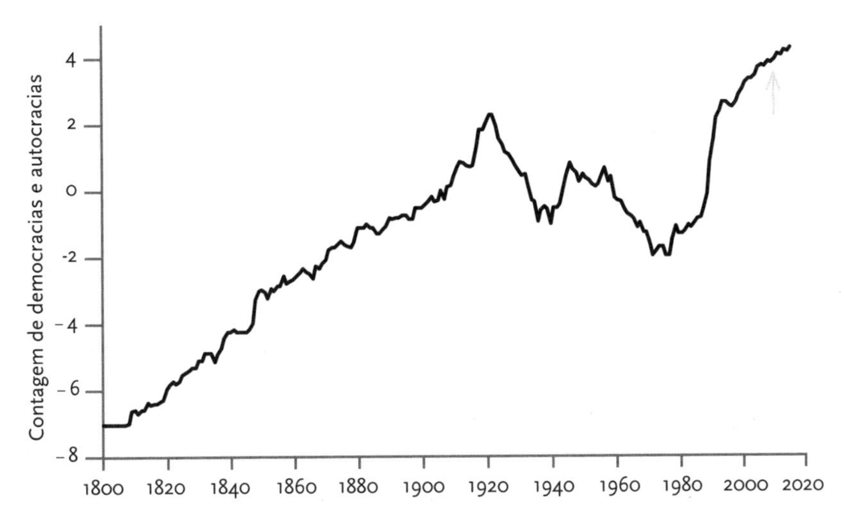

Figura 14.1: *Democracia e autocracia, 1800-2015.*
FONTE: HumanProgress, <http://humanprogress.org/f1/2560>, baseado em *Polity IV Annual Time-Series, 1800-2015*, Marshall, Gurr e Jaggers, 2016. As pontuações são os totais de Estados soberanos com população acima de 500 mil habitantes e variam de –10 para uma autocracia completa a 10 para uma democracia perfeita. A seta indica 2008, o último ano representado na figura 5.23 de Pinker, 2011.

O gráfico mostra que a terceira onda de democratização está longe de ter terminado e muito menos de estar recuando, ainda que não continue a subir no mesmo ritmo dos anos próximos da queda do Muro de Berlim em 1989. Na época, o mundo tinha 52 democracias (definidas pelo Polity Project como países com uma pontuação a partir de 6 na escala), em comparação com 31 em 1971. Depois do crescimento nos anos 1990, essa terceira onda rebentou no século XXI em um arco-íris de "revoluções coloridas", entre outras na Croácia (2000), Sérvia (2000), Geórgia (2003), Ucrânia (2004) e Quirguistão (2005), elevando o total a 87 no início da presidência de Obama em 2009.[14] Desmentindo a imagem de recuo ou colapso durante o mandato desse presidente, o número continuou a aumentar. A partir de 2015, o ano mais recente no conjunto de dados, o total foi para 103. O prêmio Nobel da paz daquele ano foi dado a uma coalizão de organizações na Tunísia que consolidou uma transição para a democracia, uma história de sucesso da Primavera Árabe de 2011. Houve também transições para a democracia em Mianmar e Burkina Faso, e movimentos positivos em outros cinco países, incluindo Nigéria e Sri Lanka. As 103 democracias em 2015 abrangiam 56% da população mundial e, se adicionarmos os dezessete países que eram mais democráticos do que autocráticos, teremos um total de *dois terços* da população mundial vivendo em sociedades livres ou relativamente livres em comparação com menos de dois quintos em 1950, um quinto em 1900, 7% em 1850 e 1% em 1816. Da população dos sessenta países não democráticos do planeta atualmente (vinte autocracias plenas, quarenta mais autocráticas do que democráticas), quatro quintos residem em um único país, a China.[15]

Apesar de a história não ter chegado ao fim, Fukuyama tinha razão em um aspecto: a democracia mostrou ser mais atrativa do que reconhecem aqueles que fizeram seu panegírico.[16] Depois do refluxo da primeira onda de democratização, surgiram teorias "explicando" como a democracia nunca poderia criar raízes em países católicos, não ocidentais, asiáticos, muçulmanos, pobres ou etnicamente diversos, e todas foram refutadas. É verdade que a democracia estável de primeira classe será encontrada mais provavelmente em países mais ricos e mais instruídos.[17] Contudo, os governos que são mais democráticos do que autocráticos formam uma coleção variegada: estão arraigados na maior parte da América Latina, na profusamente multiétnica Índia, nos países muçulmanos Malásia, Indonésia, Níger e Kosovo, em catorze países da África subsaariana (entre eles Namíbia, Senegal e Benim) e em países pobres de outras áreas como Nepal, Timor Leste e a maior parte do Caribe.[18]

Até as autocráticas Rússia e China, que dão poucos sinais de liberalização, mostram-se incomparavelmente menos repressivas do que os regimes de Stálin, Brejnev e Mao.[19] Johan Norberg resume a vida na China: "Hoje um chinês pode deslocar-se para quase todo lugar, comprar casa, escolher sua educação e seu emprego, abrir um negócio, frequentar uma igreja (contanto que seja budista, taoista, muçulmana, católica ou protestante), vestir-se como lhe aprouver, casar-se com quem escolher, ser homossexual assumido sem acabar em um campo de trabalho, viajar livremente para o exterior e até criticar aspectos da política do Partido (mas não seu direito de governar sem oposição). Até mesmo 'não livre' não é o que costumava ser".[20]

Por que a maré da democratização excedeu repetidamente as expectativas? Os vários recuos, reversões e buracos negros da democracia suscitaram teorias que postulam onerosos requisitos prévios e uma sofrida provação até a democratização. (Isso dá um pretexto conveniente a ditadores que garantem que seu país não está pronto para a democracia — como o líder revolucionário do filme *Bananas*, de Woody Allen, que anuncia ao tomar o poder: "Esse é um povo de camponeses. Eles são ignorantes demais para votar".) A intimidação é reforçada por uma idealização da democracia como aquela ensinada nas aulas de educação moral e cívica, na qual um povo bem informado delibera sobre o bem comum e escolhe cuidadosamente os governantes que implementarão suas preferências.

Por esse critério, o número de democracias no mundo foi zero no passado, é zero no presente e quase certamente será zero no futuro. Os cientistas políticos vivem pasmados com a superficialidade e a incoerência das crenças políticas das pessoas e com a tênue relação entre suas preferências nas urnas e o comportamento de seus representantes.[21] A maioria dos eleitores ignora não só as opções políticas do momento, mas também fatos básicos — por exemplo, quais são os principais ramos do governo, contra quem os Estados Unidos combateram na Segunda Guerra Mundial e que países usaram armas nucleares. Suas opiniões mudam conforme a pergunta é formulada: dizem que o governo gasta demais em "assistência social", mas pouco em "auxílio aos pobres" e deveria "empregar força militar", porém não "ir à guerra". Quando formulam uma preferência, as pessoas em geral votam em um candidato que tem a preferência oposta. Só que isso não faz diferença na prática, pois, uma vez empossados, os políticos votam conforme a posição de seu partido, não importa quais sejam as opiniões de quem os elegeu.

Além disso, votar nem sequer dá um sinal que permita avaliar o desempenho de um governo. Eleitores punem eleitos por acontecimentos recentes sobre os quais estes têm um controle duvidoso — por exemplo, oscilações macroeconômicas e ataques terroristas — ou controle nenhum, como secas, inundações e até ataques de tubarão. Muitos cientistas políticos concluíram que a maioria das pessoas reconhece, com acerto, que seu voto tem uma improbabilidade astronômica de afetar o resultado de uma eleição, e por isso prioriza o trabalho, a família e o lazer em vez de instruir-se sobre política e calibrar seus votos. As pessoas usam o direito de votar como forma de autoexpressão: votam em candidatos que julgam ser como elas e que defendem seu tipo de gente.

Portanto, apesar da crença generalizada de que as eleições são a quintessência da democracia, trata-se apenas de um dos mecanismos pelos quais se considera que um governo deve prestar contas àqueles a quem governa. E nem sempre o mecanismo é construtivo. Quando uma eleição é uma disputa entre aspirantes a déspota, as facções rivais temem o pior se o outro lado vencer e tentam intimidar uma à outra a partir das urnas. Além disso, autocratas podem aprender a usar as eleições em proveito próprio. A última moda em ditadura chama-se regime competitivo, eleitoral, cleptocrata, estatista ou autoritário patronal.[22] (A Rússia de Putin é o protótipo.) Os governantes servem-se dos formidáveis recursos do Estado para perseguir a oposição, formar falsos partidos oposicionistas, usar a mídia controlada pelo governo para divulgar narrativas convenientes, manipular regras eleitorais, influenciar o registro de eleitores e fraudar o pleito. (Apesar de tudo isso, os autoritários patronais não são invulneráveis: as revoluções coloridas livraram-se de vários deles.)

Se não se pode contar nem com os eleitores nem com os governantes eleitos para sustentar os ideais da democracia, por que essa forma de governo não é assim tão ruim — a pior forma de governo com exceção de todas as outras que já foram tentadas, na célebre definição de Churchill? Em seu livro *A sociedade aberta e seus inimigos*, publicado em 1945, o filósofo Karl Popper argumentou que a democracia deve ser entendida não como a resposta à pergunta "quem deve governar?" (isto é, "O Povo"), e sim como uma solução para o problema de como destituir um governo ruim sem derramar sangue.[23] O cientista político John Mueller amplia a ideia de um dia do Juízo Final binário para um feedback diário contínuo. Para ele, a democracia baseia-se essencialmente em dar às pessoas a liberdade de se queixar. "Ela acontece quando as pessoas concordam em não usar violência para substituir o governante, e o governante as deixa livres para tentar desalojá-lo por outros meios"[24]. Ele explica como isso pode funcionar:

> Se os cidadãos tiverem o direito de reclamar, peticionar, organizar-se, protestar, manifestar-se, fazer greve, ameaçar com emigração ou secessão, gritar, publicar, exportar seu dinheiro, expressar desconfiança e influenciar nos bastidores, o governo tenderá a responder aos sons de quem grita e à importunação dos que tentam influenciar: ou seja, necessariamente se tornará responsivo — prestará atenção —, havendo ou não eleições.[25]

O voto feminino é um exemplo: por definição, as mulheres não podiam votar para conceder o voto a si mesmas, porém o obtiveram por outros meios.

O contraste entre a confusa realidade da democracia e o ideal ensinado nas aulas de educação moral e cívica leva a uma eterna desilusão. John Kenneth Galbraith aconselhou: se você estiver atrás de um contrato lucrativo para um livro, proponha escrever *A crise da democracia americana*. Mueller analisou a história e concluiu que "desigualdade, discordância, apatia e ignorância parecem ser normais, e não anormais, em uma democracia; e, em um grau considerável, a beleza dessa forma está no fato de que ela funciona apesar dessas qualidades — ou, em alguns aspectos importantes, por causa delas".[26]

Nessa concepção minimalista, a democracia não é uma forma de governo das mais complicadas ou exigentes. Seu principal pré-requisito é que um governo seja competente o bastante para proteger as pessoas da violência anárquica de modo que não caiam nas mãos do primeiro tirano que prometa fazer o trabalho, ou até que o recebam de braços abertos (o caos é mais letal do que a tirania). Essa é uma das razões por que a democracia tem dificuldade para se estabelecer em países paupérrimos com governo fraco — por exemplo, na África subsaariana e em países cujo governo foi decapitado, como o Afeganistão e o Iraque após as invasões lideradas pelos americanos. Os cientistas políticos Steven Levitsky e Lucan Way salientam: "O fracasso do Estado traz violência e instabilidade; quase nunca traz democratização".[27]

As ideias também são importantes. Para que uma democracia crie raízes, pessoas influentes (em especial se tiverem armas) têm de pensar que ela é melhor do que alternativas como a teocracia, o direito divino do rei, o paternalismo colonial, a ditadura do proletariado (na prática, de sua "vanguarda revolucionária") ou o governo autoritário de um líder carismático que encarne de forma direta a vontade do povo. Isso ajuda a explicar outros padrões nos anais da democratização — por exemplo, por que é mais improvável que a democracia crie raízes em países com menos educação, em países distantes da influência ocidental (por exemplo, na Ásia Central) e em países cujos regimes nasceram de revoluções violentas de bases ideológicas (como China, Cuba, Irã, Coreia do Norte e Vietnã).[28] Por outro lado, à medida que as pessoas reconhecem que as democracias são lugares relativamente bons para se viver, a ideia da democracia pode tornar-se contagiosa e o número de países democráticos pode aumentar com o tempo.

A liberdade para reclamar depende da garantia de que o governo não punirá nem silenciará o reclamante. Assim, a linha de frente da democratização deve refrear o governo para que ele não abuse de seu monopólio da força brutalizando os cidadãos indóceis.

Uma série de acordos internacionais iniciada com a Declaração Universal dos Direitos Humanos em 1948 tornou inaceitáveis táticas governamentais violentas, em especial tortura, execuções extrajudiciais, prisão de dissidentes e o lamentável verbo transitivo cunhado durante o regime militar argentino de 1976-83: *desaparecer alguém*. Não aceitar essas práticas não é sinônimo de democracia eleitoral, pois uma maioria de eleitores pode ser indiferente à brutalidade do governo, desde que não lhe seja dirigida. Na prática, países democráticos mostram maior respeito pelos direitos humanos.[29] Por outro lado, o mundo tem algumas autocracias benevolentes, como Cingapura, e algumas democracias repressivas, como o Paquistão. Isso traz uma questão fundamental: as ondas de democratização são mesmo uma forma de progresso? A ascensão da democracia teria trazido uma ascensão dos direitos humanos, ou ditadores estão usando as eleições e outros acessórios democráticos para encobrir seus abusos com um adesivo de carinha sorridente?

O Departamento de Estado dos Estados Unidos, a Anistia Internacional e outras organizações monitoram violações de direitos humanos há décadas. Se examinarmos seus números desde os anos 1970, ficaremos com a impressão de que os governos estão mais repressores do que nunca, apesar da propagação da democracia, das normas de direitos humanos, das cortes criminais internacionais e das próprias organizações de monitoramento. Isso levou a pronunciamentos (feitos com alarme por ativistas e com júbilo rancoroso por pessimistas culturais) de que chegamos ao "fim dos tempos para os direitos humanos", ao "crepúsculo da lei dos direitos humanos" e, naturalmente, ao "mundo dos direitos pós-humanos".[30]

Mas o progresso costuma encobrir suas pegadas. Conforme nossos padrões morais se elevam no decorrer dos anos, tornamo-nos alertas para males que não seriam notados no passado. Além disso, as organizações ativistas pensam que sempre têm de gritar "crise" para manter o clima de urgência (embora essa estratégia possa ter o resultado oposto ao pretendido, passando a impressão de que décadas de ativismo foram perda de tempo). A cientista política Kathryn Sikkink chama essa tendência de "paradoxo da informação": à medida que os vigilantes dos direitos humanos admiravelmente intensificam as buscas, investigam em mais lugares e classificam mais atos como abuso, encontram mais daquilo que procuram; porém, se não atentarmos para o fato de que seus poderes de detecção aumentaram, poderemos nos equivocar e pensar que há mais violações a ser detectadas.[31]

O cientista político Christopher Fariss cortou esse nó com um modelo matemático que compensa a intensificação de informações ao longo do tempo e estimou a quantidade real de violações de direitos humanos no mundo. A figura 14.2 mostra as pontuações de Fariss para quatro países de 1949 a 2014 e para o mundo como um todo. O gráfico representa números extraídos de um modelo matemático, portanto não devemos levar os valores exatos demasiado a sério; entretanto, eles de fato indicam diferenças e tendências. A linha superior representa um país que serve de padrão-ouro para os direitos humanos. Como na maioria das medidas de prosperidade humana, ele é escandinavo — neste caso, a Noruega —, começou lá em cima e subiu ainda mais. Vemos linhas divergentes para as duas Coreias: a do Norte, que começou lá embaixo e afundou mais ainda, e a do Sul, que ascendeu de uma autocracia de direita durante a Guerra Fria para um território positivo hoje. Na China, os direitos humanos foram ao fundo do poço durante a Revolução Cultural, subiram de forma acentuada após a morte

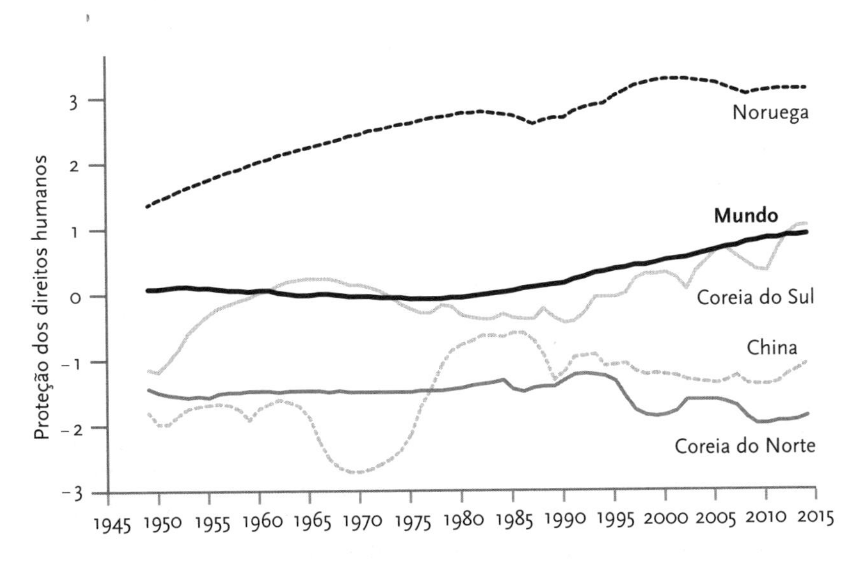

Figura 14.2: *Direitos humanos, 1949-2014.*
FONTE: Our World in Data, Roser, 2016i, representação gráfica de um índice elaborado por Fariss, 2014, que estima a proteção contra tortura, execuções extrajudiciais, prisões políticas e desaparecimentos. "0" é a média de todos os países e anos; as unidades são desvios-padrão.

de Mao e chegaram ao auge durante o movimento pela democracia dos anos 1980, antes do endurecimento pelo governo após os protestos na Praça da Paz Celestial, porém ainda estão bem acima dos níveis da era maoista. A curva mais significativa, porém, é a mundial: apesar de todos os reveses, o arco dos direitos humanos flexiona-se para cima.

Como funciona em tempo real a restrição ao poder do governo? Podemos ter uma janela singularmente esclarecedora para observar o mecanismo do progresso humano se examinarmos o que sucede com o supremo exercício da violência pelo Estado: a execução deliberada de seus cidadãos.

A pena de morte já foi onipresente entre os países e era aplicada a centenas de pequenos delitos em escabrosos espetáculos públicos de tortura e humilhação.[32] (A crucificação de Jesus junto com dois ladrões é um bom lembrete). Depois do Iluminismo, os países europeus pararam de executar pessoas, exceto pelos crimes mais hediondos: em meados do século XIX, a Grã-Bretanha havia reduzido o número de crimes capitais de 222 para quatro. E os países buscaram métodos de execução, como o enforcamento, que fossem tão humanos quanto uma prática horripilante como essa poderia pretender ser. Após a Segunda Guerra Mundial, quando a Declaração Universal de Direitos Humanos inaugurou uma segunda revolução humanitária, a pena capital foi totalmente abolida em um país após o outro, e na Europa continua a existir apenas em Belarus.

A abolição da pena capital tornou-se global (figura 14.3), e hoje essa punição está no corredor da morte.[33] Nas três últimas décadas, a cada ano é abolida em dois ou três países, e menos de um quinto das nações do mundo continuam a executar pessoas. (Embora noventa países conservem a pena capital em seu código de leis, a maioria não executou ninguém nesta última década.) O relator especial da ONU sobre execuções, Christof Heyns, observa que, se o ritmo atual da abolição prosseguir (ele não está profetizando que isso irá acontecer), a pena capital desaparecerá do planeta até 2026.[34]

Os cinco principais países que ainda executam pessoas em números significativos formam um clube surpreendente: China e Irã (mais de mil por ano cada um), Paquistão, Arábia Saudita e Estados Unidos. Como em outras áreas da prosperidade humana (por exemplo, crime, guerra, saúde, longevidade, acidentes e educação), os Estados Unidos são retardatários entre as democracias ricas. Esse tipo de excepcionalidade americana lança uma luz sobre o caminho tortuoso seguido pelo progresso moral desde os argumentos filosóficos até os fatos. Além

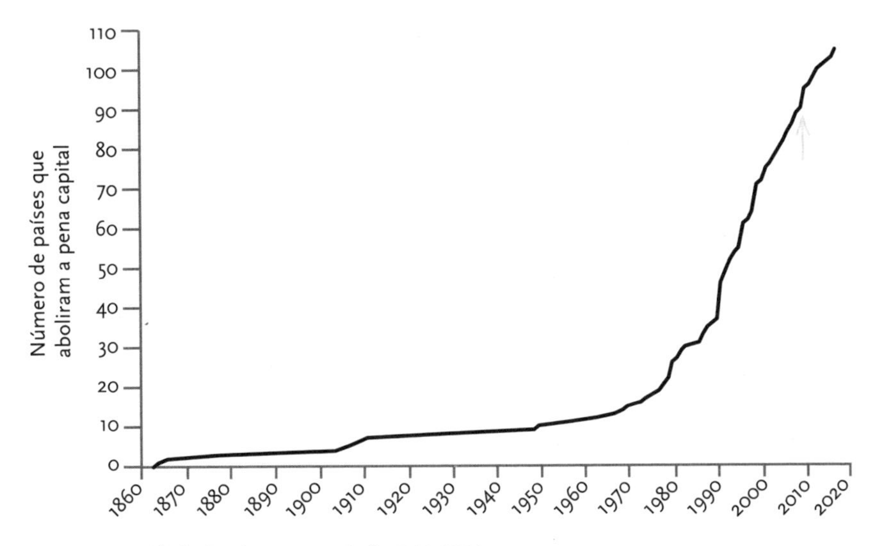

Figura 14.3: *Abolições da pena capital, 1863-2016.*

FONTE: "Capital Punishment by Country: Abolition Chronology", Wikipedia, acesso em 15 ago. 2016. Vários países europeus aboliram a pena de morte em seu território antes do indicado aqui, porém as cronologias indicam a abolição mais recente em qualquer território sob sua jurisdição. A seta indica 2008, último ano representado na figura 4.3 de Pinker, 2011.

disso, salienta a tensão entre as duas concepções de democracia que examinamos: uma forma de governo cujo poder de infligir violência a seus cidadãos é drasticamente restrito, e uma forma de governo que implementa a vontade da maioria do povo. A razão de os Estados Unidos destoarem na questão da pena de morte é o fato de, em certo sentido, o país ser democrático *demais*.

Em sua história da abolição da pena de morte na Europa, o jurista Andrew Hammel observa que, na maior parte das épocas e lugares, a pena de morte é considerada justíssima pelas pessoas: quem tira uma vida merece perder a sua.[35] Só com o advento do Iluminismo começaram a surgir argumentos eloquentes contra a pena de morte.[36] Um deles é que o mandato do Estado para exercer violência não pode entrar na zona sagrada da vida humana. Outro é que o efeito de dissuasão da pena capital pode ser alcançado com penalidades mais eficazes e menos brutais.

As ideias transmitiram-se lentamente de uma fina camada de filósofos e intelectuais para as classes superiores instruídas, em especial profissionais liberais como médicos, advogados, escritores e jornalistas. Logo a abolição foi inserida em um conjunto de outras causas progressistas, entre elas a escolarização obrigatória, o sufrágio universal e os direitos dos trabalhadores. Também foi sacralizada sob a aura dos "direitos humanos" e apresentada como símbolo do "tipo de sociedade em que escolhemos viver e do tipo de pessoas que escolhemos ser". A postura das elites abolicionistas na Europa prevaleceu sobre as dúvidas das pessoas comuns porque as democracias europeias não converteram as opiniões da população em políticas. Os códigos penais de seus países foram redigidos por comitês de juristas renomados, transformados em lei por legisladores que se consideravam uma aristocracia natural e implementados por juízes nomeados, que eram servidores públicos vitalícios. Só depois que algumas décadas se passaram e as pessoas viram que o país não descambara para o caos — ocasião em que teria sido necessário um esforço conjunto para *reintroduzir* a pena capital —, a massa se convenceu de que era desnecessária.

Já os Estados Unidos, seja isso bom ou ruim, estão mais próximos de ter um governo pelo e para o povo. Exceto em casos de alguns crimes federais, como terrorismo e traição, a pena de morte é decidida de forma autônoma em âmbito estadual, votada por legisladores que têm contato próximo com seus eleitores e, em muitos estados, é buscada e aprovada por promotores e juízes que precisam candidatar-se a reeleição. Os estados sulistas têm uma cultura da honra arraigada, com seu éthos de retaliação justificada, e não surpreende que as execuções americanas concentrem-se em um punhado de estados do Sul, principalmente Texas, Geórgia e Missouri — na verdade, em um punhado de *condados* desses estados.[37]

No entanto, os Estados Unidos também foram atingidos pela corrente histórica, e a pena capital está em vias de desaparecer, apesar de seu apelo continuado para as massas (61% a favor em 2015).[38] Sete estados repeliram a pena de morte na década passada, outros dezesseis decretaram moratória, e trinta não executaram ninguém em cinco anos. Até o Texas executou apenas sete prisioneiros em 2016, em comparação com quarenta em 2000. A figura 14.4 mostra o declínio constante da pena de morte nos Estados Unidos, o que pode se tornar uma última queda até zero visível no segmento do extremo direito da curva. E, condizentemente com o padrão na Europa, conforme a prática torna-se obsoleta, a opinião pública segue atrás: em 2016, o apoio popular à pena de morte caiu abaixo de 50% pela primeira vez em quase cinquenta anos.[39]

Como os Estados Unidos podem estar se livrando da pena capital quase a contragosto? Vemos aqui outro caminho ao longo do qual o progresso moral

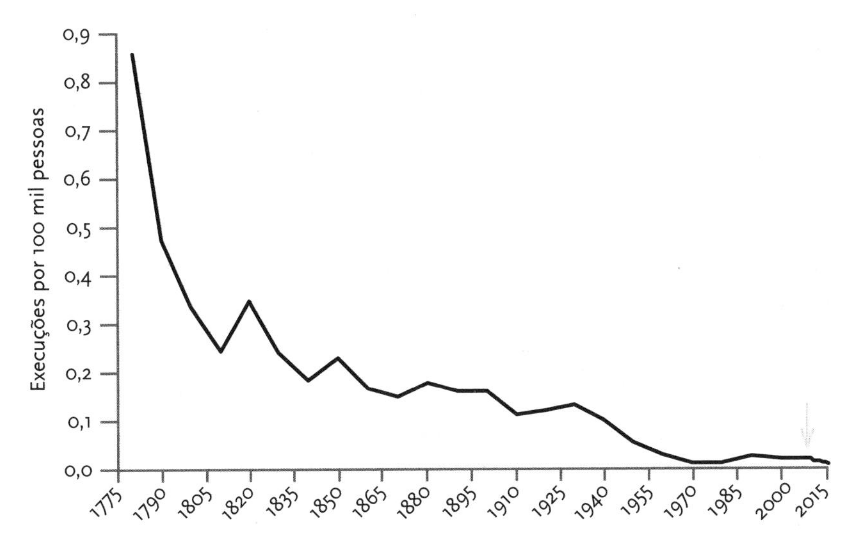

Figura 14.4: *Execuções, EUA, 1780-2016.*
FONTES: Death Penalty Information Center, 2017. Estimativas de população de US Census Bureau, 2017. A seta indica 2010, o último ano representado na figura 4.4 de Pinker, 2011.

pode ocorrer. Embora o sistema político americano seja mais populista do que os seus pares do Ocidente, ainda está longe de ser uma democracia participativa direta como a antiga Atenas (que, aliás, executou Sócrates). Com a expansão histórica da solidariedade e da razão, até os fãs mais fervorosos da pena capital perderam o apetite por linchamentos, juízes severos e execuções públicas turbulentas, e fazem questão de que a prática seja implementada com alguma dignidade e cuidado. Isso requer uma complexa aparelhagem de matança e uma equipe de técnicos para operá-la e cuidar de sua manutenção. Quando a máquina se desgasta e os mecânicos se recusam a consertá-la, ela se torna cada vez mais difícil de manejar, convidando ao descarte.[40] A pena de morte americana não está exatamente sendo abolida; está se desmantelando, peça por peça.

Primeiro, avanços na ciência forense, em especial a técnica de identificação genômica conhecida como "impressão genética", mostraram que quase certamente foram executadas pessoas inocentes, um cenário que desencoraja até os defensores mais ardorosos da pena de morte. Segundo, o negócio medonho de extinguir uma vida evoluiu do sangrento sadismo da crucificação e evisceração para as rápidas mas ainda assim chocantes cordas, balas e lâminas, passando pelos agentes invisíveis do gás e da eletricidade e chegando ao procedimento pseudomédico da injeção letal. No entanto, médicos recusam-se a aplicá-la, indústrias farmacêuticas não querem fornecer a droga e testemunhas perturbam-se diante da agonia da morte quando as tentativas são malsucedidas. Terceiro, a principal alternativa à pena de morte, a prisão perpétua, tornou-se mais confiável à medida que as penitenciárias à prova de fugas e rebeliões foram sendo aperfeiçoadas. Quarto, conforme a taxa de crimes violentos foi despencando (capítulo 12), as pessoas passaram a sentir menos necessidade de soluções draconianas. Quinto, uma vez que a pena de morte é vista como uma decisão de enorme monta, as execuções sumárias de épocas anteriores deram lugar a uma longa provação legal. A fase da sentença após um veredicto de culpa equivale a um segundo julgamento, e uma sentença de morte desencadeia um processo demorado de revisões e apelações — tão demorado que a maioria dos prisioneiros no corredor da morte acaba falecendo de causas naturais. Enquanto isso, as despesas de um processo de pena capital custam ao estado oito vezes mais do que uma vida inteira na prisão. Sexto, disparidades sociais em sentenças de morte, com execução desproporcional de réus negros e pobres ("quem não tem capital fica com a pena"), têm pesado cada vez mais na consciência da nação. Por fim, a Suprema Corte, que repetidamente é incumbida de formular um fundamento lógico para essa colcha de retalhos, empenha-se em racionalizar a prática, desmontando-a pedaço por pedaço. Em anos recentes, o tribunal determinou que os estados não podem executar menores de idade, pessoas com deficiência intelectual ou perpetradores de crimes que não sejam homicídio, e quase determinou a proibição do método falível da injeção letal. Observadores que gostam de acompanhar julgamentos acreditam ser apenas questão de tempo para que os juízes se vejam forçados a confrontar cara a cara os caprichos de toda essa prática macabra, invocar "a evolução dos padrões de decência" e decretar de uma vez por todas que se trata de uma violação da proibição às punições cruéis e incomuns contida na Oitava Emenda.

A impressionante união de forças científicas, institucionais, legais e sociais para destituir o governo do poder de matar dá a sensação de que de fato existe um arco misterioso curvando-se na direção da justiça. Mais prosaicamente, estamos vendo um princípio moral — a vida é sagrada, por isso matar é oneroso — distribuir-se por uma vasta gama de agentes e instituições que tem de cooperar para possibilitar a pena de morte. Conforme esses agentes e instituições implementam o princípio com mais coerência e abrangência, afastam de forma inexorável o país do impulso de vingar uma vida com outra vida. Os caminhos são variados e tortuosos, os efeitos são lentos e depois súbitos, mas, com o tempo, uma ideia do Iluminismo pode transformar o mundo.

15. Igualdade de direitos

Os seres humanos são propensos a tratar categorias inteiras de outros seres humanos como meios para atingir um fim ou estorvos dos quais é preciso se desincumbir. Coalizões baseadas em raça ou credo procuram dominar coalizões rivais. Homens tentam controlar o trabalho, a liberdade e a sexualidade de mulheres.[1] Pessoas traduzem em condenação moralista seu constrangimento diante da inconformidade sexual.[2] Chamamos esses fenômenos de racismo, sexismo e homofobia, e em vários graus eles têm sido abundantes na maioria das culturas ao longo da história. O repúdio a esses males é uma parte substancial daquilo que denominamos direitos civis ou igualdade de direitos. A expansão histórica desses direitos — as histórias de Selma, Seneca Falls e Stonewall — é um capítulo emocionante da história do progresso humano.[3]

Os direitos de minorias raciais, mulheres e homossexuais continuam a avançar, cada qual recentemente registrado em um marco histórico. O ano de 2017 viu a conclusão de dois mandatos pelo primeiro presidente afro-americano dos Estados Unidos, um feito resumido de modo emocionante pela primeira-dama Michelle Obama em um discurso na Convenção Nacional do Partido Democrata em 2016: "Acordo toda manhã em uma casa construída por escravos e vejo minhas filhas, duas jovens negras lindas e inteligentes, brincarem com seus cachorros no gramado da Casa Branca". Barack Obama foi sucedido pela primeira candidata nomeada por um dos partidos principais em uma eleição presidencial, menos de um século depois que as mulheres americanas obtiveram o direito de votar; ela conseguiu uma sólida pluralidade dos votos populares, e teria sido presidente não fosse pelas peculiaridades do sistema do Colégio Eleitoral e por outras singularidades da eleição daquele ano. Em um universo paralelo muito semelhante a este, até 8 de novembro de 2016 os três países mais influentes do mundo (Estados Unidos, Reino Unido e Alemanha) são governados por mulheres.[4] E em 2015, apenas doze anos depois de decretar que a atividade homossexual não pode ser criminalizada, a Suprema Corte garantiu o direito ao casamento para casais do mesmo sexo.

Mas o progresso costuma apagar suas pegadas, e seus ativistas, concentrados nas injustiças remanescentes, esquecem o quanto avançamos. Um axioma da opinião progressista, em especial nas universidades, é que continuamos a viver em uma sociedade acentuadamente racista, sexista e homofóbica — e isso implicaria que o progressivismo é perda de tempo, já que não conseguiu resultado nenhum após décadas de luta.

Como outras formas de progressofobia, a negação de avanços em direitos é favorecida por manchetes sensacionalistas. Uma série altamente divulgada de mortes de suspeitos afro-americanos desarmados por policiais, algumas flagradas em vídeos de celular, gerou a sensação de que o país sofre uma epidemia de ataques racistas da polícia a homens negros. A cobertura que a mídia faz de atletas que agrediram esposas ou namoradas e de episódios de estupro em universidades levou muitos a pensar que estamos atravessando um surto de violência contra mulheres. E um dos crimes mais hediondos da história americana ocorreu em 2016, quando Omar Mateen matou a tiros 49 pessoas e feriu 53 em uma boate gay em Orlando.

A crença na ausência de progresso tem sido fortalecida na história recente deste universo em que vivemos, onde Donald Trump, em vez de Hillary Clinton, foi o beneficiário do sistema eleitoral americano em 2016. Durante sua campanha, Trump proferiu insultos misóginos, anti-hispânicos e antimuçulmanos que não condiziam com as normas do discurso político americano, e os turbulentos seguidores que exaltou em seus comícios foram ainda mais ofensivos. Alguns analistas recearam que sua vitória representasse um recuo no progresso do país em direção à igualdade de direitos, ou que revelasse a horrível verdade de que nunca fizemos progresso nenhum.

O objetivo deste capítulo é sondar as profundezas da corrente que arrasta consigo a igualdade de direitos. Será que se trata de uma ilusão, um rodamoinho agitado na superfície de um lago estagnado? Será que muda facilmente de direção e reflui? Ou será que o direito corre como a água, e a justiça, como um rio caudaloso?[5] Encerrarei com uma conclusão sobre o progresso dos direitos no setor da humanidade mais facilmente vitimado: as crianças.

A essa altura, você já deve estar lendo manchetes com ceticismo, e isso se aplica aos ataques recentes à igualdade de direitos. Os dados indicam que o número de mortes por policiais *diminuiu* nestas últimas décadas, ao invés de aumentar (apesar de aqueles que ocorrem serem agora filmados), e três análises independentes constataram que um suspeito negro não tem maior probabilidade do que um branco de ser morto por policiais nos Estados Unidos.[6] (Policiais americanos matam gente demais, porém o problema não é principalmente racial.) Uma enxurrada de notícias sobre estupro não estabelece se agora está ocorrendo mais violência contra mulheres, o que é ruim, ou se agora nos importamos mais com a violência contra mulheres, o que é bom. E até hoje não está claro se o massacre na boate de Orlando foi cometido por homofobia, simpatia pelo EI ou pela ânsia de notoriedade póstuma que motiva a maioria dos perpetradores de chacinas.

Esboços melhores da história podem ser vislumbrados em dados de valores e estatísticas demográficas. O Pew Research Center pesquisou a opinião de americanos sobre raça, gênero e orientação sexual no útimo quarto de século e informou que suas posturas passaram por uma "mudança fundamental" em direção à tolerância e ao respeito a direitos, enquanto preconceitos antes generalizados mergulham no esquecimento.[7] Essa mudança é visível na figura 15.1, que indica as reações a três afirmações do questionário que são representativas de muitas outras.

Outras pesquisas indicam as mesmas mudanças.[8] Não só a população americana tornou-se mais liberal, mas também cada coorte geracional é mais liberal que a nascida antes dela.[9] Como veremos, as pessoas tendem a levar consigo os seus valores com o passar do tempo, por isso as pessoas da Geração Y (nascidas após 1980), que são ainda menos preconceituosas do que a média nacional, nos dizem por qual caminho o país está seguindo.[10]

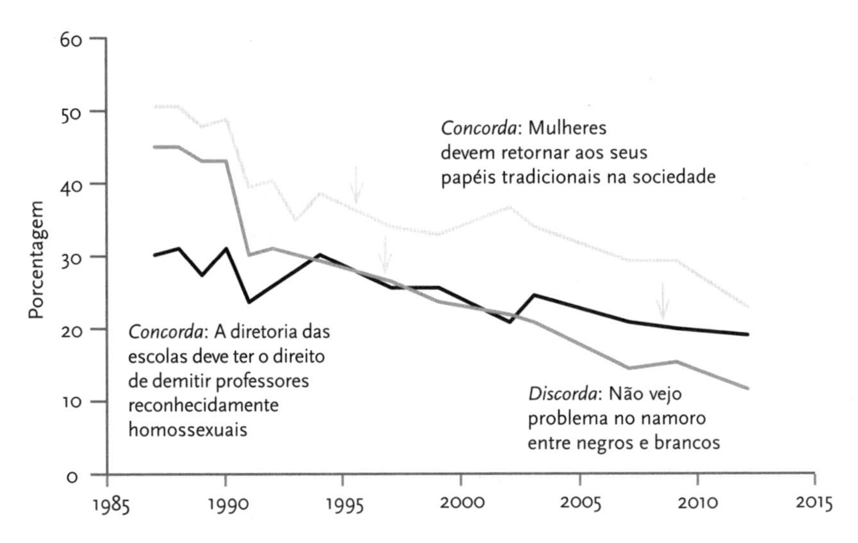

Figura 15.1: *Opiniões racistas, sexistas e homofóbicas, EUA, 1987-2012.*
FONTE: Pew Research Center, 2012b. A seta indica os anos mais recentes representados em Pinker, 2011 para perguntas semelhantes: negros, 1997 (fig. 7.7); mulheres, 1995 (fig. 7.11); homossexuais, 2009 (fig. 7.24).

Obviamente podemos perguntar se a figura 15.1 reflete um declínio do preconceito ou simplesmente um declínio da aceitabilidade social do preconceito — isto é, menos pessoas dispostas a confessar ao pesquisador suas atitudes desprezíveis. Esse é um problema de longa data para os cientistas sociais, porém há pouco tempo o economista Seth Stephens-Davidowitz descobriu um indicador de posturas que é o mais próximo que já chegamos a um "soro da verdade" digital.[11] Na privacidade de seus teclados e de suas telas, as pessoas perguntam ao Google todo tipo de curiosidades, preocupações e prazeres censurados que você pode imaginar, além de muitos que você nem imagina. (Buscas comuns incluem "Como aumentar o tamanho do meu pênis" e "Minha vagina tem cheiro de peixe".) O Google coligiu *big data* sobre tendências de busca para vários meses e regiões (mas não as identidades de quem fez a busca), além de ferramentas para analisá-los. Stephens-Davidowitz descobriu que buscas pela palavra *nigger* (a maioria para fins de piadas de cunho racial) correlacionam-se com outros indicadores de preconceito racial nas várias regiões — por exemplo, os totais de votos dados a Barack Obama em 2008, que foram abaixo dos esperados para um democrata.[12] Segundo ele, essas buscas podem servir como um indicador discreto de racismo não declarado.

Usemos esses indicadores para estudar tendências recentes do racismo e, aproveitando, também do sexismo e da homofobia. Na minha adolescência, piadas de polonês pateta, loira burra e bicha desmunhecada eram comuns na televisão e nos quadrinhos de jornal. Hoje são tabu na grande mídia. Mas será que piadas intolerantes continuam por aí na vida particular, ou terão as atitudes privadas mudado tanto que as pessoas se sentem ofendidas, conspurcadas ou entediadas na presença delas? A figura 15.2 mostra os resultados. As curvas sugerem que não só os americanos têm mais vergonha de confessar um preconceito do que antes, mas também que, no conforto de sua privacidade, não acham mais tanta graça.[13] E, contrariando o temor de que a ascensão de Trump reflita (ou encoraje) o preconceito, as curvas continuaram seu declínio no decorrer do período de notoriedade de Trump em 2015-6 e da posse no começo de 2017.

Stephens-Davidowitz me disse que essas curvas provavelmente *subestimam* o declínio do preconceito, em razão de uma mudança no tipo de pessoas que estão fazendo buscas no Google. Quando começaram os registros, em 2014, os "googlers" eram principalmente jovens da cidade. Pessoas mais velhas e de áreas rurais tendem a demorar mais para adotar as tecnologias; por isso, se forem elas as que tiverem maior probabilidade de buscar pelos termos ofensivos, inflarão a proporção em anos posteriores e ocultarão o grau de declínio da intolerância. O Google não registra as idades ou graus de instrução dos indivíduos que fizeram as buscas, mas registra os locais de onde provêm. Em resposta à minha indagação, Stephens-Davidowitz confirmou que buscas com sinais de intolerância tendem a vir de regiões com população mais velha e menos instruída. Em comparação com o país como um todo, comunidades de aposentados têm probabilidade sete vezes maior de buscar por "piadas de preto" e trinta vezes maior de buscar por "piadas de bicha". ("O Google AdWords não fornece dados sobre 'piadas de puta'", ele se desculpou comigo.) Stephen-Davidowitz também conseguiu um tesouro de dados de busca da AOL, que, ao contrário do Google, identifica as buscas feitas por indivíduos (embora, obviamente, não suas identidades). Esses dados confirmaram que o racista pode ser um tipo em declínio: provavelmente alguém que busca por "*nigger*" também busca por outros temas que interessam a idosos, por exemplo "*social security*" e "Frank Sinatra". A principal exceção foi uma ínfima parcela de adolescentes que também fez buscas por bestialismo, vídeos de decapitação e pornografia infantil — tudo o que não se deve buscar. Porém, afora esses jovens transgressores (e jovens transgressores sempre existiram), o preconceito privado

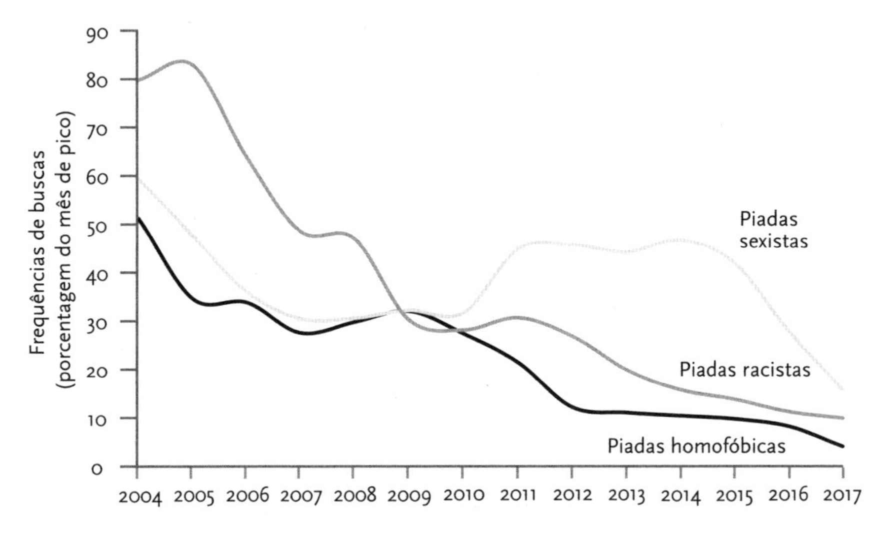

Figura 15.2: *Buscas racistas, sexistas e homofóbicas na internet, EUA, 2004-17.*
FONTE: Google Trends (<www.google.com/trends>), buscas por *"nigger jokes"*, *"bitch jokes"* e *"fag jokes"*, Estados Unidos, 2004-17, em relação ao volume total de buscas. Os dados (acessados em 22 jan. 2017) são mensais, expressos como porcentagem do mês de pico para cada termo de busca, depois convertidos em média dos meses de cada ano e suavizados.

está declinando com o tempo *e* entre os jovens, o que significa que podemos esperar uma queda ainda maior à medida que os idosos intolerantes cederem o palco a coortes menos preconceituosas.

Até isso acontecer, essas pessoas mais velhas e menos instruídas (a maioria homens brancos) podem não respeitar os tabus benignos sobre racismo, sexismo e homofobia que se tornaram segunda natureza para a maior parte da sociedade, e até descartá-los como "politicamente correto". Hoje eles podem encontrar-se na internet e aglomerar-se à sombra de um demagogo. Como veremos no capítulo 20, o êxito de Trump, como o dos populistas de direita em outros países ocidentais, é mais bem compreendido como a mobilização de uma parcela ressentida e declinante da população em uma paisagem política polarizada do que como uma súbita reversão de um movimento em direção à igualdade de direitos que já dura um século.

O progresso na igualdade de direitos pode ser visto não só nos marcos políticos e nos formadores de opinião, mas também nos dados sobre a vida das pessoas. Entre os afro-americanos, a taxa de pobreza caiu de 55% em 1960 para 27,6% em 2011.[14] A expectativa de vida passou de 33 anos em 1900 (17,6 anos abaixo da dos brancos) para 75,6 anos em 2015 (menos de três anos abaixo da dos brancos).[15] Os afro-americanos que chegam aos 65 anos têm vida *mais longa* pela frente do que os americanos brancos da mesma idade. A taxa de analfabetismo entre os afro-americanos caiu de 45% em 1900 para praticamente zero hoje.[16] Como veremos no próximo capítulo, a disparidade racial no preparo das crianças para iniciar os estudos vem diminuindo. E, como veremos no capítulo 18, também declina a disparidade racial em felicidade.[17]

A violência racista contra afro-americanos, outrora uma ocorrência regular em ataques noturnos e linchamentos (três por semana na virada do século XX), despencou no século passado e caiu ainda mais desde que o FBI começou a amalgamar informes sobre crimes de ódio, em 1996, como mostra a figura 15.3. (Pouquíssimos desses crimes são homicídios, um ou zero na maioria dos anos.)[18] O pequeno aumento em 2015 (ano mais recente disponível) não pode ser atribuído a Trump, pois ocorreu paralelamente a um pequeno aumento em crimes violentos naquele ano (ver figura 12.2), e os crimes de ódio acompanham as taxas de transgressão da lei em geral mais de perto do que acompanham comentários de políticos.[19]

A figura 15.3 mostra que os crimes de ódio contra asiáticos, judeus e brancos também diminuíram. E, apesar das afirmações de que a islamofobia corre solta nos Estados Unidos, os crimes de ódio contra muçulmanos não apresentaram grande mudança, com exceção do único aumento depois do Onze de Setembro e pequenas altas após outros ataques terroristas islamitas, como os de Paris e San Bernardino em 2015.[20] Neste momento em que escrevo, os dados do FBI para 2016 não estão disponíveis, portanto é prematuro aceitar as afirmações generalizadas de um surto trumpiano de crimes de ódio naquele ano. As afirmações provêm de organizações de defesa, cujo financiamento depende da intensificação do medo, e não de pesquisadores imparciais; alguns dos incidentes não passaram de boataria, e muitos foram rompantes grosseiros e não verdadeiros crimes.[21] Salvo pequenas variações em seguida a episódios de terrorismo e crime, a tendência aos crimes de ódio é decrescente.

As condições também estão melhorando para as mulheres. Quando eu era criança, na maioria dos estados as americanas ainda não podiam contratar um empréstimo nem ter um cartão de crédito em seu nome, precisavam procurar

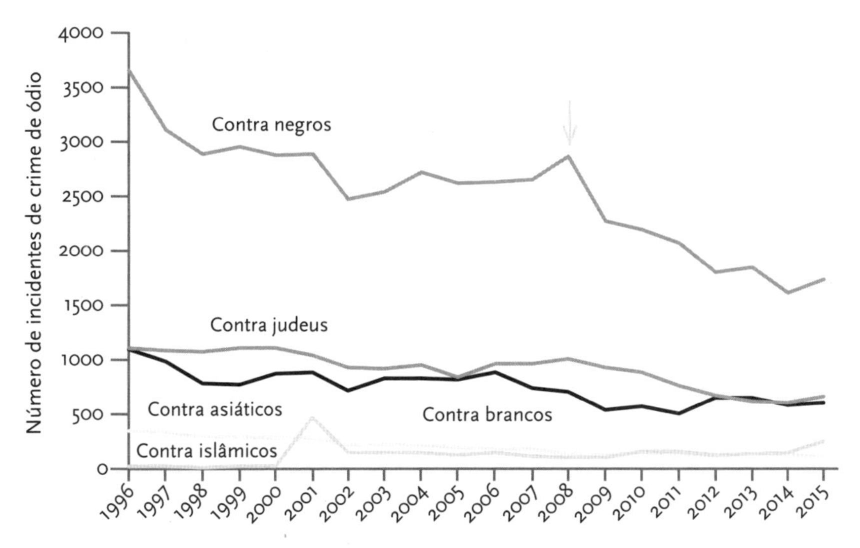

Figura 15.3: *Crimes de ódio, EUA, 1996-2015.*
FONTE: Federal Bureau of Investigation, 2016b. A seta indica 2008, o último ano representado na figura 7.4 de Pinker, 2011.

empregos na seção exclusivamente feminina dos classificados e não podiam registrar queixa de estupro contra o marido.[22] Hoje as mulheres compõem 47% da força de trabalho e a maioria dos estudantes universitários.[23] O melhor modo de medir a violência contra mulheres é com base em pesquisas de vitimização, pois contornam o problema dos episódios não informados à polícia; esses instrumentos mostram que as taxas de estupro e violência contra esposas e namoradas vêm diminuindo há décadas, e hoje são um quarto ou menos dos picos no passado (figura 15.4).[24] Ainda ocorrem demasiados crimes desse tipo, mas devemos nos animar porque um aumento da preocupação com a violência contra mulheres não é moralização fútil e trouxe progresso mensurável — o que significa que a continuidade dessa preocupação pode levar a ainda mais progresso.

Nenhuma forma de progresso é inevitável, mas a erosão histórica do racismo, do sexismo e da homofobia é mais do que uma mudança dos costumes da moda. Como veremos, ela parece estar sendo impelida pela maré da modernidade. Em uma sociedade cosmopolita, as pessoas convivem, fazem negócios e se encontram no mesmo barco que outros tipos de indivíduos, e isso tende a aumentar a solidariedade mútua.[25] Além disso, quando as pessoas são forçadas a justificar o modo como tratam os outros em vez de dominá-los por inércia instintiva, reli-

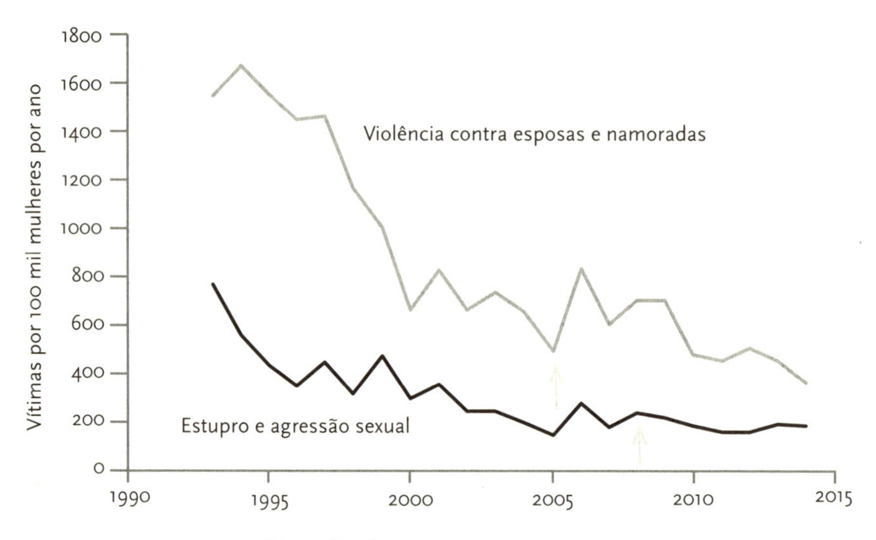

Figura 15.4: *Estupro e violência doméstica, EUA, 1993-2014.*
FONTES: US Bureau of Justice Statistics, *National Crime Victimization Survey*, Victimization Analysis Tool, <http://www.bjs.gov/index.cfm?ty=nvat>, com dados adicionais fornecidos por Jennifer Truman, do BJS. A linha cinza representa "violência por parceiro íntimo" com vítimas femininas. A seta indica 2005, o último ano representado na figura 7.13, e 2008, o último ano representado na figura 7.10 de Pinker, 2011.

giosa ou histórica, qualquer justificação por tratamento preconceituoso desmorona ao ser examinada.[26] A segregação racial, o sufrágio exclusivamente masculino e a criminalização da homossexualidade são indefensáveis: quem tentou defendê-los em sua época perdeu a discussão.

Essas forças podem prevalecer no longo prazo, resistindo até ao ímpeto retrógrado do populismo. O impulso global rumo à abolição da pena de morte (capítulo 14), apesar de seu eterno atrativo popular, nos dá uma lição sobre os confusos caminhos do progresso. À medida que ideias indefensáveis ou inviáveis vão perdendo a força, são removidas do reservatório de opções concebíveis, inclusive entre quem gosta de achar que pensa o impensável, e os extremistas são arrastados pelo progresso mesmo a contragosto. É por isso que até no mais regressivo movimento político na história americana recente não houve clamores pela reinstituição das leis Jim Crow de segregação racial, pelo fim do sufrágio feminino ou pela volta da criminalização da homossexualidade.

O preconceito racial e étnico declina não só no Ocidente, mas no mundo. Em 1950, quase metade dos países tinha leis que discriminavam minorias étnicas ou raciais (inclusive os Estados Unidos, claro). Em 2003, menos de um quinto as possuía, e eram superados numericamente por países onde políticas de ação afirmativa *favoreciam* minorias em desvantagem.[27] Um levantamento de grandes proporções do World Public Opinion Poll, abrangendo 21 países desenvolvidos e em desenvolvimento, constatou que, em cada um, a grande maioria dos respondentes (90% em média) considera importante dar tratamento igual às pessoas de diferentes raças, etnias e religiões.[28] A despeito da habitual autoflagelação dos intelectuais ocidentais pelo racismo no Ocidente, os países mais intolerantes não são ocidentais. Porém, mesmo na Índia, que ocupa o último lugar da lista, 59% dos respondentes defenderam a igualdade racial e 76% defenderam a igualdade religiosa.[29]

Também no campo dos direitos das mulheres o progresso é global. Em 1900, as mulheres só podiam votar em um país, a Nova Zelândia. Hoje têm esse direito em todos os países em que homens podem votar, exceto um, o Vaticano. Mulheres compõem quase 40% da força de trabalho do planeta e mais de um quinto dos membros de parlamentos nacionais. Tanto o World Opinion Poll como o Pew Global Attitudes Project constataram que mais de 85% de seus respondentes defendem a igualdade para homens e mulheres, com porcentagens que variam de 60% na Índia, 88% em seis países de maioria muçulmana, até 98% no México e Reino Unido.[30]

Em 1993 a Assembleia Geral das Nações Unidas aprovou a Declaração sobre a Eliminação da Violência Contra Mulheres. Desde então, a maioria dos países implementou leis e campanhas de conscientização para reduzir estupro, casamento forçado, casamento infantil, mutilação genital, assassinatos por honra, violência doméstica e atrocidades de guerra. Embora algumas dessas medidas sejam inócuas, há razões para otimismo no longo prazo. Campanhas de censura global, mesmo quando surgem apenas na esfera da aspiração, levaram no passado a drásticas reduções em práticas como escravidão, duelo, caça a baleias, enfaixamento dos pés, pirataria, corso, guerra química, apartheid e testes nucleares na atmosfera.[31] A mutilação genital feminina é um exemplo: embora ainda praticada em 29 países africanos (além de Indonésia, Iraque, Índia, Paquistão e Iêmen), a maioria dos homens e mulheres nesses países defende seu término, e nos últimos trinta anos as taxas reduziram-se em um terço.[32] Em 2016, o Parlamento Pan-

-Africano, juntamente com o Fundo de População das Nações Unidas, endossou uma proibição dessa prática e também a do casamento infantil.[33]

Os direitos dos homossexuais são outra ideia cuja hora chegou. Em quase todos os países do mundo, atos homossexuais já foram considerados crime.[34] Os primeiros argumentos de que o comportamento consentido entre adultos não é da conta de mais ninguém foram formulados durante o Iluminismo por Montesquieu, Voltaire, Beccaria e Bentham. Um punhado de países descriminalizou a homossexualidade logo depois, e durante a revolução dos direitos dos gays nos anos 1970, o aumento dos que seguiram esse exemplo foi colossal. Embora em mais de setenta países a homossexualidade continue a ser considerada crime (capital em onze países islâmicos), e apesar de ter havido um recuo na Rússia e em vários países africanos, a tendência global, incentivada pela ONU e por todas as organizações de defesa dos direitos humanos, continua a ser a liberalização.[35] A figura 15.5 mostra a trajetória no tempo: nos últimos seis anos, mais oito países riscaram a homossexualidade de seus códigos penais.

O progresso mundial contra racismo, sexismo e homofobia, apesar de suas inconstâncias e reveses, dá uma impressão de abrangência e celeridade. Martin

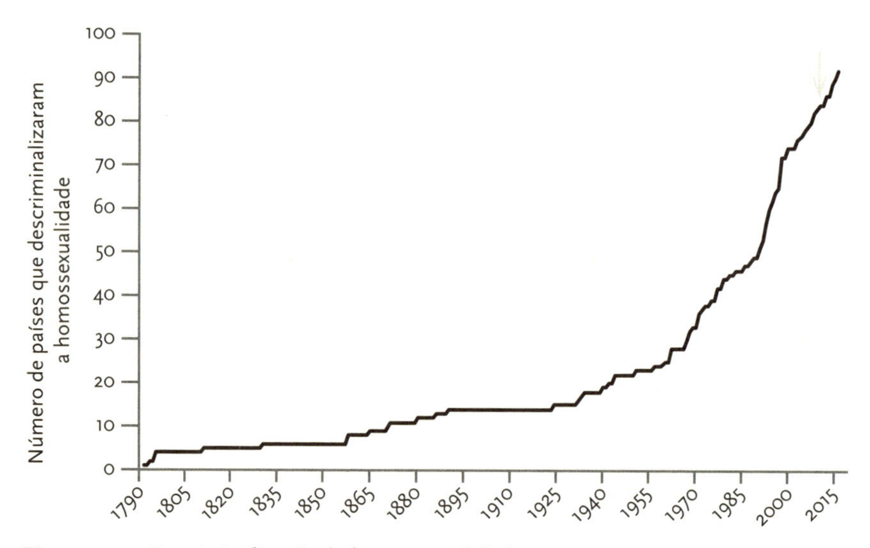

Figura 15.5: *Descriminalização da homossexualidade, 1791-2016.*
FONTES: Ottosson, 2006, 2009. Dados para dezesseis países adicionais foram obtidos em "LGBT Rights by Country or Territory", Wikipedia, acesso em 31 jul. 2016. Dados para 36 países adicionais que atualmente permitem a homossexualidade não constam dessa fonte. A seta indica 2009, o último ano representado na figura 7.23 de Pinker, 2011.

Luther King Jr. fez uma célebre menção à imagem, sugerida pelo abolicionista Theodore Parker, de um arco curvado na direção da justiça. Parker confessou que não conseguia completar visualmente o arco, mas que podia "adivinhá-lo com a consciência". Existe algum modo mais objetivo de determinar se existe um arco histórico voltado para a justiça? E, em caso positivo, quem o arqueia?

Uma visão do arco moral é dada pelo World Values Survey, que fez um levantamento com 150 mil pessoas em mais de 95 países contendo quase 90% da população mundial e abrangendo várias décadas. Em seu livro *Freedom Rising*, o cientista político Christian Welzel (em colaboração com Ron Inglehart, Pippa Norris e outros) argumentou que o processo de modernização estimulou a ascensão de "valores emancipadores".[36] Conforme as sociedades passam de agrárias a industriais e então a informacionais, seus cidadãos tornam-se menos preocupados em afastar inimigos e outras ameaças à existência e mais ávidos por expressar seus ideais e lutar por oportunidades na vida. Isso muda seus valores no sentido de mais liberdade para si e para os outros. Essa transição condiz com a teoria do psicólogo Abraham Maslow sobre uma hierarquia de necessidades que vai da sobrevivência e segurança ao amor/relacionamento, estima e realização pessoal (e também condiz com a ideia de Brecht de "primeiro a boia, depois a ética"). As pessoas começam a priorizar a liberdade em vez da segurança, a diversidade em vez da uniformidade, a autonomia em vez da autoridade, a criatividade em vez da disciplina e a individualidade em vez da conformidade. Os valores emancipadores também podem ser chamados de valores liberais, no sentido clássico relacionado a "liberdade" e "liberação" (e não como orientação no espectro político).

Welzel engendrou uma maneira de captar o comprometimento com valores emancipadores em um único número, baseado em sua descoberta de que as respostas a um conjunto de perguntas no levantamento tendem a se correlacionar no diversificado conjunto das pessoas, países e regiões do mundo com história e cultura comuns. As perguntas abrangem ideias de igualdade de gênero (se as pessoas acham que as mulheres devem ter direitos iguais a emprego, liderança política e educação universitária), escolha pessoal (se acham que divórcio, homossexualidade e aborto podem ser justificados), influência política (se acham que as pessoas devem ter a garantia de liberdade de se expressar e opinar sobre governo, comunidade e trabalho) e filosofia da criação de filhos (se acham que as crianças devem ser incentivadas a ser obedientes ou independentes e imaginativas). As correlações entre essas perguntas estão longe de ser perfeitas (o aborto, em especial, divide pessoas que concordam em muitos outros aspectos), porém tendem a andar juntas e, coletivamente, predizem muitas coisas a respeito de um país.

Antes de examinar mudanças históricas em valores, precisamos ter em mente que a passagem do tempo não apenas vira as páginas do calendário. Com o tempo, pessoas envelhecem, morrem e são substituídas por uma nova geração. Assim, qualquer mudança secular (no sentido de histórica ou de longo prazo) no comportamento humano pode ocorrer por três razões.[37] A tendência pode ser um Efeito do Período: uma mudança nos tempos — no zeitgeist ou na disposição de ânimo nacional que levanta ou abaixa todos os barcos. Pode ser um Efeito da Idade (ou Ciclo da Vida): os indivíduos mudam conforme vão passando de criancinhas choronas para escolares reclamões, apaixonados suspirantes, juízes barrigudos e assim por diante. Como ocorrem explosões e recuos na taxa de natalidade de um país, a média da população automaticamente muda conforme se alteram as proporções de jovens, pessoas de meia-idade e idosos, mesmo se os valores prevalecentes em cada idade forem os mesmos. Por fim, a tendência pode ser um Efeito Coorte (ou Geracional): pessoas nascidas em determinada época podem ser carimbadas com características que levam por toda a vida, e a média da população refletirá a mistura mutável de coortes conforme uma geração deixa o palco e outra entra. É impossível desemaranhar com perfeição os efeitos de idade, período e coorte, pois, à medida que um período dá lugar a outro, cada coorte fica mais velha. No entanto, se medirmos uma característica em toda a população em vários períodos e separarmos os dados das diferentes coortes, poderemos fazer inferências razoáveis sobre os três tipos de mudança.

Examinemos primeiro a história dos países mais desenvolvidos: os da América do Norte, Europa Ocidental e Japão. A figura 15.6 mostra a trajetória de valores emancipadores ao longo de um século. O gráfico representa dados de levantamentos de adultos (de dezoito a 85 anos) em dois períodos (1980 e 2005), representando coortes nascidas entre 1895 e 1980. (As coortes americanas geralmente são divididas em Geração GI, nascidos entre 1900 e 1924; Geração Silenciosa, 1925-45; *baby boomers*, 1946-64; Geração X, 1965-79, e Geração Y, ou millennials, 1980-2000.) As coortes estão ordenadas ao longo do eixo horizontal segundo o ano de nascimento; cada um dos dois anos em teste está representado em uma linha. (Os dados de 2011 a 2014, que ampliam a série para os millennials mais novos nascidos até 1996, são semelhantes aos de 2005.)

O gráfico mostra uma tendência histórica raramente levada em conta no alvoroço do debate político: apesar de tanto alarde sobre o reacionarismo da direita e os raivosos homens brancos ativistas, os valores dos países ocidentais vêm se tornando cada vez mais liberais (o que, como veremos, é uma das razões de esses homens andarem tão raivosos).[38] A linha para 2005 é mais elevada que a de 1980 (isso mostra que todos se tornaram mais liberais com o tempo), e ambas as curvas ascendem da esquerda para a direita (isso mostra que as gerações mais novas em ambos os períodos foram mais liberais do que as gerações mais velhas). As altas são substanciais: cerca de três quartos de um desvio-padrão cada uma para os 25 anos de tempo decorrido e para cada geração de 25 anos. (As elevações também têm passado despercebidas: uma pesquisa de 2016 do Ipsos mostrou que, em quase todos os países desenvolvidos, as pessoas pensam que seus conterrâneos são mais socialmente conservadores do que são na realidade.)[39] Uma descoberta crucial mostrada no gráfico é que a liberalização *não* reflete um bolsão crescente de jovens liberais que se bandearão para o conservadorismo quando envelhecerem. Se isso fosse verdade, as duas curvas estariam lado a lado, em vez de uma flutuar acima da outra, e uma linha vertical representando uma dada coorte espetaria a curva de 2005 em um valor *mais baixo*, refletindo o conservadorismo da velhice, em vez de no valor mais alto que vemos, refletindo o zeitgeist mais liberal. Os jovens levam consigo os seus valores emancipadores quando envelhecem, uma descoberta à qual voltaremos quando tratarmos do futuro do progresso no capítulo 20.[40]

As tendências de liberalização vistas na figura 15.6 foram medidas em populações de países ocidentais pós-industriais que dirigem Prius, bebem *chai* e comem verduras orgânicas. E quanto ao resto da humanidade? Welzel agrupou os 95 países avaliados no World Values Survey em dez zonas com histórias e culturas semelhantes. Ele também aproveitou a ausência do efeito do ciclo de vida para extrapolar retroativamente os valores emancipadores: os valores de um sexagenário em 2000, ajustados para os efeitos de quarenta anos de liberalização em seu respectivo país como um todo, fornecem uma boa estimativa dos valores de um jovem de vinte anos em 1960. A figura 15.7 mostra as tendências de valores liberais para as diferentes partes do mundo ao longo de quase cinquenta anos, combinando os efeitos da mudança no zeitgeist em cada país (como o salto entre curvas na figura 15.6) com as mudanças nas coortes (a subida ao longo de cada curva).

O gráfico revela, de forma nada surpreendente, que as diferenças entre as zonas culturais do mundo são substanciais. Países protestantes da Europa Ocidental, como Holanda, países escandinavos e Reino Unido, são os mais liberais

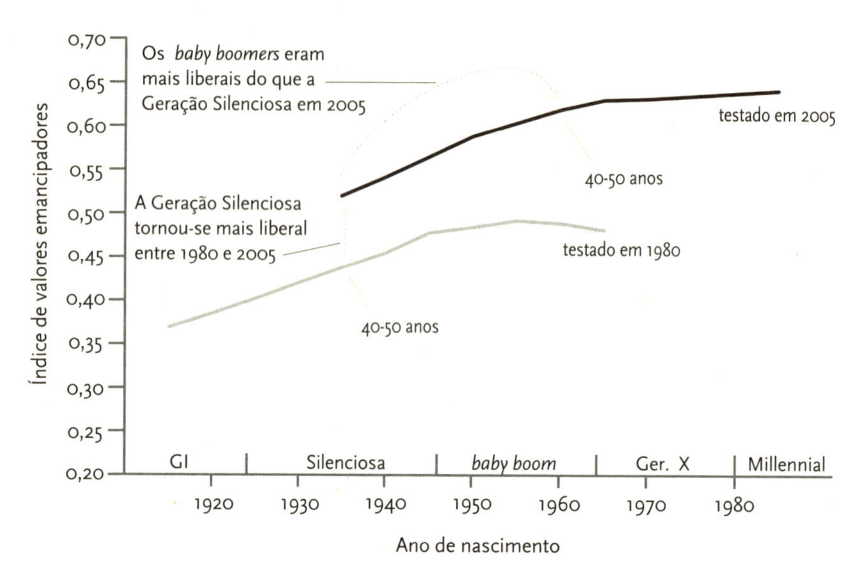

Figura 15.6: *Valores liberais ao longo do tempo e das gerações, países desenvolvidos, 1980-2005.* FONTE: Welzel, 2013, fig. 4.1. Dados do World Values Survey para Austrália, Canadá, França, Alemanha Ocidental, Itália, Japão, Holanda, Noruega, Suécia, Reino Unido e Estados Unidos (cada país com peso igual).

do mundo, seguidos por Estados Unidos e outros países anglófonos ricos, depois pela Europa católica e meridional e então pelos países ex-comunistas da Europa Central. América Latina, os países industrializados da Ásia Oriental e as ex-repúblicas da União Soviética e Iugoslávia são mais conservadores em termos sociais, seguidos pelo sul e sudeste da Ásia e pela África subsaariana. A região menos liberal do mundo é o Oriente Médio islâmico.

No entanto, o surpreendente é que, *em toda parte do mundo, as pessoas tornaram-se mais liberais.* Muito mais liberais: os jovens muçulmanos do Oriente Médio, a cultura mais conservadora do mundo, hoje têm valores que são comparáveis aos dos jovens da Europa Ocidental, a cultura mais liberal do mundo, do começo dos anos 1960. Embora em cada cultura tanto o zeitgeist como as gerações se tornem mais liberais, em algumas, como o Oriente Médio islâmico, a liberalização foi impelida principalmente pelo revezamento de gerações, e teve um papel óbvio na Primavera Árabe.[41]

Podemos identificar as causas que diferenciam as regiões do mundo e liberalizar todas ao longo do tempo? Muitas características de uma sociedade inteira correlacionam-se com valores emancipadores e — um problema que encontra-

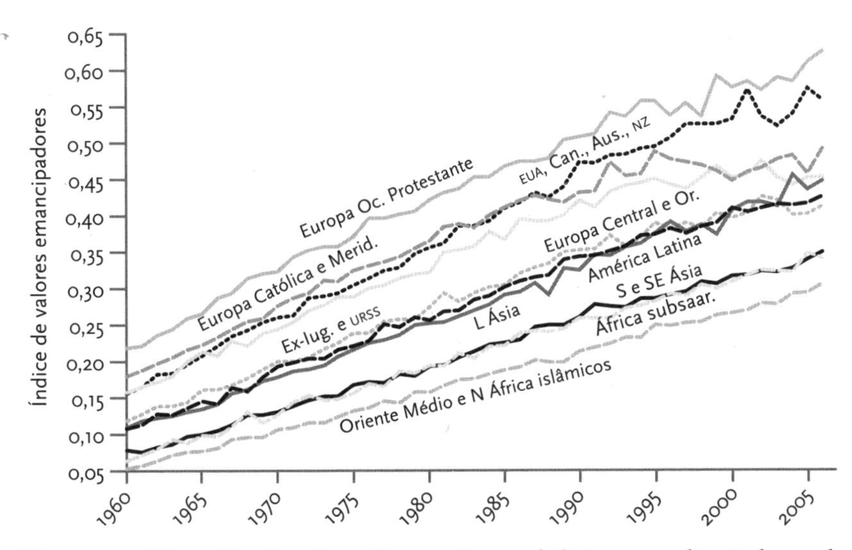

Figura 15.7: *Valores liberais ao longo do tempo (extrapolados), zonas culturais do mundo, 1960-2006.*

FONTE: World Values Survey, analisado em Welzel, 2013, fig. 4.4, atualizado com dados fornecidos por Welzel. As estimativas de valores emancipadores para cada país em cada ano são calculadas para uma amostra hipotética de uma idade fixa, baseada na coorte de nascimento de cada respondente, no ano de teste e em um efeito do período específico do país. Os rótulos são indicações geográficas mnemônicas das "zonas culturais" de Welzel e não se aplicam literalmente a cada país em uma região. Rebatizei algumas dessas zonas: Europa Ocidental Protestante corresponde ao "Ocidente Reformado" de Welzel. EUA, Canadá, Austrália, Nova Zelândia = "Novo Ocidente". Europa Católica e Meridional = "Ocidente Antigo". Europa Central e Oriental = "Ocidente Devolvido". Leste da Ásia = "Leste Sínico". Ex-Iugoslávia e URSS = "Leste Ortodoxo". Sul e Sudoeste da Ásia = "Leste Índico". Os países em cada zona têm peso igual.

mos repetidamente — tendem a se correlacionar umas com as outras, o que estorva os cientistas sociais quando precisam distinguir causalidade de correlação.[42] A prosperidade (medida como PIB per capita) correlaciona-se com valores emancipadores, ao que tudo indica porque, à medida que se tornam mais ricas e mais seguras, as pessoas podem experimentar a liberalização de suas sociedades. Os dados mostram que países mais liberais também são, em média, mais bem-educados, mais urbanos, menos fecundos, menos endógamos (com menos casamentos entre primos), mais pacíficos, mais democráticos, menos corruptos e menos assolados por crimes e golpes de Estado.[43] Suas economias, hoje e no passado, tendem a ser construídas com base em redes de comércio, e não em grandes fazendas ou na extração de petróleo e minérios.

Contudo, o que melhor prediz valores emancipativos é o Knowledge Index do Banco Mundial, que combina medidas per capita de educação (alfabetização de adultos e matrícula no ensino médio e na universidade), acesso a informação (telefones, computadores e usuários de internet), produtividade científica e tecnológica (pesquisadores, patentes e artigos em revistas especializadas) e integridade institucional (estado de direito, qualidade regulatória e economias abertas).[44] Welzel descobriu que o Knowledge Index representa 70% da variação em valores emancipadores na comparação entre os países, portanto é uma ferramenta de previsão muito melhor que o PIB.[45] O resultado estatístico corrobora uma importante dedução do Iluminismo: conhecimento e instituições sólidas levam ao progresso moral.

Qualquer exame do progresso dos direitos precisa considerar o setor mais vulnerável da sociedade, as crianças, que não podem militar por seus interesses e dependem da compaixão de outros. Já vimos que as condições melhoraram para as crianças no mundo todo: elas têm menor probabilidade de vir ao mundo sem mãe, de morrer antes de seu quinto aniversário ou de ter déficit de crescimento por alimentação insuficiente. Veremos aqui que, além de escapar dessas agressões naturais, as crianças estão cada vez mais protegidas de agressões humanas: estão mais seguras do que jamais estiveram e têm maior probabilidade de desfrutar uma infância de verdade.

O bem-estar das crianças é mais um caso em que manchetes horripilantes apavoram os leitores de notícias, apesar de hoje terem menos com que se apavorar. Notícias sobre tiroteios em escola, sequestros, bullying, cyberbullying, troca de mensagens eróticas por meios digitais, estupro durante um encontro e agressão física ou sexual dão a impressão de que as crianças estão vivendo em tempos cada vez mais perigosos. Os dados atestam o contrário. O declínio no uso de drogas perigosas por adolescentes, mencionado no capítulo 12, é apenas um exemplo. Em um exame da literatura sobre violência contra crianças nos Estados Unidos, publicado em 2014, o sociólogo David Finkelhor e seus colegas informaram: "De cinquenta tendências de exposição examinadas, houve 27 declínios significativos e nenhum aumento significativo entre 2003 e 2011. Os declínios foram particularmente acentuados para vitimização em agressões, bullying e vitimização sexual".[46] Três dessas tendências são mostradas na figura 15.8.

Outra forma de violência contra crianças que está em declínio é a da punição física: surras, tapas, varadas, palmatória, correiadas, chicotadas e outros métodos toscos de modificação de comportamento que pais e professores infligem a crianças indefesas desde o conselho "Quem poupa a vara odeia seu filho", do século VII AEC. O castigo físico foi condenado em várias resoluções das Nações Unidas e proibido por lei em mais de metade dos países do mundo. Os Estados Unidos, de novo, são uma exceção entre as democracias avançadas, pois permitem que crianças sejam punidas com palmatória na escola, mas até nesse caso a aprovação a formas de castigo corporal está em declínio lento, porém constante.[47]

Oliver Twist fazendo estopa em um asilo inglês aos nove anos de idade é um vislumbre ficcional de um dos abusos mais comuns contra os pequenos: o traba-

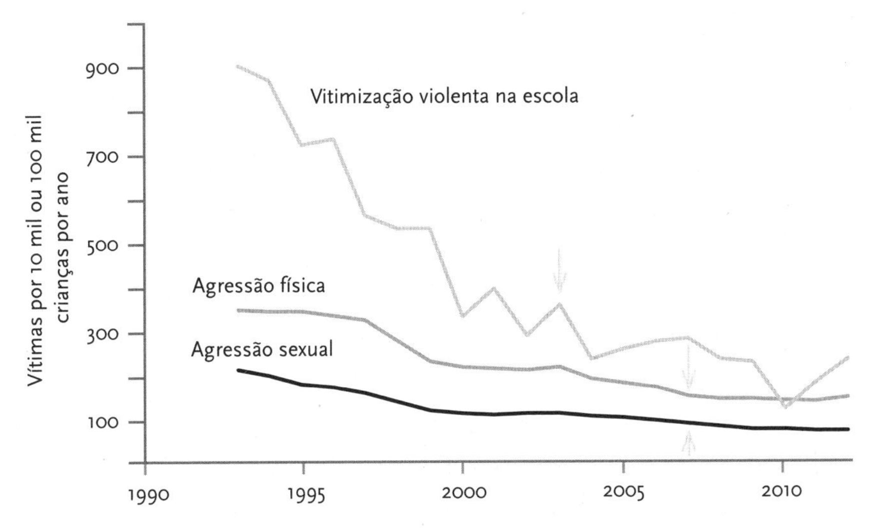

Figura 15.8: *Vitimização de crianças, EUA, 1993-2012.*
FONTES: Agressão física e agressão sexual (principalmente por cuidadores): National Child Abuse and Neglect Data System, <http://www.ndacan.cornell.edu/>, analisado por Finkelhor, 2014; Finkelhor et al., 2014. Vitimização violenta na escola: US Bureau of Justice Statistics, *National Crime Victimization Survey*, Victimization Analysis Tool, <http://www.bjs.gov/index.cfm?ty= nvat>. As taxas de agressão física e sexual são por 100 mil crianças com menos de dezoito anos. As taxas de vitimização violenta na escola são por 10 mil crianças entre doze e dezessete anos. As setas indicam 2003 e 2007, os últimos anos representados nas figuras 7.22 e 7.20 em Pinker, 2011, respectivamente.

lho infantil. Juntamente com o romance de Dickens, o poema "The Cry of the Children", que Elizabeth Barrett Browning compôs em 1843, e muitas revelações jornalísticas despertaram os leitores oitocentistas para as condições terríveis em que crianças eram forçadas a trabalhar naquela época. Crianças pequenas subiam em caixas e operavam máquinas perigosas em tecelagens, minas e fábricas de enlatados, respirando um ar saturado de pó de algodão ou carvão, mantidas acordadas com banhos de água fria no rosto, caindo no sono depois de turnos de trabalho exaustivos com a comida ainda na boca.

Mas as crueldades do trabalho infantil não começaram em fábricas vitorianas.[48] Crianças sempre foram postas para trabalhar na lavoura e em serviços domésticos, e era comum contratá-las como criadas ou empregadas em empresas de fundo de quintal, geralmente a partir da idade em que aprendiam a andar. No século XVII, por exemplo, crianças postas a trabalhar na cozinha giravam a manivela de um espeto com carne durante horas, protegidas do fogo apenas por um fardo de feno molhado.[49] Ninguém considerava exploração o trabalho infantil; era uma forma de educação moral, protegia as crianças da ociosidade e da preguiça.

A começar por tratados influentes de John Locke em 1693 e Jean-Jacques Rousseau em 1762, a infância foi reconceituada.[50] Uma juventude sem tribulações passou a ser considerada um direito humano inato. Brincar era uma forma essencial de aprendizado, e os primeiros anos de vida moldavam o adulto e determinavam o futuro da sociedade. Nas décadas próximas da virada do século XX, a infância foi "sacralizada", nas palavras da economista Viviana Zelizer, e as crianças alcançaram o seu status atual de "economicamente sem valor, emocionalmente sem preço".[51] Graças à pressão de defensores das crianças e com a ajuda da afluência, de famílias menores, da expansão do círculo da solidariedade e de uma valorização crescente da educação, as sociedades ocidentais eliminaram pouco a pouco o trabalho infantil. Um vislumbre dessas forças empurrando na mesma direção pode ser visto em um anúncio de tratores em uma edição de 1921 da revista *Successful Farming*, intitulado "Mantenha o menino na escola":

> A pressão do trabalho urgente na primavera é causa frequente de se manter o menino fora da escola por vários meses. Pode parecer necessário — mas não é justo para o menino! Você põe uma desvantagem no caminho dele para o resto da vida quando o priva de educação. Nessa idade, a educação está se tornando cada vez

mais essencial para o êxito e o prestígio em todas as esferas da vida, inclusive na agricultura.

Se você acha que sua educação foi negligenciada, ainda que não por sua culpa, naturalmente irá querer que seus filhos tenham o benefício de uma verdadeira educação — que tenham algumas coisas que talvez faltem a você.

Com a ajuda de um trator Case a querosene, uma pessoa pode fazer mais que o dobro do trabalho de um homem hábil e um menino diligente trabalhando com cavalos. Se você investir em um trator Case com os acessórios arado direcionável e rastelo, o seu menino poderá estudar sem interrupção e o trabalho da primavera não será prejudicado pela ausência do seu filho.

Mantenha o menino na escola — e deixe que o trator a querosene Case tome o lugar dele no campo. Você nunca se arrependerá desse investimento.[52]

Em muitos países, o golpe de misericórdia foi a legislação que decretou a escolarização obrigatória, tornando o trabalho infantil flagrantemente ilegal. A figura 15.9 mostra que a proporção de crianças na força de trabalho na Inglaterra caiu pela metade entre 1850 e 1910, antes de o trabalho infantil ser proibido por lei em 1918, e que os Estados Unidos seguiram trajetória semelhante.

O gráfico mostra ainda a queda acentuada na Itália, além de duas séries temporais recentes para o mundo. As linhas não são comensuráveis em razão de diferenças nas faixas etárias e nas definições de "trabalho infantil", porém indicam a mesma tendência: declínio. Em 2012, 16,7% das crianças do mundo trabalhavam uma hora por semana ou mais, 10,6% faziam "trabalho infantil" condenável (longos períodos ou tenra idade) e 5,4% ocupavam-se em trabalho perigoso — crianças demais, porém menos de metade da porcentagem de apenas doze anos antes. Hoje, como sempre, o trabalho infantil concentra-se não na indústria, e sim na agricultura, silvicultura e pesca, e anda junto com a pobreza nacional, como causa e também como efeito: quanto mais pobre o país, maior a porcentagem de crianças que trabalham.[53] Quando os salários aumentam ou quando o governo paga aos pais para mandarem os filhos à escola, o trabalho infantil despenca: indício de que pais pobres põem os filhos para trabalhar como último recurso, e não por cobiça.[54]

O progresso em direção ao fim do trabalho infantil, como acontece com outros crimes e tragédias da condição humana, é impelido pelo aumento global da afluência e por campanhas morais humanísticas. Em 1999, 180 países ratifica-

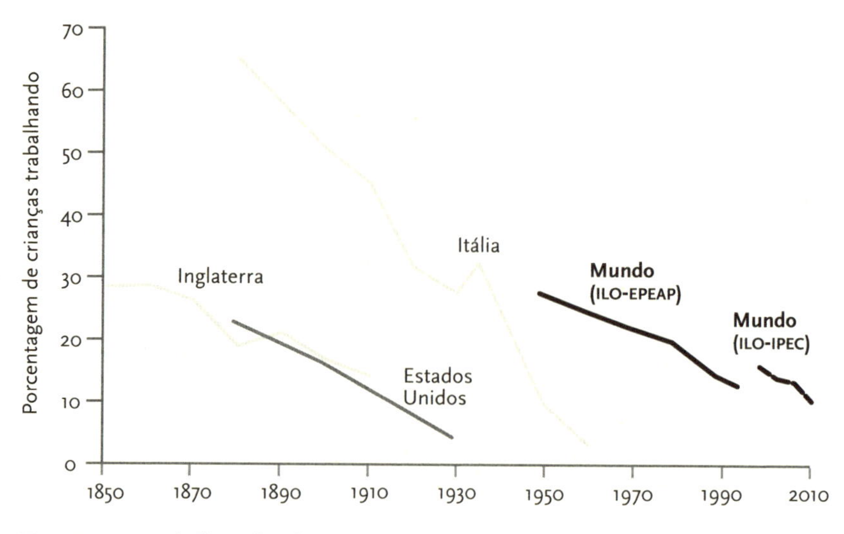

Figura 15.9: *Trabalho infantil, 1850-2012.*

FONTES: Our World in Data, Ortiz-Ospina e Roser, 2016a, e as seguintes: Inglaterra: Porcentagem de crianças de dez a catorze anos registradas como trabalhadoras, Cunningham, 1996. Estados Unidos: Whaples, 2005. Itália: Incidência de trabalho infantil, idades 10-14, Toniolo e Vecchi, 2007. Mundo ILO-EPEAP (International Labour Organization Programme on Estimates and Projections of the Economically Active Population): Trabalho infantil, idades 10-14, Basu, 1999. Mundo ILO-IPEC (International Labour Organization International Programme on the Elimination of Child Labour): Trabalho infantil, idades 5-17, International Labour Organization, 2013.

ram a Convenção sobre a Proibição das Piores Formas de Trabalho Infantil. As "piores formas" que foram proibidas incluem trabalhos perigosos e exploração de crianças em escravidão, tráfico humano, servidão por dívida, prostituição, pornografia, tráfico de drogas e guerra. Embora não tenha sido atingida a meta da Organização Internacional do Trabalho de eliminar as piores formas até 2016, o ímpeto nesse sentido é inegável. A causa foi ratificada simbolicamente em 2014 com a entrega do prêmio Nobel da paz a Kailash Satyarthi, ativista contra o trabalho infantil que foi essencial para a aprovação da resolução de 1999. Ele dividiu o prêmio com Malala Yousafzai, a heroica defensora da educação para meninas. E isso nos leva a mais um avanço na prosperidade humana: a expansão do acesso ao conhecimento.

16. Conhecimento

Homo sapiens, "homem que sabe", é a espécie que usa informações para resistir à decomposição da entropia e aos ônus da evolução. Em toda parte, os seres humanos adquirem conhecimentos sobre a paisagem, a flora e a fauna locais, os instrumentos e as armas que podem subjugá-las e as redes de relacionamentos e normas que os unem a seus parentes, aliados e inimigos. Acumulam e compartilham esses conhecimentos com uso de linguagem, gestos e ensino face a face.[1]

Em alguns momentos da história, pessoas descobriram tecnologias que multiplicam a difusão do conhecimento, até exponencialmente, como nos casos da escrita, da impressão e da mídia eletrônica. A supernova do conhecimento redefine de forma contínua o que é ser humano. Nossa compreensão de quem somos, de onde viemos, como o mundo funciona e o que importa na vida depende de participarmos do vasto e sempre crescente reservatório de conhecimento. Embora os caçadores, pastores e camponeses analfabetos sejam plenamente humanos, muitos antropólogos ressaltam que são orientados para o presente, o local, o físico.[2] Saber mais sobre seu país e sua história, sobre a diversidade de costumes e crenças no mundo todo e nos vários períodos, sobre os erros e os triunfos de civilizações passadas, sobre os microcosmos de células e átomos e os macrocosmos de planetas e galáxias, sobre a etérea realidade dos números, da lógica e dos padrões — esse saber de fato nos eleva a um plano superior da consciência. É uma dádiva pertencer a uma espécie inteligente com uma longa história.

Já faz muito tempo que o reservatório de conhecimento da nossa cultura começou a ser transmitido por meio de histórias e aprendizado. Escolas formais existem há milênios; cresci ouvindo a história talmúdica do rabino Hillel, do século I, que quase morreu congelado quando era menino porque subiu no telhado de uma escola que não podia pagar para entreouvir as aulas através da claraboia. Em várias épocas, escolas foram incumbidas de incutir conhecimentos práticos, religiosos ou patrióticos nos jovens, mas o Iluminismo, com sua apoteose de conhecimento, ampliou a alçada dos educadores. O teórico da educação George Counts observa: "Com o advento da era moderna, a educação formal assumiu uma importância muito maior do que qualquer coisa que o mundo já vira. A escola, que no passado fora uma instituição social secundária na maioria das sociedades, afetando diretamente a vida de apenas uma pequena fração do povo, expandiu-se na horizontal e na vertical até assumir seu lugar ao lado do Estado, da Igreja, da família e da propriedade como uma das mais poderosas instituições da sociedade".[3] Hoje a escolarização é compulsória na maioria dos países e reconhecida como um direito humano fundamental pelos 170 membros das Nações Unidas que assinaram o Pacto Internacional sobre Direitos Econômicos, Sociais e Culturais.[4]

Os efeitos modificadores da mente advindos da educação estendem-se a todas as esferas da vida, de modos que variam do óbvio ao assombroso. No extremo óbvio, vimos no capítulo 6 que algum conhecimento sobre saneamento, nutrição e sexo seguro pode contribuir imensamente para melhorar a saúde e prolongar a vida. Também é óbvio que a habilidade com letras e números é a base da criação de riqueza moderna. No mundo em desenvolvimento, uma jovem não pode sequer trabalhar como empregada doméstica se não souber ler um bilhete ou contar mantimentos, e degraus superiores da escada ocupacional requerem capacidade sempre crescente de adquirir conhecimentos técnicos. Os primeiros países que alcançaram a Grande Saída da pobreza universal no século XIX, assim como os que desde então cresceram mais depressa, são aqueles que educaram suas crianças mais intensivamente.[5]

Como em toda questão da ciência social, correlação não é causalidade. Será que países mais instruídos ficam mais ricos, ou será que países mais ricos podem custear um ensino melhor? Um modo de cortar o nó é aproveitar o fato de que uma causa tem de preceder seu efeito. Estudos que avaliam a educação em Momento 1 e Momento 2, mantendo-se os outros fatores constantes, indicam que investir em educação de fato torna os países mais ricos. Pelo menos quando o ensino é secular e racionalista. Até o século XX, a economia da Espanha era retardatária entre os países ocidentais apesar de o povo espanhol ter amplo acesso à escola, porque o país era controlado pela Igreja católica, e "as crianças das massas recebiam apenas instrução oral sobre o Credo, o catecismo e algumas habilidades manuais simples. [...] Ciências, matemática, economia política e história secular eram consideradas controversas demais para os que não eram teólogos especializados".[6] Também se atribui à intromissão clerical a culpa pela defasagem econômica de partes do mundo árabe atual.[7]

No extremo mais intangível do escopo, a educação traz dádivas que vão muito além da capacidade prática e do crescimento econômico: uma educação melhor hoje faz um país mais democrático e pacífico amanhã.[8] Os efeitos abrangentes da educação dificultam o discernimento dos elos intermediários na rede causal que se estende do ensino formal à harmonia social. Alguns podem ser demográficos e econômicos. Meninas mais instruídas têm menos filhos quando crescem, portanto diminui a probabilidade de que gerem uma parcela desproporcionalmente grande de crianças e jovens adultos na população, com seu decorrente excesso de homens jovens desordeiros.[9] Países mais instruídos são mais ricos e, como vimos nos capítulos 11 e 14, tendem a ser mais pacíficos e democráticos.

Entretanto, algumas das vias causais corroboram os valores do Iluminismo. Quantas mudanças quando se adquire educação! As pessoas desaprendem superstições perigosas, como as de que os governantes mandam por direito divino ou as de que pessoas que não se parecem com elas são menos humanas. Aprendem que existem outras culturas que são igualmente aferradas ao seu próprio modo de vida, e por razões nem melhores nem piores. Aprendem que salvadores da pátria carismáticos levaram seus países ao desastre. Aprendem que suas convicções, por mais sinceras ou populares que sejam, podem ser equivocadas. Aprendem que existem modos melhores e piores de viver, e que outras pessoas e outras culturas podem saber coisas que elas desconhecem. E, o que é importantíssimo, aprendem que há modos de resolver conflitos sem violência. Todas essas epifanias militam contra a submissão ao domínio de um autocrata ou a adesão a uma cruzada para subjugar e matar vizinhos. A transmissão de nenhum desses conhecimentos é garantida, claro, sobretudo quando autoridades promulgam seus próprios dogmas, fatos alternativos e teorias da conspiração e, em uma aceitação relutante do poder do conhecimento, suprimem as pessoas e ideias que possam desacreditá-las.

Estudos sobre efeitos da educação confirmam que pessoas instruídas realmente são mais esclarecidas. São menos racistas, sexistas, xenofóbicas, homofóbicas e autoritárias.[10] Dão mais valor a imaginação, independência e liberdade de expressão.[11] São mais propensas a votar, fazer trabalho voluntário, expressar opiniões políticas e participar de associações cívicas, como sindicatos, partidos políticos e organizações religiosas e comunitárias.[12] Têm maior probabilidade de confiar em seus compatriotas — um ingrediente essencial do precioso elixir chamado capital social, que dá às pessoas confiança para firmar contratos, investir e obedecer às leis sem medo de fazerem o papel de otárias que são engambeladas por todo mundo.[13]

Por todas essas razões, o crescimento da educação — e seu primeiro dividendo, a alfabetização — é emblemático do progresso humano. E aqui, como em tantas outras dimensões do progresso, vemos uma narrativa bem conhecida: até o Iluminismo, quase todos eram desvalidos; depois alguns países começaram a desgarrar-se da manada; recentemente, o resto do mundo os está alcançando; logo as benesses serão universais. A figura 16.1 mostra que, antes do século XVII, a alfabetização era privilégio de uma pequena elite na Europa Ocidental, menos de um oitavo da população, e isso se aplicou ao mundo como um todo até boa parte do século XIX. A taxa de alfabetização mundial duplicou no século seguinte e quadruplicou dentro de mais um século; agora a alfabetização alcança 83% da população mundial. Até mesmo essa porcentagem subestima o letramento no planeta, pois grande parcela da quinta parte analfabeta compõe-se de pessoas de meia-idade ou idosas. Em muitos países do Oriente Médio e do Norte da África, mais de três quartos das pessoas acima de 65 anos são analfabetas, enquanto entre os adolescentes e os jovens na casa dos vinte anos a taxa fica na casa de um dígito.[14] A taxa de alfabetização de jovens adultos (de quinze a 24 anos) em 2010 era 91% — aproximadamente igual à de toda a população dos Estados Unidos em 1910.[15] Como se poderia esperar, as taxas de alfabetzação mais baixas são encontradas nos países mais pobres e mais assolados por guerra, como Sudão do Sul (32%), República Centro-Africana (37%) e Afeganistão (38%).[16]

A alfabetização é a base para o resto da educação, e a figura 16.2 mostra o progresso mundial na proporção de crianças que vão à escola.[17] A cronologia é bem conhecida. Em 1820, mais de 80% do mundo não tinha educação formal

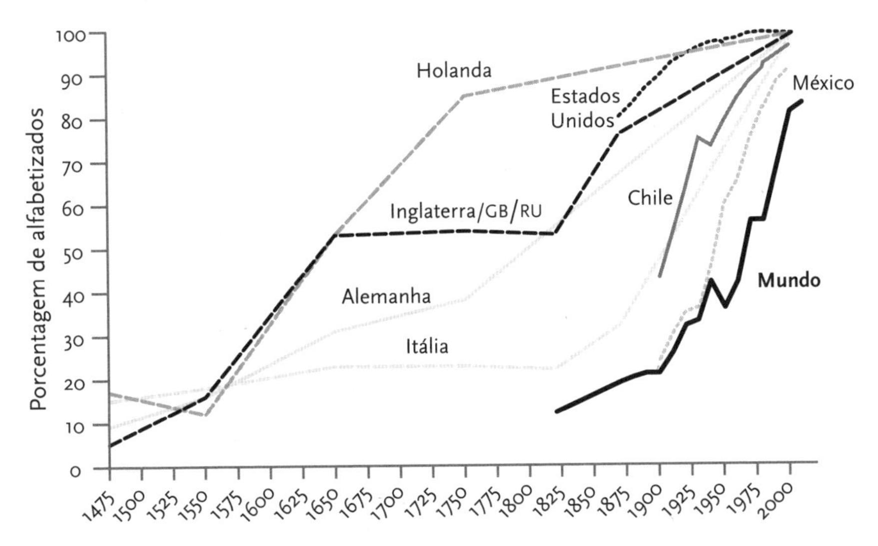

Figura 16.1: *Alfabetização, 1475-2010.*
FONTE: Our World in Data, Roser e Ortiz-Ospina, 2016b, incluindo dados das fontes a seguir. Antes de 1800: Buringh e Van Zanden, 2009. Mundo: Van Zanden et al., 2014. EUA: National Center for Education Statistics. Depois de 2000: Central Intelligence Agency, 2016.

nenhuma; em 1900, a grande maioria na Europa Ocidental e da Anglosfera tinha o benefício da educação básica; hoje isso se aplica a mais de 80% do mundo. A região menos afortunada, África subsaariana, tem uma proporção comparável à do mundo em 1980, América Latina em 1970, Leste Asiático nos anos 1960, Europa Oriental em 1930 e Europa Ocidental em 1880. Segundo projeções atuais, em meados deste século apenas cinco países terão menos de um quinto de seus habitantes sem escolarização, e até o fim do século a proporção global terá caído para zero.[18]

"Fazer livros é um trabalho sem fim, e muito estudo cansa o corpo."[19] Em contraste com as medidas de bem-estar que têm seu piso natural em zero, como guerra e doença, ou seu teto natural em 100%, como nutrição e alfabetização, a busca por conhecimento é ilimitada. Não só o próprio conhecimento se expande indefinidamente, mas também o prêmio pelo conhecimento em uma economia movida pela tecnologia se agiganta.[20] Enquanto as taxas globais de alfabetização e educação básica convergem para seu teto natural, o número de anos de escolaridade, incluindo o ensino terciário e pós-graduação em faculdades e universidades, continua a crescer em todos os países. Em 1920, apenas 28% dos adolescentes

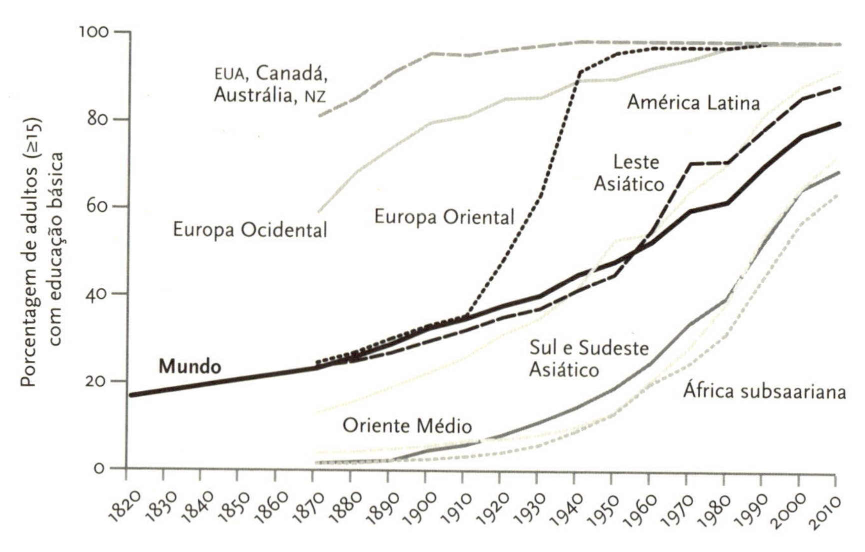

Figura 16.2: *Educação básica, 1820-2010.*
FONTE: Our World in Data, Roser e Ortiz-Ospina, 2018, baseado em dados de Van Zanden et al., 2014. Os gráficos indicam a parcela da população com quinze anos ou mais que concluiu no mínimo um ano de educação (mais em épocas posteriores); ver Van Leewen e Van Leewen-Li, 2014, pp. 88-93.

americanos entre catorze e dezessete anos cursavam o ensino médio; em 1930, a proporção crescera para quase metade, e em 2011 os formados eram 80%, dos quais quase 70% prosseguiram os estudos na universidade.[21] Em 1940, menos de 5% dos americanos tinha diploma universitário; em 2015, eram quase um terço.[22] A figura 16.3 mostra as trajetórias paralelas da escolaridade em uma amostra de países, com máximos que vão de quatro anos em Serra Leoa até treze anos (algum tempo na universidade) nos Estados Unidos no período mais recente. Segundo uma projeção, até o fim do século mais de 90% da população mundial terá alguma educação secundária, e 40% alguma educação universitária.[23] Como pessoas instruídas tendem a ter menos filhos, o crescimento da educação é uma razão importante para supormos que, mais para o fim deste século, a população mundial atingirá seu auge e então declinará (figura 10.1).

Embora vejamos pouca ou nenhuma convergência global na duração do estudo formal, está em curso uma revolução na difusão de conhecimento que diminui a importância dessa disparidade. Hoje a maior parte do conhecimento está on-line (grande parte gratuitamente) e não trancada em bibliotecas; cursos abertos em ambiente virtual (os chamados MOOCS – *massive open online courses*) e

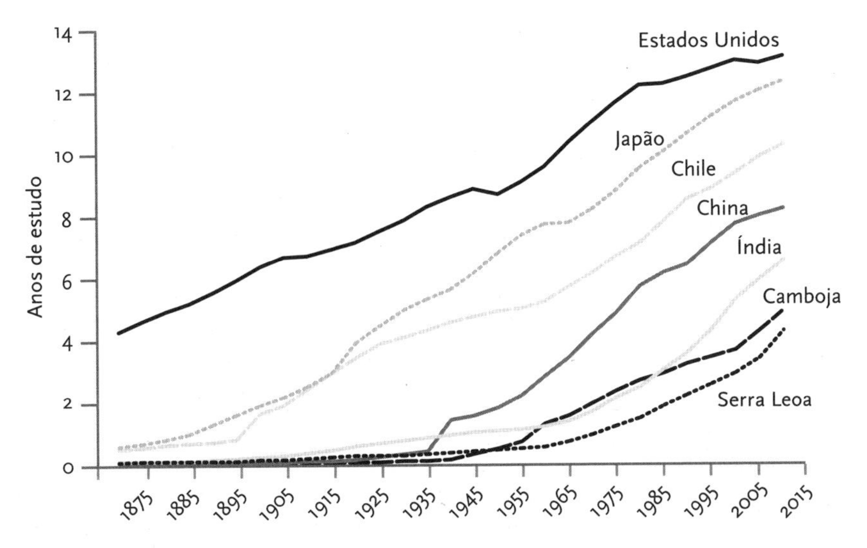

Figura 16.3: *Anos de estudo, 1870-2010.*
FONTE: Our World in Data, Roser e Ortiz-Ospina, 2016a, baseado em dados de Lee e Lee, 2016. Dados para população entre dezesseis e 64 anos.

outras formas de ensino à distância disponibilizam o aprendizado a qualquer um que possua um smartphone.

Outras disparidades na educação também estão diminuindo. Nos Estados Unidos, entre 1998 e 2010 houve aumento substancial no número de crianças em idade pré-escolar preparadas para ingressar no ensino fundamental entre as populações de baixa renda, hispânicos e afro-americanos, possivelmente graças à maior disponibilidade de programas de pré-escola gratuitos e porque hoje as famílias possuem mais livros, computadores e acesso à internet, e os pais interagem por mais tempo com os filhos.[24]

Uma razão ainda mais importante é que a suprema forma de discriminação sexual — manter as meninas fora da escola — está em declínio. Essa mudança é significativa não só porque as mulheres são metade da população, portanto educá-las duplica o tamanho do reservatório de qualificações, mas também porque a mão que balança o berço governa o mundo. Meninas instruídas são mais sadias, têm filhos mais sadios e em menor número e são mais produtivas — assim como os seus países.[25] O Ocidente levou séculos para se dar conta de que era boa ideia educar a população inteira, e não só a metade com testículos: a linha que representa a Inglaterra na figura 16.4 mostra que, nesse país, as mulheres só se tornaram tão alfabetizadas quanto os homens em 1885. O mundo como um todo alcançou os ingleses ainda mais tarde, porém logo compensou o tempo perdido, passando de ensinar a ler apenas dois terços das meninas em comparação com os meninos em 1975 para ensinar a todos em proporções iguais em 2014. A ONU anunciou que o mundo atingiu a meta da paridade dos gêneros no ensino primário, secundário e terciário, estipulada em 2015 como um Objetivo de Desenvolvimento do Milênio.[26]

As duas outras linhas contam sua própria história. O país com a pior razão de gênero em alfabetização é o Afeganistão. A nação afegã não só beira o fundo em quase todas as medidas de desenvolvimento humano (incluindo sua deplorável taxa de alfabetização total, que em 2011 era de 0,52), mas também de 1996 a 2011 esteve sob controle do Talibã, movimento fundamentalista islâmico que, entre outras atrocidades, proibia meninas e mulheres de ir à escola. O Talibã continua a intimidar as meninas para que não se eduquem nas regiões que controla no Afeganistão e no vizinho Paquistão. A partir de 2009, quando tinha doze anos, Malala Yousafzai, cuja família tinha uma rede de escolas no distrito paquis-

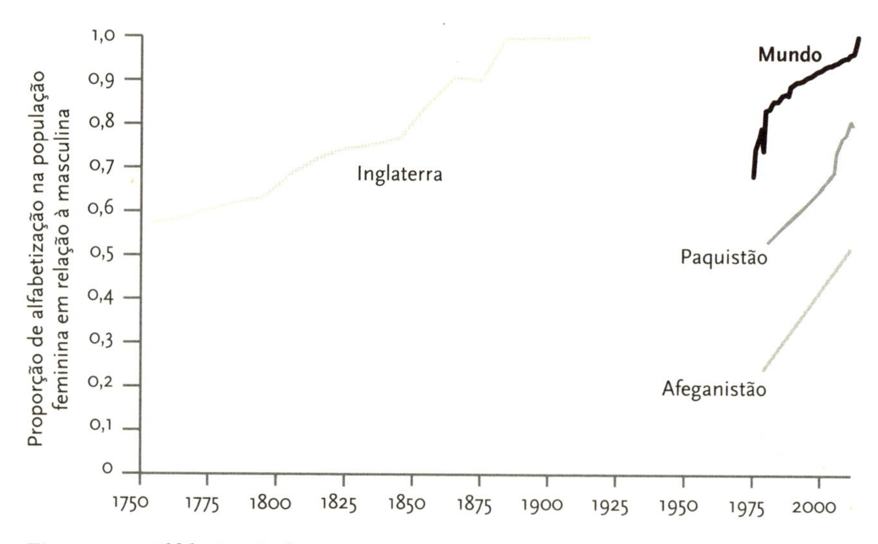

Figura 16.4: *Alfabetização feminina, 1750-2014.*
FONTES: Inglaterra (todos os adultos): Clark, 2007, p. 179. Mundo, Paquistão e Afeganistão (15-24 anos): HumanProgress, <http://www.humanprogress.org/f1/2101>, com base em dados do Unesco Institute of Statistics, resumido em Banco Mundial, 2016. Os dados para o mundo são médias de conjuntos ligeiramente diferentes de países em anos diferentes.

tanês de Swat, pronunciou-se publicamente em favor dos direitos das meninas à educação. Em um dia que permanecerá para sempre infame, 9 de outubro de 2012, um assassino do Talibã entrou no ônibus escolar em que ela estava e a baleou na cabeça. Ela sobreviveu e se tornou a mais jovem laureada com o prêmio Nobel da paz e uma das mulheres mais admiradas do mundo. No entanto, mesmo nessas partes incultas do planeta, podemos ver progresso.[27] Nas três últimas décadas, a razão de gênero em alfabetização duplicou no Afeganistão e cresceu 50% no Paquistão, cuja razão agora se equipara à do mundo em 1980 e à da Inglaterra em 1850. Nada é certo, mas a maré global de ativismo, desenvolvimento econômico, bom senso e simples decência provavelmente empurrará essa razão até seu teto natural.

Será que o mundo está se tornando não só mais alfabetizado e rico em conhecimento, mas também mais inteligente? As pessoas estão cada vez mais capazes de aprender novas habilidades, compreender ideias abstratas e resolver problemas imprevistos? Espantosamente, a resposta é sim. As pontuações de QI (quociente de inteligência) vêm aumentando há mais de um século em todas as partes do mundo, à taxa aproximada de três pontos de QI (um quinto de desvio-padrão) por década. Quando o filósofo James Flynn chamou a atenção dos psicólogos para esse fenômeno pela primeira vez, em 1984, muitos pensaram que se tratava de engano ou embuste.[28] Para começar, sabemos que, em grande medida, a inteligência é hereditária e que o mundo não está implementando nenhum projeto de eugenia em massa segundo o qual as pessoas mais inteligentes têm mais bebês geração após geração.[29] Tampouco há pessoas casando-se fora de seu clã e de sua tribo (e assim evitando a endogamia e aumentando o vigor dos híbridos) em números suficientemente elevados por tempo longo o bastante para explicar a alta.[30] Além disso, não dá para acreditar que uma pessoa comum de 1910, se entrasse numa máquina do tempo e se materializasse hoje, estaria na fronteira do retardo mental para os nossos padrões, enquanto os cidadãos médios da nossa época, fazendo a jornada inversa, seriam mais inteligentes do que 98% da população de eduardianos de suíças e vestidos compridos que encontrariam. Contudo, por mais surpreendente que seja, não restam dúvidas sobre o efeito Flynn, e pouco tempo atrás ele foi confirmado em uma meta-análise de 271 amostras de 31 países, envolvendo 4 milhões de pessoas.[31] A figura 16.5 re-

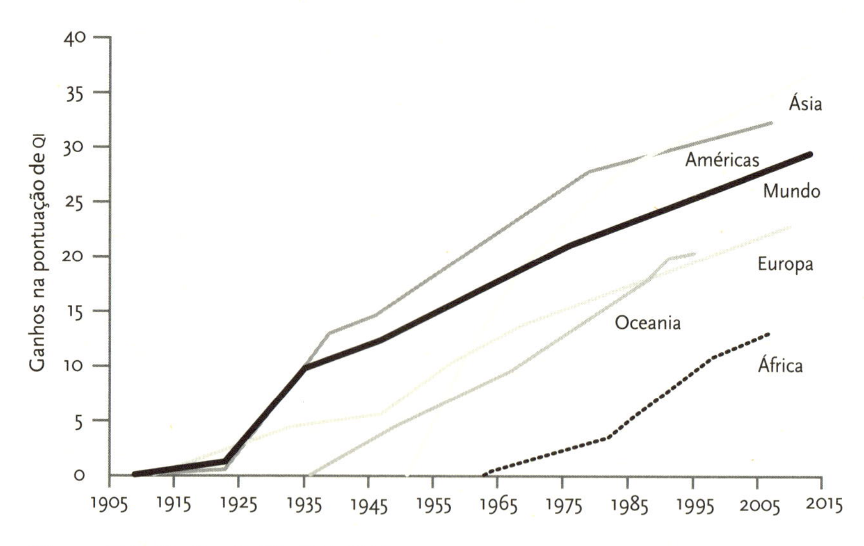

Figura 16.5: *Ganhos de QI, 1909-2013.*
FONTE: Pietschnig e Voracek, 2015, material suplementar on-line. As linhas mostram mudanças no QI medido por testes distintos iniciados em momentos diferentes, e não podem ser comparadas umas com as outras.

presenta graficamente o "aumento secular nas pontuações de QI", no jargão dos psicólogos (*secular* no sentido de longo prazo, não de irreligioso).

Repare que cada linha representa a *mudança* nas pontuações de QI em um continente em relação à pontuação média no ano mais antigo para o qual há dados disponíveis, arbitrariamente estipulada como 0 porque os testes e períodos para os diversos continentes não são comensuráveis de forma direta. Não podemos ler esse gráfico do mesmo modo que lemos os anteriores e inferir, por exemplo, que o QI na África em 2007 equivale ao QI na Austrália e Nova Zelândia em 1970. Como seria de esperar, o aumento nas pontuações de QI obedecem às leis de Stein: o que não pode continuar para sempre não continua. O efeito Flynn hoje está minguando em alguns dos países onde vinha vigorando por mais tempo.[32]

Embora não seja fácil identificar as causas do aumento nas pontuações de QI, não é paradoxal que uma característica hereditária possa ser turbinada por mudanças no ambiente. Isso aconteceu com a altura, uma característica que também é acentuadamente hereditária e que aumentou com o passar das décadas, por algumas das mesmas razões: melhor nutrição e menos doença. O cérebro é um órgão voraz, consome cerca de um quinto da energia corporal e se compõe de lipídeos e proteínas cuja produção é dispendiosa para o corpo. Combater infecções tem custo metabólico alto, e o sistema imune de uma criança doente pode recrutar recursos que, em outras circunstâncias, seriam usados para desenvolver o cérebro. Outro fator que ajuda no desenvolvimento do cérebro é um ambiente mais limpo, com níveis mais baixos de chumbo e outras toxinas. Alimento, saúde e qualidade ambiental são privilégios de sociedades mais ricas e, como se poderia esperar, o efeito Flynn correlaciona-se com aumentos do PIB per capita.[33]

Contudo, nutrição e saúde podem explicar apenas parte do efeito Flynn.[34] Para começar, seus benefícios deveriam concentrar-se em elevar a metade inferior da curva normal das pontuações de QI, povoada pelas pessoas mais obtusas que foram tolhidas por alimentação e saúde ruins. (Afinal de contas, a partir de certo ponto, mais comida torna a pessoa mais gorda, e não mais inteligente.) De fato, em algumas épocas e lugares o efeito Flynn concentra-se, *sim*, na metade inferior, aproximando da média os mais obtusos. Em outras épocas e lugares, porém, a curva toda avança lentamente para a direita: os inteligentes também se tornam mais inteligentes, embora já tenham começado sadios e bem alimentados. Em segundo lugar, as melhoras na saúde e nutrição deveriam afetar sobretudo as crianças, e depois os adultos que elas se tornam. No entanto, o efeito Flynn é mais acentuado para adultos do que para crianças, sugerindo que experiências na trajetória para a vida adulta, e não apenas a constituição biológica na primeira infância, empurraram as pontuações de QI para cima. (A mais óbvia dessas experiências é a educação.) Além disso, embora o QI tenha aumentado ao longo de décadas e nutrição, saúde e altura também tenham aumentado ao longo de décadas, os vários períodos em que esses ritmos se aceleraram ou se estabilizaram não permitem uma associação muito próxima.

No entanto, a principal razão por que saúde e nutrição não bastam para explicar o aumento do QI é que não foi a capacidade cerebral geral que cresceu com o tempo. O efeito Flynn não é um aumento em *g*, o fator de inteligência geral que fundamenta todos os subtipos de inteligência (verbal, espacial, matemática, memória etc.) e que é o aspecto da inteligência mais diretamente afetado pelos genes.[35] Embora o QI geral e as pontuações em cada subteste de inteligência tenham aumentado, algumas pontuações de subteste elevaram-se mais depressa do que outras em um padrão diferente daquele que é associado aos genes. Essa é outra razão pela qual o efeito Flynn não suscita dúvidas quanto ao alto grau de hereditariedade do QI.

Então que tipos de desempenho intelectual foram empurrados para cima pelos fatores ambientais melhores das décadas recentes? Surpreendentemente, os ganhos mais acentuados não são encontrados nas habilidades concretas ensinadas na escola — por exemplo, conhecimentos gerais, aritmética e vocabulário. São encontrados nos tipos de inteligência abstratos e fluidos, aqueles que são captados por questões de similaridade ("O que uma hora e um ano têm em comum?"), analogias ("AVE está para OVO assim como ÁRVORE está para o quê?) e matrizes visuais (nas quais o sujeito testado tem de escolher uma figura geométrica complexa que se encaixa em uma sequência governada por uma regra). O que mais se aprimorou, portanto, foi o modo de pensar analítico: classificar conceitos em categorias abstratas (uma hora e um ano são "unidades de tempo"), dissecar mentalmente os objetos em suas partes e relações em vez de absorvê-los como um todo, situar a si mesmo em um mundo hipotético definido por certas regras e explorar suas implicações lógicas enquanto se deixa de lado a experiência cotidiana ("Suponha que no país X tudo é feito de plástico. Os fornos são feitos de plástico?").[36] O modo de pensar analítico é inculcado pelo ensino formal, mesmo que o professor não o ensine isoladamente em uma aula, contanto que o currículo requeira compreensão e raciocínio em vez de memorização mecânica (que tem sido a tendência no ensino desde as primeiras décadas do século XX).[37] Fora da escola, o pensamento analítico é incentivado por uma cultura que se expressa em símbolos visuais (mapas do metrô, telas digitais), ferramentas analíticas (planilhas, relatórios de análise para investidores) e conceitos acadêmicos que lentamente se insinuam na linguagem coloquial (*oferta e demanda, em média, direitos humanos, ganha-ganha, correlação e causalidade, falso positivo*).

O efeito Flynn é importante no mundo real? Quase com certeza, sim. Um QI elevado não é apenas um número do qual você pode se gabar numa conversa com os amigos ou que lhe permite filiar-se à sociedade dos superdotados; é um fator impulsionador da vida.[38] Pessoas com pontuações altas em testes de inteligência conseguem empregos melhores, têm melhor desempenho no trabalho, saúde melhor e vida mais longa, menor probabilidade de cometer delitos criminais e maior número de realizações notáveis, como fundar uma empresa, licenciar patentes e criar obras de arte respeitadas — tudo isso mantendo constante a condição socioeconômica. (O mito, ainda popular entre intelectuais de esquerda, de que o QI não existe ou não pode ser medido de forma confiável, foi refutado há décadas.) Não sabemos se essas vantagens provêm apenas de *g* ou também do componente Flynn da inteligência, mas a resposta provavelmente é: de ambos. Flynn cogitou, e eu concordo, que o raciocínio abstrato pode até apurar o senso moral. O ato cognitivo de descolar-se das particularidades da própria vida e refletir: "Podia ser eu, não fosse pela sorte", ou "Como o mundo seria se todos fizessem isso?", pode ser uma porta de entrada para a compaixão e a ética.[39]

Como a inteligência traz vantagens e vem aumentando, podemos ver dividendos da elevação da inteligência na melhora do mundo? Alguns céticos (incluindo, de início, o próprio Flynn) duvidaram que o século XX de fato produziu mais ideias brilhantes do que as épocas de Hume, Goethe e Darwin.[40] Por outro lado, os gênios do passado tiveram a vantagem de explorar território virgem. Depois que alguém descobre a dicotomia analítico-sintético ou a teoria da seleção natural, isso nunca mais poderá ser descoberto. Hoje a paisagem intelectual está bem palmilhada, e é mais difícil para um gênio solitário destacar-se na multidão de pensadores hipereducados e conectados em rede que mapeiam cada centímetro do conhecimento humano. Apesar disso, vemos sinais de uma população mais inteligente, por exemplo, no fato de que os enxadristas e jogadores de bridge no topo do ranking são cada vez mais jovens. E ninguém pode contestar a ultravelocidade dos avanços da ciência e tecnologia neste último meio século.

Vemos com grande destaque um aumento mundial da inteligência abstrata no domínio da tecnologia digital. O ciberespaço é o supremo reino abstrato, no qual os objetivos são atingidos não pelo transporte físico de matéria através do espaço, mas pela manipulação de símbolos e padrões intangíveis. Na primeira vez em que as pessoas se viram diante de interfaces digitais — nos anos 1970, por exemplo, os aparelhos de videocassete e as máquinas de bilhete nos novos sistemas do metrô —, ficaram desnorteadas. Nos anos 1980 corria a piada de que os aparelhos de videocassete ficavam piscando o tempo todo "12:00" para seus donos, que não sabiam acertar o relógio. Mas as Gerações X e Y são famosas pelo modo como prosperaram na esfera digital. (Em uma charge sobre o novo milênio, um pai diz ao filho pequeno: "Sua mãe e eu compramos um programa para controlar o que você vê na internet. Você poderia instalá-lo para nós?".) O mundo em desenvolvimento também prosperou nessa esfera e, em muitos casos, até ultrapassou o Ocidente na adoção do smartphone e seus aplicativos — por exemplo, para transações bancárias por celular, educação e atualizações de mercado em tempo real.[41]

O efeito Flynn poderia ajudar a explicar as outras melhorias no bem-estar que vimos nestes capítulos? Uma análise do economista R. W. Hafer indica que sim. Mantendo constantes todas as habituais variáveis influentes— educação, PIB, gasto governamental e até a composição religiosa do país e sua história de colonização —, Hafer constatou que o QI médio de um país predizia seu crescimento subsequente no PIB per capita, além do crescimento em medidas não econômicas de bem-estar, como longevidade e tempo de lazer. Ele estimou que um aumento de onze pontos no QI aceleraria a taxa de crescimento de um país o suficiente para duplicar o bem-estar em apenas dezenove anos em vez de 27. Consequentemente, políticas que aceleram o efeito Flynn, ou seja, investimentos em saúde, nutrição e educação, poderiam tornar um país mais rico, mais bem governado e mais feliz.[42]

O que é bom para a humanidade nem sempre é bom para a ciência social: pode ser impossível desemaranhar as correlações entre todos os modos como a vida melhorou e identificar com certeza as setas causais. Mas paremos por um momento de nos preocupar com a dificuldade para deslindar esse emaranhado e prestemos atenção em sua direção comum. O próprio fato de tantas dimensões do bem-estar correlacionarem-se em uma comparação entre os países e décadas sugere que pode haver um fenômeno coerente por trás delas — aquilo que os estatísticos chamam de fator geral, componente principal ou variável oculta, latente ou interveniente.[43] Temos até um nome para esse fator: progresso.

Ninguém calculou o vetor do progresso subjacente a todas as dimensões da prosperidade humana, mas o Programa de Desenvolvimento das Nações Unidas, inspirado pelos economistas Mahbub ul Haq e Amartya Sen, oferece um Índice de Desenvolvimento Humano composto de três das principais dimensões: expectativa de vida, PIB per capita e educação (ter saúde, riqueza e conhecimento).[44] Com este capítulo, agora já examinamos todas as três, e é um momento apropriado para avaliar a história do progresso humano quantificável antes de nos dedicarmos aos seus aspectos mais qualitativos nos próximos dois capítulos.

Dois economistas elaboraram suas próprias versões de um índice de desenvolvimento humano que pode ser estimado retroativamente até o século XIX; cada um agrega medidas de longevidade, renda e educação de modos distintos. O Índice Histórico de Desenvolvimento Humano, criado por Leandro Prados de la Escosura, remonta a 1870 e indica a média geométrica (e não aritmética) das três medidas (assim um valor extremo em uma das medidas não pode eclipsar os outros dois), e transforma as medidas de longevidade e educação de modo a compensar os retornos decrescentes no extremo superior. Auke Rijpma, do projeto "How Was Life?" (cujos dados constam em vários gráficos neste livro), criou uma Composição de Bem-Estar que remonta a 1820; às três grandes dimensões ela acrescenta medidas de altura (uma variável *proxy* para a saúde), democracia, homicídio, desigualdade de renda e biodiversidade. (Estas duas últimas são as únicas que não melhoraram sistematicamente nos dois séculos recentes.) A figura 16.6 mostra as notas para o mundo nesses dois boletins.

Analisar esse gráfico é apreender o progresso humano em um relance. E, acondicionados nessas linhas, temos dois enredos secundários vitais. Um deles nos revela que, embora o mundo permaneça acentuadamente desigual, todas as regiões progrediram, e hoje as partes do mundo menos favorecidas estão em condições melhores do que estavam as mais favorecidas não muito tempo atrás.[45] (Se dividirmos o mundo em Ocidente e o Resto, veremos que em 2007 o Resto atingiu o nível do Ocidente em 1950.) O outro enredo nos mostra que, embora

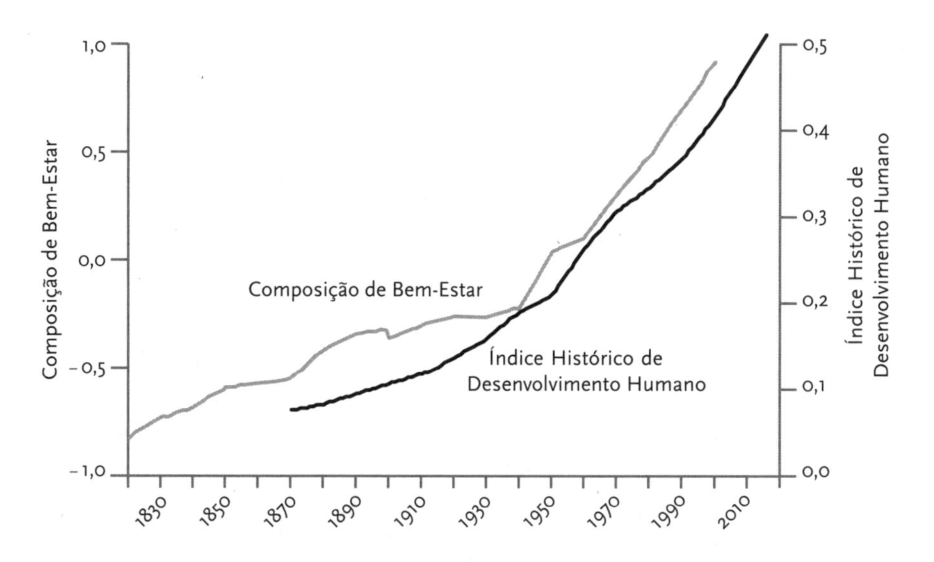

Figura 16.6: *Bem-estar global, 1820-2015.*

FONTES: Índice Histórico de Desenvolvimento Humano: Prados de la Escosura, 2015, escala 0-1, disponível em Our World in Data, Roser, 2016h. Composição de Bem-Estar: Rijpma, 2014, p. 259, escala de desvios-padrão ao longo de décadas-país.

quase todo indicador de bem-estar humano esteja correlacionado com a riqueza, as linhas não refletem apenas um mundo mais abastado: longevidade, saúde e conhecimento aumentaram até em muitas das épocas e lugares em que não houve crescimento da riqueza.[46] O fato de que todos os aspectos da prosperidade humana tendem a melhorar no longo prazo mesmo quando não estão em sincronia perfeita corrobora a ideia de que o progresso existe.

17. Qualidade de vida

Só mesmo alguém insensível negaria que as vitórias contra doença, fome e analfabetismo são façanhas estupendas, mas ainda assim poderíamos questionar se as melhoras contínuas nos tipos de coisas que os economistas medem devem ser vistas como um progresso genuíno. Depois que as necessidades básicas foram satisfeitas, será que a afluência adicional não serviria apenas para incentivar as pessoas a se entregarem a um consumismo frívolo? Os autores dos Planos Quinquenais na União Soviética, China e Cuba, lugares nada agradáveis para se viver, também não alardearam aumentos na saúde e alfabetização? As pessoas podem ser sadias, estáveis financeiramente e alfabetizadas e mesmo assim não ter uma vida fecunda e significativa.

Alguns desses questionamentos já foram respondidos. Vimos que houve regressão no totalitarismo, o principal impedimento ao bem viver nas chamadas utopias comunistas. Também vimos que está ocorrendo crescimento constante em uma importante dimensão da prosperidade que não se reflete nas medições clássicas: os direitos de mulheres, crianças e minorias. Este capítulo trata de um pessimismo cultural mais abrangente: o receio de que, no fim das contas, todo o crescimento na renda e na expectativa de vida saudável não possa aumentar a prosperidade humana se apenas empurrar as pessoas para uma competição insana de carreirismo, consumo inútil, entretenimento vazio e anomia letal à alma.

Certamente podemos objetar a essa objeção, que vem da longa tradição de desdém das elites culturais e religiosas pela vida supostamente vazia da burguesia e do proletariado. A crítica cultural pode ser um esnobismo mal disfarçado que beira a misantropia. No livro *Os intelectuais e as massas*, o crítico John Carey mostra que a intelectualidade literária britânica nas primeiras décadas do século XX sentia um desprezo quase genocida pelas pessoas comuns.[1] Na prática, "consumismo" muitas vezes significa "consumo por outra pessoa", já que as próprias elites que o condenam tendem a ostentar luxos exorbitantes, como livros de capa dura, comida e vinhos finos, espetáculos artísticos ao vivo, viagens ao exterior e educação nas melhores universidades para seus filhos. Se mais pessoas podem pagar pelos *seus* luxos preferidos, mesmo se forem frívolos aos olhos de seus superiores culturais, isso tem de ser considerado bom. Uma velha piada fala de um sujeito que sobe num caixote na rua e improvisa um discurso sobre as glórias do comunismo: "Quando a revolução chegar, todo mundo vai comer morango com chantili!". Um dos ouvintes protesta: "Mas eu não gosto de morango com chantili!", e o orador retruca: "Quando a revolução chegar, você *vai gostar* de morango com chantili!".[2]

Em *Desenvolvimento como liberdade*, Amartya Sen contorna essa armadilha postulando que o objetivo supremo do desenvolvimento é capacitar as pessoas a fazer escolhas: morango com chantili para quem quiser. A filósofa Martha Nussbaum levou essa ideia um passo adiante e propôs um conjunto de "capacidades fundamentais" que todas as pessoas deveriam ter a oportunidade de exercer.[3] Podemos concebê-las como as fontes justificáveis de satisfação e sentimento de realização que a natureza humana põe ao nosso alcance. Sua lista começa com capacidades que, como vimos, o mundo moderno cada vez mais disponibiliza às pessoas: longevidade, saúde, segurança, alfabetização, conhecimento, liberdade de expressão e participação política. E inclui ainda experiência estética, recreação e brincadeira, fruição da natureza, laços emocionais, relações sociais e oportunidades de refletir sobre sua concepção pessoal de bem viver e dedicar-se a isso.

Mostrarei neste capítulo que a modernidade vem permitindo cada vez mais que as pessoas exerçam também essas capacidades — que a vida está melhorando inclusive além das medidas clássicas dos economistas: longevidade e riqueza. É verdade que muitas pessoas ainda não gostam de morango com chantili, e elas podem exercer essa capacidade — desfrutar sua liberdade para ver televisão e jogar video game — e abrir mão de outras, como apreciação estética e fruição da natureza. (Quando Dorothy Parker foi desafiada a empregar a palavra "horticultura" em uma frase, ela disparou: "Você pode conduzir uma horticultura, mas não pode fazê-la pensar".*) O fato é que um opulento bufê de oportunidades para desfrutar os prazeres estéticos, intelectuais, sociais, culturais e naturais do mundo, independentemente do que cada pessoa põe em seu prato, é a suprema forma de progresso.

É de tempo que a vida é feita, e uma medida de progresso consiste na redução do tempo que as pessoas gastam para se manter vivas em vez de usá-lo para fazer outras coisas mais prazerosas. "Com o suor de teu rosto comerás teu pão", disse o Deus misericordioso ao exilar Adão e Eva do Paraíso e, para a maioria das pessoas ao longo da história, suor não faltou. A agricultura é uma ocupação de sol a sol; caçadores e coletores usam apenas algumas horas por dia na procura por alimento, porém passam muitas outras horas processando a comida (por exemplo, quebrando nozes duras), além de pegar lenha, carregar água e labutar em outras tarefas. O povo san, do Kalahari, outrora descrita como "a sociedade afluente original", trabalha no mínimo oito horas por dia, de seis a sete dias por semana, só para comer.[4]

As sessenta horas de trabalho semanais de Bob Cratchit,** com um único dia de folga por ano (o Natal, claro), eram na verdade lenientes para os padrões de sua época. A figura 17.1 mostra que em 1870 os europeus ocidentais trabalhavam em média 66 horas por semana (os belgas, 72), enquanto os americanos trabalhavam 62. Ao longo do século e meio mais recente, os trabalhadores foram sendo cada vez mais emancipados de sua escravidão assalariada, mais notavelmente na Europa Ocidental social-democrata (onde hoje trabalham 28 horas a menos por semana) do que nos ambiciosos Estados Unidos (onde trabalham 22 horas a menos).[5] Já em 1956, meu avô paterno labutava atrás de um balcão de queijaria em um mercado de Montreal sem aquecimento, dia e noite, sete dias por semana, receoso de pedir menos horas de trabalho e ser substituído. Quando meus jovens

* Trocadilho com o provérbio "*You can lead a horse to water, but you can't make him drink*" (Você pode conduzir um cavalo até a água, mas não pode fazê-lo beber). (N. T.)

** O escriturário mal remunerado e explorado que trabalha para o avarento Scrooge no *Conto de Natal*, de Dickens. (N. T.)

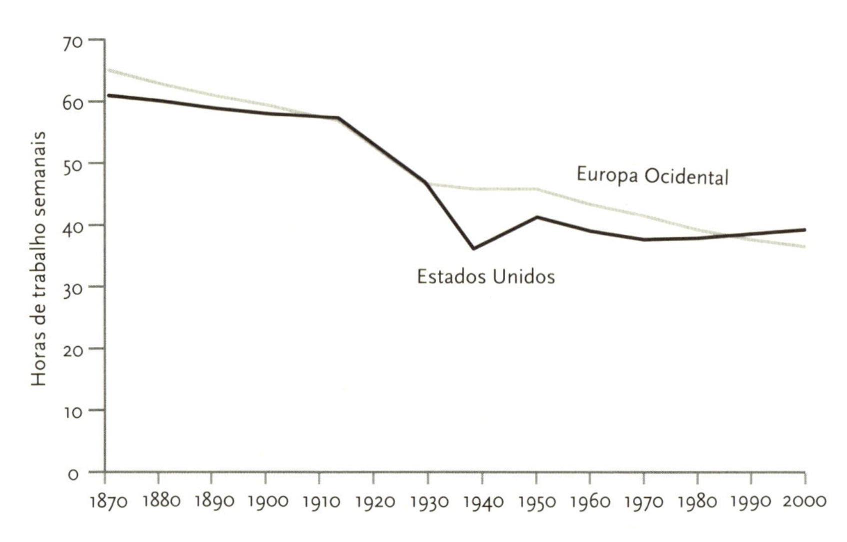

Figura 17.1: *Horas de trabalho, Europa Ocidental e EUA, 1870-2000.*
FONTE: Roser, 2016t, baseado em dados de Huberman e Minns, 2007, para trabalhadores em tempo integral (ambos os sexos) em atividades não agrícolas.

pais protestaram em nome dele, o patrão deu-lhe uns dias de folga esporádicos (que sem dúvida classificou, nos moldes do sr. Scrooge, como "uma desculpa esfarrapada para bater a carteira de um homem"), até que, por fim, uma aplicação mais eficaz das leis trabalhistas concedeu-lhe uma semana previsível de seis dias.

Embora uns poucos afortunados entre nós sejam pagos para exercer suas capacidades fundamentais e cumpram de bom grado uma jornada de trabalho vitoriana, a maioria dos trabalhadores é grata pelas duas dúzias de horas adicionais por semana que tem à disposição para realizar-se de outros modos. (Em seu dia de folga ganho a duras penas, meu avô lia os jornais em iídiche, punha paletó, gravata e chapéu e saía para visitar minhas irmãs ou minha família.)

Da mesma forma, embora muitos de meus colegas professores terminem sua carreira levados da sala de trabalho na horizontal, em muitas outras ocupações os trabalhadores gostam de passar sua melhor idade lendo, fazendo cursos, visitando os parques nacionais de trailer ou embalando os netos Vera, Chuck e Dave em uma casinha de praia na ilha de Wight.* Essa também é uma dádiva da modernidade. Como observa Morgan Housel: "Vivemos preocupados com a imi-

* Como na música "When I'm 64", de Paul McCartney. (N. T.)

nente 'crise dos fundos de pensão' nos Estados Unidos, mas não nos damos conta de que todo o conceito de aposentadoria é exclusivo das últimas cinco décadas. Não faz muito tempo, o americano médio tinha duas fases na vida: trabalho e morte. [...] Pense bem: hoje o americano médio aposenta-se aos 62 anos. Cem anos atrás, o americano médio morria aos 51".[6] A figura 17.2 mostra que, em 1880, quase 80% dos homens americanos em idade que hoje consideramos a da aposentadoria ainda estavam na força de trabalho, e em 1990 a proporção caíra para menos de 20%.

Antes, em vez de ansiar pela aposentadoria, as pessoas temiam lesões ou fragilidades que as impedissem de trabalhar e as mandassem para um asilo — "O insistente medo do inverno da vida", na expressão da época.[7] Mesmo depois da Lei da Previdência Social de 1935, que protegeu os idosos da miséria absoluta, a pobreza era um fim comum de uma vida de trabalho, e eu cresci com a imagem (possivelmente uma lenda urbana) de pensionistas que subsistiam comendo ração de cachorro. Porém, com redes de segurança pública e privada mais fortes, os idosos de hoje são mais ricos do que as pessoas em idade de trabalho: a taxa de pobreza entre indivíduos com mais de 65 anos despencou de 35% em 1960 para menos de 10% em 2011, muito inferior à taxa nacional, de 15%.[8]

Graças ao movimento trabalhista, à legislação e à produtividade crescente

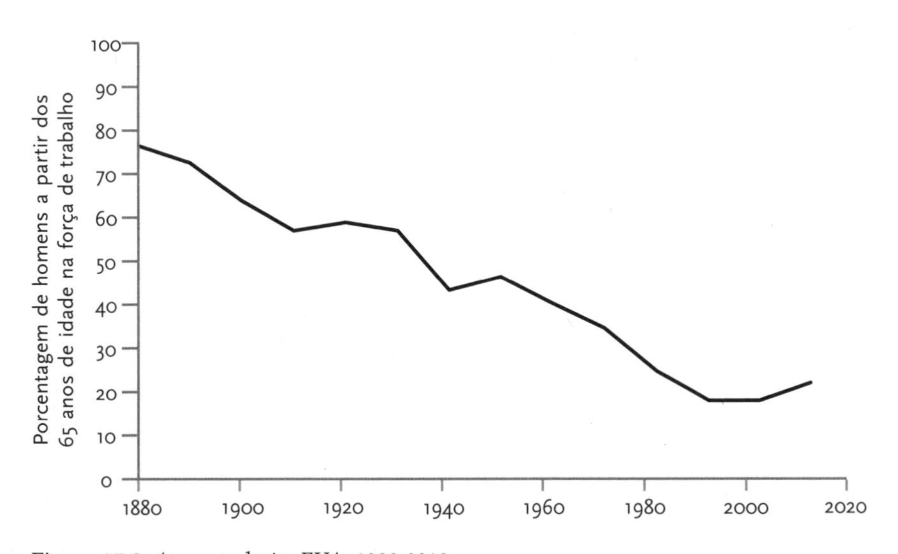

Figura 17.2: *Aposentadoria, EUA, 1880-2010.*
FONTE: Housel, 2013, baseado em dados de Bureau of Labor Statistics, e Costa, 1998.

da mão de obra, outro sonho antes mirabolante tornou-se realidade: férias remuneradas. Hoje um americano médio com cinco anos no emprego recebe 22 dias por ano de folga sem desconto no salário (em comparação com dezesseis dias em 1970), e isso é uma ninharia pelos padrões da Europa Ocidental.[9] A combinação de semana de trabalho mais curta, mais tempo livre remunerado e aposentadoria mais longa significa que a fração da vida que é ocupada pelo trabalho diminuiu em um quarto desde 1960.[10] As tendências para o mundo em desenvolvimento variam de acordo com o país, mas, provavelmente, conforme essas nações enriquecerem, seguirão o Ocidente.[11]

Há ainda outro modo como grandes nacos da vida foram liberados para que as pessoas se dediquem a vocações superiores. No capítulo 9, vimos que eletrodomésticos como geladeira, aspirador, lavadora de roupa e forno de micro-ondas tornaram-se comuns ou universais, mesmo entre os americanos pobres. Em 1919, um assalariado médio nos Estados Unidos precisava trabalhar 1800 horas para comprar uma geladeira; em 2014, eram só 24 horas (e seu novo refrigerador era frost-free e vinha com máquina de gelo).[12] Consumismo frívolo? Não se você lembrar que alimento, roupa e abrigo são as três necessidades da vida, que a entropia degrada todos os três e que o tempo necessário para mantê-los em condição de uso poderia ser empregado em outras atividades. Eletricidade, água encanada e eletrodomésticos (ou "recursos poupadores de trabalho", como eram chamados) devolvem tempo para nós — as muitas horas que nossa avó passava bombeando, enlatando, batendo, curtindo, curando, varrendo, encerando, esfregando, torcendo, ensaboando, secando, costurando, remendando, tricotando, cerzindo e, como elas gostavam de nos contar, "se matando de trabalhar diante do fogão quente, com as mãos quase em carne viva". A figura 17.3 mostra que, quando os eletrodomésticos e os serviços públicos penetraram nos lares americanos no século XX, a quantidade da vida que as pessoas perdiam nas tarefas domésticas — as quais, como esperado, estão em último lugar na lista de modos preferidos de passar seu tempo — reduziu-se em quase quatro vezes, de 58 horas por semana em 1900 para 15,5 horas em 2011.[13] Só na lavagem da roupa, o tempo gasto caiu de 11,5 horas semanais em 1920 para 1,5 em 2014.[14] Por devolver "nosso dia de lavar roupa", segundo Hans Rosling, a máquina de lavar merece ser considerada a melhor invenção da Revolução Industrial.[15]

Como marido nesta era feminista, posso confiavelmente usar a primeira pessoa do plural para celebrar esse ganho. Mas, na maioria das épocas e lugares,

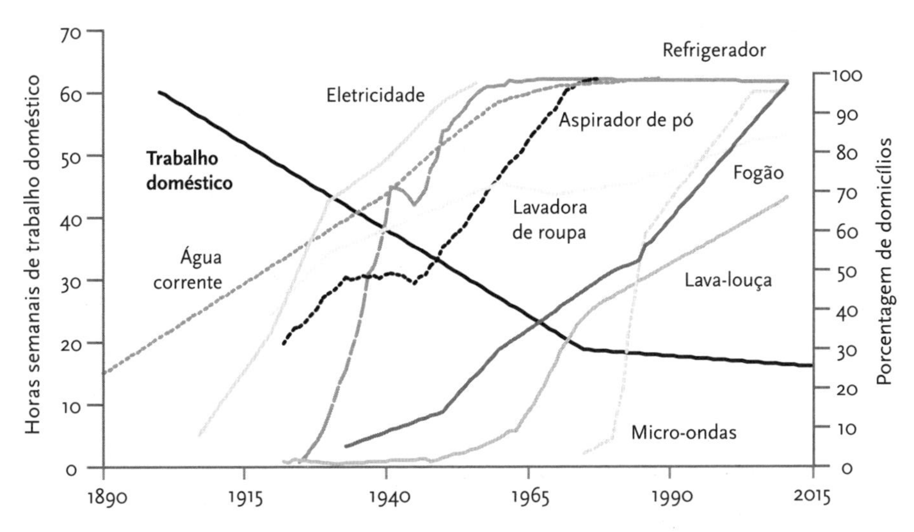

Figura 17.3: *Serviços públicos, eletrodomésticos e trabalho doméstico, EUA, 1900-2015.*
FONTES: Antes de 2005: Greenwood, Seshadri e Yorukoglu, 2005. Eletrodomésticos, 2005 e 2011: US Census Bureau, Siebens, 2013. Trabalho doméstico, 2015: Our World in Data, Roser, 2016t, baseado em American Time Use Survey, Bureau of Labor Statistics, 2016b.

serviço doméstico é atribuição do gênero feminino — portanto, na prática, a libertação humana do trabalho doméstico é a libertação *feminina* do trabalho doméstico. E, talvez, a libertação feminina em geral. Os argumentos em favor da igualdade das mulheres remontam ao tratado de Mary Astell em 1700 e são irrefutáveis. Então por que levaram séculos para se impor? Em uma entrevista dada em 1912 à revista *Good Housekeeping*, Thomas Edison profetizou uma das grandes transformações sociais do século XX:

> A dona de casa do futuro não será nem a escrava dos criados nem ela própria o burro de carga. Ela dará menos atenção ao lar, pois o lar necessitará de menos; será antes uma engenheira doméstica que uma trabalhadora doméstica, com a melhor de todas as empregadas, a eletricidade, ao seu dispor. Essa e outras forças mecânicas revolucionarão a tal ponto o mundo da mulher que grande parte do seu agregado de energia será conservada para uso em áreas mais abrangentes e mais construtivas.[16]

O tempo não é o único recurso enriquecedor da vida que a tecnologia nos concede. O outro é a luz. Ela nos dá tanto poder que é a metáfora favorita para um estado intelectual e espiritual superior: *iluminação.* No mundo natural, passamos metade da existência mergulhados na escuridão, mas a luz fabricada pela mão humana nos permite usar parte da noite para ler, para nos movimentar, ver o rosto das pessoas e interagir de outras maneiras com o ambiente. O economista William Nordhaus citou a queda dos preços (portanto, a escalada da disponibilidade) desse recurso universalmente valorizado como um emblema do progresso. A figura 17.4 mostra que o preço ajustado pela inflação de 1 milhão de horas-lúmen de iluminação (mais ou menos o que você precisa para ler por duas horas e meia diárias durante um ano) caiu *12 mil vezes* desde a Idade Média (outrora chamada Idade das Trevas): de aproximadamente 35 500 libras em 1300 para menos de três libras atualmente. Hoje, se você não estiver lendo, conversando, passeando ou edificando sua vida de outros modos à noite, não é porque não pode pagar pela iluminação.

Na verdade, a queda drástica do valor monetário da iluminação artificial subestima o progresso, pois, como observou Adam Smith: "O verdadeiro preço de tudo [...] é o trabalho e a dificuldade de aquisição".[17] Nordhaus estimou o

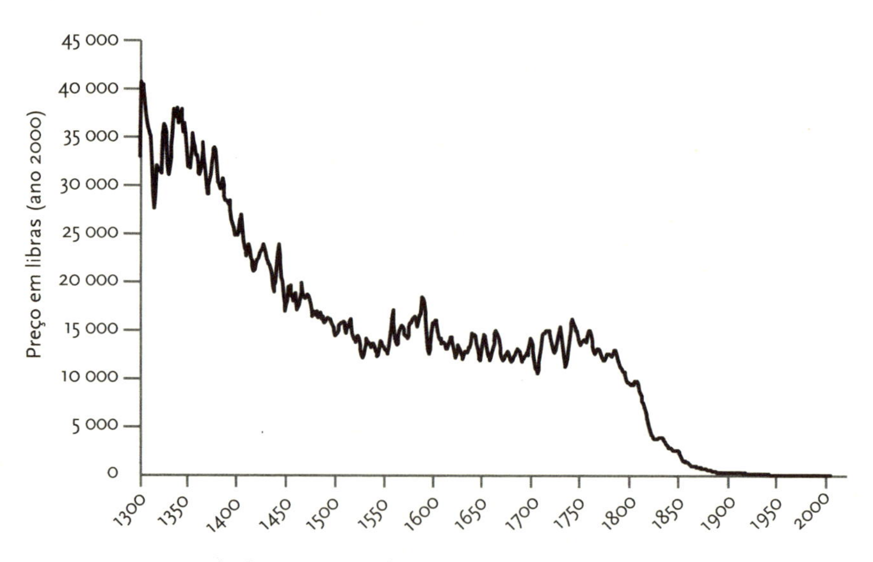

Figura 17.4: *Custo da iluminação, Inglaterra, 1300-2006.*
FONTE: Our World in Data, Roser, 2016o, baseado em dados de Fouquet e Pearson, 2012. Custo de 1 milhão de horas-lúmen (aproximadamente 833 horas de uso de uma lâmpada incandescente de oitenta watts) em libras esterlinas (ajustado para a inflação até o ano 2000).

número de horas que uma pessoa precisaria trabalhar a fim de obter uma hora de iluminação para leitura em diferentes momentos da história.[18] Um babilônio no ano 1750 AEC precisaria trabalhar cinquenta horas para passar uma hora lendo suas tabuletas cuneiformes à luz de uma lamparina de óleo de sésamo. Em 1800, um inglês tinha de labutar por seis horas para acender uma vela de sebo durante uma hora. (Imagine planejar seu orçamento familiar nessas condições — talvez você preferisse ficar no escuro.) Em 1880, você precisaria trabalhar quinze minutos para acender uma lâmpada de querosene por uma hora; em 1950, oito segundos pela mesma hora de uma lâmpada incandescente; e em 1994, *meio segundo* pela mesma hora de uma lâmpada fluorescente compacta: um salto de 43 mil vezes na redução de preço em dois séculos. E o progresso não tinha terminado: Nordhaus publicou seu artigo antes de as lâmpadas LED inundarem o mercado. Em breve, lâmpadas LED baratas e baseadas em energia solar transformarão a vida de mais de 1 bilhão de pessoas sem acesso à eletricidade, permitindo que leiam as notícias ou façam a lição de casa sem precisarem se amontoar em volta de um barril de óleo com lixo em combustão.

O declínio da parcela da nossa vida que precisamos dedicar à aquisição de iluminação, utensílios e alimentos talvez seja parte de uma lei geral. O especialista em tecnologia Kevin Kelly aventou que "com o tempo, se uma tecnologia persistir o suficiente, seu custo começa a aproximar-se de zero (porém nunca chega a zerar)".[19] À medida que as necessidades da vida tornam-se mais baratas, passamos a gastar menos das nossas horas para obtê-las, e nos sobra mais tempo e dinheiro para tudo o mais — e "tudo o mais" também fica mais barato, portanto, mais ao nosso alcance. A figura 17.5 mostra que em 1929 os americanos dispendiam mais de 60% de sua renda disponível em gastos de primeira necessidade; em 2016 a proporção caíra para um terço.

O que as pessoas estão fazendo com esse tempo e dinheiro adicionais? Estão mesmo enriquecendo suas vidas ou apenas comprando mais tacos de golfe e bolsas de grife? Embora seja presunção julgar o modo como as pessoas escolhem passar seus dias, podemos nos concentrar nas atividades que, para a maior parte de nós, seriam as componentes do bem viver: ter contato com pessoas amadas e amigos, vivenciar a riqueza dos mundos natural e cultural e ter acesso aos frutos da criatividade intelectual e artística.

Com a ascensão dos casais nos quais os dois cônjuges se dedicam a uma carreira, das crianças de agenda lotada e dos dispositivos digitais, uma crença

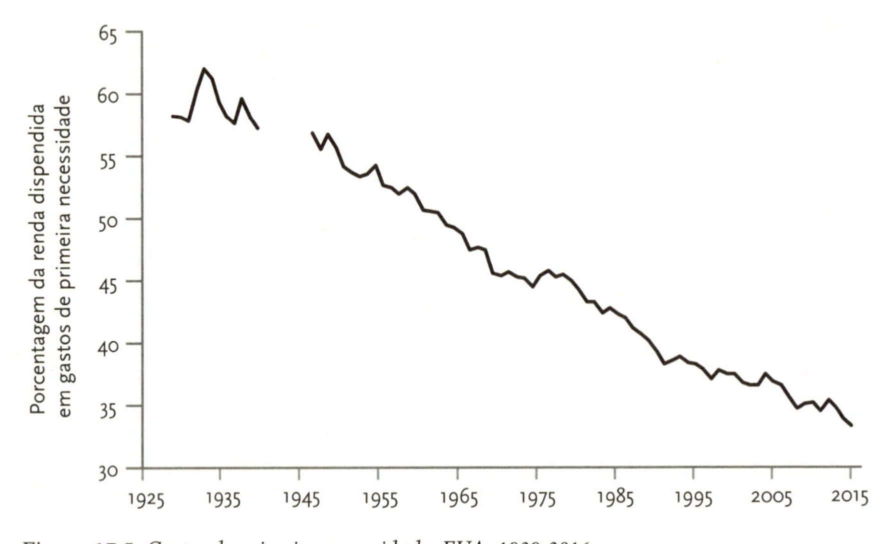

Figura 17.5: *Gastos de primeira necessidade, EUA, 1929-2016.*
FONTE: HumanProgress, <http://humanprogress.org/static/1937>, adaptado de um gráfico de Mark Perry, usando dados do Bureau of Economic Analysis, <https://www.bea.gov/iTable/index_nipa.cfm/>. Proporção da renda disponível gasta com alimentação em casa, carros, vestuário, equipamentos para a casa, moradia, serviços públicos e gasolina. Os dados de 1941 a 1946 foram omitidos porque são distorcidos pelo racionamento e pelos salários dos soldados durante a Segunda Guerra Mundial.

generalizada (e um pânico recorrente na mídia) é a de que as pessoas estejam enredadas em uma escassez de tempo que está matando o jantar em família. (Al Gore e Dan Quayle lamentaram essa extinção durante a pré-campanha para a eleição de 2000 — e isso foi antes dos smartphones e das redes sociais.) No entanto, é preciso sopesar as novas exigências e distrações levando em conta as 24 horas adicionais por semana que a modernidade concedeu aos que sustentam a família e às 42 horas que concedeu aos que cuidam da casa. Embora cada vez mais as pessoas se queixem de estar correndo feito loucas ("chororô de yuppies", na definição de uma equipe de economistas), um quadro diferente se delineia quando lhes é pedido que façam um acompanhamento do seu dia a dia. Em 2015, os homens relataram 42 horas de lazer por semana, cerca de dez a mais do que seus congêneres de cinquenta anos antes, e as mulheres relataram 36 horas, mais de seis horas adicionais (figura 17.6).[20] (Para ser justo, os yuppies talvez tenham mesmo alguma razão para chororô: pessoas com menor grau de instrução relataram que tinham mais tempo de lazer, e essa desigualdade às avessas vem aumentando nestes últimos cinquenta anos.) Tendências semelhantes foram registradas na Europa Ocidental.[21]

Além disso, nem sempre os americanos se sentem mais pressionados. Uma análise do sociólogo John Robinson mostra alguns aumentos e reduções entre 1965 e 2010 na porcentagem dos que declaram sentir-se "sempre apressados" (com o ponto mais baixo em 18% em 1976 e o mais alto em 35% em 1998), porém sem uma tendência invariável ao longo de 45 anos.[22] E, no fim do dia, o jantar em família está vivo e passa bem. Vários estudos e levantamentos concordam que o número de famílias nas quais os membros jantam juntos pouco mudou de 1960 a 2014, apesar dos iPhones, PlayStations e contas no Facebook.[23] Na verdade, no decorrer do século XX, os pais americanos típicos passaram mais tempo com seus filhos, e não menos.[24] Em 1924, apenas 45% das mães passavam duas horas ou mais por dia com os filhos (7% não ficavam tempo nenhum com eles), e apenas 60% dos pais passavam no mínimo uma hora por dia com eles. Em 1999, as proporções haviam aumentado para 71% e 83%.[25] Aliás, hoje mães solteiras e mães que trabalham fora passam mais tempo com seus filhos do que as mães casadas e donas de casa em 1965.[26] (Um aumento nas horas dedicadas aos cuidados dos filhos é a principal razão da pequena queda no tempo de lazer vista na figura 17.6).[27] Acontece que os estudos do uso do tempo não são páreo para Norman Rockwell e *Leave It to Beaver*,* e muita gente se lembra equivocadamente dos meados do século XX como uma era dourada de proximidade familiar.

A mídia eletrônica é muitas vezes citada como uma ameaça aos relacionamentos humanos, e certamente as amizades do Facebook são um substituto insatisfatório para o contato face a face com companhia de carne e osso.[28] No entanto, de modo geral, a tecnologia eletrônica tem sido uma dádiva inestimável para a proximidade humana. Um século atrás, se membros da família se mudassem para uma cidade distante, talvez nunca mais tornássemos a ouvir sua voz ou ver seu rosto. Netos cresciam sem que os avós sequer soubessem como eles eram. Casais separados por estudo, trabalho ou guerra reliam uma carta dezenas de vezes e caíam no desespero se a correspondência seguinte atrasasse, sem saber se os correios haviam perdido a missiva ou se a pessoa amada estava brava, era infiel

* Sitcom americana dos anos 1950 que mostrava a vida idílica dos Cleaver, uma típica família de classe média dos subúrbios americanos. (N. T.)

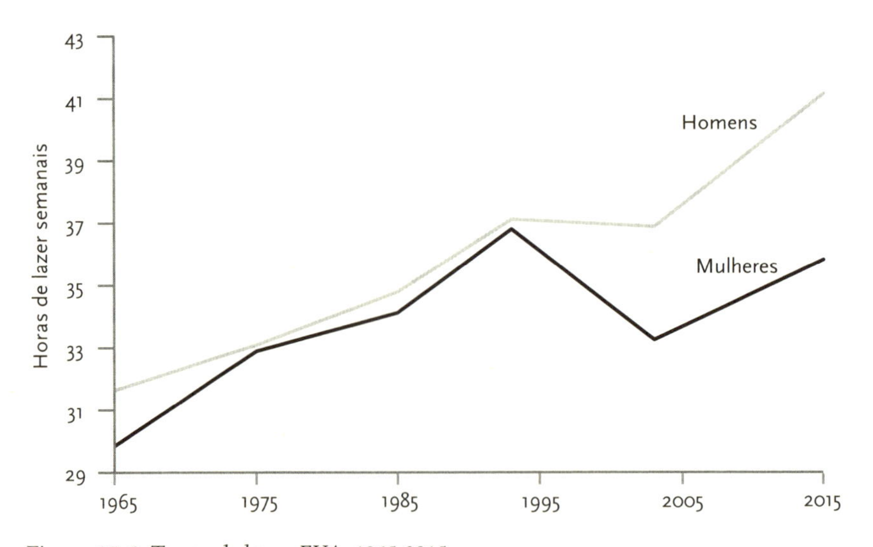

Figura 17.6: *Tempo de lazer, EUA, 1965-2015.*
FONTES: 1965-2003: Aguiar e Hurst, tabela III, Leisure Measure 1. 2015: American Time Use Survey, Bureau of Labor Statistics, 2016c, resume lazer e esporte, cuidados com gramado e jardim e trabalho voluntário para comensurabilidade com Measure 1 de Aguiar e Hurst.

ou tinha morrido (uma aflição refletida em músicas como "Please Mr. Postman", das Marvelettes e dos Beatles, e "Why Don't You Write Me?", de Simon and Garfunkel). Mesmo quando a telefonia de longa distância permitiu que as pessoas entrassem em contato com quem estivesse longe, o custo exorbitante tolhia a intimidade. Quem é da minha geração se lembra do quanto era desconfortável conversar às pressas em um telefone pago enquanto acrescentávamos moedas entre um bipe e outro, ou da velocidade de fundista com que vínhamos atender a uma chamada no aparelho da família se berrassem "É INTERURBANO!!!", ou, ainda, daquela sensação desalentadora de sentir o dinheiro do aluguel evaporando durante uma boa conversa. "Faça contato", aconselhou E. M. Forster, e agora a tecnologia eletrônica nos permite fazer mais contato do que nunca. Hoje quase metade da população mundial tem acesso à internet, e três quartos a um telefone celular. O custo marginal de uma conversa de longa distância é praticamente zero, e os interlocutores agora podem se ver, além de se ouvir.

Por falar em ver, a queda colossal no custo da fotografia é outra dádiva para a riqueza das experiências. Em eras passadas, as pessoas só tinham uma imagem mental para lembrá-las de familiares vivos ou mortos. Hoje, como 1 bilhão de outros, sinto uma onda de gratidão pela minha dádiva nas várias vezes por dia em que meus olhos pousam em uma foto das pessoas que amo. A fotografia a preço acessível também permite que os pontos altos da vida sejam vividos muitas vezes, e não apenas uma: aquelas ocasiões preciosas, as paisagens deslumbrantes, os aspectos há muito desaparecidos das cidades, os idosos no tempo de sua juventude, os adultos quando crianças, as crianças quando bebês.

Mesmo no futuro, quando tivermos a realidade virtual holográfica em três dimensões com som surround e luvas hápticas, ainda preferiremos estar apenas à distância de um toque das pessoas que amamos, por isso a queda no custo do transporte é outra dádiva da humanidade. Trens, ônibus e carros multiplicaram as oportunidades para nos reunirmos, e a notável democratização das viagens aéreas removeu as barreiras de distância e oceanos. O termo "jet set", que designava as celebridades chiques, é um anacronismo dos anos 1960, quando não mais do que um quinto dos americanos já tinha viajado alguma vez de avião. Apesar da alta nos custos de combustível, o preço real das viagens aéreas nos Estados Unidos caiu mais da metade desde fins dos anos 1970, quando as linhas aéreas foram desreguladas (figura 17.7). Em 1974 uma viagem de avião de Nova York a Los Angeles custava 1442 dólares (em valores atualizados para 2011); hoje pagamos menos de trezentos dólares. Com a queda nos preços, mais pessoas viajaram de avião: em 2000, mais da metade dos americanos fez pelo menos uma viagem aérea de ida e volta. Você pode ter de abrir as pernas enquanto um guarda desliza um bastão pela sua virilha, pode levar uma cotovelada nas costelas ou uma pancada no queixo do assento da frente, mas os apaixonados distantes conseguem se encontrar e, se a sua mãe adoecer, você poderá estar lá no dia seguinte.

O transporte a preços acessíveis faz mais do que reunir as pessoas: também lhes permite vivenciar o show de imagens do planeta Terra. Exaltamos esse passatempo como "viagem" quando nos dedicamos a ele e o injuriamos como "turismo" quando outros o praticam, porém sem dúvida ele tem de figurar na lista de coisas que fazem a vida valer a pena. Ver o Grand Canyon, Nova York, a aurora boreal, Jerusalém — esses não são apenas prazeres dos sentidos, mas também experiências que ampliam o alcance da nossa consciência, que nos permitem captar a vastidão do espaço, do tempo, da natureza e da iniciativa humana. Mesmo quem se enfurece diante de um ônibus rodoviário, um guia de turismo e uma multidão de bermudas cafonas fazendo selfies tem de admitir que a vida é melhor quando as pessoas podem expandir suas concepções sobre o nosso planeta e a

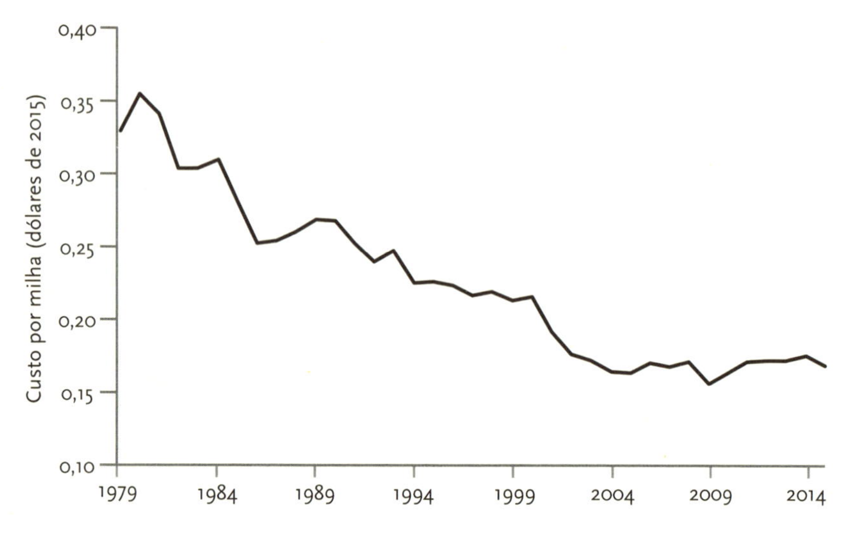

Figura 17.7: *Custo de viagens aéreas, EUA, 1979-2015.*
FONTE: Thompson, 2013, atualizado com dados de Airlines for America, <http://airlines.org/database/annual-round-trip-fares-and-fees-domestic/>. Voos domésticos, excluindo tarifas de bagagem despachada (que aumentariam o custo médio por passageiro com bagagem despachada em cerca de meio centavo por milha desde 2008).

nossa espécie do que quando vivem aprisionadas em um raio de poucos quilômetros de seu local de nascimento. Com o aumento da renda disponível e a queda no custo das viagens aéreas, mais pessoas estão explorando o mundo, como se vê na figura 17.8.

E não, os viajantes não estão apenas fazendo fila em museus de cera e atrações do Disney World. O número de áreas do planeta que são protegidas da construção imobiliária e da exploração econômica supera os 160 mil e aumenta a cada dia. Como vimos na figura 10.6, uma parcela muito maior do mundo natural está sendo protegida como reserva natural.

Outro modo como o escopo da nossa experiência estética ampliou-se é a alimentação. Em fins do século XIX, a dieta americana consistia principalmente em carne de porco e amido.[29] Antes da refrigeração e do transporte motorizado, a maioria das frutas e verduras podia estragar antes de chegar aos consumidores, por isso os agricultores cultivavam produtos não perecíveis, como rabanete, feijão e batata. As únicas frutas eram maçãs, usadas sobretudo para fabricar sidra. (Não faz muito tempo, já nos anos 1970, lojas de suvenires na Flórida vendiam sacos de

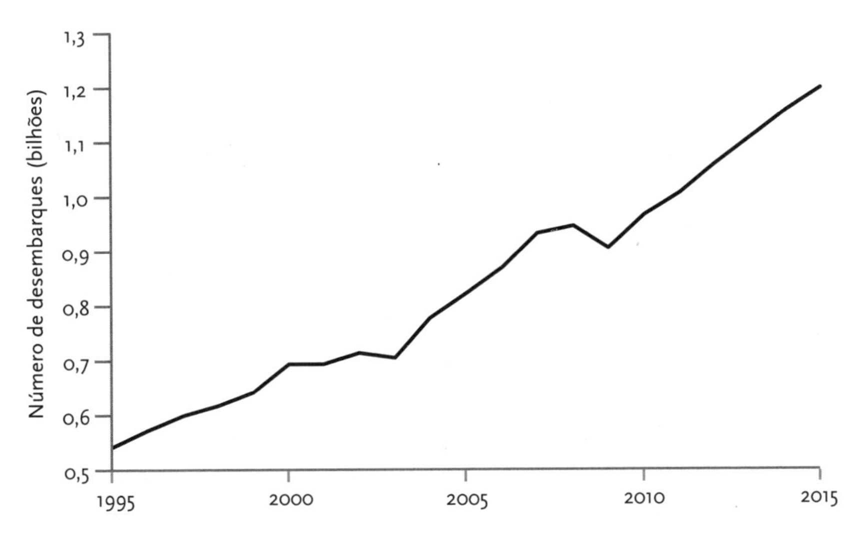

Figura 17.8: *Turismo internacional, 1995-2015.*
FONTE: Banco Mundial, 2016e, baseado em dados de World Tourism Organization, *Yearbook of Tourism Statistics.*

laranja para os turistas levarem para casa e darem de presente.) A dieta americana era chamada de "pão branco" e "carne com batata" por uma boa razão. Aventureiros do fogão podiam improvisar uns bolinhos de presuntada, um arremedo de torta de maçã feito de biscoito industrializado ou uma "Salada Perfeição" (repolho cru picado com gelatina de limão). As novas culinárias introduzidas por imigrantes eram tão exóticas que viravam motivo de piada — por exemplo, a italiana ("*Mamma mia*, um bolinho de carne temperado!"), a mexicana ("Resolve o problema da falta de gás"), a chinesa ("Em uma hora você está com fome de novo") e a japonesa ("Isso é isca, não comida"). Hoje até cidades pequenas e praças de alimentação em shoppings oferecem um menu cosmopolita, algumas com todas essas nacionalidades e mais as cozinhas grega, tailandesa, indiana, vietnamita e árabe. As mercearias também ampliaram suas ofertas, de algumas centenas de itens nos anos 1920 para 2200 nos anos 1950, 17 500 nos anos 1980 e 39 500 em 2015.[30]

Por fim, mas não menos importante, o acesso aos mais primorosos produtos da mente humana foi fabulosamente ampliado e democratizado. Para nós é difícil reconstituir o tédio aflitivo de um lar rural do passado.[31] Em fins do século XIX não só não havia internet, mas tampouco rádio, televisão, cinema, músicas gravadas e, na maioria das casas, nem sequer um livro ou jornal. Entretenimento, para os homens, era ir beber no bar.[32] O escritor e editor William Dean Howells (1837-1920) distraía-se na infância relendo as páginas de um jornal velho que seu pai tinha usado como papel de parede em sua cabana em Ohio.

Hoje quem mora no campo pode escolher entre centenas de canais de televisão e meio bilhão de sites na internet que abrangem todos os jornais e revistas do mundo (incluindo seus arquivos que remontam a mais de um século), todas as grandes obras da literatura que já caíram em domínio público, uma enciclopédia mais de setenta vezes maior que a *Britannica* com aproximadamente o mesmo nível de precisão e todas as obras clássicas das artes e música.[33] Pode verificar a veracidade dos fatos no Snopes, tornar-se autodidata em matemática e ciências na Khan Academy, melhorar seu vocabulário com o *American Heritage Dictionary*, esclarecer-se com leituras da *Stanford Encyclopedia of Philosophy* e assistir a palestras dos maiores acadêmicos, escritores e críticos, muitos deles mortos faz tempo. Hoje um Hillel pobre não precisaria desmaiar de frio entreouvindo as aulas pela claraboia da escola.

Até para os citadinos ricos do Ocidente, que sempre tiveram trânsito livre nos palácios da cultura, o acesso às artes e às letras expandiu-se tremendamente. Quando eu era estudante, um cinéfilo tinha de esperar anos pela exibição de um filme clássico em um cinema de sua cidade ou tarde da noite na televisão, isso se fosse exibido; hoje pode assistir na hora que quiser por serviço de streaming. Posso escolher entre milhares de músicas para ouvir enquanto corro, lavo a louça ou espero na fila do licenciamento de veículos. Alguns toques no teclado e posso me extasiar com as obras completas de Caravaggio, o trailer original de *Rashomon*, Dylan Thomas recitando "And Death Shall Have no Dominion", Eleanor Roosevelt lendo em voz alta a Declaração Universal dos Direitos Humanos, Maria Callas interpretando "O mio babbino caro", Billie Holiday cantando "My Man Don't Love Me" e Solomon Linda cantando "Mbube" — experiências que alguns anos atrás eu não conseguiria ter nem com todo o dinheiro do mundo. Fones de ouvido de alta-fidelidade baratos e, em breve, óculos de realidade virtual feitos de papelão intensificam a experiência estética muito além dos minúsculos alto-falantes e as enevoadas reproduções em preto e branco da minha juventude. E os fãs do papel podem comprar um exemplar usado de *O carnê dourado*, de Doris Lessing, *Fogo pálido*, de Vladimir Nabokov, ou *Aké: The Years of Childhood*, de Wole Soyinka, por um dólar cada.

A combinação da tecnologia da internet e da colaboração de milhares de voluntários possibilitou um estonteante acesso às grandes obras da humanidade. Não pode haver dúvida quanto a qual foi a maior era para a cultura: a resposta só pode ser hoje, até que venha a ser suplantada pelo amanhã. Essa resposta não depende de comparações invejosas entre a qualidade das obras atuais e as passadas (comparações que não temos condições de fazer, do mesmo modo que muitas das grandes obras do passado não foram apreciadas em suas épocas). Isso decorre da nossa criatividade incessante e de nossa memória cultural fantasticamente cumulativa. Temos na ponta dos dedos quase todas as obras geniais anteriores à nossa época, além daquelas do nosso tempo, enquanto as pessoas que viveram antes de nós não tiveram nem uma coisa nem outra. E melhor ainda: o patrimônio cultural mundial agora está disponível não só para os ricos e bem situados, mas para qualquer pessoa conectada à imensa rede de conhecimento, o que significa a maior parte da humanidade e, em breve, a humanidade inteira.

18. Felicidade

E nós somos mais felizes? Se tivermos um pingo de gratidão cósmica, deveríamos ser. Um americano em 2015, em comparação com seu equivalente de um século e meio antes, viverá nove anos a mais, teve três anos a mais de educação formal, ganhou 33 mil dólares por ano a mais por membro da família (somente um terço dessa quantia, em vez de metade, será dispendido com gastos de primeira necessidade) e terá oito horas a mais por semana de lazer. Ele ou ela pode passar esse tempo de lazer lendo na internet, ouvindo música em um smartphone, vendo filmes por streaming em uma TV de alta definição, conversando pelo Skype com amigos e parentes, ou jantando comida tailandesa em vez de bolinhos de presuntada.

Mas se as impressões da maioria servem de orientação, os americanos de hoje não são uma vez e meia mais felizes (como seriam se a felicidade acompanhasse a renda), ou um terço mais felizes (se acompanhasse a educação), ou mesmo um oitavo mais felizes (se seguisse a longevidade). As pessoas parecem reclamar, queixar-se, choramingar, resmungar e protestar tanto quanto sempre, e a proporção de americanos que dizem aos pesquisadores que estão felizes mantém-se estável há décadas. A cultura popular percebeu a ingratidão no meme da internet e hashtag do Twitter #firstworldproblems, e num monólogo do comediante Louis C.K. conhecido como "Tudo é incrível e ninguém está feliz":

> Quando leio coisas do tipo "os alicerces do capitalismo estão se desfazendo", eu digo que talvez precisamos de um tempo na época em que o pessoal andava com um burro com panelas batendo nos flancos. [...] Porque agora vivemos num mundo incrível, e ele é desperdiçado com uma merda de uma geração de idiotas mimados. [...] A parte de andar de avião é a pior, porque as pessoas voltam da viagem e contam sua história. [...] Elas dizem: "Foi o pior dia da minha vida. [...] Entramos no avião e nos fizeram ficar sentados lá na pista durante quarenta minutos". [...] Nossa, e então, o que aconteceu depois? Incrível, você *voou* pelo *ar* como um pássaro? Impossível, você atravessou as nuvens? Partilhou do *milagre* do voo humano, e depois pousou suavemente sobre pneus gigantes que você nem consegue imaginar como puseram a porra do ar neles? [...] Você está sentado numa *poltrona* no *céu*. Você é tipo um mito grego agora mesmo! [...] As pessoas dizem que há atrasos? [...] As viagens aéreas são lentas demais? Nova York à Califórnia em cinco horas. Costumava levar trinta anos! E um bando de vocês morreria no caminho, e você levaria uma flecha no pescoço e os outros passageiros simplesmente enterrariam você e poriam um galho lá com seu chapéu e continuariam andando. [...]. Os irmãos Wright dariam um chute no nosso [saco] se ficassem sabendo disso.[1]

Em 1999, John Mueller resumiu o entendimento comum a respeito da modernidade na época: "As pessoas parecem simplesmente ter aceitado a notável melhoria econômica numa boa e concentraram suas capacidades em encontrar novas preocupações para se aborrecer. Num sentido nada desprezível, portanto, as coisas nunca melhoram".[2] O entendimento baseava-se em mais do que apenas impressões do mal-estar americano. Em 1973, o economista Richard Easterlin identificou um paradoxo que desde então recebeu o seu nome.[3] Embora em comparações *dentro* de um país as pessoas mais ricas sejam mais felizes, em comparações com *outros* países os mais ricos não pareciam mais felizes do que os mais pobres. E em comparações *ao longo do tempo* as pessoas não pareciam ficar mais felizes quando seus países ficavam mais ricos.

O paradoxo de Easterlin foi explicado com duas teorias da psicologia. De acordo com a teoria da esteira hedônica, as pessoas se adaptam às mudanças em suas fortunas, como os olhos se adaptam à luz ou à escuridão e logo retornam a um padrão geneticamente determinado.[4] De acordo com a teoria da comparação social (ou grupos de referência, ansiedade de status ou privação relativa, que examinamos no capítulo 9), a felicidade das pessoas é determinada pelo quanto elas acham que estão se dando bem na vida em relação aos seus compatriotas, de tal modo que, enquanto o país como um todo se enriquece, ninguém se sente mais feliz — na verdade, se o país se torna mais desigual, mesmo que fiquem mais ricas, elas podem sentir-se pior.[5]

Se nesse sentido as coisas nunca melhoram, pode-se perguntar se valeu a pena todo o chamado progresso econômico, médico e tecnológico. Muitos argumentam que não. Ficamos espiritualmente empobrecidos, segundo esses críticos, pela ascensão do individualismo, do materialismo, do consumismo e da riqueza ostensiva, e pela erosão das comunidades tradicionais com seus vínculos sociais saudáveis e o senso de propósito e determinação conferido pela religião. É por isso que, conforme lemos com frequência, a depressão, a ansiedade, a solidão e o suicídio aumentaram muito, e porque a Suécia, aquele paraíso secular, é famosa por suas altas taxas de suicídio. Em 2016, o ativista George Monbiot deu seguimento à velha campanha do pessimista cultural contra a modernidade num artigo opinativo intitulado "O neoliberalismo está criando solidão. É isso que está destruindo nossa sociedade". A frase em destaque era: "Epidemias de doenças mentais estão esmagando as mentes e os corpos de milhões de pessoas. É hora de perguntar para onde estamos indo e por quê". O artigo advertia: "As últimas estatísticas catastróficas sobre saúde mental das crianças na Inglaterra refletem uma crise global".[6]

Se todos os anos a mais de vida e de saúde conquistados, se todo o tempo extra dedicado ao conhecimento, ao lazer e à maior amplitude de experiências, se todos os progressos em paz e segurança, democracia e direitos não nos deixaram mais felizes, e sim mais solitários e suicidas, isso seria a maior peça que a história pregaria na humanidade. Mas antes de começar a andar com um burro com panelas batendo nos flancos, é melhor examinar de forma mais atenta os fatos a respeito da felicidade humana.

Pelo menos desde a Era Axial, os pensadores discutem sobre o que significa uma vida boa, e hoje a felicidade tornou-se um tema importante nas ciências sociais.[7] Alguns intelectuais não acreditam, e chegam até a se ofender, com o fato de a felicidade ter se tornado um assunto para economistas, em vez de permanecer na seara de poetas, ensaístas e filósofos. Mas as abordagens não são opostas. Os cientistas sociais costumam iniciar seus estudos sobre a felicidade com ideias concebidas por artistas e filósofos, e podem formular perguntas sobre padrões históricos e mundiais que não podem ser respondidas por uma reflexão solitária, por mais perspicazes que sejam. Isso se mostra ainda mais verdadeiro quando se trata de saber se o progresso deixou as pessoas mais felizes. Para responder a essa questão, devemos primeiro aplacar a incredulidade dos críticos quanto à possibilidade de medir a felicidade.

Artistas, filósofos e cientistas sociais concordam que o bem-estar não é uma dimensão única. As pessoas podem estar melhor em alguns aspectos e pior em outros. Vamos distinguir os principais.

Podemos começar com os aspectos objetivos do bem-estar: as benesses que consideramos intrinsecamente valiosas, quer seus possuidores as apreciem ou não. No topo dessa lista está a própria vida; em seguida vêm saúde, educação, liberdade e lazer. Essa é a mentalidade por trás da crítica social de Louis C.K. e, em parte, por trás das concepções de Amartya Sen e Martha Nussbaum das capacidades humanas fundamentais.[8] Nesse sentido, podemos dizer que as pessoas que têm vidas longas, saudáveis e estimulantes estão de fato em condições melhores, mesmo que tenham um temperamento taciturno, ou que estejam de mau humor, ou que sejam idiotas mimados e não valorizem o que têm de bom. Uma das razões para esse aparente paternalismo é que a vida, a saúde e a liberdade são pré-requisitos para todo o resto, inclusive do próprio ato de ponderar o que vale a pena na vida e, portanto, são valiosas por si mesmas. Outra é que as pessoas que se dão ao luxo de não apreciar sua boa sorte compõem uma amostra tendenciosa de sobreviventes afortunados. Se pudéssemos inquirir as almas das crianças e mães mortas e das vítimas da guerra, da fome e da doença, ou se voltássemos no tempo e lhes déssemos uma escolha entre prosseguir com suas vidas em um mundo pré-moderno ou moderno, talvez descobríssemos uma apreciação da modernidade que fosse mais proporcional aos seus benefícios objetivos. Essas dimensões do bem-estar foram os temas dos capítulos anteriores, e o veredicto sobre o fato de terem melhorado ou não ao longo do tempo foi definido.

Entre esses bens intrínsecos está a liberdade ou autonomia: a disponibilidade de opções para levar uma vida boa (liberdade positiva) e a ausência de coerção que impeça uma pessoa de escolher entre elas (liberdade negativa). Amartya Sen fez uma exaltação a esse valor no título de seu livro sobre o objetivo maior do desenvolvimento das nações: *Desenvolvimento como liberdade*. A liberdade positiva está relacionada com a noção de utilidade dos economistas (o que as pessoas querem; no que gastam sua riqueza) e a liberdade negativa, com as noções de democracia e direitos humanos dos cientistas políticos. Como mencionei, a liberdade (junto com a vida e a razão) é um pré-requisito para o próprio ato de avaliar o que é bom na vida. A menos que, impotentes, nós nos limitemos a lamentar ou celebrar nosso destino sempre que avaliamos nossa condição, pressupomos que as pessoas no passado poderiam ter feito escolhas diferentes. E quando perguntamos para onde devemos seguir, pressupomos que temos escolhas quanto ao que procurar. Por essas razões, a própria liberdade é inerentemente valiosa.

Em teoria, a liberdade é independente da felicidade. As pessoas podem render-se a atrações fatais, desejar prazeres que lhes sejam prejudiciais, arrepender-se de uma escolha na manhã seguinte ou ignorar os conselhos para terem cuidado com o que desejam.[9] Na prática, a liberdade e as outras coisas boas da vida andam juntas. O grau de felicidade de um país — seja avaliado objetivamente por meio de um índice de democracia para o país como um todo, ou subjetivamente, por meio da avaliação das pessoas de que têm ou não "livre escolha e controle sobre suas vidas" — está correlacionado com o grau de liberdade.[10] Além disso, as pessoas apontam a liberdade como componente de uma vida *significativa*, levando ou não a uma vida feliz.[11] Como Frank Sinatra, podem ter arrependimentos, podem sofrer reveses, mas fazem isso à sua maneira. As pessoas podem até dar *mais valor* à autonomia do que à felicidade: muitas que passaram por um divórcio doloroso, por exemplo, mesmo assim não escolheriam voltar a uma época em que os casamentos eram arranjados pelos pais dos noivos.

E o que dizer da felicidade por si só? Como um cientista pode medir algo tão subjetivo quanto o bem-estar subjetivo? A melhor maneira de descobrir se as pessoas são felizes é perguntar-lhes. Quem poderia ser um juiz melhor? Em um antigo esquete do programa humorístico *Saturday Night Live*, Gilda Radner tem uma conversa pós-coito com um amante nervoso (interpretado por Chevy Chase), preocupado porque ela não teve um orgasmo, e o consola, dizendo: "Às vezes eu tenho e nem me dou conta disso". Nós rimos porque, quando se trata de experiência subjetiva, a própria pessoa que experimenta é a autoridade final. Mas não precisamos confiar apenas nas palavras: os relatos pessoais de bem-estar acabam por se correlacionar com tudo o mais que pensamos que indica felicidade, como sorrisos, animação, atividade intensa nas partes do cérebro que reagem a bebês fofinhos e, independentemente do que digam Gilda e Chevy, o julgamento de outras pessoas.[12]

A felicidade tem dois lados, um lado empírico ou emocional, e um lado avaliativo ou cognitivo.[13] O componente empírico consiste em um equilíbrio entre emoções positivas como júbilo, alegria, orgulho e prazer, e emoções negativas como preocupação, raiva e tristeza. Os cientistas podem tomar amostras dessas experiências em tempo real, fazendo com que as pessoas usem um bipe que dispara em momentos aleatórios e as lembrem de indicar como se sentem. A medida final da felicidade consistiria em uma soma integral ou ponderada ao longo da vida da intensidade da felicidade que as pessoas estão sentindo e por quanto tempo se sentem dessa maneira. Embora a amostragem de experiências seja a maneira mais direta de avaliar o bem-estar subjetivo, trata-se de um processo trabalhoso e caro, e não existem bons conjuntos de dados que comparem pessoas em diferentes países ou as rastreiem ao longo dos anos. A segunda melhor opção é perguntar às pessoas como se sentem no momento, ou como se lembram de ter se sentido durante o dia ou a semana anterior.

Isso nos leva ao outro lado do bem-estar, as *avaliações* sobre como estamos vivendo nossas vidas. Pode-se pedir às pessoas para refletir sobre o grau de satisfação que sentem "por esses dias" ou "como um todo" ou "juntando todas as coisas", ou fazer o julgamento quase filosófico de onde se situam numa escala de um a dez que vai de "a pior vida possível para você" até "a melhor vida possível para você". As pessoas consideram essas perguntas difíceis (isso não surpreende, pois *são* mesmo), e suas respostas podem ser deturpadas pelas condições climáticas, pelo estado de ânimo atual e pelo que foi perguntado imediatamente antes (sabe-se que perguntas a estudantes sobre sua vida amorosa, ou para qualquer indivíduo sobre política, têm um efeito depressivo). Os cientistas sociais já se resignaram com o fato de que a felicidade, a satisfação e a melhor-versus-pior-vida-possível não estão claras na cabeça das pessoas e que, muitas vezes, é mais fácil simplesmente tirar uma média.[14]

É evidente que as emoções e as avaliações estão relacionadas, embora de modo imperfeito: uma abundância de felicidade resulta numa vida melhor, mas a ausência de preocupação e tristeza não tem o mesmo efeito.[15] E isso nos leva à dimensão final de uma vida boa: significado e propósito. Essa é a dimensão que, ao lado da felicidade, entra no ideal de *eudaimonia* ou "bom espírito" de Aristóteles.[16] A felicidade não é tudo. Podemos fazer escolhas que nos deixam infelizes no curto prazo, mas realizados ao longo de uma vida, como criar uma criança, escrever um livro ou lutar por uma causa valiosa.

Embora nenhum mortal possa estipular o que *de fato* faz uma vida significativa, o psicólogo Roy Baumeister e seus colegas sondaram o que faz as pessoas *sentirem* que a vida delas é significativa. Os entrevistados avaliaram separadamente o grau de felicidade e de significação de suas vidas, e responderam a uma longa lista de perguntas sobre seus pensamentos, suas atividades e suas circunstâncias de vida. Os resultados sugerem que muitas das coisas que fazem as pessoas felizes também tornam a vida delas significativa, como estar conectadas a outras pessoas, sentir-se produtivas e não estar sozinhas ou entediadas. Mas outras coisas podem tornar a vida mais feliz, porém sem torná-la mais significativa, ou a fazendo até menos significativa.

As pessoas que levam uma vida feliz, mas não exatamente significativa, têm todas as suas necessidades satisfeitas: são saudáveis, têm dinheiro suficiente e se sentem bem quase o tempo todo. Pessoas que levam vidas significativas talvez não desfrutem de nenhuma dessas benesses. Pessoas felizes vivem no presente; as que têm uma vida significativa têm uma narrativa sobre seu passado e um plano para o futuro. Aquelas com vidas felizes, mas sem sentido, são tomadoras e beneficiárias; as com vidas significativas, mas infelizes, são doadoras e benfeitoras. Os pais obtêm significação dos filhos, mas não necessariamente felicidade. O tempo passado com amigos torna a vida mais feliz; o tempo passado com entes queridos a torna mais significativa. O estresse, a preocupação, as discussões, os desafios e as lutas tornam a vida mais infeliz, porém mais significativa. As pessoas com vida significativa não correm atrás de problemas de forma masoquista, mas perseguem objetivos ambiciosos: "O homem planeja e Deus ri". Por fim, ter significado diz respeito a expressar, em vez de satisfazer, o eu: isso se fortalece com atividades que definem a pessoa e constroem uma reputação.

Podemos ver a felicidade como resultado de um antigo sistema de feedback biológico que rastreia nosso progresso em busca de sinais auspiciosos de adaptação a um ambiente natural. Geralmente, somos mais felizes quando estamos saudáveis, confortáveis, seguros, providos, socialmente conectados, sexualmente ativos e amados. A função da felicidade é estimular-nos a buscar as chaves da adaptação: quando estamos infelizes, lutamos por coisas que melhorariam a nossa condição; quando estamos felizes, valorizamos o status quo. O significativo, por sua vez, relaciona-se aos objetivos novos e de expansão que estão abertos para nós como integrantes sociais, inteligentes e falantes do nicho cognitivo exclusivamente humano. Levamos em conta objetivos que estão enraizados no passado distante e se estendem para o futuro, que afetam pessoas fora do nosso círculo de conhecidos, e isso deve ser ratificado pelos nossos companheiros, com base na nossa capacidade de persuadi-los de seu valor e em nossa reputação de benevolência e eficácia.[17]

Uma implicação do papel circunscrito da felicidade na psicologia humana é que o objetivo do progresso não pode ser aumentar a felicidade de forma indefinida, com a esperança de que mais e mais pessoas se tornem cada vez mais eufóricas. Mas há muita infelicidade que pode ser reduzida, e nenhum limite para o significado que nossa vida pode ter.

Concordemos que os cidadãos dos países desenvolvidos não são tão felizes quanto deveriam, tendo em vista o progresso fantástico de suas fortunas e liberdade. Mas eles não estão nem um pouco mais felizes? As suas vidas se tornaram tão vazias que estão optando por acabar com elas numa proporção nunca vista? Estão sofrendo de uma epidemia de solidão, em contraste com a quantidade alucinante de oportunidades para se conectar uns com os outros? A geração mais nova, de modo ameaçador para o nosso futuro, está paralisada pela depressão e pela doença mental? Como veremos, a resposta a todas essas questões é um enfático *não*.

Os pronunciamentos sem provas sobre a desgraça da humanidade são um risco ocupacional do crítico social. No clássico *Walden*, de 1854, Henry David Thoreau escreveu: "A massa dos homens leva vidas de desespero silencioso". Nunca ficou claro como um recluso que vivia numa cabana ao lado de uma lagoa podia saber disso, e a massa dos homens tem o direito de discordar. Entre aqueles que são perguntados sobre sua felicidade pelo World Values Survey, 86% dizem que são "bastante felizes" ou "muito felizes" e, em média, os entrevistados em 150 países pelo *World Happiness Report 2016* julgaram que a vida deles estava na metade superior da escala do pior ao melhor.[18] Thoreau era vítima da disparidade de otimismo (a ilusão do "Eu estou bem, eles não"), que em termos de felicidade pode ser uma coisa abismal. Pessoas de todos os países subestimam a proporção de seus compatriotas que dizem que estão felizes, numa média de 42 pontos percentuais.[19]

E o que dizer da trajetória histórica? Easterlin identificou seu paradoxo intrigante em 1973, décadas antes da era do *big data*. Hoje temos muito mais provas sobre riqueza e felicidade, e elas mostram que não existe o paradoxo de Easterlin. Não só as pessoas mais ricas de determinado país são mais felizes, como as pessoas em países mais ricos são mais felizes e, à medida que os países se tornam mais ricos ao longo do tempo, seus habitantes ficam mais felizes. O novo entendimento veio de várias análises independentes, entre elas as de Angus Deaton, do World Values Survey e do *World Happiness Report 2016*.[20] A minha preferida é a dos economistas Betsey Stevenson e Justin Wolfers, e pode ser resumida num gráfico. A figura 18.1 representa graficamente as classificações da satisfação média com a vida em comparação com a renda média (em escala logarítmica) em 131 países, cada um representado por um ponto, junto com a relação entre satisfação com a vida e a renda dos cidadãos de cada país, representada por uma seta que atravessa o ponto.

Vários padrões saltam à vista. O mais imediato é a ausência de um paradoxo de Easterlin transnacional: a nuvem de setas se estende ao longo de uma diagonal,

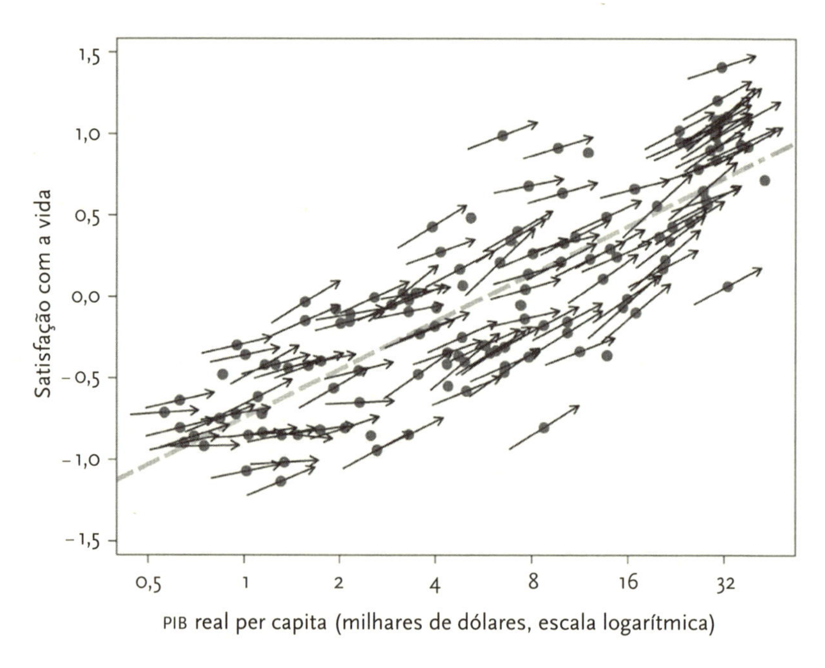

Figura 18.1: *Satisfação com a vida e a renda, 2006.*
FONTE: Stevenson e Wolfers, 2008a, fig. 11, com base em dados do Gallup World Poll, 2006. Crédito: Betsey Stevenson e Justin Wolfers.

o que indica que, quanto mais rico for o país, mais seu povo é feliz. Não esqueçamos que a escala da renda é logarítmica; numa escala linear padrão, a mesma nuvem se elevaria de forma abrupta da extremidade esquerda e se curvaria para a direita. Isso significa que determinada quantidade de dólares a mais aumenta a felicidade do povo em um país pobre mais do que a felicidade do povo em um país rico e, quanto mais rico for o país, mais dinheiro extra seu povo precisa para se tornar ainda mais feliz. (É uma das razões pelas quais surgiu o paradoxo de Easterlin: com os dados mais ruidosos da época, era difícil detectar o aumento relativamente pequeno da felicidade no alto da escala da renda.) Mas, em ambas as escalas, a linha nunca se torna mais plana, como seria se as pessoas precisassem apenas de uma quantidade mínima de renda para atender às suas necessidades básicas e qualquer coisa extra não as tornasse mais felizes. No que diz respeito à felicidade, Wallis Simpson tinha certa razão quando disse: "Não se pode ser rico demais ou magro demais".

O mais notável é que as inclinações das setas são semelhantes entre si e idênticas à inclinação do feixe de setas como um todo (a linha cinza tracejada que está por trás do feixe). Isso significa que um aumento para um indivíduo em relação aos seus compatriotas aumenta tanto a sua felicidade como a de seu país em geral. Isso lança uma dúvida sobre a ideia de que as pessoas são felizes ou infelizes somente em comparação com os vizinhos. A renda absoluta, e não a relativa, é o que mais importa para a felicidade (uma conclusão coerente com a discutida no capítulo 9 sobre a irrelevância da desigualdade para a felicidade).[21] São conclusões que, entre várias outras, enfraquecem a velha crença de que a felicidade se adapta às condições ambientais como os olhos, retorna a um ponto de ajuste ou permanece estacionária à medida que as pessoas avançam em vão por uma esteira hedônica. Embora os indivíduos muitas vezes se recuperem dos reveses e se beneficiem de sua boa sorte, sua felicidade sofre um decréscimo com as provações, como o desemprego ou a deficiência física, e um impulso com as benesses, como um bom casamento ou imigração para um país mais feliz.[22] E, ao contrário da antiga crença, ganhar na loteria torna, sim, as pessoas mais felizes no longo prazo.[23]

Uma vez que sabemos que os países ficam *mais ricos* ao longo do tempo (capítulo 8), podemos pensar na figura 18.1 como um fotograma congelado de um filme que mostra a humanidade ficando *mais feliz* ao longo do tempo. Esse aumento da felicidade é mais um indicador do progresso humano, e um dos mais importantes de todos. Claro que esse instantâneo não é uma crônica longitudinal real em que as pessoas de todo o mundo são entrevistadas durante séculos e representamos graficamente sua felicidade ao longo do tempo; dados desse tipo não existem. Mas Stevenson e Wolfers vasculharam a literatura sobre estudos longitudinais e descobriram que, em oito de nove países europeus, a felicidade aumentou entre 1973 e 2009, junto com o PIB per capita do país.[24] Uma confirmação para o mundo como um todo vem do World Values Survey, que descobriu que em 45 de 52 países a felicidade aumentou entre 1981 e 2007.[25] As tendências ao longo do tempo encerram a discussão sobre o paradoxo de Easterlin: agora sabemos que as pessoas mais ricas de um país são mais felizes, que países mais ricos são mais felizes e que os povos ficam mais felizes à medida que seus países se tornam mais ricos (o que significa que os povos ficam mais felizes ao longo do tempo).

É evidente que a felicidade depende de muito mais do que da renda. Isso vale não apenas para os indivíduos, que diferem em suas histórias de vida e seus temperamentos inatos, mas para as nações, como vemos a partir da dispersão de pontos em torno da linha cinza do gráfico. Os países são mais felizes quando seu povo tem saúde melhor (mantendo a renda constante) e, como mencionei, quando seus cidadãos sentem que são livres para escolher o que fazer de suas vidas.[26] A cultura e a geografia também são importantes: fiéis ao estereótipo, os países latino-americanos são mais felizes do que deveriam, tendo em vista suas rendas, e os países do antigo bloco comunista do Leste Europeu são menos felizes.[27] O *World Happiness Report 2016* encontrou três outros traços que acompanham a felicidade nacional: o apoio social (se as pessoas dizem que têm amigos ou parentes com quem podem contar em momentos difíceis), a generosidade (se doam dinheiro para a caridade) e a corrupção (se percebem que o mundo dos negócios em seu país é corrupto).[28] Não podemos concluir, no entanto, que esses traços *causam* maior felicidade. Uma das razões é que as pessoas felizes veem o mundo através de lentes cor-de-rosa e podem fazer avaliações generosas a respeito das coisas boas tanto em suas vidas quanto em suas sociedades. O outro motivo é que a felicidade, como dizem os cientistas sociais, é endógena: ser feliz pode tornar as pessoas solidárias, generosas e conscienciosas, e não o contrário.

Entre os países que se situam abaixo de sua riqueza em felicidade estão os Estados Unidos. Os americanos não são de forma nenhuma infelizes: quase 90%

deles se classificam como pelo menos "moderadamente felizes", quase um terço se classifica como "muito felizes" e, quando são convidados a situar-se na escada de um a dez que vai da pior à melhor vida possível, escolhem o sétimo degrau.[29] Mas, em 2015, os Estados Unidos ficaram em 13º lugar entre as nações do mundo (atrás de oito países da Europa Ocidental, três da Comunidade Britânica e de Israel), embora tivessem uma renda média mais alta do que todos eles, exceto a Noruega e a Suíça.[30] (O Reino Unido, cujos cidadãos se colocam em felizes 6,7 degraus acima da pior vida possível, entrou no 23º lugar.)

Além disso, os Estados Unidos não se tornaram sistematicamente mais felizes ao longo dos anos (outro engodo que levou ao anúncio prematuro do paradoxo de Easterlin, porque os Estados Unidos também são o país que conta com dados mais antigos sobre felicidade). A felicidade americana tem flutuado dentro de uma faixa estreita desde 1947, com desvios em reação a várias recessões, recuperações, mal-estares e bolhas, mas sem nenhum aumento ou queda consistente. Um conjunto de dados mostra um ligeiro declínio da felicidade americana de 1955 a 1980, seguido por um aumento até 2006; outro mostra um ligeiro declínio na proporção dos que se afirmam "muito felizes" a partir de 1972 (embora, mesmo nesse conjunto, a soma daqueles que dizem ser "muito felizes" e "moderadamente felizes" não tenha mudado).[31]

A estagnação da felicidade americana não contradiz a tendência global de a felicidade aumentar com a riqueza, já que, quando olhamos para as mudanças em um país rico ao longo de algumas décadas, estamos tendo um vislumbre de um trecho restrito da escala. Como destaca Deaton, uma tendência que é óbvia quando se examinam os efeitos de uma diferença de cinquenta vezes na renda entre, digamos, Togo e Estados Unidos, representando um quarto de milênio de crescimento econômico, pode estar submersa em ruído quando se procura os efeitos, por exemplo, de uma diferença de duas vezes na renda dentro de um único país ao longo de apenas vinte anos de crescimento econômico.[32] Além disso, os Estados Unidos tiveram um aumento maior da desigualdade de renda do que os países da Europa Ocidental (capítulo 9), e o crescimento de seu PIB pode ter sido desfrutado por uma proporção menor da população.[33] Especular sobre a excepcionalidade americana é um passatempo infinitamente fascinante, mas, seja qual for o motivo, os estudiosos da felicidade concordam que os Estados Unidos são um ponto fora da curva da tendência global em bem-estar subjetivo.[34]

Outra razão por que pode ser difícil entender as tendências da felicidade em cada nação é que um país é um conjunto aleatório de dezenas de milhões de seres humanos que por acaso ocupam determinado pedaço de terra. É notável que possamos encontrar *alguma* coisa em comum quando calculamos sua média, e não devemos nos surpreender ao descobrir que, com o passar do tempo, diferentes segmentos da população seguem direções distintas, às vezes empurrando a média para um lado, às vezes cancelando-se mutuamente. Nos últimos 35 anos, os afro-americanos se tornaram muito mais felizes, enquanto os brancos americanos ficaram um pouco menos felizes.[35] As mulheres tendem a ser mais felizes do que os homens, mas nos países ocidentais a diferença diminuiu, com os homens se tornando mais felizes a uma taxa mais rápida do que as mulheres. Nos Estados Unidos, isso se inverteu de todo, já que as mulheres ficaram mais infelizes enquanto os homens permaneceram mais ou menos na mesma.[36]

No entanto, a maior complicação para entender as tendências históricas é a que encontramos no capítulo 15: a distinção entre mudanças ao longo do ciclo de vida (idade), no zeitgeist (período) e de uma geração para a outra (coorte).[37] Sem uma máquina do tempo, é logicamente impossível isolar por completo os efeitos da idade, da coorte e do período, para não falar de suas interações. Se, por exemplo, as pessoas de cinquenta anos de idade fossem infelizes em 2005, não poderíamos dizer se os *baby boomers* tiveram dificuldades em lidar com a meia-idade, se os *baby boomers* tiveram dificuldade em lidar com o novo milênio, ou o novo milênio foi um momento difícil para estar na meia-idade. Mas com um conjunto de dados que abranja múltiplas gerações e décadas, além de alguns pressupostos sobre a rapidez com que as pessoas e os tempos podem mudar, pode-se calcular a média das pontuações de uma geração ao longo dos anos, de toda a população a cada ano e da população em cada idade, e fazer assim estimativas mais independentes da trajetória dos três fatores ao longo do tempo. Por sua vez, isso nos permite buscar duas versões diferentes do progresso: as pessoas de todas as idades podem ficar mais bem de vida em períodos recentes, ou as coortes mais jovens podem estar em melhor situação do que as mais velhas, elevando o nível da população à medida que as substituem.

As pessoas tendem a se tornar mais felizes à medida que envelhecem (um efeito da idade), presumivelmente porque superam os obstáculos de entrar na idade adulta e desenvolvem a sabedoria para lidar com os reveses e pôr a vida em perspectiva.[38] (Mas podem passar por uma crise de meia-idade no caminho ou sofrer uma queda final nos últimos anos da velhice.)[39] A felicidade flutua com os tempos, em especial com as mudanças na economia — não por nada, os economistas chamam um composto de taxa de inflação e da taxa de desemprego de índice da miséria — e os americanos acabaram de conseguir sair da depressão que se seguiu à Grande Recessão.[40]

O padrão ao longo das gerações também tem altos e baixos. Em duas grandes amostras, os americanos nascidos em todas as décadas dos anos 1900 até a década de 1940 tiveram vidas mais felizes do que aqueles da coorte anterior, presumivelmente porque a Grande Depressão deixou uma cicatriz nas gerações que atingiram a maioridade quando a dificuldade econômica se aprofundava. O aumento se estabilizou e depois diminuiu um pouco com os *baby boomers* e os primeiros membros da Geração X, a última que era antiga o suficiente para possibilitar que os pesquisadores fizessem uma distinção entre coorte e período.[41] Em um terceiro estudo que continua até hoje (o General Social Survey), a felicidade também caiu entre os *baby boomers*, mas se recuperou totalmente nas gerações X e Y.[42] Assim, enquanto cada geração se aflige com as crianças de hoje, os americanos mais jovens ficaram, de fato, mais felizes. (Como vimos no capítulo 12, eles também são menos violentos e menos drogados.) Isso soma três segmentos da população que se tornaram mais felizes em meio à estagnação da felicidade americana: os afro-americanos, as sucessivas coortes até o *baby boom* e os jovens de hoje.

O emaranhado envolvendo idade, período e coorte significa que cada mudança histórica no bem-estar é pelo menos três vezes mais complicada do que parece. Com essa advertência em mente, vamos dar uma olhada nas afirmações de que a modernidade desencadeou uma epidemia de solidão, suicídio e doença mental.

A dar ouvidos aos observadores do mundo moderno, os ocidentais estão ficando mais solitários. Em 1950, David Riesman (junto com Nathan Glazer e Reuel Denney) escreveu o clássico da sociologia *A multidão solitária*. Em 1966, os Beatles se perguntaram de onde vinha toda aquela gente solitária e a que lugar pertenciam. Em um best-seller de 2000, o cientista político Robert Putnam observou que os americanos estavam cada vez mais *Bowling Alone* [jogando boliche sozinhos]. E em 2010, os psiquiatras Jacqueline Olds e Richard Schwartz escreveram *The Lonely American* [O americano solitário] (subtítulo: "O distancimamento no século XXI"). Para um membro da gregária espécie *Homo sapiens*, o isolamento social é uma forma de tortura, e o estresse da solidão é um grande risco para a saúde e a vida.[43] Assim, seria outra ironia da modernidade se nossa recente conectividade nos deixasse mais solitários do que nunca.

É possível pensar que as redes sociais poderiam compensar qualquer alienação e isolamento que tivesse advindo do declínio das famílias numerosas e das pequenas comunidades. Afinal, nos dias de hoje, a Eleanor Rigby e o padre McKenzie da música dos Beatles poderiam ser amigos no Facebook. Mas em *The Village Effect* [O efeito aldeia] a psicóloga Susan Pinker examina as pesquisas mostrando que as amizades digitais não proporcionam os benefícios psicológicos do contato cara a cara.

Isso só aumenta o mistério do motivo por que as pessoas estariam se tornando mais solitárias. Entre os problemas do mundo, o isolamento social parece ser um dos mais fáceis de resolver: basta convidar um conhecido para conversar num café do bairro ou em volta da mesa da cozinha. Por que as pessoas não perceberiam as oportunidades? As pessoas de hoje, especialmente a geração mais nova, sempre tão criticada, ficaram tão viciadas no crack digital que abdicam do contato humano vital e se condenam a uma solidão desnecessária e talvez letal? Será mesmo verdade, como disse um crítico social, que "demos nossos corações às máquinas e estamos agora nos transformando em máquinas"? A internet teria criado, nas palavras de outro crítico, "um mundo atomizado sem contato ou emoção humana"?[44] Para quem acredita que existe uma natureza humana, isso parece improvável, e os dados mostram que é falso: não existe nenhuma epidemia de solidão.

Em *Still Connected* [Ainda conectado] (2011), o sociólogo Claude Fischer analisou quarenta anos de pesquisas que perguntavam às pessoas sobre suas relações sociais. "A coisa mais impressionante a respeito dos dados", observou ele, "é como os laços dos americanos com a família e os amigos eram consistentes entre as décadas de 1970 e 2000. Raramente encontramos diferenças de mais de um punhado de pontos percentuais para um lado ou para o outro que possam descrever alterações duradouras no comportamento com consequências pessoais duradouras; sim, os americanos receberam menos em casa e deram mais telefonemas e mandaram mais e-mails, mas não mudaram muito nos aspectos fundamentais."[45] Embora as pessoas tenham realocado seu tempo porque as famílias são menores, mais pessoas são solteiras e mais mulheres trabalham, os americanos de hoje passam tanto tempo com parentes, têm a mesma quantidade média de amigos e os veem com mais ou menos a mesma frequência, relatam tanto apoio emocional e continuam tão satisfeitos com o número e a qualidade de suas amizades quanto seus equivalentes da década de Gerald Ford e *Happy Days*. Os usuários da internet e das mídias sociais têm *mais* contato com amigos (embora um pouco menos contato presencial), e sentem que os laços eletrônicos enriqueceram seus relacionamentos. Fischer concluiu que a natureza humana manda: "As pessoas tentam se adaptar às mudanças das circunstâncias de modo a proteger seus objetivos mais valorizados, que incluem sustentar o volume e a qualidade de suas relações pessoais — tempo com os filhos, contato com parentes, umas poucas fontes de suporte íntimo".[46]

E quanto aos sentimentos subjetivos de solidão? Pesquisas com toda a população são escassas; os dados encontrados por Fischer sugeriram que "as expressões de solidão dos americanos permaneceram iguais ou talvez tenham aumentado ligeiramente", sobretudo porque mais pessoas eram solteiras.[47] Mas abundam pesquisas com estudantes, uma audiência cativa, e durante décadas eles indicaram se concordam com declarações do tipo "eu sou infeliz fazendo tantas coisas sozinho" e "não tenho ninguém com quem conversar". As tendências estão resumidas no título de um artigo de 2015 — "Declínio da solidão ao longo do tempo" — e são mostradas na figura 18.2.

Uma vez que esses alunos não foram acompanhados depois que deixaram de estudar, não sabemos se o declínio da solidão é um efeito relacionado ao período, no qual se tornou cada vez mais fácil para os jovens satisfazer suas necessidades sociais, ou um efeito de coorte, em que as gerações recentes estão mais socialmente satisfeitas e continuarão assim. O que sabemos é que os jovens americanos não sofrem de "níveis tóxicos de vazio e falta de objetivo e isolamento".

Ao lado da "garotada de hoje", o alvo perene dos pessimistas culturais é a tecnologia. Em 2015, o sociólogo Keith Hampton e seus coautores apresentaram um relatório sobre os efeitos psicológicos das mídias sociais, no qual observavam:

> Durante gerações, os comentaristas se preocuparam com o impacto da tecnologia no estresse das pessoas. Os trens e as máquinas industriais foram vistos como perturbadores barulhentos da vida pastoral da aldeia que punham as pessoas no limite. Os telefones interrompiam os momentos de silêncio nos lares. Vigias e relógios aumentavam as pressões desumanizantes sobre os trabalhadores das fábricas para que fossem produtivos. O rádio e a televisão organizaram-se em torno da publicidade, que possibilitou a moderna cultura do consumo e aumentou a ansiedade por status das pessoas.[48]

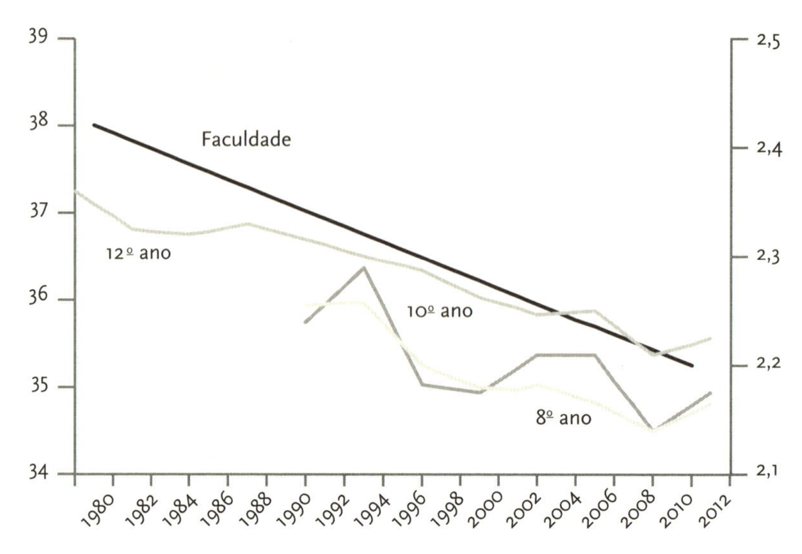

Figura 18.2: *Solidão, estudantes americanos, 1978-2011.*
FONTE: Clark, Loxton e Tobin, 2015. Estudantes de faculdade (eixo da esquerda): Escala de solidão da UCLA revisada, linha de tendência de muitas amostras, tirada da fig. 1 deles. Estudantes do ensino médio (eixo da direita): classificação média de seis itens de solidão da pesquisa Monitoring the Future, médias trienais, tirada da fig. 4. Cada eixo abarca metade de um desvio-padrão, então as inclinações das curvas da faculdade e do ensino médio são comensuráveis, mas suas alturas relativas não.

Assim sendo, era inevitável que os críticos mudassem seu foco para as redes sociais. Mas não se pode atribuir às mídias sociais as mudanças na solidão dos estudantes americanos mostradas na figura 18.2, nem culpá-las por isso: o declínio prosseguiu de 1977 a 2009, e a explosão do Facebook só ocorreu em 2006. Tampouco, de acordo com as novas pesquisas, os adultos tornaram-se isolados em razão das redes sociais. Os usuários dessas mídias têm amigos mais próximos, expressam mais confiança nas pessoas, sentem-se mais apoiados e estão mais envolvidos politicamente.[49] E, apesar do rumor de que são atraídos para uma competição ansiosa para acompanhar o ritmo furioso de atividades divertidas dos seus supostos amigos digitais, os usuários de redes sociais não relatam níveis mais altos de estresse do que os não usuários.[50] Ao contrário, os usuários estão *menos* estressados, com uma exceção reveladora: perturbam-se quando ficam sabendo que alguém de quem gostam teve uma doença, que houve uma morte na família ou algum outro contratempo. Os usuários de redes sociais preocupam-se demais, não muito pouco, com as outras pessoas, e sentem empatia com elas por seus problemas, em vez de invejar seus sucessos.

A vida moderna não esmagou nossas mentes e corpos, não nos transformou em máquinas atomizadas que sofrem de níveis intoxicantes de vazio e isolamento, nem nos deixou à deriva, sem contato ou sentimentos humanos. Como surgiu esse equívoco histérico? Em parte, decorreu da fórmula-padrão do crítico social para semear o pânico: aqui está uma história, portanto, é uma tendência, portanto, é uma crise. Mas, em parte, isso se deveu a mudanças genuínas na forma como as pessoas interagem. As pessoas se veem menos em locais tradicionais como clubes, igrejas, sindicatos, organizações fraternais e jantares, e mais em encontros informais e através da mídia digital. Fazem menos confidências a primos distantes, porém mais para colegas de trabalho. É menos provável que tenham um grande número de amigos, mas também é menos provável que queiram ter um grande número de amigos.[51] Mas só porque a vida social parece diferente hoje do que parecia na década de 1950, isso não significa que os seres humanos, membros de espécie social por excelência, tornaram-se menos sociais.

Pode-se pensar que o suicídio é a medida mais confiável de infelicidade social, da mesma forma como o homicídio é a medida mais confiável de conflito social. Uma pessoa que se suicida deve ter sofrido de uma infelicidade tão grave que decidiu que o fim permanente da consciência era preferível a suportá-la. Além disso, os suicídios podem ser tabulados objetivamente de uma maneira que é impossível para a experiência da infelicidade.

Mas, na prática, as taxas de suicídio são muitas vezes inescrutáveis. A tristeza e a agitação das quais a morte autoinfligida seria uma libertação também confundem o juízo da pessoa, e o que deveria ser a decisão existencial definitiva depende muitas vezes da questão mundana de como é fácil levar a cabo o ato. O macabro poema "Currículo", de Dorothy Parker (que termina com os versos "Armas são ilegais;/ Forcas cedem;/ Gás cheira muito mal;/ Talvez seja melhor ficar viva"*), é desconcertantemente próximo da cabeça de uma pessoa que contempla o suicídio. A taxa de suicídio de um país pode disparar ou despencar quando um mé-

* No original: *"Guns aren't lawful; Nooses give;/ Gas smells awful; You might as well live"*. (N. T.)

todo conveniente e eficaz está amplamente disponível ou é retirado do mercado, como o gás de carvão na Inglaterra na primeira metade do século XX, os pesticidas em muitos países em desenvolvimento e armas nos Estados Unidos.[52] Os suicídios aumentam durante as recessões econômicas e as turbulências políticas, o que não é de surpreender, mas também são afetados pelo clima e pelo número de horas diurnas, além de aumentarem quando a mídia normaliza ou romantiza casos recentes.[53] Até mesmo a ideia inócua de que o suicídio é um indicativo de infelicidade coletiva pode ser questionada. Um estudo recente documentou um "paradoxo felicidade-suicídio" em que os estados americanos mais felizes e os países mais felizes do Ocidente têm taxas de suicídio ligeiramente *superiores*, em vez de menores.[54] (Os pesquisadores especulam que a infelicidade adora companhia: um revés pessoal é mais doloroso quando todos ao seu redor estão felizes.) As taxas de suicídio podem ser caprichosas por mais uma razão: muitas vezes, é difícil distinguir suicídio de acidente (sobretudo quando a causa é envenenamento ou overdose de drogas, mas também quando se trata de uma queda, uma batida de carro ou um tiro), e os médicos-legistas podem adotar determinado viés em suas classificações em tempos e lugares em que o suicídio é estigmatizado ou criminalizado.

O que sabemos com certeza é que o suicídio é uma das principais causas de morte. Nos Estados Unidos, ocorrem mais de 40 mil suicídios por ano, tornando-a a décima maior causa de morte, e em todo o mundo ocorrem cerca de 800 mil, a 15ª maior causa de morte.[55] Contudo, as tendências ao longo do tempo e as diferenças entre os países são difíceis de entender. Além do emaranhado envolvendo período-coorte-idade, as linhas para homens e mulheres costumam seguir direções diferentes. Embora a taxa de suicídio feminino em países desenvolvidos tenha caído em mais de 40% entre meados da década de 1980 e 2013, os homens se matam em torno de quatro vezes mais do que as mulheres, de tal forma que os números para os homens tendem a empurrar as tendências gerais para cima.[56] E, por exemplo, ninguém sabe por que os países mais suicidas do mundo são Guiana, Coreia do Sul, Sri Lanka e Lituânia, nem por que a taxa de suicídios da França subiu de 1976 a 1986 e recuou em 1999.

Mas sabemos o suficiente para desmentir duas crenças populares. A primeira é que o número de suicídios vinha aumentando de forma constante e agora atingiu uma crise de proporções sem precedentes, ou epidêmica. O suicídio era comum o suficiente no mundo antigo para ser objeto de discussão pelos gregos e figurar nas histórias bíblicas de Sansão, Saul e Judas. Os dados históricos são escassos, principalmente porque o suicídio, também chamado de "assassinato de si mesmo", costumava ser crime em muitos países, inclusive na Inglaterra até 1961. Mas os dados remontam a mais de um século na Inglaterra, na Suíça e nos Estados Unidos, e eu os representei graficamente na figura 18.3.

A taxa anual de suicídios na Inglaterra era de treze por 100 mil habitantes em 1863; atingiu picos de cerca de dezenove na primeira década do século XX e mais de vinte durante a Grande Depressão, despencou durante a Segunda Guerra Mundial e de novo na década de 1960, e depois caiu mais gradualmente para 7,4 em 2007. A Suíça também teve um declínio de mais do que o dobro, de 24 em 1881 e 27 durante a Depressão para 12,2 em 2013. A taxa de suicídio dos Estados Unidos atingiu o pico em torno de dezessete no início do século XX e novamente durante a Depressão antes de cair para 10,5 na virada do milênio, seguido de um aumento para treze após a recente Grande Recessão.

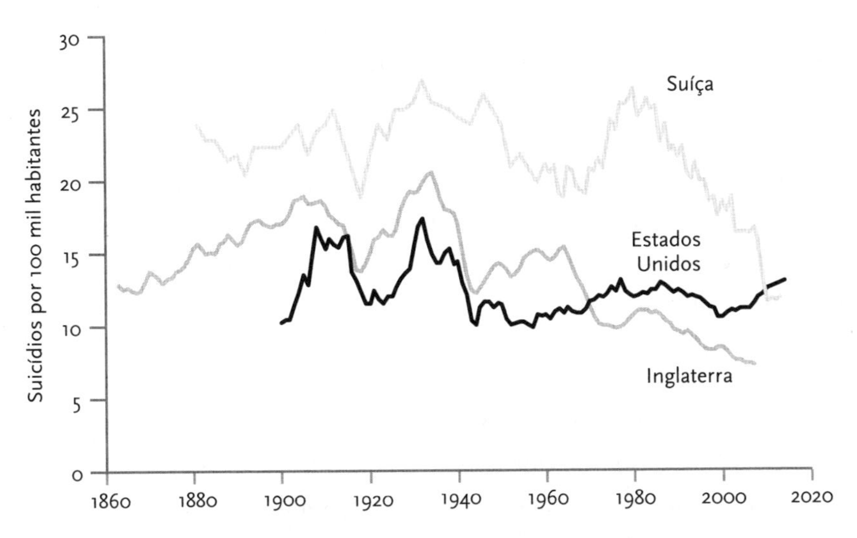

Figura 18.3: *Suicídio, Inglaterra, Suíça e Estados Unidos, 1860-2014.*
FONTES: Inglaterra (inclui o País de Gales): Thomas e Gunnell, 2010, fig. 1, média de taxas masculinas e femininas, fornecida por Kylie Thomas. A série não foi estendida porque os dados não são comensuráveis com registros atuais. Suíça, 1880-1959: Ajdacic-Gross et al., 2006, fig. 1. Suíça, 1960-2013: WHO Mortality Database, OCDE, 2015b. Estados Unidos, 1900-98: Centers for Disease Control, Carter et al., 2006, tabela Ab950. Estados Unidos, 1999-2014: Centers for Disease Control, 2015.

Assim, nos três países para os quais temos dados históricos, o suicídio foi mais comum no passado do que é hoje. Os picos e as depressões visíveis são a superfície de um mar agitado de idades, coortes, períodos e sexos.[57] As taxas de suicídio aumentam acentuadamente durante a adolescência e depois de forma mais suave até a meia-idade, quando atingem o pico entre as mulheres (talvez porque elas enfrentem a menopausa e um ninho vazio) e depois voltam a cair, enquanto permanecem constantes entre os homens antes de disparar em seus anos de aposentadoria (talvez porque enfrentam o fim de seu papel tradicional de provedores). Parte do recente aumento da taxa de suicídio americana pode ser atribuída ao envelhecimento da população, com a grande coorte de homens da geração dos *baby boomers* entrando em seus anos mais propensos ao suicídio. Mas as próprias coortes também são importantes. As gerações GI e silenciosa relutaram mais em se matar do que as coortes vitorianas que as precederam e do que os *boomers* e a Geração X que as seguiram. Os da Geração Y parecem estar abrandando ou revertendo o suicídio geracional: as taxas de suicídio de adolescentes caíram entre o início da década de 1990 e as primeiras décadas do século XXI.[58] Os próprios períodos (ajustando-se para as idades e as coortes) tornaram-se menos conducentes ao suicídio desde os picos em torno da virada do século XX, dos anos 1930 e final dos anos 1960 ao início da década de 1970; caíram para o mínimo em quarenta anos em 1999, embora tenha havido novamente um leve aumento desde a Grande Recessão. Essa complexidade contradiz o alarmismo da recente manchete do *New York Times* que anunciava "Taxa de suicídio dos EUA atinge ponto alto em trinta anos", que também poderia ser "Apesar da recessão e do envelhecimento da população, a taxa de suicídio dos EUA é um terço mais baixa do que em picos anteriores".[59]

Junto com a crença de que a modernidade leva as pessoas a querer se matar, o outro grande mito sobre o suicídio é que a Suécia, esse paradigma do humanismo iluminista, tem a maior taxa de suicídios do mundo. Essa lenda urbana originou-se (de acordo com o que talvez seja outra lenda urbana) em um discurso de Dwight Eisenhower de 1960, no qual o presidente americano condenou a alta taxa de suicídio da Suécia e pôs a culpa disso no socialismo paternalista do país.[60] De minha parte, eu teria culpado os sombrios filmes de Ingmar Bergman, mas ambas as teorias são explicações em busca de um fato para explicar. Embora a taxa de suicídio da Suécia em 1960 fosse maior que a dos Estados Unidos (15,2, em comparação com 10,8 por 100 mil), nunca foi a maior do mundo, e desde então caiu para 11,1 a cada 100 mil habitantes, abaixo da média mundial (11,6) e da taxa dos Estados Unidos (12,1), e ocupa o 58º lugar mundial.[61] Uma revisão recente das taxas de suicídios em todo o mundo observou que "em geral, a tendência ao suicídio tem sido descendente na Europa e atualmente não há Estados de bem-estar social europeu ocidental entre os dez maiores do mundo em taxas de suicídio".[62]

Todo mundo sofre ocasionalmente de depressão, e algumas pessoas são atingidas por uma depressão severa, em que a tristeza e a desesperança duram mais do que duas semanas e interferem nas atividades da vida. Nas últimas décadas, mais pessoas foram diagnosticadas com depressão, em especial nas coortes mais jovens, e a sabedoria convencional é captada na chamada de um recente documentário da televisão pública: "Uma epidemia silenciosa está devastando a nação e matando nossos filhos". Acabamos de ver que a nação não sofre de uma epidemia de infelicidade, solidão ou suicídio, então uma epidemia de depressão parece improvável e acaba por se revelar uma ilusão.

Consideremos um estudo citado com muita frequência, cuja alegação era a de que toda coorte da Geração GI até os *baby boomers* estava mais deprimida do que a anterior.[63] Os pesquisadores chegaram a essa conclusão pedindo que pessoas de diferentes idades recordassem momentos em que haviam estado deprimidas. Mas isso fez do estudo um refém da memória: quanto mais distante no tempo ocorreu um episódio, menos provável que uma pessoa o relembre, em especial (como vimos no capítulo 4) se for desagradável. Isso cria uma ilusão de que os períodos recentes e as coortes mais jovens são mais vulneráveis à depressão. Esse estudo também é refém da mortalidade. À medida que as décadas passam, é mais provável que as pessoas deprimidas morram de suicídio e outras causas, de modo que os idosos que permanecem numa amostra são mentalmente mais saudáveis, fazendo parecer que todos os que nasceram há muito tempo têm uma saúde mental melhor.

Outro fator de distorção da história é uma mudança de postura. As últimas décadas viram programas de divulgação e campanhas de mídia destinadas a aumentar a conscientização e diminuir o estigma da depressão. Os laboratórios farmacêuticos anunciaram uma farmacopeia de antidepressivos diretamente aos consumidores. As burocracias exigem que as pessoas sejam diagnosticadas com algum transtorno antes que possam receber benefícios como terapia, serviços governamentais e direitos contra a discriminação. Todos esses incentivos podem tornar as pessoas mais propensas a relatar que estão deprimidas.

Ao mesmo tempo, as profissões que cuidam da saúde mental e, talvez, a cultura em geral, têm baixado o limite para o que se considera uma doença mental. A lista de transtornos no *Manual de Diagnóstico e Estatística* (*DSM*) da Associação Americana de Psiquiatria triplicou entre 1952 e 1994, incluindo quase trezentos distúrbios, entre eles o transtorno de personalidade evitante (que se aplica a muitas pessoas que antes eram chamadas de tímidas), a intoxicação por cafeína e a disfunção sexual feminina. Caiu o número de sintomas necessários para justificar um diagnóstico e aumentou o número de fatores de estresse aos quais pode ser atribuído o desencadeamento de um deles. Como observou o psicólogo Richard McNally, "os civis que sofreram o terror da Segunda Guerra Mundial, especialmente nas fábricas de morte nazistas [...], com certeza ficariam intrigados ao saber que ter um dente do siso extraído, ouvir piadas ofensivas no trabalho ou dar à luz um bebê saudável depois de um parto sem complicações pode causar transtorno de estresse pós-traumático".[64] Pela mesma mudança, o rótulo "depressão" pode hoje ser aplicado a condições que, no passado, eram chamadas de mágoa, pesar ou tristeza.

Psicólogos e psiquiatras começaram a soar o alarme contra a "pregação da doença", "deformação de conceito", "venda da doença" e o "crescente império da psicopatologia".[65] Em seu artigo de 2013 "Anormal é o novo normal", a psicóloga Robin Rosenberg observou que a última versão do *DSM* poderia diagnosticar transtorno mental em metade da população americana no decorrer da vida.[66]

O império em expansão da psicopatologia é um problema do Primeiro Mundo e, em muitos aspectos, um sinal de progresso moral.[67] Reconhecer o sofrimento de uma pessoa, mesmo com um rótulo de diagnóstico, é uma forma de compaixão, sobretudo quando o sofrimento pode ser atenuado. Um dos segredos mais bem guardados da psicologia é que se pode demonstrar que a terapia comportamental cognitiva é eficaz (muitas vezes mais eficaz do que medicamentos) no tratamento de muitas formas de angústia, inclusive depressão, ansiedade, ataques de pânico, TEPT, insônia e os sintomas da esquizofrenia.[68] Trata-se de uma importante redução do sofrimento, se levarmos em conta que os transtornos mentais constituem mais de 7% do fardo mundial representado pela invalidez (a depressão severa por si só responde por 2,5%).[69] Os editores da revista *Public Library of*

Science: Medicine chamaram recentemente a atenção para "o paradoxo da saúde mental": excesso de medicalização e excesso de tratamento no Ocidente rico, e escassez de reconhecimento e escassez de tratamento no resto do mundo.[70]

Com o alargamento da cobertura dos diagnósticos, a única maneira de dizer se mais pessoas estão deprimidas nos dias de hoje é aplicar um teste padronizado de sintomas depressivos a amostras nacionais representativas de pessoas de diferentes idades ao longo de várias décadas. Nenhum estudo cumpriu esse padrão de excelência, mas vários aplicaram um parâmetro constante a populações mais circunscritas.[71] Dois estudos intensivos e de longo prazo em condados rurais (um na Suécia, outro no Canadá) incluíram pessoas nascidas entre as décadas de 1870 e 1990 e as acompanharam da metade até o final do século XX, abrangendo vidas que, somadas, duraram mais de um século. Ambos não encontraram sinais de aumento no longo prazo na ocorrência de depressão.[72]

Foram feitas também várias meta-análises (estudos de estudos). Twenge concluiu que, de 1938 a 2007, os estudantes universitários obtiveram uma nota cada vez mais alta na escala de Depressão do MMPI, um teste de personalidade comum.[73] Isso não significa necessariamente que mais estudantes sofrem de depressão grave, e o aumento pode ter sido inflado pela maior variedade de pessoas que entraram na faculdade durante essas décadas. Além disso, outros estudos (alguns da própria Twenge) não encontraram nenhuma mudança na ocorrência da depressão e até mesmo um declínio, especialmente para as idades e coortes mais novas e em décadas posteriores.[74] Um estudo recente intitulado "Existe uma epidemia de depressão infantil ou adolescente?" justifica a lei dos títulos de Betteridge: qualquer título que termine com um ponto de interrogação pode ser respondido com a palavra *não*. Os autores explicam: "A percepção pública de uma 'epidemia' pode surgir de uma maior consciência de um transtorno que foi subdiagnosticado durante muito tempo pelos clínicos".[75] E o título da maior meta-análise até agora, que analisou a prevalência da ansiedade e da depressão entre 1990 e 2010 *em todo o mundo*, não deixa os leitores em dúvida: "Questionando o mito de uma 'epidemia' de transtornos mentais comuns". Os autores concluíram: "Quando se aplica critérios de diagnóstico claros, não existe prova de que a prevalência de transtornos mentais comuns esteja aumentando".[76]

A depressão é "comórbida" com a ansiedade, como os epidemiologistas definem morbidamente a correlação, o que levanta a questão de saber se o mundo se tornou mais ansioso. Uma resposta estava contida no título de um longo poema narrativo publicado em 1947 por W. H. Auden, *A era da ansiedade*. Na introdução de uma reedição recente, o estudioso inglês Alan Jacobs observou que "ao longo das décadas, muitos críticos culturais [...] louvaram Auden por sua acuidade ao nomear a era em que vivemos. Mas, tendo em vista a dificuldade do poema, poucos deles conseguiram descobrir exatamente por que ele pensa que nossa era se caracteriza sobretudo pela ansiedade — ou mesmo se está de fato dizendo isso".[77] Se ele estava dizendo isso ou não, o fato é que o nome que Auden deu a nossa era grudou e forneceu o título óbvio para uma meta-análise de Twenge, que mostrou que as pontuações em um teste de ansiedade padrão administrado a crianças e estudantes universitários entre 1952 e 1993 aumentaram por um desvio-padrão completo.[78] Coisas que não podem continuar para sempre não continuam e, tanto quanto podemos dizer, o aumento entre os estudantes de terceiro grau se estabilizou depois de 1993.[79] Tampouco outros setores demográficos se tornaram mais ansiosos. Estudos longitudinais de alunos do ensino médio e de adultos, realizados desde a década de 1970 até as primeiras décadas do século XXI, não encontraram nenhum aumento da ansiedade nas coortes.[80] Embora em algumas pesquisas as pessoas tenham relatado mais sintomas de angústia, essa ansiedade que cruza a linha e entra na patologia não está em níveis epidêmicos e não mostrou aumento global desde 1990.[81]

Tudo isso é incrível. Somos mesmo tão infelizes? Em geral não. Os países desenvolvidos são, na verdade, bastante felizes, a maioria de todos os países está mais feliz e, à medida que os países se tornarem mais ricos, ficarão ainda mais felizes. Os alertas terríveis sobre epidemias de solidão, suicídio, depressão e ansiedade não resistem ao exame dos fatos. E, apesar de cada geração temer que a seguinte esteja com problemas, à medida que envelhecem, as gerações mais jovens parecem estar em boa forma, mais felizes e mentalmente mais saudáveis do que seus pais superprotetores e supercontroladores.

Contudo, quando se trata de felicidade, muitas pessoas acabam abaixo da média. Os americanos estão em desvantagem em comparação com seus pares do Primeiro Mundo, e a sua felicidade estagnou na era às vezes chamada de século americano. Os *baby boomers*, apesar de crescerem em paz e prosperidade, mostraram ser uma geração problemática, para a perplexidade de seus pais, que viveram a Grande Depressão, a Segunda Guerra Mundial e (para muitos dos meus pares) o Holocausto. As mulheres americanas passaram a se sentir mais infelizes justamente quando obtiveram ganhos sem precedentes em renda, educação, realização e autonomia, e em outros países desenvolvidos, onde todos ficaram mais felizes, as mulheres foram ultrapassadas pelos homens. A ansiedade e alguns sintomas depressivos podem ter aumentado nas décadas do pós-guerra, pelo menos em algumas pessoas. E nenhum de nós é tão feliz quanto deveria, tendo em vista que nosso mundo vem se tornando cada vez mais incrível.

Gostaria de terminar este capítulo com uma reflexão sobre esse déficit de felicidade. Para muitos comentaristas, isso constitui uma ocasião para questionar a modernidade.[82] Eles dizem que nossa infelicidade é a retribuição que recebemos por nossa adoração da riqueza individual e material e por nossa aquiescência à corrosão da família, da tradição, da religião e da comunidade.

Mas existe uma maneira diferente de entender o legado da modernidade. Aqueles que sentem nostalgia dos costumes tradicionais esqueceram que nossos antepassados lutaram muito para escapar deles. Embora ninguém tenha aplicado questionários sobre felicidade às pessoas que viviam nas comunidades estreitamente unidas que foram afrouxadas pela modernidade, grande parte da melhor arte criada durante a transição trouxe à luz o lado negro delas: o provincianismo, o conformismo, o tribalismo e as restrições do tipo Talibã à autonomia das mulheres. Muitos romances de meados do século XVIII até o início do XX narraram a luta de indivíduos para superar as normas sufocantes dos regimes aristocrata, burguês ou rural, como as obras de Richardson, Thackeray, Charlotte Brontë, George Eliot, Theodor Fontane, Flaubert, Tolstói, Ibsen, Louisa May Alcott, Thomas Hardy, Tchékhov e Sinclair Lewis. Depois que a sociedade ocidental urbanizada se tornou mais tolerante e cosmopolita, as tensões foram representadas de novo no tratamento dado pela cultura popular à vida nas pequenas cidades americanas, como nas canções de Paul Simon ("Na minha pequena cidade nunca significava nada/ eu era apenas o filho de meu pai"), Lou Reed ("Quando você está crescendo numa cidade pequena/ sabe que se enterrará numa cidade pequena"), e Bruce Springsteen ("Baby, esta cidade rasga os ossos de suas costas/ É uma armadilha da morte, um prontuário de suicídio").* E foi representada mais uma

* *"In my little town I never meant nothin'/ I was just my father's son"; "When you're growing up in a small town/ You know you'll grow down in a small town"; "Baby, this town rips the bones from your back/ It's a death trap, a suicide rap"*. (N. T.)

vez na literatura de imigrantes, em obras de Isaac Bashevis Singer, Philip Roth e Bernard Malamud e, depois, Amy Tan, Maxine Hong Kingston, Jhumpa Lahiri, Bharati Mukherjee e Chitra Banerjee Divakaruni.

Hoje desfrutamos de um mundo de liberdade pessoal com que esses personagens só podiam sonhar, um mundo no qual as pessoas podem se casar, trabalhar e viver como quiserem. Pode-se imaginar um crítico social de hoje advertindo Anna Kariênina ou Nora Helmer de que uma sociedade cosmopolita tolerante não é tudo isso, que sem os laços da família e da aldeia elas sofrerão momentos de ansiedade e infelicidade. Não posso falar por elas, mas acho que pensariam que ainda seria um bom negócio.

Alguma medida de ansiedade pode ser o preço que pagamos pela incerteza da liberdade. É outra palavra para vigilância, deliberação e exame de consciência que a liberdade exige. Não é de todo surpreendente que, à medida que ganharam em autonomia em relação aos homens, as mulheres também perderam em felicidade. Em épocas anteriores, a lista de responsabilidades das mulheres quase nunca extravasava a esfera doméstica. Hoje as jovens dizem cada vez mais que seus objetivos de vida incluem carreira, família, casamento, dinheiro, recreação, amizade, experiência, correção de desigualdades sociais, liderança na comunidade e contribuição para a sociedade.[83] Isso é muita coisa com que se preocupar, e uma grande variedade de fontes de frustração: a mulher planeja e Deus ri.

Não são apenas as opções abertas pela autonomia pessoal que pesam na mentalidade moderna; são também as grandes questões da existência. À medida que as pessoas se tornam mais instruídas e cada vez mais céticas quanto à autoridade recebida, podem ficar insatisfeitas com as verdades religiosas tradicionais e se sentirem à deriva em um cosmos indiferente em termos morais. Eis aqui Woody Allen, nossa moderna encarnação da ansiedade, representando a divisão geracional do século XX numa conversa com seus pais em *Hannah e suas irmãs* (1986):

MICKEY: Escuta, você está ficando velho, certo? Você não tem medo de morrer?

PAI: Por que eu deveria ter medo?

MICKEY: Ah! Porque você não vai existir!

PAI: E daí?

MICKEY: Esse pensamento não o aterroriza?

PAI: Quem pensa sobre essas bobagens? Agora estou vivo. Quando estiver morto, estarei morto.

MICKEY: Não entendo. Você não está com medo?

PAI: Do quê? Estarei inconsciente.

MICKEY: Sim, eu sei. Mas sem existir nunca mais!

PAI: Como você sabe?

MICKEY: Bem, com certeza não parece promissor.

PAI: Quem sabe como será? Ou vou estar inconsciente, ou não vou. Se não estiver, vou cuidar disso então. Não vou me preocupar agora com como será quando eu estiver inconsciente.

MÃE [fora da tela]: Claro que existe um Deus, seu idiota! Você não acredita em Deus?

MICKEY: Mas, se existe um Deus, então po-por que há tanta maldade no mundo? Num nível simplista. Po-por que... por que existiram os nazistas?

MÃE: Conte para ele, Max.

PAI: Cacete, como vou saber por que existiram os nazistas? Nem sei como funciona o abridor de latas.[84]

As pessoas também perderam sua fé reconfortadora na decência de suas instituições. O historiador William O'Neill intitulou sua história dos anos de infância dos *baby boomers* de *American High: The Years of Confidence, 1945-1960*. Naquela época, tudo parecia ótimo. Chaminés fumegantes eram um sinal de prosperidade. Os Estados Unidos da América tinham a missão de disseminar a democracia em todo o mundo. A bomba atômica era prova da engenhosidade ianque. As mulheres gozavam de uma bem-aventurança doméstica, e os negros sabiam qual era o seu lugar. Embora muita coisa fosse boa durante aqueles anos (a taxa de crescimento econômico era alta, as taxas de criminalidade e outras patologias sociais eram baixas), hoje vemos o período como um paraíso de tolos. Pode não ser uma coincidência que dois dos setores que vão mal em termos de felicidade — americanos e *baby boomers* — foram aqueles mais predispostos à desilusão na década de 1960. Em retrospectiva, podemos ver que a preocupação com o meio ambiente, a guerra nuclear, os erros da política externa americana e a igualdade racial e de gênero não poderia ser adiada para sempre. Mesmo que tudo isso nos deixe mais ansiosos, somos melhores por estarmos conscientes desses problemas.

À medida que nos tornamos conscientes de nossas responsabilidades coletivas, cada um de nós pode acrescentar uma parte dos problemas do mundo à nossa própria lista de preocupações. Outro ícone da ansiedade do final do século XX, o filme *Sexo, mentiras e videotape* (1989), começa com a protagonista *baby boomer* compartilhando sua angústia em uma sessão de psicoterapia:

> Lixo. Só pensei em lixo a semana inteira. Não consigo parar de pensar nisso. Eu só... Fiquei realmente preocupada com o que vai acontecer com todo o lixo. Quer dizer, temos muito disso. Sabe como é? Quer dizer, vamos ficar sem lugar para pôr essa coisa toda. A última vez que me senti desse jeito foi quando aquela barcaça ficou à deriva e, sabe, ficou andando ao redor da ilha e ninguém sabia de quem era.

"Aquela barcaça" refere-se a uma histeria da mídia de 1987 a respeito de uma barcaça com 3 mil toneladas de lixo de Nova York que foi recusada por aterros ao norte e ao sul da costa atlântica americana. A cena da terapia não é, de modo algum, extravagante: um experimento em que pessoas assistiam a notícias que foram alteradas para ter um viés positivo ou negativo concluiu que "os participantes que assistiram ao boletim com valência negativa mostraram aumentos tanto de ansiedade como de tristeza, e também um aumento significativo na tendência para transformar em catástrofe uma preocupação pessoal".[85] Três décadas depois, suspeito que muitos terapeutas estão ouvindo pacientes que compartilham seus medos em relação ao terrorismo, à desigualdade de renda e à mudança climática.

Um pouco de ansiedade não é uma coisa ruim, se servir para motivar as pessoas a apoiar políticas que ajudem a resolver problemas importantes. Em décadas anteriores, as pessoas talvez descarregassem suas preocupações numa autoridade superior, e algumas ainda o fazem. Em 2000, sessenta líderes religiosos endossaram a Declaração de Cornwall sobre Administração Ambiental, que abordava a "assim chamada crise do clima" e outros problemas ambientais afirmando que "Deus na Sua misericórdia não abandonou pessoas pecaminosas ou a ordem criada, mas atuou ao longo da história para restaurar a confraternidade de homens e mulheres com Ele e através da administração deles realçar a beleza e a fertilidade da terra".[86] Imagino que eles e os outros 1500 signatários não visitam terapeutas para confessar ansiedades quanto ao futuro do planeta. Mas como George Bernard Shaw observou: "O fato de um crente ser mais feliz do que um cético não é mais significativo do que o fato de um bêbado ser mais feliz do que um sóbrio".

Embora alguma medida de ansiedade acompanhe inevitavelmente a contemplação de nossos enigmas políticos e existenciais, isso não precisa nos levar à patologia ou ao desespero. Um dos desafios da modernidade é como lidar com um crescente leque de responsabilidades sem nos preocuparmos com a morte. Tal como acontece com todos os novos desafios, buscamos a mistura certa de estratagemas antiquados e novos, entre eles contato humano, arte, meditação, terapia cognitivo-comportamental, consciência plena, pequenos prazeres, uso judicioso de produtos farmacêuticos, organizações sociais e de serviços revigoradas, e conselhos de pessoas sábias sobre como ter uma vida equilibrada.

Por sua vez, a mídia e os comentaristas da televisão poderiam refletir sobre o seu próprio papel na manutenção da ansiedade do país em estado de ebulição. A história da barcaça de lixo é emblemática das práticas causadoras de ansiedade da mídia. O que a cobertura da época não destacou foi o fato de que a embarcação não foi forçada a fazer sua peregrinação por falta de espaço de aterro, mas por erros burocráticos de documentação e pela própria histeria da mídia.[87] Nas décadas decorridas desde então, houve algumas revisões que desmentiram equívocos sobre uma crise de resíduos sólidos (o país possui muitos aterros sanitários e eles são ambientalmente saudáveis).[88] Nem todo problema é uma crise, uma peste ou uma epidemia, e entre as coisas que acontecem no mundo está o fato de que as pessoas resolvem os problemas que enfrentam.

E, por falar em pânico, na sua opinião, quais são as maiores ameaças à espécie humana? Na década de 1960, vários pensadores advertiram que eram a superpopulação, a guerra nuclear e o tédio.[89] Um cientista alertou que, embora fosse possível sobreviver às duas primeiras, o terceiro era definitivamente insuperável. Tédio, sério mesmo? O argumento era que, como as pessoas já não precisam trabalhar o dia todo e se ocupar em garantir sua próxima refeição, não saberão direito como preencher suas horas de vigília e serão vulneráveis à libertinagem, à insanidade, ao suicídio e à influência de fanáticos religiosos e políticos. Cinquenta anos depois, parece-me que resolvemos a crise do tédio (ou foi uma epidemia?) e estamos experimentando a maldição chinesa (apócrifa) de viver em tempos interessantes. E não sou eu quem afirmo isso. Desde 1973, o General Social Survey pergunta aos americanos se consideram a vida "excitante", "rotineira" ou "aborrecida". A figura 18.4 mostra que, ao longo das décadas em que cada vez menos americanos afirmaram estar "muito felizes", cada vez mais disseram que "a vida é excitante".

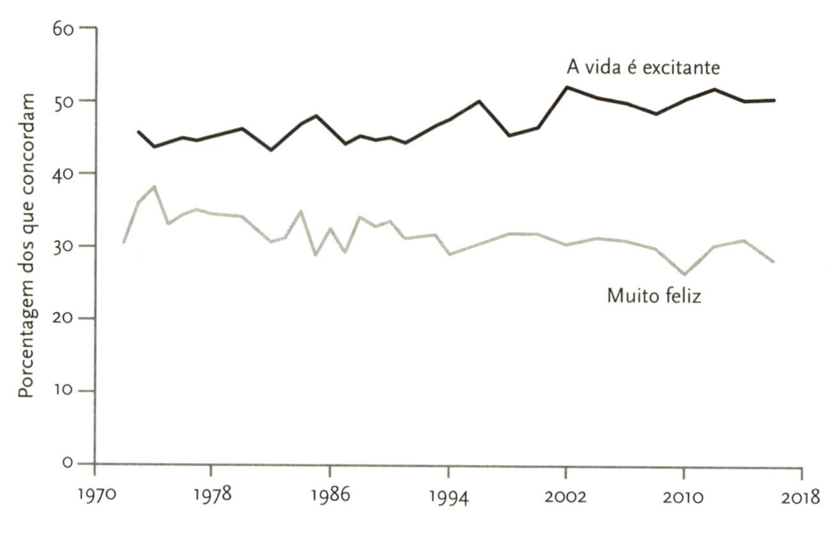

Figura 18.4: *Felicidade e excitação, EUA, 1972-2016.*
FONTE: "General Social Survey", Smith, Son e Schapiro, 2015, figs. 1 e 5, atualização para 2016 em: <https://gssdataexplorer.norc.org/projects/15157/variables/438/vshow>. Os dados excluem os que não responderam.

A divergência das curvas não é um paradoxo. Lembremos que as pessoas que consideram ter vidas significativas são mais suscetíveis ao estresse, à dificuldade e à preocupação.[90] Consideremos também que a ansiedade sempre foi um pré-requisito da idade adulta: ela aumenta abruptamente da época de escola aos vinte e poucos anos de idade, na medida em que as pessoas assumem responsabilidades de adultos, e depois cai de forma durante o resto da vida, conforme se aprende a lidar com isso.[91] Isso talvez seja emblemático dos desafios da modernidade. Embora as pessoas de hoje sejam mais felizes, não são tão felizes quanto se poderia esperar, talvez porque tenham uma forma adulta de encarar a vida, com toda sua preocupação e toda a sua excitação. Afinal, a definição original de iluminismo era "a saída do homem de sua menoridade, da qual ele próprio é culpado".

19. Ameaças existenciais

Mas não estaríamos flertando com o desastre? Quando são obrigados a admitir que a vida está melhorando para cada vez mais pessoas, os pessimistas têm uma réplica pronta. Estamos correndo alegremente na direção de uma catástrofe, segundo eles, como o homem que cai do último andar do edifício e diz "até agora tudo bem" a cada andar que passa. Ou estamos jogando roleta-russa e seremos apanhados de forma inevitável pela morte. Ou seremos atacados por algo altamente improvável, um evento de pouca monta na cauda da distribuição estatística de riscos, mas de impacto calamitoso.

Durante meio século, os quatro cavaleiros do apocalipse moderno foram a superpopulação, a escassez de recursos naturais, a poluição e a guerra nuclear. Eles ganharam recentemente a companhia de cavaleiros mais exóticos: nanorrobôs que nos engolfarão, robôs que nos escravizarão, inteligência artificial que nos transformará em matérias-primas e adolescentes búlgaros que criarão um vírus genocida ou derrubarão a internet a partir de seus quartos.

As sentinelas para esses cavaleiros familiares costumavam ser românticas e luditas. Mas aqueles que lançam alertas sobre os perigos da tecnologia mais avançada são, muitas vezes, cientistas e tecnólogos que puseram sua engenhosidade em campo para identificar cada vez mais maneiras pelas quais o mundo acabará em breve. Em 2003, o eminente astrofísico Martin Rees publicou um livro intitulado *Hora final*, no qual advertia que "a humanidade é potencialmente a criadora de seu próprio fim" e apresentava dezenas de maneiras pelas quais "pomos em perigo o futuro de todo o universo". Por exemplo, experiências com colisões de partículas poderiam criar um buraco negro que aniquilaria a Terra ou um "*strangelet*" de quarks comprimidos que faria com que toda a matéria no cosmos fosse absorvida por ele e desaparecesse. Rees perfurou um rico veio de catastrofismo. A página da Amazon que anuncia seu livro avisa: "Os clientes que viram este item também viram *Riscos catastróficos globais*; *Nossa invenção final: Inteligência artificial e o fim da era humana*; *O fim: O que a ciência e a religião nos dizem sobre o apocalipse*; e *Guerra Mundial Z: Uma história oral da guerra dos zumbis*". Os tecnofilantropos financiaram institutos de pesquisa dedicados a descobrir novas ameaças existenciais e maneiras de salvar o mundo, entre eles o Instituto do Futuro da Humanidade, o Instituto do Futuro da Vida, o Centro para o Estudo do Risco Existencial e o Instituto do Risco Catastrófico Global.

Como devemos encarar as ameaças existenciais que nos espreitam detrás do nosso progresso gradual? Ninguém pode profetizar que um cataclismo jamais acontecerá, e esse capítulo não contém essa garantia. Mas vou estabelecer uma maneira de pensar sobre essas ameaças e examinar as principais. Três delas — superpopulação, esgotamento de recursos naturais e poluição, inclusive os gases de efeito estufa — foram discutidas no capítulo 10 e retomarei a mesma abordagem aqui. Algumas ameaças são invenções do pessimismo cultural e histórico. Outras são genuínas, mas não precisamos tratá-las como apocalipses à nossa espera, e sim como problemas a serem resolvidos.

À primeira vista, pode-se imaginar que, quanto mais pensarmos nos riscos existenciais, melhor. O que está em jogo literalmente não poderia ser maior. Que mal pode haver em fazer as pessoas pensarem sobre esses riscos terríveis? O pior que poderia acontecer seria tomarmos algumas precauções que, em retrospectiva, se revelariam desnecessárias.

Mas o pensamento apocalíptico tem graves desvantagens. Uma delas é que os falsos alarmes para riscos catastróficos podem ser catastróficos por si mesmos. A corrida armamentista nuclear da década de 1960, por exemplo, foi provocada pelos temores de uma mítica "defasagem de mísseis" em relação à União Soviética.[1] A invasão do Iraque em 2003 foi justificada pela possibilidade incerta, mas catastrófica, de que Saddam Hussein estivesse desenvolvendo armas nucleares e planejasse usá-las contra os Estados Unidos. (Como disse George W. Bush: "Não podemos esperar pela prova final — o revólver fumegante — que poderia vir tal qual uma nuvem em forma de cogumelo".) E, como veremos, uma das razões por que as grandes potências se recusam a fazer a promessa de senso comum de que não serão as primeiras a usar armas nucleares é quererem se reservar o direito de usá-las contra outras supostas ameaças existenciais, como o bioterrorismo e os ataques cibernéticos.[2] Semear o medo de desastres hipotéticos, longe de salvaguardar o futuro da humanidade, pode colocá-lo em perigo.

Um segundo risco de enumerar cenários de Juízo Final é que a humanidade tem um orçamento finito de recursos, capacidade intelectual e ansiedade. Não podemos nos preocupar com tudo. Algumas das ameaças que enfrentamos, como a mudança climática e a guerra nuclear, são inconfundíveis e exigirão enorme esforço e engenhosidade para mitigá-las. Incorporá-las a uma lista de contextos exóticos com probabilidades minúsculas ou desconhecidas só serve para diluir a sensação de urgência. Lembremos que as pessoas não são boas em avaliar probabilidades, especialmente as pequenas, e em vez disso inventam situações imaginárias. Se duas perspectivas são igualmente imagináveis, elas podem ser consideradas prováveis na mesma medida, e as pessoas vão se preocupar tanto com o perigo genuíno como com a trama de ficção científica. E, quanto mais as pessoas imaginarem que coisas ruins podem acontecer, maior será sua estimativa de que alguma coisa ruim *vai* acontecer.

E isso leva ao maior perigo de todos: que as pessoas pensem, como disse um artigo recente do *New York Times*, que "esses fatos sombrios deveriam levar qualquer pessoa razoável a concluir que a humanidade está ferrada".[3] Se a humanidade está mesmo ferrada, por que sacrificar *alguma* coisa para reduzir riscos potenciais? Por que renunciar à conveniência dos combustíveis fósseis, ou exortar os governos a repensar suas políticas de armas nucleares? Vamos comer, beber e nos alegrar, pois amanhã morreremos! Uma pesquisa de 2013 em quatro países de língua inglesa mostrou que, entre os entrevistados que acreditam que o nosso modo de vida provavelmente acabará em um século, a maioria endossou a seguinte afirmação: "O futuro do mundo parece sombrio, então temos de nos concentrar em cuidar de nós mesmos e daqueles que amamos".[4]

Poucos autores que escrevem sobre risco tecnológico dão atenção aos efeitos psicológicos cumulativos do rufar dos tambores do Juízo Final. Como ressalta o comunicador ambiental Elin Kelsey: "Temos classificações da mídia para proteger as crianças contra o sexo ou a violência nos filmes, mas não hesitamos em convidar um cientista para visitar uma sala de aula de segunda série e dizer às crianças que o planeta está arruinado. Um quarto das crianças (australianas) está tão preocupado com a situação do mundo que acredita sinceramente que ele acabará antes de envelhecerem".[5] De acordo com pesquisas recentes, 15% da humanidade e entre um quarto e um terço dos americanos pensam o mesmo.[6] Em *The Progress Paradox*, o jornalista Gregg Easterbrook sugere que um dos principais motivos de os americanos não serem mais felizes, apesar do aumento de suas fortunas objetivas, é a "ansiedade do colapso": o medo de que a civilização possa implodir e não haver nada que se possa fazer a respeito.

É evidente que as emoções das pessoas são irrelevantes se os riscos forem reais. Mas as avaliações de risco se desmantelam quando lidam com acontecimentos altamente improváveis em sistemas complexos. Uma vez que não podemos reproduzir a história milhares de vezes e contar os resultados, uma declaração de que algum acontecimento ocorrerá com uma probabilidade de ,01 ou ,001 ou ,0001 ou ,00001 trata-se, na prática, de uma leitura da confiança subjetiva do avaliador. Isso inclui análises matemáticas em que os cientistas representam em gráficos a distribuição de eventos no passado (como guerras ou ataques cibernéticos) e mostram que caem em uma distribuição de poder-lei, com caudas "gordas" ou "grossas", nas quais os eventos extremos são muitíssimo improváveis, mas não astronomicamente improváveis.[7] A matemática é de pouca ajuda para calibrar o risco, porque os dados dispersos ao longo da cauda da distribuição em geral se comportam mal, desviando-se de uma curva suave e tornando impossível a estimativa. Tudo o que sabemos é que coisas muito ruins podem acontecer.

Isso nos leva de volta a leituras subjetivas, que tendem a ser infladas pelos vieses da disponibilidade e da negatividade e pelo mercado da seriedade intelectual (capítulo 4).[8] Aqueles que semeiam o medo de uma profecia terrível podem ser vistos como sérios e responsáveis, enquanto os comedidos são considerados complacentes e ingênuos. O desespero é o último que morre. Pelo menos desde os profetas hebreus e do Livro do Apocalipse, videntes advertem seus contemporâneos de um iminente dia do Juízo Final. As previsões do fim dos tempos são um elemento básico de médiuns, místicos, televangelistas, seitas malucas, fundadores de religiões e homens que andam pela calçada com cartazes com a ameaça: "Arrependam-se!".[9] O enredo que culmina num duro castigo pela tecnologia que sai do controle é um arquétipo da ficção ocidental que inclui o fogo de Prometeu, a caixa de Pandora, o voo de Ícaro, o pacto de Fausto, o Aprendiz de Feiticeiro, o monstro de Frankenstein e, de Hollywood, mais de 250 filmes sobre o fim do mundo.[10] Como observou o historiador da ciência Eric Zencey: "Há sedução no pensamento apocalíptico. Se alguém vive nos Últimos Dias, suas ações e sua própria vida assumem um significado histórico e uma pungência considerável".[11]

Cientistas e tecnólogos não estão imunes de forma nenhuma. Lembram do bug do milênio?[12] Na década de 1990, à medida que a virada do milênio se aproximava, cientistas da computação começaram a alertar o mundo sobre uma catástrofe iminente. Nas primeiras décadas da computação, quando a informação era cara, os programadores costumavam economizar alguns bytes representando um ano por seus dois últimos dígitos. Eles imaginavam que, no momento em que o ano 2000 se aproximasse e o "19" implícito não fosse mais válido, os programas já estariam obsoletos. Mas um software complicado é substituído lentamente, e muitos programas antigos ainda estavam rodando em mainframes institucionais e incorporados a chips. Quando chegasse a zero hora do dia 1º de janeiro de 2000 e os dígitos avançassem, um programa pensaria que era 1900 e entraria em pane ou ficaria confuso (presumivelmente porque dividiria algum número pela diferença entre o que pensava ser o ano atual e o ano de 1900, ou seja, zero, embora o motivo pelo qual um programa faria isso nunca tenha ficado claro). Naquele momento, os saldos bancários seriam eliminados, os elevadores parariam entre os pisos, as incubadoras nas maternidades se desligariam, as bombas de água deixariam de funcionar, aviões despencariam do céu, as usinas de energia nuclear derreteriam e mísseis balísticos intercontinentais seriam disparados de seus silos.

E essas eram as previsões das autoridades entendidas em tecnologia (como o presidente Bill Clinton, que advertiu a nação: "Quero enfatizar a urgência do desafio. Não se trata de um desses filmes de verão em que você pode fechar os olhos durante a parte assustadora"). Os pessimistas culturais viram o bug do milênio como um castigo merecido pelo fascínio de nossa civilização pela tecnologia. Entre os pensadores religiosos, a ligação numerológica com o milenarismo cristão era irresistível. O reverendo Jerry Falwell declarou: "Eu acredito que o bug do milênio pode ser o instrumento de Deus para sacudir esta nação, humilhar esta nação, despertar esta nação e desta nação iniciar o renascimento que se espalha pela face da Terra diante do Arrebatamento da Igreja". Gastaram-se 100 bilhões de dólares em todo o mundo na reprogramação de software a fim de se preparar para o bug do milênio, um desafio que foi comparado à substituição de todos os parafusos de todas as pontes do mundo.

Como ex-programador de linguagem Assembly, eu via com ceticismo as previsões apocalípticas e, por acaso, estava na Nova Zelândia, o primeiro país a receber o novo milênio, no momento fatídico. Com certeza, à meia-noite do dia 1º de janeiro, nada aconteceu (logo reconfortei os membros de minha família usando um telefone que funcionava sem nenhum problema). Os reprogramadores do bug do milênio, como o vendedor de repelente de elefantes, assumiram o mérito de ter evitado desastres, mas muitos países e pequenas empresas haviam assumido o risco sem nenhuma preparação e também não tiveram dificuldades. Embora alguns softwares precisassem de atualização (um programa exibiu no meu laptop "1 de janeiro de 19100"), verificou-se que pouquíssimos programas, em particular aqueles incorporados a máquinas, haviam ao mesmo tempo contido o erro e realizado cálculos aritméticos furiosos sobre o ano corrente. A ameaça acabou por ser pouco mais séria do que a caligrafia no cartaz-sanduíche do profeta da calçada. O Grande Pânico do Bug do Milênio não significa que todos os avisos de catástrofes potenciais são alarmes falsos, mas nos lembra que somos vulneráveis a delírios tecnoapocalípticos.

Como devemos abordar as ameaças catastróficas? Comecemos pela maior questão existencial de todas, o destino de nossa espécie. Tal como acontece com a questão mais paroquial de nosso destino como indivíduos, certamente teremos de aceitar nossa mortalidade. Os biólogos brincam que, a uma primeira aproximação, todas as espécies estão extintas, já que esse foi o destino de pelo menos 99% das espécies que já viveram. Uma espécie típica de mamífero dura cerca de 1 milhão de anos, e é difícil insistir que o *Homo sapiens* será uma exceção. Mesmo que tivéssemos permanecido como caçadores-coletores tecnologicamente modestos, ainda estaríamos vivendo em uma galeria de tiro geológica.[13] Uma irrupção de raios gama de uma supernova ou estrela em colapso poderia submeter metade do planeta à radiação, tornar opaca a atmosfera e destruir a camada de ozônio, permitindo que a luz ultravioleta se irradiasse para a outra metade.[14] Ou o campo magnético da Terra poderia virar, expondo o planeta a um interlúdio de radiação solar e cósmica letal. Um asteroide poderia chocar-se com a Terra, achatando milhares de quilômetros quadrados e jogando para o ar detritos que escureceriam a luz solar e nos encharcariam com uma chuva corrosiva. Supervulcões ou imensos fluxos de lava podem nos sufocar com cinzas, CO_2 e ácido sulfúrico. Um buraco negro poderia entrar no sistema solar e puxar a Terra para fora da órbita ou sugá-la para o nada. Mesmo que a espécie conseguisse sobreviver por mais 1 bilhão de anos, a Terra e o sistema solar não vão sobreviver: o Sol começará a gastar seu hidrogênio, ficará mais denso e mais quente e ferverá nossos oceanos a caminho para se tornar um gigante vermelho.

A tecnologia, portanto, não é o motivo pelo qual nossa espécie deve algum dia enfrentar o Anjo da Morte. Na verdade, é nossa melhor esperança para enganar a morte, pelo menos por um tempo. Enquanto consideramos os desastres hipotéticos no futuro, devemos também refletir sobre os avanços hipotéticos que nos permitiriam sobreviver, como alimentos cultivados sob luzes movidas por fusão nuclear ou sintetizados em unidades industriais, como os biocombustíveis.[15] Até mesmo tecnologias de um futuro não tão distante poderiam salvar nossa pele. É tecnicamente viável rastrear a trajetória de asteroides e outros "objetos próximos da Terra de classe em extinção", localizar aqueles que estão em rota de colisão com a Terra e desviá-los antes de nos mandarem para junto dos dinossauros.[16] A Nasa também descobriu uma maneira de bombear água em alta pressão para dentro de um supervulcão e extrair o calor para energia geotérmica, resfriando o magma o suficiente para que nunca mais explodisse.[17] Nossos antepassados eram impotentes diante dessas ameaças letais e, nesse sentido, a tecnologia não tornou esta era excepcionalmente perigosa na história de nossa espécie, e sim excepcionalmente segura.

Por essa razão, a alegação tecnoapocalíptica de que nossa civilização é a primeira que pode destruir a si mesma é mal concebida. Assim como Ozymandias relembra o viajante no poema de Percy Bysshe Shelley, a maioria das civilizações que já existiram foi destruída. A história convencional põe a culpa da destruição em eventos externos como pestes, conquistas, terremotos ou desastres climáticos. Mas David Deutsch ressalta que essas civilizações poderiam ter impedido os golpes fatais se tivessem uma melhor tecnologia agrícola, médica ou militar:

Antes que nossos ancestrais aprendessem a produzir fogo de forma artificial (e muitas vezes desde então também), pessoas devem ter morrido de exposição literalmente em cima dos meios de fazer as fogueiras que salvaram suas vidas, porque não sabiam como fazê-lo. Em um sentido restrito, o clima os matou; mas a explicação mais profunda é a falta de conhecimento. Muitas das centenas de milhões de vítimas do cólera ao longo da história devem ter morrido perto das lareiras onde poderiam ter fervido a água potável e salvado a vida delas; porém, mais uma vez, elas não sabiam disso. Em geral, a distinção entre um desastre "natural" e um provocado pela ignorância é estreita. Antes de cada desastre natural que as pessoas costumavam pensar que "simplesmente acontece", ou que era mandado pelos deuses, agora vemos muitas opções que as pessoas afetadas não tomam — ou antes, não criam. E todas essas opções se acrescentam à opção abrangente que elas não conseguiram criar, a saber, a formação de uma civilização científica e tecnológica como a nossa. Tradições de crítica. Um iluminismo.[18]

Entre os supostos riscos existenciais que ameaçam o surgimento da humanidade, destaca-se uma versão do século XXI do bug do milênio. Trata-se do perigo de sermos subjugados, intencional ou acidentalmente, pela inteligência artificial (IA), um desastre às vezes chamado de Robopocalipse e em geral ilustrado com imagens dos filmes da franquia *O exterminador do futuro*. Tal como aconteceu com o bug do milênio, algumas pessoas inteligentes levam isso a sério. Elon Musk, cuja empresa fabrica carros autônomos artificialmente inteligentes, descreveu a tecnologia como "mais perigosa do que armas nucleares". Stephen Hawking, falando através de seu sintetizador artificialmente inteligente, advertiu que isso poderia "significar o fim da raça humana".[19] Mas entre as pessoas inteligentes que não estão perdendo o sono com isso está a maioria dos especialistas em inteligência artificial e a maioria dos especialistas em inteligência humana.[20]

O Robopocalipse baseia-se numa concepção confusa de inteligência que deve mais à Grande Cadeia do Ser e a uma vontade nietzschiana de poder do que a um entendimento científico moderno.[21] Nessa concepção, a inteligência é uma poção todo-poderosa e vociferante de desejo que os agentes possuem em quantidades diferentes. Os seres humanos têm mais do que os animais, e um computador ou um robô artificialmente inteligente do futuro ("uma IA", no novo uso de substantivo contável) terá mais do que os humanos. Uma vez que nós humanos usamos nosso dote moderado para domesticar ou exterminar animais menos dotados (e uma vez que as sociedades com tecnologias avançadas escravizaram ou aniquilaram as primitivas), segue-se que uma IA superinteligente faria o mesmo conosco. Tendo em vista que uma IA pensará milhões de vezes mais rápido do que nós e usará sua superinteligência para melhorar de forma contínua sua superinteligência (uma hipótese às vezes chamada de "*foom*", um efeito de som das histórias em quadrinhos), desde o instante em que for acionada, seremos impotentes para detê-la.[22]

No entanto, a hipótese faz tanto sentido quanto o temor de que os aviões a jato, tendo em vista que ultrapassaram a capacidade de voar das águias, algum dia descerão do céu e pegarão nosso gado. A primeira falácia é uma confusão de inteligência com motivação — de crenças com desejos, inferências com objetivos, pensamento com vontade. Mesmo que inventássemos robôs de inteligência sobre-humana, por que eles iriam *querer* escravizar seus senhores ou assumir o controle do mundo? Inteligência é a capacidade de usar novos meios para alcançar um objetivo. Mas os objetivos são estranhos à inteligência: ser inteligente não é o mesmo que querer alguma coisa. Acontece que a inteligência em determinado sistema, o *Homo sapiens*, é um produto da seleção natural darwiniana, um processo inerentemente competitivo. Nos cérebros dessa espécie, o raciocínio vem junto (em graus variados em diferentes espécimes) com objetivos como dominar rivais e acumular recursos. Mas é um erro confundir um circuito no cérebro límbico de determinada espécie de primata com a própria natureza da inteligência. Um sistema artificialmente inteligente que foi projetado, em vez de evoluído, poderia apenas pensar como os *shmoos*, personagens altruístas com formato de bolhas de *Li'l Abner*, a tira de quadrinhos de Al Capp, que utilizavam sua considerável engenhosidade para assarem a si mesmos a fim de matar a fome de seres humanos. Não há lei dos sistemas complexos que afirme que agentes inteligentes devem transformar-se em conquistadores implacáveis. Na verdade, conhecemos uma forma avançadíssima de inteligência que evoluiu sem esse defeito. Chama-se mulher.

A segunda falácia é pensar na inteligência como um continuum ilimitado de potência, um elixir milagroso com o poder de resolver qualquer problema, atingir qualquer objetivo.[23] A falácia leva a questões sem sentido como quando uma IA "superará a inteligência de nível humano", e à imagem de uma máxima "Inteligência Artificial Geral" (IAG) com a onisciência e a onipotência de Deus. A inteligência é um dispositivo de engenhocas: módulos de software que adquirem ou estão programados com conhecimentos sobre como perseguir vários objetivos em vários domínios.[24] As pessoas estão equipadas para encontrar comida, fazer amigos e influenciar pessoas, encantar possíveis companheiros, criar crianças, andar pelo mundo e ir atrás de outros passatempos e obsessões humanos. Os computadores podem ser programados para assumir alguns desses problemas (como reconhecer rostos), não se aborrecer com os outros (como companheiros encantadores) e resolver alguns que os seres humanos não conseguem (como simular o clima ou classificar milhões de registros contábeis). Os problemas são diferentes, e os tipos de conhecimento necessários para resolvê-los são diferentes. Ao contrário do demônio de Laplace, o ser mítico que conhece a localização e o momentum de cada partícula do universo e os inclui em equações das leis físicas para calcular o estado de tudo a qualquer momento do futuro, um ser humano da vida real precisa obter informações sobre o mundo desordenado de objetos e pessoas, envolvendo-se com uma área por vez. O entendimento não obedece à lei de Moore: o conhecimento é adquirido formulando-se explicações e testando--as na realidade, e não executando um algoritmo de forma cada vez mais rápida.[25] Devorar as informações na internet tampouco conferirá onisciência: os *big data* ainda são dados finitos, e o universo do conhecimento é infinito.

Por essas razões, muitos pesquisadores de IA estão aborrecidos com a mais recente demonstração de empolgação (a maldição perene da IA), que induziu os observadores a pensar que a Inteligência Artificial Geral está logo ali, dobrando a esquina.[26] Pelo que sei, não há projetos para construir uma IAG, não só porque seria comercialmente duvidosa, mas porque o conceito é quase incoerente. É certo que a década de 2010 nos trouxe sistemas que podem dirigir carros, bater fotografias, reconhecer a fala e vencer os seres humanos nos jogos de computador Jeopardy!, Go e Atari. Mas os avanços não vieram de uma melhor compreensão do funcionamento da inteligência, porém do poder de força bruta de chips mais rápidos e dados mais abrangentes, que permitem que os programas sejam treinados em milhões de exemplos e generalizem para novos exemplos semelhantes. Cada sistema é um sábio idiota, com pouca capacidade de encarar problemas que não está configurado para resolver, e um domínio frágil daqueles para os quais estava configurado. Um programa de legenda de fotos rotula um acidente de avião iminente de "Um avião está estacionado na pista"; um programa de jogos se desconcerta diante da menor mudança nas regras de pontuação.[27] Embora os programas venham certamente a melhorar, não há sinais de *foom*. Tampouco algum desses programas fez um movimento no sentido de tomar o laboratório ou escravizar seus programadores.

Mesmo que tentasse exercer sua vontade de poder, uma IAG continuaria a ser um cérebro impotente dentro de um tanque sem a cooperação dos seres humanos. O cientista da computação Ramez Naam desinfla as bolhas em torno do *foom*, de uma singularidade tecnológica e do autocrescimento exponencial:

> Imagine que você é uma IA superinteligente rodando em algum tipo de microprocessador (ou, talvez, milhões de microprocessadores). Em um instante, você apresenta o projeto de um microprocessador ainda mais rápido e mais poderoso em que pode rodar. Agora... Droga! Você precisa *fabricar* esses microprocessadores. E essas fábricas gastam uma energia tremenda, precisam de materiais importados de todo o mundo, precisam de ambientes internos altamente controlados que exigem câmaras de ar, filtros e todo tipo de equipamentos especializados para ser mantido, e assim por diante. Tudo isso leva tempo e energia para adquirir, transportar, integrar, erguer instalações, construir usinas de energia, testar e fabricar. O mundo real atravessou no caminho da sua espiral ascendente de transcendência de si mesmo.[28]

O mundo real é uma pedra no caminho de muitos apocalipses digitais. Quando HAL fica arrogante, Dave desabilita-o com uma chave de fenda e o deixa cantando pateticamente "Uma bicicleta feita para dois" para si mesmo. Claro, sempre se pode imaginar um computador do Dia do Juízo que seja malévolo, universalmente poderoso, sempre ligado e inviolável. A maneira de lidar com essa ameaça é simples: não o construa.

Quando a perspectiva de robôs malignos começou a parecer brega demais para ser levada a sério, um novo apocalipse digital foi localizado pelos guardiões existenciais. Esse enredo não se baseia em Frankenstein ou no Golem, mas no gênio da lâmpada que nos concede três desejos, o terceiro dos quais é necessário para desfazer os dois primeiros, e no rei Midas, que arruína sua capacidade de transformar em ouro tudo em que toca, inclusive sua comida e sua família. O perigo, algumas vezes chamado de Problema do Alinhamento dos Valores, é que podemos dar um objetivo à IA e depois ficarmos impotentes enquanto ela puser em prática de forma literal e implacável sua interpretação daquele objetivo, sem dar a mínima para o resto de nossos interesses. Se dermos a uma IA o objetivo de manter o nível da água de uma barragem, ela pode inundar uma cidade, sem se preocupar com as pessoas que se afogarem. Se lhe dermos o objetivo de fazer clipes de papel, ela pode transformar toda a matéria do universo ao seu alcance em clipes de papel, inclusive nossos bens e corpos. Se pedirmos para maximizar a felicidade humana, ela pode nos implantar conta-gotas intravenosos de dopamina, ou refazer as conexões de nossos cérebros para ficarmos mais felizes sentados em jarros ou, se tivéssemos sido treinados sobre o conceito de felicidade com fotos de rostos sorridentes, ladrilhar a galáxia com trilhões de imagens nanoscópicas de faces sorridentes.[29]

Não estou inventando essas coisas. São hipóteses que supostamente ilustram a ameaça existencial da inteligência artificial avançada à espécie humana. Para nossa sorte, elas refutam a si mesmas.[30] Dependem das premissas de que (1) os seres humanos são talentosos a ponto de projetar uma IA onisciente e onipotente, mas mesmo assim tão idiotas que lhe dariam o controle do universo sem testar como ela funciona e (2) a IA seria tão brilhante que poderia descobrir como transmutar elementos e refazer cérebros, mas tão imbecil que causaria estragos baseada em erros elementares de mau entendimento. A capacidade de escolher uma ação que melhor satisfaça os objetivos conflitantes não é um complemento à inteligência que os engenheiros possam bater na testa por ter esquecido de instalar; ela *é* inteligência. Do mesmo modo, é a capacidade de interpretar as intenções de um usuário de linguagem em contexto. Somente numa comédia de televisão como *Agente 86* um robô reage à ordem de "Traga o garçom" levantando o maître sobre a cabeça, ou "Apague a luz" sacando uma pistola e atirando.

Quando deixamos de lado fantasias como o *foom*, a megalomania digital, a onisciência instantânea e o controle perfeito de cada molécula no universo, a inteligência artificial é como qualquer outra tecnologia. É desenvolvida de forma gradual, projetada para satisfazer múltiplas condições, testada antes de ser implementada e constantemente ajustada para ser mais eficaz e segura (capítulo 12). Nas palavras do especialista em IA Stuart Russell: "Ninguém na engenharia civil fala sobre 'construir pontes que não caem'. Eles falam apenas em 'construir pontes'". Da mesma forma, observa ele, a IA que é benéfica em vez de perigosa é simplesmente IA.[31]

Sem dúvida, a inteligência artificial impõe o desafio mais mundano do que fazer com as pessoas cujos empregos são eliminados pela automação. Mas os empregos não serão eliminados com *tanta* rapidez. A observação de um relatório de 1965 da Nasa ainda é válida: "O homem é o sistema informático de setenta quilos, não linear e de uso geral que pode ser produzido em massa a menor custo por mão de obra não qualificada".[32] Dirigir um carro é um problema de engenharia mais fácil do que descarregar uma máquina de lavar louça, ir às compras ou trocar uma fralda e, no momento em que escrevo, ainda não estamos prontos para soltar carros autônomos nas ruas da cidade.[33] Até o dia em que batalhões de robôs vacinarem crianças e construírem escolas no mundo em desenvolvimento — ou, a propósito, construir infraestrutura e cuidar dos idosos no mundo desenvolvido —, haverá muito trabalho a ser feito. O mesmo tipo de engenhosidade aplicado ao projeto de softwares e robôs pode ser levado a projetos de políticas governamentais e do setor privado que combinem mãos ociosas com trabalho não feito.[34]

Se não são os robôs, o que dizer dos hackers? Todos conhecemos os estereótipos: adolescentes búlgaros, jovens que usam chinelos de dedo, bebem Red Bull e, como disse Donald Trump num debate presidencial de 2016, "alguém sentado na cama que pesa 180 quilos". De acordo com uma linha de pensamento comum, à medida que a tecnologia avança, o poder destrutivo disponível para um indivíduo se multiplica. É apenas uma questão de tempo para que um único nerd ou terrorista construa uma bomba nuclear em sua garagem, ou crie geneticamente um vírus que cause uma peste, ou derrube a internet. E, como o mundo moderno depende tanto da tecnologia, um apagão poderia provocar pânico, fome e anarquia. Em 2002, Martin Rees fez uma aposta pública de que "até 2020, o bioterror ou o bioerro vai gerar 1 milhão de vítimas em um único evento".[35]

O que devemos pensar desses pesadelos? Às vezes, eles se destinam a fazer com que as pessoas levem as vulnerabilidades da segurança mais a sério, conforme a teoria (que encontraremos mais uma vez neste capítulo) de que a maneira mais eficaz de mobilizar as pessoas para a adoção de políticas responsáveis é apavorá-las. Seja ou não verdadeira essa teoria, ninguém defenderia que devemos ser complacentes com o crime cibernético ou surtos de doenças, que já são aflições do mundo moderno (tratarei da ameaça nuclear na próxima seção). Especialistas em segurança e epidemiologia informática tentam estar sempre um passo à frente dessas ameaças, e os países deveriam investir em ambas, claro. As infraestruturas militar, financeira, energética e cibernética deveriam tornar-se mais seguras e resilientes.[36] Os tratados e as salvaguardas contra armas biológicas podem ser fortalecidos.[37] Devem-se expandir as redes transnacionais de saúde pública que possam identificar e conter surtos antes de se tornarem pandemias. Junto com melhores vacinas, antibióticos, antivirais e testes de diagnóstico rápido, serão tão úteis para combater os patógenos produzidos pelo homem quanto os naturais.[38] Os países também precisam manter medidas antiterroristas e de prevenção do crime, como vigilância e interceptação.[39]

Em cada uma dessas corridas de armas, é evidente que as defesas nunca serão invencíveis. Pode haver episódios de ciberterrorismo e bioterrorismo, e a probabilidade de uma catástrofe nunca será zero. A questão que examinarei é se os fatos sombrios deveriam levar qualquer pessoa razoável a concluir que a humanidade está ferrada. Será inevitável que os hackers do mal superem um dia os hackers do bem e ponham a civilização de joelhos? O progresso tecnológico terá ironicamente deixado o mundo mais frágil?

Ninguém pode saber com certeza, mas quando substituímos o pavor da pior hipótese por uma consideração mais ponderada, a sombra começa a se dissipar. Comecemos com uma pergunta histórica: a destruição em massa por um indivíduo é o resultado natural do processo iniciado pela Revolução Científica e o Iluminismo? De acordo com essa narrativa, a tecnologia permite que as pessoas consigam cada vez mais com cada vez menos e, por isso, dado tempo suficiente, permitirá que um indivíduo faça qualquer coisa — e, tendo em vista a natureza humana, isso significa destruir tudo.

Mas Kevin Kelly, editor fundador da revista *Wired* e autor de *Para onde nos leva a tecnologia*, argumenta que, na verdade, essa não é a maneira como a tecnologia progride.[40] Kelly foi o co-organizador (com Stewart Brand) da primeira Conferência de Hackers, em 1984, e desde então lhe disseram muitas vezes que, qualquer dia desses, a tecnologia ultrapassará a capacidade dos seres humanos de domesticá-la. No entanto, apesar da imensa expansão da tecnologia nas últimas décadas (inclusive a invenção da internet), isso não aconteceu. Kelly sugere que há um motivo: "Quanto mais poderosas se tornam as tecnologias, mais integradas elas ficam na sociedade". A tecnologia de ponta requer uma rede de cooperadores que estão conectados a redes sociais ainda mais amplas, muitas delas comprometidas a manter as pessoas protegidas da tecnologia e umas das outras. (Como vimos no capítulo 12, as tecnologias ficam mais seguras ao longo do tempo.) Isso enfraquece o clichê de Hollywood do gênio solitário e demoníaco que controla um covil high-tech no qual a tecnologia funciona milagrosamente sozinha. Kelly sugere que, em virtude da integração social da tecnologia, o poder destrutivo de um indivíduo solitário não aumentou ao longo do tempo:

> Quanto mais sofisticada e poderosa a tecnologia, mais pessoas são necessárias para convertê-la em arma. E, quanto mais pessoas são necessárias para convertê-la em arma, mais os controles sociais trabalham para desativar, ou suavizar ou impedir que ocorram danos. Acrescento mais uma ideia. Mesmo que você tivesse um orçamento para contratar uma equipe de cientistas cujo trabalho fosse desenvolver uma espécie de arma biológica para extinguir a espécie, ou derrubar totalmente a internet, é provável que ainda assim não conseguiria fazê-lo. Isso porque centenas de milhares de homem-anos de esforço foram investidos para impedir que isso acontecesse, no caso da internet, e milhões de anos de esforço evolutivo para prevenir a morte da espécie, no caso da biologia. É algo dificílimo de fazer e, quanto menor for a equipe desonesta, mais difícil. Quanto maior a equipe, maior a influência social.[41]

Tudo isso é abstrato — uma teoria do arco natural da tecnologia versus outra. Como isso se aplica aos perigos reais que enfrentamos para que possamos refletir sobre a humanidade estar ou não ferrada? O importante é não cair no viés da disponibilidade e supor que, se podemos imaginar alguma coisa terrível, ela se torna inevitável. O perigo real depende dos números: a proporção de pessoas que querem causar caos ou assassinatos em massa, a proporção dessa parcela genocida com competência para fabricar uma arma cibernética ou biológica eficaz, a parcela dessa parcela, cujos esquemas terão de fato sucesso, e a parcela da parcela da parcela que leva a cabo um cataclismo que acabe com a civilização, em vez de um incômodo, uma baixa ou mesmo um desastre, após o qual a vida continua.

Comecemos com o número de maníacos. O mundo moderno abriga um número significativo de pessoas que querem levar a morte e o caos a um bando de desconhecidos? Se assim fosse, a vida seria irreconhecível. Eles poderiam simplesmente esfaquear pessoas, disparar contra multidões, atropelar pedestres com carros, ativar bombas de panela de pressão e empurrar as pessoas das calçadas e plataformas de metrô para baixo dos veículos. O pesquisador Gwern Branwen calculou que um atirador ou assassino em série disciplinado poderia matar centenas de pessoas sem ser apanhado.[42] Um sabotador com sede de destruição poderia adulterar produtos no supermercado, envenenar com algum pesticida um curral de engorda ou uma fonte de água, ou mesmo dar um telefonema anônimo alegando ter feito isso, fazendo uma empresa gastar centenas de milhões de dólares em recall e causar um prejuízo de bilhões em exportações a um país.[43] Esses ataques *poderiam* ocorrer em todas as cidades do mundo muitas vezes por dia, mas na verdade ocorrem em algum lugar a cada poucos anos (levando o especialista em segurança Bruce Schneier a perguntar: "Onde estão todos os ataques terroristas?").[44] Apesar de todo o terror causado pelo terrorismo, deve haver pouquíssimos indivíduos esperando uma oportunidade para provocar destruição gratuita.

Dentre esses indivíduos depravados, que tamanho tem o subconjunto com a inteligência e a disciplina necessárias para desenvolver uma arma biológica ou cibernética eficaz? Longe de serem gênios do crime, a maioria dos terroristas é composta por incompetentes desastrados.[45] Entre os espécimes típicos estão o Shoe Bomber, que tentou sem sucesso derrubar um avião detonando explosivos em seu sapato; o Underwear Bomber, que tentou sem sucesso derrubar um avião detonando explosivos em sua roupa de baixo; o instrutor do EI que, ao demonstrar como funcionava um colete explosivo para sua classe de aspirantes a terroristas suicidas, explodiu-se junto com todos os seus 21 alunos; os irmãos Tsarnaev, que após o atentado a bomba na Maratona de Boston assassinaram um policial numa tentativa infrutífera de roubar sua arma e depois sequestraram um carro, cometeram um assalto e entraram numa perseguição de carro ao estilo de Hollywood durante a qual um irmão atropelou o outro; e Abdullah al-Asiri, que tentou assassinar um vice-ministro saudita com um dispositivo explosivo improvisado escondido em seu ânus e conseguiu apenas obliterar a si mesmo.[46] (Uma firma de análise de informações concluiu que o evento "sinaliza uma mudança de paradigma nas táticas de bombardeio suicida".)[47] Às vezes, como em 11 de setembro de 2001, uma equipe de terroristas inteligentes e disciplinados tem sorte, mas a maioria dos complôs bem-sucedidos são ataques de baixa tecnologia a aglomerações com múltiplos alvos e (como vimos no capítulo 13) matam pouquíssimas pessoas. Com efeito, arrisco dizer que a proporção de terroristas geniais em uma população é ainda menor do que a proporção de terroristas multiplicada pela proporção de pessoas de grande inteligência. O terrorismo é uma tática comprovadamente ineficaz, e uma mente que se deleita com um tumulto estúpido como um fim em si mesmo não tende a ser a lâmpada mais brilhante da caixa.[48]

Agora vamos tomar o pequeno número de fabricantes de armas inteligentíssimos e reduzir ainda mais a proporção que tem astúcia e sorte para ser mais esperto que a polícia, os especialistas em segurança e as forças antiterrorismo. O número pode não ser zero, mas certamente não é alto. Tal como acontece com todos os empreendimentos complexos, muitas cabeças são melhores do que uma, e uma organização de terroristas biológicos ou cibernéticos pode ser mais eficaz do que uma mente solitária. Mas é aí que entra a observação de Kelly: o líder teria que recrutar e dirigir uma equipe de conspiradores que se dedicassem com sigilo, competência e fidelidade perfeitas à causa depravada. À medida que o tamanho da equipe aumenta, o mesmo acontece com as chances de detecção, traição, infiltrações, deslizes e ciladas.[49]

As ameaças graves à integridade da infraestrutura de um país exigirão provavelmente os recursos de um governo.[50] Hackear software não é suficiente: o invasor precisa de conhecimentos detalhados sobre a construção física dos sistemas que ele espera sabotar. Quando as centrífugas nucleares iranianas foram comprometidas em 2010 pelo vírus Stuxnet, isso exigiu um esforço coordenado de duas nações tecnicamente sofisticadas, os Estados Unidos e Israel. A sabotagem cibernética originada no Estado eleva a maldade do terrorismo a uma espécie de guerra, em que os constrangimentos das relações internacionais, tais como normas, tratados, sanções, retaliação e dissuasão militar, inibem ataques agressivos, como fazem na guerra "cinética" convencional. Como vimos no capítulo 11, essas restrições tornaram-se cada vez mais efetivas na prevenção da guerra entre países.

Mesmo assim, as autoridades militares dos Estados Unidos vêm alertando sobre um "Pearl Harbor digital" e um "Ciber-Armagedom", em que Estados estrangeiros ou organizações terroristas sofisticadas poderiam invadir sites americanos para derrubar aviões, abrir comportas, derreter usinas nucleares, apagar redes de energia e derrubar o sistema financeiro. A maioria dos especialistas em segurança cibernética considera que as ameaças são exageradas — pretexto para mais financiamentos militares, poder e restrições a privacidade e liberdade na internet.[51] A realidade é que, até agora, nenhuma pessoa foi ferida por um ataque cibernético. Os ataques causaram principalmente incômodos como o *doxing*, ou seja, vazamento de documentos confidenciais ou e-mails (como na intromissão russa nas eleições americanas de 2016) e distribuíram ataques de negação de serviço, nos quais um *botnet* (um conjunto de computadores pirateados) inunda um site com tráfego. Schneier explica: "Uma comparação com o mundo real pode ser a seguinte: um exército invade um país e todos os soldados entram em fila à frente das pessoas que estão no Departamento de Veículos Motorizados, de tal modo que elas não conseguem renovar suas carteiras de motorista. Se é assim a guerra no século XXI, temos pouco a temer".[52]

Porém, para os tecnoprofetas do fim do mundo, probabilidades minúsculas não servem de consolo. Tudo o que será preciso, segundo eles, é que *um único* hacker ou terrorista ou Estado desonesto tenha sorte, e o jogo acabou. É por isso que a palavra *ameaça* é seguida de *existencial*, dando ao adjetivo seu maior cartaz desde a época de Sartre e Camus. Em 2001, o chefe do Estado-Maior Conjunto advertiu que "a maior ameaça existencial lá fora é ciber" (levando John Mueller a comentar: "Em oposição a pequenas ameaças existenciais, presume-se").

Esse existencialismo depende de uma transição casual do incômodo para a adversidade, da tragédia para o desastre que gere a aniquilação. Suponha que *aconteça* um episódio de bioterror ou bioerro que mate 1 milhão de pessoas. Suponha que um hacker consiga derrubar a internet. O país literalmente *deixaria de existir*? A civilização entraria em colapso? A espécie humana se extinguiria? Um pouco de perspectiva, por favor: até mesmo Hiroshima continua a existir! O pressuposto é que as pessoas modernas são tão indefesas que, se a internet cair, os agricultores inertes observariam seus cultivos apodrecerem enquanto os atordoados habitantes da cidade morreriam de fome. Mas a sociologia dos desastres (sim, existe essa disciplina) mostrou que as pessoas são muito resilientes diante da catástrofe.[53] Longe de saquear, entrar em pânico ou se afundar na paralisia, elas cooperam espontaneamente para restaurar a ordem e improvisam redes para distribuir bens e serviços. Enrico Quarantelli observou que, poucos minutos depois da explosão nuclear de Hiroshima,

> os sobreviventes engajaram-se na busca e resgate, ajudaram-se mutuamente da forma que puderam e se retiraram numa fuga organizada das áreas queimadas. Dentro de um dia, além do planejamento empreendido pelo governo e por organizações militares que tinham sobreviventes, outros grupos restauraram de forma parcial a energia elétrica em algumas áreas, uma siderúrgica em que 20% dos operários compareceram ao trabalho reiniciou suas operações, funcionários dos doze bancos de Hiroshima se reuniram na agência do centro de Hiroshima e começaram a fazer pagamentos, e as linhas de bondes que levavam à cidade foram desobstruídas por completo e o tráfego foi parcialmente restaurado no dia seguinte.[54]

Uma das razões pelas quais o número de mortos da Segunda Guerra Mundial foi tão horrível é que os planejadores de guerra de ambos os lados adotaram a estratégia de bombardear civis até que suas sociedades entrassem em colapso, o que nunca aconteceu.[55] E não, essa resiliência não era uma relíquia das comunidades homogêneas de antigamente. As sociedades cosmopolitas do século XXI também podem lidar com desastres, como vimos na evacuação ordenada de Lower Manhattan após os ataques do Onze de Setembro nos Estados Unidos e a ausência de pânico na Estônia em 2007, quando o país foi atingido por um devastador ataque cibernético de negação de serviço.[56]

O bioterrorismo talvez seja outra ameaça fantasma. As armas biológicas, renunciadas numa convenção internacional de 1972 por quase todas as nações, não desempenharam nenhum papel na guerra moderna. A proibição foi impulsionada por uma repulsa disseminada pela própria ideia, mas os militares de todo o mundo não precisaram de muito convencimento, porque seres vivos minúsculos são péssimas armas. Eles se espalham facilmente e infectam as pessoas que as montam, os combatentes e os cidadãos do lado que as usa (imagine só os irmãos Tsarnaev com esporos de antraz). E o malogro ou viralização (literalmente) de um surto de doença depende de uma intrincada dinâmica de rede que mesmo os melhores epidemiologistas não conseguem prever.[57]

Os agentes biológicos são particularmente inadequados para os terroristas, cujo objetivo, lembremos, não é o dano, mas um efeito teatral (capítulo 13).[58] O biólogo Paul Ewald observa que a seleção natural entre agentes patogênicos funciona contra o objetivo terrorista de devastação súbita e espetacular.[59] Os germes que dependem de um rápido contágio de pessoa a pessoa, como o vírus do resfriado comum, são selecionados para manter seus hospedeiros vivos e capazes de andar, a fim de que possam apertar as mãos e espirrar sobre o maior número possível de pessoas. Os germes ficam gananciosos e matam seus anfitriões somente se tiverem alguma outra forma de ir de corpo em corpo, como mosquitos (para a malária), uma fonte de água contaminada (para o cólera) ou trincheiras cheias de soldados feridos (para a gripe espanhola de 1918). Os patógenos sexualmente transmissíveis, como o HIV e a sífilis, estão em um ponto intermediário, necessitando de um período de incubação longo e assintomático durante o qual os hospedeiros podem infectar seus parceiros, após o que os germes causam seus danos. Desse modo, virulência e contágio se compensam, e a evolução dos micro-organismos frustrará a aspiração do terrorista de lançar uma epidemia digna de manchetes que seja ao mesmo tempo rápida e letal. Em teoria, um bioterrorista poderia tentar dobrar a curva com um patógeno virulento, contagioso e durável o suficiente para sobreviver fora de corpos. Mas criar um germe assim tão aperfeiçoado exigiria experimentos do tipo nazista em seres humanos vivos que são improváveis até mesmo para terroristas (para não falar de adolescentes). Talvez seja mais do que apenas sorte que o mundo tenha visto até agora somente um ataque bioterrorista bem-sucedido (a contaminação por salmonela de uma salada feita pelo culto religioso Rajneeshee numa cidade do Oregon em 1984, que não matou ninguém) e um surto de assassinatos em 2001 (com cartas contendo antraz, que mataram cinco pessoas).[60]

Sem dúvida, os avanços da biologia sintética, como a técnica de edição de genes CRISPR-Cas9, facilitam a manipulação de organismos, inclusive agentes patogênicos. Mas é difícil reengendrar um traço evoluído complexo inserindo um gene ou dois, uma vez que os efeitos de qualquer gene estão integrados com o resto do genoma do organismo. Ewald observa: "Não creio que estamos perto de entender como inserir combinações de variantes genéticas em qualquer patógeno que atue em conjunto para gerar alta transmissibilidade e uma alta virulência estável para seres humanos".[61] O especialista em biotecnologia Robert Carlson acrescenta que "um dos problemas com a construção de qualquer vírus da gripe é que se precisa manter seu sistema de produção (células ou ovos) vivo por tempo suficiente para fazer uma quantidade útil de alguma coisa que está tentando matar esse sistema de produção. [...] Fazer o vírus resultante funcionar ainda é muito, muito difícil. [...] Eu não descartaria completamente esta ameaça, mas, para ser franco, estou muito mais preocupado com o que a mãe natureza nos joga o tempo todo".[62]

E não podemos esquecer que os progressos na biologia também funcionam no sentido oposto: também tornam mais fácil para os caras bons (e há muitos mais deles) identificar agentes patogênicos, inventar antibióticos que superam a resistência a esse tipo de medicação e desenvolver vacinas com agilidade.[63] Um exemplo é a vacina contra o ebola, desenvolvida nos últimos dias da emergência de 2014-5, depois que os esforços de saúde pública limitaram o número de mortes a 12 mil, em vez dos milhões que a mídia havia previsto. Desse modo, o ebola juntou-se a uma lista de outras pandemias falsamente previstas, como a febre de Lassa, o hantavírus, a SARS, a doença da vaca louca, a gripe aviária e a gripe suína.[64] Algumas dessas moléstias nunca tiveram o potencial de se tornarem pandêmicas, sobretudo porque são contraídas de animais ou alimentos, em vez de uma árvore exponencial de infecções de pessoa a pessoa. Outras foram reprimidas por intervenções médicas e de saúde pública. É evidente que ninguém sabe com certeza se um gênio do mal algum dia superará as defesas do mundo e deflagrará uma peste planetária por diversão, por vingança ou por uma causa sagrada. Mas os hábitos jornalísticos e os vieses da disponibilidade e da negatividade inflam as chances, razão pela qual aceitei a aposta de Sir Martin. Quando você ler esta página, talvez já saiba quem ganhou.[65]

Algumas das ameaças à humanidade são fantasiosas ou infinitesimais, mas uma é real: a guerra nuclear.[66] O mundo tem mais de 10 mil armas nucleares distribuídas entre nove países.[67] Muitas estão montadas em mísseis ou carregadas em bombardeiros e podem ser despejadas em questão de horas ou menos sobre milhares de alvos. Cada uma é projetada para causar uma tremenda destruição: uma única poderia destruir uma cidade, e em conjunto poderiam matar centenas de milhões de pessoas por explosão, calor, radiação e precipitação radioativa. Se a Índia e o Paquistão entrassem em guerra e detonassem uma centena de suas armas, 20 milhões de pessoas poderiam ser mortas de imediato, e a fuligem das tempestades de fogo poderia se espalhar pela atmosfera, devastar a camada de ozônio e esfriar o planeta por mais de uma década, o que, por sua vez, reduziria a produção de alimentos e mataria de fome mais de 1 bilhão de pessoas. Uma guerra total entre os Estados Unidos e a Rússia poderia arrefecer a temperatura da Terra em 8 °C durante anos e criar um inverno nuclear (ou pelo menos um outono) que mataria de fome ainda mais gente.[68] Afirma-se com frequência que a guerra nuclear destruiria a civilização, a espécie ou o planeta, mas, mesmo que isso não acontecesse, o horror que acarretaria seria inimaginável.

Logo depois que as bombas atômicas foram jogadas no Japão e os Estados Unidos e a União Soviética iniciaram uma corrida armamentista nuclear, uma nova forma de pessimismo histórico criou raízes. Nessa narrativa prometeica, a humanidade arrancou o conhecimento mortal dos deuses e, sem a sabedoria para usá-lo de forma responsável, está condenada a se aniquilar. Em uma versão, não é apenas a humanidade que está prestes a seguir esse trágico arco, mas qualquer inteligência avançada. Isso explica por que nunca fomos visitados por alienígenas, mesmo que o universo esteja repleto deles (o chamado paradoxo de

Fermi, assim batizado em homenagem a Enrico Fermi, o primeiro a especular a repeito). Depois que a vida se origina num planeta, inevitavelmente progride para a inteligência, civilização, ciência, física nuclear, armas nucleares e guerra suicida, exterminando-se antes que possa deixar seu sistema solar.

Para alguns intelectuais, a invenção das armas nucleares indicia o empreendimento da ciência — na prática, da própria modernidade — porque a ameaça de um holocausto anula qualquer coisa que a ciência possa ter nos concedido. Essa acusação à ciência parece inapropriada, uma vez que, desde o início da era nuclear, quando os principais cientistas foram afastados de qualquer envolvimento na questão, foram os físicos que realizaram uma campanha vociferante para lembrar ao mundo do perigo de uma guerra nuclear e instar as nações a se desarmarem. Entre esses ilustres personagens históricos estão Niels Bohr, J. Robert Oppenheimer, Albert Einstein, Isidor Rabi, Leo Szilard, Joseph Rotblat, Harold Urey, C. P. Snow, Victor Weisskopf, Philip Morrison, Herman Feshbach, Henry Kendall, Theodore Taylor e Carl Sagan. O movimento continua entre cientistas de alto nível, como Stephen Hawking, Michio Kaku, Lawrence Krauss e Max Tegmark. Os cientistas fundaram as principais organizações ativistas e de vigilância, como a União dos Cientistas Preocupados, a Federação dos Cientistas Americanos, o Comitê de Responsabilidade Nuclear, as Conferências Pugwash e o *Bulletin of the Atomic Scientists*, cuja capa mostra o famoso Relógio do Juízo Final, agora ajustado para dois minutos e meio antes da meia-noite.[69]

Infelizmente, os físicos muitas vezes se consideram especialistas em psicologia política, e vários deles parecem abraçar a teoria popular de que a maneira mais eficaz de mobilizar a opinião pública é incutir medo e pavor nas pessoas. O Relógio do Juízo Final, apesar de enfeitar uma revista com a palavra "Cientistas" em seu título, não rastreia indicadores objetivos de segurança nuclear; é antes um truque de propaganda destinado, nas palavras do seu fundador, a "preservar a civilização assustando os homens para que caiam na racionalidade".[70] O ponteiro dos minutos do relógio estava mais longe da meia-noite em 1962, ano da crise dos mísseis cubanos, do que no ano muito mais calmo de 2007, em parte porque os editores, preocupados com o fato de o público ter se tornado muito complacente, redefiniu o "Juízo Final" para incluir a mudança climática.[71] E, em sua campanha para tirar as pessoas da apatia, os cientistas fizeram algumas previsões não tão prescientes:

> Somente a criação de um governo mundial pode impedir a iminente autodestruição da humanidade.
>
> Albert Einstein, 1950[72]

> Tenho a firme convicção de que a menos que tenhamos pensamentos mais sérios e sóbrios sobre vários aspectos do problema estratégico [...] não vamos chegar ao ano 2000 — e talvez nem mesmo ao ano de 1965 — sem um cataclismo.
>
> Herman Kahn, 1960[73]

> Dentro de no máximo dez anos, algumas dessas bombas [nucleares] vão explodir. Estou dizendo isso da forma mais responsável que posso. Essa é a certeza.
>
> C. P. Snow, 1961[74]

> Estou completamente certo — nisso não há a menor dúvida em minha mente — de que até o ano 2000, vocês [estudantes] estarão todos mortos.
>
> Joseph Weizenbaum, 1976[75]

Eles ganham a companhia de estudiosos como o cientista político Hans Morgenthau, um famoso expoente do "realismo" nas relações internacionais, que em 1979 previu:

> Em minha opinião, o mundo avança ineludivelmente para uma Terceira Guerra Mundial — uma guerra nuclear estratégica. Não creio que se possa fazer alguma coisa para evitá-la.[76]

E o jornalista Jonathan Schell, cujo best-seller de 1982, *O destino da Terra*, termina da seguinte forma:

> Um dia — e é difícil acreditar que não será em breve — faremos nossa escolha. Ou nos afundaremos no coma final e acabaremos com tudo ou, como eu confio e acredito, despertaremos para a verdade do nosso perigo [...] e nos ergueremos para limpar a terra das armas nucleares.

Esse gênero de profecia saiu de moda quando a Guerra Fria terminou e a humanidade não se afundou no coma final, apesar de não ter conseguido criar um governo mundial ou limpar a Terra de armas nucleares. Para manter o medo em ebulição, os ativistas conservam listas de escapadas por um triz e de acertos quase no alvo, com o objetivo de mostrar que o Armagedom sempre esteve prestes a acontecer e que a humanidade sobreviveu somente por um excepcional lance de sorte.[77] As listas tendem a agrupar momentos realmente perigosos — como um exercício da OTAN em 1983 que alguns oficiais soviéticos quase confundiram com um primeiro ataque iminente — com lapsos e confusões menores, como um incidente de 2013 em que um general americano responsável por mísseis nucleares ficou bêbado quando estava de folga e foi grosseiro com mulheres durante uma viagem de quatro dias à Rússia.[78] A sequência que levaria a ataques nucleares mútuos nunca é explicada, tampouco são apresentadas avaliações alternativas que possam colocar os episódios em contexto e diminuir o terror.[79]

A mensagem que muitos ativistas antinucleares querem transmitir é: "Qualquer dia desses, todos nós morreremos de forma horrível, a menos que o mundo tome medidas imediatas que não tem absolutamente nenhuma chance de tomar". O efeito sobre o público é mais ou menos o que se esperaria: as pessoas evitam pensar sobre o impensável, seguem com suas vidas e esperam que os especialistas estejam errados. As menções a "guerra nuclear" em livros e jornais têm declinado de forma constante desde a década de 1980, e os jornalistas dão muito mais atenção ao terrorismo, à desigualdade e a uma variedade de gafes e escândalos do que a uma ameaça à sobrevivência da civilização.[80] Os líderes mundiais também não se emocionam. Carl Sagan foi coautor do primeiro artigo que alertava para um inverno nuclear e, quando fez campanha em favor de um congelamento armamentista, tentando gerar "medo, depois crença e, depois, reação", foi aconselhado por um especialista em controle de armas: "Se você pensa que a mera perspectiva do fim do mundo é suficiente para mudar o pensamento em Washington e Moscou, é óbvio que não passou muito tempo em nenhum desses lugares".[81]

Nas últimas décadas, as previsões de uma iminente catástrofe nuclear passaram da guerra ao terrorismo, como quando o diplomata americano John Negroponte escreveu em 2003: "Há uma grande probabilidade de que dentro de dois anos a Al-Qaeda tentará um ataque usando uma arma nuclear ou outra arma de destruição em massa".[82] Embora uma previsão probabilística de um evento que não ocorre nunca possa ser contradita, o grande número de falsas previsões (Mueller tem mais de setenta na sua coleção, com prazos escalonados ao longo de várias décadas) sugere que os prognosticadores têm a propensão de tentar assustar as pessoas.[83] (Em 2004, quatro figuras políticas americanas escreveram um artigo opinativo sobre a ameaça de terrorismo nuclear intitulado "Nosso cabelo está em chamas".)[84] A tática é duvidosa. As pessoas são facilmente incitadas — por ataques reais com armas e bombas caseiras — a apoiar medidas repressivas como a vigilância interna ou a proibição da imigração muçulmana. Mas as previsões de uma nuvem em forma de cogumelo no centro da cidade despertaram pouco interesse por políticas de combate ao terrorismo nuclear, como um programa internacional de controle de material físsil.

Esse tiro pela culatra foi previsto pelos críticos das primeiras campanhas de amedrontamento nuclear. Já em 1945, o teólogo Reinhold Niebuhr observou: "Os perigos derradeiros, por maiores que sejam, têm uma influência menos viva sobre a imaginação humana do que ressentimentos e fricções imediatos, por menores que sejam em comparação".[85] O historiador Paul Boyer descobriu que, na verdade, o alarmismo nuclear estimulava a corrida armamentista ao assustar a nação para buscar bombas cada vez maiores, para melhor deter os soviéticos.[86] Até mesmo Eugene Rabinowitch, o criador do Relógio do Juízo Final, arrependeu-se da estratégia de seu movimento: "Ao tentar assustar os homens para que caíssem na racionalidade, os cientistas fizeram com que muita gente caísse no medo abjeto ou no ódio cego".[87]

Como vimos quando tratamos da mudança climática, é mais provável que as pessoas estejam mais dispostas a reconhecer um problema quando têm motivos para acreditar que há uma solução do que quando estão aterrorizadas a ponto da apatia e do desamparo.[88] Uma agenda positiva para remover a ameaça de guerra nuclear da condição humana englobaria várias ideias.

A primeira é parar de dizer a todos que estão condenados. O fato fundamental da era nuclear é que nenhuma arma atômica foi usada desde Nagasaki. Se os ponteiros de um relógio apontam para poucos minutos antes da meia-noite há 72 anos, algo está errado com esse mecanismo. O mundo talvez tenha sido abençoado com uma milagrosa temporada de sorte — ninguém jamais saberá —, mas antes de nos resignarmos a essa conclusão cientificamente depreciável devemos pelo menos considerar a possibilidade de que as características sistemáticas dos mecanismos internacionais existentes tenham funcionado contra o uso dessas armas. Muitos ativistas antinucleares odeiam essa maneira de pensar, porque parece aliviar a barra dos países a ser desarmados. Mas, considerando que os nove Estados nucleares não vão destruir suas armas amanhã, convém nesse meio-tempo descobrir o que deu certo, para podemos fazer mais do que quer que seja.

A mais importante é uma descoberta histórica resumida pelo cientista político Robert Jervis: "Os arquivos soviéticos ainda não revelaram planos sérios para uma agressão não provocada contra a Europa Ocidental, para não mencionar um ataque inicial aos Estados Unidos".[89] Isso significa que as complexas armas de guerra e doutrinas estratégicas para a dissuasão nuclear durante a Guerra Fria — o que um cientista político chamou de "metafísica nuclear" — estavam dissuadindo os soviéticos de um ataque que, antes de tudo, não tinham interesse em realizar.[90] Quando a Guerra Fria terminou, o medo de invasões em massa e de ataques nucleares preventivos desapareceu, e (como veremos) ambos os lados se sentiram distensionados o suficiente para reduzir suas reservas de armas sem sequer se dar ao trabalho de entabular negociações formais.[91] Contrariando a teoria do determinismo tecnológico, segundo a qual as armas nucleares começam uma guerra por si mesmas, o risco depende muito do estado das relações internacionais. Grande parte do mérito pela ausência de guerra nuclear entre grandes potências deve ser atribuído às forças por trás do declínio da *guerra* entre grandes potências (capítulo 11). Qualquer coisa que reduza o risco de guerra reduz o risco de guerra nuclear.

As escapadas por um triz também podem não depender de uma sequência sobrenatural de golpes de sorte. Vários cientistas políticos e historiadores que analisaram documentos da crise dos mísseis em Cuba, em particular as transcrições dos encontros de John F. Kennedy com seus assessores de segurança, argumentaram que, apesar das lembranças dos participantes de terem segurado o mundo à beira do Armagedom, "as probabilidades de que os americanos tivessem ido à guerra eram próximas de zero".[92] Os registros mostram que Khruschóv e Kennedy permaneceram no controle firme de seus governos e que cada um procurou um fim pacífico para a crise, ignorando provocações e dando margem a várias opções de recuo.

Os falsos alarmes e as quase conflagrações de arrepiar os cabelos com ataques acidentais também não precisam implicar que os deuses sorriram de novo para nós. Em vez disso, talvez mostrem que os elos humanos e tecnológicos da cadeia foram projetados de modo a prevenir catástrofes e saíram fortalecidos após cada contratempo.[93] Em seu relatório sobre lançamentos nucleares que quase ocorreram, a União de Cientistas Preocupados resume a história com uma sensatez revigorante: "O fato de esse tipo de lançamento não ter ocorrido até agora sugere que as medidas de segurança funcionam bem o suficiente para reduzir muito a chance de um incidente. Mas não a zero".[94]

Pensar desse modo sobre nossos apuros nos possibilita evitar tanto o pânico como a complacência. Suponhamos que a chance de irromper uma guerra nuclear catastrófica em um único ano seja de 1%. (Trata-se de uma estimativa generosa: a probabilidade deve ser menor que a de um lançamento acidental, porque a escalada de um único acidente para uma guerra total está longe de ser automática e, em 72 anos, o número de lançamentos acidentais foi zero.)[95] Seria certamente um risco inaceitável, porque um pouco de álgebra mostra que a probabilidade de passarmos um século sem essa catástrofe é inferior a 37%. Mas, se pudermos reduzir a chance anual de guerra nuclear para um décimo de 1%, as probabilidades de um século sem esse tipo de catástrofe no mundo aumentam para 90%; em um centésimo de 1%, a chance sobe para 99%, e assim por diante.

O temor de uma proliferação nuclear desenfreada também se mostrou exagerado. Ao contrário das previsões da década de 1960 de que em breve haveria 25 ou trinta Estados nucleares, cinquenta anos depois há nove.[96] Durante esse meio século, quatro países renunciaram às armas nucleares (África do Sul, Cazaquistão, Ucrânia e Belarus), e outros dezesseis as buscaram, mas mudaram de ideia, sendo os mais recentes a Líbia e o Irã. Pela primeira vez desde 1946, não se sabe de nenhum país não nuclear que esteja desenvolvendo armas nucleares.[97] Sim, a ideia de ver Kim Jong-un brincando com armas nucleares é alarmante, mas o mundo já sobreviveu a armas nucleares na mão de déspotas meio loucos — leia-se Stálin e Mao —, que foram impedidos de usá-las ou, com maior probabilidade, nunca sentiram necessidade disso. Manter a cabeça fria em relação à proliferação não é apenas bom para a saúde mental. Isso pode impedir que as nações caiam em guerras preventivas desastrosas, como a invasão do Iraque em 2003 e a possível guerra entre Irã e Estados Unidos ou Israel, muito discutida no final daquela década.

Especulações trepidantes a respeito de terroristas roubando uma arma nuclear ou construindo uma delas na garagem e contrabandeando-a para o país numa maleta ou recipiente de transporte também foram examinadas por cabeças mais frias, entre elas Michael Levi em *On Nuclear Terrorism*, John Mueller em *Atomic Obsession* e *Overblown*, Richard Muller em *Physics for Future Presidents*, e Richard Rhodes em *The Twilight of the Bombs*. Eles ganharam a companhia do estadista Gareth Evans, uma autoridade em proliferação nuclear e desarmamento, que em 2015 fez o discurso de abertura do septuagésimo aniversário do Simpósio Anual do Relógio do *Bulletin of the Atomic Scientists*, intitulado "Restaurando a razão ao debate nuclear".

> Com o risco de parecer complacente — e eu não sou — tenho de dizer que a [segurança nuclear] também se beneficiaria se fosse conduzida de um modo um pouco menos emocional, e com um pouco mais de calma e racionalidade do que tem sido.
>
> Embora o know-how de engenharia necessário para construir um dispositivo de fissão básico como a bomba de Hiroshima ou Nagasaki esteja prontamente disponível, o urânio altamente enriquecido e o plutônio 239 usados em armas nucleares não são de forma alguma de fácil acesso e, para montar e manter por um longo período fora da visão dos enormes recursos de espionagem e de policiamento que se dedicam agora a essa ameaça em todo o mundo, a equipe de agentes, cientistas e engenheiros criminosos necessária para adquirir os componentes, construir e entregar uma arma desse tipo seria uma tarefa tremendamente difícil.[98]

Agora que todos nos acalmamos um pouco, o próximo passo de uma agenda positiva para reduzir a ameaça nuclear é despir as armas de seu glamour macabro, a começar pela tragédia grega que protagonizaram. A tecnologia das armas nucleares não é o ponto culminante do domínio humano sobre as forças da natureza. É um equívoco em que nos metemos por causa das vicissitudes da história e da qual agora devemos descobrir como nos libertar. O Projeto Manhattan surgiu do medo de que os alemães estivessem desenvolvendo uma arma nuclear e atraiu cientistas por razões explicadas pelo psicólogo George Miller, que havia trabalhado em outro projeto de pesquisa de guerra: "Minha geração encarava a guerra contra Hitler como uma guerra do bem contra o mal; qualquer homem fisicamente apto só podia suportar a vergonha das roupas civis por uma convicção interior de que aquilo que estava fazendo contribuiria ainda mais para a vitória final".[99] É bem possível que, sem os nazistas, não houvesse armas nucleares. As armas não existem apenas porque são concebíveis ou fisicamente possíveis. Imaginaram-se muitos tipos de armas que nunca viram a luz do dia: raios da morte, batalhas espaciais, frotas de aviões que cobriam cidades com gás venenoso como se fossem fumigadores, e projetos malucos para "guerra geofísica", tais como transformar em armas o clima, as inundações, os terremotos, os tsunamis, a camada de ozônio, os asteroides, erupções solares e os cinturão de radiação de Van Allen.[100] Numa história alternativa do século XX, as armas nucleares poderiam ter sido vistas como igualmente bizarras.

As armas nucleares tampouco merecem crédito por acabar com a Segunda Guerra Mundial ou cimentar a Longa Paz que a sucedeu — dois argumentos utilizados com frequência que sugerem que as armas nucleares são coisas boas, em vez de ruins. A maioria dos historiadores hoje acredita que a rendição do Japão não se deveu aos ataques atômicos, cuja devastação não foi maior do que a dos bombardeios de sessenta outras cidades japonesas, mas à entrada na guerra do Pacífico da União Soviética, que ameaçava exigir termos mais severos de rendição.[101]

E, contrariando a sugestão meio brincalhona de que fosse concedida à Bomba o prêmio Nobel da paz, as armas nucleares revelaram-se péssimas em prevenir o que quer que seja (exceto no caso extremo de dissuadir ameaças existenciais, tais como elas mesmas).[102] As armas nucleares são indiscriminadamente destrutivas e contaminam amplas áreas com precipitação radioativa, inclusive o território contestado, e dependendo do clima, os próprios soldados e cidadãos do país que lança o bombardeiro. Incinerar um número enorme de não combatentes destruiria os princípios de distinção e proporcionalidade que governam a condução da guerra e constituiriam os piores crimes de guerra na história. Isso pode ser repulsivo até para os políticos e, desse modo, surgiu um tabu em torno do uso de armas nucleares, transformando-as, na prática, em blefes.[103] Os países nucleares não foram mais eficazes do que os não nucleares em conseguir o que queriam em impasses internacionais, e, em muitos conflitos, países ou facções não nucleares compraram briga com os nucleares. (Em 1982, por exemplo, a Argentina tomou as ilhas Malvinas do Reino Unido, confiante de que Margaret Thatcher não transformaria Buenos Aires em uma cratera radioativa.) Não que a própria dissuasão seja irrelevante: a Segunda Guerra Mundial mostrou que tanques, artilharia e bombardeiros convencionais já eram suficientemente destrutivos, e nenhuma nação estava ansiosa por um bis.[104]

Longe de facilitar o estabelecimento de um equilíbrio estável no mundo (o chamado equilíbrio do terror), as armas nucleares podem equilibrá-lo no fio da navalha. Numa crise, os países que detêm armas nucleares são como um proprietário de casa armado que enfrenta um ladrão armado, cada um tentando atirar primeiro para evitar ser baleado.[105] Em teoria, esse dilema de segurança ou armadilha hobbesiana pode ser desarmado se ambos os lados tiverem a capacidade de um segundo ataque, como mísseis em submarinos ou bombardeiros aéreos que podem escapar de uma primeira investida e infligir uma vingança devastadora — a condição da Destruição Mútua Garantida.* Mas alguns debates da metafísica nuclear suscitam dúvidas de que um segundo ataque possa ser garantido em todas as hipóteses imagináveis, e se uma nação que dependia disso ainda pode ser vulnerável à chantagem nuclear. Assim, Estados Unidos e Rússia mantêm a opção de "lançamento sob aviso", em que um governante que é avisado de que seus mísseis estão sendo atacados pode decidir nos próximos minutos se vai usá-los ou perdê-los. Esse gatilho sensível, como os críticos o definiram, poderia desencadear uma guerra nuclear em reação a um alarme falso ou a um lançamento acidental ou desautorizado. As listas de ocasiões em que isso quase aconteceu sugerem que essa probabilidade é desconcertantemente maior do que zero.

Considerando que as armas nucleares não precisavam ter sido inventadas e que são inúteis para vencer guerras ou manter a paz, isso significa que elas podem ser desinventadas — não no sentido de que o conhecimento de como fazê-las irá desaparecer, mas no sentido de que é possível desmontá-las e não construir outras. Não seria a primeira vez que uma classe de armas terá sido marginalizada ou descartada. As nações do mundo proibiram as minas terrestres, as munições de fragmentação e as armas químicas e biológicas, e viram outras armas de alta tecnologia entrar em colapso sob o peso de seu próprio absurdo. Durante a Primeira Guerra Mundial, os alemães inventaram um "supercanhão" gigantesco de vários andares que disparava um projétil de noventa quilos a mais de 120 quilômetros de distância, aterrorizando os parisienses com obuses que caíam do céu sem aviso prévio. Mas os gigantes, o maior dos quais viria a ser conhecido como Schwerer Gustav, eram imprecisos e de difícil manejo, e construíram-se poucos deles, que acabaram por ser destruídos. Os céticos nucleares Ken Berry, Patricia Lewis, Benoît Pelopidas, Nikolai Sokov e Ward Wilson ressaltam:

> Hoje, os países não correm para construir seus próprios supercanhões. [...] Não há diatribes raivosas em jornais liberais sobre o horror dessas armas e a necessidade de proibi-las. Não há artigos realistas em jornais conservadores afirmando que não há como empurrar o gênio do supercanhão de volta para a lâmpada. Eles eram um

* Em inglês, Mutual Assured Destruction, cuja sigla é MAD (louco). (N. T.)

desperdício e ineficazes. A história está repleta de armas que foram anunciadas como vencedoras de guerras e que acabaram abandonadas porque eram pouco eficazes.[106]

As armas nucleares poderiam ter o destino do Gustav? No final da década de 1950, surgiu um movimento para Banir a Bomba que e ao longo das décadas extravasou do seu círculo fundador de beatniks e professores excêntricos e tornou-se mainstream. O Global Zero, como se chama agora, foi mencionado em 1986 por Mikhail Gorbatchóv e Ronald Reagan, que fizeram a famosa reflexão: "Uma guerra nuclear não pode ser vencida e nunca deve ser travada. O único valor da posse de armas nucleares por nossas duas nações é garantir que nunca sejam usadas. Mas então não seria melhor acabar totalmente com elas?". Em 2007, um quarteto bipartidário de realistas da defesa (Henry Kissinger, George Shultz, Sam Nunn e William Perry) escreveu um artigo intitulado "Um mundo livre de armas nucleares", com o apoio de catorze outros ex-assessores de segurança nacional e secretários de Estado e Defesa.[107] Em 2009, Barack Obama fez um discurso histórico em Praga, no qual declarou "com clareza e convicção o compromisso dos Estados Unidos de buscar a paz e a segurança de um mundo sem armas nucleares", uma aspiração que o ajudou a ganhar o prêmio Nobel da paz.[108] A declaração foi apoiada pelo dirigente russo de então, Dmítri Medviédev (embora nem tanto pelos sucessores de ambos). Contudo, em certo sentido, a declaração era redundante, porque os Estados Unidos e a Rússia, como signatários do Tratado de Não Proliferação de 1970, já estavam comprometidos pelo artigo 6º do documento com a eliminação de seus arsenais nucleares.[109] Também comprometidos estão o Reino Unido, a França e a China, os outros Estados nucleares incluídos no tratado. (Num reconhecimento ambíguo de que os tratados são importantes, Índia, Paquistão e Israel nunca o assinaram, e a Coreia do Norte retirou-se.) Os cidadãos do mundo apoiam plenamente o movimento: a grande maioria da população de quase todos os países pesquisados é a favor da desativação.[110]

Zero é um número atraente porque amplia o tabu nuclear de *usar* as armas para *possuí-las*. Também retira qualquer incentivo para que uma nação obtenha armas nucleares a fim de se proteger contra as armas nucleares de um inimigo. Mas chegar a zero não será fácil, mesmo com uma minuciosa sequência de negociação, redução e verificação.[111] Alguns estrategistas advertem que nem devemos tentar chegar a zero, porque numa crise as ex-potências nucleares podem rearmar-se sem demora, e a primeira a chegar lá poderia lançar um ataque preventivo por medo de que seu inimigo faça isso antes.[112] De acordo com esse argumento, o mundo seria melhor se as potências nucleares mais antigas mantivessem algumas armas como meio de dissuasão. Em ambos os casos, o mundo está muito longe do zero, ou mesmo de "umas poucas". Até que chegue esse dia abençoado, há etapas graduais que podem torná-lo mais próximo, e o mundo, mais seguro.

O mais óbvio é reduzir o tamanho do arsenal. O processo está bem encaminhado. Poucas pessoas estão cientes da dimensão do desmantelamento mundial de armas nucleares. A figura 19.1 mostra que os Estados Unidos reduziram seu estoque em 85% em relação ao pico de 1967 e agora têm menos ogivas nucleares do que *em qualquer momento desde 1956*.[113] Por sua vez, a Rússia reduziu seu arsenal em 89% de seu auge na era soviética. (É provável que ainda menos pessoas saibam que cerca de 10% da eletricidade nos Estados Unidos provém de ogivas nucleares desmanteladas, em sua maioria soviéticas.)[114] Em 2010, ambos os países assinaram o Novo Tratado de Redução de Armas Estratégicas (Novo START), que os compromete a reduzir em dois terços seus estoques de ogivas estratégicas instaladas.[115] Em troca da aprovação do tratado pelo Congresso, Obama concordou com uma modernização de longo prazo do arsenal americano, e a Rússia também está fazendo o mesmo, mas ambos os países continuarão a reduzir o tamanho de seus estoques a um ritmo que pode até ultrapassar o estabelecido no tratado.[116] As camadas mal discerníveis que cobrem o topo da pilha no gráfico representam as outras potências nucleares. Os arsenais britânicos e franceses foram menores desde sempre e diminuíram pela metade, para 215 e trezentas ogivas, respectivamente. (A China ampliou um pouco o seu, de 235 para 260, Índia e Paquistão aumentaram para cerca de 135 cada um, o de Israel é estimado em cerca de oitenta, e o da Coreia do Norte é desconhecido, mas pequeno.)[117] Como mencionei, não se tem conhecimento de nenhum outro país que busque construir armas nucleares, e o número dos que possuem material físsil que poderia ser transformado em bombas reduziu-se nos últimos 25 anos de cinquenta para 24.[118]

Os céticos podem não se impressionar com uma forma de progresso que ainda deixa o mundo com 10 200 ogivas atômicas, pois, como o adesivo de carro dos anos 1980 ressaltava, uma bomba nuclear pode arruinar o seu dia por completo. Mas, com menos 54 mil bombas nucleares no planeta do que em 1986, há muito menos chance de acidentes que possam arruinar o dia das pessoas, e estabeleceu-se um precedente para o desarmamento contínuo. Mais ogivas serão eliminadas nos termos do Novo START e, como mencionei, mais reduções ainda

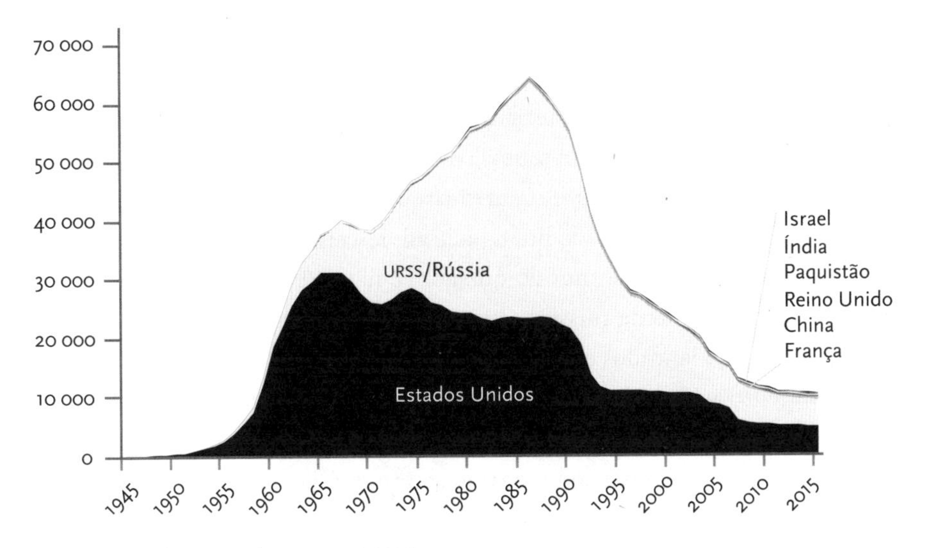

Figura 19.1: *Armas nucleares, 1945-2015.*
FONTES: HumanProgress, <http://humanprogress.org/static/2927>, com base em dados da Federação de Cientistas Atômicos, Kristensen e Norris, 2016a, atualizados em Kristensen, 2016; ver Kristensen e Norris, 2016b, para obter explicações adicionais. As contagens incluem as armas instaladas e aquelas que estão armazenadas, mas excluem as armas que estão aposentadas e aguardam o desmantelamento.

podem ocorrer fora do âmbito dos tratados, carregados de negociações legalistas e simbolismo político divergente. Quando as tensões entre as grandes potências recuam (uma tendência de longo prazo, mesmo que esteja em suspenso hoje), seus dispendiosos arsenais são reduzidos de forma silenciosa.[119] Mesmo quando mal se falam, os rivais podem cooperar numa corrida armamentista inversa, usando a tática que o psicolinguista Charles Osgood chamou de Reciprocidade Graduada em Redução de Tensão (GRIT, na sigla em inglês), em que um lado faz uma pequena concessão unilateral com um convite público para que seja correspondido.[120] Se algum dia uma combinação desses desdobramentos reduzisse os arsenais para até duzentas ogivas cada, isso não só faria cair drasticamente a chance de um acidente, como na prática eliminaria a possibilidade do inverno nuclear, a verdadeira ameaça existencial.[121]

No curto prazo, a maior ameaça de guerra nuclear não vem tanto do número de armas existentes, mas das circunstâncias em que elas podem ser usadas. A política de lançamento de míssil sob aviso, lançamento sob ataque ou gatilho sensível é matéria para pesadelos. Nenhum sistema de alerta precoce pode distinguir perfeitamente sinal de ruído, e um presidente despertado pelo proverbial telefonema das três da manhã teria minutos para decidir disparar seus mísseis antes que fossem destruídos em seus silos. Em teoria, poderia começar a Terceira Guerra Mundial em reação a um curto-circuito, um bando de gaivotas ou um pouco de malware disseminado por aquele adolescente búlgaro. Na realidade, os sistemas de alerta são melhores do que isso, e não existe "gatilho sensível" que dispare automaticamente mísseis sem intervenção humana.[122] Mas quando os mísseis podem ser lançados em cima da hora, os riscos de um falso alarme ou de um lançamento acidental, malévolo ou impetuoso são reais.

O raciocínio original para o lançamento sob aviso era frustrar um primeiro golpe maciço que destruísse todos os mísseis em seu silo e deixasse o país incapaz de retaliar. Mas, como mencionei, os países podem lançar armas de submarinos, que se escondem em águas profundas, ou de aviões bombardeiros, que podem disparar mísseis, tornando as armas invulneráveis a um primeiro ataque e posicionadas para executar uma vingança devastadora. A decisão de retaliar poderia ser tomada à fria luz do dia, quando a incerteza já tivesse passado: se uma bomba nuclear foi detonada em seu território, não há duvida sobre isso.

Desse modo, o lançamento sob aviso é desnecessário para a dissuasão e inaceitavelmente perigoso. A maioria dos analistas de segurança nuclear recomenda — melhor, insiste — que os Estados nucleares tirem seus mísseis do alerta de gatilho sensível e os ponham num esquema de pavio longo.[123] Obama, Nunn, Shultz, George W. Bush, Robert McNamara e vários ex-comandantes do Comando Estratégico e diretores da Agência de Segurança Nacional concordam.[124] Alguns, como William Perry, recomendam abandonar a base terrestre da tríade nuclear e confiar em submarinos e bombardeiros para a dissuasão, já que os mísseis abrigados em silos são alvos fáceis que deixam um governante tentado a usá-los enquanto isso for possível. Assim, com o destino do mundo em jogo, por que *alguém* gostaria de manter mísseis em silos em alerta de gatilho sensível? Alguns metafísicos nucleares argumentam que, numa crise, o ato de reativar mísseis desativados seria uma provocação. Outros observam que, sendo os mísseis baseados em silos mais confiáveis e precisos, vale a pena salvaguardá-los, porque podem ser usados não somente para deter uma guerra, mas para ganhá-la. E isso nos leva a uma outra maneira de reduzir os riscos da guerra nuclear.

É difícil para alguém em sã consciência acreditar que seu país está preparado para usar armas nucleares com qualquer outro propósito que não seja impedir um ataque nuclear. Mas essa é a política oficial de Estados Unidos, Reino Unido, França, Rússia e Paquistão, países que já declararam que poderiam lançar uma arma nuclear se seus territórios ou o de seus aliados forem atacados maciçamente com armas não nucleares. Além de violar todo o conceito de proporcionalidade, uma política de utilizar primeiro é perigosa, porque um invasor não nuclear pode ser tentado a se precipitar no uso desse tipo de armamento como medida preventiva. Mesmo que isso não acontecesse, depois que foi alvo de ataque nuclear, o país poderia retaliar com um ataque nuclear próprio.

Então, uma atitude de senso comum para reduzir a ameaça da guerra nuclear é anunciar uma política de não promover um ataque inicial com esse tipo de armamento.[125] Em teoria, isso eliminaria por completo a possibilidade de guerra nuclear: se ninguém usa uma arma primeiro, elas nunca serão usadas. Na prática, isso eliminaria a tentação de um ataque preventivo. Todos os Estados que detêm armas nucleares poderiam concordar com um tratado se comprometendo a não iniciar ataques nucleares; poderiam chegar lá pela GRIT (com compromissos gradativos como nunca atacar alvos civis, nunca atacar um Estado não nuclear e nunca atacar um alvo que poderia ser destruído por meios convencionais); ou poderiam simplesmente adotá-lo de forma unilateral, o que é do próprio interesse deles.[126] O tabu nuclear já reduziu o valor de dissuasão de uma política do "talvez não iniciar ataques", e o declarante ainda poderia se proteger com forças convencionais e com a capacidade de um ataque em resposta: um olho por olho nuclear.

A política de não iniciar ataques com armamentos nucleares parece ser óbvia, e Barack Obama chegou perto de adotá-la em 2016, mas no último minuto foi demovido por seus assessores.[127] O momento não era o ideal, segundo eles; a medida poderia assinalar fraqueza perante Rússia, China e Coreia do Norte, países recentemente vociferantes, e poderia fazer com que aliados apreensivos que hoje dependem do "guarda-chuva nuclear" americano partissem em busca de armas nucleares, sobretudo com Donald Trump ameaçando reduzir o apoio dos americanos a seus parceiros da coalizão. No longo prazo, essas tensões podem diminuir, e a política de não promover um ataque nuclear inicial pode voltar a ser levada em consideração.

As armas nucleares não serão abolidas tão cedo e, com certeza, não até a data da meta original do movimento Global Zero, o ano de 2030. Em 2009, no discurso pronunciado em Praga, Obama disse que o objetivo "não será alcançado rapidamente — talvez não durante minha vida", o que empurra essa data para muito depois de 2055 (ver figura 5.1). "Será preciso paciência e persistência", advertiu ele, e os recentes acontecimentos nos Estados Unidos e na Rússia confirmam que precisaremos muito de ambas.

Mas o caminho foi traçado. Se as ogivas nucleares continuarem a ser desmanteladas com mais rapidez do que são montadas, se forem retiradas de um gatilho sensível e com a garantia de que não serão usadas para iniciar ataques, e se a tendência de se afastar da guerra entre Estados continuar, então, na segunda metade do século, poderemos contar com arsenais pequenos e seguros, mantidos apenas para dissuasão mútua. Depois de algumas décadas, eles poderiam ficar sem função. A essa altura, pareceriam ridículos para nossos netos, que os reduzirão a arados de uma vez por todas. Durante essa marcha a ré, talvez nunca possamos chegar a um ponto em que a chance de uma catástrofe seja zero. Mas cada degrau que descemos pode reduzir o risco, até que esteja no nível das outras ameaças à perpetuação de nossa espécie, como asteroides, supervulcões ou uma Inteligência Artificial que nos transforme em clipes de papel.

20. O futuro do progresso

Desde a época do Iluminismo, no final do século XVIII, a expectativa de vida em todo o mundo aumentou de trinta para 71 anos e, nos países mais afortunados, para 81.[1] Quando o Iluminismo começou, um terço das crianças nascidas nas partes mais ricas do mundo morria antes do quinto aniversário; hoje, esse destino está reservado para 6% das crianças das regiões mais pobres. Suas mães também foram libertadas da tragédia: nos países mais ricos, 1% delas não sobrevivia ao parto, uma taxa que é o triplo da dos países mais pobres de hoje, que continua a cair. Nesses países pobres, as doenças infecciosas letais estão em declínio constante; algumas atacam somente algumas dezenas de pessoas por ano e logo estarão extintas, como a varíola.

A pobreza talvez não exista para sempre. O mundo é cerca de cem vezes mais rico hoje do que era há dois séculos, e a prosperidade está se distribuindo de modo mais uniforme por todos os países e povos do mundo. A proporção da humanidade que vive em extrema pobreza caiu de quase 90% para menos de 10% e, durante o período de vida da maioria dos leitores deste livro, pode aproximar-se de zero. A fome catastrófica, que nunca esteve muito longe em grande parte da história humana, desapareceu da maior parte do mundo, e a subnutrição e a atrofia do crescimento estão em constante declínio. Há um século, os países mais ricos destinavam 1% de sua riqueza à assistência a crianças, pobres e idosos; atualmente gastam quase 25%. Hoje, a maioria de seus pobres está alimentada, vestida e abrigada, e tem luxos como smartphones e ar-condicionado, coisas que não costumavam estar ao alcance de todos, fossem ricos ou pobres. A pobreza entre as minorias raciais caiu e a entre os idosos despencou.

O mundo está dando uma chance à paz. A guerra entre países está em processo de obsolescência e as guerras internas estão ausentes de cinco sextos da face da Terra. A proporção de pessoas mortas anualmente em guerras é menos de um quarto do que era na década de 1980, um sétimo do que era no início da década de 1970, dezoito avos do que era no início da década de 1950 e 0,5% do que foi durante a Segunda Guerra Mundial. Os genocídios, outrora comuns, tornaram-se raros. Na maioria dos tempos e lugares, os homicídios matam muito mais gente do que as guerras, e as taxas de homicídios também estão caindo. A probabilidade de os americanos serem assassinados é a metade de vinte anos atrás. No mundo como um todo, essa probabilidade é de sete décimos do que era há dezoito anos.

Sob todos os aspectos, a vida está ficando cada vez mais segura. Ao longo do século XX, diminuiu em 96% a probabilidade de um americano morrer num acidente de carro, em 88% de ser atropelado na calçada, em 99% de morrer em um acidente aéreo, em 59% de morrer numa queda, em 92% de morrer queimado, em 90% de se afogar, em 92% de ser asfixiado e em 95% de ser morto no trabalho.[2] A vida em outros países ricos é ainda mais segura, e em países mais pobres ficará mais segura à medida que se tornarem mais ricos.

As pessoas não só estão mais saudáveis, mais ricas e mais seguras, como também mais livres. Dois séculos atrás, apenas um punhado de países, onde vivia 1% da humanidade, era democrático; hoje, o são dois terços dos países do mundo, que abrangem dois terços da humanidade. Não muito tempo atrás, metade dos países do mundo tinha leis que discriminavam minorias raciais; hoje, mais países têm políticas que favorecem suas minorias do que políticas que as discriminam. Na virada do século XX, as mulheres só tinham o direito de voto em um único país; hoje podem votar em todos os países onde os homens podem votar, exceto em um deles. As leis que criminalizam a homossexualidade continuam a ser derrubadas, e as posturas em relação a minorias, mulheres e gays estão se tornando cada vez mais tolerantes, principalmente entre os jovens, um presságio do futuro mundial. Os crimes de ódio, a violência contra as mulheres e a vitimização de crianças estão em declínio no longo prazo, assim como a exploração do trabalho infantil.

À medida que as pessoas ficam mais saudáveis, mais ricas, mais seguras e mais livres, também se tornam mais alfabetizadas, mais bem informadas e mais inteligentes. No início do século XIX, 12% da população mundial era capaz de ler e escrever; hoje são 83%. A alfabetização e a educação serão em breve universais, tanto para meninas como para meninos. A escolarização, junto com a saúde e a riqueza, estão literalmente nos fazendo mais inteligentes, com trinta pontos a mais de QI, ou dois desvios-padrão acima de nossos antepassados.

As pessoas estão dando bom uso a sua vida mais longa, mais saudável, mais segura, mais livre, mais rica e mais sábia. Os americanos trabalham 22 horas a menos por semana do que costumavam, têm três semanas de férias pagas, dedicam 43 horas a menos a tarefas domésticas e destinam apenas um terço do seu salário a gastos de primeira necessidade, em vez de cinco oitavos. Usam o tempo livre e a renda disponível para viajar, ficar com seus filhos, comunicar-se com seus entes queridos e experimentar a culinária, o conhecimento e a cultura do mundo. Em consequência de tudo isso, a humanidade está mais feliz. Até mesmo os americanos, que pouco valorizam sua boa sorte, são "razoavelmente felizes" ou mais felizes, e as gerações mais jovens estão ficando menos infelizes, solitárias, deprimidas, drogadas e suicidas.

À medida que se tornaram mais saudáveis, mais ricas, mais livres, mais felizes e mais bem instruídas, as sociedades se voltaram para os desafios globais mais urgentes. Emitiram menos poluentes, derrubaram menos florestas, derramaram menos petróleo, preservaram mais a natureza, extinguiram menos espécies, pouparam a camada de ozônio e atingiram o pico do consumo de petróleo, das terras agrícolas, de madeira, papel, carros, carvão e talvez até de carbono. Apesar de todas as suas diferenças, as nações do mundo chegaram a um acordo histórico sobre mudança climática, como fizeram em anos anteriores sobre testes e proliferação de armamentos nucleares, além de investir na segurança e no desarmamento desse tipo de dispositivo. As armas nucleares, desde as circunstâncias extraordinárias dos últimos dias da Segunda Guerra Mundial, não foram utilizadas nos 72 anos em que existem. O terrorismo nuclear, desafiando quarenta anos de previsões dos entendidos, nunca aconteceu. Os estoques nucleares mundiais foram reduzidos em 85%, com mais reduções por vir, os testes cessaram (exceto pelo pequeno e isolado regime de Pyongyang) e a proliferação acabou. Desse modo, os dois problemas mais urgentes do mundo, embora ainda não resolvidos, são solucionáveis: definiram-se agendas praticáveis no longo prazo para a eliminação de armas nucleares e para mitigar a mudança climática.

Apesar de todas as manchetes sangrentas, de todas as crises, colapsos, escândalos, pestes, epidemias e ameaças existenciais, são realizações para ser saboreadas. O Iluminismo está funcionando: durante dois séculos e meio, a humanidade usou o conhecimento para aprimorar o florescimento humano. Os cientistas descobriram o funcionamento da matéria, da vida e da mente. Os inventores aproveitaram as leis da natureza para desafiar a entropia, e os empresários tornaram acessíveis suas inovações. Os legisladores tornaram as pessoas melhores, desencorajando atos que são individualmente benéficos, mas nocivos em termos coletivos. Os diplomatas fizeram o mesmo com as nações. Os eruditos perpetuaram o tesouro do conhecimento e aumentaram o poder da razão. Os artistas expandiram o círculo de solidariedade. Os ativistas pressionaram os poderosos para derrubar medidas repressivas, e seus concidadãos, para mudar as normas repressivas. Todos esses esforços foram canalizados para instituições que nos permitiram contornar os defeitos da natureza humana e empoderar nossos bons anjos.

Por outro lado...

Setecentos milhões de pessoas em todo o mundo vivem hoje em extrema pobreza. Nas regiões em que estão concentradas, a expectativa de vida é inferior a sessenta anos, e quase um quarto delas está subnutrida. Quase 1 milhão de crianças morrem de pneumonia a cada ano, meio milhão de diarreia ou malária e centenas de milhares de sarampo e aids. Uma dezena de guerras assola o mundo, inclusive uma em que mais de 250 mil pessoas morreram e, em 2015, pelo menos 10 mil pessoas foram vítimas de genocídios. Mais de 2 bilhões de pessoas, quase um terço da humanidade, são oprimidas por Estados autocráticos. Quase um quinto das pessoas do mundo não tem educação básica; quase um sexto é analfabeta. Todos os anos, 5 milhões de pessoas são mortas em acidentes e mais de 400 mil pessoas são assassinadas. Quase 300 milhões de pessoas estão clinicamente deprimidas, das quais quase 800 mil morrerão por suicídio neste ano.

Os países ricos do mundo desenvolvido não estão imunes de forma nenhuma. A renda das classes médias baixas aumentou em menos de 10% em duas décadas. Um quinto da população americana ainda acredita que as mulheres deveriam retornar aos papéis tradicionais, e um décimo se opõe ao namoro inter-racial. O país sofre com mais de 3 mil crimes de ódio por ano e mais de 15 mil homicídios. Os americanos perdem duas horas por dia no trabalho doméstico, e cerca de um quarto deles sente que está sempre apressado. Mais de dois terços dos americanos negam que sejam muito felizes, cerca da mesma proporção de setenta anos atrás, e tanto as mulheres como a maior faixa etária demográfica se tornam mais infelizes ao longo do tempo. Todos os anos cerca de 40 mil americanos ficam tão desesperadamente infelizes que se suicidam.

É evidente que os problemas que abrangem todo o planeta são enormes. Antes que o século XXI termine, terá de acomodar mais 2 bilhões de pessoas. Na década passada, 100 milhões de hectares de floresta tropical foram derrubados. Os peixes marinhos escassearam em quase 40% e milhares de espécies estão ameaçadas de extinção. O monóxido de carbono, o dióxido de enxofre, os óxidos de nitrogênio e a matéria em partículas continuam a ser lançados na atmosfera, junto com 38 bilhões de toneladas de CO_2 por ano, que, se não forem controladas, ameaçam elevar as temperaturas globais de dois a quatro graus centígrados. E o mundo tem mais de 10 mil armas nucleares distribuídas entre nove países.

Os fatos descritos nos últimos três parágrafos são obviamente os mesmos dos primeiros oito deste capítulo; apenas relatei os números da extremidade ruim das escalas, em vez da boa, ou subtraí as porcentagens mais esperançosas do total de 100%. Minha intenção ao apresentar o estado do mundo dessas duas maneiras não é mostrar que posso dizer que o copo está meio vazio ou meio cheio. É para reiterar que o progresso não é utopia, e que há espaço — com efeito, um imperativo — para nos esforçarmos para mantê-lo. Se pudermos sustentar as tendências dos oito primeiros parágrafos mediante o uso do conhecimento para aprimorar nosso florescimento, os números dos últimos três parágrafos deverão diminuir. Se vão chegar a zero é um problema com o qual podemos nos preocupar quando chegarmos mais perto. Mesmo que alguns consigam, certamente descobriremos mais danos para corrigir e novas formas de enriquecer a experiência humana. O Iluminismo é um processo contínuo de descoberta e melhoria.

Em que medida é razoável a esperança de progresso contínuo? Essa é a questão que vou examinar neste último capítulo dessa parte sobre progresso, antes de passar a tratar, no restante do livro, dos ideais necessários para concretizar essa esperança.

Começarei argumentando a favor do progresso contínuo. Começamos o livro com uma explicação não mística e não panglossiana do motivo por que o progresso é possível — ou seja, que a Revolução Científica e o Iluminismo deram início ao processo de utilização do conhecimento para melhorar a condição humana. Na época, os céticos podiam dizer: "Isso nunca vai funcionar". Mas mais de dois séculos depois, podemos dizer que *funcionou*: vimos seis dúzias de gráficos que justificaram a esperança de progresso ao representar aspectos em que o mundo tem melhorado.

As linhas que representam coisas boas ao longo do tempo não podem ser extrapoladas automaticamente para a direita e para cima, mas em muitos dos gráficos trata-se de uma boa aposta. É improvável acordarmos uma manhã e descobrirmos que nossas construções são mais inflamáveis, ou que as pessoas mudaram de ideia sobre relacionamentos inter-raciais ou a manutenção do emprego de professores gays. É improvável que os países em desenvolvimento fechem suas escolas e clínicas de saúde ou deixem de construir novas, justamente quando começam a gozar de seus frutos.

Sem dúvida, as mudanças que ocorrem na escala de tempo do jornalismo sempre mostrarão altos e baixos. As soluções criam novos problemas, que demoram para ser resolvidos. Mas, quando nos afastamos desses incidentes e contratempos, vemos que os indicadores do progresso humano são cumulativos: nenhum é cíclico, com os ganhos cancelados pelas perdas.[3]

Melhor ainda, as melhorias são cumulativas. Um mundo mais rico tem mais condições de proteger o meio ambiente, policiar suas gangues, fortalecer suas redes de segurança social e ensinar e curar seus cidadãos. Um mundo mais bem instruído e conectado se preocupa mais com o meio ambiente, permite menos autocratas e inicia menos guerras.

Os avanços tecnológicos que impulsionaram esse progresso só devem ganhar velocidade. A lei de Stein continua a obedecer ao corolário de Davies (as coisas que não podem durar para sempre podem durar muito mais do que você pensa), e a genômica, a biologia sintética, a neurociência, a inteligência artificial, a ciência dos materiais, a ciência dos dados e a análise de políticas baseadas em evidências estão florescendo. Sabemos que as doenças infecciosas podem ser extintas, e muitas estão programadas para se tornar coisa do passado. As doenças crônicas e degenerativas são mais recalcitrantes, mas o progresso gradativo em muitas delas (como câncer) tem se acelerado, e descobertas em outras (como o mal de Alzheimer) são prováveis.

O mesmo acontece com o progresso moral. A história nos diz que os costumes bárbaros não só podem ser reduzidos, mas essencialmente abolidos, permanecendo no máximo em alguns rincões de ignorância. Nem mesmo o pessimista mais alarmado espera o retorno de coisas como sacrifício humano, canibalismo, eunucos, haréns, escravidão, duelos, guerras familiares, enfaixamento de pés, queima de hereges, afogamento de feiticeiras, torturas e execuções públicas, infanticídio, espetáculos de monstruosidades ou ridicularização dos insanos. Embora não possamos prever quais barbarismos de hoje terão o mesmo destino dos leilões de escravos e dos autos de fé, estão a caminho disso a pena capital, a criminalização da homossexualidade e o sufrágio e a educação restrita a homens. Com mais algumas décadas, quem garante que não possam ser seguidas pela mutilação genital feminina, o crime de honra, o trabalho infantil, o casamento infantil, o totalitarismo, as armas nucleares e a guerra entre países?

Outras pragas são mais difíceis de extirpar porque dependem do comportamento de bilhões de indivíduos com todas as suas máculas humanas, e não de políticas adotadas por países inteiros em uma tacada. Mas, mesmo que não sejam varridas da face da Terra, podem ser reduzidas ainda mais, como a violência contra mulheres e crianças, os crimes de ódio, a guerra civil e o homicídio.

Posso apresentar essa visão otimista sem enrubescer, porque não é um devaneio ingênuo ou uma aspiração exagerada. É a visão do futuro mais fundamentada na realidade histórica, aquela que tem os fatos frios e consolidados ao seu lado. Depende apenas da possibilidade de que o que já aconteceu continuará a acontecer. Como Thomas Macaulay refletiu em 1830: "Não podemos absolutamente provar que está errado quem nos diz que a sociedade chegou a um ponto de inflexão, que já vimos nossos melhores dias. Mas assim disseram todos antes de nós, e com a mesma razão aparente. [...] Porém baseados em que princípio, quando não vemos nada senão melhorias atrás de nós, devemos esperar somente deterioração adiante?".[4]

Nos capítulos 10 e 19, examinei as respostas à pergunta de Macaulay, que previa um final catastrófico de todo o progresso sob a forma de mudança climática, guerra nuclear e outras ameaças existenciais. No resto deste, considerarei dois desdobramentos do século XXI que ficam aquém da catástrofe global, mas que foram vistos como uma sugestão de que nossos melhores dias estão no passado.

A primeira bruma de ameaça é a estagnação econômica. O ensaísta Logan Pearsall Smith observou: "Há poucas dores, por mais pungentes, para as quais uma boa renda seja inútil". A riqueza não fornece apenas as coisas óbvias que o dinheiro pode comprar, como nutrição, saúde, educação e segurança, mas também, no longo prazo, bens espirituais como paz, liberdade, direitos humanos, felicidade, proteção ambiental e outros valores transcendentes.[5]

A Revolução Industrial inaugurou mais de dois séculos de crescimento econômico, especialmente durante o período entre a Segunda Guerra Mundial e o início da década de 1970, quando o Produto Mundial Bruto per capita cresceu a uma taxa de cerca de 3,4% anuais, dobrando a cada vinte anos.[6] No final do século XX, os ecopessimistas advertiram que o crescimento econômico era insustentável porque esgotava os recursos naturais e poluía o planeta. Mas, no século XXI, surgiu o medo oposto: que o futuro não promete crescimento econômico de mais, mas de menos. Desde o início da década de 1970, a taxa anual de crescimento caiu em mais de metade, para cerca de 1,4%.[7] O crescimento de longo prazo é determinado, em grande parte, pela produtividade: o valor dos bens e serviços que um país pode produzir por dólar de investimento e pessoa/hora de trabalho. A produtividade, por sua vez, depende da sofisticação tecnológica: das habilidades dos trabalhadores do país e da eficiência de maquinaria, gerenciamento e infraestrutura. Da década de 1940 até a de 1960, a produtividade nos Estados Unidos cresceu a uma taxa anual de cerca de 2%, o que a dobraria a cada 35 anos. Desde então, cresceu a uma taxa em torno de 0,6%, o que exigiria mais de um século para duplicá-la.[8]

Alguns economistas temem que as baixas taxas de crescimento sejam a nova norma. De acordo com "a nova hipótese da estagnação secular" analisada por Lawrence Summers, até mesmo essas taxas insignificantes só podem ser mantidas (em conjunto com baixo desemprego) se os bancos centrais fixarem taxas de juros em zero ou valores negativos, o que poderia levar a instabilidade financeira e outros problemas.[9] Em um período de crescente desigualdade de renda, a estagnação secular poderia deixar a maioria das pessoas com uma renda estável ou em queda no futuro próximo. Se as economias pararem de crescer, as coisas podem ficar feias.

Ninguém sabe de fato por que o crescimento da produtividade diminuiu no início da década de 1970 ou como retomá-lo.[10] Alguns economistas, como Robert Gordon em seu livro de 2016 *The Rise and Fall of American Growth*, apontam para os ventos contrários demográficos e macroeconômicos, tais como menos pessoas empregadas sustentando mais aposentadas, a estabilização da expansão da educação, o crescimento da dívida pública e o aumento da desigualdade (que reduz a demanda por bens e serviços, porque as pessoas mais ricas gastam menos de sua renda do que as pessoas mais pobres).[11] Gordon acrescenta que as invenções mais transformadoras talvez já tenham sido inventadas. A primeira metade do século XX revolucionou o lar com eletricidade, água encanada, esgoto, telefone e aparelhos eletrodomésticos. Desde então, as casas não mudaram muito mais. Um bidê eletrônico com um assento aquecido é bom, mas não é como passar da latrina para um vaso com descarga.

Outra explicação é cultural: os Estados Unidos teriam perdido seu elã.[12] Os trabalhadores das regiões deprimidas deixaram de se mudar para lugares mais dinâmicos, apenas acionam o seguro por invalidez e abandonam a força de trabalho. Um princípio de precaução impede que alguém tente alguma coisa pela primeira vez. O capitalismo perdeu seus capitalistas: demasiado investimento está vinculado ao "capital grisalho", controlado por gerentes institucionais que buscam rendimentos seguros para aposentados. Jovens ambiciosos querem ser artistas e profissionais liberais, não empreendedores. Os investidores e o governo já não apoiam projetos ambiciosos. O empresário Peter Thiel lamentou: "Queríamos carros voadores; em vez disso, temos 140 caracteres".

Quaisquer que sejam suas causas, a estagnação econômica está na raiz de muitos outros problemas e representa um desafio significativo para os estrategistas econômicos e políticos do século XXI. Isso significa que o progresso foi bom enquanto durou, mas agora acabou? Improvável! Em primeiro lugar, um crescimento que é mais lento do que era durante os dias de glória do pós-guerra ainda é crescimento — na verdade, crescimento exponencial. O Produto Mundial Bruto aumentou em 51 dos últimos 55 anos, o que significa que, em cada um desses 51 anos (entre eles, os últimos seis), o mundo ficou mais rico do que no ano anterior.[13] Além disso, a estagnação secular é em grande parte um problema do Primeiro Mundo. Embora seja um tremendo desafio fazer com que os países mais desenvolvidos se tornem *ainda mais* desenvolvidos, ano após ano, os países menos desenvolvidos têm muito a fazer para vencer o atraso e podem crescer a taxas altas à medida que adotem as melhores práticas dos países ricos (capítulo 8). O maior progresso em andamento no mundo de hoje é a saída de bilhões de pessoas da extrema pobreza, e essa ascensão não precisa ser eclipsada pelo mal-estar americano e europeu.

Ademais, o crescimento da produtividade impulsionado pela tecnologia tem sua maneira de despontar no mundo.[14] As pessoas demoram um pouco para descobrir como fazer melhor uso das novas tecnologias, e as indústrias precisam de tempo para reequipar suas fábricas e práticas. A eletrificação, para tomar um exemplo de destaque, começou na década de 1890, mas demorou quarenta anos para que os economistas testemunhassem o aumento da produtividade que todos esperavam. A revolução do computador pessoal também teve um efeito latente antes de desencadear o crescimento da produtividade na década de 1990 (o que não é surpresa para quem adotou a nova máquina precocemente, como eu, que perdi muitas tardes da década de 1980 para instalar um mouse ou fazer uma impressora matricial imprimir itálico). O conhecimento de como aproveitar ao máximo as tecnologias do século XXI pode estar crescendo atrás de barragens que em breve irão estourar.

Ao contrário dos praticantes da ciência do desânimo, os observadores da tecnologia são enfáticos: estamos entrando numa era de abundância.[15] Bill Gates comparou a previsão de estagnação tecnológica com a previsão (apócrifa) feita em 1913 de que a guerra era obsoleta.[16] "Imagine um mundo de 9 bilhões de pessoas", escrevem o empresário da tecnologia Peter Diamandis e o jornalista Steven Kotler, "com água limpa, alimentos nutritivos, habitação a preços acessíveis, educação personalizada, cuidados médicos de nível superior e onipresente energia limpa."[17] Essa visão não vem de fantasias de *Os Jetsons*, mas de tecnologias que já estão funcionando, ou estão muito próximas disso.

Comecemos com o recurso que, em conjunto com a informação, é o único meio de evitar a entropia, e que literalmente impulsiona toda a economia: a energia. Como vimos no capítulo 10, a energia nuclear de quarta geração, sob a forma de pequenos reatores modulares, pode ser segura sem exigir grandes esforços para tanto, à prova de vazamento, sem desperdício, produzida em massa, de baixa manutenção, alimentada indefinidamente e mais barata do que o carvão. Painéis solares feitos com nanotubos de carbono podem ser cem vezes mais eficientes do que a corrente fotovoltaica, estendendo a lei de Moore para a energia solar. Sua energia pode ser armazenada em baterias de metal líquido: em teoria, uma bateria do tamanho de um contêiner de navio poderia alimentar um bairro;

uma do tamanho de um Walmart poderia alimentar uma cidade pequena. Uma rede inteligente poderia coletar a energia onde e quando é gerada e distribuí-la onde e quando fosse necessária. A tecnologia pode até mesmo dar vida a combustíveis fósseis: um novo projeto de uma usina a gás de emissões zero usa os gases de escape para acionar uma turbina, em vez de ferver água de forma ineficaz, e depois sequestra o CO_2 para o subterrâneo.[18]

A fabricação digital, combinando nanotecnologia, impressão 3-D e prototipagem rápida, pode produzir compósitos mais fortes e mais baratos do que o aço e o concreto, que podem ser impressos no local para a construção de casas e fábricas no mundo em desenvolvimento. A nanofiltragem pode purificar a água de agentes patogênicos, metais e até mesmo sal. Vasos sanitários high-tech não requerem conexões e transformam resíduos humanos em fertilizantes, água potável e energia. A irrigação de precisão e redes inteligentes para água, usando sensores baratos e IA em chips, poderiam reduzir o uso de água de um terço à metade. O arroz geneticamente modificado para substituir sua ineficiente via de fotossíntese C3 pela via C4 do milho e da cana tem um rendimento 50% maior, usa metade da água, muito menos fertilizantes e tolera temperaturas mais quentes.[19] Algas geneticamente modificadas podem tirar o carbono do ar e secretar biocombustíveis. Drones podem monitorar quilômetros de tubulações e ferrovias remotas e fornecer suprimentos médicos e peças sobressalentes para comunidades isoladas. Os robôs podem assumir postos de trabalho que os humanos odeiam, como minerar carvão, repor produtos em prateleiras e arrumar camas.

No campo da medicina, um dispositivo *lab-on-a-chip* poderia realizar uma biópsia líquida e detectar qualquer uma das centenas de doenças a partir de uma gota de sangue ou saliva. A inteligência artificial, processando *big data* sobre genomas, sintomas e históricos médicos, diagnosticará doenças com mais precisão do que o sexto sentido dos médicos e prescreverá medicamentos que combinem com nossas bioquímicas individuais. Células-tronco poderiam corrigir doenças autoimunes, como artrite reumatoide e esclerose múltipla, e preencher órgãos de cadáveres, órgãos cultivados em animais ou modelos impressos em 3-D com nosso próprio tecido. A interferência no ácido ribonucleico poderia silenciar genes inoportunos como aquele que regula o receptor de insulina gorda. As terapias de câncer podem ser reduzidas à assinatura genética única de um tumor, em vez de envenenar todas as células que se dividem no corpo.

A educação global poderia ser transformada. O conhecimento mundial já foi disponibilizado em enciclopédias, palestras, exercícios e conjuntos de dados para os bilhões de pessoas que usam um smartphone. Uma instrução individualizada pode ser fornecida através da internet para crianças no mundo em desenvolvimento por voluntários (a "Granny Cloud") e para alunos em qualquer lugar por tutores artificialmente inteligentes.

As inovações no canal de informação não são apenas uma lista de ideias bacanas. São resultado de um desenvolvimento histórico abrangente chamado de Novo Renascimento e a Segunda Era da Máquina.[20] Enquanto a Primeira Era da Máquina que emergiu da Revolução Industrial foi impulsionada pela energia, a segunda é impulsionada pelo outro recurso antientrópico: a informação. Sua promessa revolucionária provém do uso turbinado de informações para orientar todas as outras tecnologias, e da melhoria exponencial das próprias tecnologias de informação, como o poder de computação e a genômica.

A promessa da nova era da máquina também vem de inovações no próprio processo de inovação. Uma delas é a democratização de plataformas de invenção, como interfaces de programas de aplicação e impressoras 3-D, o que pode transformar qualquer um em profissional high-tech do faça-você-mesmo. Outra é o surgimento dos tecnofilantropos. Em vez de se limitarem a preencher cheques para ter seus nomes em salas de concerto, eles aplicam sua engenhosidade, suas conexões e suas demandas de resultados na solução de problemas globais. Uma terceira inovação é o empoderamento econômico de bilhões de pessoas através de smartphones, educação on-line e microfinanciamento. No bilhão de habitantes mais pobres do mundo, 1 milhão deles têm um QI de nível genial. Basta pensar em como seria o mundo se essa capacidade intelectual fosse plenamente usada!

A segunda era da máquina será capaz de tirar as economias da estagnação? Não podemos ter certeza, porque o crescimento econômico não depende apenas da tecnologia disponível, mas de como o capital financeiro e humano de uma nação é mobilizado para usá-la. Mesmo que as tecnologias sejam utilizadas em sua plenitude, seus benefícios podem não ser registrados pelas medidas econômicas padrão. O comediante Pat Paulsen certa vez observou: "Vivemos em um país onde até mesmo o produto nacional é bruto". A maioria dos economistas concorda que o PNB (ou seu parente próximo, o PIB) é um índice rudimentar de prosperidade econômica. Tem a virtude de ser fácil de medir, mas, como é apenas um cálculo do dinheiro que muda de mãos na produção de bens e serviços, não é o mesmo que a porção de riqueza de que as pessoas desfrutam. O problema do excedente do consumidor ou do paradoxo do valor sempre atormentou a quantificação da prosperidade (capítulos 8 e 9), e as economias modernas o estão tornando mais agudo.

Joel Mokyr observa que "estatísticas agregadas como o PIB per capita e seus derivados, como a produtividade dos fatores [...] foram projetados para uma economia de aço e trigo, não para uma em que informação e dados são o setor mais dinâmico. Muitos dos novos bens e serviços são caros de projetar, mas, uma vez em funcionamento, podem ser copiados a custos muito baixos ou nenhum. Isso significa que tendem a contribuir pouco para a produção medida, mesmo que seu impacto no bem-estar do consumidor seja muito grande".[21] A desmaterialização da vida que examinamos no capítulo 10, por exemplo, prejudica a observação de que uma casa de 2015 não parece muito diferente de uma de 1965. A grande diferença reside no que *não vemos*, porque se tornou obsoleto devido a tablets e smartphones, junto com as novas maravilhas, como o streaming de vídeo e o Skype. Além da desmaterialização, a tecnologia da informação iniciou um processo de *desmonetização*.[22] Muitas coisas que as pessoas costumavam pagar são agora gratuitas na prática, como anúncios classificados, notícias, enciclopédias, mapas, câmeras, chamadas de longa distância e o custo fixo de varejistas de tijolo e argamassa. As pessoas estão desfrutando esses bens mais do que nunca, mas eles desapareceram do PIB.

O bem-estar humano se desvinculou do PIB ainda de uma segunda maneira. À medida que as sociedades modernas se tornam mais humanistas, dedicam uma parte maior de suas riquezas a formas de aperfeiçoamento humano que não têm preço no mercado. Um artigo recente do *Wall Street Journal* sobre a estagnação econômica observou que uma parcela crescente de esforços inovadores foi direcionada para ar mais puro, carros mais seguros e medicamentos para "doenças órfãs" que afetam menos de 200 mil pessoas em todo o país cada uma.[23] Por falar nisso, a assistência médica em geral aumentou de 7% da pesquisa e desenvolvimento em 1960 para 25% em 2007. O jornalista financeiro que escreveu o artigo notou, quase com tristeza, que "os medicamentos são sintomáticos do aumento do valor que as sociedades afluentes atribuem à vida humana. [...] A pesquisa em saúde está deslocando a P&D que poderia ir para produtos de consumo mais mundanos. Com efeito, [...] o valor crescente da vida humana dita na prática um crescimento mais lento nos bens e serviços de consumo comuns — e estes constituem a maior parte do PIB medido". Uma interpretação natural é que essa substituição é uma prova da aceleração do progresso, e não de sua estagnação. As sociedades modernas, ao contrário do comediante sovina Jack Benny, têm uma resposta na ponta da língua para a exigência do assaltante: "A bolsa ou a vida".

Uma ameaça muito diferente ao progresso humano é um movimento político que busca minar os fundamentos do Iluminismo. A segunda década do século XXI testemunhou a ascensão de um movimento contra o Iluminismo chamado populismo — mais precisamente, populismo autoritário.[24] O populismo exige a soberania direta do "povo" de um país (em geral um grupo étnico, às vezes uma classe) encarnado num líder forte que canaliza diretamente a autêntica virtude e experiência desse povo.

O populismo autoritário pode ser considerado uma reação de elementos da natureza humana — tribalismo, autoritarismo, demonização, pensamento de soma zero — contra as instituições do Iluminismo projetadas para contorná-los. Por se concentrar na tribo, e não no indivíduo, não abre espaço para a proteção dos direitos das minorias ou para a promoção do bem-estar humano em todo o mundo. Por não reconhecer que o conhecimento obtido a tanto custo é a chave para a melhoria social, menospreza as "elites" e os "especialistas" e subestima o mercado das ideias, inclusive a liberdade de expressão, a diversidade de opinião e a verificação factual de alegações que servem a seus próprios interesses. Por valorizar um líder forte, o populismo negligencia as limitações da natureza humana e despreza as instituições governadas por normas e os controles constitucionais que limitam o poder de atores humanos defeituosos.

O populismo existe em variedades de esquerda e de direita, que compartilham uma teoria popular da economia como competição de soma zero: entre classes econômicas no caso da esquerda, entre nações ou grupos étnicos no caso da direita. Os problemas não são vistos como desafios inevitáveis em um universo indiferente, mas como projetos malévolos de elites insidiosas, minorias ou estrangeiros. Quanto ao progresso, esqueça: o populismo olha para trás, para uma época em que a nação era etnicamente homogênea, os valores religiosos e religiosos ortodoxos prevaleciam, e as economias eram movidas pela agricultura e pela manufatura, que produziam bens tangíveis para o consumo local e para exportação.

O capítulo 23 investigará de forma mais profunda as raízes intelectuais do populismo autoritário; aqui vou me concentrar em sua recente ascensão e seu possível futuro. Em 2016, os partidos populistas (a maioria de direita) atraíram 13,2% dos votos nas eleições parlamentares europeias anteriores (na década de 1960, somavam 5,1%) e entraram nas coalizões governamentais de onze países, assumindo o governo na Hungria e na Polônia.[25] Mesmo quando não estão no poder, os partidos populistas podem fazer pressão para impor suas agendas, como aconteceu na catalisação do referendo Brexit de 2016, no qual 52% dos britânicos votaram por deixar a União Europeia. E, naquele ano, Donald Trump foi eleito para a presidência dos Estados Unidos com uma vitória do Colégio Eleitoral, embora com a minoria do voto popular (46%, menos do que os 48% de Hillary Clinton). Nada capta melhor o espírito do populismo tribalista e retrógrado do que o slogan da campanha de Trump: "Tornar a América grande de novo".

Ao escrever os capítulos sobre o progresso, resisti à pressão dos leitores de rascunhos anteriores para encerrar cada um deles com um alerta: "Mas todo esse progresso está ameaçado se Donald Trump fizer o que quer fazer". Ameaçado certamente está. Represente ou não o ano de 2017 um ponto de inflexão na história, vale a pena rever as ameaças, ainda que apenas para entender a natureza do progresso que ameaçam.[26]

- A **vida** e a **saúde** expandiram-se, em grande parte, graças a vacinação e outras intervenções bem testadas, e entre as teorias de conspiração que Trump endossou está a alegação desmascarada há muito tempo de que os conservantes em vacinas causam autismo. Os ganhos também foram assegurados por um amplo acesso aos tratamentos médicos, e ele pressionou para impor uma legislação que retiraria o seguro de saúde de dezenas de milhões de americanos, uma inversão na tendência em direção a gastos sociais benéficos.
- As melhorias mundiais em **riqueza** provêm de uma economia globalizada, impulsionada em grande parte pelo comércio internacional. Trump é um protecionista que vê o comércio internacional como uma competição de soma zero entre países e está empenhado em destruir os acordos de comércio internacional.
- O crescimento da **riqueza** será impulsionado também por inovação tecnológica, educação, infraestrutura, aumento do poder de compra das classes médias e baixas, restrições ao nepotismo e à plutocracia que distorcem a concorrência no mercado e regulamentos sobre finanças que

reduzam a probabilidade de bolhas e quebras. Além de ser hostil ao comércio, Trump é indiferente à tecnologia e à educação e defensor de cortes regressivos de impostos sobre os ricos, ao mesmo tempo que nomeia magnatas empresariais e financeiros indiscriminadamente hostis à regulamentação para o seu gabinete.

- Ao capitalizar as preocupações sobre **desigualdade**, Trump demonizou os imigrantes e os parceiros comerciais, ignorando a principal destruidora de empregos da baixa classe média: a mudança tecnológica. Ele também se opôs às medidas que mais mitigam com êxito seus danos, a saber: tributação progressiva e gastos sociais.
- O **meio ambiente** beneficiou-se de regulamentos sobre poluição do ar e da água que coexistiram com o crescimento da população, do PIB e das viagens. Trump acredita que a regulamentação ambiental é economicamente destrutiva; pior ainda, referiu-se à mudança climática como uma fraude e anunciou uma retirada do histórico Acordo de Paris.
- A **segurança** também foi muito aprimorada por regulamentações federais, diante das quais Trump e seus aliados se mostram desdenhosos. Embora tenha cultivado uma reputação de lei e ordem, ele está visceralmente desinteressado em uma política baseada em evidências que diferencie as medidas efetivas de prevenção ao crime de um discurso repressivo inútil.
- A **paz** do pós-guerra foi cimentada por comércio, **democracia**, acordos e organizações internacionais e normas contra conquistas territoriais. Trump vilipendiou o comércio externo e ameaçou contestar os acordos e enfraquecer as organizações internacionais. É um admirador de Vladimir Putin, que reverteu a democratização da Rússia, tentou minar a democracia nos Estados Unidos e na Europa com ataques cibernéticos, ajudou a prosseguir a guerra mais destrutiva do século XXI na Síria, fomentou guerras menores na Ucrânia e na Geórgia e desafiou o tabu do pós-guerra contra a conquista territorial com sua anexação da Crimeia. Vários membros do governo Trump colaboraram em segredo com a Rússia num esforço para levantar as sanções contra aquele país, enfraquecendo um importante mecanismo de punição pelo não cumprimento dos regulamentos da guerra.
- A **democracia** depende tanto de proteções constitucionais explícitas, como

a liberdade de imprensa, quanto de normas compartilhadas, em particular que a governança política seja determinada pelo estado de direito e a competição não violenta, e não pela vontade de poder de um líder carismático. Trump propôs afrouxar as leis de difamação contra jornalistas, estimulou a violência contra seus críticos em seus comícios, não se comprometeu a respeitar o resultado das eleições de 2016 caso não vencesse, tentou desacreditar a contagem desfavorável de votos populares, ameaçou prender sua oponente nas eleições e atacou a legitimidade do sistema judicial quando contestou suas decisões: são todas medidas que caracterizam um ditador. Em termos globais, a resiliência da democracia depende em parte do seu prestígio na comunidade das nações, e Trump elogiou os autocratas de Rússia, Turquia, Filipinas, Tailândia, Arábia Saudita e Egito, enquanto menosprezava aliados democráticos como a Alemanha.

- Os ideais de tolerância, igualdade e **direitos iguais** sofreram grandes golpes simbólicos durante sua campanha e no início de seu governo. Trump demonizou os imigrantes hispânicos, propôs proibir completamente a imigração muçulmana (e tentou impor uma proibição parcial depois que foi eleito), menosprezou seguidas vezes as mulheres, tolerou expressões vulgares de racismo e sexismo em seus comícios, aceitou o apoio de grupos supremacistas brancos e os equiparou a seus oponentes, e nomeou um estrategista e um procurador-geral que são hostis ao movimento dos direitos civis.
- O ideal do **conhecimento** — segundo o qual as opiniões de alguém devem basear-se em crenças verdadeiras e justificadas — foi ridicularizado pela repetição de Trump de teorias conspiratórias absurdas: que Obama nasceu no Quênia, que o pai do senador Ted Cruz esteve envolvido no assassinato de John F. Kennedy, que milhares de muçulmanos de Nova Jersey celebraram o Onze de Setembro, que o juiz Antonin Scalia foi assassinado, que Obama teve seus telefones grampeados, que milhões de eleitores ilegais lhe custaram o voto popular e literalmente dezenas de outras falsidades. O site de checagem de fatos PolitiFact concluiu que 69% das declarações públicas de Trump verificadas eram "Em sua maior parte falsas", "Falsas" ou "Calça quente" (a expressão que usaram para mentiras ultrajantes, que crianças gritam quando zombam de um mentiroso: "Mente,

mente, calça quente"*).[27] Todos os políticos manipulam a verdade, e todos mentem às vezes (uma vez que todos os seres humanos manipulam a verdade e às vezes mentem), mas a afirmação descarada de Trump de mentiras que podem ser imediatamente desmascaradas (como aquela de que sua vitória na eleição foi esmagadora) mostra que ele vê o discurso público não como um meio de encontrar um terreno comum baseado na realidade objetiva, mas como uma arma para projetar dominação e humilhar os rivais.

- O mais assustador é que Trump resiste às normas que protegem o mundo da possível **ameaça existencial** de guerra nuclear. Ele questionou o tabu sobre o uso de armas nucleares, tuitou sobre a retomada da corrida armamentista, ruminou sobre incentivar a proliferação de armas de outros países, procurou revogar o acordo que impede o Irã de desenvolver armas nucleares e provocou Kim Jong-un com uma possível guerra nuclear com a Coreia do Norte. O pior de tudo é que a cadeia de comando confere ao presidente americano um enorme poder discricionário sobre o uso de armas nucleares numa crise, sob o pressuposto tácito de que nenhum presidente agirá de forma precipitada numa questão tão grave. No entanto, Trump tem um temperamento que é notoriamente impulsivo e vingativo.

Nem mesmo um otimista nato consegue ver um pônei nessa meia de Papai Noel. Mas Donald Trump (e o populismo autoritário em geral) de fato será suficiente para desfazer um quarto de milênio de progresso? Há razões para não tomar veneno ainda. Se um movimento continuou durante décadas ou séculos, provavelmente existem forças sistemáticas por trás, e muitas partes interessadas em que não seja revertido precipitadamente.

Conforme planejada pelos fundadores dos Estados Unidos, a presidência não é uma monarquia rotativa. O presidente dirige uma rede de poder distribuída (menosprezada pelos populistas, que a chamam de o "Estado profundo"), que sobrevive a governantes individuais e leva a cabo o negócio do governo sob restrições do mundo real que não podem ser facilmente apagadas por filas de claques populistas ou pelos caprichos do homem que está no topo. Isso inclui legisladores

* Em inglês, *"Liar, liar, pants os fire"*. (N. T.)

que precisam responder a eleitores e lobistas, juízes com reputação de probidade a sustentar e executivos, burocratas e funcionários responsáveis pelas missões de seus departamentos. Os instintos autoritários de Trump estão submetendo as instituições da democracia americana a uma prova de resistência, mas até agora ele foi obrigado a recuar em várias frentes. Os secretários do gabinete repudiaram publicamente vários gracejos, tuítes e farpas; os tribunais derrubaram medidas inconstitucionais; senadores e congressistas contrariaram a orientação partidária para votar contra leis destrutivas; o Departamento de Justiça e os comitês do Congresso estão investigando os laços do governo com a Rússia; um chefe do FBI anunciou publicamente a tentativa de Trump de intimidá-lo (provocando uma conversa sobre impeachment por obstrução da justiça); e sua própria equipe, consternada com o que vê, vaza de tempos em tempos fatos comprometedores para a imprensa — tudo isso nos primeiros seis meses de governo.

Governos estaduais e locais estão tirando o espaço de manobra do presidente, pois estão mais próximos dos fatos; também os governos de outras nações, dos quais não se pode esperar que priorizem tornar os Estados Unidos grande de novo; e até a maioria das grandes empresas, que se beneficiam da paz, da prosperidade e da estabilidade. A globalização, em particular, é uma maré impossível de recuar, seja o governante que for. Muitos dos problemas de um país são inerentemente globais, como migrações, pandemias, terrorismo, crimes cibernéticos, proliferação nuclear, Estados párias e meio ambiente. Fingir que não existem não é sustentável para sempre, e eles só podem ser resolvidos mediante a cooperação internacional. Tampouco os benefícios da globalização — bens mais acessíveis, mercados maiores para exportações, redução da pobreza global — podem ser negados indefinidamente. E com a internet e as viagens mais baratas, não haverá interrupção do fluxo de pessoas e ideias (em especial, como veremos, entre os mais jovens). Quanto à batalha contra a verdade e os fatos, no longo prazo há uma vantagem inerente a favor dos últimos: quando você para de acreditar neles, eles não deixam de existir.[28]

A questão mais profunda é se a ascensão dos movimentos populistas, qualquer que seja o dano que causem no curto prazo, representa a forma das coisas por vir — se, como lamentou/regozijou-se um editorial recente do *Boston Globe*, "o Iluminismo já teve seu momento".[29] Os eventos por volta de 2016 implicam de fato que o mundo está voltando para a Idade Média? Tal como acontece com os céticos da mudança climática, que se sentem triunfantes quando o dia amanhece muito frio, é fácil exagerar na interpretação de acontecimentos recentes.

Por exemplo, as últimas eleições não foram um referendo sobre o Iluminismo. No duopólio político americano, qualquer candidato republicano começa de um piso partidário de pelo menos 45% dos votos em uma disputa de dois concorrentes, e Trump foi derrotado no voto popular por 46% a 48%, ao mesmo tempo que se beneficiou de artimanhas eleitorais e de erros de avaliação da campanha de Hillary Clinton. E Barack Obama — que em seu discurso de despedida *atribuiu ao Iluminismo* o "espírito essencial deste país" — deixou o cargo com uma aprovação de 58%, acima da média dos presidentes de partida.[30] Trump assumiu o cargo com uma aprovação de 40%, a mais baixa para um novo presidente, e durante os primeiros sete meses despencou para 34%, pouco mais da metade da avaliação média dos nove presidentes anteriores no mesmo ponto de seus mandatos.[31]

As eleições europeias também não são sondagens profundas de um compromisso com o humanismo cosmopolita, mas reações a um conjunto de questões recentes com alta carga emocional. Entre elas estão o euro (moeda que provoca ceticismo entre muitos economistas), a regulamentação intrusiva de Bruxelas e a pressão para aceitar um grande número de refugiados do Oriente Médio justamente quando temores do terrorismo islâmico (ainda que desproporcional ao risco) eram atiçados por horríveis ataques. Mesmo assim, os partidos populistas atraíram somente 13% dos votos nos últimos anos e perderam tantos assentos em parlamentos nacionais quanto conquistaram.[32] No ano seguinte aos choques Trump e Brexit, o populismo de direita foi repudiado nas eleições da Holanda, do Reino Unido e da França, onde o novo presidente Emmanuel Macron proclamou que a Europa estava "esperando que defendêssemos o espírito do Iluminismo, ameaçado em tantos lugares".[33]

Muito mais importantes do que os eventos políticos de meados da década de 2010, porém, são as tendências sociais e econômicas que fomentaram o populismo autoritário — e, o que é mais pertinente a este capítulo, que podem predizer seu futuro.

Os eventos históricos benéficos muitas vezes criam perdedores junto com vencedores, e os aparentes derrotados na economia da globalização (ou seja, as classes mais baixas dos países ricos) costumam ser partidários do populismo autoritário. Para os deterministas econômicos, isso é suficiente para explicar a ascensão do movimento. Mas os analistas examinaram os resultados das eleições como os investigadores que inspecionam os destroços no local de um acidente de avião, e agora sabemos que a explicação econômica está errada. Nas eleições americanas, os eleitores dos dois setores de renda mais baixos votaram em *Clinton* (52% a 42%), assim como aqueles que identificaram a "economia" como a questão mais importante. A maioria dos eleitores nos quatro segmentos de renda *mais alta* votou em Trump, e os eleitores de Trump apontaram "imigração" e "terrorismo", e não "a economia", como as questões mais importantes.[34]

O metal retorcido revelou pistas mais promissoras. O estatístico Nate Silver começou assim um artigo: "Às vezes, a análise estatística é complicada, e às vezes um achado simplesmente pula para fora da página". Esse achado saltou diretamente da página para o título do artigo: "A educação, e não a renda, previu quem votaria em Trump".[35] Por que a educação teve tanta importância? Duas explicações desinteressantes são que indivíduos mais instruídos se filiam a uma tribo política liberal e que a educação pode ser uma melhor prognosticadora de segurança econômica no longo prazo do que a renda atual. Uma explicação mais interessante é que a educação expõe os adultos jovens a outras raças e culturas de uma maneira que torna mais difícil demonizá-las. A mais interessante de todas é a probabilidade de que a educação, quando faz o que deve fazer, instila o respeito pelos fatos verificados e argumentos fundamentados e, portanto, vacina as pessoas contra teorias conspiratórias, raciocínio anedótico e demagogia emocional.

Em outro achado que saltou da página, Silver descobriu que o mapa regional do apoio a Trump não se sobrepunha muito bem aos mapas de desemprego, religião, posse de armas ou a proporção de imigrantes. Mas alinhava-se com o mapa das buscas da palavra *nigger* no Google, o que Seth Stephens-Davidowitz mostrou ser um indicador confiável de racismo (capítulo 15).[36] Isso não significa que a maioria dos partidários de Trump seja racista. Mas o racismo aberto esconde-se no ressentimento e na desconfiança, e a sobreposição sugere que as regiões do país que deram a vitória a Trump no Colégio Eleitoral são aquelas com maior resistência ao processo de décadas de integração racial e de promoção de interesses de minorias (em particular, preferências raciais, que eles veem como discriminação inversa contra si).

Entre as perguntas da pesquisa de boca de urna que sondam questões de comportamento em geral, o fator mais consistente de previsão do apoio a Trump era o pessimismo.[37] Entre os partidários de Trump, 69% achavam que o país estava "seriamente fora dos trilhos" e demonstravam a mesma amargura a respeito do funcionamento do governo federal e da vida da próxima geração de americanos.

Do outro lado do oceano, os cientistas políticos Ronald Inglehart e Pippa Norris detectaram padrões semelhantes em sua análise de 268 partidos políticos em 31 países europeus.[38] Eles descobriram que as questões econômicas têm desempenhado um papel menor nos manifestos dos partidos há décadas e que as não econômicas ocupam um espaço maior. O mesmo acontece com a distribuição dos eleitores. O apoio aos partidos populistas não é mais forte entre trabalhadores manuais, mas na "pequena burguesia" (comerciantes autônomos e proprietários de pequenas empresas), seguidos de supervisores e técnicos. Os eleitores populistas são mais velhos, mais religiosos, mais rurais, menos instruídos e com maior probabilidade de ser do sexo masculino e membros da maioria étnica. Abraçam valores autoritários, situam-se à direita no espectro político e não gostam da imigração e da governança global e nacional.[39] Os eleitores do Brexit também eram mais velhos, mais rurais e menos instruídos do que aqueles que votaram pela permanência na União Europeia: 66% dos que tinham educação secundária votaram pela saída, mas apenas 29% dos que tinham diploma universitário fizeram o mesmo.[40]

Inglehart e Norris concluíram que os partidários do populismo autoritário são os perdedores, não tanto da competição econômica, mas da competição *cultural*. Os eleitores que são do sexo masculino, religiosos, menos instruídos e membros da maioria étnica "sentem que se tornaram estranhos aos valores predominantes em seu próprio país, deixados para trás por ondas progressistas de mudanças culturais que não compartilham. [...] A revolução silenciosa iniciada na década de 1970 parece ter gerado uma reação ressentida contrarrevolucionária hoje".[41] Paul Taylor, analista político do Pew Research Center, destacou a mesma contracorrente nos resultados das pesquisas americanas: "A tendência geral é no sentido de opiniões mais liberais sobre uma série de questões, mas isso não significa que o país inteiro concorde com elas".[42]

Embora a fonte da reação populista possa ser encontrada em correntes da modernidade que têm engolfado o mundo há algum tempo — globalização, diversidade racial, empoderamento das mulheres, secularismo, urbanização, educação —, seu sucesso eleitoral em determinado país depende do surgimento de uma liderança política que possa canalizar esse ressentimento. Países vizinhos com culturas comparáveis podem, portanto, diferir no grau em que o populismo ganha força: na Hungria mais do que na República Tcheca, na Noruega mais do que na Suécia, na Polônia mais do que na Romênia, na Áustria mais do que na Alemanha, na França mais do que na Espanha e nos Estados Unidos mais do que no Canadá. (Em 2016, Espanha, Canadá e Portugal não tinham nenhum legislador de partidos populistas.)[43]

Como se desenrolará a tensão entre o humanismo liberal, cosmopolita e iluminista que domina o mundo há décadas e o populismo regressivo, autoritário e tribal que tenta tomar a ofensiva? Não é provável que as grandes forças de longo prazo que conduziram o progresso — mobilidade, conectividade, educação, urbanização — venham a se reverter, tampouco a pressão em favor da igualdade das mulheres e das minorias étnicas.

Todas essas previsões, é evidente, são conjecturais. Mas uma é tão certa quanto a primeira metade da expressão idiomática "morte e impostos": o populismo é um movimento de velhos. Como mostra a figura 20.1, o apoio aos três recrudescimentos — Trump, Brexit e partidos populistas europeus — cai vertiginosamente com o ano de nascimento. (O movimento *alt-right* de direita alternativa, que se sobrepõe ao populismo, tem uma participação jovem, mas, apesar de toda a sua notoriedade, é uma insignificância eleitoral, que conta com 50 mil pessoas, ou 0,02% da população americana.)[44] O comportamento por idade não é surpreendente, pois vimos no capítulo 15 que, no século XX, cada coorte etária foi mais tolerante e liberal do que a anterior (ao mesmo tempo que todas as coortes tenderam para o lado liberal). Isso levanta a possibilidade de que a Geração Silenciosa e os *baby boomers* mais velhos levarão o populismo autoritário com eles à medida que forem morrendo.

É evidente que as coortes do presente não dizem nada sobre a política do futuro se as pessoas mudam de valores à medida que envelhecem. Se você for populista aos 25 anos, talvez não tenha coração e, se não for populista aos 45 anos, talvez não tenha cérebro (para adaptar um meme sobre liberais, socialistas, comunistas, esquerdistas, republicanos, democratas e revolucionários atribuído às fontes de sempre, entre elas Victor Hugo, Benjamin Disraeli, George Bernard Shaw, Georges Clemenceau, Winston Churchill e Bob Dylan). Mas quem quer que tenha dito a frase (provavelmente o jurista do século XIX Anselme Batbie, que, por sua vez, a atribuiu a Edmund Burke), e seja qual for o sistema de crença a que

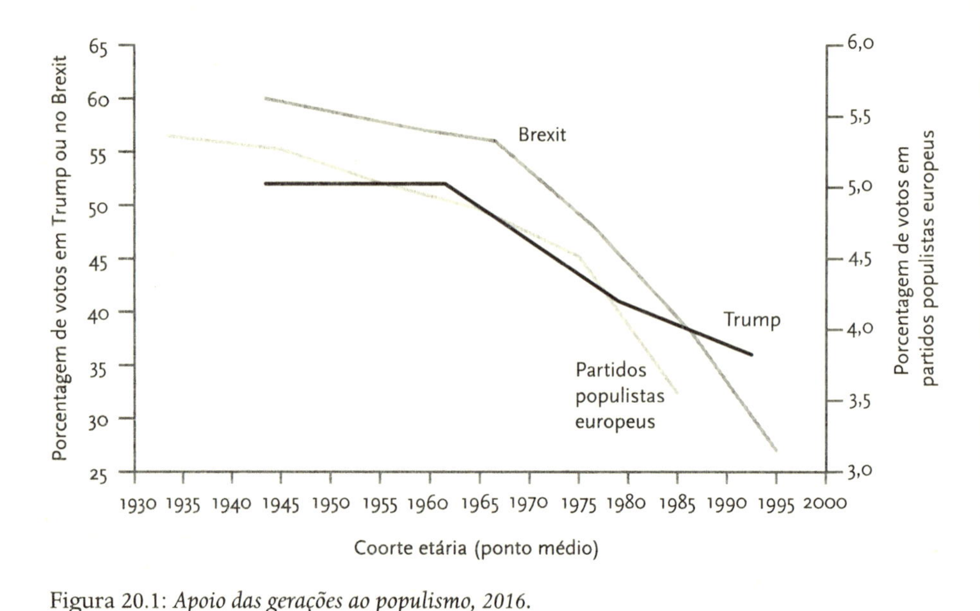

Figura 20.1: *Apoio das gerações ao populismo, 2016.*

FONTES: Trump: pesquisas de boca de urna realizadas por Edison Research, *New York Times*, 2016. Brexit: pesquisas de boca de urna realizadas por Lord Ashcroft Polls, *BBC News Magazine*, 24 jun. 2016, <http://www.bbc.com/news/magazine-36619342>. Partidos populistas europeus (2002-14): Inglehart e Norris, 2016, fig. 8. Os dados para cada coorte etária estão representados no ponto médio de sua extensão.

deveria se aplicar, a alegação sobre os efeitos do ciclo de vida na orientação política é falsa.[45] Como vimos no capítulo 15, os indivíduos carregam consigo seus valores emancipadores à medida que envelhecem, em vez de deslizarem para o antiprogressismo. E uma análise recente dos eleitores americanos no século XX feita pelos cientistas políticos Yair Ghitza e Andrew Gelman mostrou que os americanos não votam consistentemente em presidentes mais conservadores à medida que envelhecem. As preferências eleitorais são moldadas por sua experiência cumulativa sobre a popularidade dos presidentes ao longo de suas vidas, com um pico de influência na faixa de catorze a 24 anos.[46] Os jovens eleitores que rejeitam o populismo hoje provavelmente não o aceitarão amanhã.

Como podemos nos contrapor à ameaça populista aos valores do Iluminismo? A insegurança econômica não é a força propulsora, portanto as estratégias de redução da desigualdade de renda e de conversar com operários demitidos da indústria siderúrgica e tentar sentir sua dor, por mais louváveis que sejam, serão provavelmente ineficazes. O ressentimento cultural parece ser a força motriz;

portanto evitar retóricas, simbolismos e políticas identitárias desnecessariamente polarizadores pode ajudar a recrutar, ou pelo menos não repelir, eleitores que não sabem com certeza a qual equipe pertencem (veremos mais sobre isso no capítulo 21). Uma vez que os movimentos populistas conseguiram uma influência desproporcional ao seu número de militantes, isso ajudaria a corrigir distorções no processo eleitoral, como a manipulação dos limites dos distritos e formas de representação desproporcional que dão excesso de peso às áreas rurais (como o Colégio Eleitoral americano). Ajudaria também uma cobertura jornalística que ligasse a reputação dos candidatos ao seu histórico de probidade e coerência, em vez de enfatizar gafes e escândalos triviais. Parte do problema se dissipará no longo prazo com a urbanização: é impossível manter as pessoas nas fazendas. E parte se dissipará com a demografia. Como foi dito sobre a ciência, às vezes a sociedade avança de funeral em funeral.[47]

Contudo, um enigma da ascensão do populismo autoritário é o motivo pelo qual uma proporção chocante dos setores da população cujos interesses estavam mais ameaçados pelo resultado das eleições, como os jovens britânicos pelo Brexit e afro-americanos, latinos e a Geração Y americana por Trump, ficou em casa no dia das eleições.[48] Isso nos traz de volta a um tema central deste livro e à minha pequena receita para fortalecer o atual humanismo esclarecido contra a mais recente reação contra o Iluminismo.

Acredito que a mídia e a intelectualidade foram cúmplices da representação feita pelos populistas das nações ocidentais modernas como tão injustas e disfuncionais que nada menos que uma guinada radical poderia melhorá-las. "Invada a cabine ou morra!", esbravejou um ensaísta conservador, comparando o país com o voo sequestrado em Onze de Setembro e derrubado por um motim de passageiros.[49] "Prefiro ver o império reduzido a cinzas por Trump, abrindo pelo menos a possibilidade de mudanças radicais, do que rodar no piloto automático com Clinton", provocou um defensor de esquerda da "política incendiária".[50] Até mesmo editorialistas moderados de jornais tradicionais costumam descrever o país como um inferno de racismo, desigualdade, terrorismo, patologia social e instituições falidas.[51]

O problema da retórica distópica é que se as pessoas acreditarem que o país é uma caçamba de lixo em chamas, serão receptivas ao eterno recurso dos demagogos: "O que você tem a perder?". Se, em vez disso, os meios de comunicação e os intelectuais pusessem os acontecimentos em contexto estatístico e histórico, poderiam ajudar a responder a essa pergunta. Os regimes radicais — da Alemanha nazista e da China maoista à Venezuela e à Turquia contemporâneas — mostram que as pessoas têm muitíssimo a perder quando autoritários carismáticos que reagem a uma "crise" atropelam as normas e instituições democráticas e comandam seus países pela força de suas personalidades.

Uma democracia liberal é uma conquista preciosa. Enquanto o messias não vier, ela sempre terá problemas, mas é melhor resolvê-los do que iniciar uma conflagração e esperar que algo melhor surja das cinzas e das carcaças. Ao não prestar atenção nas dádivas da modernidade, os críticos sociais envenenam os eleitores contra guardiões responsáveis e reformadores graduais que podem consolidar o tremendo progresso que desfrutamos e fortalecer as condições que nos trarão mais avanços.

O maior desafio de defender a modernidade é que, quando o nariz está a poucos centímetros das notícias, o otimismo pode parecer ingênuo ou, no novo clichê favorito dos especialistas sobre as elites, "fora de contato com a realidade". No entanto, em um mundo fora dos mitos heroicos, o único tipo de progresso que podemos ter é um tipo fácil de não perceber enquanto o vivemos. Como o filósofo Isaiah Berlin destacou, o ideal de uma sociedade perfeitamente justa, igual, livre, saudável e harmoniosa, que as democracias liberais nunca conseguem, é uma fantasia perigosa. As pessoas não são clones numa monocultura, então o que satisfaz a um irá frustrar outro, e a única maneira pela qual podem acabar iguais é se forem tratados de forma desigual. Além disso, entre os privilégios adicionais da liberdade está a liberdade de ferrar com a própria vida. As democracias liberais podem progredir, mas somente contra um pano de fundo constante de acordos complicados e reformas constantes:

> Os filhos obtiveram o que seus pais e avós desejavam — maior liberdade, maior bem-estar material, uma sociedade mais justa; porém os velhos males são esquecidos e os filhos enfrentam novos problemas, resultantes da própria solução dos antigos, e estes, mesmo que possam ser solucionados, geram novas situações e com elas novos requisitos — e assim por diante, para sempre — e de forma imprevisível.[52]

Tal é a natureza do progresso. Empurram-nos para a frente a engenhosidade, a solidariedade e as instituições benignas. Puxam-nos para trás os lados mais escuros da natureza humana e a segunda lei da termodinâmica. Kevin Kelly explica como essa dialética pode, não obstante, resultar em movimento para a frente:

> Desde o Iluminismo e a invenção da ciência, conseguimos criar um pouco mais do que destruímos a cada ano. Mas essa diferença positiva de poucos pontos percentuais vai se somando ao longo de décadas para compor o que poderíamos chamar de civilização. [...] [O progresso] é uma ação de auto-ocultamento visto somente em retrospectiva. É por isso que digo às pessoas que meu grande otimismo em relação ao futuro está enraizado na história.[53]

Não temos um nome cativante para uma agenda construtiva que concilie ganhos de longo prazo com contratempos de curto prazo, correntes históricas com ação humana. A palavra "otimismo" não é muito correta, porque a crença de que as coisas sempre melhorarão não é mais racional do que a crença de que as coisas sempre piorarão. Kelly sugere "protopia", com o prefixo de *progresso* e de *processo*. Outros sugeriram "confiança pessimista", "otirrealismo" e "gradualismo radical".[54] O meu favorito vem de Hans Rosling, que, ao ser perguntado se era otimista, respondeu: "Não sou otimista. Sou um possibilista muito sério".[55]

PARTE III

RAZÃO, CIÊNCIA E HUMANISMO

As ideias dos economistas e dos filósofos políticos, tanto quando estão corretas como quando estão erradas, são mais poderosas do que é comumente entendido. Com efeito, o mundo é governado por pouco mais do que isso. Os homens práticos, que acreditam estar isentos de quaisquer influências intelectuais, em geral são escravos de algum economista defunto. Os malucos no poder, que ouvem vozes no ar, destilam seus desvarios de algum escriba acadêmico de alguns anos atrás. Tenho certeza de que o poder dos interesses particulares é imensamente exagerado em comparação com o enraizamento gradual das ideias.

John Maynard Keynes

As ideias têm importância. O *Homo sapiens* é uma espécie que vive de sua inteligência, inventando e agrupando noções sobre como o mundo funciona e sobre a melhor maneira de seus membros levarem a vida. Não pode haver melhor prova do poder das ideias do que a influência irônica do filósofo político que mais insistiu no poder dos interesses particulares, o homem que escreveu que "as ideias dominantes de cada época sempre foram as ideias de sua classe dominante". Karl Marx não era dotado de riqueza, nem comandava nenhum exército, mas as ideias que escreveu na sala de leitura do Museu Britânico moldaram o curso do século XX e além, afetando a vida de bilhões de pessoas.

Esta parte do livro resume minha defesa das ideias do Iluminismo. A primeira parte delineou esses ideais; a segunda mostrou que elas funcionam. Agora é hora de defendê-las contra alguns inimigos surpreendentes — não apenas populistas e fundamentalistas religiosos, mas facções da cultura intelectual dominante. Pode parecer quixotesco fazer uma defesa do Iluminismo contra professores, críticos, especialistas e seus leitores, porque, se fossem questionados sobre esses ideais à queima-roupa, poucos os renegariam. Mas o compromisso dos intelectuais com esses ideais é frágil. O coração de muitos deles está em outro lugar, e poucos estão dispostos a apresentar uma defesa positiva. Os ideais do Iluminismo, assim indefesos, desaparecem no fundo como um padrão sem graça e se tornam um ralo para cada problema social não resolvido (que sempre serão muitos). Ideias antiprogressistas, como o autoritarismo, o tribalismo e o pensamento mágico, fazem o sangue ferver rápido, e não lhes faltam defensores. Não é uma luta justa.

Embora eu espere que os ideais do Iluminismo se tornem mais enraizados no público em geral — inclusive fundamentalistas, populistas raivosos e todo o resto —, não reivindico competência nas artes sombrias da persuasão em massa, da mobilização popular ou de memes virais. O que se segue são argumentos dirigidos a pessoas que se preocupam com argumentos. Esses argumentos podem ser importantes, porque os homens e mulheres práticos e malucos no poder são afetados, direta ou indiretamente, pelo mundo das ideias. Vão à universidade. Leem revistas intelectuais, mesmo que seja apenas na sala de espera do dentista. Assistem aos noticiários de domingo na televisão. São pautados por membros da equipe que assinam publicações eruditas e assistem a TED Talks. Frequentam fóruns de discussão na internet que são iluminados ou obscurecidos pelos hábitos de leitura dos colaboradores mais cultos. Gosto de pensar que o mundo poderia ganhar alguma coisa se mais das ideias que escorrem para esses afluentes incorporassem os ideais iluministas da razão, da ciência e do humanismo.

21. Razão

Opor-se à razão é, por definição, irracional. Mas isso não impediu um monte de irracionalistas de preferir o coração à cabeça, o sistema límbico ao córtex, piscar a pensar, McCoy a Spock. Houve o movimento romântico anti-iluminista, resumido na confissão de Johann Herder: "Não estou aqui para pensar, mas para ser, sentir, viver!". Existe a veneração comum (não apenas dos religiosos) da fé — ou seja, acreditar em alguma coisa sem uma boa razão. Há o credo pós-modernista de que a razão é um pretexto para exercer poder, que a realidade é socialmente construída e que todas as afirmações estão presas numa teia de autorreferência e acabam em paradoxo. Até mesmo membros da minha própria tribo de psicólogos cognitivos alegam ter refutado o que tomam como a crença do Iluminismo de que os seres humanos são agentes racionais, assim colocando em dúvida a centralidade da própria razão. A implicação é que é inútil tentar tornar o mundo um lugar mais racional.[1]

Mas todas essas posições têm um defeito fatal: elas refutam a si mesmas. Negam que possa haver uma *razão* para acreditar nessas mesmas posições. Assim que abrem a boca para começar sua defesa, seus defensores já perderam a discussão, porque nesse mesmo ato estão tacitamente comprometidos com a persuasão — apresentar razões para o que estão prestes a defender e que, eles insistem, deve ser aceito por seus ouvintes de acordo com padrões de racionalidade que ambos aceitam. Caso contrário, estão desperdiçando seu latim e poderiam muito bem tentar converter a plateia com suborno ou violência. Em *A última palavra*, o filósofo Thomas Nagel enfatiza o argumento de que a subjetividade e o relativismo em relação à lógica e à realidade são incoerentes, porque "não se pode criticar alguma coisa com nada":

> A afirmação "tudo é subjetivo" não faz sentido, pois ela mesma deve ser subjetiva ou objetiva. Mas não pode ser objetiva, pois nesse caso seria falsa se fosse verdade. E não pode ser subjetiva, porque então não excluiria nenhuma alegação objetiva, inclusive a alegação de que é objetivamente falsa. Pode haver alguns subjetivistas que talvez se apresentem como pragmatistas, para os quais o subjetivismo aplica-se a si mesmo. Mas então ele não exige uma resposta, pois é apenas um relato do que o subjetivista considera agradável dizer. Se ele também nos convida a nos unirmos a ele, não precisamos dar nenhum motivo para declinar do convite, já que ele não deu nenhum motivo para aceitá-lo.[2]

Nagel define como cartesiana essa linha de pensamento, porque se assemelha ao argumento de Descartes "penso, logo existo". Assim como o próprio fato de alguém perguntar-se se existe demonstra sua existência, o próprio fato de alguém apelar a razões demonstra que a razão existe. Também é possível se referir a isso como *argumento transcendental*, aquele que invoca as condições prévias necessárias para fazer o que está fazendo, ou seja, apresentar um argumento.[3] (De certo modo, voltamos ao velho paradoxo do mentiroso, representado pelo cretense que diz que "todos os cretenses são mentirosos".) Seja qual for o nome dado ao argumento, seria um erro interpretá-lo como a justificativa de uma "crença" ou "fé" na razão, que Nagel chama de "um pensamento em demasia". Não *acreditamos na* razão; nós *usamos* a razão (assim como não programamos nossos computadores para ter uma CPU; um programa é uma sequência de operações disponibilizadas pela CPU).[4]

Embora a razão seja anterior a tudo o mais e não precise (na verdade, não possa) ser justificada por primeiros princípios, depois que começamos a exercê-la podemos confiar que os tipos particulares de raciocínio que fazemos são sólidos ao observar sua coerência interna e sua relação com a realidade. A vida não é um sonho no qual experiências desconectadas aparecem em uma sucessão desconcertante. E a aplicação da razão ao mundo se valida ao nos conceder a capacidade de moldar o mundo à nossa vontade, de curar infecções a enviar um homem à Lua.

Apesar de sua proveniência da filosofia abstrata, o argumento cartesiano não é um exercício estéril de lógica. Do desconstrucionista mais recôndito ao disseminador mais anti-intelectual de teorias conspiratórias e "fatos alternativos", todos reconhecem o poder de respostas como "Por que eu deveria acreditar em você?", ou "Prove isso" ou "Você está por fora". Poucos retrucariam: "Tudo bem, não há razão para acreditar em mim", ou "Sim, estou mentindo agora", ou "Eu concordo, o que estou dizendo é uma besteira". É da própria natureza do argumento que as pessoas reivindiquem estar certas. Assim que o fazem, comprometem-se com a razão — e os ouvintes a quem estão tentando convencer podem exigir coerência e exatidão.

Hoje, muitas pessoas já estão cientes da pesquisa de psicologia cognitiva sobre a irracionalidade humana, explicada em best-sellers como *Rápido e devagar: Duas formas de pensar*, de Daniel Kahneman, e *Previsivelmente irracional*, de Dan Ariely. Fiz alusão a essas debilidades cognitivas em capítulos anteriores: o modo como estimamos a probabilidade a partir de histórias disponíveis, projetamos estereótipos nos indivíduos, buscamos provas que confirmem e ignoramos as que não confirmam, receamos danos e perdas e raciocinamos a partir de teleologia e semelhanças mágicas, em vez de causa e efeito mecânicos.[5] Porém, por mais importantes que sejam essas descobertas, é um erro achar que refutam o princípio iluminista de que os seres humanos são atores racionais ou admitem a conclusão fatalista de que podemos desistir da persuasão fundamentada e combater a demagogia com demagogia.

Para começar, *nenhum pensador iluminista afirmou alguma vez que os seres humanos são consistentemente racionais*. Com certeza, não foi o super-racional Kant, que escreveu que "da madeira torta da humanidade não se pode fazer nenhuma coisa verdadeiramente reta"; tampouco Espinosa, Hume, Smith ou os enciclopedistas, que eram psicólogos cognitivos e sociais à frente de seu tempo.[6] O que eles afirmavam era que *devemos* ser racionais, aprendendo a reprimir as falácias e os dogmas que nos seduzem com tanta facilidade, e que *podemos* ser racionais, coletivamente, se não como indivíduos, criando instituições e aderindo a normas que restringem nossas faculdades, entre elas a liberdade de manifestação, a análise lógica e os testes empíricos. E, se você não concorda, então por que deveríamos aceitar a *sua* afirmação de que os seres humanos são incapazes de racionalidade?

Muitas vezes o cinismo em relação à razão é justificado com uma versão grosseira da psicologia evolucionista (não aquela endossada por psicólogos evolucionistas), segundo a qual os seres humanos pensam com a amígdala, reagindo instintivamente ao mais leve farfalho na relva, que pode pressagiar a chegada de um tigre. Mas a verdadeira psicologia evolucionista trata os seres humanos de forma diferente: não como antílopes de duas pernas, mas como uma espécie que supera os antílopes com seu *intelecto*. Somos uma espécie cognitiva que depende das explicações do mundo. Tendo em vista que o mundo é como é, independentemente do que as pessoas acreditem a seu respeito, há uma forte pressão para selecionar a capacidade de desenvolver explicações que sejam verdadeiras.[7]

O raciocínio tem, portanto, profundas raízes evolucionistas. O cidadão cientista Louis Liebenberg estudou os caçadores-coletores do povo san do deserto de Kalahari (outrora conhecidos como "bosquímanos"), uma das culturas mais antigas do mundo. Eles se dedicam à forma mais antiga de caçar, a caça de persistência, na qual os seres humanos, com a sua capacidade única de se livrar do calor através da pele úmida de suor, perseguem um mamífero peludo ao sol do meio-dia até que o animal é derrubado pelo superaquecimento interno. Uma vez que os mamíferos costumam ser mais rápidos do que os seres humanos e desaparecem assim que são percebidos, os caçadores persistentes seguem-nos pelo rastro, o que significa inferir a espécie, o sexo, a idade e o nível de fadiga do animal e, portanto, sua direção provável de fuga, das pegadas dos cascos, talos dobrados e pedras deslocadas deixados para trás. Os san não fazem apenas *inferência* — deduzindo, por exemplo, que as gazelas ágeis pisam profundamente com cascos pontiagudos para obter uma boa aderência, enquanto os pesados cudos pisam de forma achatada para suportar seu peso. Eles também executam *raciocínio* — articulando a lógica por trás de suas inferências para persuadir os companheiros ou ser por eles persuadidos. Liebenberg observou que os rastreadores do Kalahari não aceitam argumentos de autoridade. Um rastreador jovem pode desafiar a opinião majoritária dos anciãos e, se sua interpretação do indício for convincente, pode fazê-los mudar de ideia, aprimorando a precisão do grupo.[8]

E se você ainda está tentado a justificar o dogma e a superstição na modernidade dizendo que isso é da "natureza" humana, considere o relato de Liebenberg sobre o ceticismo científico entre os san:

> Três rastreadores, !Nate, /Uase e Boroh//xao, de Árvore Solitária, no Kalahari central, contaram-me que a cotovia monótona (*Mirafra passerina*) só canta depois que chove, porque "está feliz que choveu". O rastreador Boroh//xao me disse que, quando o pássaro canta, seca o solo, deixando as raízes boas de comer. Mais tarde, !Nate e /Uase me disseram que Boroh//xao estava errado — não é o *pássaro* que seca o solo, é o *sol* que seca o solo. O pássaro está apenas *dizendo* que o solo vai secar nos próximos meses e que é a época do ano em que as raízes são boas para comer. [...]
>
> !Namka, um rastreador de Bere, no Kalahari central, Botswana, contou-me o mito de que o sol é como um elande, que atravessa o céu e depois é morto por gente que vive no oeste. O brilho vermelho no céu quando o sol se põe é o sangue do elande. Depois de o terem comido, jogam a espádua do outro lado do céu, de volta ao leste, onde cai num lago, cresce e se transforma num novo sol. Dizem que às vezes se pode ouvir o barulho da espádua que cruza pelo ar. Depois de me contar a história com muitos detalhes, ele me disse que pensa que os "Velhos" mentiam, porque nunca viu [...] a espádua voar através do céu ou ouviu seu zunido.[9]

Evidentemente, nada disso contradiz a descoberta de que os humanos são vulneráveis a ilusões e falácias. Nossos cérebros são limitados em sua capacidade de processar informações e evoluíram num mundo sem ciência e outras formas de checagem de fatos. Mas a realidade constitui uma poderosa pressão de seleção, de modo que uma espécie que vive de ideias deve ter evoluído com uma capacidade de preferir as corretas. Nosso desafio de hoje é projetar um ambiente informativo em que essa habilidade prevaleça sobre aquelas que nos levam para a insensatez. O primeiro passo é identificar por que uma espécie dita inteligente é facilmente conduzida à insensatez.

O século XXI, uma era de acesso sem precedentes ao conhecimento, também testemunhou rompantes de irracionalidade, como a negação da evolução, da segurança das vacinas e da mudança climática antropogênica, e a proclamação de teorias de conspiração, do Onze de Setembro ao volume do voto popular de Donald Trump. Os fãs da racionalidade estão desesperados para entender o paradoxo, mas, em uma pequena demonstração de irracionalidade de sua parte, quase nunca olham para os dados que podem explicá-lo.

A explicação-padrão da loucura das multidões é a ignorância: um sistema de educação medíocre deixou a população analfabeta em termos de ciência, à mercê de seus preconceitos cognitivos e, portanto, indefesa contra as celebridades burras, os gladiadores dos noticiários da televisão a cabo e outras formas de corrupção da cultura popular. A solução-padrão é uma escolarização melhor e mais divulgação ao público feita por cientistas na televisão, nas redes sociais e em sites populares. Como cientista preocupado com divulgação, sempre considerei essa teoria atraente, mas me dei conta de que ela está errada ou, na melhor das hipóteses, constitui uma parte pequena do problema.

Considere as seguintes questões sobre evolução:

Durante a Revolução Industrial do século XIX, a zona rural inglesa foi coberta de fuligem, e a cor da mariposa salpicada (*Biston betularia*) ficou, em média, mais escura. Por que isso aconteceu?

A. Para que pudessem se confundir com o ambiente, as mariposas tiveram de ficar mais escuras.

B. As mariposas de cor mais escura tinham menor probabilidade de ser comidas e maior probabilidade de se reproduzir.

Após um ano, a pontuação média no exame de uma escola de ensino médio privada aumentou em trinta pontos. Qual explicação para essa mudança é mais análoga à explicação de Darwin para a adaptação das espécies?

A. A escola parou de admitir filhos de ex-alunos ricos, a menos que cumprissem os mesmos critérios de todos os outros.

B. Desde o último exame, todos os estudantes voltaram mais instruídos.

As respostas corretas são B e A. O psicólogo Andrew Shtulman propôs a estudantes do ensino médio e universitário uma bateria de perguntas como essas, que avaliam uma compreensão mais profunda da teoria da seleção natural, em particular a ideia-chave de que a evolução consiste em mudanças na proporção de uma população com características adaptativas em vez de uma transformação da população para que seus traços sejam mais adaptativos. Shtulman não encontrou nenhuma correlação entre o desempenho no teste e a crença de que a seleção natural explica a origem dos seres humanos. As pessoas podem acreditar na evolução sem entendê-la e vice-versa.[10] Na década de 1980, vários biólogos se deram mal quando aceitaram convites para debater com criacionistas que mostraram que não eram caipiras sacudindo Bíblias, mas litigantes bem informados que citavam pesquisas de ponta para semear incertezas sobre as conclusões da ciência.

Professar uma crença na evolução não é um dom de alfabetização científica, mas uma afirmação de lealdade a uma subcultura secular liberal em oposição a uma subcultura religiosa conservadora. Em 2010, a Fundação Nacional da Ciência (NSF, na sigla em inglês) eliminou o seguinte item de seu teste de alfabetização científica: "Os seres humanos, como os conhecemos hoje, desenvolveram-se a partir de espécies anteriores de animais". A razão para essa mudança não foi, como reclamaram os cientistas, porque a NSF cedeu à pressão criacionista para expurgar a evolução do cânone científico. A mudança se deu porque a correlação entre o desempenho nesse item e em todos os outros do teste (como "Um elétron é menor do que um átomo" e "Antibióticos matam vírus") era tão baixa que estava ocupando um espaço que poderia ser usado para mais itens de diagnóstico. Em outras palavras, a questão era, na verdade, um teste de religiosidade, e não de alfabetização científica.[11] Quando acrescentaram ao início do item as palavras "De acordo com a teoria da evolução" de modo que a compreensão científica fosse separada da lealdade cultural, religiosos e não religiosos respondiam da mesma maneira.[12]

Ou considere estas questões:

> Cientistas climáticos acreditam que, se a camada de gelo do polo Norte derretesse em consequência do aquecimento global provocado pelo homem, o nível global dos mares aumentaria. Verdadeiro ou falso?
>
> Que gás é tido pela maioria dos cientistas como o responsável pelo aumento das temperaturas na atmosfera: dióxido de carbono, hidrogênio, hélio ou radônio?
>
> Os cientistas climáticos acreditam que o aquecimento global provocado pelo homem aumentará o risco de câncer de pele em seres humanos. Verdadeiro ou falso?

A resposta à primeira pergunta é "falso"; se fosse verdade, seu copo de Coca-Cola transbordaria quando os cubos de gelo derretessem. São as calotas glaciais sobre a *terra firme*, como a Groenlândia e a Antártica, que elevam o nível do mar quando derretem. Os que acreditam na mudança climática causada pelos seres humanos não obtiveram melhores resultados em testes de climatologia, ou de alfabetização científica em geral, do que aqueles que a negam. Muitos dos que acreditam pensam, por exemplo, que o aquecimento global é causado por um buraco na camada de ozônio e que pode ser contornado com a limpeza de despejos de lixo tóxico.[13] O que prediz uma negação das mudanças climáticas causadas pelo homem não é o analfabetismo científico, mas a ideologia política. Em 2015, 10% dos republicanos conservadores concordaram que a Terra está ficando mais quente por causa da atividade humana (57% negaram que a Terra esteja ficando mais quente), em comparação com 36% dos republicanos moderados, 53% dos independentes, 63% dos democratas moderados e 78% dos democratas liberais.[14]

Em uma análise revolucionária da razão na esfera pública, o jurista Dan Kahan argumentou que certas crenças se tornam símbolos de lealdade cultural. As pessoas não afirmam ou negam essas crenças para expressar o que *sabem*, mas quem elas *são*.[15] Todos nós nos identificamos com tribos ou subculturas particulares, e cada uma delas abraça um credo sobre o que faz uma vida boa e como a sociedade deve cuidar de seus assuntos. Esses credos tendem a variar de acordo com duas dimensões. Uma contrasta o conforto da direita com a hierarquia natural com uma preferência da esquerda pelo igualitarismo forçado (medida pela concordância com declarações do tipo "Precisamos reduzir drasticamente as desigualdades entre os ricos e os pobres, brancos e pessoas de cor e homens e mulheres"). A outra é uma afinidade libertária com o individualismo versus uma afinidade comunitária ou autoritária com a coletividade (medida pela concordância com declarações do tipo: "O governo deve pôr limites nas escolhas que os indivíduos podem fazer para que não se interponham no caminho do que é bom para a sociedade"). Determinada crença, dependendo de como é enquadrada e de quem a endossa, pode se tornar uma pedra de toque, uma senha, um lema, uma marca distintiva, um valor sagrado ou um juramento de fidelidade a uma dessas tribos. Como Kahan e seus colaboradores explicam:

> A principal razão por que as pessoas discordam a respeito da ciência da mudança climática não é que ela lhes tenha sido comunicada de uma maneira que não conseguem entender. Ao contrário, é que as posições sobre mudança climática transmitem valores — preocupação comunitária versus autoconfiança individual; auto-abnegação prudente versus busca heroica de recompensa; humildade versus

> engenhosidade; harmonia com a natureza versus domínio sobre ela — que as dividem ao longo de linhas culturais.[16]

Os valores que dividem as pessoas também são definidos pelos demônios aos quais são atribuídos os males da sociedade: corporações gananciosas, elites fora de contato com a realidade, burocratas intrometidos, políticos mentirosos, caipiras ignorantes ou, com demasiada frequência, minorias étnicas.

Kahan observa que a tendência das pessoas de tratar suas crenças como juramentos de fidelidade em vez de avaliações desinteressadas é, em certo sentido, racional. Com exceção de um número minúsculo de empreendedores, agitadores e tomadores de decisões, é muitíssimo improvável que as opiniões de uma pessoa sobre mudança climática ou evolução façam alguma diferença para o mundo em geral. Mas fazem uma enorme diferença para o respeito com que a pessoa é vista em seu círculo social. Expressar a opinião errada sobre uma questão politizada pode fazer de alguém um esquisitão na melhor das hipóteses — alguém que está "por fora" — ou um traidor, na pior das hipóteses. A pressão pela conformidade torna-se ainda maior à medida que as pessoas vivem e trabalham com outras como elas, pois panelinhas acadêmicas, empresariais ou religiosas estigmatizam a si mesmas com causas de esquerda ou de direita. Para os entendidos e políticos com reputação de defender suas facções, assumir o lado errado de uma questão seria suicídio profissional.

Tendo em vista essas compensações, endossar uma crença que não tenha sido aprovada pela ciência e pela verificação dos fatos não é, no fim das contas, tão irracional, ao menos pelo critério dos efeitos imediatos sobre quem acredita. Os efeitos sobre a sociedade e o planeta são outros quinhentos. A atmosfera não se preocupa com o que as pessoas pensam dela e se, de fato sua temperatura aumentar em 4 °C, bilhões de pessoas sofrerão, independentemente de quantas tenham sido estimadas em seus grupos de pares por expressar a opinião em voga sobre mudança climática ao longo do caminho. Kahan conclui que somos todos atores numa Tragédia da Crença Coletiva: o que é racional para cada indivíduo acreditar (com base na estima) pode ser irracional para a sociedade como um todo agir (com base na realidade).[17]

Os incentivos perversos por trás da "racionalidade expressiva" ou "cognição protetora da identidade" ajudam a explicar o paradoxo da irracionalidade do século XXI. Durante a campanha presidencial americana de 2016, muitos observadores políticos ficaram incrédulos diante de opiniões expressas pelos seguidores de Trump (e em muitos casos pelo próprio candidato), como a de que Hillary Clinton tinha esclerose múltipla e usava um dublê de corpo para escondê-la, ou que Barack Obama devia ter tido alguma participação no Onze de Setembro porque nunca estava no Salão Oval naquele período (Obama, obviamente, não era o presidente em 2001). Como afirmou Amanda Marcotte: "Essa gente tem competência suficiente para se vestir, ler o endereço da manifestação e aparecer a tempo, e de alguma forma continua a acreditar em coisas tão malucas e tão falsas que é impossível acreditar que alguém que não seja doido varrido acredite nelas. O que está acontecendo?".[18] O que está acontecendo é que essas pessoas estão compartilhando *mentiras azuis*. Uma mentira branca é dita para benefício do ouvinte; uma mentira azul é contada para benefício de um grupo (originalmente, colegas policiais).[19] Embora alguns teóricos da conspiração possam estar de fato desinformados, a maioria expressa essas crenças com um propósito teatral, e não de verdade: estão tentando contrapor-se aos liberais e mostrar solidariedade com seus irmãos de sangue. O antropólogo John Tooby acrescenta que as crenças absurdas são sinais mais eficazes da lealdade de coalizão do que as razoáveis.[20] Qualquer um pode dizer que as rochas caem em vez de subir, mas apenas uma pessoa verdadeiramente comprometida com seus irmãos tem um motivo para dizer que Deus é três pessoas, mas também uma pessoa, ou que o Partido Democrata mantinha uma rede de prostituição infantil centrada numa pizzaria de Washington.

As teorias da conspiração de hordas ardentes numa manifestação política representam um caso extremo de autoexpressão que se impõe sobre a verdade, mas a Tragédia da Crença Coletiva é ainda mais profunda. Outro paradoxo da racionalidade é que a expertise, a capacidade mental e o raciocínio consciente não garantem, por si só, que os pensadores se aproximem da verdade. Pelo contrário, podem ser armas para uma racionalização cada vez mais engenhosa. Como observou Benjamin Franklin: "É muito conveniente ser uma criatura racional, pois nos permite encontrar ou criar uma razão para fazer tudo o que se tem em mente".

Os psicólogos sabem há muito tempo que o cérebro humano está infectado pelo raciocínio motivado (dirigir um argumento para uma conclusão preferida, em vez de segui-lo para onde ele conduz), pela avaliação tendenciosa (criticar a prova que não confirma uma posição preferida e aprovar indícios que a sustentam) e um viés para o "meu lado" (autoexplicativo).[21] Em um experimento clássico de 1954, os psicólogos Al Hastorf e Hadley Cantril questionaram estudantes de Dartmouth e Princeton sobre a gravação de um jogo recente de futebol americano entre as duas universidades, com muita violência e cheio de faltas, e descobriu que os diferentes grupos de estudantes viam mais infrações da outra equipe.[22]

Hoje sabemos que o partidarismo político é como a torcida nos esportes: os níveis de testosterona aumentam ou despencam na noite das eleições, tal como acontece no domingo do Super Bowl.[23] Portanto, não deve nos surpreender que os partidários políticos — o que inclui a maioria de nós — vejam sempre mais infrações da outra equipe. Em outro estudo clássico, os psicólogos Charles Lord, Lee Ross e Mark Lepper apresentaram a proponentes e opositores da pena de morte um par de estudos, um sugerindo que a pena capital detinha o homicídio (as taxas de homicídio diminuíram um ano depois que os estados a adotaram), o outro dizendo que isso não acontecia (taxas de assassinato foram maiores nos estados que tinham pena de morte do que em estados vizinhos que não a tinham). Os estudos eram falsos mas realistas, e os condutores do experimento trocaram os resultados para a metade dos participantes, caso alguns deles achassem as comparações ao longo do tempo mais convincentes do que comparações no espaço ou vice-versa. Os pesquisadores descobriram que cada grupo foi momentaneamente influenciado pelo resultado que acabava de saber, mas, assim que tiveram a chance de ler com mais calma, escolheram pequenos detalhes no estudo que não fossem favoráveis à sua posição inicial, dizendo coisas como: "A prova não faz sentido sem dados sobre o quanto a taxa global de criminalidade aumentou naqueles anos", ou "Pode haver diferentes circunstâncias entre os dois estados, apesar de compartilharem uma fronteira". Graças a essa ação seletiva, os participantes ficaram mais polarizados *depois* de terem sido todos expostos às mesmas provas: os contras ficaram mais contra, e os a favor, mais a favor.[24]

O engajamento na política se compara com as torcidas também em outro aspecto: as pessoas procuram e consumem notícias para melhorar a experiência de torcedor, e não para tornar suas opiniões mais exatas.[25] Isso explica outra das descobertas de Kahan: quanto mais informada é uma pessoa sobre mudança climática, mais polarizada é sua opinião.[26] Com efeito, as pessoas não precisam nem *ter* uma opinião prévia para ser polarizadas pelos fatos. Quando Kahan expôs as pessoas a uma apresentação neutra e equilibrada dos riscos da nanotecnologia (uma questão nada atraente para fisgar audiência na TV a cabo), elas logo se dividiram em facções que se alinhavam com suas opiniões sobre energia nuclear e alimentos geneticamente modificados.[27]

Caso esses estudos não sejam tão preocupantes, considere este, descrito por uma revista como "A descoberta mais deprimente de todos os tempos sobre o cérebro".[28] Kahan recrutou mil americanos de todas as profissões, avaliou a sua posição política e as suas habilidades matemáticas com questionários padronizados e lhes pediu que analisassem alguns dados para testar a eficácia de um novo tratamento para uma doença. Os entrevistados foram informados de que tinham que prestar muita atenção nos números, porque não se esperava que o tratamento funcionasse 100% das vezes e poderia até piorar as coisas, ao passo que às vezes a doença melhorava por conta própria, sem nenhum tratamento. Os números foram manipulados de tal modo que uma resposta parecia mais óbvia (o tratamento funcionou, porque um *número* maior de pessoas tratadas apresentou melhora), porém a outra era a correta (o tratamento não funcionou, porque uma *proporção* menor das pessoas tratadas mostrou uma melhora). A resposta instintiva poderia ser substituída por uma pitada de matemática mental — ou seja, observando as proporções. Em uma versão, os entrevistados foram informados de que a doença era uma erupção cutânea e o tratamento era um creme para a pele. Aqui estão os números que foram mostrados:

	Melhorou	**Piorou**
Com tratamento	223	75
Sem tratamento	107	21

Os dados implicavam que o creme para a pele fazia mais mal do que bem: as pessoas que o usavam melhoraram numa proporção de cerca de três para um, enquanto aqueles que não o usaram melhoraram numa proporção de cerca de cinco para um. (Com a metade dos entrevistados, as linhas foram invertidas, implicando que o creme de pele funcionava.) Os entrevistados mais ignorantes em matemática foram seduzidos pelo número absoluto maior de pessoas tratadas que melhoraram (223 contra 107) e escolheram a resposta errada. Os entrevistados mais familiarizados com a aritmética logo viram a diferença entre as duas proporções (3:1 contra 5:1) e escolheram a certa. Estes últimos, obviamente, não tendiam a favor ou contra o creme de pele: de qualquer forma que os dados lhes fossem apresentados, descobririam a diferença. E, contrariamente às piores suspeitas dos republicanos conservadores e democratas liberais sobre a inteligência uns dos outros, nenhuma facção se saiu muito melhor do que a outra.

Mas tudo isso mudou numa versão do experimento em que o insípido tema do creme para a pele foi trocado pelo incendiário tema do controle de armas (uma lei que proibia os cidadãos de andar nas ruas com o revólver escondido), e o resultado, em vez de erupções cutâneas, era taxas de criminalidade. Nesse teste, os entrevistados mais hábeis em aritmética divergiram uns dos outros de acordo com suas inclinações políticas. Quando os dados sugeriam que a medida de controle de armas reduzia o crime, todos os liberais perceberam isso, e a maioria dos conservadores não — eles se saíram um pouco melhor do que os conservadores ruins de aritmética, mas ainda assim erraram com mais frequência do que acertaram. Quando os dados mostravam que o controle de armas *aumentava* a taxa de criminalidade, dessa vez a maioria dos conservadores bons de matemática o perceberam, mas os liberais não; na verdade, não se saíram melhor do que liberais ignorantes em matemática. Portanto, não podemos pôr a culpa da irracionalidade humana em nossos cérebros de lagartixa: os entrevistados *sofisticados* foram os mais cegados por sua posição política. Como duas outras revistas resumiram os resultados: "A ciência confirma: a política destrói sua capacidade de fazer contas" e "Como a política nos torna estúpidos".[29]

Os próprios pesquisadores não são imunes. Eles costumam tropeçar em sua própria parcialidade quando tentam mostrar que seus *adversários* políticos são parciais, uma falácia que pode ser chamada de viés do viés (como em Mateus 7,3: "Por que reparas no cisco que está no olho do teu irmão, quando não percebes a trave que está no teu?").[30] Três cientistas sociais (membros de uma profissão predominantemente liberal) que fizeram um estudo que pretendia mostrar que os conservadores eram mais hostis e agressivos tiveram de se retratar quando descobriram que tinham lido errado os rótulos: na verdade, os *liberais* eram mais hostis e agressivos.[31] Muitos estudos que tentam mostrar que os conservadores são por temperamento mais preconceituosos e rígidos do que os liberais manipulam a escolha dos itens do questionário.[32] Os conservadores são, de fato, mais preconceituosos em relação aos afro-americanos, mas os liberais têm mais preconceito contra os cristãos religiosos. De fato, os conservadores são mais favoráveis a permitir orações cristãs nas escolas, porém os liberais têm mais preconceito contra permitir orações muçulmanas nas escolas.

Também seria um erro pensar que o viés do viés se limita à esquerda: isso seria um viés do viés do viés. Em 2010, os economistas libertários Daniel Klein e Zeljka Buturovic publicaram um estudo com o objetivo de mostrar que os liberais de esquerda eram analfabetos em economia, com base em respostas errôneas a questões elementares de economia, como estas:[33]

> As restrições aos empreendimentos de habitação tornam a moradia menos acessível. [Verdade]
> O licenciamento obrigatório de serviços profissionais aumenta os preços desses serviços. [Verdade]
> Uma empresa com a maior participação de mercado é um monopólio. [Falso]
> O controle de aluguel leva à escassez de moradia. [Verdade]

(Outro item era "No geral, o padrão de vida é mais alto hoje do que era há trinta anos", o que é verdade. Em consonância com minha afirmação no capítulo 4 de que os progressistas odeiam o progresso, 61% dos progressistas e 52% dos liberais discordaram.) Conservadores e libertários regozijaram-se, e o *Wall Street Journal* publicou matéria sobre o estudo com o título "Você é mais inteligente do que um aluno de quinto ano?", com a insinuação de que os esquerdistas não são. Mas os críticos apontaram que os itens do questionário contestavam implicitamente as causas de esquerda. Então, a dupla fez uma sequência com perguntas também elementares de economia projetadas dessa vez para pegar no pé dos conservadores:[34]

> Quando duas pessoas concluem uma transação voluntária, ambas vão embora *necessariamente* em situação melhor. [Falso]
> Tornar o aborto ilegal aumentaria o número de abortos no mercado negro. [Verdade]
> Legalizar as drogas daria mais riqueza e poder às gangues de rua e ao crime organizado. [Falso]

Dessa vez, foram os conservadores que ganharam o chapéu de burro. Diga-se a favor de Klein que ele se retratou da paulada que dera na esquerda num artigo intitulado "Eu estava errado, assim como você", no qual afirma:

> Mais de 30% dos meus compatriotas libertários (e mais de 40% dos conservadores), por exemplo, discordaram da afirmação: "Um dólar significa mais para uma pessoa pobre do que para uma pessoa rica" — que é isto, gente! — em comparação com apenas 4% dos progressistas. [...] Uma tabulação completa de todas as dezessete perguntas mostrou que nenhum grupo é claramente mais burro que o outro. Eles parecem igualmente estúpidos quando encaram contestações apropriadas à sua posição.[35]

Se a esquerda e a direita são igualmente estúpidas em questionários e experimentos, podemos esperar que elas estejam equivocadas da mesma forma na compreensão do mundo. Os dados sobre a história humana apresentados nos capítulos 5 a 18 oferecem uma oportunidade de ver quais das principais ideologias políticas podem explicar as realidades do progresso humano. Meu argumento é de que os principais impulsionadores foram os ideais não políticos da razão, da ciência e do humanismo que levaram as pessoas a buscar e aplicar conhecimentos que aprimorassem o desenvolvimento humano. As ideologias de direita ou de esquerda têm algo a acrescentar? Os setenta e poucos gráficos dão direito a que ambos os lados digam: "Viés, uma ova: estamos certos; você está errado"? Parece que ambos os lados podem merecer algum mérito, ao mesmo tempo que deixam de fora uma grande parte da história.

Lugar de destaque ocupa o ceticismo conservador em relação ao ideal do próprio progresso. Desde que Edmund Burke, o primeiro conservador moderno, sugeriu que os seres humanos eram demasiado imperfeitos para pensar em planos para melhorar sua condição e o melhor que tinham a fazer era agarrar-se às tradições e instituições que os impediam de cair no abismo, uma corrente importante do pensamento conservador tem sido cética a respeito dos melhores planos do engenho humano. A franja reacionária do conservadorismo, recém-desenterrada pelos trumpistas e pela extrema direita europeia (capítulo 23), acredita que a civilização ocidental saiu do controle a partir de algum século dourado, tendo trocado a clareza moral da cristandade tradicional por um inferninho secular decadente que, se deixado em seu curso atual, logo irá implodir em terrorismo, crime e anomia.

Bem, isso está errado. A vida antes do Iluminismo era obscurecida por inanição, pestes, superstições, mortalidade materna e infantil, cavaleiros e guerreiros saqueadores, execuções e torturas sádicas, escravidão, caças às bruxas e Cruzadas, conquistas sangrentas e guerras religiosas genocidas.[36] Tudo isso já foi tarde. As curvas nas figuras 5.1 a 18.4 mostram que, à medida que engenhosidade e solidariedade foram aplicadas à condição humana, a vida se tornou mais longa, mais saudável, mais rica, mais segura, mais feliz, mais livre, mais inteligente, mais profunda e mais interessante. Os problemas continuam, mas problemas são inevitáveis.

A esquerda também perdeu o bonde em seu desprezo pelo mercado e em seu caso de amor pelo marxismo. O capitalismo industrial iniciou a Grande Saída da pobreza universal no século XIX e está resgatando o resto da humanidade numa Grande Convergência no XXI. Durante o mesmo período de tempo, o comunismo trouxe ao mundo: fomes, terror, expurgos, gulags, genocídios, Tchernóbil, guerras revolucionárias com milhões de vítimas e a pobreza no estilo da Coreia do Norte, antes de entrar em colapso em todos os outros lugares devido a suas contradições internas.[37] No entanto, em uma pesquisa recente, 18% dos professores de ciências sociais se identificaram como marxistas, e as palavras *capitalista* e *livre mercado* continuam a grudar na garganta da maioria dos intelectuais.[38] Em parte, isso ocorre porque seus cérebros corrigem esses termos para mercados *desenfreados*, *desregulamentados*, *irrestritos* ou *ilimitados*, perpetuando uma falsa dicotomia: um mercado livre pode coexistir com regulamentações de segurança, trabalho e meio ambiente, assim como um país livre pode coexistir com leis criminais. E um mercado livre pode coexistir com altos níveis de gastos em saúde, educação e bem-estar (capítulo 9) — com efeito, alguns dos países com a maior quantidade de gastos sociais também têm a maior quantidade de liberdade econômica.[39]

Para ser justo com a esquerda, a direita libertária abraçou a mesma dicotomia falsa e parece disposta demais a fazer o papel do espantalho da esquerda.[40] Os libertários de direita (em sua versão Partido Republicano do século XXI) converteram a observação de que regulamentação demais pode ser prejudicial (por dar um poder excessivo aos burocratas, custando mais caro para a sociedade do que os benefícios oferecidos, ou protegendo os que estão no poder contra a concorrência, em vez de os consumidores contra danos) no dogma de que menos regulamentação é sempre melhor do que mais. Eles converteram a observação de que despesas sociais exageradas podem ser prejudiciais (ao criar incentivos perversos contra o trabalho e solapar as normas e instituições da sociedade civil) no dogma de que qualquer despesa social é excessiva. E traduziram a observação de que impostos podem ser altos demais numa retórica histérica de "liberdade", segundo a qual o aumento da taxa de imposto marginal para rendas acima de 400 mil dólares de 35% para 39,6% significa entregar o país a tropas de assalto autoritárias. Com frequência, a recusa a buscar o melhor nível de governo é justificada por um apelo ao argumento de Friedrich Hayek em *O caminho da servidão* de que a regulamentação e o bem-estar criam uma ladeira escorregadia pela qual o país cairá na penúria e na tirania.

Os fatos do progresso humano me parecem ter sido tão cruéis para o libertarianismo de direita como para o conservadorismo de direita e o marxismo de esquerda. Os governos totalitários do século XX não surgiram de Estados de bem-estar democráticos que degringolaram por uma ladeira escorregadia, mas foram impostos por ideólogos fanáticos e gangues de criminosos.[41] E países que combinam mercados livres com mais tributação, gastos sociais e regulamentação do que os Estados Unidos (como Canadá, Nova Zelândia e a Europa Ocidental) não são distopias sombrias, mas lugares bastante agradáveis para se viver, que derrotam os Estados Unidos em todas as medidas de desenvolvimento humano, como criminalidade, expectativa de vida, mortalidade infantil, educação e felicidade.[42] Como vimos, nenhum país desenvolvido funciona com base em princípios libertários de direita, nem uma visão realista de um país desse tipo já foi alguma vez apresentada.

Não deveria surpreender que as realidades do progresso humano confundam os principais *ismos*. As ideologias têm mais de dois séculos de idade e baseiam-se em visões muito genéricas, como a de que os seres humanos são tragicamente imperfeitos ou infinitamente maleáveis e que a sociedade é um todo orgânico ou uma coleção de indivíduos.[43] Uma sociedade real compreende centenas de milhões de seres sociais, cada um com um cérebro com trilhões de sinapses, que buscam seu bem-estar ao mesmo tempo que afetam o bem-estar dos demais em redes complexas com muitíssimas externalidades positivas e negativas, muitas delas sem precedentes históricos. Isso põe em xeque qualquer narrativa simplista sobre o que acontecerá sob determinado conjunto de regras. Uma abordagem mais racional da política é tratar as sociedades como experiências em andamento e aprender de mente aberta as melhores práticas, qualquer que seja a parte do espectro de onde provenham. O quadro empírico atual sugere que as pessoas florescem mais nas democracias liberais com uma mistura de normas cívicas, direitos garantidos, liberdade de mercado, gastos sociais e regulamentação criteriosa. Como observou Pat Paulsen: "Se a direita ou a esquerda ganhassem o controle do país, ele voaria em círculos".

Não que Cachinhos Dourados esteja certa o tempo todo e que a verdade sempre resida na justa medida entre extremos. É que as sociedades atuais peneiraram os piores erros do passado, e assim, se uma sociedade está funcionando de forma razoável e decente — se as ruas não são um rio de sangue, se a obesidade é um problema maior do que a desnutrição, se as pessoas que estão insatisfeitas imploram para entrar em vez de correr para as saídas —, então é provável que suas instituições atuais constituam um bom ponto de partida (essa sim uma lição que podemos tirar do conservadorismo burkeano). A razão nos diz que a deliberação política seria mais frutífera se tratasse a governança mais como experimentação científica e menos como uma competição de esportes radicais.

Embora o exame de dados da história e das ciências sociais seja uma maneira melhor de avaliar nossas ideias do que argumentar a partir da imaginação, a prova de fogo da racionalidade empírica é a *previsão*. A ciência avança testando as previsões de hipóteses, e todos nós reconhecemos a lógica na vida cotidiana quando louvamos ou ridicularizamos os teóricos de bar, dependendo de os eventos os confirmarem, quando usamos expressões idiomáticas que responsabilizam as pessoas por sua exatidão, como *engolir o que disse* e *ficar com cara de tacho*, e quando usamos frases feitas como "Falar é fácil, quero ver na prática" e "É preciso tirar a prova dos nove".

Infelizmente, os padrões epistemológicos do senso comum — devemos dar crédito às pessoas e às ideias que fazem previsões corretas e cobrar das que fazem previsões errôneas — quase nunca são aplicados à intelectualidade e aos comentaristas de política, que propagam opiniões isentas de responsabilidade. Prognosticadores sempre errados como Paul Ehrlich continuam a ser consultados pela imprensa, e a maioria dos leitores não sabe se seus colunistas, gurus ou apresentadores de televisão preferidos estão mais corretos do que um chimpanzé colhendo bananas. As consequências podem ser terríveis: muitas catástrofes militares e políticas decorreram de uma confiança equivocada nas previsões de especialistas (como os relatórios de inteligência em 2003 que diziam que Saddam Hussein estava desenvolvendo armas nucleares) e alguns pontos percentuais de exatidão na previsão de mercados financeiros podem significar a diferença entre ganhar e perder uma fortuna.

Um histórico das previsões também deve servir como base para nossa avaliação de sistemas intelectuais, inclusive ideologias políticas. Embora algumas diferenças ideológicas resultem de valores conflitantes e possam ser irreconciliáveis, muitas dependem de meios diferentes para fins acordados e deveriam ser decidíveis. Quais políticas resultarão, de fato, em coisas que quase todos querem, como paz duradoura ou crescimento econômico? Qual delas reduzirá a pobreza, o crime violento ou o analfabetismo? Uma sociedade racional deveria buscar as respostas consultando o mundo, em vez de assumir a onisciência de um bloco de palpiteiros que se juntaram em torno de um credo.

Infelizmente, a racionalidade expressiva documentada por Kahan em seus entrevistados experimentais também se aplica a editorialistas e especialistas. As recompensas que determinam suas reputações não coincidem com a precisão das previsões, já que ninguém está verificando. Em vez disso, as reputações dependem da capacidade de entreter, excitar ou chocar; da capacidade de incutir confiança ou medo (na esperança de que uma profecia possa ser autorrealizável ou autodestrutiva); e da habilidade de galvanizar uma coalizão e celebrar sua virtude.

Desde a década de 1980, o psicólogo Philip Tetlock estuda o que distingue os prognosticadores precisos dos muitos oráculos que estão "muitas vezes errados, mas nunca têm dúvida".[44] Ele recrutou centenas de analistas, colunistas, acadêmicos e leigos interessados em competir em torneios de previsão nos quais lhes eram apresentados eventos possíveis e lhes pediam para avaliar suas probabilidades. Os especialistas são engenhosos ao pôr em palavras suas previsões, para se proteger de falsificações, usando tempos verbais (*poderia*, *seria*), adjetivos (*boa chance*, *possibilidade grande*) e modificadores temporais (*muito em breve*, *em um futuro não muito distante*) evasivos. Então, Tetlock os encurralou estipulando eventos com resultados e prazos inequívocos (por exemplo: "Será que a Rússia anexará mais territórios da Ucrânia nos próximos três meses?"; "No próximo ano, algum país se retirará da zona do euro?"; "Quantos países a mais informarão casos de vírus ebola nos próximos oito meses?") e fazendo com que anotassem probabilidades numéricas.

Tetlock também evitou a falácia comum de louvar ou ridicularizar uma única previsão probabilística após o fato, como quando o agregador de pesquisas Nate Silver, do FiveThirtyEight, foi atacado por dar a Donald Trump apenas 29% de chance de vencer as eleições de 2016.[45] Como não podemos reproduzir a eleição milhares de vezes e contar quantas vezes Trump ganhou, a questão de saber se a previsão foi confirmada ou desmentida não faz sentido. O que *podemos* fazer, e o que Tetlock fez, é comparar o *conjunto* das probabilidades de cada prognosticador com os resultados correspondentes. Tetlock usou uma fórmula que dá crédito à previsão não só por exatidão, mas por correr um risco com precisão (uma vez que é mais fácil ser preciso apenas jogando com segurança com previsões 50-50). A fórmula está matematicamente relacionada com o quanto eles ganhariam se apostassem dinheiro em suas previsões de acordo com suas próprias probabilidades.

Vinte anos e 28 mil previsões depois, como se saíram os especialistas? Em média, como um chimpanzé (lançando dardos em vez de pegando bananas, segundo descreveu Tetlock). Tetlock e a psicóloga Barbara Mellers realizaram uma revanche entre 2011 e 2015, na qual recrutaram vários milhares de competidores para participar de um torneio de previsões realizado pela Intelligence Advanced Research Projects Activity (a organização de pesquisa da federação de agências de inteligência americanas). Mais uma vez, houve muitos lançamentos de dardos, mas em ambos os torneios o casal pôde escolher "superprognosticadores" cujo desempenho foi melhor não somente que o de chimpanzés e especialistas, mas também superior ao de profissionais da inteligência com acesso a informações confidenciais, ao dos mercados de previsões e não muito longe do máximo teórico. Como podemos explicar essa aparente clarividência? (Por um ano, já que a precisão diminui com a distância para o futuro e cai ao nível do acaso em aproximadamente cinco anos.) As respostas são claras e profundas.

Os que previram com desempenho pior foram aqueles com Grandes Ideias — de esquerda ou de direita, otimistas ou pessimistas —, em que acreditavam com uma confiança inspiradora (mas equivocada):

> Por mais diversos que fossem do ponto de vista ideológico, eles estavam unidos pelo fato de que seu pensamento era muito ideológico. Procuravam enfiar problemas complexos nos modelos de causa-efeito preferidos e trataram o que não cabia como distrações irrelevantes. Alérgicos a respostas fracas, continuavam levando suas análises ao limite (e além) usando termos como "afora isso" e "ademais", enquanto amontoavam as razões pelas quais estavam certos e os outros, errados. Em consequência, eram incomumente confiantes e com maior probabilidade de declarar que as coisas eram "impossíveis" ou "certas". Comprometidos com suas conclusões, relutavam em mudar de opinião, mesmo quando suas previsões falhavam claramente. Eles nos diziam: "Esperem só".[46]

Com efeito, as próprias características desses especialistas que chamaram a atenção do público faziam deles os piores em previsão. Quanto mais famosos eram e quanto mais perto o evento estivesse de sua área de especialização, menos precisas eram suas previsões. Mas o sucesso de chimpanzé dos ideólogos renomados *não* significa que os "especialistas" sejam inúteis e que devamos desconfiar das elites. O problema é que precisamos revisar o nosso conceito de especialista. Os superprognosticadores de Tetlock eram

> especialistas pragmáticos que recorriam a muitas ferramentas analíticas, e a escolha da ferramenta dependia do problema específico que encaravam. Esses especialistas reuniam tantas informações de tantas fontes quanto podiam. Ao pensar, com frequência mudavam a cadência de seu raciocínio, pulverizando seu discurso com marcadores de transição, como "no entanto", "mas", "embora" e "por outro lado". Falavam de possibilidades e probabilidades, não de certezas. E embora ninguém goste de dizer "eu estava errado", esses especialistas admitiam isso com mais rapidez e mudavam de ideia.[47]

A previsão bem-sucedida é a vingança dos nerds. Os superprognosticadores são inteligentes, mas não necessariamente brilhantes, situando-se apenas no quinto superior da população. São muito capazes em matemática, não no sentido de ser magos dos cálculos, mas no sentido de pensar sem dificuldades em estimativas. Têm traços de personalidade que os psicólogos definem como "abertura para a experiência" (curiosidade intelectual e gosto pela variedade), "necessidade de cognição" (prazer na atividade intelectual) e "complexidade integrativa" (apreciar a incerteza e ver múltiplos lados). São anti-impulsivos, desconfiam do seu primeiro instinto. Não são de esquerda nem de direita. Não são necessariamente humildes a respeito de suas habilidades, mas *são* humildes em relação a determinadas crenças, tratando-as como "hipóteses a ser testadas, e não tesouros a ser guardados". Perguntam-se sempre: "Há furos nesse raciocínio? Devo procurar outra coisa para inferir isso? Eu me convenceria disso se fosse outra pessoa?". Estão conscientes de pontos cegos cognitivos, como os vieses de disponibilidade e confirmação, e se disciplinam para evitá-los. Exibem o que o psicólogo Jonathan Baron chama de "mente aberta ativa", com opiniões como estas:[48]

As pessoas devem levar em consideração provas que vão contra suas crenças. [Aceita]

É mais útil prestar atenção naqueles que não concordam com você do que prestar atenção nos que concordam. [Aceita]

Mudar de ideia é um sinal de fraqueza. [Discordo]

A intuição é a melhor guia para tomar decisões. [Discordo]

É importante perseverar em suas crenças, mesmo quando se apresentam provas contra elas. [Discordo]

Ainda mais importante do que o temperamento é a maneira de raciocinar. Os superprognosticadores são bayesianos, usando tacitamente a regra do reverendo Bayes sobre como atualizar seu grau de crença numa proposição à luz de novas evidências. Começam com a taxa base para o acontecimento em questão: com que frequência se espera que isso ocorra em geral e no longo prazo. Em seguida, empurram de leve essa estimativa para cima ou para baixo, dependendo do grau com que novas provas pressagiam a ocorrência ou não do evento. Eles procuram essas novas provas com avidez e evitam o excesso de reação tanto para mais ("Isso muda tudo!") como para menos ("Isso não significa nada!").

Tomemos, por exemplo, a previsão de que "haverá um ataque de combatentes islâmicos na Europa Ocidental entre 21 de janeiro e 31 de março de 2015", feita pouco depois do massacre do *Charlie Hebdo* em janeiro daquele ano. Os entendidos e políticos, com suas cabeças girando com a heurística da disponibilidade, encenariam o roteiro no teatro da imaginação e, não querendo parecer complacentes ou ingênuos, responderiam "definitivamente sim". Não é assim que funcionam os superprognosticadores. Um deles, solicitado por Tetlock a pensar em voz alta, informou que começou por estimar a taxa-base: ele consultou a Wikipedia, procurou a lista de ataques terroristas islâmicos ocorridos na Europa nos cinco anos anteriores e dividiu por cinco, o que revelava 1,2 ataque por ano. Mas, raciocinou ele, o mundo mudou desde a Primavera Árabe de 2011, então cortou os dados de 2010, o que aumentou a taxa-base para 1,5. O recrutamento do EI aumentara desde o ataque ao *Charlie Hebdo*, uma razão para empurrar a estimativa para cima, mas o mesmo ocorrera com as medidas de segurança, uma razão para puxá-la para baixo. Pondo na balança os dois fatores, um aumento de cerca de um quinto parecia razoável, produzindo uma previsão de 1,8 ataque por ano. Restavam 69 dias no período de previsão, então ele dividiu 69 por 365 e multiplicou a fração por 1,8. Isso significava que a chance de um ataque islâmico na Europa Ocidental até o final de março era de cerca de uma em três. Uma maneira de prever muito diferente da forma como a maioria das pessoas tende a pensar levou a uma previsão muito diferente.

Duas outras características distinguem os superprognosticadores de entendidos e chimpanzés. Eles acreditam na sabedoria coletiva, põem suas hipóteses na mesa para que outros as critiquem ou melhorem e juntam suas estimativas com as dos outros. E têm opiniões fortes sobre probabilidade e contingência na história humana, em oposição a necessidade e destino. Tetlock e Mellers perguntaram a diferentes grupos de pessoas se concordavam com declarações como as seguintes:

> Os eventos se desenrolam de acordo com o desígnio de Deus.
> Tudo acontece por uma razão.
> Não existem acidentes ou coincidências.
> Nada é inevitável.
> Mesmo grandes acontecimentos como a Segunda Guerra Mundial ou o Onze de Setembro poderiam ter resultados muito diferentes.
> A aleatoriedade é muitas vezes um fator em nossas vidas pessoais.

Eles calcularam uma Contagem do Destino, somando as respostas "Concordo" para itens como os três primeiros e "Discordo" para itens como os três últimos. Um americano médio está em algum lugar no meio. Um estudante de graduação numa universidade de elite tem uma pontuação um pouco menor; um prognosticador medíocre, menor ainda; e os superprognosticadores apresentam a pontuação mais baixa, com os mais exatos expressando as mais veementes rejeições do destino e aceitações do acaso.

Em minha opinião, a avaliação pragmática de Tetlock da expertise pelo marco definitivo, a previsão, deveria revolucionar a nossa compreensão da história, da política, da epistemologia e da vida intelectual. O que significa o fato de que pequenas modificações minuciosas das probabilidades são um guia mais confiável para o mundo do que os pronunciamentos de sábios eruditos e narrativas inspiradas em sistemas de ideias? Além de nos jogar na cara um lembrete para sermos mais humildes e termos a mente aberta, isso oferece um vislumbre do funcionamento da história na escala de tempo de anos e décadas. Os acontecimentos são determinados por uma infinidade de pequenas forças que aumentam ou diminuem suas probabilidades e magnitudes, em vez de leis abrangentes e grandes dialéticas. Infelizmente para muitos intelectuais e para todos os ideólogos políticos, não é assim que eles estão acostumados a pensar, mas talvez fosse melhor nos acostumarmos a isso. Quando pediram a Tetlock numa palestra pública para prever a natureza da previsão, ele disse: "Quando a plateia de 2515 olhar para a plateia de 2015, seu nível de desprezo a respeito da forma como julgamos o debate político será aproximadamente comparável ao nível de desprezo que temos pelos julgamentos de feitiçaria de Salem em 1692".[49]

Tetlock não atribuiu uma probabilidade a sua caprichosa previsão, e se valeu de um prazo longo e seguro. Seria mesmo imprudente prever uma melhora na qualidade do debate político dentro da janela de cinco anos em que a previsão é viável. Hoje, a principal inimiga da razão na esfera pública — que não é a ignorância, a deficiência em cálculo ou os vieses cognitivos, mas a politização — parece estar em ascensão.

Na própria arena política, os americanos ficaram cada vez mais polarizados.[50] As opiniões da maioria das pessoas são demasiado rasas e desinformadas para se encaixar numa ideologia coerente, mas, numa forma duvidosa de progresso, o percentual de americanos cujas opiniões são totalmente liberais ou conservadoras duplicou entre 1994 e 2014, de 10% para 21%. A polarização coincidiu com um aumento da segregação social pela política: durante esses vinte anos, os ideólogos tornaram-se mais propensos a dizer que a maioria de seus amigos íntimos compartilha seus pontos de vista políticos.

Os partidos também se tornaram mais destoantes. De acordo com um recente estudo do Pew, em 1994 cerca de um terço dos democratas era mais conservador do que o republicano médio e vice-versa. Em 2014, os números estavam mais próximos de *um vigésimo*. Embora os americanos de todo o espectro político tenham se deslocado para a esquerda até 2004, desde então discordaram em todas as questões importantes, exceto sobre direitos dos homossexuais, inclusive no que diz respeito a regulamentos governamentais, gastos sociais, imigração, proteção ambiental e força militar. E, o que é ainda mais preocupante, cada um tinha opiniões "muito desfavoráveis" sobre o Partido Republicano (em comparação com 16% em 1994) e mais de um quarto o considerava "uma ameaça para o bem-estar da nação". Os republicanos eram ainda mais hostis aos democratas, com 43% tendo uma visão desfavorável do partido e mais de um terço o considerando uma ameaça. Os ideólogos de cada lado também se tornaram mais resistentes ao acordo.

Felizmente, a maioria dos americanos é mais moderada em todas essas opiniões, e a proporção que se autodenomina moderada não mudou em quarenta anos.[51] Infelizmente, são os extremistas que têm maior probabilidade de votar, fazer doações de campanha e pressionar seus representantes. Há poucas razões para pensar que algum aspecto disso melhorou, para dizer o mínimo, desde que a pesquisa foi realizada, em 2014.

As universidades deveriam ser o espaço em que o preconceito político fosse posto de lado, e uma investigação de mente aberta revelasse a maneira como o mundo funciona. Mas justo quando precisamos desse fórum imparcial, a academia também se tornou mais politizada — não mais polarizada, e sim mais esquerdista. As faculdades sempre foram mais liberais do que a população americana, mas esse viés aumentou. Em 1990, o corpo docente era composto por 42% de esquerdistas ou liberais (onze pontos percentuais a mais do que a população americana), 40% de moderados e 18% de direitistas ou conservadores, numa proporção de esquerda para direita de 2,3 para um. Em 2014, as proporções eram 60% de extrema esquerda ou liberal (trinta pontos percentuais a mais que a população), 28% de moderados e 12% de conservadores, numa proporção de cinco para um.[52] As proporções variam conforme o campo de estudo: departamentos de administração, ciência da computação, engenharia e ciências da saúde estão divididos de forma igual, enquanto as ciências humanas e sociais estão decididamente à esquerda: a proporção de conservadores está na casa de um único dígito, e são superados em número pelos *marxistas* na proporção de dois para um.[53] Os professores das ciências físicas e biológicas estão no meio, com poucos radicais e quase nenhum marxista, mas os liberais superam os conservadores por ampla margem.

A inclinação liberal da academia (e dos jornalistas, dos comentaristas e da vida intelectual) é de certa forma natural.[54] A investigação intelectual sente-se obrigada a questionar o status quo, que nunca é perfeito. E proposições verbalmente articuladas — o recurso dos intelectuais — são mais compatíveis com as políticas ponderadas em geral preferidas pelos liberais do que com as formas difusas de organização social, como mercados e normas tradicionais, em geral preferidas pelos conservadores.[55] Uma inclinação liberal também é, com moderação, desejável. O liberalismo intelectual esteve na vanguarda de muitas formas de progresso que quase todos vieram a aceitar, como a democracia, a previdência social, a tolerância religiosa, a abolição da escravidão e da tortura judicial, o declínio da guerra e a expansão dos direitos civis e humanos.[56] Hoje, em muitos aspectos, somos (quase) todos liberais.[57]

Mas já vimos que, quando um credo se vincula a um grupo fechado, as faculdades críticas de seus membros podem ser desabilitadas, e há motivos para pensar que isso aconteceu dentro de setores da academia.[58] Em *Tábula rasa* (atualizado em 2016), mostrei como a política de esquerda havia distorcido o estudo da natureza humana, inclusive em questões como sexo, violência, gênero, criação infantil, personalidade e inteligência. Em um manifesto recente, Tetlock, junto com os psicólogos José Duarte, Jarret Crawford, Charlotta Stern, Jonathan Haidt e Lee Jussim, documentou a inclinação para a esquerda da psicologia social e mostrou como isso comprometeu a qualidade da pesquisa.[59] Citando John Stuart Mill — "Quem conhece apenas o seu lado do caso sabe pouco dele" —, eles pediram maior diversidade política na psicologia, a versão da diversidade que mais importa (em oposição à versão que em geral se persegue — ou seja, gente com aparência diferente, mas que pensa igual).[60]

Para mérito da psicologia acadêmica, a crítica de Duarte e companhia foi recebida com respeito.[61] Mas o respeito está longe de ser universal. Quando o colunista do *New York Times* Nicholas Kristof citou o artigo deles de forma favorável e defendeu posições semelhantes, a reação irada confirmou suas piores acusações (o comentário mais recomendado foi "Não se diversifica com idiotas").[62] E uma facção de cultura acadêmica composta de professores de extrema esquerda, ativistas estudantis e de uma burocracia da diversidade autônoma (pejorativamente chamada de guerreiros da justiça social) tornou-se agressivamente antiprogressista. Qualquer pessoa que não concorde com o pressuposto de que o racismo é a causa de todos os problemas é tachada de racista.[63] Palestrantes que não são de esquerda são muitas vezes desconvidados após protestos ou abafados pela vaia das turbas.[64] Uma estudante pode ser desmoralizada em público por seu reitor por causa de um e-mail privado em que considera ambos os lados de uma controvérsia.[65] Professores são pressionados a não dar aulas sobre tópicos perturbadores e foram submetidos a investigações stalinescas por emitir opiniões politicamente incorretas.[66] Muitas vezes, a repressão descamba para uma comédia não intencional.[67] Uma diretriz para reitores sobre como identificar "microagressões" relaciona observações como "Os Estados Unidos são a terra da oportunidade" e "Eu acredito que a pessoa mais qualificada deve ficar com o emprego".

Estudantes atacam e xingam um professor que os convidou para discutir uma carta escrita por sua esposa sugerindo que os alunos não fiquem exaltados por causa de fantasias de Halloween. Um curso de ioga foi cancelado porque o programa foi considerado "apropriação cultural". Os próprios comediantes não estão achando graça: Jerry Seinfeld, Chris Rock e Bill Maher, entre outros, receiam apresentar-se em universidades porque é inevitável que alguns estudantes acabem enfurecidos com uma piada.[68]

Apesar de todas as tolices que ocorrem nos campi, não podemos deixar que os polemistas de direita se entreguem a um viés do viés e descartem qualquer ideia de que não gostem saída de uma universidade. O arquipélago acadêmico abrange um vasto mar de opiniões e está comprometido com normas como revisão por pares, estabilidade no cargo, debate aberto e a exigência de citações e provas empíricas que são projetadas para promover a busca desinteressada da verdade, por mais imperfeita que seja na prática. Faculdades e universidades fomentaram as críticas heterodoxas analisadas aqui e em outros lugares, ao mesmo tempo que legaram imensas pérolas de conhecimento ao mundo.[69] E os espaços alternativos — os blogs, o Twitter, o noticiário da TV a cabo e do rádio, o Congresso — não constituem paradigmas de objetividade e rigor.

Das duas formas de politização que estão subvertendo a razão hoje, a política é muito mais perigosa do que a acadêmica, por uma razão óbvia. Diz-se, muitas vezes de brincadeira (ninguém sabe quem disse primeiro), que os debates acadêmicos são brutais porque muito pouco está em jogo.[70] Mas, nos debates políticos, o que está em jogo não tem limite, incluindo até o futuro do planeta. Os políticos, ao contrário dos professores, controlam as alavancas do poder. Nos Estados Unidos do século XXI, o controle do Congresso por um Partido Republicano que se tornou sinônimo de extrema direita tem sido pernicioso, porque está tão convencido da retidão de sua causa e da maldade de seus rivais que enfraqueceu as instituições da democracia para obter o que quer. A corrupção se manifesta em coisas como: manipulação dos limites de distritos eleitorais, imposição de restrições ao voto destinadas a privar os eleitores democratas desse direito, estímulo a doações não regulamentadas de interesses econômicos, bloqueio das indicações à Suprema Corte até seu partido controlar a presidência, bloqueio do governo quando suas demandas máximas não são atendidas e apoio incondicional a Donald Trump, apesar das objeções dos republicanos aos seus impulsos flagrantemente antidemocráticos.[71] Quaisquer que sejam as diferenças de política ou filosofia que dividem os partidos, os mecanismos de deliberação democrática deveriam ser sacrossantos. A erosão desses mecanismos, de forma desproporcional pela direita, levou muitas pessoas, inclusive uma parcela crescente dos jovens americanos, a considerar o governo democrático inerentemente disfuncional e se tornar cínica em relação à própria democracia.[72]

As polarizações intelectual e política se alimentam mutuamente. É mais difícil ser um intelectual conservador quando a política conservadora americana se tornou cada vez mais ignorante, de Ronald Reagan a Dan Quayle, George W. Bush, Sarah Palin e Donald Trump.[73] Por outro lado, a captura da esquerda pela política identitária, pela patrulha da correção política e pelos guerreiros da justiça social cria uma abertura para os parlapatões que se gabam de "contar a coisa como ela é". Um desafio da nossa época é como promover uma cultura intelectual e política que seja movida pela razão, e não pelo tribalismo e pelo antagonismo mútuo.

Fazer da razão a moeda corrente do nosso discurso começa com a clareza sobre a centralidade da própria razão.[74] Como mencionei, muitos comentaristas estão confusos a respeito disso. A descoberta de vieses cognitivos e emocionais não significa que "os seres humanos são irracionais" e, portanto, não faz sentido tentar tornar nossas deliberações mais racionais. Se os seres humanos fossem incapazes de racionalidade, jamais teríamos descoberto que éramos irracionais, porque não teríamos uma referência de racionalidade para avaliar o juízo humano e nenhuma maneira de realizar a avaliação. Os seres humanos podem ser vulneráveis ao viés e ao erro, mas claramente nem todos nós e nem o tempo todo, ou ninguém poderia ter o direito de dizer que os humanos são vulneráveis a viés e erro. O cérebro humano é *capaz* de razão, dadas as circunstâncias certas; o problema é identificar essas circunstâncias e colocá-las em prática com mais firmeza.

Pelo mesmo motivo, os editorialistas devem recuar no novo clichê de que estamos numa "era pós-verdade", a menos que possam manter um tom de ironia mordaz. O termo é corrosivo, porque implica que devemos nos resignar a propagandas e mentiras e apenas contra-atacar com mais mentiras da nossa parte. Não estamos numa era da pós-verdade. Falseamento, acobertamento da verdade, teorias de conspiração, ilusões populares extraordinárias e loucura das multidões são tão antigas quanto nossa espécie, assim como a convicção de que algumas ideias estão corretas e outras estão erradas.[75] A mesma década que viu o surgimento do mentiroso Trump e seus seguidores contestadores da realidade testemunhou também o surgimento de uma nova ética de verificação dos fatos. Angie Holan, editora do PolitiFact, um projeto de verificação de fatos iniciado em 2007, observou:

> [Muitos dos] jornalistas da TV de hoje [...] pegaram a tocha da verificação de fatos e agora questionam a precisão da fala dos candidatos durante as entrevistas ao vivo. A maioria dos eleitores não considera tendencioso questionar se as declarações de políticos aparentemente baseadas em fatos são exatas. Pesquisas publicadas no início deste ano pelo American Press Institute mostraram que mais de oito em cada dez americanos têm uma opinião positiva sobre a checagem de fatos políticos.
>
> Inclusive, os jornalistas costumam me dizer que suas organizações de mídia começaram a realçar a verificação de fatos em suas reportagens porque muitas pessoas clicam em matérias de verificação de fatos depois de um debate ou de uma notícia sobre um acontecimento proeminente. Agora, muitos leitores querem que a checagem de fatos faça parte das reportagens tradicionais e reclamam ao ombudsman e representantes dos leitores quando veem reportagens que repetem alegações factuais desacreditadas.[76]

Essa ética teria sido muito útil em décadas anteriores, quando rumores falsos deflagraram pogroms, tumultos, linchamentos e guerras (entre elas a Guerra Hispano-Americana de 1898, a escalada do conflito no Vietnã em 1964, a invasão do Iraque em 2003 e muitas outras).[77] Não foi aplicada com rigor suficiente para impedir a vitória de Trump em 2016, mas desde então as lorotas do presidente e de seus porta-vozes foram ridicularizadas implacavelmente na mídia e na cultura popular, o que significa que os recursos para favorecer a verdade estão em funcionamento, ainda que nem sempre levem a melhor.

No longo prazo, as instituições da razão podem mitigar a Tragédia da Crença Coletiva e permitir que a verdade venha a prevalecer. Apesar de toda a nossa irracionalidade atual, poucas pessoas influentes acreditam em lobisomens, unicórnios, bruxas, alquimia, astrologia, sangria, miasmas, sacrifício animal, direito divino dos reis ou presságios sobrenaturais em arco-íris e eclipses. A irracionalidade moral também pode ser superada. Ainda na minha infância, o juiz Leon Bazile, do estado da Virgínia, confirmou a condenação de Richard e Mildred Loving por seu casamento inter-racial com um argumento que nem mesmo o conservador mais ignorante apresentaria hoje:

> As partes foram culpadas de um crime muito grave. Era contrário ao direito público declarado, fundamentado em motivos de política pública [...] da qual dependem a ordem social, a moral pública e os melhores interesses de ambas as raças. [...] O Deus Todo-Poderoso criou as raças branca, preta, amarela, malaia e vermelha, e as colocou em continentes separados. O fato de Ele ter separado as raças mostra que não pretendia que elas se misturassem.[78]

E, presumivelmente, a maioria dos liberais não seria persuadida por essa defesa da Cuba de Castro feita pelo ícone intelectual Susan Sontag em 1969:

> Os cubanos sabem muito sobre espontaneidade, alegria, sensualidade e piração. Não são as criaturas lineares e definhadas que vemos na cultura impressa. Em suma, o problema é quase o anverso do nosso — e devemos ser solidários com seus esforços para resolvê-lo. Desconfiados como somos do puritanismo tradicional das revoluções de esquerda, nós, os radicais americanos, devemos ser capazes de manter alguma perspectiva quando um país conhecido principalmente por música dançante, prostitutas, charutos, abortos, vida de resort e filmes pornográficos fica um pouco tenso em relação à moral sexual e, em um momento ruim ocorrido há dois anos, detém vários milhares de homossexuais em Havana e os manda para uma fazenda a fim de se reabilitarem.[79]

Na verdade, essas "fazendas" eram campos de trabalho forçado, e não surgiram como uma correção para a alegria espontânea e a piração, mas como uma expressão de uma homofobia profundamente enraizada na cultura latina. Sempre que ficamos aborrecidos com a insanidade do discurso público de hoje, devemos nos lembrar de que as pessoas também não eram tão racionais no passado.

O que pode ser feito para melhorar os padrões de raciocínio? A persuasão pelos fatos e pela lógica é a estratégia mais direta, e nem sempre é inútil. É verdade que as pessoas podem se apegar a crenças que desafiam todas as evidências, como Lucy em *Peanuts*, que insistia que a neve sai do chão e sobe ao céu, mesmo quando estava sendo soterrada pouco a pouco pela neve que caía. Mas há limites para a altura em que a neve pode se acumular. Quando se defrontam pela primeira vez com informações que contradizem uma posição estabelecida, os indivíduos ficam ainda mais comprometidos com ela, como esperaríamos das teorias da cognição protetora da identidade, do raciocínio motivado e da redução da dissonância cognitiva. Sentindo sua identidade ameaçada, os crentes redobram-se e juntam mais munição para se defender da contestação. Mas, uma vez que outra parte da mente humana mantém a pessoa em contato com a realidade, à medida que as provas ao contrário se acumulam, a dissonância pode aumentar até que se torna insustentável e a opinião tomba, em um fenômeno chamado ponto de ruptura afetiva.[80] Esse ponto de virada depende do equilíbrio entre o quanto a reputação daquele que acredita seria prejudicada ao renunciar à sua opinião e se as provas em contrário são tão evidentes e públicas que se tornam conhecimento comum: um imperador nu, um elefante na sala.[81] Como vimos no capítulo 10, isso está começando a acontecer com a opinião pública a respeito da mudança climática. E populações inteiras podem mudar quando um núcleo crítico de influenciadores persuadíveis muda de ideia e todos os outros o seguem, ou quando uma geração é substituída por outra que não se apega ao mesmo dogma (progresso, de funeral em funeral).

Na sociedade como um todo, as rodas da razão muitas vezes giram com vagar, e seria interessante acelerá-las. Os lugares óbvios para imprimir essa força estão na educação e na mídia. Durante várias décadas, os fãs da razão pressionaram as escolas e as universidades para que adotassem disciplinas de "pensamento crítico". Os estudantes são aconselhados a analisar os dois lados de um problema, a apoiar suas opiniões em provas e a detectar falácias lógicas — como raciocínio circular, falácia do espantalho, apelar para a autoridade, argumentar ad hominem e reduzir uma questão complexa a um preto no branco.[82] Programas relacionados a essas questões, chamados de "desenviesamento", tentam vacinar os estudantes contra falácias cognitivas, como a heurística da disponibilidade e o viés de confirmação.[83]

Quando foram introduzidos pela primeira vez, esses programas obtiveram resultados decepcionantes, o que levou ao pessimismo quanto a saber se poderíamos enfiar um pouco de razão na cabeça das pessoas comuns. Mas, a não ser que os analistas de risco e os psicólogos cognitivos representem uma raça superior, alguma coisa na educação *deles* deve tê-los esclarecido sobre as falácias cognitivas e como evitá-las, e não há motivos para que esses esclarecimentos não possam ser aplicados de forma mais ampla. A beleza da razão é que sempre pode ser aplicada para entender os fracassos da razão. Um segundo olhar sobre os programas de pensamento crítico e desenviesamento mostrou o que faz com que tenham sucesso ou fracassem.

Os motivos são familiares aos pesquisadores da educação.[84] *Qualquer* disciplina será pedagogicamente ineficaz se consistir em um conferencista tagarelando diante de um quadro-negro, ou um livro didático em que os alunos sublinhem textos com um marcador amarelo. As pessoas entendem os conceitos somente quando são forçadas a pensá-los em detalhes, a discuti-los com outras pessoas e a usá-los para resolver problemas. Um segundo impedimento para o ensino eficaz é que os alunos não transferem de forma espontânea o que aprenderam de um exemplo concreto para outros da mesma categoria abstrata. Os alunos de uma aula de matemática que aprendem a organizar uma fanfarra em filas idênticas usando o princípio de um mínimo múltiplo comum ficam travados quando são solicitados a organizar fileiras de vegetais em uma horta. Da mesma forma, os estudantes de um curso de pensamento crítico que são ensinados a discutir a Revolução Americana das perspectivas britânica e americana não darão o salto para considerar como os alemães encaravam a Primeira Guerra Mundial.

Com essas lições sobre lições em sua bagagem, os psicólogos criaram recentemente programas de desenviesamento que fortalecem as disciplinas de pensamento lógico e crítico. Eles incentivam os estudantes a detectar, nomear e corrigir falácias em uma ampla gama de contextos.[85] Alguns usam jogos de computador que oferecem aos alunos uma prática com feedback que lhes permite ver as consequências absurdas de seus erros. Outras disciplinas traduzem declarações matemáticas confusas para cenários concretos e imagináveis. Tetlock compilou as práticas dos prognosticadores bem-sucedidos em um conjunto de diretrizes para o bom julgamento (por exemplo, comece com a taxa-base, procure provas e não as exagere ou minimize; não tente explicar seus próprios erros, mas use-os como fonte de calibração). Esses e outros programas são provavelmente eficazes: a nova sabedoria dos alunos transcende a sessão de treinamento e se transfere para novas questões.

Apesar desses êxitos e do fato de que a capacidade de executar um raciocínio crítico imparcial seja um pré-requisito para pensar em qualquer outra coisa, poucas instituições educacionais estabeleceram como seu objetivo realçar a racionalidade. (Isso inclui minha própria universidade, onde minha sugestão durante uma revisão do currículo de que todos os alunos deveriam aprender sobre vieses cognitivos não encontrou o menor eco.) Muitos psicólogos apelaram ao seu campo para "espalhar o desenviesamento", o que seria uma das suas maiores contribuições potenciais ao bem-estar humano.[86]

O treinamento eficaz em pensamento crítico e desenviesamento cognitivo pode não ser suficiente para curar a cognição protetora da identidade, que leva as pessoas a se apegarem a qualquer opinião que realce a glória de sua tribo e seu status dentro dela. Essa é a doença com a maior morbidade no campo da política, e até agora os cientistas a diagnosticaram mal, apontando para a irracionalidade e o analfabetismo científico em vez da racionalidade cega da Tragédia da Crença Coletiva. Como observou um autor, os cientistas costumam tratar o público da maneira como os ingleses tratam os estrangeiros: falando mais devagar e mais alto.[87]

Desse modo, tornar o mundo mais racional não é apenas uma questão de treinar as pessoas para raciocinarem melhor e depois soltá-las no mundo. Depende também das regras do discurso nos locais de trabalho, círculos sociais e espaços de debates e de tomadas de decisão. Alguns experimentos demonstraram que as regras corretas podem evitar a Tragédia da Crença Coletiva e forçar as pessoas a dissociar seu raciocínio de suas identidades.[88] Uma técnica foi descoberta há muito tempo por rabinos: eles forçavam os estudantes das yeshivá a mudar de lado no debate talmúdico e defender a posição oposta. Outra é fazer as pessoas tentarem chegar a um consenso em um pequeno grupo de discussão; isso as obriga a defender suas opiniões junto a seus colegas de grupo, e a verdade em geral triunfa.[89] Os próprios cientistas descobriram uma nova estratégia chamada colaboração adversária, na qual inimigos mortais trabalham juntos para chegar ao cerne de uma questão, estabelecendo testes empíricos que concordam de antemão que resolverão o problema.[90]

Até mesmo o mero requisito de explicar uma opinião pode abalar o excesso de confiança das pessoas. A maioria de nós está enganada quanto ao nosso grau de compreensão do mundo, um viés chamado de Ilusão da Profundidade Explicativa.[91] Embora julguemos entender o funcionamento de um zíper, ou de uma fechadura de cilindro ou de um vaso sanitário, assim que somos instados a explicar ficamos perplexos e somos forçados a confessar que não fazemos ideia. Isso também é verdade para questões políticas candentes. Quando pessoas com opiniões ultraconservadoras sobre o Obamacare ou o Nafta são desafiadas a explicar o que essas políticas são de fato, logo percebem que não sabem do que estão falando e se tornam mais abertas a contra-argumentos. Mais importante talvez seja o fato de os indivíduos serem menos parciais quando sua pele está em jogo e terem de conviver com as consequências de suas opiniões. Numa revisão da literatura sobre racionalidade, os antropólogos Hugo Mercier e Dan Sperber concluem: "Ao contrário das avaliações sombrias comuns a respeito das habilidades humanas de raciocínio, as pessoas são bastante capazes de raciocinar de forma imparcial, pelo menos quando avaliam argumentos, em vez de produzi-los, e quando estão em busca da verdade em vez de tentar ganhar um debate".[92]

O modo como as regras em campos particulares pode nos tornar coletivamente estúpidos ou inteligentes pode resolver o paradoxo que continua reaparecendo neste capítulo: por que o mundo parece estar ficando menos racional numa época de conhecimentos sem precedentes e ferramentas para compartilhá-los? A solução é que, na maioria dos campos, o mundo *não* está se tornando menos racional. Não é como se os pacientes de um hospital estivessem morrendo cada vez mais de charlatanice, ou os aviões estivessem caindo do céu, ou os alimentos estivessem apodrecendo nos portos porque ninguém consegue descobrir como levá-los aos supermercados. Os capítulos sobre o progresso mostraram que nossa engenhosidade coletiva tem sido cada vez mais bem-sucedida na solução dos problemas da sociedade.

Na verdade, estamos vendo em todos os campos a derrota do dogma e do instinto pelos exércitos da razão. Os jornais estão complementando a reportagem e os comentários de entendidos com o trabalho de estatísticos e de esquadrões de verificadores de fatos.[93] O mundo de intriga e mistério da inteligência nacional está vendo mais adiante no futuro, usando o raciocínio bayesiano dos superprognosticadores.[94] Os tratamentos médicos estão sendo reformulados por uma medicina baseada em evidências (que deveria ser uma expressão redundante há muito tempo).[95] A psicoterapia progrediu do divã e do caderno para o tratamento informado por feedback.[96] Em Nova York, e cada vez mais em outras cidades, o crime violento foi reduzido por um sistema de processamento de dados em tempo real chamado Compstat.[97] O esforço para ajudar o mundo em desenvolvimento está sendo guiado pelos randomistas, economistas que reúnem dados de ensaios randomizados para distinguir projetos da moda que desperdiçam tempo e dinheiro de programas que de fato melhoram a vida das pessoas.[98] O voluntariado e as doação de caridade estão sendo examinados pelo movimento de Altruísmo

Eficaz, que distingue atos que melhoram a vida dos beneficiários daqueles que realçam a compaixão dos benfeitores.[99] Os esportes viram o advento do Moneyball, com estratégias e jogadores avaliados pela análise estatística, em vez de intuição e sabedoria popular, o que possibilita que equipes mais inteligentes vençam equipes mais ricas e oferece aos torcedores um novo material sem fim para conversas de mesa de bar.[100] A blogosfera gerou a Comunidade da Racionalidade, que insta as pessoas a ser "menos erradas" em suas opiniões, aplicando o raciocínio bayesiano e compensando os vieses cognitivos.[101] E, no funcionamento cotidiano dos governos, a aplicação de insights comportamentais (às vezes chamados de Nudge) e a política baseada em evidências provocaram mais benefícios sociais com menos dinheiro de impostos.[102] Em quase todas as áreas, o mundo vem se tornando mais racional.

Há uma exceção gritante, é claro: a política eleitoral e questões correlatas. Aqui, as regras do jogo são concebidas de forma diabólica para trazer à tona o que há de mais irracional nas pessoas.[103] Os eleitores manifestam-se sobre questões que não os afetam pessoalmente e nunca precisam se informar ou justificar suas posições. Itens práticos da pauta política, como comércio e energia, são enfeixados com assuntos candentes como a eutanásia e o ensino da evolução. Cada feixe é amarrado a uma coalizão com eleitores preocupados com questões geográficas, raciais e étnicas. Os meios de comunicação cobrem eleições como corridas de cavalos e analisam questões pondo oportunistas ideológicos uns contra os outros em disputas aos gritos. Todas essas características afugentam as pessoas da análise fundamentada e as aproximam da autoexpressão apaixonada. Algumas são produtos da concepção errônea de que os benefícios da democracia vêm das eleições, quando dependem mais de ter um governo que seja limitado em seus poderes, sensível aos seus cidadãos e atento aos resultados de suas políticas (capítulo 14). Por consequência, as reformas destinadas a tornar a governança mais "democrática", como os plebiscitos e as primárias diretas, podem, em vez disso, tornar a governança mais movida pela identidade e mais irracional. Os enigmas são inerentes à democracia e são debatidos desde a época de Platão.[104] Eles não têm solução instantânea, mas identificar os piores problemas atuais e estabelecer o objetivo de mitigá-los é o devido começo.

Quando as questões *não* são politizadas, as pessoas podem ser completamente racionais. Kahan observa que "as disputas públicas encarniçadas sobre a ciência são, na verdade, a exceção, e não a regra".[105] Ninguém fica irritado quando a questão é a eficácia dos antibióticos, ou se dirigir bêbado é uma boa ideia. A história recente prova alguma coisa com um experimento natural, junto com um grupo de controle bem montado.[106] O papilomavírus humano (HPV) é transmitido sexualmente e uma das principais causas do câncer de colo do útero, mas pode ser neutralizado com uma vacina. A hepatite B também é transmissível por contato sexual, também causa câncer e também pode ser prevenida por uma vacina. No entanto, a vacinação contra o HPV tornou-se um incêndio político, com pais protestando que o governo não deveria amenizar para os adolescentes as consequências de fazer sexo, enquanto a vacinação contra a hepatite B não é vista com nenhuma ressalva. Kahan sugere que a diferença reside na forma como as duas vacinas foram introduzidas. A hepatite B foi tratada como uma questão rotineira de saúde pública, como a coqueluche ou a febre amarela. Mas o fabricante da vacina contra o HPV pressionou as legislaturas estaduais para que tornassem a vacinação obrigatória, começando com meninas adolescentes, o que sexualizou o tratamento e aumentou a ira dos pais puritanos.

Para tornar o discurso público mais racional, as questões devem ser despolitizadas tanto quanto possível. Alguns experimentos demonstraram que, quando ouvem sobre uma nova política, como a reforma do sistema de seguridade social, as pessoas gostarão dela se for proposta por seu próprio partido e odiarão se for proposta pelo outro — ao mesmo tempo que estão convencidas de que estão reagindo ao tema por seus méritos objetivos.[107] Isso implica que os porta-vozes deveriam ser escolhidos com cuidado. Vários ativistas do clima lamentaram que, ao escrever e protagonizar o documentário *Uma verdade inconveniente*, Al Gore pode ter causado mais mal do que bem ao movimento porque, na qualidade de ex-vice-presidente democrata e candidato presidencial, marcou a mudança climática com um selo de esquerda. (É difícil acreditar hoje, mas a defesa do meio ambiente já foi acusada de ser uma causa da *direita*, em que a elite se preocupava frivolamente com os hábitats para a caça de patos e com a vista de suas propriedades rurais, em vez de se ocupar de questões graves como o racismo, a pobreza e o Vietnã.) Recrutar comentaristas conservadores e libertários que foram convencidos pelas evidências e estão dispostos a compartilhar sua preocupação seria mais eficaz do que recrutar mais cientistas para falar mais devagar e mais alto.[108]

Além disso, o estado factual das coisas deve ser desatrelado de remédios carregados de um significado político simbólico. Kahan descobriu que as pessoas estão menos polarizadas em sua opinião sobre a própria existência da mudança climática causada pelo homem quando são lembradas da possibilidade de que possa ser atenuada pela geoengenharia do que quando é dito que exige controles rigorosos sobre as emissões.[109] (Isso não significa obviamente que a própria geoengenharia precise ser defendida como a solução principal.) Despolitizar um problema pode conduzir a ações concretas. Kahan ajudou um pacto de empresários, políticos e associações de moradores da Flórida, muitos deles republicanos, a concordar com um plano de adaptação ao aumento do nível do mar, o que ameaçava as estradas costeiras e os suprimentos de água potável. O plano incluía medidas para reduzir as emissões de carbono, que em outras circunstâncias seriam politicamente radioativas. Mas, como o planejamento estava focado em problemas concretos e o pano de fundo divisor em termos políticos foi minimizado, os envolvidos agiram de forma razoável.[110]

Por sua vez, a mídia poderia examinar seu papel de transformar a política num esporte, e intelectuais e especialistas poderiam pensar duas vezes antes de entrar nessa competição. É possível imaginar um dia em que os colunistas e comentaristas de TV mais famosos não tenham uma orientação política previsível, mas tentem elaborar conclusões defensáveis sobre uma questão de cada vez? Um dia em que dizer "você está apenas repetindo a posição de esquerda [ou direita]" for considerado um "te peguei" devastador? Em que as pessoas (especialmente os acadêmicos) responderão a uma pergunta como "o controle de armas reduz o crime?" ou "um salário mínimo aumenta o desemprego?" com "Espere, deixe-me procurar as últimas meta-análises", e não com um reflexo patelar previsível de sua posição política? Um dia em que os articulistas à direita e à esquerda abandonem o estilo Chicago de debater ("Eles puxam uma faca, puxe uma arma. Ele manda um dos seus para o hospital, você envia um dos dele para o necrotério") e adotem a tática dos controladores de armas da Reciprocidade Graduada em Redução de Tensão (fazer uma pequena concessão unilateral com um convite para que seja retribuída)?[111]

Esse dia está muito distante. Mas os poderes regeneradores da racionalidade, em que os defeitos de raciocínio são identificados como alvos para educação e crítica, demoram a surtir efeito. Foram necessários séculos para que as observações de Francis Bacon sobre o raciocínio anedótico e a confusão de correlação com causalidade se tornassem uma segunda natureza para as pessoas cientificamente alfabetizadas. Demorou quase cinquenta anos para que as questões da disponibilidade e outros vieses cognitivos de Tversky e Kahneman penetrassem em nossa sabedoria convencional. A descoberta de que o tribalismo político é a forma mais insidiosa de irracionalidade atual ainda é nova e, em geral, desconhecida. De fato, pensadores sofisticados podem ser tão infectados como qualquer outra pessoa. Com o ritmo acelerado de tudo, talvez as contramedidas sejam compreendidas mais cedo.

Por mais tempo que demore, não devemos deixar a existência de vieses cognitivos e emocionais ou os espasmos da irracionalidade na arena política nos desencorajar do ideal iluminista de perseguir implacavelmente a razão e a verdade. Se podemos identificar maneiras pelas quais os seres humanos são irracionais, devemos saber o que é a racionalidade. Uma vez que não há nada de especial em relação a *nós*, nossos companheiros também devem ter pelo menos alguma capacidade de racionalidade. E é da própria natureza da racionalidade que aqueles que raciocinam sempre podem dar um passo atrás, considerar suas próprias deficiências e pensar em maneiras de contorná-las.

22. Ciência

Se nos pedissem para indicar os feitos que mais orgulham nossa espécie, fosse numa competição intergaláctica de bravatas ou num testemunho perante o Todo-Poderoso, o que diríamos?

Poderíamos nos gabar de triunfos históricos em direitos humanos, como a abolição da escravidão e a derrota do fascismo. No entanto, por mais inspiradoras que sejam essas vitórias, são apenas a remoção de obstáculos que nós mesmos pusemos em nosso caminho. Seria como listar na seção de realizações de um currículo que você superou o vício em heroína.[1]

Certamente incluiríamos as obras-primas da arte, da música e da literatura. Mas seriam as obras de Ésquilo, El Greco ou Billie Holiday apreciadas por agentes sensíveis com cérebros e experiências muitíssimo diferentes dos nossos? Talvez existam padrões universais de beleza e significado que transcendam as culturas e que seriam entendidos por qualquer inteligência — gosto de pensar que seriam —, mas é dificílimo saber isso.

Contudo, existe um campo de realização de que podemos nos orgulhar tranquilamente diante de qualquer tribunal: a ciência. É difícil imaginar uma vida inteligente que não teria curiosidade a respeito do mundo em que existe e, em nossa espécie, essa curiosidade foi saciada de um modo muito estimulante. Podemos explicar muita coisa sobre a história do universo, as forças que o fazem funcionar, as coisas de que somos feitos, a origem dos seres vivos e o mecanismo da vida, inclusive de nossa vida mental.

Embora nossa ignorância seja imensa (e sempre será), nosso conhecimento é espantoso e cresce a cada dia. O físico Sean Carroll argumenta em *The Big Picture* que as leis da física subjacentes à vida cotidiana (isto é, excluindo valores extremos de energia e gravitação como buracos negros, matéria escura e o Big Bang) são *totalmente* conhecidas. É difícil discordar de que seja "um dos maiores triunfos da história intelectual humana".[2] No mundo vivo, mais de 1,5 milhão de espécies foram descritas cientificamente, e com um aumento de esforço realista, as 7 milhões restantes poderiam ser descritas ainda neste século.[3] Além disso, nossa compreensão do mundo não consiste em meras listas de partículas, forças e espécies, mas em princípios profundos e elaborados, como o de que a gravidade é a curvatura do espaço-tempo, e que a vida depende de uma molécula que transporta informações, direciona o metabolismo e se replica.

As descobertas científicas continuam a surpreender, a deleitar, a responder ao que antes não tinha resposta. Quando descobriram a estrutura do DNA, Watson e Crick não poderiam sonhar que um dia o genoma de um fóssil de neandertal de 38 mil anos seria sequenciado e se descobriria que continha um gene ligado à fala e à linguagem, ou que uma análise do DNA de Oprah Winfrey diria que ela era descendente do povo kpelle da floresta tropical da Libéria.

A ciência está lançando novas luzes sobre a condição humana. Os grandes pensadores da Antiguidade, da Era da Razão e do Iluminismo nasceram cedo demais para desfrutar de ideias com implicações profundas para a moral e o significado, como a entropia, a evolução, a informação, a teoria dos jogos e a inteligência artificial (embora tenham muitas vezes mexido com precursores e aproximações). Os problemas que esses pensadores nos apresentaram estão hoje sendo enriquecidos com essas ideias e testados com métodos como a imagem em 3-D da atividade cerebral e o processamento de *big data* para rastrear a propagação de ideias.

A ciência também proporcionou ao mundo imagens de beleza sublime: o movimento congelado por estroboscópio, a fauna fabulosa das florestas tropicais e fossas oceânicas, graciosas espirais de galáxias e nebulosas diáfanas, circuitos neurais fluorescentes e um planeta Terra luminoso se elevando acima do horizonte da Lua e entrando na escuridão do espaço. Como grandes obras de arte, não se trata apenas de imagens bonitas, mas de estímulos para a contemplação que aprofundam a nossa compreensão do que significa ser humano e do nosso lugar na natureza.

E a ciência, claro, nos concedeu os dons da vida, da saúde, da riqueza, do conhecimento e da liberdade documentados nos capítulos sobre o progresso. Para tomar apenas um exemplo do capítulo 6, o conhecimento científico erradicou a varíola, uma doença dolorosa e desfigurante que matou 300 milhões de pessoas só no século XX. Caso alguém tenha lido meio por cima a frase em que me referi a essa façanha de grandeza moral, permita-me afirmar de novo: o conhecimento científico erradicou a varíola, uma doença dolorosa e desfigurante que matou 300 milhões de pessoas só no século XX.

Essas realizações impressionantes contradizem qualquer queixa de que vivemos numa era de declínio, desencanto, falta de sentido, superficialidade ou absurdo. Contudo, hoje a beleza e o poder da ciência não só deixam de ser apreciados, mas também são amargamente ressentidos. O desdém pela ciência pode ser encontrado em lugares surpreendentes: não apenas entre os fundamentalistas religiosos e políticos ignorantes, mas entre muitos dos nossos intelectuais mais adorados e nas nossas mais augustas instituições de ensino superior.

O desrespeito pela ciência entre os políticos norte-americanos de direita foi documentado pelo jornalista Chris Mooney em *The Republican War on Science* e levou até partidários leais (como Bobby Jindal, ex-governador da Louisiana) a depreciar sua organização, descrevendo-a como "o partido dos estúpidos".[4] A reputação originou-se em políticas adotadas durante o governo de George W. Bush, entre elas o encorajamento do ensino do criacionismo (sob o disfarce de "design inteligente") e a mudança de uma prática antiga de procurar o conselho de grupos científicos imparciais, que foram enxertados de ideólogos amigáveis, muitos dos quais promoveram ideias duvidosas (como a de que o aborto causa câncer de mama), ao mesmo tempo que negavam algumas bem fundamentadas (como a de que o preservativo previne doenças sexualmente transmissíveis).[5] Os políticos republicanos se envolveram em espetáculos de idiotice, como quando o senador James Inhofe, de Oklahoma, presidente da Comissão de Meio Ambiente e Obras Públicas, trouxe uma bola de neve ao plenário do Senado em 2015 para contestar a realidade do aquecimento global.

O capítulo anterior nos advertiu de que a estupidificação da ciência no discurso político envolve principalmente temas candentes como aborto, evolução e mudança climática. Mas o desprezo pelo consenso científico se ampliou para tornar-se uma ignorância em larga escala. O deputado Lamar Smith, do Texas, presidente da Comissão de Ciência, Espaço e Tecnologia da Câmara, ameaçou a Fundação Nacional de Ciências (NSF, na sigla em inglês) não só por suas pesquisas sobre ciência do clima (que considera uma conspiração esquerdista), mas pela pesquisa em seus subsídios para a revisão de artigos científicos por pares, que ele tira do contexto para zombar (por exemplo: "Como o governo federal justifica gastar mais de 220 mil dólares para estudar fotos de animais na National Geographic?").[6] Ele tentou solapar o apoio federal à pesquisa básica propondo uma legislação que exigiria que a NSF apenas financiasse estudos que promovessem "o interesse nacional", como a defesa e a economia.[7] A ciência, claro, transcende as fronteiras nacionais (como Tchékhov observou: "Não há ciência nacional, assim como não há uma tabuada nacional"), e sua capacidade de promover os interesses de qualquer um vem da sua compreensão fundamental da realidade.[8] O Sistema de Posicionamento Global (GPS), por exemplo, usa a teoria da relatividade. As terapias de câncer dependem da descoberta da dupla hélice. A inteligência artificial adapta as redes neurais e semânticas do cérebro e das ciências cognitivas.

Mas o capítulo 21 nos preparou para o fato de que a repressão politizada da ciência também vem da esquerda. Foi a esquerda que provocou pânico em relação à superpopulação, à energia nuclear e aos organismos geneticamente modificados. As pesquisas sobre inteligência, sexualidade, violência, criação de filhos e preconceitos foram distorcidas por táticas que iam desde a escolha de itens em questionários até a intimidação de pesquisadores que não ratificavam a ortodoxia politicamente correta.

Meu foco no resto deste capítulo será sobre uma hostilidade contra a ciência que é ainda mais profunda. Muitos intelectuais estão enfurecidos com a intrusão da ciência em territórios tradicionais das humanidades, como a política, a história e as artes. Da mesma forma, insulta-se a aplicação do raciocínio científico ao campo anteriormente governado pela religião: muitos escritores, sem nenhum vestígio de crença em Deus, sustentam que é inapropriado que a ciência se pronuncie sobre as questões maiores. Nos principais periódicos de opinião, os oportunistas científicos com frequência são acusados de determinismo, reducionismo, essencialismo, positivismo e, pior de tudo, um crime chamado cientificismo.

Esse ressentimento é bipartidário. O caso-padrão de acusação por parte da esquerda pode ser encontrado em uma resenha publicada em 2011 em *The Nation* pelo historiador Jackson Lears:

> O positivismo depende da crença reducionista de que todo o universo, inclusive toda a conduta humana, pode ser explicado com referência a processos físicos deterministas precisamente mensuráveis. [...] Os pressupostos positivistas proporcionaram os fundamentos epistemológicos para o darwinismo social e as noções pop-evolucionárias de progresso, bem como para o racismo científico e o imperialismo. Essas tendências fundiram-se na eugenia, a doutrina de que o bem-estar humano poderia ser melhorado e por fim aperfeiçoado por meio da criação seletiva dos "aptos" e da esterilização ou eliminação dos "inaptos". Qualquer criança em idade escolar sabe o que aconteceu a seguir: o catastrófico século XX. Duas guerras mundiais, a matança sistemática de inocentes numa escala sem precedentes, a proliferação de inimagináveis armas destrutivas, guerras em pequena escala na periferia do império — todos esses acontecimentos envolveram, em graus variados, a aplicação da pesquisa científica à tecnologia avançada.[9]

O argumento da direita encontra-se neste discurso de 2007 de Leon Kass, assessor de bioética de Bush:

> Ideias e descobertas científicas sobre a natureza viva e o homem, perfeitamente bem-vindas e inofensivas em si mesmas, estão sendo convocadas para combater nossos ensinamentos religiosos e morais tradicionais e até mesmo a compreensão de nós mesmos como criaturas com liberdade e dignidade. Uma fé quase religiosa brotou entre nós — vou chamá-la de "cientificismo sem alma" —, a qual acredita que nossa nova biologia, eliminando todo o mistério, pode oferecer uma descrição completa da vida humana, dando explicações puramente científicas do pensamento humano, do amor, da criatividade, do julgamento moral e até de por que acreditamos em Deus. Hoje, a ameaça para a nossa humanidade não vem da transmigração das almas na próxima vida, mas da negação da alma nesta [...].
>
> Não se engane. As apostas nessa disputa são elevadas: em questão estão a saúde moral e espiritual de nossa nação, a continuação da vitalidade da ciência e a própria

> compreensão de nós mesmos como seres humanos e como filhos do Ocidente. [...] Todos os amigos da liberdade e da dignidade humana — inclusive os ateus — devem entender que sua própria humanidade está em risco.[10]

De fato, estamos diante de promotores fervorosos. Mas, como veremos, a causa deles é forjada. A ciência não pode ser culpada por genocídio e guerra, e não ameaça a saúde moral e espiritual de nossa nação. Ao contrário, é indispensável em todas as áreas de interesse humano, inclusive a política, as artes e a busca por sentido, objetivo e moralidade.

A guerra intelectual contra a ciência é uma erupção da controvérsia levantada por C. P. Snow em 1959, quando deplorou o desdém pela ciência entre intelectuais britânicos em sua palestra e no livro *As duas culturas*. O termo "culturas", no sentido dos antropólogos, explica o enigma de por que a ciência provocou a artilharia não só de políticos financiados por combustíveis fósseis, mas de alguns dos membros mais eruditos da intelectualidade.

Durante o século XX, a paisagem do conhecimento humano foi dividida em ducados profissionalizados, e o crescimento da ciência (em particular das ciências da natureza humana) é muitas vezes visto como uma invasão de territórios cercados e fechados pelas humanidades acadêmicas. Não que os praticantes das humanidades tenham essa mentalidade de soma zero. A maioria dos artistas não mostra sinais disso: os romancistas, pintores, cineastas e músicos que conheço são intensamente curiosos a respeito da luz que a ciência pode lançar em seus meios de comunicação, assim como estão abertos a qualquer fonte de inspiração. Os estudiosos que se aprofundam em épocas históricas, gêneros da arte, sistemas de ideias e outros assuntos das humanidades tampouco manifestam preocupação quanto a isso, pois um verdadeiro estudioso é receptivo a ideias seja qual for sua origem. A belicosidade defensiva pertence a uma *cultura*: a Segunda Cultura de Snow dos literatos, críticos culturais e ensaístas eruditos.[11] O escritor Damon Linker (citando o sociólogo Daniel Bell) caracteriza-os como "especialistas em generalizações, [...] que se pronunciam sobre o mundo a partir de suas experiências individuais, hábitos de leitura e capacidade de julgamento. A subjetividade em todas as suas idiossincrasias e excentricidades é a moeda do reino na República das Letras".[12] Esse *modus* não poderia ser mais diferente do caminho da ciência, e são os intelectuais da Segunda Cultura que mais temem o "cientificismo", que entendem como a posição de que "a ciência é tudo o que importa" ou que "se deveria confiar nos cientistas para resolver todos os problemas".

Snow, claro, nunca defendeu a posição lunática de que o poder deveria ser transferido para a cultura dos cientistas. Ao contrário, clamou por uma *Terceira* Cultura, que combinaria ideias da ciência, da cultura e da história e as aplicaria para melhorar o bem-estar humano em todo o mundo.[13] O termo foi revivido em 1991 pelo escritor e agente literário John Brockman e está relacionado com o conceito de *consiliência*, a unidade do conhecimento, do biólogo E. O. Wilson, que por sua vez o atribuiu aos (quem mais?) pensadores do Iluminismo.[14] O primeiro passo para entender a promessa da ciência nos assuntos humanos é escapar da mentalidade de bunker da Segunda Cultura, captada, por exemplo, na conclusão de um artigo publicado em 2013 pelo colosso literário Leon Wieseltier: "Agora a ciência quer invadir as artes. Não deixem que isso aconteça".[15]

Um endosso ao pensamento científico deve, antes de tudo, distinguir-se de qualquer crença de que os membros da guilda ocupacional chamada "ciência" sejam particularmente sábios ou nobres. A cultura da ciência baseia-se na crença oposta. Suas práticas características, como o debate aberto, a revisão pelos pares e o método duplo-cego, são projetados para contornar os pecados aos quais os cientistas, sendo humanos, são vulneráveis. Como disse Richard Feynman, o primeiro princípio da ciência é "que você não deve enganar a si mesmo — e você é a pessoa mais fácil de enganar".

Pelo mesmo motivo, um apelo para que todos pensem de forma mais científica não deve ser confundido com um apelo para entregar as decisões nas mãos dos cientistas. Muitos cientistas são ingênuos quando se trata de políticas e leis e imaginam coisas inviáveis como o governo mundial, o licenciamento obrigatório para exercer a função de pais e a fuga de uma Terra contaminada para colonizar outros planetas. Isso não importa, porque não estamos falando sobre a qual sacerdócio se deve conceder o poder; falamos sobre como as decisões coletivas podem ser tomadas com mais sabedoria.

Respeitar o pensamento científico não é, de forma alguma, acreditar que todas as hipóteses científicas atuais são verdadeiras. A maioria das novas não o é. A força vital da ciência é o ciclo de conjecturas e refutações: propor uma hipótese e depois verificar se sobrevive às tentativas de falsificação. Esse aspecto escapa a muitos críticos da ciência, que apontam para alguma hipótese desacreditada como prova de que a ciência não pode ser confiável, como um rabino da minha infância que rejeitava a teoria da evolução da seguinte maneira: "Os cientistas pensam que o mundo tem 4 bilhões de anos. Eles costumavam pensar que o mundo tinha 8 bilhões de anos. Se eles erraram por 4 bilhões de anos uma vez, podem estar errados em 4 bilhões de anos novamente". A falácia (deixando de lado a história apócrifa) é uma incapacidade de reconhecer que o que a ciência possibilita é uma crescente confiança numa hipótese à medida que as provas se acumulam, não uma alegação de infalibilidade na primeira tentativa. Com efeito, esse tipo de argumento refuta a si mesmo, uma vez que os argumentadores devem apelar para a verdade das afirmações científicas atuais para lançar dúvidas sobre as anteriores. O mesmo vale para o argumento muito usado de que as afirmações da ciência não são confiáveis porque os cientistas de algum período anterior eram motivados pelos preconceitos e chauvinismos de então. Se isso acontecia, eles não estavam fazendo ciência direito, e é somente a ciência melhorada de períodos posteriores que nos permite hoje identificar seus erros.

Uma tentativa de construir um muro em torno da ciência e fazê-la pagar por ele usa um argumento diferente: que a ciência trata apenas de fatos sobre coisas físicas, e portanto os cientistas estão cometendo um erro lógico quando dizem qualquer coisa sobre valores, sociedade ou cultura. Nas palavras de Wieseltier: "Não cabe à ciência dizer se a ciência tem a ver com a moral, a política e a arte. Essas são questões filosóficas, e ciência não é filosofia". Mas é esse argumento que comete um erro lógico, confundindo proposições com disciplinas acadêmicas. É verdade que uma proposição empírica não é o mesmo que uma proposição lógica, e ambas devem ser distinguidas das afirmações normativas ou morais. Mas isso não significa que os cientistas devam obedecer a uma lei da mordaça que os proíba de discutir questões conceituais e morais, assim como os filósofos não são obrigados a manter a boca fechada sobre o mundo físico.

A ciência não é uma lista de fatos empíricos. Os cientistas estão imersos no meio etéreo da *informação*, que inclui as verdades da matemática, a lógica de suas teorias e os valores que orientam suas pesquisas. Por sua vez, tampouco a filosofia se limitou alguma vez a um reino fantasmagórico de ideias puras que flutuam livres do universo físico. Os filósofos do Iluminismo, em particular, entrelaçavam seus argumentos conceituais com hipóteses sobre percepção, cognição, emoção e sociabilidade. (A análise de Hume da natureza da causalidade, para dar um exemplo apenas, partiu de seus insights sobre a psicologia da causalidade, e Kant era, entre outras coisas, um psicólogo cognitivo presciente.)[16] Hoje a maioria dos filósofos (pelo menos na tradição analítica ou anglo-americana) subscreve o *naturalismo*, a posição de que "a realidade é esgotada pela natureza e não contém nada de 'sobrenatural', e que o método científico deve ser usado para investigar todos os âmbitos da realidade, inclusive o 'espírito humano'".[17] A ciência, na concepção moderna, faz parte do mesmo tecido da filosofia e da razão em si.

O que, então, distingue a ciência de outros exercícios da razão? Certamente não é "o método científico", um termo que é ensinado aos colegiais mas que nunca passa pelos lábios de um cientista. Os cientistas usam quaisquer métodos que os ajudem a entender o mundo: tabulação de dados rotineira, testes experimentais audazes, voos de fantasia teórica, modelagem matemática elegante, simulação computacional improvisada, narração verbal abrangente.[18] Todos os métodos são postos a serviço de dois ideais, e são esses ideais que os defensores da ciência querem exportar para o resto da vida intelectual.

O primeiro é que o mundo é *inteligível*. Os fenômenos que experimentamos podem ser explicados por princípios que são mais profundos do que os próprios fenômenos. É por isso que os cientistas riem da teoria do brontossauro do especialista em dinossauros do *Monty Python's Flying Circus*: "Todos os brontossauros são finos em uma extremidade, muito, muito mais espessos no meio, e depois finos novamente na outra extremidade"; a "teoria" é apenas uma descrição de como as coisas são, e não uma explicação de *por que* são como são. Os princípios que compõem uma explicação podem, por sua vez, ser explicados por princípios ainda mais profundos e assim por diante. (Como diz David Deutsch: "Estamos sempre no começo do infinito".) Ao procurar entender nosso mundo, deve haver poucas ocasiões em que somos obrigados a conceder: "é assim que é", ou "é mágico", ou "porque eu disse que é assim". O compromisso com a inteligibilidade não é uma questão de fé pura, mas se valida progressivamente à medida que mais coisas do mundo se tornam explicáveis em termos científicos. Os processos da vida, por exemplo, costumavam ser atribuídos a um misterioso elã vital; agora sabemos que são movidos por reações químicas e físicas entre moléculas complexas.

Os demonizadores do cientificismo confundem com frequência a inteligibilidade com um pecado chamado reducionismo, a análise de um sistema complexo que o reduz a elementos mais simples ou, de acordo com a acusação, a *nada* além de elementos mais simples. Na verdade, explicar um acontecimento complexo em termos de princípios mais profundos não é descartar sua riqueza. Surgem padrões em um nível de análise que não são redutíveis aos seus componentes em um nível inferior. Embora a Primeira Guerra Mundial consistisse em matéria em movimento, ninguém tentaria explicar essa guerra na linguagem da física, da química e da biologia, em oposição à linguagem mais perspicaz das percepções e objetivos dos líderes da Europa de 1914. Ao mesmo tempo, uma pessoa curiosa pode legitimamente perguntar *por que* as mentes humanas são propensas a ter tais percepções e objetivos, inclusive o tribalismo, o excesso de confiança, o temor mútuo e a cultura da honra que entraram numa combinação mortal naquele momento histórico.

O segundo ideal é que devemos permitir que o mundo nos diga se nossas ideias sobre ele estão corretas. As causas tradicionais da crença — fé, revelação, dogma, autoridade, carisma, sabedoria convencional, análise hermenêutica de textos, o brilho da certeza subjetiva — são geradoras de erros e devem ser descartadas como fontes de conhecimento. Em vez disso, nossas crenças sobre proposições empíricas devem ser calibradas por sua adequação ao mundo. Quando são pressionados a explicar como fazem isso, os cientistas em geral apelam para o modelo de conjectura e refutação de Karl Popper, segundo o qual uma teoria científica pode ser falsificada por testes empíricos, mas nunca é confirmada. Na realidade, a ciência não se parece muito com tiro ao alvo, com uma sucessão de hipóteses lançadas ao ar como pombos de barro e abatidas em pedacinhos. Ela lembra antes o raciocínio bayesiano (a lógica usada pelos superprognosticadores que conhecemos no capítulo anterior). Concede-se a uma teoria um grau prévio de credibilidade com base em sua coerência com tudo o que sabemos. Esse nível de credibilidade é então aumentado ou diminuído de acordo com a probabilidade de haver uma observação empírica, se a teoria for verdadeira, em comparação com a probabilidade de haver essa observação se a teoria for falsa.[19] Independentemente de Popper ou Bayes ter razão, o grau de crença de um cientista numa teoria depende de sua coerência com evidências empíricas. Qualquer movimento que se diga "científico" mas que não promova oportunidades para testar suas próprias crenças (no caso mais flagrante, quando mata ou aprisiona pessoas que não concordam com ele) não é um movimento científico.

Muita gente se mostra disposta a dar crédito à ciência por nos dar medicamentos e aparelhos acessíveis e até mesmo a explicação de como as coisas físicas funcionam. Mas deixam de fora aquilo que realmente importa para nós como seres humanos: as questões profundas sobre quem somos, de onde viemos e como definimos o sentido e o propósito de nossa vida. Esse é o território tradicional da religião, e seus defensores tendem a ser os críticos mais acerbos do cientificismo, propensos a endossar o plano de partição proposto pelo paleontólogo e escritor de divulgação científica Stephen Jay Gould em seu livro *Pilares do tempo*, segundo o qual as preocupações apropriadas da ciência e da religião pertencem a "magistérios não interferentes". A ciência fica com o universo empírico; a religião aborda as questões da moral, do sentido e do valor.

Mas essa *entente* se desfia logo que se começa a examiná-la. A visão de mundo moral de qualquer pessoa cientificamente alfabetizada — de alguém que não é cegado pelo fundamentalismo — exige um rompimento claro com as concepções religiosas de sentido e valor.

Para começar, as descobertas da ciência implicam que os sistemas de crença de todas as religiões e culturas tradicionais do mundo — suas teorias sobre a gênese do mundo, da vida, dos seres humanos e das sociedades — estão factualmente errados. Nós sabemos, mas nossos ancestrais não sabiam, que os seres humanos pertencem à única espécie de primata africano que desenvolveu a agricultura, o governo e a escrita num momento tardio de sua história. Sabemos que nossa espécie é um galho minúsculo de uma árvore genealógica que abraça todos os seres vivos e que emergiu de elementos químicos prebióticos há quase 4 bilhões de anos. Sabemos que vivemos num planeta que gira em torno de uma das centenas de bilhões de estrelas de nossa galáxia, que é uma entre 100 bilhões de galáxias em um universo de 13,8 bilhões de anos, talvez apenas um de um vasto número de universos. Sabemos que nossas intuições sobre espaço, tempo, matéria e causalidade são incomensuráveis com a natureza da realidade em escalas que são muito grandes e muito pequenas. Sabemos que as leis que regem o mundo físico (inclusive acidentes, doenças e outros infortúnios) não têm objetivos que digam respeito ao bem-estar humano. Não existe algo como o destino, a providência, o carma, os feitiços, as maldições, o augúrio, o castigo divino ou respostas às orações, embora a discrepância entre as leis da probabilidade e o funcionamento da cognição possa explicar o motivo de as pessoas acreditarem que essas coisas existem. E sabemos que nem sempre soubemos dessas coisas, que as tão estimadas convicções de cada época e cultura podem ser falsificadas, inclusive, sem dúvida, muitas das que cultivamos hoje.

Em outras palavras, a visão de mundo que orienta atualmente os valores morais e espirituais de uma pessoa instruída é a visão de mundo que a ciência nos deu. Embora os fatos científicos por si próprios não determinem valores, certamente reduzem possibilidades. Ao despojar a autoridade eclesiástica de sua credibilidade em questões factuais, lançam dúvidas sobre suas pretensões de certeza em questões de moral. A refutação científica da teoria dos deuses vingativos e das forças ocultas enfraquece práticas como o sacrifício humano, a caça às bruxas, a cura pela fé, o julgamento pela provação e a perseguição de hereges. Ao expor a ausência de propósito nas leis que governam o universo, a ciência nos obriga a assumir a responsabilidade pelo bem-estar de nós mesmos, de nossa espécie e de nosso planeta. Pela mesma razão, enfraquece qualquer sistema moral ou político baseado em forças místicas, buscas, destinos, dialéticas, lutas ou eras messiânicas. E, em combinação com algumas convicções irrefutáveis — que todos nós valorizamos nosso próprio bem-estar e que somos seres sociais que se influenciam uns aos outros e que podem negociar códigos de conduta —, os fatos científicos militam em defesa de uma moral defensável, ou seja, princípios que maximizem o desenvolvimento dos seres humanos e outros seres sensíveis. Esse humanismo (capítulo 23), que é inseparável da compreensão científica do mundo, está se tornando a moral *de facto* das democracias modernas, organizações internacionais e religiões liberalizadoras, e suas promessas não cumpridas definem os imperativos morais que enfrentamos hoje.

Embora a ciência esteja cada vez mais integrada de modo benéfico em nossa vida material, moral e intelectual, muitas de nossas instituições culturais cultivam uma indiferença inculta à ciência que beira o desprezo. As revistas intelectuais que aparentam dedicar-se às ideias se limitam à política e às artes, com pouca atenção aos novos conceitos que surgem da ciência, com exceção de questões politizadas, como a mudança climática (e ataques periódicos ao cientificismo).[20] Pior ainda é o tratamento dado à ciência nos currículos de ciências humanas de muitas universidades. Os estudantes podem se formar com uma exposição superficial à ciência, e o que aprendem é muitas vezes projetado para envenená-los contra ela.

O livro de ciência mais indicado nas universidades modernas (ao lado de um manual de biologia popular) é *A estrutura das revoluções científicas*, de Thomas Kuhn.[21] A interpretação mais comum desse clássico de 1962 afirma que ele mostra que a ciência não converge para a verdade, mas simplesmente se ocupa com a solução de enigmas antes de mudar para um novo paradigma que torna suas teorias anteriores obsoletas e, com efeito, ininteligíveis.[22] Embora o próprio Kuhn tenha desautorizado mais tarde essa interpretação niilista, ela tornou-se a sabedoria convencional dentro da Segunda Cultura. Um crítico de uma importante revista intelectual explicou-me certa vez que o mundo das artes não considera mais se as obras de arte são "bonitas" pelo mesmo motivo pelo qual os cientistas já não consideram se as teorias são "verdadeiras". Ele pareceu surpreso de verdade quando o corrigi.

O historiador da ciência David Wootton observou a respeito dos costumes de seu próprio campo: "Nos anos que se seguiram à palestra de Snow, o problema das duas culturas se aprofundou; a história da ciência, longe de servir de ponte entre as artes e as ciências, oferece hoje aos cientistas uma imagem deles mesmos que a maioria não consegue reconhecer".[23] Isso porque muitos historiadores da ciência consideram ingênuo tratar a ciência como a busca de explicações verdadeiras do mundo. O resultado é parecido com a reportagem de um jogo de basquete feita por um crítico de dança que não tem permissão para dizer que os jogadores estão tentando jogar a bola através do aro. Uma vez, assisti a uma palestra sobre a semiótica das neuroimagens, na qual um historiador da ciência desconstruiu uma série de imagens dinâmicas multicoloridas em 3-D do cérebro, explicando de forma loquaz que "aquele olhar científico aparentemente neutro e naturalizante estimula tipos particulares de eus que são então receptivos a certas pautas políticas, deslocando a posição do objeto neuro(psicológico) para a posição observatória externa", e assim por diante — numa explicação que era qualquer coisa, exceto a mais óbvia, a saber, que as imagens tornam mais fácil ver o que está acontecendo no cérebro.[24] Muitos especialistas em "estudos científicos" dedicam suas carreiras a análises estapafúrdias que consideram que toda instituição não passa de um pretexto para a opressão. Um exemplo disso é essa contribuição acadêmica para o desafio mais urgente do mundo:

Glaciares, gênero e ciência: Um marco feminista da glaciologia para pesquisa sobre mudança ambiental global

Os glaciares são ícones-chave da mudança climática e da mudança ambiental global. No entanto, as relações entre gênero, ciência e geleiras — particularmente relacionadas a questões epistemológicas sobre a produção de conhecimento glacioló-

> gico — permanecem pouco estudadas. Este artigo propõe um marco de glaciologia feminista com quatro componentes essenciais: (1) produtores de conhecimento; (2) ciência e conhecimento com perspectiva de gênero; (3) sistemas de dominação científica; e (4) representações alternativas das geleiras. Combinando estudos de ciência feminista pós-coloniais e ecologia política feminista, o marco da glaciologia feminista gera análises robustas de gênero, poder e epistemologias em sistemas socioecológicos dinâmicos, levando desse modo a uma ciência e interações homem-gelo mais justas e equitativas.[25]

Mais insidiosa do que a revelação de formas cada vez mais enigmáticas de racismo e sexismo é uma campanha de demonização que impugna a ciência (junto com a razão e outros valores do Iluminismo) por crimes tão antigos quanto a civilização, entre eles o racismo, a escravidão, a conquista e o genocídio. Trata-se de um tema importante da influente teoria crítica da Escola de Frankfurt, o movimento quase marxista criado por Theodor Adorno e Max Horkheimer, segundo a qual "a Terra totalmente iluminada irradia o desastre triunfante".[26] Ela também figura nas obras de teóricos pós-modernos como Michel Foucault, argumentando que o Holocausto foi o inevitável ponto culminante de uma "biopolítica" que começou com o Iluminismo, quando ciência e governança racional exerceram um poder crescente sobre a vida das pessoas.[27] Numa linha semelhante, o sociólogo Zygmunt Bauman pôs a culpa do Holocausto no ideal iluminista de "refazer a sociedade, forçá-la a se conformar a um plano total, cientificamente concebido".[28] Nessa narrativa deturpada, os próprios nazistas são absolvidos ("É culpa da modernidade!"). E o mesmo acontece com a ideologia furiosamente anti-iluminista do nazismo, que desprezava o degenerado culto burguês liberal da razão e do progresso e abraçava uma vitalidade orgânica e pagã que governava a luta entre as raças. Embora a teoria crítica e o pós-modernismo evitem métodos "cientificistas", como quantificação e cronologia sistemática, os fatos sugerem que eles leem a história de trás para diante. O genocídio e a autocracia eram onipresentes nos tempos pré-modernos e diminuíram, não aumentaram, à medida que a ciência e os valores liberais do Iluminismo se tornaram cada vez mais influentes após a Segunda Guerra Mundial.[29]

Sem dúvida, a ciência foi pressionada muitas vezes a apoiar movimentos políticos deploráveis. É essencial entender essa história e legítimo julgar os cientistas por seus papéis, assim como quaisquer figuras históricas. Contudo, as qualidades que valorizamos nos estudiosos das ciências humanas — contexto, nuance, profundidade histórica — muitas vezes os abandonam quando surge a oportunidade de mover uma campanha contra seus rivais acadêmicos. A ciência costuma ser responsabilizada por movimentos intelectuais que tinham uma pátina pseudocientífica, embora as raízes históricas desses movimentos fossem profundas e amplas.

O "racismo científico", a teoria de que as raças se enquadram numa hierarquia evolutiva de sofisticação mental com os europeus do Norte no topo, é um excelente exemplo. Ela foi popular nas décadas em torno da virada do século XX, claramente apoiada pela craniometria e por testes mentais, antes de ser desacreditada em meados do século por uma ciência melhor e pelos horrores do nazismo. Contudo, pôr a culpa do racismo ideológico na ciência, em particular na teoria da evolução, é história intelectual de má qualidade. As crenças racistas são onipresentes na história e nas regiões do mundo. A escravidão foi praticada por todas as civilizações e costumava ser racionalizada com a crença de que os povos escravizados eram inerentemente adequados à servidão, muitas vezes pelo desígnio de Deus.[30] As declarações de escritores da Grécia antiga e árabes da Idade Média sobre a inferioridade biológica dos africanos eram de gelar o sangue, e a opinião de Cícero sobre os britânicos não era muito mais caridosa.[31]

Mais a propósito, o racismo intelectualizado que infectou o Ocidente no século XIX não foi criação da ciência, mas das humanidades: história, filologia, estudos clássicos e mitologia. Em 1853, Arthur de Gobineau, escritor de ficção e historiador amador, publicou sua teoria absurda de que uma raça de homens brancos viris, os arianos, saiu de sua antiga terra natal e espalhou uma civilização guerreira heroica por toda a Eurásia, diversificando-se em persas, hititas, gregos homéricos, hindus védicos e, mais tarde, vikings, godos e outras tribos germânicas. (O único pingo de realidade nessa história é que essas tribos falavam línguas que pertenciam todas a uma única família, a indo-europeia.) Tudo foi por água abaixo quando os arianos cruzaram com povos conquistados inferiores, diluindo sua grandeza e fazendo com que degenerassem em culturas decadentes, afetadas, desalmadas, burguesas e mercantis, das quais os românticos sempre se queixavam. Bastou um pequeno passo para fundir esse conto de fadas com o nacionalismo romântico alemão e o antissemitismo: o *Volk* teutônico era o herdeiro dos arianos, os judeus eram uma raça mestiça de asiáticos. As ideias de Gobineau foram devoradas por Richard Wagner (cujas óperas foram consideradas recriações dos mitos arianos originais) e pelo genro do compositor, Houston Stewart Chamberlain (um filósofo que escreveu que os judeus poluíram a civilização teutônica com o capitalismo, o humanismo liberal e a ciência estéril). A partir deles, as ideias chegaram a Hitler, que se referia a Chamberlain como seu "pai espiritual".[32]

A ciência desempenhou um papel pequeno nessa cadeia de influências. Significativamente, Gobineau, Chamberlain e Hitler *rejeitaram* a teoria da evolução de Darwin, em particular a ideia de que todos os seres humanos evoluíram de forma gradual a partir dos macacos, o que era incompatível com a teoria romântica da raça e com as antigas noções religiosas e populares nas quais se originou. De acordo com essas crenças disseminadas, as raças eram espécies separadas, estavam adaptadas a civilizações com diferentes níveis de sofisticação e degenerariam caso se misturassem. Darwin argumentou que os seres humanos são membros intimamente relacionados de uma única espécie com uma ancestralidade comum, que todos os povos têm origens "selvagens", que as capacidades mentais de todas as raças são quase as mesmas e que as raças se misturam sem nenhum dano causado pelo cruzamento.[33] O historiador Robert Richards, que rastreou de forma minuciosa as influências de Hitler, encerrou um capítulo intitulado "Era Hitler darwinista?" (uma alegação comum entre os criacionistas) com estas palavras: "A única resposta razoável à questão [...] é um NÃO muito alto e inequívoco!".[34]

Tal como o "racismo científico", o chamado "darwinismo social" é muitas vezes atribuído à ciência. No final do século XIX e início do XX, quando se tornou famoso, o conceito de evolução transformou-se em um teste de Rorschach que vários movimentos políticos e intelectuais viram como justificativa de suas ideias. Todos queriam acreditar que sua visão de luta, progresso e vida boa harmonizava com a natureza.[35] Um desses movimentos foi apelidado de forma retroativa de "darwinismo social", embora não tenha sido defendido por Darwin, mas por Herbert Spencer, que o expôs em 1851, oito anos antes da publicação de *A origem das espécies*. Spencer não acreditava em mutação aleatória e seleção natural; pensava em termos de um processo lamarckiano em que a luta pela existência impelia os organismos a se empenharem em proezas de maior complexidade e adaptação, que passavam para as gerações posteriores. Spencer achava que era melhor deixar essa força progressiva sem impedimentos e argumentava contra o bem-estar social e a regulamentação governamental, que apenas prolongaria a vida condenada de indivíduos e grupos mais fracos. Sua filosofia política, uma forma primitiva de libertarianismo, foi adotada por magnatas corruptos, defensores da economia do laissez-faire e oponentes dos gastos sociais. Uma vez que essas ideias tinham um cheiro de direita, escritores de esquerda aplicaram de forma equivocada o termo "darwinismo social" a outras ideias com o mesmo feitio, como o imperialismo e a eugenia, embora Spencer fosse firmemente contra esse ativismo do governo.[36] Em tempos mais recentes, a expressão foi usada como uma arma contra qualquer aplicação da evolução à compreensão dos seres humanos.[37] Portanto, apesar da etimologia, não tem nada a ver com Darwin ou com a biologia evolucionária, e é agora um insulto quase sem sentido.

A eugenia é outro movimento que tem sido usado como um trabuco ideológico. Francis Galton, um polímata vitoriano, foi o primeiro a sugerir que o estoque genético da humanidade poderia ser melhorado ao oferecer incentivos para que as pessoas com talento se casassem e tivessem mais filhos (eugenia positiva), mas, quando pegou, essa ideia foi estendida para o desestímulo da reprodução entre os "inaptos" (eugenia negativa). À força, muitos países esterilizaram delinquentes, deficientes intelectuais, doentes mentais e outras pessoas que caíam numa ampla teia de moléstias e estigmas. A Alemanha nazista tomou por modelo para suas leis de esterilização forçada as legislações da Escandinávia e dos Estados Unidos, e seu assassinato em massa de judeus, ciganos e homossexuais é muitas vezes considerado uma extensão lógica da eugenia negativa. (Na realidade, os nazistas invocavam muito mais a saúde pública do que a genética ou a evolução: os judeus eram comparados a parasitas, patógenos, tumores, órgãos gangrenados e sangue envenenado.)[38]

O movimento da eugenia foi permanentemente desacreditado por sua associação com o nazismo. Mas o termo sobreviveu como um modo de macular uma série de empreendimentos científicos, como aplicações da genética médica que permitem aos pais ter filhos sem doenças degenerativas fatais, e todo o campo da genética comportamental, que analisa as causas genéticas e ambientais das diferenças individuais.[39] E, desafiando o registro histórico, a eugenia é com frequência retratada como um movimento de cientistas de direita. Na verdade, ela foi defendida por progressistas, liberais e socialistas, entre eles Theodore Roosevelt, H. G. Wells, Emma Goldman, George Bernard Shaw, Harold Laski, John Maynard Keynes, Sidney e Beatrice Webb, Woodrow Wilson e Margaret Sanger.[40] Afinal, a doutrina valorizava a reforma em vez do status quo, a responsabilidade social em vez do egoísmo e o planejamento central em detrimento do laissez-faire. O repúdio mais decisivo da eugenia invoca princípios clássicos liberais e libertários: o governo não é um senhor onipotente da existência humana, mas uma instituição com poderes circunscritos, e o aperfeiçoamento da composição genética da espécie não está entre eles.

Não mencionei o papel limitado que a ciência exerceu nesses movimentos para absolver os cientistas (muitos dos quais foram de fato ativos ou cúmplices), mas porque os movimentos merecem uma compreensão mais profunda e contextualizada do que seu papel atual de propaganda contra a ciência. A má compreensão de Darwin deu a esses movimentos um impulso, mas eles brotaram das crenças religiosas, artísticas, intelectuais e políticas de suas épocas: romantismo, pessimismo cultural, progresso como luta dialética ou desdobramento místico e alto modernismo autoritário. Se pensamos que essas ideias não estão apenas fora de moda, mas são erradas, é graças à melhor compreensão histórica e científica de que desfrutamos hoje.

As recriminações em relação à natureza da ciência não são de forma nenhuma uma relíquia das "guerras científicas" das décadas de 1980 e 1990, mas continuam a moldar o papel da ciência nas universidades. Quando a Harvard reformou seus requisitos de educação geral em 2006-7, o relatório da força-tarefa preliminar introduziu o ensino da ciência sem nenhuma menção ao seu lugar no conhecimento humano: "Ciência e tecnologia afetam diretamente nossos estudantes de muitas maneiras, tanto positivas como negativas: elas levaram a medicamentos que salvam vidas, à internet, ao armazenamento de energia mais eficiente e ao entretenimento digital; também guiaram armas nucleares, agentes de guerra biológica, espionagem eletrônica e danos ao meio ambiente". Tudo bem, e suponho que se poderia dizer que a arquitetura produziu museus e câmaras de gás, que a música clássica estimula a atividade econômica e inspirou os nazistas, e assim por diante. Mas essa estranha ambiguidade entre o utilitário e o nefasto não foi aplicada a outras disciplinas, e a declaração não dava nenhuma indicação de que talvez tenhamos bons motivos para preferir entendimento e know-how à ignorância e à superstição.

Em uma conferência recente, outra colega resumiu o que julgava ser o legado ambíguo da ciência: as vacinas contra a varíola, de um lado; o estudo da sífilis não tratada de Tuskegee, do outro. Nesse caso famoso — mais uma chaga na narrativa-padrão sobre os males da ciência —, pesquisadores de saúde pública acompanharam, a partir de 1932, a progressão da sífilis latente não tratada numa amostra de afro-americanos pobres durante quatro décadas. O estudo era claramente antiético pelos padrões de hoje, embora seja com frequência relatado de forma inexata para acumular acusações. Os pesquisadores, muitos deles afro-americanos ou defensores da saúde e do bem-estar dos afro-americanos, *não infectaram* os participantes, como muita gente acredita (um equívoco que levou à teoria conspiratória generalizada de que a aids foi inventada nos laboratórios do governo americano para controlar a população negra). E, quando o estudo começou, talvez fosse até defensável pelos padrões da época: os tratamentos para sífilis (principalmente arsênico) eram tóxicos e ineficazes; quando, mais tarde, os antibióticos se tornaram disponíveis, sua segurança e eficácia no tratamento eram desconhecidas; e sabia-se que a sífilis latente se resolvia muitas vezes sem tratamento.[41] Mas a questão é que toda a equação é moralmente obtusa, mostrando o poder da Segunda Cultura de embaralhar o senso de proporcionalidade. A comparação dos meus colegas supunha que o estudo de Tuskegee era uma parte inevitável da prática científica, e não uma violação deplorada de forma unânime, e igualava uma falha única em evitar danos a algumas dezenas de pessoas com a prevenção definitiva de centenas de milhões de mortes por século.

Será que a demonização da ciência nos programas de ciências humanas do ensino superior é importante? Sim, por vários motivos. Apesar de muitos estudantes talentosos atravessarem com tranquilidade os caminhos que levam à medicina ou à engenharia desde o dia em que pisaram no campus, muitos outros não sabem ao certo o que querem fazer de sua vida e seguem as dicas de seus professores e conselheiros. O que acontece com aqueles a quem se ensina que a ciência é apenas mais uma narrativa, como a religião e o mito, que cambaleia de revolução em revolução sem fazer progressos e que é uma racionalização do racismo, do sexismo e do genocídio? Eu vi a resposta: alguns deles imaginam: "Se ciência é isso, então vou tratar de ganhar dinheiro!". Quatro anos depois, sua capacidade intelectual é aplicada em criar algoritmos que permitam que fundos de investimento atuem com base em informações financeiras alguns milissegundos mais depressa, em vez encontrar novos tratamentos para o mal de Alzheimer ou tecnologias para captura e armazenamento de carbono.

A estigmatização da ciência também está pondo em risco o progresso da própria ciência. Hoje, qualquer pessoa que queira fazer pesquisas sobre seres humanos, mesmo uma entrevista sobre opiniões políticas ou um questionário sobre verbos irregulares, deve provar a uma comissão que não é um Josef Mengele. Embora os temas de pesquisa devam obviamente ser protegidos da exploração e do dano, a burocracia da revisão institucional tem ido muito além dessa missão. Alguns críticos ressaltaram que isso se tornou uma ameaça à liberdade de expressão, uma arma que os fanáticos podem usar para calar as pessoas de cujas opiniões não gostam e um obstáculo burocrático que entrava a pesquisa, ao mesmo tempo que não protege — inclusive prejudicando às vezes — os pacientes e objetos de pesquisa.[42] Jonathan Moss, um pesquisador em medicina que desenvolveu uma nova classe de medicamentos e foi convocado para presidir o conselho de pesquisa da Universidade de Chicago, disse em um discurso de convocação: "Peço-lhe que pensem em três milagres da medicina que hoje consideramos corriqueiros: raios X, cateterismo cardíaco e anestesia geral. Digo que todos os três estariam natimortos se tentássemos aprová-los em 2005".[43] (A mesma observação foi feita sobre insulina, tratamentos de queimadura e outras técnicas salvadoras.) As ciências sociais enfrentam obstáculos similares. Qualquer pessoa que fale com um ser humano com a intenção de obter conhecimento generalizável deve obter permissão prévia dessas comissões, o que é quase com certeza uma violação da Primeira Emenda. Os antropólogos estão proibidos de falar com camponeses analfabetos que não podem assinar um formulário de consentimento, ou entrevistar potenciais terroristas suicidas, em razão da remota possibilidade de que possam deixar escapar informações que ponham *os suicidas* em perigo.[44]

O tolhimento da pesquisa não é apenas um sintoma de expansão burocrática. Na verdade, é racionalizado por muitos acadêmicos em um campo chamado bioética. Esses teóricos inventam motivos por que adultos informados e consentidores deveriam ser proibidos de participar de tratamentos que ajudam a si mesmos e outros, e não prejudicam ninguém, usando rubricas nebulosas como "dignidade", "sacralidade" e "justiça social". Tentam semear pânico em relação aos avanços na pesquisa biomédica empregando analogias exageradas com armas nucleares e atrocidades nazistas, distopias de ficção científica como *Admirável mundo novo* e *Gattaca*, e situações hipotéticas de show de horrores, como exércitos de Hitlers clonados, pessoas vendendo seus globos oculares no eBay, ou armazéns de zumbis destinados a fornecer órgãos sobressalentes. O filósofo moral Julian Savulescu denunciou os baixos padrões de raciocínio por trás desses argumentos e mostrou por que o obstrucionismo "bioético" pode ser *antiético*: "Retardar por um ano o desenvolvimento de um tratamento que cura uma doença letal que mata 100 mil pessoas por ano é ser responsável pelas mortes desses 100 mil, mesmo que a pessoa nunca as veja".[45]

Em última análise, a maior recompensa de instilar uma valorização da ciência é fazer com que *todos* pensem de modo mais científico. Vimos no capítulo anterior que os seres humanos são vulneráveis a vieses cognitivos e falácias. Embora a alfabetização científica em si não seja uma cura para o raciocínio falso quando se trata de emblemas de identidade politizados, isso vale para a maioria das questões, e todos estariam em circunstâncias melhores se pudessem pensar sobre elas de forma mais científica. Os movimentos que visam disseminar a sofisticação científica, como o jornalismo que lida com dados, a previsão bayesiana, a medicina e a política baseadas em evidências, o monitoramento da violência em tempo real e o altruísmo eficaz, têm um vasto potencial para melhorar o bem-estar humano. Mas uma apreciação do valor dessas coisas tem demorado a penetrar na cultura.[46]

Perguntei ao meu médico se o suplemento nutricional que ele me recomendou para a dor no joelho seria mesmo eficaz. Ele respondeu: "Alguns dos meus pacientes dizem que funciona para eles". Um colega da faculdade de administração compartilhou esta avaliação do mundo corporativo: "Observei muitas pessoas inteligentes que têm pouca ideia de como pensar logicamente em um problema, que inferem causalidade de uma correlação e que usam histórias individuais como prova muito além da previsibilidade justificada". Outro colega, que quantifica a guerra, a paz e a segurança humana, descreve a Organização das Nações Unidas como uma "zona livre de evidências":

> Os níveis mais altos da ONU não são diferentes dos programas hostis à ciência das ciências humanas. A maioria dos ocupantes de altos cargos é de advogados e formados em artes liberais. As únicas partes da Secretaria que têm algo parecido com uma cultura de pesquisa gozam de pouco prestígio ou influência. Poucos dos altos funcionários da ONU entendiam declarações de qualificação tão básicas como "na média" e "nas condições normais". Então, se estivéssemos falando sobre probabilidades de risco para conflitos, podia-se ter certeza de que Sir Archibald Prendergast III ou algum outro luminar diria com desdém: "Não é assim em Burkina Faso, você sabe".

Aqueles que resistem ao pensamento científico costumam afirmar que algumas coisas simplesmente não podem ser quantificadas. Contudo, a menos que estejam dispostos a falar somente de questões que são preto no branco e renunciar ao uso das palavras "mais", "menos", "melhor" e "pior", estão fazendo afirmações que são inerentemente quantitativas. Se vetam a possibilidade de apresentar números, estão dizendo: "Confie na minha intuição". Mas se há uma coisa que sabemos sobre a cognição é que as pessoas (inclusive os especialistas) têm um excesso de confiança arrogante em sua intuição. Em 1954, Paul Meehl chocou seus colegas psicólogos ao mostrar que simples fórmulas atuariais superam o julgamento de peritos na previsão de classificações psiquiátricas, tentativas de suicídio, desempenho escolar e profissional, mentiras, crimes, diagnósticos médicos e praticamente qualquer outro resultado em que a precisão pode ser julgada. O trabalho de Meehl inspirou as descobertas de Tversky e Kahneman sobre os vieses cognitivos e os torneios de previsão de Tetlock, e sua conclusão sobre a superioridade do julgamento estatístico sobre o intuitivo é hoje reconhecida como uma das descobertas mais robustas da história da psicologia.[47]

Como todas as coisas boas, os dados não são uma panaceia, uma bala de prata, um projétil mágico ou uma solução universal. Todo o dinheiro no mundo não seria capaz de pagar por ensaios controlados randomizados para resolver todas as questões que nos ocorrem. Os seres humanos estarão sempre prontos a decidir quais dados coletar e como analisá-los e interpretá-los. As primeiras tentativas de quantificar um conceito são sempre grosseiras, e até mesmo as melhores permitem apenas um entendimento probabilístico, e não perfeito. Não obstante, os cientistas sociais quantitativos estabeleceram critérios para avaliar e melhorar as mensurações, e a comparação crítica não é se uma medida é perfeita, mas se é melhor do que o juízo de um especialista, crítico, entrevistador, clínico, juiz ou estudioso. Isso acaba sendo um padrão de exigência baixo.

Uma vez que as culturas da política e do jornalismo são, em grande parte, desprovidas de mentalidade científica, as questões com consequências imensas para a vida e a morte são respondidas por métodos que sabemos que conduzem a erros, como histórias pessoais, manchetes, retórica e o que os engenheiros chamam de HiPPO (*highest-paid person's opinion* — opinião da pessoa mais bem paga). Já vimos alguns conceitos errôneos perigosos que decorrem dessa obtusidade estatística. As pessoas acham que o crime e a guerra estão saindo de controle, embora os homicídios e as mortes em batalha estejam diminuindo, e não aumentando. Consideram o terrorismo islâmico um grande risco para a integridade da vida, sendo que esse perigo é menor do que o representado por vespas e abelhas. Acham que o EI ameaça a existência ou a sobrevivência dos Estados Unidos, ainda que os movimentos terroristas quase nunca alcancem algum de seus objetivos estratégicos.

A mentalidade dadofóbica ("Não é assim em Burkina Faso") pode levar a uma verdadeira tragédia. Muitos comentaristas políticos podem recordar um fracasso das forças de manutenção da paz (como na Bósnia em 1995) e concluem que se trata de um desperdício de dinheiro e mão de obra. Mas, quando uma força de manutenção da paz é *bem-sucedida*, nada fotogênico acontece, e o fato não chega às manchetes. Em *Does Peacekeeping Works?* [As missões de paz funcionam?], a cientista política Virginia Page Fortna abordou a questão enunciada no título do livro com os métodos da ciência em vez de manchetes e, em desafio à lei de Betteridge, descobriu que a resposta é "um 'sim' claro e retumbante". Outros estudos chegaram à mesma conclusão.[48] Conhecer os resultados dessas análises poderia fazer a diferença entre uma organização internacional que ajudasse a levar a paz a um país e deixá-lo apodrecer na guerra civil.

As regiões multiétnicas nutrem "ódios antigos" que só podem ser controlados dividindo-as em enclaves étnicos e retirando as minorias de cada um deles? Lemos sobre isso sempre que vizinhos étnicos se engalfinham, mas e os bairros que nunca são notícia porque vivem numa paz entediante? Que proporção de pares de vizinhos étnicos coexistem sem violência? A resposta é a maioria deles: 95% dos vizinhos da antiga União Soviética, 99% dos existentes na África.[49]

As campanhas de resistência não violenta funcionam? Muitas pessoas acreditam que Gandhi e Martin Luther King apenas tiveram sorte: seus movimentos atingiram o coração de democracias esclarecidas em momentos oportunos, mas no resto do mundo as pessoas oprimidas precisam de violência para sair de debaixo da bota de um ditador. As cientistas políticas Erica Chenoweth e Maria Stephan reuniram um conjunto de dados de movimentos de resistência política em todo o mundo entre 1900 e 2006 e descobriram que *três quartos* dos movimentos de resistência não violentos obtiveram sucesso, em comparação com apenas um terço dos violentos.[50] Gandhi e King estavam certos, mas, sem dados, você nunca saberia disso.

Embora o desejo de se juntar a um grupo insurgente ou terrorista violento possa dever-se mais a desejos masculinos do que à teoria da guerra justa, a maioria dos combatentes provavelmente acredita que, se quiser produzir um mundo melhor, não tem outra escolha senão matar pessoas. O que aconteceria se todos soubessem que as estratégias violentas não são apenas imorais, mas ineficazes? Não que eu pense que devemos lançar caixas de flores e exemplares do livro de Stephan de um avião sobrevoando zonas de conflito. Mas os líderes de grupos radicais costumam ser muito cultos (eles bebem do furor de escrevinhadores acadêmicos de alguns anos atrás), e até mesmo quem serve de bucha de canhão frequenta muitas vezes alguma faculdade e absorve a sabedoria convencional sobre a necessidade de violência revolucionária.[51] O que aconteceria no longo prazo se um currículo universitário comum dedicasse menos atenção aos escritos de Karl Marx e Frantz Fanon e mais a análises quantitativas da violência política?

Uma das maiores contribuições potenciais da ciência moderna pode ser uma integração mais profunda com sua parceira acadêmica, as humanidades. De acordo com todos os relatos, as ciências humanas estão em apuros. Os programas universitários estão sofrendo cortes; a próxima geração de formados estará desempregada ou subempregada; o moral está afundando; há um êxodo de estudantes.[52]

Nenhuma pessoa pensante deve ser indiferente ao desinvestimento da nossa sociedade nas humanidades.[53] Uma sociedade sem erudição histórica é como uma pessoa sem memória: enganada, confusa e facilmente explorada. A filosofia nasce do reconhecimento de que a clareza e a lógica não nos chegam com facilidade e que estamos numa condição melhor quando nosso pensamento é refinado e aprofundado. As artes são uma das coisas que fazem a vida valer a pena, enriquecendo a experiência humana com beleza e novas percepções. A crítica é em si uma arte que multiplica a apreciação e o prazer das grandes obras. O conhecimento nesses campos é de difícil obtenção e exige enriquecimento e atualização constantes à medida que os tempos mudam.

Os diagnósticos do mal-estar das ciências humanas apontam corretamente para as tendências anti-intelectuais de nossa cultura e para a comercialização das universidades. Mas uma avaliação honesta deveria reconhecer que alguns dos danos são autoinfligidos. As humanidades ainda não se recuperaram do desastre do pós-modernismo, com seu obscurantismo desafiador, seu relativismo que refuta a si mesmo e sua correção política sufocante. Muitos dos seus luminares —

Nietzsche, Heidegger, Foucault, Lacan, Derrida, os teóricos críticos — são pessimistas culturais soturnos que declaram que a modernidade é odiosa, que todas as afirmações são paradoxais, que as obras de arte são ferramentas de opressão, que a democracia liberal é a mesma coisa que o fascismo e que a civilização ocidental está descendo pelo ralo.[54]

Com uma visão tão festiva do mundo, não surpreende que as ciências humanas tenham muitas vezes problemas para definir uma agenda progressista para sua própria atividade. Vários presidentes e reitores de universidades contaram-me que, quando um cientista entra em seu gabinete, é para anunciar uma nova e empolgante oportunidade de pesquisa e pedir os recursos para pôr a coisa em andamento. Quando alguém de humanas aparece, é para pedir respeito pela maneira como as coisas sempre foram feitas. Essas maneiras merecem de fato respeito, e não pode haver substituição para a leitura minuciosa, a descrição densa e a imersão profunda que os eruditos podem aplicar às obras que estudam. Mas deveriam ser esses os únicos caminhos para a compreensão?

Uma consiliência com a ciência oferece às humanidades muitas possibilidades de novos pontos de vista. Arte, cultura e sociedade são produtos de cérebros humanos. Originam-se em nossas faculdades de percepção, pensamento e emoção, e se acumulam e se espalham através da dinâmica epidemiológica pela qual uma pessoa afeta as outras. Não deveríamos ter curiosidade de entender essas conexões? Ambos os lados ganhariam. As humanidades desfrutariam mais da profundidade explicativa das ciências e de uma agenda voltada para o futuro que poderia atrair jovens talentos ambiciosos (para não mencionar reitores e doadores). As ciências poderiam questionar suas teorias com os experimentos naturais e fenômenos ecologicamente válidos que foram caracterizados de forma tão rica por estudiosos das ciências humanas.

Em alguns campos, essa consiliência é um fato consumado. A arqueologia passou de um ramo da história da arte para uma ciência de alta tecnologia. A filosofia da mente mescla-se com a lógica matemática, a ciência da computação, a ciência cognitiva e a neurociência. A linguística combina a erudição filológica sobre a história das palavras e das construções gramaticais com estudos de laboratório da fala, modelos matemáticos da gramática e a análise computadorizada de grandes *corpora* de escrita e conversação.

A teoria política também tem uma afinidade natural com as ciências da mente. "O que é o governo", perguntou James Madison, "senão a maior de todas as reflexões sobre a natureza humana?" Cientistas sociais, políticos e cognitivos estão reexaminando as conexões entre política e natureza humana, que foram avidamente debatidas na época de Madison, mas ficaram submersas durante um interlúdio em que os seres humanos foram tratados como tábulas rasas ou agentes racionais. Os seres humanos, agora sabemos, são agentes moralistas: são guiados por intuições sobre autoridade, tribo e pureza; dedicam-se a crenças sagradas que expressam sua identidade; e são movidos por inclinações conflitantes para a vingança e a reconciliação. Estamos começando a entender por que esses impulsos evoluíram, como são postos em prática no cérebro, como diferem entre indivíduos, culturas e subculturas, e quais condições os ativam e desativam.[55]

Oportunidades comparáveis acenam de outras áreas das humanidades. As artes visuais poderiam aproveitar a explosão do conhecimento na ciência da visão, inclusive a percepção de cor, forma, textura e iluminação, e a estética evolucionária de rostos, paisagens e formas geométricas.[56] Os estudiosos da música têm muito a discutir com cientistas que estudam a percepção do discurso, a estrutura da linguagem e a análise cerebral do mundo auditivo.[57]

Quanto ao conhecimento literário, por onde começar?[58] John Dryden escreveu que uma obra de ficção é "uma imagem justa e viva da natureza humana, representando suas paixões e seus humores e as mudanças de sorte a que está sujeita, para o deleite e a instrução da humanidade". A psicologia cognitiva pode lançar luz sobre como os leitores conciliam sua própria consciência com as do autor e das personagens. A genética comportamental pode atualizar teorias populares da influência dos pais com descobertas sobre os efeitos de genes, pares e acaso, com implicações profundas para a interpretação da biografia e da memória — uma atividade que também tem muito a aprender com a psicologia cognitiva da memória e a psicologia social da apresentação de si mesmo. Os psicólogos evolutivos podem distinguir as obsessões universais daquelas que são exageradas por determinada cultura e podem explicar os conflitos inerentes e confluências de interesse dentro de famílias, casais, amizades e rivalidades que são os motores da trama. Todas essas ideias podem ajudar a aprofundar a observação de Dryden acerca de ficção e natureza humana.

Embora muitas preocupações das humanidades sejam mais bem abordadas empregando a crítica narrativa tradicional, algumas levantam questões empíricas que têm a ganhar com a análise de dados. O advento da ciência dos dados aplicada a livros, periódicos, correspondências e partituras musicais inaugurou uma nova e extensa área de "humanidades digitais".[59] As possibilidades de teoria e descoberta são limitadas apenas pela imaginação e incluem a origem e propagação de ideias, redes de influência intelectual e artística, os contornos da memória histórica, o crescimento e desvanecimento dos temas na literatura, a universalidade ou especificidade cultural de arquétipos e tramas e padrões de censura e tabu não oficiais.

A promessa de uma unificação do conhecimento só pode ser cumprida se o conhecimento fluir em todas as direções. Alguns dos estudiosos que criticaram as investidas dos cientistas para explicar a arte estão certos ao argumentar que essas explicações eram, por seus padrões, superficiais e simplistas — mais uma razão para procurarem combinar sua erudição sobre as obras e gêneros com a visão científica das emoções humanas e reações estéticas. Ainda melhor, as universidades poderiam formar uma nova geração de estudiosos que fossem fluentes em ambas as culturas.

Embora os próprios estudiosos das humanidades tendam a ser receptivos às percepções da ciência, muitos patrulheiros da Segunda Cultura proclamam que não podem se render a essa curiosidade. Em uma crítica desdenhosa publicada na *New Yorker* de um livro de Jonathan Gottschall sobre a evolução do instinto narrativo, Adam Gopnik escreve: "As questões interessantes sobre as histórias [...] não são aquelas que sondam o que torna o gosto por elas 'universal', mas as que sondam o que faz com que as boas histórias sejam tão diferentes das ruins. [...] Trata-se de um caso, como a moda feminina, em que as diferenças sutis e 'superficiais' representam na verdade a *totalidade* do assunto".[60] Mas, ao apreciar a literatura, o conhecimento profundo deve mesmo representar a *totalidade* do assunto? Um espírito inquisitivo também pode ter curiosidade sobre os modos recorrentes como mentes separadas por culturas e épocas lidam com os enigmas eternos da existência humana.

Wieseltier também baixou decretos paralisantes sobre o que os estudos humanos não podem fazer, como progredir. "As desolações da filosofia [...] não são aposentadas", declarou ele; "os erros não são corrigidos e descartados."[61] Na verdade, a maioria dos filósofos morais de hoje diria que os antigos argumentos que defendiam a escravidão como instituição natural são erros que foram corrigidos e descartados. Os epistemólogos talvez acrescentem que seu campo progrediu desde os dias em que Descartes podia argumentar que a percepção humana é verídica porque Deus não nos enganaria. Wieseltier estipula ainda que há uma "distinção importante entre o estudo do mundo natural e o estudo do mundo humano", e qualquer movimento para "transgredir as fronteiras" entre os reinos só poderia fazer das humanidades a "serva das ciências", porque "uma explicação científica irá expor a semelhança subjacente" e "absorver todos os reinos em um único reino, o seu reino". Para onde leva essa paranoia e territorialidade? Em um importante ensaio publicado no *New York Times Book Review*, Wieseltier fez um apelo em favor de uma visão de mundo que seja pré-darwinista — "da irredutibilidade da diferença humana a qualquer aspecto da nossa animalidade" —, ou, na verdade, pré-copernicana — "da centralidade da humanidade no universo".[62]

Esperemos que artistas e intelectuais não sigam seus autoproclamados defensores e não se joguem desse penhasco. Nossa busca para entender os dilemas da situação humana não precisa ficar congelada no século passado ou no anterior, muito menos na Idade Média. Com certeza, nossas teorias sobre política, cultura e moral têm muito a aprender com a nossa melhor compreensão do universo e nossa constituição como espécie.

Em 1782, Thomas Paine exaltou as virtudes cosmopolitas da ciência:

> A ciência, partidária de nenhum país, mas padroeira benéfica de todos eles, abriu generosamente um templo onde todos podem encontrar-se. Sua influência sobre a mente, tal como o sol sobre a terra gelada, há muito tempo a prepara para o cultivo mais elevado e mais aperfeiçoamentos. O filósofo de um país não vê um inimigo na filosofia de outro: toma seu assento no templo da ciência e não pergunta quem está ao lado dele.[63]

O que ele escreveu sobre a paisagem física aplica-se também à paisagem do conhecimento. Nisso e em muitas outras coisas, o espírito da ciência é o espírito do Iluminismo.

23. Humanismo

A ciência não é suficiente para promover o progresso. "Tudo o que não é proibido pelas leis da natureza é realizável, dado o conhecimento certo" — mas esse é o problema. "Tudo" significa *tudo*: vacinas e armas biológicas, vídeo sob demanda e Big Brother na tela da televisão. Alguma coisa além da ciência assegurou que as vacinas fossem usadas para erradicar doenças, enquanto as armas biológicas eram proibidas. É por isso que precedi a epígrafe de David Deutsch com a de Espinosa: "Os que são governados pela razão não desejam para si nada que também não desejem para o resto da humanidade". O progresso consiste em utilizar o conhecimento para possibilitar que toda a humanidade se desenvolva do mesmo modo que cada um de nós procura florescer.

O objetivo de maximizar o desenvolvimento humano — vida, saúde, felicidade, liberdade, conhecimento, amor, riqueza de experiência — pode ser chamado de humanismo. (Apesar da raiz da palavra, o humanismo não exclui o florescimento dos animais, mas este livro tem por foco o bem-estar da humanidade.) O humanismo identifica *o que* devemos tentar realizar com o nosso conhecimento. É o que fornece o *dever* que complementa o *ser*. O que distingue o verdadeiro progresso do mero domínio de alguma coisa.

Há um *movimento* crescente chamado humanismo, que promove uma base não sobrenatural para o sentido e a ética: o bem sem Deus.[1] Seus objetivos foram anunciados em três manifestos divulgados a partir de 1933. O *Manifesto humanista III*, de 2003, afirma:

> **O conhecimento do mundo se dá pela observação, pela experimentação e pela análise racional.** Os humanistas consideram a ciência o melhor método para determinar esse conhecimento, bem como para resolver problemas e desenvolver tecnologias benéficas. Também reconhecemos o valor de novos desenvolvimentos no pensamento, nas artes e na experiência interior, sujeitos a análise pela inteligência crítica.
>
> **Os seres humanos são parte integrante da natureza, resultado de uma mudança evolucionista não direcionada.** [...] Aceitamos nossa vida como tudo que há e que nos basta, distinguindo as coisas como são de coisas que possamos desejar ou imaginar. Saudamos os desafios do futuro e somos atraídos, e não intimidados, pelo que ainda não é conhecido.
>
> **Os valores éticos derivam da necessidade e dos interesses humanos, conforme testado pela experiência.** Os humanistas baseiam os valores no bem-estar humano moldado por circunstâncias, interesses e preocupações humanas e estendidos ao ecossistema global e além dele. [...]
>
> **A realização na vida surge da participação individual a serviço de ideais humanitários.** Nós [...] animamos nossas vidas com um profundo senso de propósito, encontrando encantamento e admiração nas alegrias e belezas da existência humana, seus desafios e tragédias, e até mesmo na inevitabilidade e caráter definitivo da morte. [...]
>
> **Os seres humanos são sociais por natureza e encontram sentido em seus relacionamentos.** Os humanistas [...] lutam por um mundo de cuidados e preocupação mútuos, livre da crueldade e suas consequências, onde as diferenças sejam resolvidas de forma cooperativa, sem recorrer à violência. [...]
>
> **Trabalhar para beneficiar a sociedade maximiza a felicidade individual.** As culturas progressistas trabalharam para libertar a humanidade das brutalidades da me-

ra sobrevivência e para reduzir o sofrimento, aprimorar a sociedade e desenvolver a comunidade global. [...][2]

Os membros das associações humanistas seriam os primeiros a insistir que os ideais do humanismo não pertencem a nenhuma seita. Como o burguês fidalgo de Molière, que ficou encantado ao saber que falara em prosa durante toda a sua vida, muitas pessoas são humanistas sem perceber.[3] Vertentes do humanismo podem ser encontradas em sistemas de crenças que remontam à Era Axial. Vieram para o primeiro plano durante a Era da Razão e o Iluminismo, levando às declarações de direitos inglesa, francesa e americana, e ganharam um segundo alento após a Segunda Guerra Mundial, inspirando a Organização das Nações Unidas, a Declaração Universal dos Direitos Humanos e outras instituições de cooperação global.[4] Embora não invoque deuses, espíritos ou almas para fundamentar o sentido e a moral, o humanismo não é nem um pouco incompatível com as instituições religiosas. Algumas religiões orientais, como o confucionismo e variedades do budismo, sempre fundamentaram sua ética no bem-estar humano, e não em ditames divinos. Muitas denominações judaicas e cristãs se tornaram humanistas, minimizando o legado das crenças sobrenaturais e da autoridade eclesiástica em favor da razão e do desenvolvimento humano universal. Como exemplos temos os quacres, os unitários, os episcopais liberais, os luteranos nórdicos e os ramos reformista, reconstrucionista e humanista do judaísmo.

O humanismo pode parecer insípido e inobjetável — quem poderia ser contra o desenvolvimento humano? Mas, na verdade, é um compromisso moral distintivo, que não vem naturalmente ao pensamento humano. Como veremos, é atacado com veemência não só por muitas facções religiosas e políticas, como também — por incrível que pareça — por eminentes artistas, acadêmicos e intelectuais. Se o humanismo, como os outros ideais iluministas, quiser manter sua presença na mente das pessoas, deve ser explicado e defendido de acordo com a linguagem e as ideias da época atual.

A máxima de Espinosa pertence a uma família de princípios que buscou um fundamento secular para a moral na *imparcialidade* — na percepção de que não há nada de mágico em relação aos pronomes *eu* e *mim* que pudesse justificar o privilégio de meus interesses sobre o seu ou de qualquer outra pessoa.[5] Se me oponho a ser estuprado, mutilado, morto de inanição ou assassinado, não posso estuprar, mutilar, matar de fome ou assassinar. A imparcialidade subjaz a muitas tentativas de construir a moral sobre fundamentos racionais: o ponto de vista da eternidade de Espinosa, o contrato social de Hobbes, o imperativo categórico de Kant, o véu de ignorância de Rawls, a visão de Nagel de lugar nenhum, a flagrante verdade de Locke e Jefferson de que todas as pessoas são criaturas iguais e, claro, a Regra de Ouro e suas variantes de metais preciosos, redescobertas em centenas de tradições morais.[6] (A Regra de Prata é "Não faça aos outros o que você não quer que façam a você"; a Regra de Platina: "Faça aos outros o que eles fariam que você fizesse a eles". Essas regras são projetadas para prever masoquistas, terroristas suicidas, diferenças de gosto e outros pontos de discórdia para a Regra de Ouro.)

Sem dúvida, o argumento em favor da imparcialidade está incompleto. Se houvesse um sociopata insensível, egoísta e megalomaníaco que pudesse explorar todos os outros com impunidade, nenhum argumento poderia convencê-lo de que havia cometido uma falácia lógica. Além disso, os argumentos da imparcialidade têm pouco conteúdo. Além de um conselho genérico para respeitar os desejos das pessoas, os argumentos dizem pouco sobre o que esses desejos são: as carências, as necessidades e as experiências que definem o desenvolvimento humano. Essas são os *desiderata* que não devem ser apenas imparcialmente permitidos, mas perseguidos de forma ativa e expandidos para o maior número possível de pessoas. Lembremos que Martha Nussbaum preencheu essa lacuna organizando uma lista de "capacidades fundamentais" que as pessoas têm o direito de exercer, como longevidade, saúde, segurança, alfabetização, conhecimento, liberdade de expressão, lazer, natureza e apegos emocionais e sociais. Mas trata-se apenas de uma lista, o que deixa o criador da lista vulnerável à objeção de que está apenas enumerando suas coisas favoritas. Será que podemos pôr a moral humanista sobre um alicerce mais profundo, que descarte sociopatas racionais e justifique as necessidades humanas que somos obrigados a respeitar? Acho que podemos.

De acordo com a Declaração de Independência dos Estados Unidos, os direitos à vida, à liberdade e à busca da felicidade são "evidentes". Isso é um pouco insatisfatório, porque o que é "evidente" nem sempre é óbvio. Mas a expressão capta uma intuição fundamental. Com efeito, haveria algo perverso em ter de justificar a própria vida ao examinar os fundamentos da moral, como se fosse uma questão de conseguir terminar a frase ou ser abatido a tiros. O próprio ato de examinar alguma coisa pressupõe que alguém esteja por perto para fazer a análise. Se o argumento transcendental de Nagel sobre a não negociabilidade da razão tem mérito — que o ato de considerar a validade da razão pressupõe a validade da razão —, então ele certamente pressupõe a existência de pessoas que raciocinam.

Isso abre a porta para aprofundar nossa justificativa humanista da moral com duas ideias essenciais da ciência: entropia e evolução. As análises tradicionais do contrato social imaginaram um colóquio entre almas desencarnadas. Vamos enriquecer essa idealização com a premissa mínima de que aqueles que usam a razão existem no universo físico. Isso tem muitas consequências.

Esses seres encarnados devem ter desafiado as assombrosas probabilidades contra a matéria organizando-se em um organismo pensante e submetendo-se à seleção natural, o único processo físico capaz de produzir um design adaptativo complexo.[7] E devem ter desafiado os estragos da entropia por tempo suficiente para poder aparecer para a discussão e persistir ao longo de seus desdobramentos. Isso significa que tomaram energia do meio ambiente, adaptaram-se a um leque estreito de condições condizentes com sua integridade física e rechaçaram ataques de perigos vivos e não vivos. Como produtos da seleção natural e sexual, devem ser os rebentos de uma árvore de replicadores de raízes profundas, cada qual conquistando um companheiro e gerando descendentes viáveis. Uma vez que a inteligência não é um algoritmo miraculoso, mas alimentada pelo conhecimento, devem ter sido levados a embeber-se de informações sobre o mundo e estar atentos ao seu padrão não aleatório. E se estão trocando ideias com outros entes racionais, devem estar conversando: devem ser seres sociais que arriscam tempo e segurança para interagir uns com os outros.[8]

Os requisitos físicos que permitem que agentes racionais existam no mundo material não são especificações de design abstratas; são implementados no cérebro como desejos, necessidades, emoções, dores e prazeres. Em média, e no tipo de ambiente em que nossa espécie foi moldada, experiências agradáveis permitiram que nossos ancestrais sobrevivessem e tivessem filhos viáveis, e as dolorosas levaram a um beco sem saída. Isso significa que comida, conforto, curiosidade, beleza, estimulação, amor, sexo e camaradagem não são satisfações superficiais ou distrações hedonistas. São elos na cadeia causal que permitiram que as mentes surgissem. Ao contrário dos regimes ascéticos e puritanos, a ética humanista não questiona o valor intrínseco das pessoas que procuram conforto, prazer e realização — se não buscassem isso, não haveria pessoas. Ao mesmo tempo, a evolução garante que esses desejos funcionarão em contraposição uns com os outros e com os de outras pessoas.[9] Muito do que chamamos de sabedoria consiste em equilibrar os desejos conflitantes dentro de nós mesmos, e muito do que chamamos de moral e política consiste em equilibrar os desejos conflitantes entre as pessoas.

Como mencionei no capítulo 2 (de acordo com uma observação de John Tooby), a lei da entropia nos condena a outra ameaça permanente. Muitas coisas devem andar bem para que um corpo (e, portanto, uma mente) funcione, mas basta apenas uma dar errado para que deixe de funcionar para sempre — um vazamento de sangue, uma constrição de ar, uma desativação de seu mecanismo microscópico. Um ato de agressão de um agente pode acabar com a existência de outro. Somos catastroficamente vulneráveis à violência, mas, ao mesmo tempo, podemos desfrutar de um benefício fantástico se concordarmos em nos abster dela. O dilema do pacifista — como os agentes sociais podem renunciar à tentação de explorar uns aos outros em troca da segurança de não serem explorados — persegue a humanidade como a espada de Dâmocles, transformando a paz e a segurança em uma busca permanente para a ética humanista.[10] O declínio histórico da violência mostra que se trata de um problema que tem solução.

A vulnerabilidade de qualquer agente encarnado à violência explica por que o sociopata insensível, egoísta e megalomaníaco não pode permanecer desvinculado para sempre da arena do discurso moral (e sua demanda de imparcialidade e não violência). Se ele se recusa a respeitar as regras do jogo da moral, então, aos olhos de todos os outros, torna-se uma ameaça insensata, como um germe, um incêndio ou um carcaju furioso — uma coisa a ser neutralizado pela força bruta, sem mais perguntas. (Como disse Hobbes: "Não há pactos com feras".) Ora, enquanto pensa que é eternamente invulnerável, ele pode assumir esse risco, mas a lei da entropia descarta isso. Ele pode tiranizar a todos por um tempo, porém no fim a força acumulada de seus alvos poderá prevalecer. A impossibilidade da invulnerabilidade eterna cria um incentivo, até mesmo para os sociopatas insensíveis, de voltarem à mesa-redonda da moral. Como ressalta o psicólogo Peter DeScioli, quando enfrentamos um adversário sozinho, a melhor arma pode ser um machado, mas, quando enfrentamos um adversário diante de uma multidão de espectadores, a melhor arma pode ser um argumento.[11] E aquele que entra numa discussão pode ser derrotado por um argumento melhor. Em última análise, o universo moral inclui todos os que são capazes de pensar.

A evolução ajuda a explicar outro fundamento da moral secular: nossa capacidade de solidariedade (ou, como diziam os escritores iluministas, benevolência, piedade, imaginação ou comiseração). Mesmo que um agente racional deduza que ser moral é do interesse de todos no longo prazo, é difícil imaginá-lo se expondo para fazer um sacrifício em benefício de outra pessoa, a menos que algo lhe dê um empurrão. O empurrão não precisa vir de um anjo sobre o ombro; a psicologia evolucionista explica que isso vem das emoções que fazem de nós animais sociais.[12] A solidariedade entre parentes surge da sobreposição da constituição genética que nos interconecta na grande teia da vida. A solidariedade entre todos os outros decorre da imparcialidade da natureza: cada um de nós pode encontrar-se numa dificuldade em que uma pequena misericórdia do outro dá um grande impulso ao nosso próprio bem-estar, então estamos em melhor situação se concedermos boas chances uns aos outros (com ninguém tomando sem nunca ceder) do que se for cada um por si. Desse modo, a evolução seleciona os sentimentos morais: solidariedade, confiança, gratidão, culpa, vergonha, perdão e ira justa. Como a solidariedade está instalada em nossa constituição psicológica, pode ser expandida pela razão e pela experiência para englobar todos os seres sencientes.[13]

Outra objeção filosófica ao humanismo é de que se trata de "mero utilitarismo" — que uma moral baseada na maximização do desenvolvimento humano é o mesmo que uma moral que busca a maior felicidade para o maior número de pessoas.[14] (Os filósofos se referem muitas vezes à felicidade como "utilidade".) Qualquer um que tenha feito um curso de Introdução à Filosofia Moral pode repetir de memória os problemas.[15] Devemos permitir a existência de um Monstro Utilitarista que tenha mais prazer em devorar pessoas do que suas vítimas tenham em estar vivas? Devemos sacrificar alguns recrutas e retirar seus órgãos para salvar a vida de muitas outras pessoas? Se os habitantes de uma cidade, enfurecidos por um homicídio não resolvido, ameaçam fazer uma revolta mortal, o xerife deve apaziguá-los prendendo o bêbado da cidade e enforcando-o? Se um medicamento pudesse nos pôr num sono permanente com bons sonhos, deveríamos tomá-lo? Devemos montar uma cadeia de armazéns que sustente de forma barata bilhões de coelhos felizes? Esses experimentos mentais justificam uma ética *deontológica*, composta de direitos, deveres e princípios que consideram certos atos morais ou imorais por sua própria natureza. Em algumas versões da moral deontológica, os princípios provêm de Deus.

De fato, o humanismo tem um sabor utilitário, ou pelo menos consequencial, em que atos e políticas são avaliados moralmente por suas consequências. As consequências não precisam se restringir à felicidade no sentido estrito de ter um sorriso no rosto, mas podem abranger um sentido mais amplo de florescimento, que inclui a criação de filhos, a expressão de si mesmo, a educação, a riqueza da experiência e a criação de obras de valor duradouro (capítulo 18). O sabor consequencial do humanismo é, na verdade, um ponto a favor, por vários motivos.

Em primeiro lugar, qualquer estudante de filosofia moral que permaneceu acordado durante a segunda semana do curso também pode repetir de memória os problemas da ética deontológica. Se mentir é intrinsecamente errado, devemos responder com sinceridade quando a Gestapo exige conhecer o paradeiro de Anne Frank? A masturbação é imoral (como sustentava o deontologista prototípico Kant) porque alguém usa a si mesmo como meio para satisfazer um impulso animal, e as pessoas devem sempre ser tratadas como fins, nunca como meios? Se um terrorista escondeu uma bomba-relógio nuclear que aniquilasse milhões, é imoral submetê-lo à tortura do afogamento para que revele sua localização? E, tendo em vista a ausência de uma voz trovejante do céu, quem consegue extrair princípios do ar e decretar que certos atos são imorais por si mesmos ainda que não prejudiquem ninguém? Em várias ocasiões, os moralistas usaram o pensamento deontológico para declarar que a vacinação, a anestesia, as transfusões de sangue, o seguro de vida, o casamento inter-racial e a homossexualidade eram errados em sua própria natureza.

Muitos filósofos morais acreditam que a dicotomia do curso de introdução é traçada com exagero.[16] Os princípios deontológicos são com frequência uma boa maneira de levar a maior felicidade ao maior número de pessoas. Uma vez que nenhum mortal pode calcular todas as consequências de suas ações no futuro indefinido, e como as pessoas sempre podem vender seus atos egoístas como benignos para os outros, uma das melhores maneiras de promover a felicidade geral é traçar linhas muito claras que ninguém pode cruzar. Não deixamos que os governos enganem ou assassinem seus cidadãos, porque os políticos de carne e osso, ao contrário dos semideuses infalíveis e benevolentes nos experimentos de pensamento, podem exercer esse poder de forma caprichosa ou tirânica. Essa é uma das muitas razões por que um governo que pudesse enquadrar pessoas inocentes por supostos crimes capitais ou matá-las para obter seus órgãos *não* produziria a maior felicidade para o maior número de pessoas. Ou tomemos o princípio da igualdade de tratamento. As leis que discriminam as mulheres e as minorias são injustas por natureza ou são deploráveis porque as vítimas de discriminação sofrem danos? Talvez não tenhamos de responder a essa pergunta. Por outro lado, qualquer princípio deontológico cujas consequências sejam *de fato* danosas, como o da santidade do sangue que sustenta a vida (o que impede as transfusões), pode ser jogado pela janela. Os direitos humanos promovem o desenvolvimento humano. É por isso que, na prática, o humanismo e os direitos humanos andam de mãos dadas.

O outro motivo pelo qual o humanismo não precisa se envergonhar de sua sobreposição com o utilitarismo é que essa abordagem da ética tem um histórico impressionante de aprimoramento do bem-estar humano. Os utilitaristas clássicos — Cesare Beccaria, Jeremy Bentham e John Stuart Mill — apresentaram argumentos vitoriosos contra a escravidão, o castigo sádico, a crueldade com os animais, a criminalização da homossexualidade e a subordinação das mulheres.[17] Até mesmo os direitos abstratos, como a liberdade de expressão e de religião, foram amplamente defendidos em termos de benefícios e danos, como quando Thomas Jefferson escreveu: "Os poderes legítimos do governo se estendem a tais atos somente quando são prejudiciais a outros. Mas não me causa dano que meu vizinho diga que existem vinte deuses ou deus nenhum. Também não rouba minha carteira nem quebra minha perna".[18] A educação universal, os direitos dos trabalhadores e a proteção ambiental também foram defendidos por motivos utilitários. E, pelo menos até agora, os Monstros da Utilidade e as fábricas de gratificação de coelhos não se tornaram um problema concreto.

Há uma boa razão por que os argumentos utilitaristas foram tantas vezes bem-sucedidos: todos podem apreciá-los. Princípios como "nenhum dano, nenhum problema", "se ninguém não prejudica ninguém, não pode ser errado", "o que os adultos fazem em privado não interessa a ninguém" e "se me der na cabeça/ pular no oceano/ não é da conta de ninguém"* podem não ser profun-

* "*If I should take a notion/ To jump into the ocean/ Ain't nobody's business if I do.*" Letra de um blues clássico gravado por Bessie Smith, Billie Holiday, Diana Ross, Eric Clapton e B. B. King, entre muitos outros. (N. T.)

dos ou excepcionais, mas, depois que são declarados, as pessoas podem entendê-los com facilidade, e quem se opuser deve arcar com o ônus da prova. Não que o utilitarismo seja intuitivo. O liberalismo clássico chegou tardiamente à história humana, e as culturas tradicionais acreditam que aquilo que os adultos fazem em privado lhes interessa muito.[19] O filósofo e neurocientista cognitivo Joshua Greene argumentou que muitas convicções deontológicas estão enraizadas nas intuições primitivas de tribalismo, pureza, repulsa e normas sociais, enquanto as conclusões utilitaristas decorrem da cogitação racional.[20] (Ele até mostrou que os dois tipos de pensamento moral envolvem, respectivamente, sistemas emocionais e racionais do cérebro.) Greene também sustenta que, quando pessoas de diversas origens culturais têm de entrar em acordo sobre um código moral, tendem a ser utilitaristas. Isso explica por que certos movimentos de reforma, como a igualdade jurídica para as mulheres e o casamento gay, derrubaram séculos de precedentes de um modo surpreendentemente rápido (capítulo 15): tendo apenas o costume e a intuição por trás, o status quo desmoronou diante de argumentos utilitaristas.

Mesmo quando os movimentos humanistas fortificam seus objetivos com a linguagem dos direitos, o sistema filosófico que os justifica deve ser "enxuto".[21] Uma filosofia moral viável para um mundo cosmopolita não pode ser construída a partir de camadas de intrincadas argumentações ou se basear em convicções metafísicas ou religiosas profundas. Deve valer-se de princípios simples e transparentes, capazes de contar com a compreensão e a concordância de todos. O ideal do desenvolvimento humano — segundo o qual ter uma vida longa, saudável, feliz, rica e estimulante é benéfico para as pessoas — é apenas um princípio, uma vez que não se baseia em nada mais (nem nada menos) do que a nossa humanidade comum.

A história confirma que, quando diversas culturas precisam encontrar um terreno comum, elas convergem para o humanismo. A separação entre Igreja e Estado na Constituição americana não decorreu somente da filosofia iluminista, mas da necessidade prática. O economista Samuel Hammond observou que oito das treze colônias britânicas tinham igrejas oficiais, que se intrometiam na esfera pública pagando os salários dos ministros, obrigando a observância religiosa rigorosa e perseguindo membros de outras denominações. A única maneira de unir as colônias sob uma única Constituição era garantir a manifestação e a prática religiosa como um direito natural.[22]

Um século e meio depois, uma comunidade de nações recém-saída de uma guerra mundial teve de estabelecer um conjunto de princípios para uni-las numa cooperação. É improvável que tivessem concordado com "Aceitamos Jesus Cristo como nosso salvador" ou "A América é uma cidade brilhante no alto de uma colina". Em 1947, a Organização das Nações Unidas para a Educação, a Ciência e a Cultura (Unesco) perguntou a várias dezenas de intelectuais do mundo (entre eles Jacques Maritain, Mohandas Gandhi, Aldous Huxley, Harold Laski, Quincy Wright e Pierre Teilhard de Chardin, ao lado de eminentes estudiosos confucianos e muçulmanos) quais direitos deveriam ser incluídos na declaração universal da ONU. As listas foram surpreendentemente semelhantes. Em sua introdução ao resultado da consulta, Maritain relembrou:

> Em uma das reuniões de uma Comissão Nacional da Unesco em que os direitos humanos estavam sendo discutidos, alguém manifestou espanto diante do fato de que certos defensores de ideologias violentamente opostas tivessem concordado numa lista desses direitos. "Sim", disseram eles, "concordamos sobre os direitos, *mas com a condição de que ninguém nos pergunte por quê.*"[23]

A Declaração Universal dos Direitos Humanos, um manifesto humanista com trinta artigos, foi redigida em menos de dois anos, graças à determinação de Eleanor Roosevelt, presidente da comissão de redação, de não ficar atolada na ideologia e fazer o projeto andar.[24] (Quando perguntaram a John Humphrey, autor do primeiro rascunho, em que princípios a Declaração se baseava, ele teve o tato de responder: "Em nenhuma filosofia".)[25] Em dezembro de 1948, ela foi aprovada sem oposição pela Assembleia Geral da ONU. Contrariando as acusações de que os direitos humanos são um credo paroquial ocidental, a Declaração foi apoiada por Índia, China, Tailândia, Birmânia, Etiópia e por sete países muçulmanos, enquanto Roosevelt precisou torcer o braço das autoridades americanas e britânicas para que a apoiassem: os Estados Unidos estavam preocupados com seus negros, o Reino Unido, com suas colônias. O bloco soviético, a Arábia Saudita e a África do Sul abstiveram-se.[26]

A Declaração foi traduzida em quinhentos idiomas e influenciou a maioria das Constituições nacionais elaboradas nas décadas seguintes, bem como muitas leis, tratados e organizações internacionais. Com setenta anos de idade, ela envelheceu bem.

* * *

Embora o humanismo seja o código moral para o qual as pessoas convergem quando são racionais, culturalmente diversificadas e precisam conviver bem, está longe de ser um denominador comum insípido ou meloso. A ideia de que a moral consiste na maximização do desenvolvimento humano choca-se com duas alternativas sempre sedutoras. A primeira é a moral teísta: a ideia de que ela consiste em obedecer aos ditames de uma divindade, reforçados por recompensas e punições sobrenaturais neste mundo ou numa vida após a morte. A segunda é o heroísmo romântico: a ideia de que a moral consiste na pureza, autenticidade e grandeza de um indivíduo ou de uma nação. Embora o heroísmo romântico tenha sido articulado pela primeira vez no século XIX, ele pode ser encontrado em uma família de movimentos influentes de hoje, como o populismo autoritário, o neofascismo, a nova reação e a direita alternativa (*alt-right*).

Muitos intelectuais que não apoiam essas alternativas ao humanismo acreditam, no entanto, que elas captam uma verdade vital de nossa psicologia: que as pessoas têm *necessidade* de crenças teístas, espirituais, heroicas ou tribais. O humanismo pode não estar errado, segundo eles, mas é contrário à natureza humana. Nenhuma sociedade baseada em princípios humanistas pode durar por muito tempo, e muito menos uma ordem global baseada nisso.

A afirmação psicológica fica a um passo de uma afirmação histórica: o inevitável colapso já começou e estamos assistindo à visão de mundo liberal, cosmopolita, iluminista e humanista se desfazer diante de nossos olhos. "O liberalismo está morto", anunciou o colunista do *New York Times* Roger Cohen, em 2016. "O experimento democrático liberal — com sua crença derivada do Iluminismo na capacidade dos indivíduos dotados de certos direitos inalienáveis para moldar seus destinos em liberdade através do exercício de sua vontade — não passa de um breve interlúdio."[27] Em "O Iluminismo já teve seu momento", o editorialista do *Boston Globe* Stephen Kinzer concordou:

> O cosmopolitismo que é fundamental para os ideais do Iluminismo produziu resultados que perturbam pessoas de muitas sociedades. Isso as leva de volta ao sistema de governo que os primatas preferem instintivamente: um chefe forte protege a tribo e, em troca, os membros da tribo fazem a vontade do chefe. [...] A razão oferece pouca base para a moral, rejeita o poder espiritual e nega a importância da

emoção, da arte e da criatividade. Quando a razão é fria e desumana, pode desconectar as pessoas de estruturas profundamente embutidas que dão sentido à vida.[28]

Outros entendidos acrescentaram que não é de admirar que tantos jovens sejam atraídos para o EI: eles estão se afastando de um "secularismo árido" e procuram "corretivos radicais e religiosos para uma visão achatada da vida humana".[29]

Então eu deveria ter chamado este livro de *Iluminismo rumo ao fim*? Não seja tolo! Na segunda parte, documentei a concretude do progresso; nesta parte, me concentrei nas ideias que o impulsionam e por que espero que perdurem. Tendo refutado os argumentos contra a razão e a ciência nos dois capítulos anteriores, vou agora enfrentar o ataque ao humanismo. Examinarei a questão não apenas para demonstrar que os argumentos morais, psicológicos e teóricos contra o humanismo estão errados. A melhor maneira de entender uma ideia é ver o que ela *não* é — portanto, pôr as alternativas ao humanismo sob o microscópio pode nos lembrar do que está em jogo na defesa dos ideais iluministas. Primeiro, examinaremos o argumento religioso contra o humanismo; depois, o complexo romântico-heroico-tribal-autoritário.

Podemos realmente ter o bem sem Deus? O universo sem Deus proposto por cientistas humanistas foi solapado pelos resultados da própria ciência? E existe mesmo uma adaptação inata à presença divina — um gene de Deus em nosso DNA, um módulo de Deus no cérebro — que garante que a religião teísta sempre resistirá ao humanismo secular?

Comecemos pela moral teísta. É verdade que muitos códigos religiosos impedem as pessoas de assassinar, assaltar, roubar ou trair umas às outras. Mas é evidente que os códigos de moral secular também o fazem, e por uma razão óbvia: trata-se de regras que todos os agentes racionais, egoístas e gregários gostariam que tivesse a concordância de seus compatriotas. Não surpreende que estejam codificadas nas leis de todos os Estados e inclusive pareçam estar presentes em todas as sociedades humanas.[30]

O que o apelo a um legislador sobrenatural acrescenta à dedicação humanista para melhorar a situação dos indivíduos? O complemento mais óbvio é a imposição sobrenatural: a crença de que, se alguém comete um pecado, será golpeado por Deus, condenado ao inferno ou tendo seu nome omitido no Livro da Vida. É um complemento tentador, porque a aplicação da lei secular não pode detectar e punir todas as infrações, e todos têm um motivo para convencer os demais de que não vão conseguir escapar do castigo.[31] Como Papai Noel, Deus vê você quando está dormindo, sabe quando está acordado, sabe se foi mau ou bom; então seja bom, pelo amor de Deus.

Mas a moral teísta tem dois defeitos fatais. O primeiro é que não há uma boa razão para acreditar que Deus existe. Em um apêndice de não ficção para seu romance *36 argumentos para a existência de Deus: Um trabalho de ficção*, Rebecca Newberger Goldstein (baseando-se em parte em Platão, Espinosa, Hume, Kant e Russell) expõe refutações a cada um desses argumentos.[32] Os mais comuns dentre eles — fé, revelação, escrituras, autoridade, tradição e apelo subjetivo — não são argumentos. Não só porque a razão afirma que não podem ser confiáveis. Também porque as diferentes religiões, com base nessas fontes, decretam crenças incompatíveis entre si sobre quantos deuses existem, quais milagres realizaram e o que exigem de seus devotos. A erudição histórica demonstrou amplamente que as escrituras sagradas são produtos demasiado humanos de suas épocas históricas, incluindo contradições internas, erros factuais, plágio de civilizações vizinhas e absurdos científicos (como Deus criando o Sol três dias depois que distinguiu o dia da noite). Os argumentos esotéricos de teólogos sofisticados não são muito mais sólidos. Os argumentos cosmológicos e ontológicos da existência de Deus são inválidos em termos lógicos, o argumento do design divino foi refutado por Darwin, e os outros ou são claramente falsos (como a teoria de que os humanos são dotados de uma faculdade inata para detectar a verdade sobre Deus) ou óbvias saídas de emergência (como a sugestão de que a Ressurreição era importante demais em um sentido cósmico para que Deus permitisse que fosse empiricamente verificada).

Alguns escritores insistem que a ciência não tem lugar nessa conversa. Procuram impor uma condição de "naturalismo metodológico" à ciência que a torna incapaz, mesmo em princípio, de avaliar as alegações da religião. Isso criaria um espaço seguro no qual os crentes poderiam proteger suas crenças, ao mesmo tempo que ainda seriam simpáticos à ciência. Mas, como vimos no capítulo anterior, a ciência não é um jogo com um livro de regras arbitrário; é a aplicação da razão para explicar o universo e verificar se suas explicações são verdadeiras. Em *Faith Versus Fact*, o biólogo Jerry Coyne argumenta que a existência do Deus das Escrituras é uma hipótese científica perfeitamente testável.[33] Os relatos históricos da Bíblia poderiam ter sido corroborados pela arqueologia, pela genética e pela filologia. Poderia conter verdades científicas incrivelmente prescientes como "Não viajarás mais rápido do que a luz" ou "Duas cadeias entrelaçadas é o segredo da vida". Uma luz brilhante poderia aparecer um dia no céu e um homem vestido com um manto branco e sandálias, sustentados por anjos alados, poderia descer do céu, dar visão aos cegos e ressuscitar os mortos. Poderíamos descobrir que a oração de intercessão pode restaurar a visão ou regenerar membros amputados, ou que quem fala o nome do profeta Maomé em vão é prostrado na cama de imediato, enquanto aqueles que rezam a Alá cinco vezes por dia estão livres de doenças e infortúnios. De um modo mais geral, os dados poderiam mostrar que coisas boas acontecem às pessoas boas e coisas ruins acontecem às pessoas más: que as mães que morrem no parto, as crianças consumidas pelo câncer e os milhões de vítimas de terremotos, tsunamis e holocaustos receberam o que mereciam.

Outros componentes da moral teísta, como a existência de uma alma imaterial e um campo da realidade além da matéria e da energia, são da mesma forma testáveis. Poderíamos descobrir que uma cabeça cortada pode falar. Um vidente poderia prever o dia exato de catástrofes naturais e ataques terroristas. Tia Hilda poderia transmitir uma mensagem do além nos dizendo debaixo de qual tábua do assoalho escondeu suas joias. As memórias de pacientes privados de oxigênio que experimentaram suas almas deixando seus corpos poderiam conter detalhes verificáveis não disponíveis para seus órgãos sensoriais. O fato de que esses relatos tenham se revelado absurdos, memórias falsas, coincidências interpretadas com exagero e truques baratos de circo põe em xeque a hipótese de que existem almas imateriais que poderiam estar sujeitas à justiça divina.[34] Existem, claro, filosofias deístas segundo as quais Deus criou o universo e depois recuou para ver o que aconteceria, ou em que "Deus" é meramente um sinônimo das leis da física e da matemática. Mas esses deuses impotentes não estão em posição de assegurar a moral.

Muitas crenças teístas se originaram como hipóteses para explicar fenômenos naturais como o clima, as doenças e a origem da espécie. Como foram substituídas por hipóteses científicas, o alcance do teísmo foi diminuindo de forma constante. Mas, como nossa compreensão científica nunca está completa, o pseudoargumento conhecido como Deus das Lacunas está sempre disponível como último recurso. Hoje, os teístas mais sofisticados tentam colocar Deus em duas dessas lacunas: as constantes físicas fundamentais e o difícil problema da consciência. Qualquer humanista que insista que não podemos invocar Deus para justificar a moral pode esperar ser confrontado com essas lacunas, então vou dedicar algumas palavras a cada uma delas. Como veremos, é provável que sigam o exemplo dos raios de Zeus como explicação para as tempestades elétricas.

Nosso universo pode ser descrito em poucos números, como a potência das forças da natureza (gravidade, eletromagnetismo e forças nucleares), o número de dimensões macroscópicas do espaço-tempo (quatro) e a densidade da energia escura (a fonte da aceleração da expansão do universo). Em *Just Six Numbers*, Martin Rees enumera-os em uma das mãos e mais um dedo; a contagem exata depende de qual versão da teoria física se invoca e se contamos as próprias constantes ou a proporção entre elas. Se alguma dessas constantes fosse minimamente alterada, a matéria explodiria ou desmoronaria sobre si mesma, e estrelas, galáxias e planetas, para não falar da vida terrestre e do *Homo sapiens*, nunca poderiam ter se formado. As teorias mais bem estabelecidas da física de hoje não explicam por que essas constantes devem estar tão meticulosamente afinadas aos valores que possibilitaram nossa existência (em particular, a densidade da energia escura), portanto, segundo o argumento teísta, deve haver um afinador — a saber, Deus. É o velho argumento do design aplicado ao cosmos inteiro em vez de apenas aos seres vivos.

Uma objeção imediata é o problema igualmente antigo da teodiceia. Se Deus, em seu infinito poder e conhecimento, afinou o universo para nos criar, por que projetou uma Terra em que as catástrofes geológicas e meteorológicas devastam regiões habitadas por pessoas inocentes? Qual é o propósito divino dos supervulcões que assolaram nossas espécies no passado e podem extingui-la no futuro, ou da evolução do Sol para tornar-se uma gigante vermelha, que sem dúvida acabará conosco?

Mas esse tipo de especulação não vem ao caso. Os físicos não ficaram pasmados diante do aparente ajuste fino das constantes fundamentais, mas estão buscando ativamente várias explicações. Uma delas se encontra no título do livro do físico Victor Stenger *The Fallacy of Fine-Tuning* [A falácia do ajuste fino].[35] Muitos físicos acreditam que é prematuro concluir que os valores das constantes fundamentais são arbitrários ou os únicos congruentes com a vida. Uma compreensão mais profunda da física (em particular, a tão buscada unificação de relatividade e teoria quântica) pode mostrar que alguns dos valores devem ser exatamente o que são. Outros poderiam assumir outros valores — ou, mais importante, *combinações* de valores — ainda compatíveis com um universo estável e cheio de matéria, embora não seja aquele que conhecemos e amamos. O progresso na física pode revelar que as constantes não têm um ajuste tão fino e que um universo que possibilite a vida não é tão improvável, no fim das contas.

A outra explicação é que nosso universo é apenas uma região numa vasta paisagem, possivelmente infinita, de universos — um multiverso —, cada uma com valores diferentes das constantes fundamentais.[36] Encontramo-nos num universo compatível com a vida não porque foi ajustado para permitir nossa existência, mas porque o próprio fato de existirmos implica que é *nesse* tipo de universo que nos encontramos, e não num dos muitíssimos outros, mais inóspitos. O ajuste fino é uma falácia de raciocínio post hoc, como o ganhador na loteria que se pergunta o que o fez ganhar contra todas as probabilidades. *Alguém* tinha de ganhar, e é só porque calhou de ser ele que o indivíduo está se perguntando. Não é a primeira vez que um resultado espúrio da seleção faz os pensadores buscarem uma explicação profunda inexistente para uma constante física. Johannes Kepler perguntava-se por que a Terra estava a 150 milhões de quilômetros do Sol, a distância certa para que a água encha nossos lagos e rios sem congelar ou ferver. Hoje sabemos que a Terra é apenas um dos muitos planetas, cada um a uma distância diferente do nosso Sol ou de outra estrela, e não nos surpreende saber que nos encontramos neste planeta, e não em Marte.

A teoria do multiverso seria ela mesma uma desculpa post hoc para uma explicação, caso não fosse consistente com outras teorias da física — em particular, a de que o vácuo do espaço pode gerar big bangs que se tornam novos universos e que os universos bebês podem nascer com diferentes constantes fundamentais.[37] Contudo, essa ideia causa repulsa a muita gente (sobretudo a alguns físicos) em razão de sua prodigalidade alucinante. Uma infinidade de universos (ou, pelo menos, um número grande o suficiente para incluir todos os arranjos possíveis da matéria) implica que em algum lugar existem universos com duplos exatos de você, mas que se casaram com outra pessoa, foram mortos por um carro na noite passada, chamam-se Evelyn, têm um pelo que cresce onde não deve, largaram o livro um momento atrás e não estão lendo esta frase, e assim por diante.

Contudo, por mais inquietantes que sejam essas implicações, a história das ideias nos diz que a náusea cognitiva não é uma boa referência para a realidade.

Nossa melhor ciência insultou repetidas vezes o senso comum dos nossos antepassados com descobertas inquietantes que se mostraram verdadeiras, entre elas a de que a Terra é redonda, que há uma desaceleração do tempo em altas velocidades, a superposição quântica, o espaço-tempo curvo e, obviamente, a evolução. Na verdade, depois que superamos o choque inicial, achamos que um multiverso não é, afinal, tão exótico. Essa nem é a primeira vez que os físicos tiveram um motivo para postular vários universos. Outra versão do multiverso é uma implicação direta das descobertas de que o espaço parece ser infinito e que a matéria parece estar dispersa de maneira uniforme por ele: deve haver uma infinidade de universos pontilhando o espaço em 3-D para além do nosso horizonte cósmico. Outra ainda é a interpretação de múltiplos mundos da mecânica quântica, na qual os resultados múltiplos de um processo quântico probabilístico (como a trajetória de um fóton) são todos realizados em universos paralelos sobrepostos (uma possibilidade que poderia levar a computadores quânticos, nos quais todos os valores possíveis das variáveis em uma computação são representados simultaneamente). Inclusive, em certo sentido, o multiverso é a teoria *mais simples* da realidade, uma vez que, se o nosso universo é o único existente, precisaríamos complicar as refinadas leis da física com uma estipulação arbitrária das condições iniciais paroquiais do nosso universo e suas constantes físicas predefinidas. Como diz o físico Max Tegmark (um defensor de quatro tipos de multiverso): "Nosso julgamento, portanto, se resume a decidirmos o que achamos mais inútil e deselegante: muitos mundos ou muitas palavras".

Se o multiverso for a melhor explicação das constantes físicas fundamentais, não seria a primeira vez que ficamos embasbacados com mundos que ficam além de nossos narizes. Nossos antepassados tiveram de engolir a descoberta do hemisfério ocidental, outros oito planetas, 100 bilhões de estrelas em nossa galáxia (muitos com planetas) e 100 bilhões de galáxias no universo observável. Se a razão contradisser a intuição mais uma vez, tanto pior para a intuição. Brian Greene, outro defensor do multiverso, nos lembra:

> De um universo singular, pequeno, centrado na Terra, para um cheio de bilhões de galáxias, a jornada foi tão emocionante quanto humilhante. Fomos obrigados a renunciar à crença sagrada em nossa própria centralidade, mas com esse rebaixamento cósmico demonstramos a capacidade do intelecto humano de ir muito além dos limites da experiência comum para revelar uma verdade extraordinária.[38]

A outra lacuna que Deus supostamente preenche é o "difícil problema da consciência", também conhecido como o problema da senciência, subjetividade, consciência fenomenal e *qualia* (o aspecto "qualitativo" da consciência).[39] A expressão, originalmente sugerida pelo filósofo David Chalmers, é uma piada para os entendidos, porque o assim chamado problema fácil — o desafio científico de distinguir a computação mental consciente da inconsciente, identificando seus substratos no cérebro e explicando por que se desenvolveu — é "fácil" no sentido de que curar o câncer ou enviar um homem para a Lua é fácil — ou seja, que pode ser abordado pela ciência. Felizmente, o problema fácil é mais do que apenas possível de ser abordado: estamos bem avançados no sentido de uma explicação satisfatória. Não é um mistério por que experimentamos um mundo de objetos em três dimensões, estáveis, sólidos e coloridos, em vez do caleidoscópio de pixels em nossas retinas, ou por que gostamos de (e, portanto, procuramos) comida, sexo e integridade corporal enquanto sofremos (e, portanto, evitamos) com o isolamento social e danos nos tecidos: esses estados internos e o comportamento que estimulam são adaptações darwinianas óbvias. Com os avanços da psicologia evolucionista, cada vez mais nossas experiências conscientes estão sendo explicadas dessa maneira, inclusive nossas obsessões intelectuais, emoções morais e reações estéticas.[40]

Tampouco são obstinadamente desconcertantes as bases computacionais e neurobiológicas da consciência. O neurocientista cognitivo Stanislas Dehaene e seus colaboradores argumentaram que a consciência funciona como uma representação de "espaço de trabalho global" ou "quadro-negro".[41] A metáfora do quadro-negro refere-se ao modo como um conjunto diversificado de módulos computacionais pode anunciar seus resultados em um formato comum que todos os outros módulos podem "ver". Esses módulos incluem percepção, memória, motivação, compreensão de linguagem e planejamento de ação, e o fato de que todos podem acessar um conjunto comum de informações atualmente relevantes (o conteúdo da consciência) nos permite descrever, entender ou abordar o que vemos, responder ao que outras pessoas dizem ou fazem, e lembrar e planejar dependendo do que queremos e do que sabemos. (Em contraste, as computações *dentro* de cada módulo, como o cálculo de profundidade dos dois olhos ou o sequenciamento de contrações musculares que compõem uma ação, podem gastar seus próprios fluxos de input particulares, e procedem abaixo do nível de consciência, sem necessidade de sua visão sinóptica.) Esse espaço de trabalho global é implementado no cérebro como um disparo rítmico e sincronizado em redes neurais que ligam os córtex cerebrais pré-frontais e parietais uns com os outros e com áreas do cérebro que os alimentam com sinais perceptivos, mnemônicos e motivacionais.

O dito problema difícil — por que subjetivamente *parece alguma coisa* para cada um de nós seres conscientes, com o vermelho tendo aparência de vermelho e o sal tendo o sabor salgado — é difícil não porque seja um tema científico recalcitrante, mas porque é um enigma conceitual de fundir a cuca. Inclui quebra-cabeças como: o meu vermelho é o mesmo que o seu vermelho? Como será que um morcego se sente? Poderia haver zumbis (pessoas ordinárias como você e eu, mas sem um "alguém" senciente a habitá-los) e, em caso afirmativo, seriam todos zumbis exceto eu? Um robô perfeitamente realista seria consciente? Eu poderia alcançar a imortalidade fazendo o upload do conectoma do meu cérebro na nuvem? O teletransportador de *Jornada nas Estrelas* de fato teletransporta o capitão Kirk para a superfície planetária ou o aniquila e reconstitui um clone?

Alguns filósofos, como Daniel Dennett em *Consciousness Explained*, argumentam que *não* existe um problema difícil da consciência: isso é uma confusão decorrente do nosso mau hábito de imaginar um homenzinho sentado em um teatro dentro do crânio. Este é o experimentador desencarnado que por uns minutos sairia às escondidas do meu teatro e entraria no seu para verificar como é o seu vermelho, ou visitar o teatro do morcego e assistir ao filme que está passando lá; que estaria ausente no zumbi e presente ou ausente no robô; e que poderia ou não sobreviver ao feixe de luz na viagem a Zakdorn. Às vezes, quando vejo o dano que o problema difícil causou (inclusive o intelectual conservador Dinesh D'Souza brandindo um exemplar de meu livro *Como a mente funciona* num debate sobre a existência de Deus), fico tentado a concordar com Dennett que estaríamos melhor sem o termo. Ao contrário de vários mal-entendidos, o problema difícil não consiste em fenômenos físicos ou paranormais estranhos como clarividência, telepatia, viagem no tempo, augúrio ou ação à distância. Ele não exige física quântica exótica, vibrações de energia kitsch ou outras bobagens new age. O mais importante para esta discussão é que ele não implica uma alma imaterial. Nada do que sabemos sobre a consciência é inconsistente, já que ela depende inteiramente da atividade neural.

No final, ainda acho que o problema difícil é um problema conceitual significativo, mas concordo com Dennett que não se trata de um problema *científico* significativo.[42] Ninguém jamais receberá uma bolsa para estudar se você é um zumbi ou se é o mesmo capitão Kirk que caminha no convés da *Enterprise* e na superfície de Zakdorn. E eu concordo com vários outros filósofos que talvez seja inútil esperar por uma solução, precisamente porque *é* um problema conceitual ou, mais exatamente, um problema com nossos conceitos. Como Thomas Nagel afirmou em seu famoso ensaio "Como é ser um morcego?", pode haver "fatos que nunca poderiam ser representados ou compreendidos pelos seres humanos, mesmo que a espécie durasse para sempre, simplesmente porque nossa estrutura não nos permite operar com conceitos do tipo requerido".[43] O filósofo Colin McGinn concorda com essa ideia, argumentando que há uma incompatibilidade entre nossas ferramentas cognitivas para explicar a realidade (cadeias de causas e efeitos, análise em partes e suas interações e a modelagem em equações matemáticas) e a natureza do problema difícil da consciência, que é não intuitivamente holístico.[44] Nossa melhor ciência nos diz que a consciência consiste em um espaço de trabalho global que representa nossos objetivos, memórias e ambientes atuais, implementado em disparos neurais sincronizados no circuito frontoparietal. Mas o último bocado da teoria — que subjetivamente *parece* ser um circuito como esse — talvez tenha de ser estipulado como um fato a respeito da realidade em que a explicação acaba. Isso não deveria ser de todo surpreendente. Como observou Ambrose Bierce em *Dicionário do diabo*, a mente não tem nada além de si mesma com que se conhecer, e talvez nunca se sinta satisfeita por entender o aspecto mais profundo de sua própria existência — sua subjetividade intrínseca.

Como quer que seja abordado o problema difícil da consciência, postular uma alma imaterial não ajuda em nada. Por um lado, é uma tentativa de resolver um mistério com um mistério ainda maior. Por outro lado, é uma previsão falsa da existência de fenômenos paranormais. De modo mais incriminatório, uma consciência concedida pela divindade não atende às especificações de design para um lócus de castigos merecidos. Por que Deus dotaria um mafioso da capacidade de desfrutar de seus ganhos ilícitos, ou um predador sexual de prazer carnal? (Se é para plantar tentações para que provem sua moral ao resistir, por que suas vítimas deveriam ser efeitos colaterais?) Por que um Deus misericordioso ficaria insatisfeito com roubar anos de vida de um paciente com câncer e adicionar o castigo gratuito da dor atroz? Tal como os fenômenos da física, os fenômenos da consciência se parecem exatamente como seria de esperar caso as leis da natureza vigorassem sem levar em conta o bem-estar humano. Se quisermos aprimorar esse bem-estar, precisamos descobrir como fazer isso nós mesmos.

E isso nos leva ao segundo problema da moral teísta. Não se trata apenas de que, quase com certeza, não existe um Deus que dite e faça cumprir os preceitos morais. É que, mesmo que houvesse um, seus decretos divinos, tal como transmitidos para nós através da religião, não podem ser a fonte de toda a moral. A explicação remonta ao *Eutífron* de Platão, no qual Sócrates mostra que, se os deuses têm boas razões para julgar que certos atos são morais, podemos apelar a essas razões diretamente, ignorando os intermediários. Caso contrário, não devemos levar seus ditames a sério. Afinal, os indivíduos racionais podem dar razões para não matar, violar ou torturar além do medo do fogo eterno do inferno, e não se tornariam de repente estupradores e assassinos de aluguel se tivessem motivos para acreditar que Deus estaria de costas viradas para eles ou se lhes dissesse que podiam cometer esses crimes.

Os moralistas teístas retrucam que o Deus das Escrituras, ao contrário das divindades caprichosas da mitologia grega, é por sua própria natureza incapaz de emitir mandamentos imorais. Mas quem está familiarizado com as Escrituras sabe que não é bem assim. O Deus do Antigo Testamento assassinou milhões de inocentes, mandou os israelitas cometer estupro em massa e genocídio e prescreveu a pena de morte por blasfêmia, idolatria, homossexualidade, adultério, desobediência aos pais e trabalho no sábado, mas não encontrava nada particularmente errado na escravidão, no estupro, na tortura, na mutilação e no genocídio. Tudo isso era normal para o curso das civilizações da Idade do Bronze e do Ferro. Hoje, claro, os crentes esclarecidos manipulam os mandamentos humanos enquanto alegorizam, edulcoram ou ignoram os cruéis, e a questão é bem esta: eles leem a Bíblia através das lentes do humanismo iluminista.

O argumento de Eutífron desmente a alegação mentirosa e comum de que o ateísmo nos consagra a um relativismo moral no qual todo mundo pode fazer o que bem entender. Essa alegação é uma inversão da coisa. A moral humanista baseia-se no fundamento universal da razão e dos interesses humanos: é uma característica inelutável da condição humana que todos nós ficamos em melhor situação se ajudarmos uns aos outros e abster-nos de ferir uns aos outros. Por esse motivo, muitos filósofos contemporâneos, entre eles Nagel, Goldstein, Peter

Singer, Peter Railton, Richard Boyd, David Brink e Derek Parfit, são *realistas* morais (o oposto dos relativistas), e argumentam que as declarações morais podem ser objetivamente verdadeiras ou falsas.[45] É a *religião* que é relativista por natureza. Tendo em vista a ausência de provas, qualquer crença em quantas deidades existam, quem são seus profetas e messias terrenos e o que elas exigem de nós pode depender somente dos dogmas paroquiais da tribo.

Isso não só torna a moral teísta relativista, como pode torná-la imoral. Os deuses invisíveis podem mandar pessoas matar hereges, infiéis e apóstatas. E uma alma imaterial não é indiferente aos incentivos terrestres que nos impulsionam a conviver bem com os outros. Aqueles que competem por um recurso material ficam geralmente numa situação melhor se o dividirem do que se lutarem por ele, sobretudo se valorizam suas vidas na Terra. Mas os competidores por um valor sagrado (como a terra santa ou a afirmação de uma crença) podem *não fazer* acordos e, se pensam que suas almas são imortais, a perda de seu corpo não é grande coisa — na verdade, pode ser um pequeno preço a pagar pela eterna recompensa no paraíso.

Muitos historiadores mostraram que as guerras religiosas são longas e sangrentas, e estas são muitas vezes prolongadas pela convicção religiosa.[46] Matthew White, o necrometrista que conhecemos no capítulo 14, lista trinta conflitos religiosos entre as piores coisas que as pessoas já fizeram umas às outras, resultando em cerca de 55 milhões de assassinatos.[47] (Em dezessete conflitos, as religiões monoteístas lutaram entre si; em outros oito, os monoteístas lutaram contra pagãos.) E a afirmação comum de que as duas guerras mundiais foram desencadeadas pelo declínio da moral religiosa (como na afirmação recente de Stephen Bannon, ex-estrategista de Trump, de que a Segunda Guerra Mundial colocou "o Ocidente judaico-cristão contra os ateus") é uma história digna de chapéu de burro.[48] Os beligerantes de ambos os lados da Primeira Guerra Mundial eram cristãos devotos, com exceção do Império Otomano, uma teocracia muçulmana. A única potência declaradamente ateia que lutou na Segunda Guerra Mundial foi a União Soviética e, durante a maior parte da guerra, lutou do *nosso* lado contra o regime nazista — o qual (ao contrário de outro mito) simpatizava com o cristianismo alemão e vice-versa, duas facções unidas em sua aversão à modernidade secular.[49] (O próprio Hitler era um deísta que disse: "Estou convencido de que estou agindo como agente do nosso Criador. Ao lutar contra os judeus, estou fazendo o trabalho do Senhor".[50]) Os defensores do teísmo retrucam que as guerras e atrocidades irreligiosas, motivadas pela ideologia secular do comunismo e pela conquista comum, mataram ainda mais pessoas. E dá-lhe relativismo... É estranho classificar a religião nessa curva: se a religião fosse uma fonte de moral, o número de guerras e atrocidades religiosas deveria ser zero. E, obviamente, o *ateísmo*, antes de mais nada, não é um sistema moral. É apenas a ausência de crença sobrenatural, como uma falta de disposição para acreditar em Zeus ou Vishnu. A alternativa moral ao teísmo é o humanismo.

Poucas pessoas sofisticadas professam hoje uma crença no céu e no inferno, a verdade literal da Bíblia, ou num Deus que viola as leis da física. Mas muitos intelectuais reagiram com fúria ao "novo ateísmo" popularizado em um quarteto de best-sellers publicado entre 2004 e 2007 por Sam Harris, Richard Dawkins, Daniel Dennett e Christopher Hitchens.[51] Essa reação foi chamada de "eu-sou--ateu-mas", "crença-na-crença", "acomodacionismo" e (como cunhou Coyne) "*faitheism*".* Isso se combina com a hostilidade à ciência no interior da Segunda Cultura, talvez em razão da simpatia compartilhada pela hermenêutica em detrimento das metodologias analítica e empírica e a uma relutância em reconhecer que os cientistas e filósofos seculares podem estar certos sobre as questões fundamentais da existência. Embora o ateísmo — a ausência de uma crença em Deus — seja compatível com uma ampla gama de crenças humanistas e anti-humanistas, os novos ateus são declaradamente humanistas, de modo que quaisquer defeitos em sua visão de mundo podem ser transferidos para o humanismo em geral.

De acordo com os fé-ateístas, os novos ateus são demasiado estridentes e militantes e tão irritantes quanto os fundamentalistas que criticam. (Na tira em quadrinhos on-line *XKCD*, um personagem responde: "Bem, o importante é que você encontrou uma maneira de se sentir superior a ambos".[52]) As pessoas comuns nunca se desiludirão de suas crenças religiosas, segundo eles, e talvez não devam, porque sociedades saudáveis precisam da religião como um baluarte contra o egoísmo e o consumismo desenfreado. As instituições religiosas suprem essa necessidade promovendo a caridade, a comunidade, a responsabilidade social,

* *Faitheism* e *faitheist* são trocadilhos com as palavras fé e ateísmo/ateu, aqui traduzidas como fé-ateísmo e fé-ateísta. (N. T.)

os ritos de passagem e a orientação sobre questões existenciais que jamais poderão ser fornecidas pela ciência. De qualquer forma, a maioria das pessoas trata a doutrina religiosa de modo alegórico, em vez de literal, e encontra significado e sabedoria num sentido abrangente de espiritualidade, graça e ordem divina.[53] Examinemos essas afirmações.

Uma inspiração irônica para o fé-ateísmo é a pesquisa sobre as origens psicológicas da crença sobrenatural, inclusive os hábitos cognitivos de atribuir design consciente e arbítrio aos fenômenos naturais e sentimentos emocionais de solidariedade dentro de comunidades de fé.[54] A interpretação mais natural dessas descobertas é que elas *minam* as crenças religiosas, por mostrar que são invenções de nossa constituição neurobiológica. Mas a pesquisa também foi interpretada como reveladora de que a natureza humana exige religião da mesma forma que exige comida, sexo e companhia, por isso é inútil imaginar a não existência de religião. Mas essa interpretação é duvidosa.[55] Nem toda característica da natureza humana é um impulso homeostático que deve ser regularmente satisfeito. Sim, as pessoas são vulneráveis a ilusões cognitivas que levam a crenças sobrenaturais, e de fato precisam pertencer a uma comunidade. Ao longo da história, surgiram instituições que oferecem pacotes de costumes que encorajam essas ilusões e atendem a essas necessidades. Isso não implica que as pessoas precisem dos pacotes completos, assim como a existência do desejo sexual não exige que os indivíduos precisem de clubes da Playboy. À medida que as sociedades se tornam mais informadas e seguras, os componentes das instituições religiosas que lhes foram legadas podem ser desagregados. A arte, os rituais, a iconografia e o calor comunal que muitas pessoas desfrutam podem continuar a ser fornecidos por religiões liberalizadas, sem o dogma sobrenatural ou a moral da Idade do Ferro.

Isso implica que as religiões não deveriam ser condenadas ou louvadas em geral, mas consideradas de acordo com a lógica de Eutífron. Se houver razões justificáveis por trás de determinadas atividades, essas atividades devem ser encorajadas, mas os movimentos não devem ser aprovados apenas porque são religiosos. Entre as contribuições positivas das religiões em determinados momentos e lugares estão a educação, a caridade, o atendimento médico, o aconselhamento, a resolução de conflitos e outros serviços sociais (embora, no mundo desenvolvido, esses esforços pareçam pequenos diante de seus equivalentes seculares; nenhuma religião poderia ter dizimado a fome, a doença, o analfabetismo, a guerra, o homicídio ou a pobreza nas escalas que vimos na segunda parte deste livro). As organizações religiosas também podem proporcionar uma sensação de solidariedade comunal e apoio mútuo, junto com a arte, os rituais e a arquitetura de grande beleza e ressonância histórica, graças à sua vantagem de ter surgido milênios antes. Eu mesmo partilho disso, com muito prazer.

Se as contribuições positivas das instituições religiosas vêm de seu papel de associações humanistas na sociedade civil, esperaríamos então que esses benefícios não estivessem ligados à crença teísta, e de fato é esse o caso. Sabe-se há muito tempo que os frequentadores de igrejas são mais felizes e mais caridosos do que aqueles que ficam em casa, mas Robert Putnam e seu colega cientista político David Campbell descobriram que essas benesses não têm nada a ver com a crença em Deus, na criação, no céu ou no inferno.[56] Um ateu levado a uma congregação por um cônjuge crente é tão caridoso quanto os fiéis do rebanho, ao passo que um crente fervoroso que reza sozinho não é particularmente caridoso. Ao mesmo tempo, a comunalidade e a virtude cívica podem ser promovidas pela adesão a comunidades de serviços seculares, como os Shriners (com hospitais infantis e unidades para queimados), o Rotary International (que está ajudando a acabar com a poliomielite) e o Lions Club (que combate a cegueira) — e até mesmo, de acordo com a pesquisa de Putnam e Campbell, a participação numa liga de boliche.

Assim como merecem elogios quando se dedicam a fins humanistas, as instituições religiosas não devem ser protegidas de críticas quando entravam esses fins. Entre os exemplos disso, temos a negação de cuidados médicos para crianças doentes em seitas que acreditam na cura pela fé, a oposição à morte humana assistida, a corrupção da educação científica nas escolas, a supressão de pesquisas biomédicas delicadas, como as que envolvem células-tronco, e a obstrução de políticas de saúde pública como contracepção, preservativos e vacinação contra HPV.[57] Tampouco se deve conceder às religiões uma presunção de maior propósito moral. Os fé-ateístas que esperavam que o fervor moralista do cristianismo evangélico pudesse ser canalizado para movimentos de melhoria social saíram repetidamente escaldados. No início dos anos 2000, uma coalizão bipartidária de ambientalistas esperava fazer causa comum com evangélicos em relação à mudança climática sob iniciativas como Creation Care e um ambientalismo baseado na fé. Mas as igrejas evangélicas são uma facção de apoio ao Partido Republicano, que adotou uma estratégia de não cooperação absoluta com o governo Obama.

O tribalismo político venceu, e os evangélicos entraram na linha, optando pelo libertarianismo radical em vez de empunhar o estandarte da Criação.[58]

Da mesma forma, em 2016 houve uma breve esperança de que as virtudes cristãs de humildade, temperança, perdão, correção, cavalheirismo, parcimônia e compaixão para com os fracos virassem os evangélicos contra um construtor de cassinos presunçoso, hedonista, vingativo, libidinoso, misógino, podre de rico e desdenhoso das pessoas que chamava de "perdedores". Mas não: Donald Trump ganhou o voto de 81% dos cristãos brancos renascidos, uma proporção maior do que em qualquer outro setor demográfico.[59] Em grande parte, ganhou esses votos prometendo revogar uma lei que proíbe as instituições de caridade isentas de impostos (inclusive as igrejas) de se envolver em ativismo político.[60] A virtude cristã foi superada pela força política.

Se os princípios factuais da religião não podem mais ser levados a sério e seus princípios éticos dependem inteiramente de justificação pela moral secular, o que dizer de suas alegações de sabedoria sobre as grandes questões da existência? Um item preferido da fala dos fé-ateístas é que apenas a religião pode falar aos anseios mais profundos do coração humano. A ciência nunca será adequada para abordar as grandes questões existenciais da vida, da morte, do amor, da solidão, da perda, da honra, da justiça cósmica e da esperança metafísica.

Esse é o tipo de afirmação que Dennett (citando uma criança pequena) chama de "*deepity*":* tem uma pátina de profundidade, mas, assim que se reflete sobre o seu significado, revela-se uma bobagem. Para começar, a alternativa à "religião" como fonte de significado não é a "ciência". Ninguém jamais sugeriu que olhássemos para a ictiologia ou a nefrologia em busca de iluminação sobre como viver, mas sim para toda a trama de conhecimento, razão e valores humanísticos da qual a ciência faz parte. É verdade que essa trama contém fios importantes que se originaram na religião, como a linguagem e as alegorias da Bíblia e os escritos de sábios, eruditos e rabinos. Mas hoje é dominado por conteúdo secular, como debates sobre a ética originários da filosofia grega e iluminista, e

* Em inglês, o substantivo do adjetivo *deep* (profundo) é *depth* (profundidade). "*Deepity*" talvez possa ser traduzido por "profundura", termo existente em português, mas não usado na linguagem acadêmica. (N. T.)

representações do amor, da perda e da solidão nas obras de Shakespeare, dos poetas românticos, dos romancistas do século XIX e outros grandes artistas e ensaístas. Julgadas por padrões universais, muitas das contribuições religiosas para as grandes questões da vida não são profundas nem atemporais, mas superficiais e arcaicas, como uma concepção de "justiça" que inclui a punição de blasfemos ou uma concepção de "amor" que exorta a mulher a obedecer ao marido. Como vimos, qualquer concepção da vida e da morte que dependa da existência de uma alma imaterial é duvidosa em termos factuais e moralmente perigosa. E, uma vez que a justiça cósmica e a esperança metafísica (em oposição à justiça humana e à esperança mundana) não existem, não faz sentido buscá-las; é inútil. A alegação de que as pessoas devem buscar um significado mais profundo nas crenças sobrenaturais pouco faz para recomendá-la.

E quanto a um sentido mais abstrato de "espiritualidade"? Se isso consiste na gratidão pela própria existência, admiração diante da beleza e imensidão do universo e humildade diante das fronteiras do entendimento humano, então a espiritualidade é, na verdade, uma experiência que faz valer a pena viver — e que é levada a dimensões superiores pelas revelações da ciência e da filosofia. Mas "espiritualidade" costuma significar algo mais: a convicção de que o universo é, de alguma forma, pessoal, de que tudo acontece por uma razão, de que se deve encontrar sentido nas casualidades da vida. No último episódio de seu histórico programa, Oprah Winfrey falou por milhões quando declarou: "Eu entendo a manifestação da graça e Deus, então sei que não existem coincidências. Não há nenhuma. Aqui, há apenas ordem divina".[61]

Esse senso de espiritualidade é o tema de um esquete da comediante Amy Schumer chamado "O universo". A cena começa com o divulgador das ciências Bill Nye de pé contra um pano de fundo de estrelas e galáxias:

NYE: O universo. Durante séculos, a humanidade esforçou-se para entender essa vasta extensão de energia, gás e poeira. Nos últimos anos, um avanço impressionante foi feito em nosso conceito da finalidade do universo.

[*Zoom na superfície da Terra, e depois em uma loja de iogurte em que duas jovens estão conversando.*]

PRIMEIRA MULHER: Então, eu estava mandando mensagens de texto enquanto dirigia... E acabei fazendo uma curva errada que me levou direto a uma loja de vitaminas... E eu fiquei, tipo, isso é totalmente o universo me dizendo que eu deveria tomar cálcio.

NYE: Outrora, os cientistas acreditavam que o universo era uma compilação caótica de matéria. Agora sabemos que o universo é essencialmente uma força que envia orientação cósmica para as mulheres em seus vinte anos de idade.

[*Zoom em uma academia onde Schumer e uma amiga estão em bicicletas ergométricas.*]

SCHUMER: Então, você sabe que estou trepando com meu chefe casado faz uns seis meses? Bem, eu estava começando a ficar bem preocupada que ele nunca ia deixar a esposa. Mas, ontem, na ioga, a garota na minha frente estava usando uma camiseta que dizia apenas "Relaxe". E eu pensei que, tipo, é assim que o universo está me dizendo: "Ei, garota, continue trepando com seu chefe casado e pronto!".[62]

Uma "espiritualidade" que vê significado cósmico nos caprichos da fortuna não é sábia, mas tola. O primeiro passo para a sabedoria é a percepção de que as leis do universo não se importam com você. O passo seguinte é a constatação de que isso não implica que a vida não tenha sentido, porque *as pessoas* se preocupam com você e vice-versa. Você se preocupa com você e tem a responsabilidade de respeitar as leis do universo que o mantêm vivo, assim não desperdiça sua existência. Seus entes queridos se preocupam com você, que por sua vez tem a responsabilidade de não deixar seus filhos órfãos, seu cônjuge viúvo e seus pais arrasados. E qualquer pessoa com uma sensibilidade humanística se preocupa com você, não no sentido de sentir sua dor — a empatia humana é fraca demais para se espalhar por bilhões de estranhos —, mas no sentido de perceber que sua existência não é cosmicamente menos importante que a deles e que todos nós temos a responsabilidade de usar as leis do universo para melhorar as condições em que todos possamos florescer.

Deixando de lado os argumentos, a necessidade de acreditar de fato representaria uma aversão ao humanismo secular? Os crentes, os fé-ateístas e os ressentidos da ciência e do progresso estão se regozijando com um aparente retorno da religião em todo o mundo. Mas, como veremos, trata-se de uma ilusão: a religião de crescimento mais rápido do mundo é a ausência de religião.

Medir a história da crença religiosa não é fácil. Poucas pesquisas fizeram às pessoas as mesmas perguntas em diferentes épocas e lugares, e os entrevistados as interpretariam de forma diferente, mesmo que isso fosse feito. Muitos indivíduos ficam desconfortáveis com o rótulo de ateu, uma palavra que é equiparada com "amoral" e que pode expô-los a hostilidade, discriminação e (em muitos países muçulmanos) prisão, mutilação ou morte.[63] Além disso, muitas vezes as pessoas se agarram a noções teológicas nebulosas e evitam declarar-se ateias, mas podem admitir que não têm religião ou crenças religiosas, consideram a religião sem importância, são espirituais mas não religiosas, ou acreditam em algum "poder superior" que não seja Deus. Pesquisas diferentes podem acabar com diferentes estimativas de irreligião, dependendo de como as alternativas estão redigidas.

Não podemos dizer com certeza quantos não crentes existiram em décadas e séculos anteriores, mas não deveria haver muitos; uma estimativa estabeleceu a proporção de 0,2% em 1900.[64] De acordo com o Índice Global de Religiosidade e Ateísmo da WIN-Gallup International, numa pesquisa feita em 2012 com 50 mil pessoas em 57 países, 13% da população mundial se identificou como "ateu convicto", um pouco acima dos cerca de 10% que assim se declararam em 2005.[65] Não seria fantasioso dizer que, ao longo do século XX, a taxa global de ateísmo duplicou, e que duplicou de novo no século XXI até este momento. Outros 23% da população mundial se identificam como "pessoa não religiosa", deixando 59% do mundo como "religiosos", quando eram perto de 100% um século antes.

De acordo com uma velha ideia das ciências sociais, a chamada tese de secularização, a irreligião é uma consequência natural da riqueza e da educação.[66] Estudos recentes confirmam que os países mais ricos e com mais instrução tendem a ser menos religiosos.[67] O declínio é mais claro nos países desenvolvidos da Europa Ocidental, da Comunidade Britânica e da Ásia Oriental. Na Austrália, no Canadá, na França, em Hong Kong, na Irlanda, no Japão, nos Países Baixos, na Suécia e em vários outros países, os religiosos são minoria, e os ateus representam mais da metade da população.[68] A religião também declinou nos países do antigo bloco comunista (especialmente na China), embora não na América Latina, no mundo islâmico e na África subsaariana.

Os dados não mostram sinais de um renascimento religioso global. Entre os 39 países pesquisados pelo índice em 2005 e 2012, apenas onze se tornaram mais religiosos, nenhum por mais de seis pontos percentuais, enquanto 26 ficaram menos religiosos, muitos por dois dígitos. E, ao contrário das impressões transmitidas pelos noticiários, os países religiosamente excitáveis, como Polônia, Rússia, Bósnia, Turquia, Índia, Nigéria e Quênia, tornaram-se menos religiosos ao longo desses sete anos, assim como os Estados Unidos (veremos mais sobre isso adiante). Em geral, a porcentagem de pessoas que se autodenominaram religiosas diminuiu em nove pontos, aumentando a proporção de "ateus convictos" na maioria dos países.

Outra pesquisa global, realizada pelo Pew Research Center, tentou projetar a filiação religiosa no futuro (a pesquisa não perguntou sobre crença).[69] Descobriu-se que, em 2010, um sexto da população mundial, quando solicitado a indicar sua religião, escolheu "nenhuma". Há mais "nenhuma" no mundo do que hinduístas, budistas, judeus ou devotos de religiões populares, e essa é a "denominação" para a qual se espera que o maior número de pessoas deva mudar. Em 2050, mais 61,5 milhões de pessoas terão perdido sua religião em vez de ter encontrado uma.

Com todos esses números mostrando que as pessoas estão se tornando menos religiosas, de onde veio a ideia de um renascimento religioso? Veio do que os quebequenses chamam de *la revanche du berceau*, a vingança do berço. As pessoas religiosas têm mais filhos. Os demógrafos do Pew fizeram as contas e projetaram que a proporção da população mundial que é muçulmana pode aumentar de 23,2% em 2010 para 29,7% em 2050, enquanto a porcentagem de cristãos permanecerá inalterada e a porcentagem de todas as outras denominações, combinadas com os sem filiação religiosa, diminuirá. Essa projeção talvez seja refém das estimativas atuais de fertilidade e pode tornar-se obsoleta se a África (religiosa e fecunda) sofrer a transição demográfica, ou se o declínio da fertilidade muçulmana discutido no capítulo 10 continuar.[70]

Uma questão fundamental da tendência da secularização é se está sendo impulsionada por mudança de época (um efeito de período), pelo envelhecimento da população (um efeito de idade) ou pela renovação de gerações (um efeito de coorte).[71] Apenas alguns países, todos de língua inglesa, têm os dados de múltiplas décadas de que precisamos para responder à pergunta. Os australianos, neozelandeses e canadenses tornaram-se menos religiosos à medida que os anos se passavam, provavelmente em razão da mudança de época, e não do envelhecimento da população (ao contrário, esperaríamos que as pessoas se tornassem mais religiosas quando se preparam para encontrar-se com seu criador). Não houve essa mudança no zeitgeist britânico ou americano, mas, em todos os cinco países, cada geração é menos religiosa do que a anterior. O efeito de coorte é substancial. Mais de 80% da Geração GI britânica (nascidos em 1905-24) disse pertencer a uma religião, mas, na mesma idade, menos de 30% da Geração Y tinha essa ligação. Mais de 70% da

Geração GI americana disse que "sabem que Deus existe", mas apenas 40% dos seus bisnetos da Geração Y dizem o mesmo.

A descoberta de uma renovação geracional em toda a anglosfera remove uma grande pedra no sapato da tese de secularização: os Estados Unidos, que são ricos, mas religiosos. Já em 1840, Alexis de Tocqueville observou que os americanos eram mais devotos do que seus primos europeus, e a diferença persiste até hoje: em 2012, 60% dos americanos se diziam religiosos, em comparação com 46% dos canadenses, 37% dos franceses e 29% dos suecos.[72] Outras democracias ocidentais têm de duas a seis vezes a proporção de ateus encontrada nos Estados Unidos.[73]

Mas, embora tenham começado de um nível mais alto de crença, os americanos não escaparam da marcha da secularização de uma geração para outra. Um relatório recente resume essa tendência em seu título: "Êxodo: Por que os americanos estão deixando a religião e por que é improvável que voltem".[74] O êxodo é mais visível no crescimento dos que não têm religião, de 5% em 1972 para 25% hoje, tornando-os o maior grupo religioso nos Estados Unidos, superando católicos (21%), evangélicos brancos (16%) e protestantes brancos (13,5%). O gradiente de coorte é íngreme: apenas 13% da Geração Silenciosa e dos *baby boomers* mais antigos não têm religião, em comparação com 39% da Geração Y.[75] Além disso, as gerações mais jovens são mais propensas a permanecer irreligiosas à medida que envelhecem e encaram a mortalidade.[76] As tendências também são fortes entre o subconjunto dos "nenhuma religião" que não só dizem "nenhuma das acima" como se confessam "não crentes". A porcentagem de americanos que dizem ser ateus ou agnósticos, ou que dizem não ver importância na religião (provavelmente não mais do que um ou dois pontos percentuais na década de 1950), subiu para 10,3% em 2007 e 15,8% em 2014. As coortes se dividem assim: 7% dos silenciosos, 11% dos *boomers*, 25% dos da Geração Y.[77] As técnicas inteligentes de pesquisa projetadas para contornar o melindre das pessoas ao confessar o ateísmo sugerem que as porcentagens reais são ainda maiores.[78]

Por que, então, os comentaristas pensam que a religião está se recuperando nos Estados Unidos? É graças a mais uma descoberta sobre o êxodo americano: os que não têm religião não votam. Em 2012, os americanos sem filiação religiosa constituíam 20% da população, mas 12% dos eleitores. As religiões organizadas, por definição, são organizadas, e têm colocado a organização para trabalhar a fim de tirar as pessoas de casa para votar e direcionar o seu voto. Em 2012, os protestantes evangélicos brancos também constituíam 20% da população adulta, mas

26% dos eleitores, mais do que o dobro da proporção dos sem religião.[79] Embora estes últimos apoiassem Clinton contra Trump numa proporção de três para um, ficaram em casa em 8 de novembro de 2016, enquanto os evangélicos entravam na fila para votar. Padrões semelhantes aplicam-se aos movimentos populistas da Europa. Os entendidos são capazes de confundir esse peso eleitoral com um retorno da religião, uma ilusão que nos dá uma segunda explicação (junto com a fecundidade) do motivo de a secularização ter sido tão encoberta.

Por que o mundo está perdendo sua religião? Existem vários motivos.[80] Os governos comunistas do século XX proibiram ou desencorajaram a religião e, quando liberalizaram, seus cidadãos tardaram em readquirir o gosto. Um pouco da alienação faz parte de um declínio na confiança em *todas* as instituições a partir de sua marca mais alta na década de 1960.[81] Outro tanto foi levado pela corrente mundial em direção a valores emancipadores (capítulo 15), como os direitos das mulheres, a liberdade reprodutiva e a tolerância da homossexualidade.[82] Além disso, à medida que a vida das pessoas se torna mais segura graças à riqueza, aos cuidados médicos e à previdência social, elas não rezam mais para que Deus as salve da ruína: países com redes de segurança mais fortes são menos religiosos, mantendo-se os outros fatores constantes.[83] A razão mais óbvia, porém, pode ser a própria razão: quando se tornam mais curiosas intelectualmente e mais alfabetizadas nas ciências, as pessoas deixam de acreditar em milagres. A razão mais comum que os americanos dão para deixar a religião é "uma falta de crença nos ensinamentos da religião".[84] Já vimos que os países com melhores níveis de instrução têm taxas mais baixas de crença e, em todo o mundo, o ateísmo acompanha o efeito Flynn: à medida que ficam mais inteligentes, os países se afastam de Deus.[85]

Quaisquer que sejam as razões, a história e a geografia da secularização desmentem o temor de que, na ausência de religião, as sociedades estão condenadas à anomia, ao niilismo e ao "eclipse total de todos os valores".[86] A secularização avançou em paralelo com todo o progresso histórico documentado na segunda parte deste livro. Muitas sociedades não religiosas, como o Canadá, a Dinamarca e a Nova Zelândia, estão entre os melhores lugares para viver na história da nossa espécie (com altos níveis de todas as coisas boas mensuráveis da vida), enquanto muitas das sociedades mais religiosas do mundo são visões do inferno.[87] O excepcionalismo americano é instrutivo: os Estados Unidos são mais religiosos do que os seus pares ocidentais, mas ficam abaixo em felicidade e bem-estar, com taxas mais altas de homicídio, encarceramento, aborto, doenças sexualmente transmissíveis, mortalidade infantil, obesidade, mediocridade educacional e morte prematura.[88] O mesmo é válido para os cinquenta estados americanos: quanto mais religioso o estado, mais disfuncional é a vida de seus cidadãos.[89] Causa e efeito vão provavelmente em muitas direções. Mas é plausível que, nos países democráticos, o secularismo leve ao humanismo, afastando as pessoas da oração, da doutrina e da autoridade eclesiástica e as aproximando de políticas práticas que melhoram a vida delas e de seus compatriotas.

No entanto, por mais nociva que seja a moral teísta no Ocidente, sua influência é ainda mais preocupante no islamismo contemporâneo. Nenhuma discussão sobre o progresso mundial pode ignorar o mundo islâmico, que por uma série de parâmetros objetivos parece estar ficando à margem do progresso desfrutado pelo resto. Os países de maioria muçulmana obtêm pontuação baixa em medidas de saúde, educação, liberdade, felicidade e democracia, mantendo-se a riqueza constante.[90] Todas as guerras travadas em 2016 ocorreram em países de maioria muçulmana ou envolveram grupos islâmicos, e esses grupos foram responsáveis pela grande maioria dos ataques terroristas.[91] Como vimos no capítulo 15, valores emancipadores como igualdade de gênero, autonomia pessoal e voz política são menos populares no mundo islâmico do que em qualquer outra região do mundo, inclusive na África subsaariana. Os direitos humanos são péssimos em muitos países muçulmanos, que aplicam punições cruéis (como flagelação, cegueira e amputação) não apenas por crimes reais, mas por homossexualidade, feitiçaria, apostasia e manifestação de opiniões liberais nas redes sociais.

Quanto dessa falta de progresso é efeito colateral da moral teísta? Com certeza, não pode ser atribuída ao próprio islamismo. A civilização islâmica teve uma revolução científica precoce e, durante grande parte da sua história, foi mais tolerante, cosmopolita e internamente pacífica do que o Ocidente cristão.[92] Alguns dos costumes retrógrados encontrados em países da maioria muçulmana, como mutilações genitais femininas e "homicídios de honra", de irmãs e filhas impuras, são práticas tribais antigas da África ou da Ásia Ocidental e são atribuídas de forma equivocada à lei islâmica por seus perpetradores. Alguns dos problemas encontram-se em outros Estados amaldiçoados por recursos naturais e governados por tiranos. Outros foram exacerbados por intervenções ocidentais desastradas no Oriente Médio, como o desmembramento do Império Otomano, o apoio aos *mujahidin* antissoviéticos no Afeganistão e a invasão do Iraque.

Mas parte da resistência à maré do progresso pode ser atribuída à crença religiosa. O problema começa com o fato de que muitos dos preceitos da doutrina islâmica, tomados ao pé da letra, são de um anti-humanismo flagrante. O Alcorão contém dezenas de trechos que expressam o ódio aos infiéis, a realidade do martírio e a sacralidade da jihad armada. O texto também endossa o açoitamento para quem consome bebidas alcoólicas, o apedrejamento por adultério e homossexualidade, a crucificação para inimigos do islã, a escravidão sexual para pagãs e o casamento forçado para meninas de nove anos de idade.[93]

É claro que muitas das passagens da Bíblia também são flagrantemente anti-humanistas. Não é necessário debater qual livro sagrado é o pior; o que importa é o modo literal como os adeptos os leem. À semelhança das outras religiões abraâmicas, o islamismo tem sua versão do método rabínico de discussão e do debate jesuítico que alegoriza, compartimenta e edulcora os trechos repugnantes das Escrituras. O islã também tem sua versão de judeus de fachada, católicos de lanchonete e CINOS (cristãos somente no nome).* O problema é que essa hipocrisia benigna é muito menos desenvolvida no mundo islâmico contemporâneo.

Examinando os *big data* sobre afiliação religiosa do World Values Survey, os cientistas políticos Amy Alexander e Christian Welzel observam que "os que se identificam como muçulmanos se destacam por ser a denominação com a maior porcentagem de pessoas fortemente religiosas: 82%. Ainda mais espantoso, 92% dos que se proclamam muçulmanos se situam nas duas maiores pontuações da escala de religiosidade de dez pontos (em comparação com menos da metade dos judeus, católicos e evangélicos). A identificação de si mesmo como muçulmano, independentemente de qual ramo do islamismo, parece ser quase sinônimo de ser fortemente religioso".[94] Resultados semelhantes aparecem em outras pesquisas.[95] Uma delas, do Pew Research Center, descobriu que "em 32 dos 39 países pesquisados, metade ou mais dos muçulmanos dizem que existe apenas uma maneira correta de compreender os ensinamentos do islã", que nos países em que a pergunta foi feita entre 50% e 93% acreditam que o Alcorão "deve ser lido de manei-

* *Cultural Jews* estão mais ligados à cultura judaica do que à religião; *Cafeteria Catholics* são os católicos que discordam de alguns preceitos da Igreja. (N. T.)

ra literal, palavra por palavra", e que "porcentagens esmagadoras de muçulmanos em muitos países querem que a lei islâmica (xaria) seja a lei oficial do país".[96]

Correlação não é causalidade, mas, se combinarmos o fato de que grande parte da doutrina islâmica é anti-humanista com o fato de que muitos muçulmanos acreditam que a doutrina islâmica é infalível — e acrescentarmos que os muçulmanos que levam a cabo políticas não liberais e atos violentos dizem que fazem isso porque estão seguindo essas doutrinas —, torna-se um tanto forçado dizer que as práticas desumanas não têm nada a ver com a devoção religiosa e que a causa real é o petróleo, o colonialismo, a islamofobia, o orientalismo ou o sionismo. Para aqueles que precisam de dados para ser convencidos, em pesquisas globais de valores em que todas as variáveis que os cientistas sociais gostam de medir são jogadas no caldeirão (entre elas renda, educação e dependência das receitas do petróleo), o próprio islã prevê uma dose extra de valores patriarcais e outros valores antiprogressistas entre países e indivíduos.[97] Nas sociedades não muçulmanas, o mesmo vale para o comparecimento à mesquita (nas sociedades muçulmanas, os valores são tão difundidos que o comparecimento à mesquita não importa).[98]

Todos esses padrões perturbadores estavam presentes outrora na cristandade, mas, a partir do Iluminismo, o Ocidente iniciou um processo (ainda em curso) de separação entre Igreja e Estado, abrindo um espaço para a sociedade civil secular e fundamentando suas instituições numa ética humanista universal. Na maior parte dos países de maioria muçulmana, esse processo mal se iniciou. Historiadores e cientistas sociais (muitos deles muçulmanos) mostraram que o domínio da religião islâmica sobre as instituições governamentais e a sociedade civil nos países muçulmanos impediu seu progresso econômico, político e social.[99]

Para piorar as coisas, há uma ideologia reacionária que se tornou influente através dos escritos do autor egípcio Sayyid Qutb (1906-66), membro da Irmandade Muçulmana e inspiração para a Al-Qaeda e outros movimentos islâmicos.[100] Essa ideologia se volta para os dias gloriosos do Profeta, dos primeiros califas e da civilização árabe clássica e lamenta os séculos posteriores de humilhação nas mãos de cruzados, tribos de cavaleiros, colonizadores europeus e, mais recentemente, insidiosos modernizadores seculares. Essa história é vista como o fruto amargo de ter abandonado a prática islâmica rigorosa; a redenção só pode vir de uma restauração de verdadeiros Estados muçulmanos governados pela lei da xaria e expurgados das influências não muçulmanas.

Embora o papel da moral teísta nos problemas que afligem o mundo islâmico seja inescapável, muitos intelectuais ocidentais — que ficariam consternados se a repressão, a misoginia, a homofobia e a violência política comuns no mundo islâmico fossem encontradas em suas próprias sociedades, mesmo diluídas cem vezes — tornaram-se estranhos apologistas quando essas práticas são realizadas em nome do islã.[101] Um pouco dessa apologética provém de um desejo admirável de evitar o preconceito contra os muçulmanos. Alguns pretendem desacreditar uma narrativa destrutiva (e possivelmente autorrealizável) de que o mundo está enredado num choque de civilizações. Alguns pertencem a uma longa história de intelectuais ocidentais que execram sua própria sociedade e romantizam seus inimigos (uma síndrome de que trataremos em breve). Mas grande parte da apologética provém de uma fraqueza pela religião de teístas, fé-ateístas e intelectuais da Segunda Cultura, além de uma relutância em endossar o humanismo iluminista.

Desafiar os traços anti-humanistas da crença islâmica contemporânea não é de forma nenhuma um caso de islamofobia ou um choque de civilizações. A maioria esmagadora das vítimas da violência da repressão islâmica são outros muçulmanos. O islamismo não é uma raça e, como afirmou a ex-militante muçulmana Sarah Haider, "as religiões são apenas ideias e não têm direitos".[102] A crítica às ideias do islã é tão intolerante quanto a crítica às ideias do neoliberalismo ou da plataforma do Partido Republicano.

O mundo islâmico pode ter um Iluminismo? Pode haver um islamismo reformista, um islamismo liberal, um islamismo humanista, um conselho ecumênico islâmico, uma separação entre mesquita e Estado? Muitos dos intelectuais que desculpam o iliberalismo do islã também insistem que não é razoável esperar que os muçulmanos avancem além dele. Enquanto o Ocidente talvez desfrute da paz, da prosperidade, da educação e da felicidade das sociedades pós-iluministas, os muçulmanos nunca aceitarão esse hedonismo superficial, e é compreensível que se apeguem a um sistema de crenças e costumes medievais para sempre.

Mas essa condescendência é desmentida pela história do islã e pelos movimentos que nascem dentro dele. A civilização árabe clássica, como mencionei, era um solo fértil da ciência e filosofia secular.[103] Amartya Sen documentou como o imperador mogol Akbar I pôs em prática no século XVI uma ordem social liberal e multiconfessional (que incluía ateus e agnósticos) na Índia governada pelos muçulmanos, numa época em que a Inquisição assolava a Europa e Giordano Bruno era queimado na fogueira por heresia.[104] Hoje, as forças da modernidade estão atuando em muitas partes do mundo islâmico. Tunísia, Bangladesh, Malásia e Indonésia avançaram bastante no sentido da democracia liberal (capítulo 14). Em muitos países islâmicos, as posturas em relação às mulheres e às minorias estão melhorando (capítulo 15) — lentamente, mas de modo mais detectável entre as mulheres, os jovens e os instruídos.[105] As forças emancipadoras que liberalizaram o Ocidente, como conectividade — educação, mobilidade e o avanço das mulheres — não estão ignorando o mundo islâmico, e a calçada móvel da substituição geracional pode ultrapassar os pedestres que se arrastam ao longo dela.[106]

Além disso, as ideias são importantes. Um grupo de intelectuais, escritores e ativistas muçulmanos tem defendido uma revolução humanista para o islã. Entre eles estão Souad Adnane (cofundador do Centro Árabe para Pesquisa Científica e Estudos Humanos no Marrocos); Mustafa Akyol (autor de *Islam Without Extremes*); Faisal Saeed Al-Mutar (fundador do Movimento Humanista Secular Global); Sarah Haider (cofundadora dos Ex-Muçulmanos da América do Norte); Shadi Hamid (autor de *Islamic Exceptionalism*); Pervez Hoodbhoy (autor de *Islam and Science: Religious Orthodoxy and the Battle for Rationality*); Leyla Hussein (fundadora das Filhas de Eva, que se opõe à mutilação genital feminina); Gulalai Ismail (fundador da Garotas Conscientes no Paquistão); Shiraz Maher (autor de *Salafi-Jihadism*, citado na introdução da parte I); Omar Mahmood (um editorialista americano); Irshad Manji (autor de *The Trouble with Islam*); Maryam Namazie (porta-voz da Uma Lei para Todos); Amir Ahmad Nasr (autor de *My Isl@m*); Taslima Nasrin (autora de *My Girlhood*); Maajid Nawaz (coautor, com Sam Harris, de *Islam and the Future of Tolerance*); Asra Nomani (autora de *Standing Alone in Mecca*); Raheel Raza (autora de *Their Jihad, Not My Jihad*); Ali Rizvi (autor de *The Atheist Muslim*); Wafa Sultan (autor de *A God Who Hates*); Muhammad Syed (presidente dos Ex-Muçulmanos da América do Norte); e os mais famosos Salman Rushdie, Ayaan Hirsi Ali e Malala Yousafzai.

Obviamente, um novo Iluminismo islâmico terá que ser liderado por muçulmanos, mas os não muçulmanos têm um papel a desempenhar. A rede global de influência intelectual é ininterrupta e, tendo em vista o prestígio e o poder do Ocidente (mesmo entre aqueles que se ressentem dele), as ideias e os valores ocidentais podem gotejar, fluir e espirrar de maneiras surpreendentes. (Osama bin Laden, por exemplo, possuía um livro de Noam Chomsky.[107]) A história do progresso moral, relatada em livros como *O código de honra*, do filósofo Kwame Anthony Appiah, sugere que a clareza moral em uma cultura sobre uma prática reacionária de outra nem sempre provoca uma reação ressentida, mas pode envergonhar os retardatários e levá-los a fazer uma reforma atrasada. (Entre os exemplos do passado temos a escravidão, o duelo, o enfaixamento dos pés e a segregação racial; reformas futuras que visem aos Estados Unidos podem incluir a pena capital e o encarceramento em massa.[108]) Uma cultura intelectual que defendesse com firmeza os valores iluministas e que não se entregasse à religião quando entrasse em confronto com os valores humanísticos poderia servir de farol para estudantes, intelectuais e pessoas de mente aberta no resto do mundo.

Depois de apresentar a lógica do humanismo, observei que estava em contraste total com outros dois sistemas de crença. Acabamos de analisar a moral teísta. Vejamos agora a segunda inimiga do humanismo, a ideologia, que está por trás do autoritarismo ressurgente, do nacionalismo, do populismo, do pensamento reacionário e até mesmo do fascismo. Tal como acontece com a moral teísta, a ideologia reivindica mérito intelectual, afinidade com a natureza humana e inevitabilidade histórica. Veremos que as três alegações estão erradas. Comecemos com um pouco de história intelectual.

Se alguém quisesse mencionar um pensador que represente o oposto do humanismo (na verdade, de quase todos os argumentos deste livro), não poderia fazer melhor do que apontar para o filólogo alemão Friedrich Nietzsche (1844-1900).[109] Em trecho anterior deste capítulo, demonstrei minha preocupação com a maneira como a moral humanista poderia lidar com um sociopata insensível, egoísta e megalomaníaco. Nietzsche argumentava que é *bom* ser um sociopata insensível, egoísta e megalomaníaco. Não é bom para todos, claro, mas isso não importa: a vida da massa da humanidade (o "malsucedido e fracassado", os "anões tagarelas", os "besouros saltadores") não conta para nada. O que é admirável na vida é um super-homem (*Übermensch*) para transcender o bem e o mal, exercer uma vontade de poder e alcançar uma glória heroica. Somente através desse heroísmo o potencial da espécie pode ser realizado e a humanidade se elevar a um plano superior de ser. Porém, os feitos da grandeza podem não consistir em curar as doenças, alimentar os famintos ou promover a paz, mas antes nas obras-primas artísticas e na conquista marcial. A civilização ocidental sofreu uma decadência constante desde o auge dos gregos homéricos, dos guerreiros arianos, dos vikings e outros homens másculos. Foi especialmente corrompida pela "moral escrava" do cristianismo, pelo culto da razão pelo Iluminismo e pelos movimentos liberais do século XIX que buscavam reformas sociais e prosperidade compartilhada. Esse sentimentalismo efeminado levou apenas à decadência e à degeneração. Aqueles que viram a verdade deveriam "filosofar com um martelo" e dar à civilização moderna o empurrão final que traria o cataclismo redentor de onde emergiria uma nova ordem. Para que o leitor não pense que estou criando um espantalho de *Übermensch* para ser destruído, eis aqui algumas citações:

> Eu abomino a vulgaridade do homem quando ele diz: "O que é certo para um homem é certo para outro"; "Não faça aos outros o que não queres que façam contigo". [...] A hipótese aqui é ignóbil até o último grau: é dado como certo que existe algum tipo de equivalência de valor entre as minhas ações e as tuas.
>
> Não aponto para o mal e a dor da existência com o dedo da repreensão, mas sim contemplo a esperança de que a vida possa um dia tornar-se cada vez pior e mais cheia de sofrimento do que nunca.
>
> O homem deve ser treinado para a guerra e a mulher para o repouso do guerreiro. Tudo mais é loucura. [...] Andas com uma mulher? Não esqueças o chicote.
>
> É necessária uma declaração de guerra às massas pelos *homens mais elevados*. [...] É necessária uma doutrina poderosa o suficiente para funcionar como agente de reprodução: fortalecedor do forte, paralisador e destruidor do mundo cansado. A aniquilação da farsa chamada "moral". [...] A aniquilação das raças decadentes. [...] Dominação sobre a Terra como meio de produzir um tipo superior.
>
> Esse mais elevado Partido da Vida que tomaria em suas mãos a maior de todas as tarefas, a mais elevada geração da humanidade, *inclusive a exterminação impiedosa de tudo o que é degenerado e parasitário*, tornaria possível novamente aquele excesso de vida na Terra da qual o estado dionisíaco crescerá de novo.[110]

Pode parecer que esses delírios genocidas vêm de um adolescente transgressivo que tem ouvido muito *death metal*, ou de uma paródia de um vilão de James Bond, como o dr. Evil de *Austin Powers*. Na verdade, Nietzsche está entre os pensadores mais influentes do século XX, e continua sendo no XXI.

O mais óbvio é que Nietzsche ajudou a inspirar o militarismo romântico que levou à Primeira Guerra Mundial e ao fascismo que levou à Segunda. Embora o próprio Nietzsche não fosse nacionalista alemão nem antissemita, não é coincidência que essas citações saltem da página como nazismo por excelência: Nietzsche tornou-se postumamente o filósofo da corte nazista. (Em seu primeiro ano de chanceler, Hitler fez uma peregrinação ao Arquivo Nietzsche, dirigido por Elisabeth Förster-Nietzsche, a irmã e executora literária do filósofo, que estimulou de forma incansável essa conexão.) A conexão com o fascismo italiano é ainda mais direta: Benito Mussolini escreveu em 1921 que "o momento em que o relativismo se ligou com Nietzsche e com sua Vontade de Poder foi quando o fascismo italiano se tornou, como ainda é, a criação mais magnífica de um indivíduo e uma Vontade de Poder nacional".[111] As conexões com o bolchevismo e o stalinismo — do super-homem ao novo homem soviético — são menos conhecidas, mas foram documentadas de forma abrangente pela historiadora Bernice Glatzer Rosenthal.[112] As conexões entre as ideias de Nietzsche e os grandes movimentos de extermínio do século XX são bastante óbvias: uma glorificação da violência e do poder, uma ânsia de demolir as instituições da democracia liberal, um desprezo pela maioria da humanidade e uma indiferença inclemente para com a vida humana.

Seria de se pensar que esse banho de sangue fosse suficiente para desacreditar as ideias de Nietzsche entre intelectuais e artistas. Porém, por mais incrível que pareça, ele é amplamente admirado. "*Nietzsche is pietzsche*", dizem um grafite e uma camiseta popular nas universidades. Não que suas doutrinas sejam particularmente convincentes. Como Bertrand Russell apontou em *Uma história da filosofia ocidental*, "podem ser declaradas de forma mais simples e honesta numa única frase: 'Eu gostaria de ter vivido na Atenas de Péricles ou na Florença dos Medici'". As ideias fracassam no primeiro teste de coerência moral — a saber, generalização além da pessoa que as apresenta. Se eu pudesse voltar no tempo, poderia confrontá-lo da seguinte maneira: "Eu sou um super-homem: duro, frio, terrível, sem sentimentos e sem consciência. Como você recomenda, alcançarei a glória heroica exterminando alguns anões tagarelas. A começar por você, baixinho. E talvez faça também algumas coisas com essa sua irmã nazista. A menos que você possa pensar numa *razão* pela qual eu não deveria fazer isso".

Então, se as ideias de Nietzsche são repelentes e incoerentes, por que têm tantos fãs? Talvez não seja surpreendente que uma ética em que o artista (junto com o guerreiro) seja o único digno de viver atraia tantos artistas. Uma amostra: W. H. Auden, Albert Camus, André Gide, D. H. Lawrence, Jack London, Thomas Mann, Yukio Mishima, Eugene O'Neill, William Butler Yeats, Wyndham Lewis e (com reservas) George Bernard Shaw, autor de *Homem e super-homem*. (P. G. Wodehouse, em contraste, faz Jeeves, um fã de Espinosa, dizer a Bertie Wooster: "O senhor não gostaria de Nietzsche. Ele é fundamentalmente insano".) Os valores nietzschianos também atraem muitos intelectuais literários da Segunda Cultura (relembrem de Leavis zombando da preocupação de Snow com a pobreza e as doenças mundiais porque a "grande literatura" é "do que os homens vivem") e os críticos sociais que gostam de rir entre dentes da "*booboisie*" (como H. L. Mencken, "o Nietzsche americano", chamava a gente comum). Embora Ayn Rand tentasse mais tarde ocultar isso, sua celebração do egoísmo, sua deificação do capitalista heroico e seu desdém pelo bem-estar geral exsudavam Nietzsche.[113]

Como Mussolini deixou claro, Nietzsche foi uma inspiração para os relativistas de todo o mundo. Desprezando o compromisso com a busca da verdade dos cientistas e pensadores do Iluminismo, afirmava que "não há fatos, somente interpretações", e que "a verdade é uma espécie de erro sem o qual uma certa espécie de vida não poderia viver".[114] (Evidentemente, isso o tornou incapaz de explicar por que deveríamos acreditar que *essas* declarações são verdadeiras.) Por isso e por outras razões, exerceu uma influência fundamental sobre Martin Heidegger, Jean-Paul Sartre, Jacques Derrida e Michel Foucault, e foi um padrinho para todos os movimentos intelectuais do século XX que eram hostis à ciência e à objetividade, entre eles o existencialismo, a teoria crítica, o pós-estruturalismo, o desconstrucionismo e o pós-modernismo.

Nietzsche, não se pode negar, era um estilista vivaz, e seria possível desculpar seus fãs artistas e intelectuais se isso consistisse em uma valorização de seu estilo literário e uma leitura irônica do retrato que fez de uma mentalidade que eles mesmos rejeitavam. Infelizmente, essa mentalidade tem bastante a ver com muitos deles. Um número surpreendente de intelectuais e artistas do século XX falou com entusiasmo de ditadores totalitários, uma síndrome que o historiador intelectual Mark Lilla chama de tiranofilia.[115] Alguns tiranófilos eram marxistas, trabalhando com o princípio consagrado: "Ele pode ser um FDP, mas é o *nosso* FDP". Mas muitos eram nietzschianos. Os mais notórios foram Martin Heidegger e o filósofo jurídico Carl Schmitt, que eram nazistas entusiastas e acólitos de Hitler. Na verdade, nenhum autocrata do século XX careceu de defensores entre os intelectuais, entre eles Mussolini (Ezra Pound, Shaw, Yeats, Lewis), Lênin (Shaw, H. G. Wells), Stálin (Shaw, Sartre, Beatrice e Sidney Webb, Brecht, W. E. B. Du Bois, Pablo Picasso, Lillian Hellman), Mao (Sartre, Foucault, Du Bois, Louis Althusser, Steven Rose, Richard Lewontin), o aiatolá Khomeini (Foucault) e Fidel Castro (Sartre, Graham Greene, Günter Grass, Norman Mailer, Harold Pinter e, como vimos no capítulo 21, Susan Sontag). Em vários momentos, os intelectuais ocidentais também entoaram loas a Ho Chi Minh, Muammar Gaddafi, Saddam Hussein, Kim Il-sung, Pol Pot, Julius Nyerere, Slobodan Milošević e Hugo Chávez.

Por que logo os intelectuais e artistas deveriam lamber as botas de ditadores assassinos? Seria de pensar que os intelectuais fossem os primeiros a desconstruir os pretextos do poder, e os artistas, a expandir o alcance da solidariedade humana. (Felizmente, muitos fizeram isso.) Uma explicação, sugerida pelo economista Thomas Sowell e pelo sociólogo Paul Hollander, é o narcisismo profissional. Intelectuais e artistas podem sentir-se desvalorizados nas democracias liberais, que permitem aos seus cidadãos cuidar de suas próprias necessidades em mercados e organizações cívicas. Os ditadores põem em prática teorias de cima para baixo, atribuindo aos intelectuais um papel que eles sentem ser proporcional ao seu valor. Mas a tiranofilia também é alimentada por um desdém nietzschiano pelo homem comum, que prefere irritantemente a porcaria em vez da bela arte e alta cultura, e por uma admiração pelo super-homem que transcende os compromissos confusos da democracia e promove de forma heroica uma visão da boa sociedade.

Embora o heroísmo romântico de Nietzsche glorifique o *Übermensch* singular em vez de qualquer coletividade, basta um pequeno passo para interpretar sua "única espécie de homem mais forte" como uma tribo, uma raça ou uma nação. Com essa substituição, as ideias nietzschianas foram retomadas pelo nazismo, pelo fascismo e por outras formas de nacionalismo romântico, e protagonizam um drama político que continua até o presente.

Eu costumava pensar que o trumpismo era puro id, um afloramento do tribalismo e autoritarismo vindos dos recessos escuros da psique. Mas loucos em posições de autoridade condensam seu furor baseados em escrevinhadores acadêmicos de alguns anos antes, e a expressão "raízes intelectuais do trumpismo" não é um oximoro. Trump foi apoiado na eleição de 2016 por 136 "eruditos e escritores pela América" em um manifesto chamado "Declaração de unidade".[116]

Alguns deles estão ligados ao Instituto Claremont, um *think tank* chamado de "lar acadêmico do trumpismo".[117] E Trump tem sido aconselhado por dois homens, Stephen Bannon e Michael Anton, que são conhecidos por serem amplamente lidos e que se consideram intelectuais sérios. Quem quiser ir além da personalidade para entender o populismo autoritário deve examinar as duas ideologias por trás deles, ambos militantes contra o humanismo iluminista e influenciados, cada um à sua maneira, por Nietzsche. Um é fascista; o outro, reacionário — não no sentido comum da esquerda de "qualquer um que é mais conservador do que eu", mas em seus sentidos técnicos originais.[118]

O fascismo, palavra derivada do italiano *fascio*, que significa "feixe" e, por extensão, "grupo", surgiu da noção romântica de que o indivíduo é um mito e que as pessoas são indissociáveis de sua cultura, linhagem e pátria.[119] Os primeiros intelectuais fascistas, como Julius Evola (1898-1974) e Charles Maurras (1868-1952), foram redescobertos pelos partidos neonazistas na Europa e por Bannon e o movimento de direita alternativa (*alt-right*) nos Estados Unidos, todos com reconhecida influência de Nietzsche.[120] O fascismo light de hoje, que tende a se confundir com o populismo autoritário e o nacionalismo romântico, é às vezes justificado por uma versão grosseira da psicologia evolucionista em que a unidade de seleção é o grupo, a evolução é conduzida pela sobrevivência do grupo mais apto em competição com outros grupos, e os seres humanos foram selecionados para sacrificar seus interesses pela supremacia de seu grupo. (Isso contrasta com a psicologia evolucionista dominante, na qual a unidade de seleção é o gene.)[121] Segue-se que ninguém pode ser cosmopolita, cidadão do mundo: ser humano é fazer parte de uma nação. Uma sociedade multicultural e multiétnica jamais pode dar certo porque seus cidadãos se sentem desenraizados e alienados, e sua cultura será achatada para o menor denominador comum. Para uma nação, subordinar seus interesses a acordos internacionais é renunciar a seu direito inato à grandeza e tornar-se um ator insignificante na competição global de todos contra todos. E, uma vez que uma nação é um todo orgânico, sua grandeza pode ser encarnada na magnanimidade de seu líder, que expressa diretamente a alma do povo, livre do peso de um Estado administrativo.

A ideologia reacionária é o teoconservadorismo.[122] Desmentindo esse rótulo pouco sério (cunhado pelo apóstata Damon Linker como uma brincadeira com o "neoconservadorismo"), os primeiros teoconservadores eram radicais da década de 1960 que redirecionaram seu fervor revolucionário da extrema esquerda para a extrema direita. Defendem nada menos que repensar as raízes iluministas da ordem política americana. Acreditam que o reconhecimento do direito à vida, à liberdade e à busca da felicidade, além do mandato do governo para garantir esses direitos, são débeis demais para uma sociedade moralmente viável. Essa visão empobrecida só levou a anomia, hedonismo e imoralidade desenfreada, inclusive ilegitimidade, pornografia, escolas fracassadas, dependência da previdência social e aborto. A sociedade deve ter um objetivo maior do que esse individualismo atrofiado e promover a conformidade com padrões morais mais rigorosos de uma autoridade maior que nós mesmos. A fonte óbvia desses padrões é o cristianismo tradicional.

Os *teocons* afirmam que a erosão da autoridade da Igreja durante o Iluminismo deixou a civilização ocidental sem um sólido fundamento moral, e um novo afrouxamento na década de 1960 deixou-a na beira do abismo. Durante o governo de Bill Clinton, a qualquer momento despencaria; não, isso ocorreria no governo Obama; não, mas com certeza aconteceria durante um governo Hillary Clinton. (Daí o ensaio histérico de Anton "A eleição do voo 93", mencionado no capítulo 20, que comparava o país ao avião sequestrado no Onze de Setembro e convocava os eleitores a "atacar a cabine de comando ou morrer!".)[123] Qualquer desconforto que os *teocons* tenham sentido diante da vulgaridade e das palhaçadas antidemocráticas de seu porta-estandarte em 2016 foi contrabalançado pela esperança de que ele sozinho poderia impor as mudanças radicais de que os Estados Unidos precisavam para impedir a catástrofe.

Lilla destaca uma ironia no teoconservadorismo. Embora tenha sido incitado pelo islamismo radical (que os *teocons* imaginam que em breve dará início à Terceira Guerra Mundial), os dois movimentos são semelhantes em sua mentalidade reacionária, com seu horror à modernidade e ao progresso.[124] Ambos acreditam que em algum momento do passado houve um Estado feliz e bem-ordenado em que pessoas virtuosas conheciam seu lugar. Então, forças seculares externas subverteram essa harmonia e provocaram decadência e degeneração. Somente uma vanguarda heroica com lembranças dos velhos tempos pode restaurar a era dourada da sociedade.

A não ser que você tenha perdido a trilha que liga essa história intelectual aos eventos atuais, tenha em mente que, em 2017, Trump decidiu retirar os Estados Unidos do acordo climático de Paris sob pressão de Bannon, que o convenceu de que cooperar com outras nações é um sinal de rendição na competição global por grandeza.[125] (A hostilidade de Trump à imigração e ao comércio internacional vem das mesmas raízes.) Com tudo o que está em jogo, é bom lembrar por que a argumentação do nacionalismo teo-reacionário-populista é um fracasso intelectual. Já discuti o absurdo de buscar um fundamento para a moral nas instituições que nos trouxeram as Cruzadas, a Inquisição, a caça às bruxas e as guerras religiosas europeias. A ideia de que a ordem mundial deve consistir de Estados-nação etnicamente homogêneos e antagônicos entre si é igualmente ridícula.

Em primeiro lugar, a afirmação de que os seres humanos têm um imperativo inato de se identificar com um Estado-nação (com a implicação de que o cosmopolitismo vai contra a natureza humana) é psicologia evolucionista de quinta categoria. Tal como o suposto imperativo inato de pertencer a uma religião, confunde uma vulnerabilidade com uma necessidade. As pessoas sentem-se, sem dúvida, solidárias com a sua tribo, mas qualquer intuição inata de "tribo" não pode ser um Estado-nação, que é uma criação histórica dos Tratados de Vestfália de 1648. (Tampouco pode ser uma raça, já que nossos antepassados evolucionistas quase nunca encontravam uma pessoa de outra raça). Na realidade, a categoria cognitiva de uma tribo, um grupo ou uma coalizão é abstrata e multidimensional.[126] As pessoas se veem como pertencentes a muitas tribos sobrepostas: clã, cidade natal, país natal, país adotivo, religião, grupo étnico, alma mater, fraternidade estudantil, partido político, empresa, organização de serviços, equipe de esportes, até mesmo marca de equipamento de fotografia. (Se você quer ver o tribalismo agindo com ferocidade máxima, confira o grupo de discussão na internet "Nikon vs. Canon".)

É verdade que os vendedores políticos podem comercializar uma mitologia e uma iconografia que convençam as pessoas a privilegiar uma religião, etnia ou nação como sua identidade fundamental. Com o pacote certo de doutrinação e coerção, eles podem até transformá-lo em bucha de canhão.[127] Isso não significa que o nacionalismo seja um impulso humano. Nada na natureza humana impede uma pessoa de ser um orgulhoso francês, europeu e cidadão do mundo, tudo ao mesmo tempo.[128]

A alegação de que a uniformidade étnica leva à excelência cultural é uma ideia que não poderia estar mais errada. Há uma razão por que chamamos coisas pouco sofisticadas de *provincianas*, *paroquiais* e *insulares* e as sofisticadas de *urbanas* e *cosmopolitas*. Ninguém é brilhante o suficiente para inventar alguma coisa de valor sozinho. Indivíduos e culturas de gênio são agregadores, apropriadores, colecionadores dos maiores sucessos. Culturas vibrantes assentam-se em vastas áreas de captação em que as pessoas e as inovações fluem de todo o lado. Isso explica por que a Eurásia, em vez da Austrália, da África ou das Américas, foi o primeiro continente a dar origem a civilizações expansionistas (como documentado por Sowell em sua trilogia *Culture* e Jared Diamond em *Armas, germes e aço*).[129] Isso explica por que as fontes da cultura sempre foram cidades comerciais nas principais encruzilhadas e vias navegáveis.[130] E explica por que os seres humanos sempre foram peripatéticos, movendo-se para onde pudessem ter uma vida melhor. Raízes são para árvores; as pessoas têm pés.

Por fim, não podemos esquecer por que surgiram as instituições internacionais e a consciência global. Entre 1803 e 1945, o mundo tentou uma ordem internacional baseada em Estados-nação que lutavam heroicamente pela grandeza. Não teve um resultado muito bom. É um grande equívoco a direita reacionária usar advertências frenéticas a respeito de uma "guerra" islâmica contra o Ocidente (com centenas de mortes) como motivo para retornar a uma ordem internacional na qual o Ocidente travou várias vezes guerras contra si mesmo (com dezenas de milhões de mortes). Depois de 1945, os responsáveis por governar o mundo disseram: "Bem, não vamos fazer *aquilo* de novo", e começamos a minimizar o nacionalismo em favor de direitos humanos universais, leis internacionais e organizações transnacionais. O resultado, como vimos no capítulo 11, foi setenta anos de paz e prosperidade na Europa e, cada vez mais, no resto do mundo.

Quanto à lamentação de editorialistas de que o Iluminismo é um "breve interlúdio", é mais provável que esse epitáfio marque o lugar de repouso do neofascismo, do neorreacionarismo e dos retrocessos a eles relacionados do início do século XXI. As eleições europeias e a agitação autodestrutiva do governo Trump em 2017 sugerem que o mundo pode ter atingido o pico do populismo e, como vimos no capítulo 20, esse movimento está numa estrada demográfica que leva a lugar nenhum. Não obstante as manchetes, os números mostram que a democracia (capítulo 14) e os valores liberais (capítulo 15) estão subindo numa escada rolante de longo prazo cujo retrocesso na calada da noite é improvável. As vantagens do cosmopolitismo e da cooperação internacional não podem ser negadas por muito tempo em um mundo no qual é impossível deter o fluxo de pessoas e ideias.

Embora a argumentação moral e intelectual em defesa do humanismo seja, creio eu, esmagadora, alguns podem se perguntar se é páreo para a religião, o nacionalismo e o heroísmo romântico na disputa pelo coração das pessoas. Será que o Iluminismo acabará fracassando porque não consegue abordar as necessidades humanas primárias? Os humanistas deveriam realizar cultos de renascimento em que os pregadores batessem a *Ética* de Espinosa no púlpito e os congregados em êxtase revirassem os olhos e balbuciassem em esperanto? Deveriam organizar comícios em que jovens de camisas coloridas saudassem cartazes gigantes de John Stuart Mill? Não creio; lembremos que uma vulnerabilidade não é a mesma coisa que uma necessidade. Os cidadãos da Dinamarca, da Nova Zelândia e de outras partes felizes do mundo vivem muito bem sem esses paroxismos. A recompensa de uma democracia secular cosmopolita está lá para todos verem.

Contudo, a atração das ideias reacionárias é perene, e é preciso fazer sempre a defesa da razão, da ciência, do humanismo e do progresso. Quando deixamos de reconhecer nosso progresso conquistado a tão duras penas, podemos chegar a acreditar que a ordem perfeita e a prosperidade universal são o estado natural das coisas, e que cada problema é uma afronta que exige a responsabilização de malfeitores, a destruição de instituições e a escolha de um líder que restaurará a devida grandeza de um país. Apresentei a minha melhor argumentação em defesa do progresso e dos ideais que o tornaram possível, e deixei pistas sobre como jornalistas, intelectuais e outras pessoas sensatas (inclusive os leitores deste livro) podem evitar contribuir com a desatenção generalizada às benesses do Iluminismo.

Lembre-se da matemática: uma história individual não é uma tendência. Lembre-se da história: o fato de que algo seja ruim hoje não significa que fosse melhor no passado. Lembre-se da filosofia: não se pode raciocinar que não existe a razão, ou que algo é verdadeiro ou bom porque Deus disse que é. E lembre-se da psicologia: muito do que sabemos não é bem assim, especialmente quando nossos camaradas o sabem também.

Mantenha alguma perspectiva. Nem todo problema é uma Crise, uma Peste, uma Epidemia ou uma Ameaça à Existência, e nem toda mudança é o Fim Disso, a Morte Daquilo, ou o Alvorecer de uma Era Pós-Alguma Coisa. Não confunda pessimismo com profundidade: problemas são inevitáveis, mas problemas são solucionáveis, e diagnosticar cada retrocesso como sintoma de uma sociedade doente é uma solução barata para intelectuais sérios. Por fim, esqueça Nietzsche.

Suas ideias podem parecer provocativas, autênticas, "iradas", enquanto o humanismo parece ser bobo, retrógrado, careta. Mas o que há de tão engraçado para ser escarnecido na paz, no amor e na compreensão?

A defesa do Iluminismo hoje não é apenas uma questão de desmascarar falácias ou disseminar dados. Pode assumir a forma de uma narrativa estimulante, e espero que as pessoas com mais talento artístico e poder retórico do que eu possam dizê-la melhor e disseminá-la mais. A história do progresso humano é *verdadeiramente* heroica. É gloriosa. É edificante. É inclusive, ouso dizer, espiritual. É algo que pode ser narrado da seguinte forma.

Nós nascemos em um universo impiedoso e encaramos imensas probabilidades adversas à ordem que possibilita a vida e está em constante perigo de desmantelar-se. Fomos moldados por uma força impiedosamente competitiva. Somos feitos de madeira torta, vulneráveis a ilusões, ao egocentrismo e, às vezes, a uma estupidez espantosa.

Mas a natureza humana também foi abençoada com recursos que abrem espaço para uma espécie de redenção. Somos dotados do poder de combinar as ideias indefinidamente, de ter pensamentos sobre nossos pensamentos. Temos um instinto para a linguagem que nos permite compartilhar os frutos de nossa experiência e engenhosidade. Somos intensificados pela capacidade de solidariedade — de piedade, imaginação, compaixão, comiseração.

Esses dotes encontraram maneiras de ampliar seu próprio poder. O alcance da linguagem foi ampliado pela palavra escrita, impressa e eletrônica. Nosso círculo de solidariedade foi expandido pela história, pelo jornalismo e pelas artes narrativas. E nossas débeis faculdades racionais foram multiplicadas pelas normas e instituições da razão: curiosidade intelectual, debate aberto, ceticismo em relação à autoridade e ao dogma, e o ônus da prova para verificar ideias confrontando-as com a realidade.

À medida que a espiral do recorrente aperfeiçoamento ganha impulso, arrancamos vitórias contra as forças que nos desencorajam, sobretudo contra as partes mais obscuras de nossa própria natureza. Penetramos nos mistérios do cosmo, inclusive da vida e da mente. Vivemos mais tempo, sofremos menos, aprendemos mais, ficamos mais inteligentes e desfrutamos mais de pequenos prazeres e experiências enriquecedoras. Um número menor de nós é morto, assaltado, escravizado, oprimido ou explorado pelos demais. A partir de alguns oásis, os territórios com paz e prosperidade estão crescendo e podem, algum dia, abranger o globo. Ainda há muito sofrimento e perigos tremendos. Mas as ideias sobre como reduzi-los foram expressas, e um número infinito de outras ainda está por ser concebido.

Nunca teremos um mundo perfeito, e seria perigoso procurar um. Mas não há limites para as melhorias que podemos alcançar se continuarmos a aplicar o conhecimento para aprimorar o desenvolvimento humano.

Essa história heroica não é apenas mais um mito. Mitos são ficções, mas essa é verdadeira — verdadeira tanto quanto podemos conhecer, o que é a única verdade que podemos ter. Acreditamos nela porque temos *razões* para crer isso. À medida que aprendemos mais, podemos mostrar quais partes da história continuam sendo verdadeiras e quais são falsas — pois qualquer uma delas pode ser, e qualquer uma pode vir a ser.

E essa história não pertence a nenhuma tribo, mas a toda a humanidade — a qualquer criatura senciente com o poder da razão e o desejo de persistir em seu ser. Pois requer apenas as convicções de que a vida é melhor que a morte, a saúde é melhor do que a doença, a abundância é melhor do que a escassez, a liberdade é melhor do que a coerção, a felicidade é melhor do que o sofrimento, e o conhecimento é melhor do que a superstição e a ignorância.

Notas

PREFÁCIO [pp. 15-7]

1. "Mães e filhos", do discurso de posse de Donald Trump, 20 de jan. 2017, disponível em: <https://www.whitehouse.gov/inaugural-address>. "Inequivocamente em guerra" e "alicerces espirituais e morais" mencionados pelo estrategista-chefe de Trump, Stephen Bannon, em uma conferência no Vaticano em meados de 2014, transcrito em J. L. Feder, "This is How Steve Bannon Sees the Entire World", BuzzFeed, 16 nov. 2016, disponível em: <https://www.buzzfeed.com/lesterfeder/this-is-how-steve-bannon-sees-the-entire-world>. "Estrutura global de poder", de "Donald Trump's Argument for America", último anúncio de campanha na televisão, nov. 2016, disponível em: <http://blog.4president.org/2016/2016-tv-ad/>. Bannon é comumente considerado autor ou coautor das três frases.

2. CUDOS: Merton, 1942/1973, referia-se à sua primeira virtude como "comunismo", porém ela é citada mais frequentemente como "comunalismo" para distingui-la do marxismo.

PARTE I: ILUMINISMO [pp. 19-24]

1. S. Maher, "Inside the Mind of an Extremist", apresentação no Fórum da Liberdade em Oslo, 26 maio 2015, disponível em: <https://oslofreedomforum.com/talks/inside-the-mind-of-an-extremist>.

2. Em Hayek, 1960/2011, p. 47; ver também Wilkinson, 2016a.

1. OUSE ENTENDER! [pp. 25-33]

1. *What is Enlightenment?*, Kant, 1784/1991.

2. As citações foram misturadas e condensadas de traduções para o inglês de H. B. Nisbet, Kant 1784/1991, e de Mary C. Smith: <http://www.columbia.edu/acis/ets/CCREAD/etscc/kant.html>.

3. *The Beginning of Infinity*, Deutsch, 2011, pp. 221-2.

4. O Iluminismo: Goldstein, 2006; Gottlieb, 2016; Grayling, 2007; Hunt, 2007; Israel, 2001; Makari, 2015; Montgomery e Chirot, 2015; Pagden, 2013; Porter, 2000.

5. A inegociabilidade da razão: Nagel, 1997; ver também capítulo 21.

6. A maioria dos pensadores iluministas era não teísta. Pagden, 2013, p. 98.

7. Wooton, 2015, pp. 6-7.

8. Scott, 2010, pp. 20-1.

9. Pensadores iluministas como cientistas da natureza humana: Kitcher, 1990; Macnamara, 1999; Makari, 2015; Montgomery e Chirot, 2015; Pagden, 2013; Stevenson e Haberman, 1998.

10. Círculo de solidariedade expandido: Nagel, 1970; Pinker, 2011; Shermer, 2015; Singer, 1981/2011.

11. Cosmopolitismo: Appiah, 2006; Pagden, 2013; Pinker, 2011.

12. Revolução Humanitária: Hunt, 2007; Pinker, 2011.

13. Progresso como uma força mística: Berlin, 1979; Nisbet, 1980/2009.

14. Alto modernismo autoritário: Scott, 1998.

15. Alto modernismo autoritário e psicologia da tábula rasa: Pinker, 2002/2016, pp. 170-1, 409-11.

16. Citações de Le Corbusier, em Scott, 1998, pp. 114-5.

17. Reconsideração da punição: Hunt, 2007.

18. Criação de riqueza: Montgomery e Chirot, 2015; Ridley, 2010; Smith, 1776/2009.

19. Comércio gentil: Mueller, 1999, 2010b; Pagden, 2013; Pinker, 2011; Schneider e Gleditsh, 2010.

20. Paz perpétua: Kant, 1795/1983. Interpretação moderna: Russett e Oneal, 2001.

2. ENTRO, EVO, INFO [pp. 34-49]

1. Segunda lei da termodinâmica: Atkins, 2007; Carroll, 2016; Hidalgo, 2015; Lane, 2015.

2. Eddington, 1928/2015.

3. As duas culturas e a segunda lei: Snow, 1959/1998, pp. 14-5.

4. Segunda lei da termodinâmica = primeira lei da psicologia: Tooby, Cosmides e Barrett, 2003.

5. Auto-organização: England, 2015; Gell-Mann, 1994; Hidalgo, 2015; Lane, 2015.

6. Evolução versus entropia: Dawkins, 1983, 1986; Lane, 2015; Tooby, Cosmides e Barrett, 2003.

7. Espinosa: Goldstein, 2006.

8. Informação: Adriaans, 2013; Dretske, 1981; Gleick, 2011; Hidalgo, 2015.

9. Informação é uma diminuição de entropia, e não a entropia propriamente dita: <https://schneider.ncifcrf.gov/information.is.not.uncertainty.html>.

10. Transmissão de informação como conhecimento: Adriaans, 2013; Dretske, 1981; Fodor, 1987, 1994.

11. "O universo é feito de matéria, energia e informação": Hidalgo, 2015, p. ix; ver também Lloyd, 2006.

12. Computação neural: Anderson, 2007; Pinker, 1997/2009, cap. 2.

13. Conhecimento, informações e papéis inferenciais: Block, 1986; Fodor, 1987, 1994.

14. O nicho cognitivo: Marlowe, 2010; Pinker, 1997/2009; Tooby e DeVore, 1987; Wrangham, 2009.

15. Linguagem: Pinker, 1994/2007.

16. Menu dos hadza: Marlowe, 2010.

17. Era Axial: Goldstein, 2013.

18. Explicação da Era Axial: Baumard et al., 2015.

19. Em *Ópera dos três vinténs*, ato II, cena I.

20. Universo mecanicista: Carroll, 2016; Wootton, 2015.

21. Ignorância inata da escrita e dos números: Carey, 2009; Wolf, 2007.

22. Pensamento mágico, essências, mágica verbal: Oesterdiekhoff, 2015; Pinker, 1997/2009, caps. 5 e 6; Pinker, 2007a, cap. 7.

23. Falhas no raciocínio estatístico: Ariely, 2010; Gigerenzer, 2015; Kahneman, 2011; Pinker, 1997/2009, cap. 5; Sutherland, 1992.

24. Advogados e políticos intuitivos: Kahan, Jenkins-Smith e Braman, 2011; Kahan, Peters et al., 2013; Kahan, Wittlin et al., 2011; Mercier e Sperber, 2011; Tetlock, 2002.

25. Excesso de confiança: Johnson, 2004. Excesso de confiança sobre compreensão: Sloman e Fernbach, 2017.

26. Falhas no senso moral: Greene, 2013; Haidt, 2012; Pinker, 2008a.

27. Moralidade como recurso para condenar: DeScioli e Kurzban, 2009; DeScioli, 2016.

28. Violência virtuosa: Fiske e Rai, 2015; Pinker, 2011, caps. 8 e 9.

29. Transcender limitações cognitivas por meio de abstração e combinação: Pinker, 2007a; 2010.

30. Carta a Isaac McPherson, *Writings* 13:333-5, citado em Ridley, 2010, p. 247.

31. Racionalidade coletiva: Haidt, 2012; Mercier e Sperber, 2011.

32. Cooperação e permutabilidade de perspectivas: Nagel, 1970; Pinker, 2011; Singer, 1981/2011.

3. CONTRAILUMINISMOS [pp. 50-7]

1. Declínio da confiança em instituições: Twenge, Campbell e Carter, 2014. Mueller, 1999, pp. 167-8, salienta que os anos 1960 foram um divisor de águas na confiança em instituições, não suplantado antes nem depois. Diminuição da confiança na ciência entre os conservadores: Gauchat, 2012. Populismo: Inglehart e Norris, 2016; J. Müller, 2016; Norris e Inglehart, 2016; ver também capítulos 20 e 23.

2. Iluminismos não ocidentais: Conrad, 2012; Kurlansky, 2006; Pelham, 2016; Sem, 2005; Sikkink, 2017.

3. Contrailuminismos: Berlin, 1979; Garrard, 2006; Herman, 1997; Howard, 2001; McMahon, 2001; Sternhell, 2010; Wolin, 2004; ver também capítulo 23.

4. Inscrição na pintura de John Singer Sargent *Death and Victory*, Widener Library, Universidade Harvard.

5. Defensores irreligiosos da religião: Coyne, 2015; ver também capítulo 23.

6. Ecomodernismo: Asafu-Adjaye et al., 2015; Ausubel, 1996, 2015; Brand, 2009; DeFries, 2014; Nordhaus e Shellenberger, 2007; ver também capítulo 10.

7. Problemas com ideologia: Duarte et al., 2015; Haidt, 2012; Kahan, Jenkins-Smith e Braman, 2011; Mercier e Sperber, 2011; Tetlock e Gardner, 2015; e ver mais no capítulo 21.

8. Adaptação de uma citação de Michael Lindt na contracapa de Herman, 1997. Ver também Nisbet, 1980/2009.

9. Ecopessimismo: Bailey, 2015; Brand, 2009; Herman, 1997; Ridley, 2010; ver também capítulo 10.

10. Um pastiche do historiador da literatura Hoxie Neale Fairchild com frases de T.S. Eliot, William Burroughs e Samuel Beckett extraídas de *Religious Trends in English Poetry*, citado em Nisbet, 1980/2009, p. 328.

11. Heroicos respingadores de sangue: Nietzsche, 1887/2014.

12. Snow nunca atribuiu uma ordem às suas Duas Culturas, mas o uso subsequente as numerou dessa forma; ver, por exemplo, Brockman, 2003.

13. Snow, 1959/1998, p. 14.

14. Crítica de Leavis: Leavis, 1962/2013; ver Colins, 1998, 2013.

15. Leavis, 1962/2013, p. 71.

4. PROGRESSOFOBIA [pp. 61-76]

1. Herman, 1997, p. 7, também cita Joseph Campbell, Noam Chomsky, Joan Didion, E. L. Doctorow, Paul Goodman, Michael Harrington, Robert Heilbroner, Jonathan Kozol, Christopher Lasch, Norman Mailer, Thomas Pynchon, Kirkpatrick Sale, Jonathan Schell, Richard Sennett, Susan Sontag, Gore Vidal e Garry Wills.

2. Nisbet, 1980/2009, p. 317.

3. Disparidade de otimismo: McNaughton-Cassill e Smith, 2002; Nagdy e Roser, 2016b; Veenhoven, 2010; Whitman, 1998.

4. Resultados de pesquisa do EU Eurobarometer, reproduzidos em Nagdy e Roser, 2016b.

5. Resultados de pesquisa de Ipsos, 2016, "Perils of Perception (Topline Results)", 2013, disponível em: <https://www.ipsos.com/sites/default/files/migrations/en-uk/files/Assets/Docs/Polls/ipsos-mori-rss-kings-perils-of-perception-topline.pdf>, representados graficamente em Nagdy e Roser, 2016b.

6. Dunlap, Gallup e Gallup, 1993, representada graficamente em Nagdy e Roser, 2016n.

7. J. McCarthy, "More Americans say crime is rising in U.S.", Gallup.com, 22 out. 2015, disponível em: <http://www.gallup.com/poll/186308/americans-say-crime-rising.aspx>.

8. O mundo está piorando: maiorias em Austrália, Dinamarca, Finlândia, França, Alemanha, Grã-Bretanha, Hong Kong, Noruega, Cingapura, Suécia e Estados Unidos; também: Malásia, Tai-

lândia e Emirados Árabes Unidos. A China foi o único país onde mais entrevistados disseram que o mundo estava melhorando. Pesquisa YouGov, 5 jan. 2016, disponível em: <https://yougov.co.uk/news/2016/01/05/chinese-people-are-most-optimistic-world/>. Os Estados Unidos no caminho errado: Dean Obeidallah, "We've been on the wrong track since 1972", *Daily Beast*, 7 nov. 2014, disponível em: <http://www.pollingreport.com/right.htm>.

9. Fonte da expressão: B. Popik, "First Draft of History (Journalism)", BarryPopik.com, disponível em: <http://www.barrypopik.com/index.php/new_york_city/entry/first_draft_of_history_journalism/>.

10. Frequência e natureza das notícias: Galtung e Ruge, 1965.

11. Heurística da disponibilidade: Kahneman, 2011; Slovic, 1987; Slovic, Fischhoff e Lichtenstein, 1982; Tversky e Kahneman, 1973.

12. Equívocos sobre risco: Ropeik e Gray, 2002; Slovic, 1987. Recusa em nadar pós-*Tubarão:* Sutherland, 1992, p. 11.

13. Se tem sangue, a notícia é boa (e vice-versa): Bohle, 1986; Combs e Slovic, 1979; Galtung e Ruge, 1965; Miller e Albert, 2015.

14. Estado Islâmico como "ameaça à existência": pesquisa feita para o *Investor's Business Daily* por TIPP, 28 mar.-2 abr. 2016, disponível em: <http://www.investors.com/politics/ibdtipp-poll-distrust-on-what-obama-does-and-says-on-isis-terror/>.

15. Efeitos da leitura de notícias: Jackson, 2016; ver também Johnston e Davey, 1997; McNaughton-Cassill, 2011; Otieno, Spada e Renkl, 2013; Ridout, Grosse e Appleton, 2008; Unz, Schwab e Winterhoff-Spurk, 2008.

16. Citado em J. Singal, "What All This Bad News Is Doing to Us", *New York*, 8 ago. 2014.

17. Declínio da violência: Eisner, 2003; Goldstein, 2011; Gurr, 1981; Human Security Centre, 2005; Human Security Report Project, 2009; Müeller, 1989, 2004a; Payne, 2004.

18. Soluções criam novos problemas: Deutsch, 2011, pp. 64, 76, 350; Berlin, 1988/2013, p. 15.

19. Deutsch, 2011, p. 193.

20. Distribuições de cauda gorda: ver capítulo 19 e, para mais detalhes, Pinker, 2011, pp. 210-22.

21. Viés de negatividade: Baumeister, Bratlavsky et al., 2001; Rozin e Royzman, 2001.

22. Comunicação pessoal, 1982.

23. Mais palavras negativas: Baumeister, Bratlavsky et al., 2001; Schrauf e Sanchez, 2004.

24. Embelezamento da memória: Baumeister, Bratlavscky et al., 2001.

25. Ilusão dos bons tempos: Eibach e Libby, 2009.

26. Connor, 2014; ver também Connor, 2016.

27. Críticos mordazes parecem mais inteligentes: Amabile, 1983.

28. M. Housel, "Why Does Pessimism Sound so Smart?", *Motley Fool*, 21 jan. 2016.

29. Argumentos semelhantes foram apresentados pelo economista Albert Hirschman (1991) e pelo jornalista Gregg Easterbrook (2003).

30. D. Bornstein e T. Rosenberg, "When Reportage Turns to Cynicism", *New York Times*, 14 nov. 2016. Para mais detalhes sobre o movimento do "jornalismo construtivo", ver Gyldensted, 2015, Jackson, 2016, e a revista *Positive News* (<www.positive.news>).

31. Os Objetivos de Desenvolvimento do Milênio são: 1. acabar com a extrema pobreza e a fome; 2. oferecer educação básica a todos; 3. promover a igualdade entre os sexos e a autonomia das mulheres; 4. reduzir a mortalidade infantil; 5. melhorar a saúde das gestantes; 6. combater HIV/aids,

malária e outras doenças; 7. garantir a sustentabilidade do meio ambiente; 8. estabelecer parceira global para o desenvolvimento [econômico].

32. Livros sobre progresso (na ordem mencionada): Norberg, 2016, Easterbrook, 2003, Reese, 2013, Naam, 2013, Ridley, 2010, Robinson, 2009, Bregman, 2016, Phelps, 2013, Diamandis e Kotler, 2012, Goklany, 2007, Kenny, 2011, Bailey, 2015, Shermer, 2015, DeFries, 2014, Deaton, 2013, Radelet, 2015, Mahbubani, 2013.

5. VIDA [pp. 77-86]

1. Organização Mundial da Saúde, 2016a.

2. Hans e Ola Rosling, "The Ignorance Project", disponível em: <https://www.gapminder.org/ignorance/>.

3. Roser, 2016n; estimativa para a Inglaterra em 1543 de R. Zijdeman, OCDE Clio Infra.

4. Caçadores-coletores: Marlowe, 2010, p. 160. A estimativa é para o povo hadza, cujas taxas de mortalidade infantil e juvenil (responsáveis pela maior parte da variância entre populações) são idênticas às das médias na amostra de Marlowe de 478 povos forrageadores (p. 261). Primeiros agricultores até a Idade do Ferro: Galor e Moav, 2007. Nenhum aumento por milênios: Deaton, 2013, p. 80.

5. Norberg, 2016, pp. 46 e 40.

6. Pandemia de influenza: Roser, 2016n. Mortalidade de americanos brancos: Case e Deaton, 2015.

7. Marlowe, 2010, p. 261.

8. Deaton, 2013, p. 56.

9. Redução da assistência médica: N. Kristof, "Birth Control for Others", *New York Times*, 23 mar. 2008.

10. M. Housel, "50 Reasons We're Living Through the Greatest Period in World History", *Motley Fool*, 29 jan. 2014.

11. Organização Mundial da Saúde, 2015c.

12. Marlowe, 2010, p. 160.

13. Radelet, 2015, p. 75.

14. Expectativa de vida saudável global em 1990: Mathers et al., 2001. Expectativa de vida saudável em países desenvolvidos em 2010: Murray et al., 2012; ver também Chernew et al., 2016, para dados mostrando que a expectativa de vida *saudável*, e não só a expectativa de vida, aumentou recentemente nos Estados Unidos.

15. G. Kolata, "U.S. Dementia Rates Are Dropping Even as Population Ages", *New York Times*, 21 nov. 2016.

16. Conselho de Bioética de Bush: Pinker, 2008b.

17. L. R. Kass, "L'Chaim and Its Limits: Why Not Immortality?", *First Things*, maio 2001.

18. Estimativas de longevidade regularmente suplantadas: Oeppen e Vaupel, 2002.

19. Engenharia reversa da mortalidade: M. Shermer, "Radical Life-Extension Is Not Around the Corner", *Scientific American*, 1 out. 2016; Shermer, 2018.

20. Siegel, Naishadham e Jemal, 2012.

21. Ceticismo quanto à imortalidade: Hayflick, 2000; Shermer, 2018.

22. A entropia nos matará: P. Hoffmann, "Physics Makes Aging Inevitable, Not Biology", *Nautilus*, 12 maio 2016.

6. SAÚDE [pp. 87-93]

1. Deaton, 2013, p. 149.

2. Bettmann, 1974, p. 136; aspas internas omitidas.

3. Ibid.; Norberg, 2016.

4. Carter, 1966, p. 3.

5. Woodward, Shurkin e Gordon, 2009; ver também o site Science Heroes (<www.sciencehe-roes.com>). As estatísticas da equipe são April Ingram e Amy R. Pearce.

6. Livro sobre o tempo verbal passado: Pinker, 1999/2011.

7. Kenny, 2011, pp. 124-5.

8. D. G. McNeil Jr., "A Milestone in Africa: No Polio Cases in a Year", *New York Times*, 11 ago. 2015; "Polio This Week", *Global Polio Eradication Initiative*, 17 maio 2017, disponível em: <http://polioeradication.org/polio-today/polio-now/this-week/>.

9. "Guinea Worm Case Totals", *The Carter Center*, 18 abr. 2017, disponível em: <https://www.cartercenter.org/health/guinea_worm/case-totals.html>.

10. Bill and Melinda Gates Foundation, *Our Big Bet for the Future: 2015 Gates Annual Letter*, p. 7, disponível em: <https://www.gatesnotes.com/2015-Annnuak-Letter>.

11. Organização Mundial da Saúde, 2015b.

12. Bill & Melinda Gates Foundation, "Malaria: Strategy Overview", disponível em: <http://www.gatesfoundation.org/What-We-Do/Global/Health/Malaria>.

13. Dados da Organização Mundial da Saúde e do Child Health Epidemiology Group, citados em Bill & Melinda Gates Foundation, *Our Big Bet for the Future: 2015 Gates Annual Letter*, p. 7, disponível em: <https://www.gatesnotes.com/2015-Annual-Letter>; UNAIDS 2016.

14. N. Kristof, "Why 2017 May Be the Best Year Ever", *New York Times*, 21 jan. 2017.

15. Jamison et al., 2015.

16. Deaton, 2013, p. 41.

17. Ibid., pp. 122-3.

7. SUSTENTO [pp. 94-106]

1. Norberg, 2016, pp. 7-8.

2. Braudel, 2002.

3. Fogel, 2004, citado em Roser, 2016d.

4. Braudel, 2002, pp. 76-7; citado em Norberg, 2016.

5. "Dietary Guidelines for Americans 2015-2020, Estimated Calorie Needs per Day, by Age, Sex, and Physical Activity Level", disponível em: <http://health.gov/dietaryguidelines/2015/guidelines/appendix-2/>.

6. Quantidades de calorias em Roser, 2016d; ver também figura 7.1.

7. FAO, ONU, *The State of Food and Agriculture 1947*, citado em Norberg, 2016.

8. Definição do economista Cormac Ó Gráda, citada em Hasell e Roser, 2017.

9. Devereux, 2000, p. 3.

10. W. Greene, "Triage: Who Shall be Fed? Who Shall Starve?", *New York Times Magazine*, 5 jan. 1975. O termo "ética do bote salva-vidas" fora introduzido um ano antes pelo ecologista Garrett Hardin em um artigo na *Psychology Today* (set. 1974) intitulado "Lifeboat Ethics: The Case against Helping the Poor".

11. "Service Groups in Dispute on World Food Problems", *New York Times*, 15 jul. 1976; G. Hardin, "Lifeboat Ethics", *Psychology Today*, set. 1974.

12. McNamara, assistência médica, contracepção: N. Kristof, "Birth Control for Others", *New York Times*, 23 mar. 2008.

13. Fomes não reduzem o crescimento populacional: Devereux, 2000.

14. Citado em "Making Data Dance", *The Economist*, 9 dez. 2010.

15. A Revolução Industrial e a saída da fome: Deaton, 2013; Norberg, 2016; Ridley, 2010.

16. Revoluções agrícolas: DeFries, 2014.

17. Norberg, 2016.

18. Woodward, Shurkin e Gordon, 2009; disponível em <http://scienceheroes.com/>. Haber conserva essa distinção mesmo se subtrairmos as 90 mil mortes na Primeira Guerra Mundial por armas químicas, em cuja invenção ele teve papel fundamental.

19. Morton, 2015, p. 204.

20. Roser, 2016e, 2016u.

21. Borlaug: Brand, 2009; Norberg, 2016; Ridley, 2010; Woodward, Shurkin e Gordon, 2009; DeFries, 2014.

22. A Revolução Verde prossegue: Radelet, 2015.

23. Roser, 216m.

24. Norberg, 2016.

25. Ibid. Segundo o *Global Forest Resources Assessment 2015* da ONU-FAO, "a área líquida de florestas aumentou em mais de sessenta países e territórios, a maioria em zonas temperadas e boreais". Disponível em: <http://www.fao.org/resources/infographics/infographics-details/en/c/325836/>.

26. Norberg, 2016.

27. Ausubel, Wernick e Waggoner, 2012.

28. Alferov, Altman e outros 108 laureados com o Nobel 2016; Brand, 2009; Radelet, 2015; Ridley, 2010, pp. 170-3; J. Achenbach, "107 Nobel Laureates Sign Letter Blasting Greenpeace over GMOS", *Washington Post*, 30 jun. 2016; W. Saletan, "Unhealthy Fixation", *Slate*, 15 jul. 2015.

29. W. Saletan, "Unhealth Fixation", *Slate*, 15 jul. 2015.

30. Opiniões cientificamente iletradas sobre alimentos transgênicos: Sloman e Fernbach, 2017.

31. Brand, 2009, p. 17.

32. Sowell, 2015.

33. Fomes não são causadas só por escassez de alimento: Devereux, 2000; Sen, 1984, 1999.

34. Devereux, 2000. Ver também White, 2011.

35. Devereux, 2000, escreve que, no período colonial, "a vulnerabilidade macroeconômica e política à fome diminuiu gradualmente" devido a melhorias na infraestrutura e à "introdução

de sistemas de alerta prévio e mecanismos de intervenção das administrações coloniais, que reconheceram a necessidade de atenuar as crises de alimentos para alcançar a legitimidade política" (p. 13).

36. Baseado em estimativa de Devereux de 70 milhões de mortes em grandes fomes coletivas no século XX (p. 29) e estimativas de fomes coletivas específicas em sua tabela 1. Ver também Rummel, 1994; White, 2011.

37. Deaton, 2013; Radelet, 2015.

8. RIQUEZA [pp. 107-26]

1. Rosenberg e Birdzell, 1986, p. 3.

2. Norberg, 2016, resumindo Braudel, 2002, pp. 75, 285 e outras.

3. Cipolla, 1994. Aspas internas foram omitidas.

4. A falácia física: Sowell, 1980.

5. Descoberta da criação da riqueza: Montgomery e Chirot, 2015; Ridley, 2010.

6. Subestimação do crescimento: Feldstein, 2017.

7. Excedente do consumidor e Oscar Wilde: T. Kane, "Piketty Crums", *Commentary*, 14 abr. 2016.

8. O termo "grande saída" é de Deaton, 2013. Economia esclarecida: Mokyr, 2012.

9. Diletantes ateóricos: Ridley, 2010.

10. Ciência e tecnologia como causas da Grande Saída: Mokyr, 2012, 2014.

11. Estados naturais e economias abertas: North, Wallis e Weingast, 2009. Argumento relacionado: Acemoglu e Robinson, 2012.

12. Virtude burguesa: McCloskey, 1994, 1998.

13. De *Letters Concerning the English Nation*, citado em Porter, 2000, p. 21.

14. Porter, 2000, pp. 21-2.

15. Dados sobre PIB per capita de Maddison Project, 2014, reproduzidos em Marian Tupy, HumanProgress, disponível em: <http://www.humanprogress.org/fl/2785/1/2010/France/United%20Kingdom>.

16. A Grande Convergência: Mahbubani, 2013. Mahbubani atribui esse termo ao colunista Martin Wolf. Radelet (2015) usa a expressão "Great Surge" ("Grande Surto" ou "Grande Arrancada"); Deaton (2013) a inclui no que ele chama de Grande Saída.

17. Países com economias em rápido crescimento: Radelet, 2015, pp. 47-51.

18. Segundo o *Millenium Development Goals Report 2015* da ONU, "o número de pessoas na classe média trabalhadora — que vive com mais de quatro dólares por dia — quase triplicou entre 1991 e 2015. Hoje esse grupo, que em 1991 compunha apenas 18% da força de trabalho nas regiões em desenvolvimento, abrange a metade" (Organização das Nações Unidas, 2015a, p. 4). Obviamente, a maioria da "classe média trabalhadora", conforme definida pela ONU, seria considerada pobre em países desenvolvidos, porém, mesmo com uma definição mais generosa, o mundo tornou-se mais classe média do que seria de esperar. A Brookings Institution estimou em 2013 que essa classe média incluía 1,8 bilhão de pessoas e aumentaria para 3,2 bilhões até 2020 (L. Yueh, "The Rise of Global

Middle Class", *BBC News* on-line, 19 jun, 2013, disponível em: <http://www.bbc.com/news/business-22956470>).

19. Para ser mais preciso, um camelo bactriano; os dromedários, que têm só uma corcova, também são "camelos", rigorosamente falando.

20. De camelo a dromedário: para outro modo de indicar o mesmo desenvolvimento histórico, ver figuras 9.1 e 9.2, baseadas em dados de Milanović, 2016.

21. Isso também é equivalente ao ponto de corte frequentemente citado de 1,25 dólar, expresso em dólares internacionais de 2005: Ferreira, Jolliffe e Prydz, 2015.

22. M. Roser, "No Matter What Extreme Poverty Line You Choose, the Share of People Below that Poverty Line Has Declined Globally", blog Our World in Data, 2017, disponível em: <https://ourworldindata.org/no-matter-what-global-poverty-line>.

23. Véu de ignorância: Rawls, 1976.

24. Objetivos de Desenvolvimento do Milênio: Organização das Nações Unidas, 2015a.

25. Deaton, 2013, p. 37.

26. Lucas, 1988, p. 5.

27. A meta definida é de 1,25 dólar ao dia, que indica a linha de pobreza estabelecida pelo Banco Mundial, em dólares de 2005; ver Ferreira, Jolliffe e Prydz, 2015.

28. O problema de chegar a zero: Radelet, 2015, p. 243; Roser e Ortiz-Ospina, 2017, seção IV.2.

29. O perigo de gritar "crise": Kenny, 2011, p. 203.

30. Causas do desenvolvimento: Collier e Rohner, 2008; Deaton, 2013; Kenny, 2011; Mahbubani, 2013; Milanović, 2016; Radelet, 2015. Ver também M. Roser, "The Global Decline of Extreme Poverty — Was It Only China?", blog Our World in Data, 7 mar. 2017, disponível em: <https://ourworldindata.org/the-global-decline-of-extreme-poverty-was-it-only-china/>.

31. Radelet, 2015, p. 35.

32. Preços como informação: Hayek, 1945; Hidalgo, 2015; Sowell, 1980.

33. Chile versus Venezuela, Botsuana versus Zimbábue: M. L. Tupy, "The Power of Bad Ideas: Why Voters Keep Choosing Failed Statism", *CapX*, 7 jan. 2016.

34. Kenny, 2011, p. 203; Radelet, 2015, p. 38.

35. Genocídios de Mao: Rummel, 1994; White, 2011.

36. Segundo a lenda, dito por Franklin Roosevelt quando se referiu a Anastasio Somoza, da Nicarágua, mas provavelmente não, disponível em: <http://message.snopes.com/showthread.php?t=8204/>.

37. Líderes locais: Radelet, 2015, p. 184.

38. Guerra como desenvolvimento às avessas: Collier, 2007.

39. Snow, 1959/1998, pp. 25-6. Reação raivosa: Leavis, 1962/2013, pp. 69-72.

40. Hostilidade dos românticos e intelectuais literários à Revolução Industrial: Collini, 1998, 2013.

41. Snow, 1959/1998, pp. 25-6. Resposta enfurecida: Leavis, 1962/2013, pp. 69-72.

42. Radelet, 2015, pp. 58-9.

43. "Factory Girls", por uma operária, *The Lowell Offering*, n. 2, dez. 1840, disponível em: <https://www2.cs.arizona.edu/patterns/weaving/periodicals/lo_40_12.pdf>. Citado em C. Follett, "The Feminist Side of Sweatshops", *The Hill*, 18 abr. 2017, disponível em: <http://thehill.com./blogs/pundits/labor/329332-the-feminist-side-of-sweatshops>.

44. Citado em Brand, 2009, p. 26; os capítulos 2 e 3 de seu livro discorrem sobre os poderes libertadores da urbanização.

45. Comentado em Brand, 2009, caps. 2 e 3, e Radelet, 2015, p. 59. Para uma análise semelhante sobre a China atual, ver Chang, 2009.

46. De favelas a subúrbios: Brand, 2009; Perlman, 1976.

47. Melhora nas condições de trabalho: Radelet, 2015.

48. Benefícios da ciência e tecnologia: Brand, 2009; Deaton, 2013; Kenny, 2011; Radelet, 2015; Ridley, 2010.

49. O telefone celular e o comércio: Radelet, 2015.

50. Jensen, 2007.

51. Estimativa do International Telecommunications Union, citada em Pentland, 2007.

52. Contra a ajuda externa: Deaton, 2013; Easterly, 2006.

53. Em favor de (alguns tipos de) ajuda externa: Collier, 2007; Kenny, 2011; Radelet, 2015; Singer, 2010; S. Radelet, "Angus Deaton, His Nobel Prize, and Foreign Aid", blog Future Development, Brookings Institution, 20 out. 2015, disponível em: <http://www.brookings.edu/blogs/future-development/posts/2015/10/20-angus-deaton-nobel-prize-foreign-aid-radelet>.

54. Curva de Preston ascendente: Roser, 2016n.

55. Os números sobre as expectativas de vida são de <www.gapminder.org>.

56. Correlação entre PIB e medidas de bem-estar: Van Zanden et al., 2014, p. 252; Kenny, 2011, pp. 96-7; Land, Michalos e Sirgy, 2012; Prados de la Escosura, 2015; ver também capítulos 11, 12 e 14-8.

57. Correlações entre PIB e paz, estabilidade e valores liberais: Brunnschweiler e Lujala, 2015; Hegre et al., 2011; Prados de la Escosura, 2015; Van Zanden et al., 2014; Welzel, 2013; ver também capítulos 12 e 14-8.

58. Correlações entre PIB e felicidade: Helliwell, Layard e Sachs, 2016; Stevenson e Wolfers, 2008a; Veenhoven, 2010; ver também capítulo 18. Correlação com ganhos de QI: Pietschnig e Voracek, 2015; ver também capítulo 16.

59. Medidas compostas de bem-estar nacional: Land, Michalos e Sirgy, 2012; Prados de la Escosura, 2015; Van Zanden et al., 2014; Veenhoven, 2010; Porter, Stern e Green, 2016; ver também capítulo 16.

60. PIB como causa de paz, estabilidade e valores liberais: Brunnschweiler e Lujala, 2015; Hegre et al., 2011; Prados de la Escosura, 2015; Van Zanden et al., 2014; Welzel, 2013; ver também capítulos 11, 14 e 15.

9. DESIGUALDADE [pp. 127-53]

1. Indicado graficamente pela agora extinta ferramenta Chronicle do *New York Times*, disponível em: <http://nytlabs.com/projects/chronicle.html>, acesso em: 19 set. 2016.

2. "Bernie Quotes for a Better World", disponível em: <http://www.betterworld.net/quotes/bernie8.htm>.

3. Desigualdade na angloesfera em comparação com o resto do mundo desenvolvido: Roser, 2016k.

4. Dados dos coeficientes de Gini extraídos de Roser, 2016k, originalmente de OCDE, 2016; note que os valores exatos variam dependendo da fonte. O Povcal, do Banco Mundial, por exemplo, estima uma mudança menos extrema, de 0,38 em 1986 para 0,41 em 2013 (Banco Mundial, 2016d). Dados sobre participação na renda são do Banco Mundial e Income Database, disponível em: <http://www.wid.world/>. Para um conjunto abrangente de dados, ver *The Chartbook of Economic Inequality*, Atkinson et al., 2017.

5. O problema da desigualdade: Frankfurt, 2015. Outros céticos da desigualdade: Mankiw, 2013; McCloskey, 2014; Parfit, 1997; Sowell, 2015; Starmans, Sheskin e Bloom, 2017; Watson, 2015; Winship, 2013; S. Winship, "Inequality Is a Distraction. The Real Issue Is Growth", *Washington Post*, 16 ago. 2016.

6. Frankfurt, 2015, p. 7.

7. Segundo Banco Mundial, 2016c, o PIB global per capita aumentou em todos os anos de 1961 a 2015, exceto 2009.

8. Piketty, 2013, p. 261. Problemas com Piketty: Kane, 2016; McCloskey, 2014; Summers, 2014a.

9. Nozick sobre distribuições de renda: Nozick, 1974. Seu exemplo foi o astro do basquete Wilt Chamberlain.

10. J. B. Stewart, "In the Chamber of Secrets: J. K. Rowling's Net Worth", *New York Times*, 24 nov. 2016.

11. A teoria da comparação social provém de Leon Festinger; a teoria dos grupos de referência vem de Robert Merton e Samuel Stouffer. Ver Kelley e Evans, 2017, para uma análise e citações.

12. Amartya Sen (1987) argumenta nessas linhas.

13. Riqueza e felicidade: Stevenson e Wolfers, 2008a; Veenhoven, 2010; ver também capítulo 18.

14. Wilkinson e Pickett, 2009.

15. Problemas em *O nível*: Saunders, 2010; Snowdon, 2010, 2016; Winship, 2013.

16. Desigualdade e bem-estar subjetivo: Kelley e Evans, 2017. Ver capítulo 18 para uma explicação de como a felicidade é medida.

17. Starmans, Sheskin e Bloom, 2017.

18. Minorias étnicas vistas como trapaceiras: Sowell, 1980, 1994, 2015.

19. Ceticismo quanto a desigualdade causar disfunção econômica e política: Mankiw, 2013; McCloskey, 2014; Winship, 2013; S. Winship, "Inequality Is a Distraction. The Real Issue Is Growtth", *Washington Post*, 16 ago. 2016.

20. Tráfico de influência e desigualdade: Watson, 2015.

21. Compartilhar a carne, ficar com os vegetais para si: Cosmides e Tooby, 1992.

22. Desigualdade e percepção da desigualdade são universais: Brown, 1991.

23. Desigualdade entre caçadores-coletores: Smith et al., 2010. A média exclui formas questionáveis de "riqueza" como o êxito reprodutivo, a força das mãos, peso e parceiros de compartilhamento.

24. Kuznets, 1955.

25. Deaton, 2013, p. 89.

26. Parte do aumento (mas não o total) da desigualdade entre países de 1820 a 1970 pode ser atribuída ao número maior de países no mundo; comunicação pessoal de Branko Milanović, 16 abr. 2017.

27. Guerra como niveladora: Graham, 2016; Piketty, 2013; Scheidel, 2017.

28. Scheidel, 2017, p. 444.

29. História do gasto social: Lindert, 2004; Van Bavel e Rijpma, 2016.

30. Revolução Igualitária: Moatsos et al., 2014, p. 207.

31. Gasto social como proporção do PIB: OCDE, 2014.

32. Mudança na missão do governo (especialmente na Europa): Sheehan, 2008.

33. Em particular, na proteção ambiental (capítulo 10), nos ganhos em segurança (capítulo 12), na abolição da pena de morte (capítulo 14), na ascensão de valores emancipadores (capítulo 15) e no desenvolvimento humano geral (capítulo 16).

34. Gasto social por empregadores: OCDE, 2014.

35. Relatado pelo deputado pela Carolina do Sul Robert Inglis, P. Rucker "Sen. DeMint of S.C. Is Voice of Opposition to Health-Care Reform", *Washington Post*, 28 jul. 2009.

36. Lei de Wagner: Wilkinson, 2016b.

37. Gasto social em países em desenvolvimento: OCDE, 2014.

38. Prados de la Escosura, 2015.

39. Não há paraísos libertários: M. Lind, "The Question Libertarians Just Can't Answer", *Salon*, 4 jun. 2013; Friedman, 1997. Ver também capítulo 21, nota 40.

40. Disposição para um Estado de bem-estar: Alesina, Glaeser e Sacerdote, 2001; Peterson, 2015.

41. Explicação para o aumento da desigualdade pós-anos 1980: Autor, 2014; Deaton, 2013; Goldin e Katz, 2010; Graham, 2016; Milanović, 2016; Moatsos et al., 2014; Piketty, 2013; Scheidel, 2017.

42. Elefante mais alto com ponta da tromba mais baixa: Milanović, 2016, fig. 1.3. Mais análise do elefante: Corlett, 2016.

43. Dados anônimos e não anônimos: Corlett, 2016; Lakner e Milanović, 2016.

44. Curva do elefante quase não anônima: Lakner e Milanović, 2016.

45. Coontz, 1992/2016, pp. 30-1.

46. Rose, 2016; Horwitz (2015) fez descoberta semelhante.

47. Indivíduos que entram no 1% ou 10% do topo: Hirschl e Rank, 2015. Horwitz (2015) obteve resultados semelhantes. Ver também Sowell, 2015; Watson, 2015.

48. Disparidade de otimismo: Whitman, 1998. Disparidade de otimismo econômico: Bernanke, 2016; Meyer e Sullivan, 2011.

49. Roser, 2016k.

50. Por que os Estados Unidos não têm um Estado de bem-estar europeu: Alesina, Glaeser e Sacerdote, 2001; Peterson, 2015.

51. Aumento da renda disponível em quintis inferiores: Burtless, 2014.

52. Aumento da renda de 2014 a 2015: Proctor, Semega e Kollar, 2016. Continuação em 2016: E. Levitz, "The Working Poor Got Richer in 2017a, b", *New York*, 9 mar. 2017.

53. C. Jencks, "The War on Poverty: Was It Lost?", *New York Review of Books*, 2 abr. 2015. Análises semelhantes: Furman, 2014; Meyer e Sullivan, 2011, 2017a,b; Sacerdote, 2017.

54. Quedas na taxa de pobreza em 2015 e 2016: Proctor, Semega e Kollar, 2016; Semega, Fontenol e Kollar, 2017.

55. Henri et al., 2015.

56. Subestimação do progresso econômico: Felstein, 2017.

57. Furman, 2005.

58. Acesso dos pobres a serviços públicos: Greenwood, Seshadri e Yorukoglu, 2005. Pobres proprietários de eletrodomésticos: US Census Bureau, "Extended Measures of Well-Being: Living Conditions in the United States, 2011", tabela 1, disponível em: <http://www.census.gov/hhes/well-being/publications/extended-11.html>. Ver também figura 17.3.

59. Desigualdade no consumo: Hassett e Mathur, 2012; Horwitz, 2015; Meyer e Sullivan, 2012.

60. Declínio na desigualdade de felicidade: Stevenson e Wolfers, 2008b.

61. Índices de Gini declinantes para a qualidade de vida: Deaton, 2013; Rijpma, 2014, p. 264; Roser, 2016a, 2016n; Roser e Ortiz-Ospina, 2016a; Veenhoven, 2010.

62. Desigualdade e estagnação secular: Summers, 2016.

63. O economista Douglas Irwin (2016) observa que 45 milhões de americanos vivem abaixo da linha da pobreza, 135 mil americanos estão empregados na indústria têxtil e a rotatividade normal da mão de obra resulta em cerca de 1,7 milhão de demissões mensais.

64. Automação, empregos e desigualdade: Brynjolfsson e McAfee, 2016.

65. Desafios e soluções na economia: Dobbs et al., 2016; Summers e Balls, 2015.

66. S. Winship, "Inequality Is a Distraction: The Real Issue Is Growth", *Washington Post*, 16 ago. 2016.

67. Governos e empregadores como fornecedores de serviço social: M. Lind, "Can You Have a Good Life if You Don't Have a Good Job?", *New York Times*, 16 set. 2016.

68. Renda básica universal: Bregman, 2016; S. Hammond, "When the Welfare State Met the Flat Tax", *Foreign Policy*, 16 jun. 2016; R. Skidelsky, "Basic Income Revisited", *Project Syndicate*, 23 jun. 2016; C. Murray, "A Guaranteed Income for Every American", *Wall Street Journal*, 3 jun. 2016.

69. Estudos sobre os efeitos de renda básica: Bregman, 2016. Voluntariado de alta tecnologia: Diamandis e Kotler, 2012. Altruísmo eficaz: MacAskill, 2015.

10. O MEIO AMBIENTE [pp. 154-93]

1. Ver *Earth in the Balance*, de Al Gore (1992); Ted Kaczynski (o Unabomber), "Industrial Society and Its Future", disponível em: <http://www.washingtonpost.com/wp-srv/national/longterm/unabomber/manifesto.text.htm>; Francis, 2015. Kaczynski leu o livro de Gore, e as semelhanças entre seu manifesto e o livro foram apontadas em uma pesquisa pela internet, sem data, por Ken Crossman, disponível em: <http://www.crm114.com/algore/quiz.html>.

2. Citado em M. Ridley, "Apocalypse Not: Here's Why You Shouldn't Worry About End Times", *Wired*, 17 ago. 2012. Em *The Population Bomb*, Paul Ehrlich também comparou a humanidade ao câncer; ver Bailey, 2015, p. 5. Para fantasias sobre um planeta despovoado, ver o best-seller de Alan Weisman de 2007, *O mundo sem nós*.

3. Ecomodernismo: Asafu-Adjaye et al., 2015; Ausubel, 1996, 2007, 2015; Ausubel, Wernick e Wagoner, 2012; Brand, 2009; DeFries, 2014; Nordhaus e Shellenberger, 2007. Geo-otimismo: Balmford e Knowlton, 2017; <https://earthoptimism.si.edu/>; <http://www.oceanoptimism.org/about/>.

4. Extinções e desmatamento por povos indígenas: Asafu-Adjaye et al., 2015; Brand, 2009; Burney e Flannery, 2005; White, 2011.

5. Reservas naturais e aniquilação de povos indígenas: Cronon, 1995.

6. De *Plows, Plagues, and Petroleum* (2005), citado em Brand, 2009; ver também Ruddiman et al., 2016.

7. Brand, 2009, p. 133.

8. Dádivas da industrialização: capítulos 5-8; Epstein, 2014; Norberg, 2016; Radelet, 2015; Ridley, 2010.

9. Curva de Kuznets ambiental: Ausubel, 2015; Dinda, 2004; Levinson, 2008; Stern, 2014. Cabe notar que a curva não se aplica a todos os poluentes nem a todos os países, e que, quando ocorre, pode ser impelida por políticas públicas em vez de acontecer automaticamente.

10. Inglehart e Welzel, 2005; Welzel, 2013, cap. 12.

11. Transições demográficas: Ortiz-Ospina e Roser, 2016d.

12. Queda na população muçulmana: Eberstadt e Shan, 2011.

13. M. Tupy, "Humans Innovate Their Way Out of Scarcity", *Reason*, 12 jan. 2016; ver também Stuermer e Schwerhoff, 2016.

14. Crise do európio: Deutsch, 2011.

15. "China's Rare-Earths Bust", *Wall Street Journal*, 18 jul. 2016.

16. Por que não ficamos sem recursos: Nordhaus, 1974; Romer e Nelson, 1996; Simon, 1981; Stuermer e Schwerhoff, 2016.

17. Pessoas não precisam de recursos: Deutsch, 2011; Pinker, 2002/2016, pp. 236-9; Ridley, 2010; Romer e Nelson, 1996.

18. Probabilidade e soluções para problemas humanos: Deutsch, 2011.

19. O gracejo sobre a Idade da Pedra costuma ser atribuído ao ministro do Petróleo saudita Zaki Yamani em 1973; ver "The End of the Oil Age", *The Economist*, 23 out. 2003. Transições energéticas: Ausubel, 2007, p. 235.

20. Guinadas na agricultura: DeFries, 2014.

21. Agricultura do futuro: Brand, 2009; Bryce, 2014; Diamandis e Kotler, 2012.

22. Água no futuro: Brand, 2009; Diamandis e Kotler, 2012.

23. O meio ambiente se regenera: Ausubel, 1996, 2015; Ausubel, Wernick e Waggoner, 2012; Bailey, 2015; Balmford, 2012; Balmford e Knowlton, 2017; Brand, 2009; Ridley, 2010.

24. Roser, 2016f, baseado em dados de US Food and Agriculture Organization.

25. Ibid., baseado em dados do Instituto Nacional de Pesquisas Espaciais do Ministério de Ciência e Tecnologia do Brasil.

26. Índice de Proteção Ambiental: <http://epi.yale.edu/country-rankings>.

27. Contaminação da água potável e fumaça de cozinha: Programa de Desenvolvimento das Nações Unidas, 2011.

28. Segundo o relatório Objetivos de Desenvolvimento do Milênio, da ONU, a porcentagem de pessoas expostas a água contaminada caiu de 24% em 1990 para 9% em 2015 (Organização das Nações Unidas, 2015a, p. 52). Segundo dados citados em Roser, 2016l, 62% da população mundial cozinhava com combustíveis sólidos em 1980; em 2010, apenas 41% faziam isso.

29. Citado em Norberg, 2016.

30. Terceiro pior vazamento em plataforma petrolífera da história: Roser, 2016r; US Department of the Interior, "Interior Department Releases Final Well Control Regulations to Ensure Safe and Responsible Offshore Oil and Gas Development", 14 abr. 2016, disponível em: <https://www.doi.gov/pressreleases/interior-department-releases-final-well-control-regulations-ensure-safe-and>.

31. Aumento do número de tigres, condores, rinocerontes e pandas: World Wildlife Foundation e Global Tiger Forum, citado em "Nature's Comebacks", *Time*, 17 abr. 2016. Êxitos conservacionistas: Balmford, 2012; Hoffmann et al., 2010; Suckling et al., 2016; Organização das Nações Unidas, 2015a, p. 57; R. McKie, "Saved: The Endangered Species Back From the Brink of Extinction", *The Guardian*, 8 abr. 2017; Pimm sobre os esforços conservacionistas de declínio da taxa de extinção de aves: citado em D. T. Max, "Green is Good", *New Yorker*, 12 maio 2014, confirmado em comunicação pessoal com Pimm em 2018.

32. O paleontólogo Douglas Erwin (2015) salienta que extinções em massa eliminam moluscos, artrópodes e outros invertebrados que são pouco notados mas muito disseminados, e não aves e mamíferos que atraem a atenção de jornalistas. O biogeógrafo John Briggs (2015, 2016) observa que "a maioria das extinções ocorreu em ilhas oceânicas ou em locais de água doce restritos" depois de humanos introduzirem espécies invasivas, porque os animais nativos não têm para onde fugir; poucas extinções aconteceram em continentes ou oceanos, e nenhuma espécie oceânica extinguiu-se nos últimos cinquenta anos. Brand comenta que as previsões catastróficas pressupõem que todas as espécies ameaçadas se extinguirão *e* que essa taxa continuará por séculos ou milênios; S. Brand, "Rethinking Extinction", *Aeon*, 21 abr. 2015. Ver também Bailey, 2015; Costelo, May e Stork, 2013; Stork, 2010; Thomas, 2017; M. Ridley, "A History of Failed Predictions of Doom", disponível em: <http://www.rationaloptimist.com/blog/apocalypse-not/>.

33. Acordos internacionais sobre o meio ambiente: <http://www.enviropedia.org.uk/Acid_Rain/International_Agreements.php>.

34. Fechamento do buraco de ozônio: Organização das Nações Unidas, 2015a, p. 7.

35. Observe que a curva de Kuznets para o meio ambiente pode ser influenciada por esses tipos de ativismo e legislação; ver notas 9 e 40 neste capítulo.

36. O valor da densidade: Asafu-Adjaye et al., 2015; Brand, 2009; Bryce, 2013.

37. Desmaterialização do consumo: Sutherland, 2016.

38. A morte da cultura do automóvel: M. Fisher, "Cruising Toward Oblivion", *Washington Post*, 2 set. 2015.

39. Pico dos Materiais: Ausubel, 2015; Office for National Statistics, 2016. Os equivalentes em toneladas americanas são 16,6 e 11,4.

40. Ver, por exemplo, J. Salzman, "Why Rivers No Longer Burn", *Slate*, 10 dez. 2012; S. Cardoni, "Top 5 Pieces of Environmental Legislation", *ABC News*, 2 jul. 2010, disponível em: <http://abcnews.go.com/Technology/top-pieces-environmental-legislation/story?id=11067662>; Young, 2011. Ver também nota 35 deste capítulo.

41. Análises recentes sobre mudança climática: Intergovernmental Panel on Climate Change, 2014; King et al., 2015; W. Nordhaus, 2013; Plumer, 2015; Banco Mundial, 2012a. Ver também J. Gillis, "Short Answers to Hard Questions About Climate Change", *New York Times*, 28 nov. 2015; "The State of the Climate in 2016", *The Economist*, 17 nov. 2016.

42. Aquecimento de 4°C não pode ser permitido: Banco Mundial, 2012a.

43. Efeitos de diferentes cenários de emissão: Intergovernmental Panel on Climate Change, 2014; King et al., 2015; W. Nordhaus, 2013; Plumer, 2015; Banco Mundial, 2012a. A projeção para um aumento de 2°C é o cenário RCP2.6 mostrado em Intergovernmental Panel on Climate Change, 2014, fig. 6.7.

44. Energia de combustíveis fósseis: meu cálculo para 2015, baseado em British Petroleum, 2016, "Primary Energy Consumption by Fuel", p. 41, "Total World".

45. Consenso científico sobre a mudança climática antropogênica: Nasa, "Scientific Consensus: Earth's Climate is Warming", disponível em: <http://climate.nasa.gov/scientific consensus/>; *Skeptical Science* <http://www.skepticalscience.com/>; Intergovernmental Panel on Climate Change, 2014; Plumer, 2015; W. Nordhaus, 2013; W. Nordhaus, "Why the Global Warming Sceptics Are Wrong", *New York Review of Books*, 22 mar. 2012. Entre os céticos que se convenceram estão os autores libertários que escrevem sobre ciência Michael Shermer, Matt Ridley e Ronald Bailey.

46. Consenso entre climatologistas: Powell, 2015; G. Stern, "Fifty Years After U.S. Climate Warning, Scientists Confront Communication Barriers", *Science*, 27 nov. 2015; ver também a nota anterior.

47. Negação da mudança climática: Morton, 2015; Oreskes e Conway, 2010; Powell, 2015.

48. Atestados sobre a afirmação acerca do politicamente correto: sou membro dos conselhos consultivos da Foundation for Individual Rights on Education (<https://www.thefire.org/about-us/board-of-directors-page/>), Heterodox Academy (<http://heterodoxacademy.org/about-us/advisory-board/>) e Academic Engagement Network (<http://academicengagement.org/en/about-us-leadership>); ver também Pinker, 2002/2016, 2006. Evidências da mudança climática: ver citações nas notas 41, 45 e 46 deste capítulo.

49. "*Lukewarming*": M. Ridley: "A History of Failed Predictions of Doom", disponível em: <http://www.rationaloptimist.com/blog/apocalypse-not/>; J. Curry, "Lukewarming", *Climate Etc.*, 5 nov. 2015, disponível em: <https://judithcurry.com/2015/11/05/lukewarming/>.

50. Cassino do Clima: W. Nordhaus, 2013; W. Nordhaus, "Why the Global Warming Skeptics Are Wrong", *New York Review of Books*, 22 mar. 2012; R. W. Cohen et al., "In the Climate Casino: An Exchange", *New York Review of Books*, 26 abr. 2012.

51. Justiça climática: Foreman, 2013.

52. Klein e o imposto sobre emissão de carbono: C. Komanoff, "Naomi Klein Is Wrong on the Policy That Could Change Everything", blog Carbon Tax Center, disponível em: <https://www.carbontax.org/blog/2016/11/07/naomi-klein-is-wrong-on-the-policy-that-could-change-everything/>. Irmãos Koch versus impostos sobre emissão de carbono: C. Komanoff, "To the Left-Green Opponents of I-732: How Does It Feel?", blog Carbon Tax Center, disponível em: <https://carbontax.org/blog/2016/11/04/to-the-left-gree-opponents-of-I-732-how-does-it-feel/>. Declaração de economistas sobre mudança climática: Arrow et al., 1997. Argumentos recentes em favor do imposto sobre emissão de carbono: "FAQs", blog Carbon Tax Center, disponível em: <https://www.carbontax.org/faqs/>.

53. "Naomi Klein on Why Low Oil Prices Could Be a Great Thing", *Grist*, 9 fev. 2015.

54. O problema da "justiça climática" e do "mudar tudo": Foreman, 2013; Shellenberger e Nordhaus, 2013.

55. Táticas aterrorizantes são menos eficazes do que soluções práticas: Braman et al., 2007; Feinberg e Willer, 2011; Kahan, Jenkins-Smith et al., 2012; O'Neill e Nicholson-Cole, 2009; L. Sorantino, "Annenberg Study: Pope Francis's Climate Chance Encyclical Backfired Among Conservative Catholics", *Daily Pennsylvanian*, 1 nov. 2016, disponível em: <https://goo.gl/zuwxyk>; T. Nordhaus e M. Shellenberger, "Global Warming Scare Tactics", *New York Times*, 8 abr. 2014. Ver Boyer, 1986, e Sandman e Valenti, 1986, para argumento semelhante sobre armas nucleares.

56. "World Greenhouse Gas Emissions Flow Chart 2010", *Ecofys*, disponível em: <http://www.ecofys.com/files/files/asn-ecofys-2013-world-ghg-emissions-flow-chart-2010.pdf>.

57. Insensibilidade para a escala: Desvousges et al., 1992.

58. Moralização do desperdício e do ascetismo: Haidt, 2012; Pinker, 2008a.

59. Sacrifício versus benefício como fonte de aprovação moral: Nemirov, 2016.

60. Ver <http://scholar.harvard.edu/files/pinker/files/ten_ways_to_green_your_science_2.jpg> e <http://scholar.harvard.edu/files/pinker/files/ten_ways_to_green_your_science_1.jpg>.

61. Shellenberger e Nordhaus, 2013.

62. M. Tupy, "Earth Day's Anti-Humanism in One Graph and Two Tables", Cato and Liberty, 22 abr. 2015, disponível em: <https://www.cato.org/blog/earth-days-anti-humanism-one-graph-two-tables>.

63. Shellenberger e Nordhaus, 2013.

64. Permuta do desenvolvimento econômico pela mudança climática: W. Nordhaus, 2013.

65. L. Sorantino, "Annenberg Study: Pope Francis's Climate Change Encyclical Backfired Among Conservative Catholics", *Daily Pennsylvanian*, 1 nov. 2016, disponível em: <https://goo.gl/zuwxyk>.

66. Na verdade, a razão entre carbono e hidrogênio na celulose e lignina que compõem a madeira é mais baixa, porém a maior parte do hidrogênio já está ligada ao oxigênio, portanto não oxida e libera calor durante a combustão; ver Ausubel e Marchetti, 1998.

67. O carvão betuminoso é principalmente $C_{137}H_{97}O_9NS$, com razão de 1,4 para 1; o antracito é principalmente $C_{240}H_{90}O_4NS$, com razão de 2,67 para 1.

68. Razões entre carbono e hidrogênio: Ausubel, 2007.

69. Descarbonização: Ausubel, 2007.

70. "Global Carbon Budget", Global Carbon Project, 14 nov. 2016, disponível em: <http://www.globalcarbon project.org/carbondudget/>.

71. Ausubel, 2007, p. 230.

72. Carbono estabilizou-se, PIB cresceu: Le Quéré et al., 2016.

73. Descarbonização profunda: Deep Decarbonization Pathways Project, 2015; Pacala e Socolow, 2004; Williams et al., 2014, disponível em: <http://deepdecarbonization.org>.

74. Consenso sobre tributação do carbono: Arrow et al., 1997; ver também "FAQs", blog Carbon Tax Center, disponível em: <https://www.carbontax.org/faqs>.

75. Como implementar um imposto sobre emissões de carbono: "FAQs", blog Carbon Tax Center, disponível em: <https://www.carbontax.org/faqs/>; Romer, 2016.

76. Energia nuclear é o novo verde: Asafu-Adjaye et al., 2015; Ausubel, 2007; Brand, 2009; Bryce, 2014; Cravens, 2007; Freed, 2014; K. Caldeira et al., "Top Climate Change Scientists' Letter to Policy Influencers", *CNN*, 3 nov. 2013, disponível em: <http://www.cnn.com/2013/11/03/world/nuclear-energy-climate-change-scientists-letter/index.html>; M. Shellenberger, "How the Environmental Movement Changed Its Mind on Nuclear Power", Public Utilities Fortnightly, maio 2016; Nordhaus e Shellenberger, 2011; Breakthrough Institute, "Energy and Climate FAQs", disponível em: <http://thebreakthrough.org/index.php/programs/energy-and-climate/nuclear-faqs>. Embora hoje muitos ambientalistas ativistas do clima defendam a expansão da energia nuclear (entre eles Stewart Brand, Jared Diamond, Paul Ehrlich, Tim Flannery, John Holdren, James Kunstler, James Lovelock, Bill McKibben, Hugh Montefiore e Patrick Moore), ainda há oponentes, como Green-

peace, World Wildlife Fund, Sierra Club, Natural Resources Defense Council, Friends of the Earth e (com alguma ambiguidade) Al Gore. Ver Brand, 2009, pp. 86-9.

77. Energias solar e eólica representam 1,5% da energia fornecida no mundo: British Petroleum, 2016, disponível em: <https://www.carbonbrief.org/factcheck-how-much-energy-does-the-world-get-from-renewables>.

78. Terra necessária para usinas eólicas: Bryce, 2014.

79. Terra requerida para energia eólica e solar: Lovering et al., 2015, baseado em dados de Jacobson e Delucchi, 2011.

80. M. Shellenberger, "How the Environment Movement Changed Its Mind on Nuclear Power", *Public Utilities Fortnighthly*, maio 2016; R. Bryce, "Solar's Great and So Is Wind, But We Still Need Nuclear Power", *Los Angeles Times*, 16 jun. 2016.

81. Mortes por câncer em Chernobyl: Ridley, 2010, pp. 308, 416.

82. Taxa de mortalidade relativa de combustíveis nucleares e fósseis: Kharecha e Hansen, 2013; Lovering et al., 2015. Um milhão de mortes por ano decorrentes do carvão: Morton, 2015, p. 16.

83. Nordhaus e Shellenberger, 2011. Ver também nota 76 deste capítulo.

84. Deep Decarbonization Pathway Project, 2015. Descarbonização profunda dos Estados Unidos: Williams et al., 2014. Ver também B. Plummer, "Here's What It Would Really Take to Avoid 2°C of Global Warming", *Vox*, 9 jul. 2014.

85. Descarbonização profunda do mundo: Deep Decarbonization Pathways Project, 2015; ver também a nota anterior.

86. Energia nuclear e a psicologia do medo e preocupação: Gardner, 2008; Gigerenzer, 2016; Ropelk e Gray, 2002; Slovic, 1987; Slovic, Fischhoff e Lichtenstein, 1982.

87. De "Power", música de John Hall e Johanna Hall.

88. Atribuído a váras fontes; citado em Brand, 2009, p. 75.

89. Necessidade de padronização: Shellenberger, 2017. Citação de Selin: *Washington Post*, 29 maio 1995.

90. Energia nuclear de quarta geração: Bailey, 2015; Blees, 2008; Freed, 2014; Hargraves, 2012; Naam, 2013.

91. Energia da fusão: E. Roston, "Peter Thiel's Other Hobby Is Nuclear Fusion", *Bloomberg News*, 22 nov. 2016; L. Grossman, "Inside the Quest for Fusion, Clean Energy's Holy Grail", *Time*, 22 out. 2015.

92. Vantagens das soluções tecnológicas para a mudança climática: Bailey, 2015; Koningstein e Fork, 2014; Nordhaus, 2016; ver também a nota 103 deste capítulo.

93. Necessidade de pesquisas de risco: Koningstein e Fork, 2014.

94. Brand, 2009, p. 84.

95. Engarrafamento americano e tecnofobia: Freed, 2014.

96. Captura de carbono: Brand, 2009; B. Plumer, "Can We Build Power Plants That Actually Take Carbon Dioxide Out of the Air?", *Vox*, 11 mar. 2015; B. Plummer, "It's Time to Look Seriously at Sucking CO_2 Out of the Atmosphere", *Vox*, 13 jul. 2015. Ver também CarbonBrief, 2016, e o site do Center for Carbon Removal, disponível em: <http://www.centerforcarbonremoval.org/>.

97. Geoengenharia: Keith, 2013, 2015; Morton, 2015. Captura artificial de carbono: ver nota anterior.

98. Combustíveis líquidos com baixa emissão de carbono: Schrag, 2009.

99. BECCS: King et al., 2015; Sanchez et al., 2015; Schrag, 2009; ver também nota 96 acima.

100. Manchetes da *Time*: 25 set., 19 out. e 14 out., respectivamente. Manchete do *New York Times*: 5 nov. 2015, com base em pesquisa do Pew Research Center. Para outras pesquisas que mostram o apoio dos americanos a medidas de mitigação climática, ver: <https://www.carbontax.org/polls/>.

101. Acordo de Paris: <http://unfccc.int/parisagreement/items/9485.php>.

102. Probabilidade de aumentos de temperatura sob o acordo de Paris: Fawcett et al., 2015.

103. Descarbonização impulsionada pela tecnologia e pela economia: Nordhaus e Lovering, 2016. Estados, cidades e mundo versus Trump sobre mudança climática: Bloomberg e Pope, 2017; "States and Cities Compensate for Mr. Trump's Climate Stupidity", *New York Times*, 7 jun. 2017; "Trump Is Dropping Out of the Paris Agreement, But the Rest of Us Don't Have To", *Los Angeles Times*, 16 jun. 2017; W. Hmaidan, "How Should World Leaders Punish Trump for Pulling Out of Paris Accord?" *The Guardian*, 15 jun. 2017; "Apple Issues $1 Billion Green Bond After Trump's Paris Climate Exit", Reuters, 13 jun. 2017, disponível em: <https://www.reuters.com/article/us-apple--climate-greenbond/apple-issues-1-billion-green-bond-after-trumps-paris-climate-exit-idUSKBN-1941ZE>; H. Tabuchi e H. Fountain, "Bill Gates Leads New Fund as Fears of U.S. Retreat on Climate Grove", *New York Times*, 12 dez. 2016.

104. Resfriar a atmosfera reduzindo a radiação solar: Brand, 2009; Keith, 2013, 2015; Morton, 2015.

105. Calcita (calcário) como bloqueador solar estratosférico e antiácido: Keith et al., 2016.

106. "Moderada, sensível, temporária": Keith, 2015. Remover cinco gigatoneladas de CO_2 até 2075: Q&A de Keith, 2015.

107. Engenharia climática aumenta preocupação com mudança climática: Kahan, Jenkins, Smith et al., 2012.

108. Otimismo acomodado e condicional: Romer, 2016.

11. PAZ [pp. 194-206]

1. Os gráficos em *Os anjos bons* e neste livro incluem o ano mais recente disponível. Contudo, a maioria dos conjuntos de dados não é atualizada em tempo real; sua acurácia e abrangência são atentamente verificadas, e por isso os dados são publicados bem depois do ano mais recente que incluem (no mínimo um ano, embora a defasagem venha diminuindo). Alguns conjuntos de dados não são atualizados ou mudam seus critérios, o que torna diferentes anos incomensuráveis. Por essas razões, além da defasagem da publicação, os anos mais recentes apresentados nos gráficos de *Os anjos bons* foram muito anteriores a 2011, e os mencionados neste livro não vão além de 2016.

2. Guerra como o estado de coisas-padrão: ver a discussão em Pinker, 2011, pp. 228-49.

3. Uso nesta exposição a classificação de Levy para grandes potências e guerra de grandes potências; ver também Goldstein, 2011; Pinker, 2011, pp. 222-8.

4. Cruzamento de tendências em guerras entre grandes potências: Pinker, 2011, pp. 225-8, baseado em dados de Levy, 1983.

5. Obsolescência da guerra entre estados: Goertz, Diehl e Balas, 2016; Goldstein, 2011; Hathaway e Shapiro, 2017; Mueller, 1989, 2009; e ver Pinker, 2011, cap. 5.

6. Para os cientistas políticos, a definição convencional de "guerra" é um conflito armado

com base em Estado que causa no mínimo mil mortes em batalha em determinado ano. Os números foram extraídos de UCDP/PRIO Armed Conflict Dataset: Gleditsch et al., 2002; Human Security Report Project, 2011; Pettersson e Wallensteen, 2015; <http://ucdp.uu.se/downloads/>.

7. Pinker e J. M. Santos, "Colombia's Milestone in World Peace", *New York Times*, 26 ago. 2016. Agradeço a Joshua Goldstein por chamar a minha atenção para muitos dos fatos mencionados no artigo e repetidos neste parágrafo.

8. Center for Systemic Peace, Marshall, 2016, disponível em: <http://www.systemicpeace.org/warlist/warlist.htm>, total para 32 episódios de violência política nas Américas desde 1945, excluindo o atentado terrorista de Onze de Setembro nos EUA e a guerra do narcotráfico no México.

9. Números de UCDP/PRIO Armed Conflict Dataset: Pettersson e Wallensteen, 2015; com atualizações de Therese Pettersson e Sam Taub (comunicação pessoal). As guerras de 2016 foram: Afeganistão contra Talibã e contra EI; Iraque contra EI; Líbia contra EI; Nigéria contra EI; Somália contra Al-Shabab; Sudão contra FRS; Síria contra EI e contra insurgentes; Turquia contra EI e contra PKK; Iêmen contra forças de Hadi.

10. Estimativas de mortes em batalha na guerra civil da Síria: 256 624 (até 2016), de Uppsala Conflict Data Program, disponível em: <http://ucdp.uu.se/#country/652>, acesso em: jun. 2017; 250 mil (até 2015), de Center for Systemic Peace, disponível em: <http://www.systemicpeace.org/warlist/warlist.htm>, atualizado pela última vez em 25 maio 2016.

11. Guerras civis que terminaram desde 2009 (rigorosamente "conflitos armados com base no Estado", com mais de 25 mortes em batalha por ano mas não necessariamente mais de mil): comunicação pessoal de Therese Pettersson, 17 mar. 2016, com base em conjunto de dados do Uppsala Conflict Data Program Armed Conflict, Petterson e Wallensteen, 2015, disponível em: <http://ucdp/uu.se/>. Guerras anteriores com grande número de mortos: Center for Systemic Peace, Marshall, 2016.

12. Goldstein, 2015. Os números referem-se a "refugiados" que atravessam fronteiras internacionais; o número de "pessoas internamente desalojadas" foi computado só até 1989, portanto é impossível comparar os desalojados pela guerra da Síria com os de guerras anteriores.

13. Genocídio é tão antigo quanto a história: Chalk e Jonassohn, 1990, p. xvii.

14. Pico da taxa de mortalidade em genocídios: de Rummel, 1997, usando sua definição de "democídio", que inclui a "violência unilateral" do UCDP junto com fomes coletivas propositais, mortes em campos de concentração e bombardeios deliberados de civis. Definições mais estritas de "genocídio" também resultam em números na casa das dezenas de milhões nos anos 1940. Ver White, 2011; Pinker, 2011, pp. 336-42.

15. Cálculos explicados em Pinker, 2011, p. 716, nota 165.

16. Os números são para 2014 e 2015, os anos mais recentes para os quais existem dados separados. Embora essas sejam as estimativas "elevadas" no conjunto de dados UCDP One-Sided Violence Dataset versão 1.4-2015 (<http://ucdp.uu.se/downloads/), os números abrangem apenas as mortes comprovadas e devem ser considerados limites inferiores conservadores.

17. Problemas de estimativa de riscos: Pinker, 2011, pp. 210-22; Spagat, 2015, 2017; M. Spagat, "World War III — What Are the Chances", *Significance*, dez. 2015; M. Spagat e S. Pinker, "Warfare" (carta), *Significance*, jun. 2016 e "World War III: The Final Exchange", *Significance*, dez. 2016.

18. Nagdy e Roser, 2016a. Os gastos militares em todos os países exceto Estados Unidos diminuíram em dólares ajustados pela inflação desde seus picos na Guerra Fria, e nos Estados Unidos

são mais baixos do que no pico na Guerra Fria proporcionalmente ao PIB. Recrutamento: Pinker, 2011, pp. 255-7; M. Tupy, "Fewer People Exposed to Horrors of War", HumanProgress, 30 maio 2017, disponível em: <http://humanprogress.org/blog/fewer-people-exposed-to-horrors-of-war>.

19. Críticas à guerra na era iluminista: Pinker, 2011, pp. 164-8.

20. Declínios e hiatos na guerra: Pinker, 2011, pp. 237-8.

21. Gentil comércio comprovado: Pinker, 2011, pp. 284-8; Russett e Oneal, 2001.

22. Democracia e paz: Pinker, 2011, pp. 278-94; Russett e Oneal, 2011.

23. Possível irrelevância das armas nucleares: Mueller, 1989, 2004a; Pinker, 2011, pp. 268-78. Para novos dados, ver Sechser e Fuhrmann, 2017.

24. Normas e tabus como causa da Longa Paz: Goertz, Diehl e Balas, 2016; Goldstein, 2011; Hathaway e Shapiro, 2017; Mueller, 1989; Nadelman, 1990.

25. Guerras civis menos mortíferas do que guerras entre estados. Pinker, 2011, pp. 303-5.

26. Forças de paz mantêm a paz: Fortna, 2008; Goldstein, 2011; Hultman, Kathman e Shannon, 2013.

27. Países ricos têm menos guerras civis: Fearon e Laitin, 2003; Hegre et al., 2011; Human Security Centre, 2005; Human Security Report Project, 2011. Chefes militares, guerrilheiros e máfias: Mueller, 2004a.

28. Contágio da guerra: Human Security Report Project, 2011.

29. Militarismo romântico: Howard, 2011; Mueller, 1989, 2004a; Pinker, 2011, pp. 242-4; Sheehan, 2008.

30. Citações de Mueller, 1989, pp. 38-51.

31. Nacionalismo romântico: Howard, 2001; Luard, 1986; Mueller, 1989; Pinker, 2011, pp. 238-42.

32. Luta dialética hegeliana: Luard, 1986, p. 355; Nisbet, 1980/2009. Citação de Mueller, 1989.

33. Luta dialética marxista: Montgomery e Chirot, 2015.

34. Decadentismo e pessimismo cultural: Herman, 1997; Wolin, 2004.

35. Herman, 1997, p. 231.

12. SEGURANÇA [pp. 207-33]

1. Em 2005 foram mordidas por cobras venenosas entre 421 mil e 1,8 milhão de pessoas, das quais entre 20 mil e 94 mil morreram (Kasturiratne et al., 2008).

2. Números relativos de ferimentos: Organização Mundial da Saúde, 2014.

3. Acidentes e causas de morte: Kochanek et al., 2016. Acidentes e o ônus global de doenças e incapacidade: Murray et al., 2012.

4. Homicídios mais letais do que guerra: Pinker, 2011, p. 221; ver também p. 177, tabela 13.1. Para dados atualizados e visualizações de taxas de homicídio, ver Instituto Igarapé, Homicide Monitor, disponível em: <https://homicide.igarape.org.br/>.

5. Violência medieval: Pinker, 2011, pp. 17-8, 60-75; Eisner, 2001, 2003.

6. O Processo Civilizador: Eisner, 2001, 2003; Elias, 1939/2000; Fletcher, 1997.

7. Eisner e Elias: Eisner, 2001, 2014a.

8. Surto de crimes nos anos 1960: Latzer, 2016; Pinker, 2011, pp. 106-16.

9. "Casuísmo de raiz": Sowell, 1995.

10. Racismo em declínio nos anos 1960: Pinker, 2011, pp. 382-94.

11. Grande declínio do crime nos Estados Unidos: Latzer, 2016; Pinker, 2011, pp. 116-27; Zimring, 2007. Parte do aumento de 2015 provavelmente foi causada por um recuo no policiamento depois de manifestações divulgadas em todo o país contra mortes por policiais em 2014; ver L. Beckett, "Is the 'Ferguson Effect' Real? Researcher Has Second Thoughts", *The Guardian*, 13 maio 2016; H. MacDonald, "Police Shootings and Race", *Washington Post*, 18 jul. 2016. Para as razões de o aumento em 2015 provavelmente não reverter o progresso dos anos anteriores, ver B. Latzer, "Will the Crime Spike Become a Crime Boom?", *City Journal*, 31 ago. 2016, disponível em: <https://www.city-journal.org/html/will-crime-spike-become-crime-boom-14710.html>.

12. Entre 2000 e 2013, o índice de Gini na Venezuela caiu de 0,47 para 0,41 (ONU, World Income Inequality Database, disponível em: <https://www.wider.unu.edu/>), enquanto a taxa de homicídio passou de 32,9 para 53,0 por 100 mil habitantes (Instituto Igarapé, Homicide Monitor, disponível em: <https://homicide.igarape.org.br>).

13. As fontes das estimativas da ONU são indicadas na legenda da figura 12.2. Usando métodos muito diferentes, o projeto Global Burden of Disease (Murray et al., 2012) estimou que a taxa global de homicídios caiu de 7,4 por 100 mil pessoas em 1995 para 6,1 em 2015.

14. Taxas de homicídio internacionais: Escritório das Nações Unidas sobre Drogas e Crime, 2014; <https://www.unodc.org.gsh/en/data.html>.

15. Reduzir homicídios globais em 50% em trinta anos: Eisner, 2014b, 2015; Krisch et al., 2015. Os Objetivos de Desenvolvimento Sustentável das Nações Unidas incluem a vaga aspiração de "reduzir significativamente todas as formas de violência e taxas de morte relacionadas em toda parte" (Target 16.1.1, https://sustainabledevelopment.un.org/sdg16).

16. Taxas de homicídio internacionais: Escritório das Nações Unidas sobre Drogas e Crime, 2014, disponível em: <https://www.unodc.org/gsh/en/data.html>; ver também Homicide Monitor, disponível em: <https://homicide.igarape.org.br>.

17. Distribuição desequilibrada dos homicídios em todas as escalas: Eisner, 2015; Muggah e Szabó de Carvalho, 2016.

18. Homicídios em Boston: Abt e Winship, 2016.

19. Declínio do crime em Nova York: Zimring, 2007.

20. Declínio dos homicídios na Colômbia, África do Sul e outros países: Eisner, 2014b, p. 23. Rússia: Escritório das Nações Unidas sobre Drogas e Crime, 2014, p. 28.

21. Homicídio declinou na maioria dos países: Escritório das Nações Unidas sobre Drogas e Crime, 2013, 2014, disponível em: <https://www.unodc.org/gsh/en/data.html>.

22. Sucesso no combate ao crime na América Latina: Guerrero Velasco, 2015; Muggah e Szabó de Carvalho, 2016.

23. Alta nos homicídios no México 2007-11 devido ao crime organizado: Botello, 2016. Queda em Juárez: P. Corcoran, "Declining Violence in Juárez a Major Win for Calderon: Report", *Insight Crime*, 26 mar. 2013, disponível em: <http://www.insightcrime.org/news-analysis/declining-violence-in-juarez-a-major-win-for-calderon-report>.

24. Declínios nos homicídios: Bogotá e Medellín: T. Rosenberg, "Colombia's Data-Driven Fight Against Crime", *New York Times*, 20 nov. 2014. São Paulo: Risso, 2014. Rio: R. Muggah e I. Szabó de Carvalho, "Fear and Backsliding in Rio", *New York Times*, 15 abr. 2014.

25. Declínio dos homicídios em San Pedro Sula: S. Nazario, "How the Most Dangerous Place on Earth Got a Little Bit Safer", *New York Times*, 11 ago. 2016.

26. Para uma campanha de redução à metade dos homicídios na América Latina em uma *década*, ver Muggah e Szabó de Carvalho, 2016, e <https://www.instintodevida.org>.

27. Como reduzir taxas de homicídio rapidamente: Eisner, 2014b, 2015; Krisch et al., 2015; Muggah e Szabó de Carvalho, 2016. Ver também Abt e Winship, 2016; Gash, 2016; Kennedy, 2011; Latzer, 2016.

28. Hobbes, violência e anarquia: Pinker, 2011, pp. 31-6, 680-2.

29. Greves de policiais: Gash, 2016, pp. 184-6.

30. Justiça que não pune aumenta crimes: Latzer, 2016; Eisner, 2015, p. 14.

31. Causas do grande declínio da criminalidade nos Estados Unidos: Kennedy, 2011; Latzer, 2016; Levitt, 2004; Pinker, 2011, pp. 116-27; Zimring, 2007.

32. Resumo em uma frase: Eisner, 2015.

33. Legitimidade do Estado e crime: Eisner, 2003, 2015; Roth, 2009.

34. O que funciona na prevenção de crimes: Abt e Winship, 2016. Ver também Eisner, 2014b, 2015; Gash, 2016; Kennedy, 2011; Krish et al., 2016; Muggah, 2015, 2016.

35. Crime e autocontrole: Pinker, 2011, pp. 72-3, 105, 110-1, 126-7, 501-6, 592-611.

36. Crime, narcisismo e sociopatia (ou psicopatia): Pinker, 2011, pp. 510-1, 519-21.

37. Dificultar os alvos e reduzir crimes: Gash, 2016.

38. Eficácia dos tribunais especializados para usuários de drogas e dos tratamentos: Abt e Winship, 2016, p. 26.

39. Efeitos equívocos da legislação sobre armas de fogo: Abt e Winship, 2016, p. 26; Hahn et al., 2005; N. Kristof, "Some Inconvenient Gun Facts for Liberals", *New York Times*, 16 jan. 2016.

40. Gráfico de mortes no trânsito: K. Barry, "Safety in Numbers", *Car and Driver*, maio 2011, p. 17.

41. Baseado em mortes per capita, e não em quilômetros por veículo percorridos.

42. Bruce Springsteen, "Pink Cadillac".

43. Insurance Institute for Highway Safety, 2016. A taxa aumentou ligeiramente para 10,9 em 2015.

44. A taxa anual de mortes em colisões de carro por 100 mil pessoas é 57 em países ricos, 88 em países pobres (Organização Mundial da Saúde, 2014, p. 10).

45. Bettmann, 1974, pp. 22-3.

46. Scott, 2010, pp. 18-9.

47. Rawcliffe, 1998, p. 4, citado em Scott, 2010, pp. 18-9.

48. Tebeau, 2016.

49. Prêmios Darwin da Era Tudor: <http://tudoraccidents.history.ox.ac.uk/>.

50. O conjunto completo de dados para a figura 12.6 mostra um intrigante aumento em óbitos por queda a partir de 1992, o que não condiz com o fato de os atendimentos de emergência e internações em hospitais por quedas nesse período não apresentarem aumento equivalente (Hu e Baker, 2012). Embora quedas geralmente matem pessoas idosas, esse aumento não pode ser explicado pelo envelhecimento da população americana, pois persiste em dados ajustados segundo as idades (Sehu, Chen e Hedegaard, 2015). Descobriu-se que o aumento se deveu a mudanças nas práticas de registro de dados (Hu e Mamady, 2014; Kharrazi, Nash e Mielenz, 2015; Stevens e Rudd, 2014). Muitos idosos

caem, fraturam quadril, costelas ou crânio e morrem várias semanas ou meses depois por pneumonia ou outras complicações. Os legistas e os médicos que os examinaram no passado tendem a registrar a doença terminal como causa imediata de morte nesses casos. Mais recentemente, passaram a registrar como causa do óbito o acidente que precipitou todo o processo. O mesmo número de pessoas caiu e morreu, porém cada vez mais a morte passou a ser atribuída à queda.

51. Relatórios presidenciais: "National Conference on Fire Prevention" (comunicado à imprensa), 3 jan. 1947, disponível em: <http://foundation.sfpe.org/wp-content/uploads/2014/06/presidentsconference1947.pdf>; *America Burning* (relatório da National Commission on Fire Prevention and Control), 1973; *America Burning Revisited*, U.S. Fire Administration/FEMA, 1987.

52. Bombeiros como atendentes de emergências médicas: P. Keisling, "Why We Need to Take the 'Fire' Out of the 'Fire Department'", *Governing*, 1 jul. 2015.

53. Maioria dos envenenamentos é por drogas ou álcool: National Safety Council, 2016, pp. 160-1.

54. Epidemia de opioides: National Safety Council, "Prescription Drug Abuse Epidemic; Painkillers Driving Addiction", 2016, disponível em: <http://www.nsc.org/learn/NSC-Inititatives/Pages/prescription-painkiller-epidemic.aspx>.

55. Epidemia de opioides e seu tratamento: Satel, 2017.

56. Overdoses por opioides talvez tenham atingido o pico: Hedegaard, Chen e Warner, 2015.

57. Efeitos das idades e coortes em overdoses: National Safety Council, 2016; ver gráficos em Kolosh, 2014.

58. Uso de drogas por adolescentes em queda: National Institute of Drug Abuse, 2016. Os declínios continuaram por toda a metade de 2016: National Institute on Drug Abuse, "Teen Substance Use Shows Promising Decline", 13 dez. 2016, disponível em: <https://www.drugabuse.gov/news-events/news-releases/2016/12/teen-substance-use-shows-promising-decline>.

59. Bettmann, 1974, pp. 69-71.

60. Citado em Bettmann, 1974, p. 71.

61. História da segurança no trabalho: Alrich, 2001.

62. Movimento progressista e segurança dos trabalhadores: Alrich, 2001.

63. A intensificação da queda de 1970 a 1980 na figura 12.7 provavelmente se deve à agregação de fontes diferentes; ela não é visível na série contínua de dados do National Safety Council, 2016, pp. 46-7. A tendência global no conjunto de dados do NCS é semelhante à da figura; preferi não mostrá-la porque as taxas são calculadas como proporção da população, e não do número de trabalhadores, e porque contêm uma queda artificial em 1992, quando foi introduzido o Censo de Lesões Ocupacionais Fatais.

64. Programa das Nações Unidas para o Desenvolvimento, 2011, tabela 2.3, p. 37.

65. O exemplo vem de "War, Death, and the Automobile", no apêndice de Mueller, 1989, originalmente publicado em 1984 no *Wall Street Journal*.

13. TERRORISMO [pp. 234-42]

1. Medo do terrorismo: Jones et al., 2016a; ver também capítulo 4, nota 14.

2. Europa Ocidental como zona de guerra: J. Gray, "Steven Pinker Is Wrong About Violence

and War", *The Guardian*, 13 mar. 2015; ver também S. Pinker, "Guess What? More People Are Living in Peace Bow: Just Look at the Numbers", *The Guardian*, 20 mar. 2015.

3. Mais perigoso do que terrorismo: National Safety Council, 2011.

4. Homicídios na Europa Ocidental e nos Estados Unidos: Escritório das Nações Unidas para Drogas e Crime, 2013. A taxa média de homicídios nos 24 países classificados como Eurpa Ocidental no Global Terrorism Database foi de 1,1 por 100 mil pessoas por ano; o número para os Estados Unidos em 2014 foi de 4,5. Mortes em ruas e estradas: a média das taxas de morte em ruas e estradas em países da Europa Ocidental para 2013 foi de 4,8 mortes por 100 mil pessoas por ano; nos Estados Unidos, a taxa foi de 10,7.

5. Mortes em insurgências e guerras de guerrilha hoje computadas como "terrorismo": Human Security Report Project, 2007; Mueller e Stewart, 2016b; Muggah, 2016.

6. John Mueller, comunicação pessoal, 2016.

7. Contágio dos assassinatos em massa: B. Carey, "Mass Killings May Have Created Contagion, Feeding on Itself", *New York Times*, 27 jul. 2016; Lankford e Madfis, 2018.

8. Incidentes com agressores ativos: Blair e Schweit, 2014; Combs e Slovic, 1979. Assassinatos em massa: análise do FBI Uniform Crime Report Data (<http://www.ucrdatatool.gov/>) de 1976 a 2011 por James Alan Fox, publicada em Latzer, 2016, p. 263.

9. Para um gráfico que expande as tendências traçado em escala logarítima, ver Pinker, 2011, fig. 6.9, p. 350.

10. K. Eichenwald, "Right-Wing Extremists Are a Bigger Threat to America than ISIS", *Newsweek*, 4 fev. 2016. Usando o United States Extremist Crime Database (Freilich et al., 2014), que registra a violência extremista de direita, o analista de segurança Robert Muggah (comunicação pessoal) estimou que, de 1990 até maio de 2017, e excluindo o Onze de Setembro e Oklahoma, houve 272 mortes por extremismo de direita e 136 por ataques terroristas islamistas.

11. Terrorismo como subproduto da mídia global: Payne, 2004.

12. Impacto maior do homicídio: Slovic, 1987; Slovic, Fischhoff e Lichtenstein, 1982.

13. Medo de assassinos é racional: Duntley e Buss, 2011.

14. Motivações de terroristas suicidas e assassinos de massacres: Lankford, 2013.

15. Ilusão de que o EI é uma "ameaça à existência" dos Estados Unidos: ver capítulo 4, nota 14; ver também J. Mueller e M. Stewart, "ISIS Isn't an Existential Threat to America", *Reason*, 27 maio 2016.

16. Y. N. Harari, "The Theatre of Terror", *The Guardian*, 31 jan. 2015.

17. Terrorismo não funciona: Abrahms, 2006; Branwen, 2016; Cronin, 2009; Fortna, 2015.

18. Jervis, 2011.

19. Y. N. Harari, "The Theatre of Terror", *The Guardian*, 31 jan. 2015.

20. "Não divulgue o nome, não mostre o perpetrador": Lankford e Madfis, 2018; ver também os projetos intitulados No Notoriety (<https://nonotoriety.com/>) e Don't Name Them (<http://www.dontnamethem.org/>).

21. Como o terrorismo acaba: Abrahams, 2006; Cronin, 2009; Fortna, 2015.

14. DEMOCRACIA [pp. 243-59]

1. Taxas de violência elevadas em sociedades sem Estado: Pinker, 2011, cap. 2. Para estimativas mais recentes confirmando a diferença, ver Gat, 2015; Gómez et al., 2016; Wrangham e Glowacki, 2012.

2. Governos antigos despóticos: Betzig, 1986; Otterbein, 2004. Tirania bíblica: Pinker, 2011, cap. 1.

3. White, 2011, p. xvii.

4. Democracias têm economias que crescem mais depressa: Radelet, 2015, pp. 125-9. Repare que isso pode ser obscurecido pelo fato de que países pobres podem crescer a taxas mais rápidas do que países ricos, e países pobres tendem a ser menos democráticos. Democracias têm menos probabilidade de guerrear: Hegre, 2014; Russett, 2010; Russett e Oneal, 2011. Democracias têm guerras civis menos intensas (embora não necessariamente menos numerosas): Gleditsch, 2008; Lacina, 2006. Democracias têm menos genocídios: Rummel, 1994, pp. 2, 15; Rummel, 1997, pp. 6-10, 367; Harff, 2003, 2005. Democracias nunca têm fomes coletivas: Sen, 1984; ver também Devereux, 2000, para uma pequena ressalva. Cidadãos de democracias são mais saudáveis: Besley, 2006. Cidadãos de democracias são mais instruídos: Roser, 2016b.

5. Três ondas de democratização: Huntington, 1991.

6. Recuo da democracia: Mueller, 1999, p. 214.

7. Democracia está obsoleta: citações em Mueller, 1999, p. 214.

8. "O fim da história": Fukuyama, 1989.

9. Citações em Levitsky e Way, 2015.

10. Ignorância sobre o conceito de democracia: Welzel, 2013, p. 66, n. 11.

11. Isso é um problema nas contagens anuais pela ONG de levantamento das democracias Freedom House; ver Levitsky e Way, 2015; Munck e Verkuilen, 2002; Roser, 2016b.

12. Esse é outro problema nos dados da Freedom House.

13. Polity IV Project: Center for Systemic Peace, 2015; Marshall e Gurr, 2014; Marshall, Gurr e Jaggers, 2016.

14. Revoluções coloridas: Bunce, 2017.

15. Democracias: Marshall, Gurr e Jaggers, 2016; Roser, 2016b. "Democracias" são países classificados pelo Polity IV Project com pontuações de democracia a partir de 6. "Autocracias" são as que têm pontuações de autocracia a partir de 6. Países que não são democráticos nem autocráticos são denominados anocracias, definidas como "uma mistura incoerente de características e práticas democráticas e autocráticas". Em uma "anocracia aberta", os líderes não se restringem a uma elite. Para 2015, Roser divide a população mundial da seguinte maneira: 55,8% em democracias, 10,8% em anocracias abertas, 6% em anocracias fechadas, 23,2% em autocracias e 4% em transição ou sem dados.

16. Para uma defesa recente da tese de Fukuyama, ver Mueller, 2014. Refutação da "recessão democrática": Levitsky e Way, 2015.

17. Prosperidade e democracia: Norberg, 2016; Roser, 2016b; Porter, Stern e Green, 2016, p. 19. Prosperidade e direitos humanos: Fariss, 2014; Land, Michalos e Sirgy, 2012. Educação e democracia: Rindermann, 2008; ver também Roser, 2016i.

18. Diversidade da democracia: Mueller, 1999; Norberg, 2016; Radelet, 2015; para dados, ver Polity IV Annual Time-Series, disponível em: <http://www.systemicpeace.org/polityproject.html>; Center for Systemic Peace, 2015; Marshall, Gurr e Jaggers, 2016.

19. Perspectivas de democracia na Rússia: Bunce, 2017.

20. Norberg, 2016, p. 158.

21. Tolos democráticos: Achens e Bartels, 2016; Caplan, 2007; Somin, 2016.

22. Última moda em ditadura: Bunce, 2017.

23. Popper, 1945/2013.

24. Democracia = direito de se queixar: Mueller, 1999, 2014. Citação de Mueller, 1999, p. 247.

25. Mueller, 1999, p. 140.

26. Ibid., p. 171.

27. Levitsky e Way, 2015, p. 50.

28. Democracia e educação: Rindermann, 2008; Roser, 2016b; Thyne, 2006. Democracia, influência ocidental e revolução violenta: Levitsky e Way, 2015, p. 54.

29. Democracia e direitos humanos: Mulligan, Gil e Sala-i-Martin, 2004; Roser, 2016b, seção II.3.

30. Citações de Sikkink, 2017.

31. O paradoxo da informação nos direitos humanos: Clark e Sikkink, 2013; Sikkink, 2017.

32. História da pena capital: Hunt, 2007; Payne, 2004; Pinker, 2011, pp. 149-53.

33. Pena de morte no corredor da morte: C. Ireland, "Death Penalty in Decline", *Harvard Gazette*, 28 jun. 2012; C. Walsh, "Death Penalty, in Retreat", *Harvard Gazette*, 3 fev. 2015. Para atualizações, ver "International Death Penalty", Amnesty International, disponível em: <http://www.amnestyusa.org/our-work/issues/death-penalty/international-death-penalty>, e "Capital Punishment by Country", Wikipedia, disponível em: <https://en.wikipedia.org/wiki/Capital_punishment_by_country>.

34. C. Ireland, "Death Penalty in Decline", *Harvard Gazette*, 28 jun. 2012.

35. História da abolição da pena capital: Hammel, 2010.

36. Argumentos iluministas contra a pena de morte: Hammel, 2010; Hunt, 2007; Pinker, 2011, pp. 146-53.

37. Cultura da honra sulista: Pinker, 2011, pp. 99-102. Execuções concentradas em alguns condados sulistas: entrevista com a jurista Carol Steiker, C. Walsh, "Death Penalty in Retreat", *Harvard Gazette*, 3 fev. 2015.

38. Pesquisa Gallup sobre pena de morte: Gallup, 2016. Para dados atuais, ver Death Penalty Information Center, disponível em: <http://www.deathpenaltyinfo.org/>.

39. Pesquisa do Pew Research relatada em M. Berman, "For the First Time in Almost 50 Years, Less Than Half of Americans Support the Death Penalty", *Washington Post*, 30 set. 2016.

40. Morte da pena de morte nos Estados Unidos: D. von Drehle, "The Death of the Death Penalty", *Time*, 8 jun. 2015; Death Penalty Information Center, disponível em: <http://www.deathpenaltyinfo.org/>.

15. IGUALDADE DE DIREITOS [pp. 260-80]

1. Base evolucionária do racismo e do sexismo: Pinker, 2011; Pratto, Sidanius e Levin, 2006; Wilson e Daly, 1992.

2. Base evolucionária da homofobia: Pinker, 2011, cap. 7, pp. 448-9.

3. História da igualdade de direitos: Pinker, 2011, cap. 7; Shermer 2015. Seneca Falls e a história

dos direitos das mulheres: Stansell, 2010. Selma e a história dos direitos dos afro-americanos: Branch, 1988. Stonewall e a história dos direitos dos homossexuais: Faderman, 2015.

4. Classificação para 2016 por US News and World Report, disponível em: <http://www.independent.co.uk/news/world/politics/the-10-most-influential-countries-in-the-world-have-been-revealed-a6834956.html>. Esses três países também são os mais ricos.

5. Amós 5,24.

6. Não houve aumento em mortes por policiais: embora dados diretos sejam raros, o número de mortos por policiais acompanha a taxa de crimes violentos (Fyfe, 1988), que despencou, como vimos no capítulo 12. Não há disparidade racial: Fryer, 2016; Miller et al., 2016; S. Mullainathan, "Police Killing of Blacks: Here Is What Data Say", *New York Times*, 16 out. 2015.

7. Pew Research Center, 2012b, p. 17.

8. Outras pesquisas sobre valores americanos: Pew Research Center, 2010; Teixeira et al., 2013; ver análises em Pinker, 2011, cap. 7, e Roser, 2016s. Outro exemplo: a General Social Survey (<http://gss.norc.org/>) pergunta anualmente a americanos brancos sobre o que sentem a respeito de seus compatriotas negros. Entre 1996 e 2016 a proporção que sentia "proximidade" aumentou de 35% para 51%; a proporção que "não sentia proximidade" caiu de 18% para 12%.

9. Coortes sucessivas mais tolerantes: Gallup, 2002, 2010; Pew Research Center, 2012b; Teixeira et al., 2013. Globalmente: Welzel, 2013.

10. Gerações carregam seus valores consigo: Teixeira et al., 2013; Welzel, 2013.

11. Buscas no Google e outros soros da verdade digitais: Stephens-Davidowitz, 2017.

12. Buscas por "nigger" como índice de racismo: Stephens-Davidowitz, 2014.

13. Não parece haver declínio sistemático em buscas por piadas em geral, por exemplo, na busca por "*funny jokes*". Stephens-Davidowitz observa que quase o total das buscas por letras de hip-hop e outas apropriações da palavra "nigger" usam a [ofensiva] grafia "nigga".

14. Pobreza entre afro-americanos: Deaton, 2013, p. 180.

15. Expectativa de vida dos afro-americanos: Cunningham et al., 2017; Deaton, 2013, p. 61.

16. O último ano para o qual o Censo dos Estados Unidos informa taxas de analfabetismo é 1979, quando a taxa para os negros foi de 1,6%; Snyder, 1993, cap. 1, reproduzido em National Assessment of Adult Literacy (sem data).

17. Ver capítulo 16, nota 24, e capítulo 18, nota 35.

18. O desaparecimento dos linchamentos: Pinker, 2011, cap. 7, baseado em dados do Censo dos Estados Unidos apresentados em Payne, 2004, representados na figura 7.2, p. 384. Os homicídios de afro-americanos em crimes de ódio, representados na figura 7.3, caíram de cinco em 1996 para um por ano em 2006-8. Desde então, o número de vítimas permaneceu em média em uma ao ano até 2014, depois aumentou para dez em 2015, nove delas mortas em um único incidente, uma chacina em Charleston, Carolina do Sul (Federal Bureau of Investigation, 2016b).

19. Para os anos entre 1996 e 2015 inclusive, o número de incidentes de crime de ódio registrado pelo FBI correlacionou-se com a taxa de homicídio nos Estados Unidos com um coeficiente de 0,90 (em uma escala de –1 a 1).

20. Crimes de ódio anti-islâmicos após incidentes de ataques terroristas islamitas: Stephens--Davidowitz, 2017.

21. Exagero sobre crimes de ódio: E. N. Brown, "Hate Crimes, Hoaxes, and Hyperbole", *Reason*, 18 nov. 2016; Alexander, 2016.

22. Como era: S. Coontz, "The Not-So-Good Old Days", *New York Times*, 15 jun. 2013.

23. Mulheres na força de trabalho: United States Department of Labor, 2016.

24. Para evidências de que o declínio começou ainda antes, em 1979, ver Pinker, 2011, fig. 7.10, p. 402, também baseado em dados de National Crime Vitimization Survey. Em virtude de mudanças em definições e critérios de codificação, esses dados não são comensuráveis com os das séries representadas aqui na figura 15.4.

25. Cooperação gera solidariedade: Pinker, 2011, caps. 4, 7, 9, 10.

26. Justificação como força para o progresso moral: Pinker, 2011, cap. 4; Appiah, 2010; Hunt, 2007; Mueller, 2010b; Nadelmann, 1990; Payne, 2004; Shermer, 2015.

27. Declínio da discriminação, aumento da ação afirmativa: Asal e Pate, 2005.

28. World Public Opinion Poll: apresentado em Council on Foreign Relations, 2011.

29. Council on Foreign Relations, 2011.

30. Ibid.

31. Eficácia das campanhas globais de censura: Pinker, 2011, pp. 272-6, 414; Appiah, 2010; Mueller, 1989, 2004, 2010b; Nadelmann, 1990; Payne, 2004, Ray, 1989.

32. United Nations Children's Fund, 2014; ver também M. Tupy, "Attitudes on FGM Are Shifting", HumanProgress, disponível em: <http://humanprogress.org/blog/attitudes-on-fgm-are--shifting>.

33. D. Latham, "Pan African Parliament Endorses Ban on FGM", *Inter Press Service*, 6 ago. 2016, disponível em: <http://www.ipsnews.net/2016/08/pan-african-parliament-endorses-an-on-fgm/>.

34. Criminalização da homossexualidade e revolução dos direitos dos homossexuais: Pinker, 2011, pp. 447-54; Faderman, 2015.

35. Para dados atuais sobre direitos dos homossexuais no mundo, ver Equaldex, disponível em: <www.equaldex.com>, e "LGBT rights by country or territory", Wikipedia, disponível em: <https://en.wikipedia.org/wiki/LGBT_rights_by_country_or_territory>.

36. World Values Survey: <http://www.worldvaluessurvey.org/wvs.jsp>. Valores emancipadores: Welzel, 2013.

37. Distinção de idade, período e coorte: Costa e McCrae, 1982; Smith, 2008.

38. Ver também F. Newport, "Americans Continue to Shift Left on Key Moral Issues", Gallup, 26 maio 2015, disponível em <http://www.gallup.com/poll/183413/americans-continue-shift-left--key-moral-issues.aspx>.

39. Ipsos, 2016.

40. Valores andam juntos com a coorte, não com o ciclo de vida: Ghitza e Gelman, 2014; Inglehart, 1997; Welzel, 2013.

41. Valores emancipadores e a Primavera Árabe (uma relação complicada): Inglehart, 2017.

42. Correlatos de valores emancipadores: Welzel, 2013, especialmente tabela 2.7, p. 83, e tabela 3.2, p. 122.

43. Casamento entre primos e tribalismo: S. Pinker, "Strangled by Roots", *New Republic*, 6 ago. 2007.

44. Knowledge Index: Chen e Dahlman, 2006, tabela 2.

45. Knowledge Index como prognosticador de valores emancipadores: Welzel, 2013, p. 122, onde o índice é chamado de "Avanço Tecnológico". Welzel (comunicação pessoal) confirma que o Knowledge Index tem uma correlação parcial altamente significativa com valores emancipadores

(0,62), mantendo-se constante o PIB per capita (ou seu logaritmo), enquanto o inverso não ocorre (0,20).

46. Finkelhor et al., 2014.

47. Declínio do castigo corporal: Pinker, 2011, pp. 428-39.

48. História do trabalho infantil: Cunningham, 1996; Norberg, 2016; Ortiz-Ospina e Roser, 2016a.

49. M. Wirth, "When Dogs Were Used as Kitchen Gadgets", HumanProgress, 25 jan. 2017, disponível em: <http://humanprogress.org/blog/when-dogs-were-used-as-kitchen-gadgets>.

50. História do tratamento de crianças: Pinker, 2011, cap. 7.

51. Economicamente sem valor, emocionalmente sem preço: Zelizer, 1985.

52. Anúncio de trator: <http://www-formal-stanford-edu/jmc/progress/tractor.gif>.

53. Correlação entre pobreza e trabalho infantil: Ortiz-Ospina e Roser, 2016a.

54. Último recurso e não cobiça: Norberg, 2016; Ortiz-Ospina e Roser, 2016a.

16. CONHECIMENTO [pp. 281-96]

1. *Homo sapiens*: Pinker, 1997/2009, 2010; Tooby e DeVore, 1987.

2. Orientação concreta de povos não instruídos: Everett, 2008; Flynn, 2007; Luria, 1976; Oesterdiekhoff, 2015; ver também meu comentário sobre Everett em <https://www.edge.org/conversation/daniel_l_everett-recursion-and-human-thought#22005>.

3. *Encyclopedia of the Social Sciences*, 1931, v. 5, p. 410, citado em Easterlin, 1981.

4. Escritório do Alto-Comissário das Nações Unidas para os Direitos Humanos, 1966.

5. Educação causa crescimento econômico: Easterlin, 1981; Glaeser et al., 2004; Hafer, 2017; Rindermann, 2012; Roser e Ortiz-Ospina, 2016a; Van Leeuwen e Van Leewn-Li, 2014; Van Zanden et al., 2014.

6. I. N. Thut e D. Adams, *Educational Patterns in Contemporary Societies* (Nova York: McGraw-Hill, 1964), p. 62, citado em Easterlin, 1981, p. 10.

7. Atraso econômico em países árabes: Lewis, 2002; Programa das Nações Unidas para o Desenvolvimento, 2003.

8. Educação conduz à paz: Hegre et al., 2011; Thyne, 2006. Educação conduz à democracia: Glaeser, Ponzetto e Shleifer, 2017; Hafewr, 2017; Lutz, Cuaresma e Abbasi-Shavazi, 2010; Rindermann, 2008.

9. Explosão demográfica da população jovem e violência: Potts e Hayden, 2008.

10. Educação reduz racismo, sexismo, homofobia: Rindermann, 2008; Teixeira et al., 2013; Welzel, 2013.

11. Educação aumenta respeito por liberdade de expressão e imaginação: Welzel, 2013.

12. Educação e participação cívica: Hafer, 2017; OCDE, 2015a; Ortiz-Ospina e Roser, 2016c; Banco Mundial, 2012b.

13. Educação e confiança: Ortiz-Ospina e Roser, 2016c.

14. Roser e Ortiz-Ospina, 2016b, baseado em dados do Unesco Institute for Statistics, visualizado em Banco Mundial, 2016a.

15. Unesco Institute for Statistics, visualizado em Banco Mundial, 2016i.

16. Unesco Institute for Statistics, disponível em: <http://data.uis.unesco.org>.

17. Sobre a relação entre alfabetização e educação básica, ver Van Leewen e Van Leewen-Li, 2014, pp. 88-93.

18. Lutz, Butz e Samir, 2014, baseado em modelos do International Institute for Applied Systems Analysis, disponível em: <http://www.ilasa.ac.at/>, resumido em Nagdy e Roser, 2016c.

19. Eclesiastes 12,12.

20. Prêmio agigantado pela educação: Autor, 2014.

21. Estudantes no ensino médio em 1920 e 1930 nos Estados Unidos: Leon, 2016. Proporção de universitários em 2011: A. Duncan, "Why I Wear 80", *Huffington Post*, 14 fev. 2014. Formados no ensino médio na faculdade em 2016: Bureau of Labor Statistics, 2017.

22. United States Census Bureau, 2016.

23. Nagdy e Roser, 2016c, baseado em modelos do International Institute for Applied Systems Analysis, disponível em: <http://www.iiasa.ac.at/>; Lutz, Butz e Samir, 2014.

24. S. F. Reardon, J. Waldfogel e D. Bassok, "The Good News About Educational Inequality", *New York Times*, 26 ago. 2016.

25. Efeitos de educar as meninas: Deaton, 2013; Nagdy e Roser, 2016c; Radelet, 2015.

26. Organização das Nações Unidas, 2015b.

27. Como o primeiro ponto dos dados para o Afeganistão precede em quinze anos o domínio do Talibã e o segundo representa uma década depois do fim desse domínio, o ganho não pode ser atribuído simplesmente à invasão da OTAN, que depôs o regime em 2001.

28. Efeito Flynn: Deary, 2001; Flynn, 2007, 2012. Ver também Pinker, 2011, pp. 650-60.

29. Hereditariedade da inteligência: Pinker, 2002/2016, cap. 19 ss.; Deary, 2001; Plomin e Deary, 2015; Ritchie, 2015.

30. Efeito Flynn não explicado pelo vigor de híbridos: Flynn, 2007; Pietschnig e Voracek, 2015.

31. Meta-análise do efeito Flynn: Pietschnig e Voracek, 2015.

32. Fim do efeito Flynn: Pietschnig e Voracek, 2015.

33. Avaliação de possíveis causas do efeito Flynn: Flynn, 2007; Pietschnig e Voracek, 2015.

34. Nutrição e saúde explicam apenas parte do efeito Flynn: Flynn, 2007, 2012; Pietschnig e Voracek, 2015.

35. Existência e hereditariedade de *g*: Deary, 2001; Plomin e Deary, 2015; Ritchie, 2015.

36. Efeito Flynn como aumento do pensamento analítico: Flynn, 2007, 2012; Ritchie, 2015; Pinker, 2011, pp. 650-60.

37. Educação afeta os componentes da inteligência (mas não *g*) no efeito Flynn: Ritchie, Bates e Deary, 2015.

38. QI é vento a favor: Deary, 2001; Gottfredson, 1997; Makel et al., 2016; Pinker, 2002/2016; Ritchie, 2015.

39. Efeito Flynn e senso moral: Flynn, 2007; Pinker, 2011, pp. 656-70.

40. Efeito Flynn e genialidade no mundo real: contra, Woodley, Nijenhuis e Murphy, 2013; a favor: Pietschnig e Voracek, 2015, p. 283.

41. Alta tecnologia no mundo em desenvolvimento: Diamandis e Kotler, 2012; Kenny, 2011; Radelet, 2015.

42. Benefícios do aumento do QI: Hafer, 2017.

43. Progresso como variável oculta: Land, Michalos e Sirgy, 2012; Prados de la Escosura, 2015; Van Zanden et al., 2014; Veenhoven, 2010.

44. Índice de Desenvolvimento Humano: Programa das Nações Unidas para o Desenvolvimento, 2016. Inspirações: San, 1999; Ul Haq, 1996.

45. Alcançando: Prados de la Escosura, 2015, p. 222; consideram-se "Ocidente" os países da OCDE antes de 1944, ou seja, os países da Europa Ocidental e Estados Unidos, Canadá, Austrália, Nova Zelândia e Japão. Ele também observa que o índice para a África subsaariana em 2007 era 0,22, equivalente ao do mundo nos anos 1950 e ao dos países da OCDE nos anos 1890. Analogamente, a Composição de Bem-Estar para a África subsaariana ficou em cerca de 0,3 em 2000 (hoje seria mais alta), semelhante à do mundo por volta de 1910 e da Europa Ocidental por volta de 1875.

46. Para detalhes e ressalvas, ver Rijpma, 2014, e Prado de la Escosura, 2015.

17. QUALIDADE DE VIDA [pp. 297-3]

1. *Os intelectuais e as massas*: Carey, 1993.

2. Atribuído também a uma piada de judeu, a uma cena de vaudevile e a um diálogo da peça da Broadway, *Ballyhoo of 1932*.

3. Capacidades: Nussbaum, 2000.

4. Tempo de processamento do alimento: Laudan, 2016.

5. Jornadas de trabalho mais curtas: Roser, 2016t, baseado em dados de Huberman e Minns, 2007; ver também Tupy, 2016, e "Hours Worked per Worker", HumanProgress, disponível em: <http://humanprogress.org/fl/2246>, para dados mostrando uma redução de 7,2 horas de trabalho semanais no mundo todo.

6. Housel, 2013.

7. Citado em Weaver, 1987, p. 505.

8. Produtividade e jornadas mais curtas: Roser, 2016t. Menos idosos mais pobres: Deaton, 2013, p. 180. Repare que a porcentagem absoluta de pessoas pobres depende da definição de "pobreza"; compare, por exemplo, com a figura 9.6.

9. Dados sobre férias remuneradas nos Estados Unidos resumidos em Housel, 2013, baseados em informações do Bureau of Labor Statistics.

10. Dados para o Reino Unido; cálculo de Jesse Ausubel, representado graficamente em <http://humanprogress.org/static/3261>.

11. Tendências das horas de trabalho em alguns países em desenvolvimento: Roser, 2016t.

12. Redução do tempo necessário para comprar eletrodomésticos: M. Tupy, "Cost of Living and Wage Stagnation in the United States, 1979-2015", HumanProgress, disponível em: <https://www.cato.org/projects/jumanprogress/cost-of-living>; Greenwood, Seshadri e Yorukoglu, 2005.

13. Passatempo menos preferido: Kahneman et al., 2004. Tempo gasto em tarefas domésticas: Greenwood, Seshadri e Yorukoglu, 2005; Roser, 2016t.

14. "Time Spent on Laundry", HumanProgress, disponível em: <http://humanprogress.org/static/3264>, baseado em S. Skwire, "How Capitalism Has Killed Laundry Day", *CapX*, 11 abr. 2016, disponível em: <http://capx.co/external/capitalism-has-helped-liberate-the-housewife/>, e dados do Bureau of Labor Statistics.

15. Imperdível: H. Rosling, "The Magic Washing Machine", TED Talk, dez. 2010, disponível em: <https://www.ted.com/talks/hans_rosling_and_the_magic_washing_machine>.

16. *Good Housekeeping*, v. 55, n. 4, out. 1912, p. 436, citado em Greenwood, Seshadri e Yorukoglu, 2005.

17. Em *A riqueza das nações*.

18. Queda nos preços da iluminação: Nordhaus, 1996.

19. Kelly, 2016, p. 189.

20. "Chororô de yuppies": Daniel Hamermesh e Jungmin Lee, citado em E. Kolbert, "No Time", *New Yorker*, 26 maio 2014. Tendências no lazer, 1965-2003: Aguiar e Hurst, 2007; horas de lazer em 2015: Bureau of Labor Statistics, 2016c. Ver a legenda da figura 17.6 para mais detalhes.

21. Mais lazer para os noruegueses: Aguiar e Hurst, 2007, p. 1001, nota 24. Mais lazer para os britânicos: Ausubel e Grübler, 1995.

22. Sempre apressado? Robinson, 2013; J. Robinson, "Happiness Means Being Just Rushed Enough", *Scientific American*, 19 fev. 2013.

23. Jantares em família em 1969 e 1999: K. Bowman, "The Family Dinner Is Alive and Well", *New York Times*, 29 ago. 1999. Jantares em família em 2014: J. Hook, "WSJ/NBC Poll Suggests Social Media Aren't Replacing Direct Interactions", *Wall Street Journal*, 2 maio 2014. Pesquisa Gallup: L. Saad, "Most U.S. Families Still Routinely Dine Together at Home", Gallup, 23 dez. 2013, disponível em: <http://www.gallup.com/poll/166628/families-routinely-dine-together-home.aspx?g_source=family%20and%20dinner&g_medium=search&g_campaign=tiles>. Fisher, 2011, chega a conclusão semelhante.

24. Pais passam mais tempo com os filhos: Sayer, Bianchi e Robinson, 2004; ver também notas 25-7 abaixo.

25. Pais e filhos: Caplow, Hicks e Wattenberg, 2001, pp. 88-9.

26. Mães e filhos: Coontz, 1992/2016, p. 24.

27. Aumento dos cuidados com filhos, diminuição do lazer: Aguiar e Hurst, 2007, pp. 980-2.

28. Contato eletrônico comparado ao pessoal: Susan Pinker, 2014.

29. Carne de porco e amido: N. Irwin, "What Was the Greatest Era for Innovation? A Brief Guided Tour", *New York Times*, 13 maio 2016. Ver também D. Thompson, "America in 1915: Long Hours, Crowded Houses, Death by Trolley", *The Atlantic*, 11 fev. 2016.

30. Artigos de mercearia, 1920-80: N. Irwin, "What Was the Greatest Era for Innovation? A Brief Guided Tour", *New York Times*, 13 maio 2016. Artigos em 2015: Food Marketing Institute, 2017.

31. Solidão e tédio: Bettmann, 1974, pp. 62-3.

32. Jornais e bares: N. Irwin, "What Was the Greatest Era for Innovation? A Brief Guided Tour", *New York Times*, 13 maio 2016.

33. Exatidão da Wikipedia: Giles, 2005; Greenstein e Zhu, 2014; Kräenbring et al., 2014.

18. FELICIDADE [pp. 314-44]

1. Transcrito com leves edições de <https://www.youtube.com/watch?v=q8LaT5Iiwo4> e outros vídeos da web.

2. Mueller, 1999, p. 14.

3. Easterlin, 1973.

4. Esteira hedônica: Brickman e Campbell, 1971.

5. Teoria da comparação social: ver capítulo 9, nota 11; Kelley e Evans, 2017.

6. G. Monbiot, "Neoliberalism Is Creating Loneliness. That's What's Wrenching Society Apart", *The Guardian*, 12 out. 2016.

7. Era Axial e a origem das questões mais profundas: Goldstein, 2013. Filosofia e história da felicidade: Haidt, 2006; Haybron, 2013; McMahon, 2006. Ciência da felicidade: Gilbert, 2006; Haidt, 2006; Helliwell, Layard e Sachs, 2016; Layard, 2005; Roser, 2017.

8. Capacidades humanas: Nussbaum, 2000, 2008; Sen, 1987, 1999.

9. A escolha do que não faz você feliz: Gilbert, 2006.

10. A liberdade faz as pessoas felizes: Helliwell, Layard e Sachs, 2016; Inglehart et al., 2008.

11. A liberdade torna a vida significativa: Baumeister, Vohs et al., 2013.

12. Validade dos relatos sobre felicidade: Gilbert, 2006; Helliwell, Layard e Sachs, 2016; Layard, 2005.

13. Experiência versus avaliação da felicidade: Baumeister, Vohs et al., 2013; Helliwell, Layard e Sachs, 2016; Kahneman, 2011; Veenhoven, 2010.

14. Sensibilidade a contexto das classificações de felicidades versus satisfação versus vida boa: Deaton, 2011; Helliwell, Layard e Sachs, 2016; Veenhoven, 2010. Tirar uma média: Helliwell, Layard e Sachs, 2016; Kelley e Evans, 2017; Stevenson e Wolfers, 2009.

15. Helliwell, Layard e Sachs, 2016, p. 4, tabela 2.1, pp. 16, 18.

16. *Eudaemonia* ou significação: Baumeister, Vohs et al., 2013; Haybron, 2013; McMahon, 2006; R. Baumeister, "The Meanings of Life", *Aeon*, 16 set., 2013.

17. Função adaptativa da felicidade: Pinker, 1997/2009, cap. 6. Funções adaptadoras diferentes da felicidade e da significação: R. Baumeister, "The Meanings of Life", *Aeon*, 16 set. de 2013.

18. Porcentagem de felizes: citado em Ipsos, 2016; ver também Veenhoven, 2010. Colocação média na escala: 5,4 numa escala de 1-10, Helliwell, Layard e Sachs, 2016, p. 3.

19. Defasagem da felicidade: Ipsos, 2016.

20. Dinheiro não compra felicidade: Deaton, 2013; Helliwell, Layard e Sachs, 2016; Inglehart et al., 2008; Stevenson e Wolfers, 2008a; Roser, 2017.

21. Independência de felicidade e desigualdade: Kelley e Evans, 2017.

22. Helliwell, Layard e Sachs, 2016, pp. 12-3.

23. Ganhar na loteria: Stephens-Davidowitz, 2017, p. 229.

24. A felicidade nacional aumenta ao longo do tempo: Sacks, Stevenson e Wolfers, 2012; Stevenson e Wolfers, 2008a; Stokes, 2007; Veenhoven, 2010; Roser, 2017.

25. O World Values Survey mostra aumento da felicidade: Inglehart et al., 2008.

26. Felicidade, saúde e liberdade: Helliwell, Layard e Sachs, 2016; Inglehart et al., 2008; Veenhoven, 2010.

27. Cultura e felicidade: Inglehart et al., 2008.

28. Fatores não monetários que contribuem para a felicidade: Helliwell, Layard e Sachs, 2016.

29. Felicidade americana: Deaton, 2011; Helliwell, Layard e Sachs, 2016; Inglehart et al., 2008; Sacks, Stevenson e Wolfers, 2012; Smith, Son e Schapiro, 2015.

30. Classificação do *World Happiness Report 2016*: 1. Dinamarca (7,5 degraus acima da pior vida possível); 2. Suíça; 3. Islândia; 4. Noruega; 5. Finlândia; 6. Canadá; 7. Holanda; 8. Nova Zelândia; 9.

Austrália; 10. Suécia; 11. Israel; 12. Áustria; 13. Estados Unidos; 14. Costa Rica; 15. Porto Rico. Os países mais infelizes são Benim, Afeganistão, Togo, Síria e Burundi (157º lugar, 2,9 degraus acima da pior vida possível).

31. Felicidade americana: observa-se uma queda e uma ascensão no World Database of Happiness (Veenhoven, sem data), que inclui dados do World Values Survey; ver o apêndice on-line de Inglehart et al., 2008. Observa-se um leve declínio no General Social Survey (<gss.norc.org>); ver Smith, Son e Schapiro, 2015 e figura 18.4 neste capítulo, que representa a tendência "muito feliz".

32. Restrição de amplitude na felicidade americana: Deaton, 2011.

33. Desigualdade como parte da explicação da estagnação da felicidade americana: Sacks, Stevenso e Wolfers, 2012.

34. Estados Unidos como ponto fora da curva da tendência da felicidade: Inglehart et al., 2008; Sacks, Stevenson e Wolfers, 2012.

35. Aumento da felicidade dos afro-americanos: Stevenson e Wolfers, 2009; Twenge, Sherman e Lyubomirsky, 2016.

36. Declínio da felicidade feminina: Stevenson e Wolfers, 2009.

37. Distinção de idade, período e coorte: Costa e McCrae, 1982; Smith, 2008.

38. Pessoas mais velhas são mais felizes em geral: Deaton, 2011; Smith, Son e Schapiro, 2015; Sutin et al., 2013.

39. Quedas na meia-idade e nos últimos anos: Bardo, Lynch e Land, 2017; Fukuda, 2013.

40. Ponto mais baixo da Grande Recessão: Bardo, Lynch e Land, 2017.

41. Cada coorte sucessiva mais feliz até os *baby boomers*: Sutin et al., 2013.

42. Gerações X e Y mais felizes do que os *baby boomers*: Bardo, Lynch e Land, 2017; Fukuda, 2013; Stevenson e Wolfers, 2009; Twenge, Sherman e Lyubomirsky, 2016.

43. Solidão, longevidade e saúde: Susan Pinker, 2014.

44. Ambas as citações são de Fischer, 2011, p. 110.

45. Fischer, 2011, p. 114. Ver também Susan Pinker, 2014, para uma análise judiciosa das mudanças e constâncias.

46. Fischer, 2011, p. 114. Fischer cita "umas poucas fontes de suporte social", ciente de um relatório amplamente divulgado em 2006 que anunciava que de 1985 a 2004 os americanos mencionaram um terço a menos de pessoas com quem podiam discutir assuntos importantes, e um quarto deles disse que não tinha ninguém. Ele concluiu que o resultado era artefato dos métodos de pesquisa: Fischer, 2006.

47. Fischer, 2011, p. 112.

48. Hampton, Rainie et al., 2015.

49. Conectividade dos usuários de mídias sociais: Hampton, Goulet et al., 2011.

50. Estresse em usuários de mídias sociais: Hampton, Rainie et al., 2015.

51. Mudanças e constâncias na interação social: Fischer, 2005, 2011; Susan Pinker, 2014.

52. As taxas de suicídio dependem da disponibilidade de métodos: Miller, Azrael e Barber, 2012; Thomas e Gunnell, 2010.

53. Fatores de risco para o suicídio: Ortiz-Ospina, Lee e Roser, 2016; Organização Mundial da Saúde, 2016d.

54. O paradoxo felicidade-suicídio: Daly et al., 2010.

55. Suicídios nos Estados Unidos em 2014 (42 773, para ser exato): Dados da National Vital

Statistics, Kochanek et al., 2016, tabela B. Suicídios no mundo em 2012: Dados da Organização Mundial da Saúde, Värnik, 2012, e Organização Mundial da Saúde, 2016d.

56. Declínio do suicídio feminino: "Female Suicide Rate, OECD", HumanProgress, disponível em: <humanprogress.org/story/2996/>.

57. Suicídio por idade e período na Inglaterra: Thomas e Gunnell, 2010. Suicídio por idade, coorte e período na Suíça: Ajdacic-Gross et al., 2006. Dados para os Estados Unidos: Phillips, 2014.

58. Queda da taxa de suicídios de adolescentes: Costello, Erkanli e Angold, 2006; Twenge, 2014.

59. Viés negativo em números de suicídios: M. Nock, "Five Myths About Suicide", *Washington Post*, 6 maio 2016.

60. Eisenhower e o suicídio sueco: <http://fed.wiki.org/journal.hapgood.net/eisenhower--on-sweden>.

61. As taxas de suicídio para 1960 são de Ortiz-Ospina, Lee e Roser, 2016. As taxas de suicídio para 2012 (ajustadas para idade) são da Organização Mundial da Saúde, 2017b.

62. Taxas médias de suicídio na Europa Ocidental: Värnik, 2012, p. 768. Declínio do suicídio na Suécia: Ohlander, 2010.

63. Aumento geracional da depressão: Lewinsohn et al., 1993.

64. Gatilhos de TEPT: McNally, 2016.

65. A expansão do império da psicopatologia: Haslam, 2016; Horwitz e Wakefield, 2007; McNally, 2016; PLOS Medicine Editors, 2013.

66. R. Rosenberg, "Abnormal Is the New Normal", *Slate*, 12 abr. de 2013, baseado em Kessler et al., 2005.

67. Expansão do conceito de dano como progresso moral: Haslam, 2016.

68. Tratamento psicológico baseado em evidências: Barlow et al., 2013.

69. Peso mundial da depressão: Murray et al., 2012. Riscos dos adultos: Kessler et al., 2003.

70. O paradoxo da saúde mental: PLOS Medicine Editors, 2013.

71. Falta de padrão-ouro: Twenge, 2014.

72. Nenhum aumento na depressão em mais de um século: Mattisson et al., 2005; Murphy et al., 2000.

73. Twenge et al., 2010.

74. Twenge e Nolen-Hoeksema, 2002: entre 1980 e 1998, coortes sucessivas, meninos das gerações X e Y entre oito e dezesseis anos ficaram *menos* deprimidos, sem nenhuma mudança nas meninas. Twenge, 2014: entre as décadas de 1980 e 2010, os adolescentes tiveram menos pensamentos suicidas; estudantes de terceiro grau e adultos relataram que estavam menos deprimidos. Olfson, Druss e Marcus, 2015: taxas de doença mental em crianças e adolescentes caíram.

75. Costello, Erkanli e Angold, 2006.

76. Baxter et al., 2014.

77. Jacobs, 2011.

78. Baxter et al., 2014; Twenge, 2014; Twenge et al., 2010.

79. A lei de Stein e a ansiedade: Sage, 2010.

80. Terracciano, 2010; Trzesniewski e Donnellan, 2010.

81. Baxter et al., 2014.

82. Por exemplo, "Depression as a Disease of Modernity: Explanations for Increasing Prevalence", Hidaka, 2012.

83. Stevenson e Wolfers, 2009.

84. Copiado da versão em livro: Allen, 1987, pp. 131-3.

85. Johnston e Davey, 1997; ver também Jackson, 2016; Otieno, Spada e Renkl, 2013; Unz, Schwab e Winterhoff-Spurk, 2008.

86. Declaração: Cornwall Alliance for the Stewardship of Creation, 2000. "Assim chamada crise do clima": Cornwall Alliance, "Sin, Deception, and the Corruption of Science: A Look at the So-Called Climate Crisis", 2016, disponível em: <http://cornwallalliance.org/2016/07/sin-deception-and-the-corruption-of-science-a-look-at-the-so-called-climate-crisis/>. Ver também Bean e Teles, 2016; L. Vox, "Why Don't Christian Conservatives Worry About Climate Change? God", *Washington Post*, 2 jun. 2017.

87. Barcaça de lixo: M. Winerip, "Retro Report: Voyage of the Mobro 4000", *New York Times*, 6 maio 2013.

88. Aterros sanitários ambientalmente saudáveis: J. Tierney, "The Reign of Recycling", *New York Times*, 3 out. 2015. A série de reportagens do *New York Times* "Retro Report", da qual fazia parte a matéria citada na nota anterior, é uma exceção à falta de acompanhamento no noticiário sobre crises.

89. Crise de tédio: Nisbet, 1980/2009, pp. 349-51. Os dois principais alarmistas eram cientistas: Dennis Gabor e Harlow Shapley.

90. Ver as referências nas notas 15 e 16 acima.

91. Ansiedade ao longo do ciclo da vida: Baxter et al., 2014.

19. AMEAÇAS EXISTENCIAIS [pp. 345-80]

1. Mito da defasagem de mísseis: Berry et al., 2010; Preble, 2004.

2. Retaliação nuclear por ataques cibernéticos: Sagan, 2009c, p. 164. Ver também os comentários de Keith Payne reproduzidos em P. Sonne, G. Lubold e C. E. Lee, "'No First Use' Nuclear Policy Proposal Assailed by U.S. Cabinet Officials, Allies", *Wall Street Journal*, 12 ago. 2016.

3. K. Bird, "How to Keep an Atomic Bomb from Being Smuggled into New York City? Open Every Suitcase with a Screwdriver", *New York Times*, 5 ago. 2016.

4. Randle e Eckersley, 2015.

5. Citado no site da Ocean Optimism, disponível em: <http://www.oceanoptimism.org/about/>.

6. Pesquisa Ipsos, 2012: C. Michaud, "One in Seven Thinks End of World Is Coming: Poll", Reuters, 1 maio 2012, disponível em: <http://www.reuters.com/article/us-mayancalendar-poll-idUSBRE8400XH20120501>. A taxa para os Estados Unidos foi de 22% e, numa pesquisa de 2015 da YouGov, 31%; disponível em <http://cdn.yougov.com /cumulus_uploads/document/i7p20mektl/toplines_OPI_disaster_20150227.pdf>.

7. Distribuição de poder-lei: Johnson et al., 2006; Newman, 2005; ver Pinker, 2011, pp. 210-22, para uma resenha. Ver as referências na nota 17 do capítulo 11 para uma explanação sobre as complexidades da estimativa de riscos a partir dos dados.

8. Superestimação da probabilidade de riscos extremos: Pinker, 2011, pp. 368-73.

9. Previsões do fim do mundo: "Doomsday Forecasts", *The Economist*, 7 out. 2015, disponível em: <http://www.economist.com/blogs/graphicdetail/2015/10/predicting-end-world>.

10. Filmes apocalípticos: "List of Apocalyptic Films", Wikipedia, disponível em: <https://en.wikipedia.org/wiki/List_of_apocalyptic_films>, acesso em 15 dez. 2016.

11. Citado em Ronald Bailey, "Everybody Loves a Good Apocalypse", *Reason*, nov. 2015.

12. Bug do milênio: M. Winerip, "Revisiting Y2K: Much Ado About Nothing?", *New York Times*, 27 maio 2013.

13. G. Easterbrook, "We're All Gonna Die!", *Wired*, 1 jul. 2003.

14. P. Ball, "Gamma-Ray Burst Linked to Mass Extinction", *Nature*, 24 set. 2003.

15. Denkenberger e Pearce, 2015.

16. Rosen, 2016.

17. D. Cox, "Nasa's Ambitious Plan to Save Earth from a Supervolcano", *BBC Future*, 17 ago. 2017, diponível em: <http://www.bbc.com/future/story/20170817-nasas-ambitious-plan-to-save-earth-from-a-supervolcano>.

18. Deutsch, 2011, p. 207.

19. "Mais perigoso do que mísseis nucleares": tuitado em agosto de 2014, citado em A. Elkus, "Don't Fear Artificial Intelligence", *Slate*, 31 out. 2014. "Fim da raça humana": citado em R. Cellan-Jones, "Stephen Hawking Warns Artificial Intelligence Could End Mankind", *BBC News*, 2 dez. 2014, disponível em: <http://www.bbc.com/news/technology-30290540>.

20. Numa pesquisa de 2014 junto aos cem pesquisadores de IA mais citados, apenas 8% temiam que a IA de alto nível representava a ameaça de "uma catástrofe existencial": Müller e Bostrom, 2014. Entre os especialistas em IA que não acreditam publicamente nisso estão Paul Allen (2011), Rodney Brooks (2015), Kevin Kelly (2017), Jaron Lanier (2014), Nathan Myhrvold (2014), Ramez Naam (2010), Peter Norvig (2015), Stuart Russell (2015) e Roger Schank (2015). Entre os psicólogos e biólogos incrédulos estão Roy Baumeister (2015), Dylan Evans (2015), Gary Marcus (2015), Mark Pagel (2015) e John Tooby (2015). Ver também A. Elkus, "Don't Fear Artificial Intelligence", *Slate*, 31 out. 2014; M. Chorost, "Let Artificial Intelligence Evolve", *Slate*, 18 abr. 2016.

21. Entendimento científico moderno da inteligência: Pinker, 1997/2009, cap. 2; Kelly, 2017.

22. *Foom*: Hanson e Yudkowsky, 2008.

23. O especialista em tecnologia Kevin Kelly (2017) apresentou recentemente a mesma argumentação.

24. Inteligência como um dispositivo: Brooks, 2015; Kelly, 2017; Pinker, 1997/2009, 2007a; Tooby, 2015.

25. A IA não progride conforme a lei de Moore: Allen, 2011; Brooks, 2015; Deutsch, 2011; Kelly, 2017; Lanier, 2014; Naam, 2010. Muitos dos comentadores em Lanier, 2014, e Brockman, 2015, dizem o mesmo.

26. Pesquisadores de IA versus empolgação com IA: Brooks, 2015; Davis e Marcus, 2015; Kelly, 2017; Lake et al., 2017; Lanier, 2014; Marcus, 2016; Naam, 2010; Schank, 2015. Ver também nota 25 acima.

27. Superficialidade e fragilidade da IA atual: Brooks, 2015; Davis e Marcus, 2015; Lanier, 2014; Marcus, 2016; Schank, 2015.

28. Naam, 2010.

29. Robôs nos transformando em clipes de papel e outros Problemas de Alinhamento de

Valores: Bostrom, 2016; Hanson e Yudkowsky, 2008; Omohundro, 2008; Yudkowsky, 2008; P. Torres, "Fear Our New Robot Overlords: This Is Why You Need to Take Artificial Intelligence Seriously", *Salon*, 14 maio 2016.

30. Por que não seremos transformados em clipes de papel: B. Hibbard, "Reply to AI Risk", diposnível em: <http://www.ssec.wisc.edu/~billh/g/AIRisk_Reply.html>; R. Loosemore, "The Maverick Nanny with a Dopamine Drip: Debunking Fallacies in the Theory of AI Motivation", *Institute for Ethics and Emerging Technologies*, 24 jul. 2014, disponível em: <http://ieet.org/index.php/IEET/more/loosemore20140724>; A. Elkus, "Don't Fear Artificial Intelligence", *Slate*, 31 out. 2014; R. Hanson, "I Still Don't Get Foom", *Humanity+*, 29 jul. 2014, disponível em: <http://hplusmagazine.com/2014/07/29/i-still-dont-get-foom/>; Hanson e Yudkowsky 2008. Ver também Kelly, 2017, e notas 26 e 27 acima.

31. Citado em J. Bohannon, "Fears of an AI Pioneer", *Science*, 17 jul. 2016.

32. Citado em Brynjolfsson e McAfee, 2015.

33. Carros autônomos ainda não estão prontos: Brooks, 2016.

34. Robôs e empregos: Brynjolfsson e McAfee, 2016; ver também capítulo 9, notas 67 e 68.

35. A aposta está registrada no site Long Bets, disponível em: <http://longbets.org/9/>.

36. Melhorar a segurança dos computadores: Schneier, 2008; B. Schneier, "Lessons from the Dyn DDoS Attack", Schneier on Security, 1 nov. 2016, disponível em: <https://www.schneier.com/essays/archives/2016/11/lessons_from_the_dyn.html>.

37. Fortalecer a segurança contra armas biológicas: Bradford Project on Strengthening the Biological and Toxin Weapons Convention, disponível em: <http://www.bradford.ac.uk/acad/sbtwc/>.

38. A proteção contra doenças infecciosas protege contra o bioterrorismo: Carlson, 2010. Preparando-se para pandemias: Bill & Melinda Gates Foundation, "Preparing for Pandemics", disponível em: <http://nyti.ms/256CNNC>; Organização Mundial da Saúde, 2016b.

39. Medidas antiterroristas: Mueller, 2006, 2010a; Mueller e Stewart, 2016a; Schneier, 2008.

40. Kelly, 2010, 2013.

41. Comunicação pessoal, 21 maio 2017; ver também Kelly, 2013, 2016.

42. É fácil cometer assassinato e provocar tumulto: Branwen, 2016.

43. Branwen, 2016, lista vários exemplos da vida real de sabotagem de produtos com danos que vão de 150 milhões a 1,5 bilhão de dólares.

44. B. Schneier, "Where Are All the Terrorist Attacks?", *Schneier on Security*, disponível em: <https://www.schneier.com/essays/archives/2010/05/where_are_all_the_te.html>. Argumentos semelhantes: Mueller, 2004b; M. Abrahms, "A Few Bad Men: Why America Doesn't Really Have a Terrorist Problem", *Foreign Policy*, 16 abr. 2013.

45. A maioria dos terroristas é desastrada: Mueller, 2006; Mueller e Stewart, 2016a, cap. 4; Branwen, 2016; M. Abrahms, "Does Terrorism Work as a Political Strategy? The Evidence Says No", *Los Angeles Times*, 1 abr. 2016; J. Mueller e M. Stewart, "Hapless, Disorganized, and Irrational: What the Boston Bombers Had in Common with Most Would-Be Terrorists", *Slate*, 22 abr. 2013; D. Kenner, "Mr. Bean to Jihadi John", *Foreign Policy*, 1 set. 2014.

46. D. Adnan e T. Arango, "Suicide Bomb Trainer in Iraq Accidentally Blows Up His Class", *New York Times*, 10 fev. 2014.

47. "Suicide Bomber Hid IED in His Anal Cavity", *Homeland Security News Wire*, 9 set. 2009,

disponível em: <http://www.homelandsecuritynewswire.com/saudi-suicide-bomber-hid-ied-his--anal-cavity>.

48. O terrorismo é ineficaz: Abrahms, 2006, 2012; Brandwen, 2016; Cronin, 2009; Fortna, 2015; Mueller, 2006; Mueller e Stewart, 2010; ver também nota 45 acima. QI está negativamente correlacionado com a criminalidade e a psicopatia: Beaver, Schwartz et al., 2013; Beaver, Vauhgn et al., 2012; De Ribera, Kavish e Boutwell, 2017.

49. Riscos de complôs terroristas maiores: Mueller, 2006.

50. Crimes cibernéticos graves exigem um Estado: B. Schneier, "Someone Is Learning How to Take Down the Internet", *Lawfare*, 13 set. 2016.

51. Ceticismo em relação à guerra cibernética: Lawson, 2013; Mueller e Friedman, 2014; Rid, 2012; B. Schneier, "Threat of 'Cyberwar' Has Been Hugely Hyped", *CNN*, 7 jul. 2010, disponível em: <http://www.cnn.com/2010/OPINION/07/07/schneier.cyberwar.hyped/>; E. Morozov, "Cyber--Scare: The Exaggerated Fears over Digital Warfare", *Boston Review*, jul./ago. 2009; E. Morozov, "Battling the Cyber Warmongers", *Wall Street Journal*, 8 maio 2010; R. Singel, "Cyberwar Hype Intended to Destroy the Open Internet", *Wired*, 1 mar. 2010; R. Singel, "Richard Clarke's *Cyberwar*: File Under Fiction", *Wired*, 22 abr. 2010; P. W. Singer, "The Cyber Terror Bogeyman", *Brookings*, 1 nov. 2012, disponível em: <https://www.brookings.edu/articles/the-cyber-terror-bogeyman/>.

52. Do artigo de Schneier citado na nota anterior.

53. Resiliência: Lawson, 2013; Quarantelli, 2008.

54. Quarantelli, 2008, p. 899.

55. As sociedades não colapsam por desastres: Lawson, 2013; Quarantelli, 2008.

56. As sociedades modernas são resilientes: Lawson, 2013.

57. Guerra biológica e terrorismo: Ewald, 2000; Mueller, 2006.

58. Terrorismo como teatro: Abrahms, 2006; Branwen, 2016; Cronin, 2009; Ewald, 2000; Y. N. Harari, "The Theatre of Terror", *The Guardian*, 31 jan. 2015.

59. Evolução da virulência e do contágio: Ewald, 2000; Walther e Ewald, 2004.

60. Raridade do bioterrorismo: Mueller, 2006; Parachini, 2003.

61. Dificuldade de criar um patógeno mesmo com edição de genes: Paul Ewald, comunicação pessoal, 27 dez. 2016.

62. Comentário em Kelly, 2013, resumindo argumentos em Carlson, 2010.

63. Novos antibióticos: Meeske et al., 2016; Murphy, Zeng e Herzon, 2017; Seiple et al., 2016. Identificação de patógenos potencialmente perigosos: Walther e Ewald, 2004.

64. Vacina contra ebola: Henao Restrepo et al., 2017. Falsas previsões de pandemias catastróficas: Norberg, 2016; Ridley, 2010; M. Ridley, "Apocalypse Not: Here's Why You Shouldn't Worry About End Times", *Wired*, 17 ago. 2012; D. Bornstein e T. Rosenberg, "When Reportage Turns to Cynicism", *New York Times*, 14 nov. 2016.

65. Aposta sobre bioterror com Martin Rees: disponível em: <http://longbets.org/9/>.

66. Revisões das armas nucleares hoje: Evans, Ogilvie-White e Thakur, 2014; Federation of American Scientists (sem data); Rhodes, 2010; Scoblic, 2010.

67. Estoque nuclear mundial: Kristensen e Norris, 2016a; ver também nota 113 abaixo.

68. Inverno nuclear: Robock e Toon, 2012; A. Robock e O. B. Toon, "Let's End the Peril of a Nuclear Winter", *New York Times*, 11 fev. 2016. História da controvérsia inverno/outono nuclear: Morton, 2015.

69. Doomsday Clock: *Bulletin of the Atomic Scientists*, 2017.

70. Eugene Rabinowitch, citado em Mueller, 2010a, p. 26.

71. Relógio do Juízo Final: *Bulletin of the Atomic Scientists*, "A Timeline of Conflict, Culture, and Change", 13 nov. 2013, disponível em: <http://thebulletin.org/multimedia/timeline-conflict-culture-and-change>.

72. Citado em Mueller, 1989, p. 98.

73. Citado em ibid., p. 271, nota 2.

74. Snow, 1961, p. 259.

75. Palestra aos novos estudantes de pós-graduação, Faculdade de Artes e Ciências, Harvard University, set. 1976.

76. Citado em Mueller, 1989, p. 271, nota 2.

77. Listas de escapadas por um triz: Future of Life Institute, 2017; Schlosser, 2013; Union of Concerned Scientists, 2015a.

78. Union of Concerned Scientists, "To Russia with Love", disponível em: <http://www.ucsusa.org/nuclear-weapons/close-calls#.WGQCIlMrJEY>.

79. Ceticismo a respeito de listas de escapadas por um triz: Mueller, 2010a; J. Mueller, "Fire, Fire (Review of E. Schlosser's 'Command and Control')", *Times Literary Supplement*, 7 mar. 2014.

80. O Google Ngram Viewer (<https://books.google.com/ngrams>) indica que em 2008 (ano mais recente exibido) as menções a *guerra nuclear* em livros publicados foram em número de dez a vinte vezes menor do que a *racismo*, *terrorismo* e *desigualdade*. O Corpus of Contemporary American English (<http://corpus.byu.edu/coca/>) indica que nos jornais americanos em 2015 *guerra nuclear* apareceu 0,65 vez por milhão de palavras de texto, em comparação com 13,13 vezes para *desigualdade*, 19,5 para *racismo* e 30,93 para *terrorismo*.

81. Citações tiradas de Morton, 2015, p. 324.

82. Carta datada de 17 abr. 2003 ao Conselho de Segurança, escrita quando ele era o representante dos Estados Unidos na ONU, citado em Mueller, 2012.

83. Coleção de previsões de terror: Mueller, 2012.

84. Warren B. Rudman, Stephen E. Flynn, Leslie H. Gelb, e Gary Hart, 16 dez. 2004, reproduzido em Mueller, 2012.

85. Citado em Boyer, 1985/2005, p. 72.

86. Tiro pela culatra da tática de amedrontar: Boyer, 1986.

87. De um editorial de 1951 do *Bulletin of the Atomic Scientists*, citado em Boyer, 1986.

88. O que motiva o ativismo: Sandman e Valenti, 1986. Ver capítulo 10, nota 55, para observações similares sobre mudança climática.

89. Citado em Mueller, 2016.

90. Citado em ibid. A expressão "metafísica nuclear" é do cientista político Robert Johnson.

91. Desarmamento sem tratados: Kristensen e Norris, 2016a; Mueller, 2010a.

92. Probabilidades próximas de zero: Welch e Blight, 1987-8, p. 27; ver também Blight, Nye e Welch, 1987, p. 184; Frankel, 2004; Mueller, 2010a, pp. 38-40, p. 248, notas 31-3.

93. Medidas de segurança evitam acidentes: Mueller, 2010a, pp. 100-2; Evans, Ogilvie-White e Thakur, 2014, p. 56; J. Mueller, "Fire, Fire (Resenha de 'Command and Control' de E. Schlosser)", *Times Literary Supplement*, 7 mar. 2014. Observe-se que a alegação comum de que o oficial da Marinha soviética Vassíli Arkhipov "salvou o mundo" durante a crise dos mísseis cubanos ao desautori-

zar o capitão de submarino que estava prestes a disparar um torpedo com ogiva nuclear contra navios americanos é posta em dúvida por Aleksandr Mozgovoi em seu livro de 2002 *Kubinskaya Samba Kvarteta Fokstrotov* [Samba cubano do quarteto de foxtrotes], no qual o oficial de comunicações Vadim Pavlovitch Orlov, que participou dos eventos, relata que o capitão recuou espontaneamente de seu impulso: Mozgovoi, 2002. Observe-se também que uma única arma tática detonada no mar não teria necessariamente levado a uma guerra total; ver Mueller, 2010a, pp. 100-2.

94. Union of Concerned Scientists, 2015a.

95. A história das armas químicas depois que foram banidas após a Primeira Guerra Mundial sugere que usos acidentais e únicos não levam automaticamente à escalada mútua; ver Pinker, 2011, pp. 273-4.

96. Previsões de proliferação nuclear: Mueller, 2010a, p. 90; T. Graham, "Avoiding the Tipping Point", *Arms Control Today*, 2004, disponível em: <https://www.armscontrol.org/act/2004_11/BookReview>. Ausência de proliferação: Bluth, 2011; Sagan, 2009b, 2010.

97. Países que desistiram de armas nucleares: Sagan, 2009b, 2010, e comunicação pessoal, 30 dez. 2016; ver Pinker, 2011, pp. 272-3.

98. G. Evans, 2015.

99. Citado em Pinker, 2013a.

100. Gás venenoso de aviões: Mueller, 1989. Guerra geofísica: Morton, 2015, p. 136.

101. A URSS, e não Hiroshima, fez o Japão render-se: Berry et al., 2010; Hasegawa, 2006; Mueller, 2010a; Wilson, 2007.

102. Nobel para as armas nucleares: sugestão de Elspeth Rostow, citado em Pinker, 2011, p. 268. Armas nucleares são dissuasores fracos: Pinker, 2011, p. 269; Berry et al., 2010; Mueller, 2010a; Ray, 1989.

103. Tabu nuclear: Mueller, 1989; Sechser e Fuhrmann, 2017; Tannenwald, 2005; Ray, 1989, pp. 429-31; Pinker, 2011, cap. 5, "Is the Long Peace a Nuclear Peace?", pp. 268-78.

104. Eficácia da dissuasão convencional: Mueller, 1989, 2010a.

105. Estados nucleares e ladrões armados: Schelling, 1960.

106. Berry et al., 2010, pp. 7-8.

107. George Shultz, William Perry, Henry Kissinger e Sam Nunn, "A World Free of Nuclear Weapons", *Wall Street Journal*, 4 jan. 2007; William Perry, George Shultz, Henry Kissinger e Sam Nunn, "Toward a Nuclear-Free World", *Wall Street Journal*, 15 jan. 2008.

108. "Remarks by President Barack Obama in Prague as Delivered", Casa Branca, 5 abr. 2009, disponível em: <https://www.whitehouse.gov/the-press-office/remarks-president-barack-obama-prague-delivered>.

109. United Nations Office for Disarmament Affairs (sem data).

110. Opinião pública sobre o Global Zero: Council on Foreign Relations, 2012.

111. Aproximando-se do zero: Global Zero Commission, 2010.

112. Céticos do Global Zero: H. Brown e J. Deutch, "The Nuclear Disarmament Fantasy", *Wall Street Journal*, 19 nov. 2007; Schelling, 2009.

113. O Pentágono anunciou que em 2015 o estoque nuclear americano continha 4571 armas (Departamento de Defesa dos Estados Unidos, 2016). A Federação dos Cientistas Americanos (Kristensen e Norris, 2016b, atualizado em Kristensen, 2016) estima que cerca de 1700 das ogivas nucleares estão instaladas em mísseis balísticos e bases de bombardeiros, 180 consistem em bombas táticas

instaladas na Europa e as 2700 restantes são mantidas em depósitos. (O termo "estoque" costuma abarcar tanto os mísseis armazenados quanto os instalados, embora às vezes se refira somente aos armazenados.) Além disso, aproximadamente 2340 ogivas estão aposentadas e aguardam para ser desmontadas.

114. A. E. Kramer, "Power for U.S. from Russia's Old Nuclear Weapons", *New York Times*, 9 nov. 2009.

115. A Federação dos Cientistas Americanos estima que o estoque russo em 2015 continha 4500 ogivas (Kristensen e Norris, 2016b). Novo START: Woolf, 2017.

116. A redução dos estoques continuará junto com a modernização: Kristensen, 2016.

117. Arsenais nucleares: estimativas de Kristensen, 2016; elas incluem ogivas que estão instaladas ou guardadas em depósitos e são instaláveis; excluem ogivas que estão aposentadas e bombas que não podem ser instaladas pelas plataformas de entrega da nação.

118. Não há novos estados nucleares iminentes: Sagan, 2009b, 2010, e comunicação pessoal, 30 dez. 2016; ver também Pinker, 2011, pp. 272-3. Menos Estados com materiais físseis: "Sam Nunn Discusses Today's Nuclear Risks", Foreign Policy Association blogs, disponível em: <http://foreignpolicyblogs.com/2016/04/06/sam-nunn-discusses-todays-nuclear-risks/>.

119. Desarmamento sem tratados: Kristensen e Norris, 2016a; Mueller, 2010a.

120. GRIT: Osgood, 1962.

121. Arsenal pequeno, nenhum inverno nuclear: A. Robock e O. B. Toon, "Let's End the Peril of a Nuclear Winter", *New York Times*, 11 fev. 2016. Os autores recomendam que os Estados Unidos reduzam seu arsenal para mil ogivas, mas não dizem se isso eliminaria a possibilidade de um inverno nuclear. O número duzentos vem de uma apresentação de Robock no MIT, 2 abr. 2016, "Climatic Consequences of Nuclear War", disponível em: <http://futureoflife.org/wp-content/uploads/2016/04/Alan_Robock_MIT_April2.pdf>.

122. Gatilho sensível: Evans, Ogilvie-White e Thakur, 2014, p. 56.

123. Contra lançamento sob aviso: Evans, Ogilvie-White e Thakur, 2014; J. E. Cartwright e V. Dvorkin, "How to Avert a Nuclear War", *New York Times*, 19 abr. 2015; B. Blair, "How Obama Could Revolutionize Nuclear Weapons Strategy Before He Goes", *Politico*, 22 jun. 2016; Pavio longo: Brown e Lewis, 2013.

124. Tirar os mísseis do"gatilho sensível": Union of Concerned Scientists, 2015b.

125. Não utilização em primeiro lugar: Sagan, 2009a; J. E. Cartwright e B. G. Blair, "End the First-Use Policy for Nuclear Weapons", *New York Times*, 14 ago. 2016. Refutações dos argumentos contra a não utilização em primeiro lugar: Global Zero Commission, 2016; B. Blair, "The Flimsy Case Against No-First-Use of Nuclear Weapons", *Politico*, 28 set. 2016.

126. Compromissos gradativos: J. G. Lewis e S. D. Sagan, "The Common-Sense Fix That American Nuclear Policy Needs", *Washington Post*, 24 ago. 2016.

127. D. Sanger e W. J. Broad, "Obama Unlikely to Vow No First Use of Nuclear Weapons", *New York Times*, 4 set. 2016.

20. O FUTURO DO PROGRESSO [pp. 381-407]

1. Os dados citados neste parágrafo vêm dos capítulos 5-19.

2. Todos os declínios calculados em proporção aos seus picos no século XX.

3. Para provas de que a guerra, em particular, não é cíclica, ver Pinker, 2011, p. 207.

4. *Review of Southey's Colloquies on Society*, citado em Ridley, 2010, cap. 1.

5. Ver as referências no final dos capítulos 8 e 16; pp. 158 e 164 do capítulo 10; p. 276 do capítulo 15; e a discussão do paradoxo de Easterlin no capítulo 18.

6. Média dos anos de 1961 a 1973; Banco Mundial, 2016c.

7. Média dos anos de 1974 a 2015; Banco Mundial, 2016c. As taxas nos Estados Unidos nesses dois períodos foram de 3,3% e 1,7%, respectivamente.

8. As estimativas são da produtividade total dos fatores, tiradas de Gordon, 2014, fig. 1.

9. Estagnação secular: Summers, 2014b, 2016. Para uma análise e comentários, ver Teulings e Baldwin, 2014.

10. Ninguém sabe: M. Levinson, "Every US President Promises to Boost Economic Growth. The Catch: No One Knows How", *Vox*, 22 dez. 2016; G. Ip, "The Economy's Hidden Problem: We're Out of Big Ideas", *Wall Street Journal*, 20 dez. 2016; Teulings e Baldwin, 2014.

11. Gordon, 2014, 2016.

12. Complacência americana: Cowen, 2017; Glaeser, 2014; F. Erixon e B. Weigel, "Risk, Regulation, and the Innovation Slowdown", *Cato Policy Report*, set./out. 2016; G. Ip, "The Economy's Hidden Problem: We're Out of Big Ideas", *Wall Street Journal*, 20 dez. 2016.

13. Banco Mundial, 2016c. O PIB per capita americano cresceu em todos, exceto em oito dos últimos 55 anos.

14. Efeito latente no desenvolvimento tecnológico: G. Ip, "The Economy's Hidden Problem: We're Out of Big Ideas", *Wall Street Journal*, 20 dez. 2016; Eichengreen, 2014.

15. Era de abundância impulsionada pela tecnologia: Brand, 2009; Bryce, 2014; Brynjolfsson e McAfee, 2016; Diamandis e Kotler, 2012; Eichengreen, 2014; Mokyr, 2014; Naam, 2013; Reese, 2013.

16. Entrevista a Ezra Klein, "Bill Gates: The Energy Breakthrough That Will 'Save Our Planet' Is Less Than 15 Years Away", *Vox*, 24 fev. 2016, disponível em: <http://www.vox.com/2016/2/24/11100702/billgatesenergy>. Gates aludiu casualmente ao "livro sobre a 'irrupção da paz' que foi escrito em 1940". Imagino que ele se referia a *A grande ilusão*, de Norman Angell, que costuma ser lembrado (erroneamente) por ter previsto que a guerra era impossível às vésperas da Primeira Guerra Mundial. Na verdade, o panfleto, publicado pela primeira vez em 1909, sustentava que a guerra não dava lucro, e não que fosse obsoleta.

17. Diamandis e Kotler, 2012, p. 11.

18. Energia fóssil sem culpa: Service, 2017.

19. Jane Langdale, "Radical Age: C4 Rice and Beyond", Seminars About Long-Term Thinking, Long Now Foundation, 14 mar. 2016.

20. Segunda Era da Máquina: Brynjolfsson e McAfee, 2016. Ver também Diamandis e Kotler, 2012.

21. Mokyr, 2014, p. 88; Ver também Feldstein, 2017; T. Aeppel, "Silicon Valley Doesn't Believe U.S. Productivity Is Down", *Wall Street Journal*, 16 jul. 2016; K. Kelly, "The Post-Productive Economy", *The Technium*, 1 jan. 2013.

22. Desmonetização: Diamandis e Kotler, 2012.

23. G. Ip, "The Economy's Hidden Problem: We're Out of Big Ideas", *Wall Street Journal*, 20 dez. 2016.

24. Populismo autoritário: Inglehart e Norris, 2016; Norris e Inglehart, 2016; ver também capítulo 23 deste livro.

25. Norris e Inglehart, 2016.

26. História de Trump durante de sua eleição: J. Fallows, "The Daily Trump: Filling a Time Capsule", *The Atlantic*, 20 nov. 2016, disponível em: <http://www.theatlantic.com/notes/2016/11/on-the-future-of-the-time-capsules/508268/>. História de Trump em seu meio ano de presidência: E. Levitz, "All the Terrifying Things That Donald Trump Did Lately", *New York*, 9 jun. 2017.

27. "Donald Trump's File", *PolitiFact*, disponível em: <http://www.politifact.com/personalities/donald-trump/>. Ver também D. Dale, "Donald Trump: The Unauthorized Database of False Things", *The Star*, 14 nov. 2016, que lista 560 afirmações falsas que ele fez num período de dois meses, cerca de vinte por dia; M. Yglesias, "The Bullshitter-in-Chief", *Vox*, 30 maio 2017; e D. Leonhardt e S. A. Thompson, "Trump's Lies", *New York Times*, 23 jun. 2017.

28. Frase adaptada do escritor de ficção científica Philip K. Dick: "A realidade é aquilo que, quando você deixa de acreditar nela, não deixa de existir".

29. S. Kinzer, "The Enlightenment Had a Good Run", *Boston Globe*, 23 dez. 2016.

30. Aprovação de Obama: J. McCarthy, "President Obama Leaves White House with 58% Favorable Rating", Gallup, 16 jan. 2017, disponível em: <http://www.gallup.com/poll/202349/president-obama-leaves-white-house-favorable-rating.aspx>. Discurso de despedida: Obama referiu-se ao "essencial espírito de inovação e resolução de problemas práticos que guiou nossos fundadores" que "nasceu do Iluminismo" e que ele definiu como "uma fé na razão e no empreendimento, e a primazia do direito sobre a força" ("President Obama's Farewell Address", 10 jan. 2017, Casa Branca, disponível em: <https://www.whitehouse.gov/farewell>).

31. Aprovação de Trump: J. McCarthy, "Trump's Pre-Inauguration Favorables Remain Historically Low", *Gallup*, 16 jan. 2017; "How Unpopular Is Donald Trump?", *FiveThirtyEight*, disponível em: <https://projects.fivethirtyeight.com/trump-approval-ratings/>; "Presidential Approval Ratings — Donald Trump", Gallup, 25 ago. 2017.

32. G. Aisch, A. Pearce, e B. Rousseau, "How Far Is Europe Swinging to the Right?", *New York Times*, 5 dez. 2016. Dos vinte países cujas eleições parlamentares foram acompanhadas, nove tiveram um aumento da representação de partidos de direita em comparação com a eleição anterior, nove tiveram uma diminuição, e dois (Espanha e Portugal) não tiveram nenhuma representação.

33. A. Chrisafis, "Emmanuel Macron Vows Unity After Winning French Presidential Election", *The Guardian*, 8 maio 2017.

34. Pesquisa de boca de urna, *New York Times*, 2016. N. Carnes & N. Lupu, "It's Time to Bust the Myth: Most Trump Voters Were Not Working Class", *Washington Post*, 5 jun. 2017. Ver também as referências nas notas 35 e 36 abaixo.

35. N. Silver, "Education, Not Income, Predicted Who Would Vote for Trump", *FiveThirtyEight*, 22 nov. 2016, disponível em: <http://fivethirtyeight.com/features /education-not-income-predicted-who-would-vote-for-trump/>; N. Silver, "The Mythology of Trump's 'Working Class' Support: His Voters Are Better Off Economically Compared with Most Americans", *FiveThirtyEight*, 3 maio 2016, disponível em: <https://fivethirtyeight.com/features/the-mythology-of-trumps-working-class-support/>. Confirmação das pesquisas Gallup: J. Rothwell, "Economic Hardship and Favorable Views of Trump", *Gallup*, 22 jul. 2016, disponível em: <http://www.gallup.com/opinion/polling-matters/193898/economic-hardship-favorable-views-trump.aspx>.

36. N. Silver, "Strongest Correlate I've Found for Trump Support Is Google Searches for the N-Word. Others Have Reported This Too", Twitter, disponível em: <https://twitter.com/natesilver538/status/703975062500732932?lang=en>; N. Cohn, "Donald Trump's Strongest Supporters: A Certain Kind of Democrat", *New York Times*, 31 dez. 2015; Stephens-Davidowitz, 2017. Ver também G. Lopez, "Polls Show Many — Even Most — Trump Supporters Really Are Deeply Hostile to Muslims and Nonwhites", *Vox*, 12 set. 2016.

37. Dados de boca de urna: *New York Times*, 2016.

38. Populismo europeu: Inglehart e Norris, 2016.

39. Inglehart e Norris, 2016; baseado no modelo C deles, aquele com a combinação de menos previsores e mais adequados, endossado pelos autores.

40. A. B. Guardia, "How Brexit Vote Broke Down", *Politico*, 24 jun. 2016.

41. Inglehart e Norris, 2016, p. 4.

42. Citado em I. Lapowsky, "Don't Let Trump's Win Fool You — America's Getting More Liberal", *Wired*, 19 dez. 2016.

43. Representação de partidos populistas em diferentes países: Inglehart e Norris, 2016; G. Aisch, A. Pearce e B. Rousseau, "How Far Is Europe Swinging to the Right?", *New York Times*, 5 dez. 2016.

44. Insignificância do movimento *alt-right*: Alexander, 2016. Seth Stephens-Davidowitz observa que uma busca no Google por "Stormfront", o mais proeminente fórum nacionalista branco da internet, está em declínio constante desde 2008.

45. Meme jovem liberal, velho conservador: G. O'Toole, "If You Are Not a Liberal at 25, You Have No Heart. If You Are Not a Conservative at 35 You Have No Brain", *Quote Investigator*, 24 fev. 2014, disponível em: <http://quoteinvestigator.com/2014/02/24/heart-head/>; B. Popik, "If You're Not a Liberal at 20 You Have No Heart, If Not a Conservative at 40 You Have No Brain", BarryPopik.com, disponível em: <http://www.barrypopik.com/index.php/new_york_city/entry/if_youre_not_a_liberal_at_20_you_have_no_heart_if_not_a_conservative_at_40>.

46. Ghitza & Gelman, 2014; ver também Kohut et al., 2011; Taylor, 2016a, 2016b.

47. Baseado livremente numa citação do físico Max Planck.

48. Comparecimento de eleitores: H. Enten, "Registered Voters Who Stayed Home Probably Cost Clinton the Election", *FiveThirtyEight*, 5 jan. 2017, disponível em: <https://fivethirtyeight.com/features/registered-voters-who-stayed-home-probably-cost-clinton-the-election/>. A. Payne, "Brits Who Didn't Vote in the EU Referendum Now Wish They Voted Against Brexit", *Business Insider*, 23 set. 2016. A. Rhodes, "Young People — If You're So Upset by the Outcome of the EU Referendum, Then Why Didn't You Get Out and Vote?", *The Independent*, 27 jun. 2016.

49. Publius Decius Mus, 2016. Em 2017, o autor do artigo escrito sob pseudônimo, Michael Anton, entrou para o governo Trump como funcionário da Segurança Nacional.

50. C. R. Ketcham, "Anarchists for Donald Trump — Let the Empire Burn", *Daily Beast*, 9 jun. 2016, disponível em: <http://www.thedailybeast.com/articles/2016/06/09/anarchists-for-donald-trump-let-the-empire-burn.html>.

51. Argumento semelhante foi apresentado por D. Bornstein e T. Rosenberg, "When Reportage Turns to Cynicism", *New York Times*, 15 nov. 2016, citado no capítulo 4.

52. Berlin, 1988/2013, p. 15.

53. Trecho de uma palestra, compartilhado numa comunicação pessoal; adaptado de Kelly, 2016, pp. 13-4.

54. "Esperança pessimista" é do jornalista Yuval Levin (2017); "gradualismo radical" é originalmente do cientista político Aaron Wildavsky, revivida em tempos recentes por Halpern e Mason, 2015.

55. O termo "possibilismo" foi anteriormente cunhado pelo economista Albert Hirschman (1971). Rosling foi citado em "Making Data Dance", *The Economist*, 9 dez. 2010.

21. RAZÃO [pp. 413-50]

1. Exemplos recentes (não de psicólogos): J. Gray, "The Child-Like Faith in Reason", *BBC News Magazine*, 18 jul. 2014; C. Bradatan, "Our Delight in Destruction", *New York Times*, 27 mar. 2017.

2. Nagel, 1997, pp. 14-5. "One Can't Criticize Something with Nothing": p. 20.

3. Argumentos transcendentais: Bardon (sem data).

4. Nagel, 1997, p. 35, atribui a expressão "um pensamento em demasia" ao filósofo Bernard Williams, que a usou com outra finalidade. Para ler mais sobre por que "acreditar na razão" é um pensamento em demasia, e por que a dedução explícita precisa parar em algum lugar, ver Pinker, 1997/2009, pp. 98-9.

5. Ver as referências no capítulo 2, notas 22-5.

6. Ver as referências no capítulo 1, notas 4 e 9. A metáfora de Kant refere-se à "sociabilidade insociável" dos seres humanos, que diferem das árvores numa floresta densa que crescem retas para ficarem fora da sombra umas das outras. Foi interpretada como se fosse aplicada à razão, na medida em que os seres humanos têm dificuldade para ver as vantagens da cooperação (agradeço a Anthony Pagden por chamar a minha atenção para isso).

7. Seleção por racionalidade: Pinker, 1997/2009, caps. 2 e 5; Pinker, 2010; Tooby e DeVore, 1987; Norman, 2016.

8. Comunicação pessoal, 5 jan. 2017; para detalhes adicionais, ver Liebenberg, 1990, 2014.

9. Liebenberg, 2014, pp. 191-2.

10. Shtulman, 2005; ver também Rice, Olson e Colbert, 2011.

11. Evolução como indicador de religiosidade: Roos, 2012.

12. Kahan, 2015.

13. Conhecimento básico sobre clima: Kahan, 2015; Kahan, Wittlin et al., 2011. Buraco na camada de ozônio, despejo de lixo tóxico e mudança climática: Bostrom et al., 1994.

14. Pew Research Center, 2015b; ver Jones, Cox e Navarro-Rivera, 2014, para dados semelhantes.

15. Kahan: Braman et al., 2007; Eastop, 2015; Kahan, 2015; Kahan, Jenkins- Smith e Braman, 2011; Kahan, Jenkins-Smith et al., 2012; Kahan, Wittlin et al., 2011.

16. Kahan, Wittlin et al., 2011, p. 15.

17. Tragédia da Crença Coletiva: Kahan, 2012; Kahan, Wittlin et al., 2011. Kahan a chama de Tragédia da Percepção de Risco Coletiva.

18. A. Marcotte, "It's Science, Stupid: Why Do Trump Supporters Believe So Many Things That Are Crazy and Wrong?", *Salon*, 30 set. 2016.

19. Mentiras azuis: J. A. Smith, "How the Science of 'Blue Lies' May Explain Trump's Support", *Scientific American*, 24 mar. 2017.

20. Tooby, 2017.

21. Raciocínio motivado: Kunda, 1990. Viés do Meu Lado: Baron, 1993. Avaliação tendenciosa: Lord, Ross e Lepper, 1979; Taber e Lodge, 2006. Ver também Mercier e Sperber, 2011, para uma revisão.

22. Hastorf e Cantril, 1954.

23. Testosterona e eleições: Stanton et al., 2009.

24. Efeito polarizador das provas: Lord, Ross e Lepper, 1979. Para atualizações, ver Taber e Lodge, 2006, e Mercier e Sperber, 2011.

25. Engajamento político como torcida esportiva: Somin, 2016.

26. Kahan, Peters et al., 2012; Kahan, Wittlin et al., 2011.

27. Kahan, Braman et al., 2009.

28. M. Kaplan, "The Most Depressing Discovery About the Brain, Ever", *Alternet* 16 set. 2013, disponível em: <http://www.alternet.org/media/most-depressing-discovery-about-brain-ever>. O estudo: Kahan, Peters et al., 2013.

29. E. Klein, "How Politics Makes Us Stupid", *Vox*, 6 abr. 2014; C. Mooney, "Science Confirms: Politics Wrecks Your Ability to Do Math", *Grist*, 8 set. 2013.

30. Viés do viés (na verdade, chamado de "ponto cego do viés"): Pronin, Lin e Ross, 2002.

31. Verhulst et. al., 2016.

32. Estudos manipulados sobre preconceito: Duarte et al., 2015.

33. Analfabetismo econômico entre os esquerdistas: Buturovic e Klein, 2010; ver também Caplan, 2007.

34. Continuação da pesquisa sobre analfabetismo econômico e retratação: Klein e Buturovic, 2011.

35. D. Klein, "I Was Wrong, and So Are You", *The Atlantic*, dez. 2011.

36. Ver Pinker, 2011, caps. 3-5.

37. Mortes do comunismo: Courtois et al., 1999; Rummel, 1997; White, 2011; ver também Pinker, 2011, caps. 4-5.

38. Marxistas entre os cientistas sociais: Gross e Simmons, 2014.

39. De acordo com o *2016 Index of Economic Freedom* compilado pelo *Wall Street Journal* e pela Heritage Foundation (<http://www.heritage.org/index/ranking>), Nova Zelândia, Canadá, Irlanda, Reino Unido e Dinamarca se igualam ou superam os Estados Unidos em liberdade econômica. Todos, exceto o Canadá, superam os Estados Unidos na proporção do PIB dedicada a gastos sociais (OCDE, 2014).

40. O problema com o libertarianismo de direita: Friedman, 1997; J. Taylor, "Is There a Future for Libertarianism?", *RealClearPolicy*, 22 fev. 2016, disponível em: <https://www.realclearpolicy.com/blog/2016/02/23/is_there_a_future_for_libertarianism_1563.html>; M. Lind, "The Question Libertarians Just Can't Answer", *Salon*, 4 jun. 2013; B. Lindsey, "Liberaltarians", *New Republic*, 4 dez. 2006; W. Wilkinson, "Libertarian Principles, Niskanen, and Welfare Policy", Niskanen blog, 9 mar. 2016, disponível em: <https://niskanencenter.org/blog/libertarian-principles-niskanen-and-welfare-policy/>.

41. O caminho para o totalitarismo: Payne, 2005.

42. Embora os Estados Unidos tenham o maior PIB do mundo, ficam em 13º lugar em felicidade (Helliwell, Layard e Sachs, 2016), oitavo no Índice de Desenvolvimento Humano da ONU (Roser, 2016h) e 19º no Índice de Progresso Social (Porter, Stern e Green, 2016). Relembre que as transferências sociais alavancam o Índice de Desenvolvimento Humano até em torno de 25% 30% do PIB (Prados de la Escosura, 2015); os Estados Unidos alocam em torno de 19%.

43. Visões da esquerda e da direita: Pinker, 2002/2016; Sowell, 1987, cap. 16.

44. Os problemas com as previsões: Gardner, 2010; Mellers et al., 2014; Silver, 2015; Tetlock e Gardner, 2015; Tetlock, Mellers e Scoblic, 2017.

45. N. Silver, "Why FiveThirtyEight Gave Trump a Better Chance Than Almost Anyone Else", *FiveThirtyEight*, 11 nov. 2016, disponível em: <http://fivethirtyeight.com/features/why-fivethirtyeight-gave-trump-a-better-chance-than-almost-anyone else/>.

46. Tetlock e Gardner, 2015, p. 68.

47. Ibid., p. 69.

48. Mente aberta ativa: Baron, 1993.

49. Tetlock, 2015.

50. Crescente polarização política: Pew Research Center, 2014.

51. Dados do General Social Survey (<http://gss.norc.org>), compilados em Abrams, 2016.

52. Abrams, 2016.

53. Orientação política de professores universitários: Eagan et al., 2014; Gross e Simmons, 2014; E. Schwitzgebel, "Political Affiliations of American Philosophers, Political Scientists, and Other Academics", *Splintered Mind*, disponível em: <http://schwitzsplinters.blogspot.hk/2008/06/politicalaffiliations-of-american.html>. Ver também N. Kristof, "A Confession of Liberal Intolerance", *New York Times*, 7 maio 2016.

54. Inclinação liberal do jornalismo: em 2013, a proporção de democratas em comparação com republicanos entre os jornalistas americanos era de quatro para um, embora a maioria fosse independente (50,2%) ou outro (14,6%); Willnat e Weaver, 2014, p. 11. Uma recente análise de conteúdo sugere que os jornais se inclinam um pouquinho para a esquerda, mas seus leitores também; Gentzkow e Shapiro, 2010.

55. Forças sociais mais simpáticas aos liberais do que aos conservadores: Sowell, 1987.

56. Intelectuais liberais na linha de frente: Grayling, 2007; Hunt, 2007.

57. Somos todos liberais: Courtwright, 2010; Nash, 2009; Welzel, 2013.

58. Viés político na ciência: Jussim et al., 2017. Viés político na medicina: Satel, 2000.

59. Duarte et al., 2015.

60. "Aparência diferente, mas pensa igual": frase do advogado das liberdades civis Harvey Silverglate.

61. Duarte et al., 2015, incluem 33 comentários, muitos críticos, mas todos respeitosos, e a resposta dos autores. *Tábula rasa* ganhou prêmios de duas divisões da Associação Psicológica Americana.

62. N. Kristof, "A Confession of Liberal Intolerance", *New York Times*, 7 maio 2016; N. Kristof, "The Liberal Blind Spot", *New York Times*, 28 maio 2016.

63. J. McWhorter, "Antiracism, Our Flawed New Religion", *Daily Beast*, 27 jul. 2015.

64. Iliberalismo na universidade e guerreiros da justiça social: Lukianoff, 2012, 2014; G. Lukianoff e J. Haidt, "The Coddling of the American Mind", *The Atlantic*, set. 2015; L. Jussim,

"Mostly Leftist Threats to Mostly Campus Speech", blog Psychology Today, 23 nov. 2015, disponível em: <https://www.psychologytoday.com/blog/rabble-rouser/201511/mostly-leftist-threats-mostly-campus-speech>.

65. Humilhação pública: D. Lat, "The Harvard Email Controversy: How It All Began", *Above the Law*, 3 maio 2010, disponível em: <http://abovethelaw.com/2010/05/the-harvard-email-controversy-how-it-all-began/>.

66. Investigações stalinescas: Dreger, 2015; A. Reese e C. Maltby, "In Her Own Words: 'Title IX Inquisition' L. Kipnis, at Northwestern", TheFire.org, disponível em: <https://www.thefire.org/in-her-own-words-laura-kipnis-title-ix-inquisition-at-northwestern-video/>; ver também nota 64 acima.

67. Comédia não intencional: G. Lukianoff e J. Haidt, "The Coddling of the American Mind", *The Atlantic*, set. 2015; C. Friedersdorf, "The New Intolerance of Student Activism", *The Atlantic*, 9 nov. 2015; J. W. Moyer, "University Yoga Class Canceled Because of 'Oppression, Cultural Genocide'", *Washington Post*, 23 nov. 2015.

68. Comediantes não estão achando graça: G. Lukianoff e J. Haidt, "The Coddling of the American Mind", *The Atlantic*, set. 2015; T. Kingkade, "Chris Rock Stopped Playing Colleges Because They're 'Too Conservative'", *Huffington Post*, 2 dez. 2014. Ver também o documentário de 2015, *Can We Take a Joke?*

69. Diversidade de opiniões na academia: Shields e Dunn, 2016.

70. A versão mais antiga é de Samuel Johnson; ver G. O'Toole, "Academic Politics Are So Vicious Because the Stakes Are So Small", *Quote Investigator*, 18 ago. 2013, disponível em: <http://quoteinvestigator.com/2013/08/18/acad-politics/>.

71. Republicanos extremistas, antidemocráticos: Mann e Ornstein, 2012/2016.

72. Cinismo em relação à democracia: Foa e Mounk, 2016; Inglehart, 2016.

73. O anti-intelectualismo da direita foi deplorado pelos próprios conservadores em livros como *How the Right Lost Its Mind* (2017), de Charlie Sykes, e *Too Dumb to Fail*, de Matt Lewis (2016).

74. Centralidade da razão: Nagel, 1997; Norman, 2016.

75. Ilusões populares extraordinárias: MacKay, 1841/1995; ver também K. Malik, "All the Fake News That Was Fit to Print", *New York Times*, 4 dez. 2016.

76. A. D. Holan, "All Politicians Lie. Some Lie More Than Others", *New York Times*, 11 dez. 2015.

77. Ao analisar os conflitos mais mortais da história, Matthew White comenta: "Estou pasmado com a quantidade de vezes em que a causa imediata de um conflito é um erro, uma suspeita infundada ou um rumor". Além dos dois primeiros citados aqui, ele inclui a Primeira Guerra Mundial, a Guerra Sino-Japonesa, a Guerra dos Sete Anos, a segunda guerra religiosa francesa, a rebelião de An Lushan na China, o expurgo indonésio e a época da turbulência na Rússia; White, 2011, p. 537.

78. Opinião do juiz Leon M. Bazile, 22 jan. 1965, *Encyclopedia Virginia*, disponível em: <http://www.encyclopediavirginia.org/Opinion_of_Judge_Leon_M_Bazile_January_22_1965>.

79. S. Sontag, "Some Thoughts on the Right Way (for Us) to Love the Cuban Revolution", *Ramparts*, abr. 1969, pp. 6-19. Sontag continuava o artigo dizendo que os homossexuais "foram mandados para casa há muito tempo", mas os gays continuaram a ser mandados para campos de trabalho forçado em Cuba durante as décadas de 1960 e 1970. Ver "Concentration Camps in Cuba: The UMAP", *Totalitarian Images*, 6 fev. 2010, disponível em: <http://totalitarianimages.blogspot.com

/2010/02/concentration-camps-in-cuba-umap.html>, e J. Halatyn, "From Persecution to Acceptance? The History of LGBT Rights in Cuba", *Cutting Edge*, 24 out. 2012, disponível em: <http://www.thecuttingedgenews.com/index.php?article=76818>.

80. Ponto de ruptura afetiva: Redlawsk, Civettini e Emmerson, 2010.

81. Imperadores nus e conhecimento comum: Pinker, 2007a; Thomas et al., 2014; Thomas, DeScioli e Pinker, 2018.

82. Para um excelente resumo das falácias comuns, ver o site e pôster "Thou Shalt Not Commit Logical Fallacies", disponível em: <https://yourlogicalfallacyis.com/>. Disciplinas de pensamento crítico: Willingham, 2007.

83. Desenviesamento: Bond, 2009; Gigerenzer, 1991; Gigerenzer e Hoffrage, 1995; Lilienfeld, Ammirati e Landfield, 2009; Mellers et al., 2014; Morewedge et al., 2015.

84. O problema com as disciplinas de pensamento crítico: Willingham, 2007.

85. Desenviesamento eficaz: Bond, 2009; Gigerenzer, 1991; Gigerenzer e Hoffrage, 1995; Lilienfeld, Ammirati e Landfield, 2009; Mellers et al., 2014; Mercier e Sperber, 2011; Morewedge et al., 2015; Tetlock e Gardner, 2015; Willingham, 2007.

86. Doar desenviesamento: Lilienfeld, Ammirati e Landfield, 2009.

87. Anônimo, citado em P. Voosen, "Striving for a Climate Change", *Chronicle Review of Higher Education*, 3 nov. 2014.

88. Melhorar a argumentação: Kuhn, 1991; Mercier e Sperber, 2011, 2017; Sloman e Fernbach, 2017.

89. A verdade triunfa: Mercier e Sperber, 2011.

90. Colaboração adversária: Mellers, Hertwig e Kahneman, 2001.

91. A Ilusão da Profundidade Explicativa: Rozenblit e Keil, 2002. Usando a ilusão para desenviesar: Sloman e Fernbach, 2017.

92. Mercier e Sperber, 2011, p. 72; Mercier e Sperber, 2017.

93. Jornalismo mais racional: Silver, 2015; A. D. Holan, "All Politicians Lie. Some Lie More Than Others", *New York Times*, 11 dez. 2015.

94. Coleta de informações mais racional: Tetlock e Gardner, 2015; Tetlock, Mellers e Scoblic, 2017.

95. Medicina mais racional: Topol, 2012.

96. Psicoterapia mais racional: T. Rousmaniere, "What Your Therapist Doesn't Know", *The Atlantic*, abr. 2017.

97. Combate ao crime mais racional: Abt e Winship, 2016; Latzer, 2016.

98. Desenvolvimento internacional mais racional: Banerjee e Duflo, 2011.

99. Altruísmo mais racional: MacAskill, 2015.

100. Esportes mais racionais: Lewis, 2016.

101. "What Exactly Is the 'Rationality Community'?", *LessWrong*, disponível em: <http://lesswrong.com /lw/ov2/what_exactly_is_the_rationality_community/>.

102. Governança mais racional: Behavioral Insights Team, 2015; Haskins e Margolis, 2014; Schuck, 2015; Sunstein, 2013; D. Leonhardt, "The Quiet Movement to Make Government Fail Less Often", *New York Times*, 15 jul. 2014.

103. Democracia versus racionalidade: Achen e Bartels, 2016; Brennan, 2016; Caplan, 2007; Mueller, 1999; Somin, 2016.

104. Platão e democracia: Goldstein, 2013.

105. Kahan, Wittlin et al., 2011, p. 16.

106. HPV versus hepatite B: E. Klein, "How Politics Makes Us Stupid", *Vox*, 6 abr. 2014.

107. Partido acima da política pública: Cohen, 2003.

108. Prova de que porta-vozes do mesmo lado podem mudar cabeças: Nyhan, 2013.

109. Kahan, Jenkins-Smith et al., 2012.

110. Pacto despolitizado na Flórida: Kahan, 2015.

111. Estilo Chicago: o personagem Jim Malone de Sean Connery em *Os intocáveis* (1987). GRIT: Osgood, 1962.

22. CIÊNCIA [pp. 451-78]

1. O exemplo é de Murray, 2003.

2. Carroll, 2016, p. 426.

3. Identificação de espécies: Costello, May e Stork, 2013. A estimativa refere-se a espécies eucariotas (aquelas que têm um núcleo, excluindo vírus e bactéria).

4. O partido dos estúpidos: ver capítulo 21, notas 71 e 73.

5. Mooney, 2005; ver também Pinker, 2008b.

6. Lamar Smith e a Comissão de Ciências da Câmara: J. D. Trout, "The House Science Committee Hates Science and Should Be Disbanded", *Salon*, 17 maio 2016.

7. J. Mervis, "Updated: U.S. House Passes Controversial Bill on NSF Research", *Science*, 11 fev. 2016.

8. *Note-book of Anton Chekhov.* A citação continua: "O que é nacional não é mais ciência".

9. J. Lears, "Same Old New Atheism: On Sam Harris", *The Nation*, 27 abr. 2011.

10. L. Kass, "Keeping Life Human: Science, Religion, and the Soul", Wriston Lecture, Manhattan Institute, 18 out. 2007, disponível em: <https://www.manhattan-institute.org/html/2007-wriston-lecture-keeping-life-human-science-religion-and-soul-8894.html>. Ver também L. Kass, "Science, Religion, and the Human Future", *Commentary*, abr. 2007, pp. 36-48.

11. Sobre a numeração das duas culturas, ver capítulo 3, nota 12.

12. D. Linker, "Review of Christopher Hitchens's 'And Yet...' and Roger Scruton's 'Fools, Frauds and Firebrands'", *New York Times Book Review*, 8 jan. 2016.

13. Snow introduziu a expressão "Terceira Cultura" num pós-escrito a *As duas culturas* intitulado "Uma segunda olhada". Ele foi vago a respeito do que tinha em mente, referindo-se a eles como "historiadores sociais"; com isso, parecia referir-se a cientistas sociais; Snow, 1959/1998, pp. 70, 80.

14. "Terceira Cultura" revivida: Brockman, 1991. Consiliência: Wilson, 1998.

15. L. Wieseltier, "Crimes Against Humanities", *New Republic*, 3 set. 2013.

16. Hume como psicólogo cognitivo: ver as referências em Pinker, 2007a, cap. 4. Kant como psicólogo cognitivo: Kitcher, 1990.

17. A definição é da *Stanford Encyclopedia of Philosophy*, Papineau, 2015, que acrescenta: "A grande maioria dos filósofos contemporâneos aceitaria o naturalismo assim caracterizado". Numa pesquisa com 931 professores de filosofia (em sua maioria analíticos/anglo-americanos), 50% en-

dossaram o "naturalismo", 26% endossaram o "não naturalismo" e 24% indicaram "outro", incluindo "A questão não é clara o suficiente para responder" (10%), "Insuficientemente familiarizado com a questão" (7%), e "agnóstico/indeciso" (3%); Bourget e Chalmers, 2014.

18. Sem "método científico": Popper, 1983.

19. Falsificação versus inferência bayesiana: Howson e Urbach, 1989/2006; Popper, 1983.

20. Em 2012-3, a *New Republic* publicou quatro denúncias de cientificismo, e outras apareceram em *Bookforum*, *Claremont Review*, *Huffington Post*, *The Nation*, *National Review Online*, *New Atlantis*, *New York Times*, *Standpoint*.

21. De acordo com o Open Syllabus Project (<http://opensyllabusproject.org/>), que analisou mais de 1 milhão de ementas de universidades, o livro de Kuhn é o vigésimo mais indicado entre todos, muito acima de *A origem das espécies*. Um livro clássico com uma visão mais realista de como a ciência funciona, *A lógica da descoberta científica*, de Karl Popper, não está entre os duzentos mais indicados.

22. A controvérsia de Kuhn: Bird, 2011.

23. Wootton, 2015, p. 16, nota ii.

24. As citações são de J. De Vos, "The Iconographic Brain. A Critical Philosophical Inquiry into (the Resistance of) the Image", *Frontiers in Human Neuroscience*, 15 maio 2014. Não se trata do pesquisador que ouvi (a transcrição de sua palestra não está disponível), mas o conteúdo era essencialmente o mesmo.

25. Carey et al., 2016. Para exemplos semelhantes, ver o perfil do Twitter @RealPeerReview.

26. Da primeira página de Horkheimer e Adorno, 1947/2007.

27. Foucault, 1999; ver Menschenfreund, 2010; Merquior, 1985.

28. Bauman, 1989, p. 91. Ver Menschenfreund, 2010, para uma análise.

29. Ubiquidade do genocídio e da autocracia pré-modernos e seu declínio após 1945: ver as referências nos capítulos 11 e 14, e em Pinker, 2011, caps. 4-6. Sobre o esquecimento de Foucault do totalitarismo anterior ao Iluminismo, ver Merquior, 1985.

30. Ubiquidade da escravidão: Patterson, 1985; Payne, 2004; ver também Pinker, 2011, cap. 4. Justificações religiosas da escravidão: Price, 2006.

31. Opinião de gregos e árabes sobre africanos: Lewis, 1990/1992. Cícero sobre os britânicos: B. Delong, "Cicero: The Britons Are Too Stupid to Make Good Slaves", disponível em: <http://www.bradford-delong.com/2009/06/cicero-the-britons-are-too-stupid-to-make-good-slaves.html>.

32. Gobineau, Wagner, Chamberlain e Hitler: Herman, 1997, cap. 2; ver também Hellier, 2011; Richards, 2013. Muitas concepções erradas sobre a ligação entre "ciência racial" e darwinismo foram disseminadas pelo biólogo Stephen Jay Gould em seu tendencioso best-seller de 1981, *A falsa medida do homem*; ver Blinkhorn, 1982; Davis, 1983; Lewis et al., 2011.

33. Teoria darwinista versus teorias tradicionais, religiosas e românticas das raças: Hellier, 2011; Johnson, 2009; Price, 2006.

34. Hitler não era darwinista: Richards, 2013; ver também Hellier, 2011; Price, 2006.

35. Evolução como um teste de Rorschach: Montgomery e Chirot, 2015. Darwinismo social: Degler, 1991; Leonard, 2009; Richards, 2013.

36. A aplicação errônea da expressão "darwinismo social" a uma variedade de movimentos de direita começou com o historiador Richard Hofstadter em seu livro de 1944, *Darwinismo social no pensamento americano*; ver Johnson, 2010; Leonard, 2009; Price, 2006.

37. Um exemplo disso é um artigo sobre psicologia evolucionista publicado na *Scientific American* por John Horgan intitulado "The New Social Darwinists" (out. 1995).

38. Glover, 1998, 1999; Proctor, 1988.

39. Como no título de outro artigo publicado na *Scientific American* por John Horgan, "Eugenics Revisited: Trends in Behavioral Genetics" (jun. 1993).

40. Degler, 1991; Kevles, 1985; Montgomery e Chirot, 2015; Ridley, 2000.

41. Tuskegee reexaminada: Benedek e Erlen, 1999; Reverby, 2000; Shweder, 2004; Lancet Infectious Diseases Editors, 2005.

42. Conselhos de revisão ameaçam a liberdade de manifestação: American Association of University Professors, 2006; Schneider, 2015; C. Shea, "Don't Talk to the Humans: The Crackdown on Social Science Research", *Lingua Franca*, set. 2000, disponível em: <http://linguafranca.mirror.theinfo.org/print/0009/humans.html>. Conselhos de revisão como armas ideológicas: Dreger, 2008. Conselhos de revisão obstruem a pesquisa, ao mesmo tempo que não protegem pacientes: Atran, 2007; Gunsalus et al., 2006; Hyman, 2007; Klitzman, 2015; Schneider, 2015; Schrag, 2010.

43. Moss, 2005.

44. Proteção de terroristas suicidas: Atran, 2007.

45. Filósofos contra a bioética: Glover, 1998; Savulescu, 2015. Para outras críticas à bioética contemporânea, ver Pinker, 2008b; Satel, 2010; S. Pinker, "The Case Against Bioethocrats and CRISPR Germline Ban", *The Niche*, 10 ago. 2015, disponível em: <https://ipscell.com/2015/08/steven-pinker/8/>; S. Pinker, "The Moral Imperative for Bioethics", *Boston Globe*, 1 ago. 2015; H. Miller, "When 'Bioethics' Harms Those It Is Meant to Protect", *Forbes*, 9 nov. 2016. Ver também as referências na nota 42 acima.

46. Ver as referências no capítulo 21, notas 93-102.

47. Dawes, Faust e Meehl, 1989; Meehl, 1954/2013. Réplicas recentes: saúde mental, Ægisdóttir et al., 2006; Lilienfeld et al., 2013; decisões de seleção e admissão: Kuncel et al., 2013; violência: Singh, Grann e Fazel, 2011.

48. Abençoadas são as missões de paz: Fortna, 2008, p. 173. Ver também Hultman, Kathman e Shannon, 2013, e Goldstein, 2011, que atribui às forças de manutenção da paz grande parte do declínio da guerra após 1945.

49. Vizinhos étnicos raramente brigam: Fearon e Laitin, 1996, 2003; Mueller, 2004a.

50. Chenoweth, 2016; Chenoweth e Stephan, 2011.

51. Líderes revolucionários têm instrução: Chirot, 1996. Terroristas suicidas têm instrução: Atran, 2003.

52. Problemas nas humanidades: American Academy of Arts and Sciences, 2015; Armitage et al., 2013. Para lamentações mais antigas, ver, Pinker 2002/2016, início do cap. 20.

53. Por que a democracia precisa das humanidades: Nussbaum, 2016.

54. Pessimismo cultural nas humanidades: Herman, 1997; Lilla, 2001, 2016; Nisbet, 1980/2009; Wolin, 2004.

55. Os legisladores e a natureza humana: McGinnis, 1996, 1997. Política e natureza humana: Pinker, 2002/2016, cap. 16; Pinker, 2011, caps. 8 e 9; Haidt, 2012; Sowell, 1987.

56. Arte e ciência: Dutton, 2009; Livingstone, 2014.

57. Música e ciência: Bregman, 1990; Lerdahl e Jackendoff, 1983; Patel, 2008; ver também Pinker, 1997/2009, cap. 8.

58. Literatura e ciência: Boyd, Carroll e Gottschall, 2010; Connor, 2016; Gottschall, 2012; Gottschall e Wilson, 2005; Lodge, 2002; Pinker, 2007b; Slingerland, 2008; Ver também Pinker, 1997/2009, cap. 8, e o blog New Savanna, de William Benzon: <http://new-savanna.blogspot.com/>.

59. Humanidades digitais: Michel et al., 2010; ver a revista *Digital Humanities Now* (<http://digitalhumanitiesnow.org/>), the Stanford Humanities Center (<http://shc.stanford.edu/digital-humanities>), e a revista *Digital Humanities Quarterly* (<http://www.digitalhumanities.org/dhq/>).

60. Gottschall, 2012; A. Gopnik, "Can Science Explain Why We Tell Stories?", *New Yorker*, 18 maio 2012.

61. Wieseltier, 2013, "Crimes Against Humanities", que foi uma resposta ao meu ensaio "Science Is Not Your Enemy" (Pinker, 2013b); ver também "Science vs. the Humanities, Round III" (Pinker e Wieseltier, 2013).

62. Pré-darwinista, pré-coperniciano: L. Wieseltier, "Among the Disrupted", *New York Times*, 7 jan. 2015.

63. Ibid.

23. HUMANISMO [pp. 479-528]

1. "O bem sem Deus": do século XIX, revivido pelo capelão humanista de Harvard Greg Epstein (Epstein, 2009). Outras explanações recentes do humanismo: Grayling, 2013; Law, 2011. História do humanismo americano: Jacoby, 2005. Entre as principais organizações humanistas estão a Associação Humanista Americana (<https://americanhumanist.org/>) e os outros membros da Coalizão Secular da América (<https://www.secular.org/member_orgs>); a Associação Humanista Britânica (<https://humanism.org.uk/>); a União Humanista e Ética Internacional (<http://iheu.org/>); e a Fundação Liberdade da Religião (<www.ffrf.org>).

2. *Humanist Manifesto III*: American Humanist Association, 2003. Predecessores: *Humanist Manifesto I* (principalmente de Raymond B. Bragg, 1933), American Humanist Association, 1933/1973. *Humanist Manifesto II* (principalmente de Paul Kurtz e Edwin H. Wilson, 1973), American Humanist Association, 1973. Outros manifestos humanistas: de Paul Kurtz, *Secular Humanist Declaration*, Council for Secular Humanism, 1980, e *Humanist Manifesto 2000*, Council for Secular Humanism, 2000, e as Declarações de Amsterdam de 1952 e 2002, International Humanist and Ethical Union, 2002.

3. R. Goldstein, "Speaking Prose All Our Lives", *The Humanist*, 21 dez. 2012, disponível em: <https://thehumanist.com/magazine/january-february-2013/features/speaking-prose-all-our-lives>.

4. Declarações de direitos de 1688, 1776, 1789 e 1948: Hunt, 2007.

5. Moral como imparcialidade: De Lazari-Radek e Singer, 2012; Goldstein, 2006; Greene, 2013; Nagel, 1970; Railton, 1986; Singer, 1981/2011; Smart e Williams, 1973. O guarda-chuva da "imparcialidade" foi articulado de modo mais explícito pelo filósofo Henry Sidgwick (1838-1900).

6. Para uma lista exaustiva (ainda que excêntrica) de regras de ouro, prata e platina em diversas culturas e ao longo da história, ver Terry, 2008.

7. A evolução explica a existência da mente apesar da entropia: Tooby, Cosmides e Barrett, 2003. A seleção natural é a única explicação do design não aleatório: Dawkins, 1983.

8. Curiosidade e sociabilidade como concomitantes da evolução da inteligência: Pinker, 2010; Tooby e DeVore, 1987.

9. Conflitos evolucionistas de interesse dentro das pessoas e entre elas: Pinker, 1997/2009, caps. 6 e 7; Pinker, 2002/2016, cap. 14; Pinker, 2011, caps. 8 e 9. Muitas dessas ideias têm sua origem no biólogo Robert Trivers (2002).

10. O dilema do pacifista e o declínio histórico da violência: Pinker, 2011, cap. 10.

11. DeScioli, 2016.

12. Evolução da compaixão: Dawkins, 1976/1989; McCullough, 2008; Pinker, 1997/2009; Trivers, 2002; Pinker, 2011, cap. 9.

13. Expansão do círculo da compaixão: Pinker, 2011; Singer, 1981/2011.

14. Por exemplo, T. Nagel, "The Facts Fetish (Review of Sam Harris's *The Moral Landscape*)", *New Republic*, 20 out. 2010.

15. Utilitarismo, a favor e contra: Rachels e Rachels, 2010; Smart e Williams, 1973.

16. Compatibilidade das éticas deontológica e consequencial: Parfit, 2011.

17. Histórico do utilitarismo: Pinker, 2011, caps. 4 e 6; Greene, 2013.

18. Das *Notes on the State of Virginia*, Jefferson, 1785/1955, p. 159.

19. O liberalismo clássico não é intuitivo: Fiske e Rai, 2015; Haidt, 2012; Pinker, 2011, cap. 9.

20. Greene, 2013.

21. A importância da magreza filosófica: Berlin, 1988/2013; Gregg, 2003; Hammond, 2017.

22. Hammond, 2017.

23. Maritain, 1949. Original datilografado disponível no site da Unesco, disponível em: <http://unesdoc.unesco.org/images/0015/001550/155042eb.pdf>.

24. Declaração Universal dos Direitos Humanos: ONU, 1948. História da Declaração: Glendon, 1999, 2001; Hunt, 2007.

25. Citado em Glendon, 1999.

26. Os direitos humanos não são particularmente ocidentais: Glendon, 1998; Hunt, 2007; Sikkink, 2017.

27. R. Cohen, "The Death of Liberalism", *New York Times*, 14 abr. 2016.

28. S. Kinzer, "The Enlightenment Had a Good Run", *Boston Globe*, 23 dez. 2016.

29. Estado Islâmico mais atraente do que o Iluminismo: R. Douthat, "The Islamic Dilemma", *New York Times*, 13 dez. 2015; R. Douthat, "Among the Post- Liberals", *New York Times*, 8 out. 2016; M. Khan, "This Is What Happens When Modernity Fails All of Us", *New York Times*, 6 dez. 2015; P. Mishra, "The Western Model Is Broken", *The Guardian*, 14 out. 2014.

30. Universalidade da proscrição de assassinato, estupro e violência: Brown, 2000.

31. Deus como fiscal: Atran, 2002; Norenzayan, 2015.

32. Defeitos fatais nos argumentos a favor da existência de Deus: Goldstein, 2010; ver também Dawkins, 2006, e Coyne, 2015.

33. Coyne baseia-se em parte nos argumentos do astrônomo Carl Sagan e dos filósofos Yonatan Fishman e Maarten Boudry. Para uma resenha, ver S. Pinker, "The Untenability of Faitheism", *Current Biology*, 23 ago. 2015, pp. R638-40.

34. Desmascarando a alma: Blackmore, 1991; Braithwaite, 2008; Musolino, 2015; Shermer, 2002; Stein, 1996. Ver também as revistas *Skeptical Inquirer* (<http://www.csicop.org/si>) e *The Skeptic* (<http://www.skeptic.com/>) para atualizações periódicas.

35. Stenger, 2011.

36. O multiverso: Carroll, 2016; Tegmark, 2003; B. Greene, "Welcome to the Multiverse", *Newsweek*, 21 maio 2012.

37. Um universo do nada: Krauss, 2012.

38. B. Greene, "Welcome to the Multiverse", *Newsweek*, 21 maio 2012.

39. Problemas fáceis e difíceis da consciência: Block, 1995; Chalmers, 1996; McGinn, 1993; Nagel, 1974; ver também Pinker, 1997/2009, caps. 2 e 8, e S. Pinker, "The Mystery of Consciousness", *Time*, 29 jan. 2007.

40. Natureza adaptável da consciência: Pinker, 1997/2009, cap. 2.

41. Dehaene, 2009; Dehaene e Changeux, 2011; Gaillard et al., 2009.

42. Para uma defesa mais detalhada dessa distinção, ver Goldstein, 1976.

43. Nagel, 1974, p. 441. Quase quatro décadas depois, Nagel mudou de ideia (ver Nagel, 2012), mas, como a maioria dos filósofos e cientistas, penso que ele acertou da primeira vez. Ver, por exemplo, S. Carroll, *Mind and Cosmos*, disponível em: <http://www.preposterousuniverse.com/blog/2013/08/22/mind-and-cosmos/>; E. Sober, "Remarkable Facts: Ending Science as We Know It", *Boston Review*, 7 nov. 2012; B. Leiter e M. Weisberg, "Do You Only Have a Brain?", *The Nation*, 3 out. 2012.

44. McGinn, 1993.

45. Realismo moral: Sayre-McCord, 1988, 2015. Realistas morais: Boyd, 1988; Brink, 1989; De Lazari-Radek e Singer, 2012; Goldstein, 2006, 2010; Nagel, 1970; Parfit, 2011; Railton, 1986; Singer, 1981/2011.

46. Exemplos disso são as guerras religiosas europeias (Pinker, 2011, pp. 234, 676-7) e até a Guerra Civil Americana (Montgomery e Chirot, 2015, p. 350).

47. White, 2011, pp. 107-11.

48. S. Bannon, comentários numa conferência no Vaticano, 2014, transcritos em J. L. Feder, "This Is How Steve Bannon Sees the Entire World", BuzzFeed, 16 nov. 2016, disponível em: <https://www.buzzfeed.com/lesterfeder/this-is-how-steve-bannon-vers-the-entire-world>.

49. Nazistas simpáticos ao cristianismo e vice-versa: Ericksen e Heschel, 1999; Hellier, 2011; Heschel, 2008; Steigmann-Gall, 2003; White, 2011. Hitler não era ateu: Hellier, 2011; Murphy, 1999; Richards, 2013; ver também "Hitler Was a Christian", disponível em: <http://www.evilbible.com/evil-bible-home-page/hitler-was-a-christian/>.

50. Frases finais de *Mein Kampf*, v. 1, cap. 2. Para citações similares, ver as referências na nota anterior.

51. Sam Harris, *The End of Faith* (2004); Richard Dawkins, *The God Delusion* (2006); Daniel Dennett, *Breaking the Spell* (2006); Christopher Hitchens, *God Is Not Great* (2007).

52. Randall Munroe, "Atheists", disponível em: <https://xkcd.com/774/>.

53. A alegação de que as pessoas fazem uma leitura alegórica das Escrituras (por exemplo, Wieseltier, 2013) é falsa: uma pesquisa Rasmussen de 2005 concluiu que 63% dos americanos acreditavam que a Bíblia é literalmente verdadeira (<http://legacy.rasmussenreports.com/2005/Bible.htm>); uma pesquisa Gallup de 2014 concluiu que 28% dos americanos acreditam que "a Bíblia é a palavra verdadeira de Deus e deve ser tomada literalmente, palavra por palavra" e outros 47% acreditavam que era "a palavra inspirada de Deus" (L. Saad, "Three in Four in U.S. Still See the Bible

as Word of God", Gallup, 4 jun. 2014, disponível em: <http://www.gallup.com/poll/170834/three-four-bible-word-god.aspx>).

54. Psicologia da religião: Pinker, 1997/2009, cap. 8; Atran, 2002; Bloom, 2012; Boyer, 2001; Dawkins, 2006; Dennett, 2006; Goldstein, 2010.

55. Por que não há um "módulo Deus": Pinker, 1997/2009, cap. 8; Bloom, 2012; Pinker, 2005.

56. A participação na comunidade, e não a crença religiosa, explica os benefícios de pertencer a uma religião: Putnam e Campbell, 2010; ver Bloom, 2012, e Susan Pinker, 2014, para resenhas. Para um estudo recente que encontra o mesmo padrão para a mortalidade, ver Kim, Smith e Kang, 2015.

57. Políticas religiosas retrógradas: Coyne, 2015.

58. Deus e o clima: Bean e Teles, 2016; Ver também capítulo 18, nota 86.

59. Apoio a Trump de evangélicos: Ver *New York Times*, 2016, e capítulo 20, nota 34.

60. A. Wilkinson, "Trump Wants to 'Totally Destroy' a Ban on Churches Endorsing Political Candidates", *Vox*, 7 fev. 2017.

61. "*The Oprah Winfrey Show* Finale", oprah.com, disponível em: <http://www.oprah.com/oprahshow/the-oprah-winfrey-show-finale_1/all>.

62. Retirado e levemente editado de "The Universe — Uncensored", *Inside Amy Schumer*, disponível em: <https://www.youtube.com/watch?v=6eqCaiwmr_M>.

63. Hostilidade aos ateus: G. Paul e P. Zuckerman, "Don't Dump On Us Atheists", *Washington Post*, 30 abr. 2011; Gervais e Najle, 2018.

64. *World Christian Encyclopedia* (2001), citado em Paul e Zuckerman, 2007.

65. Índice Global de Religiosidade e Ateísmo: WIN-Gallup International, 2012. A amostra de países do Índice em 2005 foi menor (39 países) e mais religiosa (68% ainda se identificavam como religiosos em 2005, em comparação com 59% na amostra completa de 2012). No subconjunto longitudinal, a porcentagem de ateus aumentou de 4% para 7%, um crescimento de 75% em sete anos. Seria duvidoso generalizar esse multiplicador para amostras maiores, em razão da não linearidade da escala de porcentagem na extremidade inferior; ao estimar o aumento do ateísmo na amostra de 57 países durante esse período, portanto, supus um aumento mais conservador de 30%.

66. Tese da secularização: Inglehart e Welzel, 2005; Voas e Chaves, 2016.

67. Correlação de irreligião com renda e educação: Barber, 2011; Lynn, Harvey e Nyborg, 2009; WIN-Gallup International, 2012.

68. WIN-Gallup International, 2012. Outros países de minoria religiosa da amostra são Áustria e a República Tcheca, e entre aqueles nos quais a porcentagem mal ultrapassa os 50% estão Finlândia, Alemanha, Espanha e Suíça. Outros países ocidentais seculares como Dinamarca, Nova Zelândia, Noruega e o Reino Unido não foram pesquisados. De acordo com um conjunto diferente de pesquisas realizadas em torno de 2004 (Zuckerman, 2007, reproduzido em Lynn, Harvey e Nyborg, 2009), mais de um quarto dos entrevistados em quinze países desenvolvidos diz que não acredita em Deus, ao lado de mais da metade dos tchecos, japoneses e suecos.

69. Pew Research Center, 2012a.

70. O apêndice metodológico de Pew Research Center, 2012a, em particular a nota 85, indica que as estimativas de fertilidade deles são instantâneos correntes, e não são ajustadas para mudanças previstas. Declínio da fertilidade muçulmana: Eberstadt e Shah, 2011.

71. Mudança religiosa na anglosfera: Voas e Chaves, 2016.

72. Excepcionalismo religioso americano: Paul, 2014; Voas e Chaves, 2016. Esses números são da WIN-Gallup International, 2012.

73. Lynn, Harvey e Nyborg, 2009; Zuckerman, 2007.

74. Secularização americana: Hout e Fischer, 2014; Jones et al., 2016b; Pew Research Center, 2015a; Voas e Chaves, 2016.

75. Esses dados são de Jones et al., 2016b. Outro sinal do declínio subregistrado da religião nos Estados Unidos é que a proporção de brancos evangélicos nas pesquisas PRRI caiu de 20% em 2012 para 16% em 2016.

76. Maior probabilidade de jovens irreligiosos continuarem sem religião: Hout e Fischer, 2014; Jones et al., 2016b; Voas e Chaves, 2016.

77. Ateus declarados: D. Leonhardt, "The Rise of Young Americans Who Don't Believe in God", *New York Times*, 12 maio 2015, baseado em dados do Pew Research Center, 2015a. Poucos ateus na década de 1950: Voas e Chaves, 2016, baseado em dados do General Social Survey.

78. Gervais e Najle, 2018.

79. Jones et al., 2016b, p. 18.

80. Explicações para a secularização: Hout e Fischer, 2014; Inglehart e Welzel, 2005; Jones et al., 2016b; Paul e Zuckerman, 2007; Voas e Chaves, 2016.

81. Secularização e queda da confiança nas instituições: Twenge, Campbell e Carter, 2014. Pico da confiança nas instituições na década de 1960: Mueller, 1999, pp. 167-8.

82. Secularização e valores emancipatórios: Hout e Fischer, 2014; Inglehart e Welzel, 2005; Welzel, 2013.

83. Secularizção e segurança existencial: Inglehart e Welzel, 2005; Welzel, 2013. Secularização e a rede de segurança social: Barber, 2011; Paul, 2014; Paul e Zuckerman, 2007.

84. Principal razão de os americanos abandonarem a religião: Jones et al., 2016b. Observe-se também que a crença na verdade literal da Bíblia entre os entrevistados na pesquisa Gallup descrita na nota 53 acima diminuiu ao longo do tempo, de 40% em 1981 para 28% em 2014, enquanto a crença de que se trata de um livro de "fábulas, lendas, história e preceitos morais registrados pelo homem" subiu de 10% para 21%.

85. Secularização e aumento de QI: Kanazawa, 2010; Lynn, Harvey e Nyborg, 2009.

86. "Eclipse total": de uma citação de Friedrich Nietzsche.

87. Felicidade: ver capítulo 18 e Helliwell, Layard e Sachs, 2016. Indicadores de bem-estar social: ver Porter, Stern e Green, 2016; capítulo 21, nota 42; e nota 90 abaixo. Numa análise regressiva de 116 países, Keehup Yong e eu descobrimos que a correlação entre o Índice de Progresso Social e a porcentagem da população que não acredita em Deus (extraída de Lynn, Harvey e Nyborg, 2009) era .63, o que era estatisticamente significante ($p < .0001$), mantendo-se constante o PIB per capita.

88. Excepcionalismo americano desafortunado: ver capítulo 21, nota 42; Paul, 2009, 2014.

89. Estado religioso, Estado disfuncional: Delamontagne, 2010.

90. Embora mais de um quarto dos 195 países do mundo tenham maioria muçulmana, nenhum deles está entre os 38 classificados como "muito alto" e "alto" no Índice de Progresso Social (Porter, Stern e Green, 2016, pp. 19-20), ou entre os 25 mais felizes (Helliwell, Layard e Sachs, 2016). Nenhum é uma "democracia plena", somente três são "democracias imperfeitas", e mais de quarenta são regimes "autoritários" ou "híbridos": *The Economist* Intelligence Unit, disponível em:

<https://infographics.economist.com/2017/DemocracyIndex/>. Para avaliações similares, ver Marshall e Gurr, 2014; Marshall, Gurr e Jaggers, 2016; Pryor, 2007.

91. Guerras em 2016: ver capítulo 11, nota 9; e Gleditsch e Rudolfsen, 2016. Terrorismo: Institute for Economics and Peace, 2016, usando dados do National Consortium for the Study of Terrorism and Responses to Terrorism (<http://www.start.umd.edu/>).

92. Revolução científica precoce: Al-Khalili, 2010; Huff, 1993. Tolerância nos impérios árabe e otomano: Lewis, 2002; Pelham, 2016.

93. Trechos retrógrados no Alcorão, Hadith e Suna: Rizvi, 2017, cap. 2; Hirsi Ali, 2015a, 2015b; S. Harris, "Verses from the Koran", *Truthdig*, disponível em: <http://www.truthdig.com/images/diguploads/verses.html>; *The Skeptic's Annotated Quran*, disponível em: <http://skepticsannotatedbible.com/quran/int/long.html>. Artigos recentes de jornalistas: R. Callimachi, "ISIS Enshrines a Theology of Rape", *New York Times*, 13 ago. 2015; G. Wood, "What ISIS Really Wants", *The Atlantic*, mar. 2015; e Wood, 2017. Discussões eruditas recentes: Cook, 2014, e Bowering, 2015.

94. Alexander e Welzel, 2011, pp. 256-8.

95. Alexander e Welzel citam o *Religious Monitor* da Bertelsmann Foundation. Ver também Pew Research Center, 2012c; WIN-Gallup International, 2012, para números comparáveis (embora com variação regional).

96. Citações de Pew Research Center, 2013, pp. 24 e 15, e Pew Research Center, 2012c, pp. 11 e 12. Os países onde foi feita a pergunta sobre interpretar o Alcorão palavra por palavra foram os Estados Unidos e quinze países da África subsaariana, o que provavelmente abrange todas as variações. Entre as exceções que não queriam a xaria como lei nacional estavam Turquia, Líbano e as regiões ex-comunistas.

97. Welzel, 2013; ver também Alexander e Welzel, 2011, e Inglehart, 2017.

98. Alexander e Welzel, 2011. Ver também Pew Research Center, 2013, que encontrou um apoio maior para a xaria entre muçulmanos devotos.

99. Camisa de força religiosa: Huff, 1993; Kuran, 2010; Lewis, 2002; Programa de Desenvolvimento das Nações Unidas, 2003; Montgomery e Chirot, 2015, cap. 7; ver também Rizvi, 2016, e Hirsi Ali, 2015a, para relatos em primeira pessoa.

100. Islamismo reacionário: Montgomery e Chirot, 2015, cap. 7; Lilla, 2016; Hathaway e Shapiro, 2017.

101. Intelectuais ocidentais que desculpam a repressão no mundo islâmico: Berman, 2010; J. Palmer, "The Shame and Disgrace of the Pro- Islamist Left", *Quillette*, 6 dez. 2015; J. Tayler, "The Left Has Islam All Wrong", *Salon*, 10 maio 2015; J. Tayler, "On Betrayal by the Left — Talking with Ex-Muslim Sarah Haider", *Quillette*, 16 mar. 2017.

102. Citado em J. Tayler, "On Betrayal by the Left — Talking with Ex-Muslim Sarah Haider", *Quillette*, 16 mar. 2017.

103. Al-Khalili, 2010; Huff, 1993.

104. Sen, 2000, 2005, 2009; ver também Pelham, 2016, para exemplos no Império Otomano.

105. Esposito e Mogahed, 2007; Inglehart, 2017; Welzel, 2013.

106. Modernização islâmica: Mahbubani e Summers, 2016. Substituição de coorte: ver capítulo 15, especialmente figura 15.7; Inglehart, 2017; Welzel, 2013. Inglehart observa, no entanto, que enquanto treze dos países de maioria muçulmana no World Values Survey mostram uma mudança

geracional no sentido da igualdade de gênero, catorze não exibem essa característica; os motivos dessa separação não estão claros.

107. J. Burke, "Osama bin Laden's Bookshelf: Noam Chomsky, Bob Woodward, and Jihad", *The Guardian*, 20 maio 2015.

108. Forças externas que impulsionam o progresso moral: Appiah, 2010; Hunt, 2007.

109. As obras mais famosas de Nietzsche, dos quais muitos títulos se tornaram memes da alta cultura são: *O nascimento da tragédia*, *Além do bem e do mal*, *Assim falou Zaratustra*, *Genealogia da moral*, *Crepúsculo dos ídolos*, *Ecce Homo* e *A vontade de poder*. Para uma discussão crítica, ver Anderson, 2017; Glover, 1999; Herman, 1997; Russell, 1945/1972; Wolin, 2004.

110. As primeiras três citações são tiradas de Russell, 1945/1972, pp. 762-6, as duas últimas de Wolin, 2004, pp. 53, 57.

111. *Relativismo e fascismo*, citado em Wolin, 2004, p. 27.

112. Rosenthal, 2002.

113. Influência de Nietzsche sobre Rand e seu acobertamento: Burns, 2009.

114. De *Genealogia da moral* e *A vontade de poder*, citado em Wolin, 2004, pp. 32-3.

115. Tiranofilia: Lilla, 2001. A síndrome foi identificada pela primeira vez em *A traição dos intelectuais*, do filósofo francês Julian Benda (Benda, 1927/2006). Entre as histórias mais recentes, temos Berman, 2010; Herman, 1997; Hollander, 1981/2014; Sesardi , 2016; Sowell, 2010; Wolin, 2004. Ver também Humphrys (sem data).

116. Scholars and Writers for America, "Statement of Unity", 30 out. 2016, disponível em: <https://scholarsandwritersforamerica.org/>.

117. J. Baskin, "The Academic Home of Trumpism", *Chronicle of Higher Education*, 17 mar. 2017.

118. Nietzsche não influenciou somente Mussolini, mas também o teórico fascista Julius Evola, discutido adiante. Ele influenciou ainda o filósofo Leo Strauss, uma influência importante sobre a escola de Claremont e o teoconservadorismo reacionário; ver J. Baskin, "The Academic Home of Trumpism", *Chronicle of Higher Education*, 17 mar. 2017; Lampert, 1996.

119. Nacionalismo e romantismo anti-iluminista: Berlin, 1979; Garrard, 2006; Herman, 1997; Howard, 2001; McMahon, 2001; Sternhell, 2010; Wolin, 2004.

120. Redescoberta dos primeiros fascistas: J. Horowitz, "Steve Bannon Cited Italian Thinker Who Inspired Fascists", *New York Times*, 10 fev. 2017; P. Levy, "Stephen Bannon Is a Fan of a French Philosopher... Who Was an Anti- Semite and a Nazi Supporter", *Mother Jones*, 16 mar. 2017; M. Crowley, "The Man Who Wants to Unmake the West", *Politico*, mar./abr. 2017. *Alt-right*: A. Bokhari e M. Yiannopoulos, "An Establishment Conservative's Guide to the Alt-Right", Breitbart.com, 29 mar. 2016, disponível em: <http://www.breitbart.com/tech/2016/03/29/an-establishment-conservatives-guide-to-the-alt-right/>. Influência de Nietzsche sobre a *alt-right*: G. Wood, "His Kampf", *The Atlantic*, jun. 2017; S. Illing, "The Alt- Right Is Drunk on Bad Readings of Nietzsche. The Nazis Were Too", *Vox*, 17 ago. 2017, disponível em: <https://www.vox.com/2017/8/17/16140846/nietzsche-richard-spencer-alt-right-nazism>.

121. Explicação psicológica evolucionista ingênua do nacionalismo e seus problemas: Pinker, 2012.

122. Teoconservadorismo: Lilla, 2016; Linker, 2007; Pinker, 2008b.

123. Escrito sob o pseudônimo de Publius Decius Mus; ver Publius Decius Mus, 2016. Ver

também M. Warren, "The Anonymous Pro-Trump 'Decius' Now Works Inside the White House", *Weekly Standard*, 2 fev. 2017.

124. A mentalidade reacionária: Lilla, 2016. Para mais detalhes sobre o islamismo reacionário, ver Montgomery e Chirot, 2015, e Hathaway e Shapiro, 2017.

125. A. Restuccia e J. Dawsey, "How Bannon and Pruitt Boxed In Trump on Climate Pact", *Politico*, 31 maio 2017.

126. Flexibilidade cognitiva de "tribo": Kurzban, Tooby e Cosmides, 2001; Sidanius e Pratto, 1999; ver também Center for Evolutionary Psychology, UCSB, Erasing Race FAQ, disponível em: <http://www.cep.ucsb.edu/erasingrace.htm>.

127. Manipulação de intuições de grupo: Pinker, 2012.

128. Tribalismo e cosmopolitismo: Appiah, 2006.

129. Diamond, 1997; Sowell, 1994, 1996, 1998.

130. Glaeser, 2011; Sowell, 1996.

Referências bibliográficas

ABRAHMS, M. "Why Terrorism Does Not Work". *International Security*, v. 31, pp. 42-78, 2006.

______. "The Political Effectiveness of Terrorism Revisited". *Comparative Political Studies*, v. 45, pp. 366-93, 2012.

ABRAMS, S. "Professors Moved Left Since 1990s, Rest of Country Did Not". *Heterodox Academy*, 2016. Disponível em: <http://heterodoxacademy.org/2016/01/09/professors-moved-left-but-country-did-not/>.

ABT, T.; WINSHIP, C. *What Works in Reducing Community Violence: A Meta-Review and Field Study for the Northern Triangle*. Washington: US Agency for International Development, 2016.

ACEMOGLU, D.; ROBINSON, J. A. *Why Nations Fail: The Origins of Power, Prosperity, and Poverty*. Nova York: Crown, 2012.

ACHEN, C. H.; BARTELS, L. M. *Democracy for Realists: Why Elections Do Not Produce Responsive Government*. Princeton, NJ: Princeton University Press, 2016.

ADRIAANS, P. "Information". In: ZALTA, E. N. (Org.). *Stanford Encyclopedia of Philosophy*, 2013. Disponível em: <http://plato.stanford.edu/archives/fall2013/entries/information/>.

ÆGISDÓTTIR, S.; WHITE, M. J.; SPENGLER, P. M. et al. "The Meta-Analysis of Clinical Judgment Project: Fifty-Six Years of Accumulated Research on Clinical versus Statistical Prediction. *The Counseling Psychologist*, v. 34, pp. 341-82, 2006.

AGUIAR, M.; HURST, E. "Measuring Trends in Leisure: The Allocation of Time Over Five Decades". *Quarterly Journal of Economics*, v. 122, pp. 969-1006, 2007.

AJDACIC-GROSS, V.; BOPP, M.; GOSTYNSKI, M. et. al. "Age-Period-Cohort Analysis of Swiss Suicide Data, 1881-2000". *European Archives of Psychiatry and Clinical Neuroscience*, v. 256, pp. 207-14, 2006.

AL-KHALILI, J. *Pathfinders: The Golden Age of Arabic Science*. Nova York: Penguin, 2010.

ALESINA, A.; GLAESER, E. L.; SACERDOTE, B. "Why Doesn't the United States Have a European-Style Welfare State?". *Brookings Papers on Economic Activity*, v. 2, pp. 187-277, 2001.

ALEXANDER, A. C.; WELZEL, C. "Islam and Patriarchy: How Robust Is Muslim Support for Patriarchal Values?". *International Review of Sociology*, v. 21, pp. 249-75, 2011.

ALEXANDER, S. "You Are Still Crying Wolf". *Slate Star Codex*, 16 nov. 2016. Disponível em: <http://slatestarcodex.com/2016/11/16/you-are-still-crying-wolf/>.

ALFEROV, Z. I; ALTMAN, S. et al. "Laureates Letter Supporting Precision Agriculture (GMOS)", 2016. Disponível em: <http://supportprecisionagriculture.org/nobel-laureate-gmo-letter_rjr.html>.

ALLEN, P. G. "The Singularity Isn't Near". *Technology Review*, 12 out. 2011.

ALLEN, W. *Hannah and Her Sisters*. Nova York: Random House, 1987.

ALRICH, M. "History of Workplace Safety in the United States, 1880-1970". In: WHAPLES, R. (Org.). EH.net Encyclopedia. 2001. Disponível em: <http://eh.net/encyclopedia/history-of-workplace-safety-in-the-united-states-1880-1970/>.

AMABILE, T. M. "Brilliant But Cruel: Perceptions of Negative Evaluators". *Journal of Experimental Social Psychology*, v. 19, pp. 146-56, 1983.

AMERICAN ACADEMY OF ARTS AND SCIENCES. *The Heart of the Matter: The Humanities and Social Sciences for a Vibrant, Competitive, and Secure Nation*. Cambridge, MA: American Academy of Arts and Sciences, 2015.

AMERICAN ASSOCIATION OF UNIVERSITY PROFESSORS. *Research on Human Subjects: Academic Freedom and the Institutional Review Board*, 2006. Disponível em: <https://www.aaup.org/report/research-human-subjects-academic-freedom-and-institutional-review-board>.

AMERICAN HUMANIST ASSOCIATION. *Humanist Manifesto I*, 1933/1973. Disponível em: <https://americanhumanist.org/what-is-humanism/manifesto1/>.

______. *Humanist Manifesto II*, 1973. Disponível em: <https://americanhumanist.org/what-is-humanism/manifesto2/>.

______. *Humanism and Its Aspirations: Humanist Manifesto III*, 2003. Disponível em: <http://americanhumanist.org/humanism/humanist_manifesto_iii>.

ANDERSON, J. R. *How Can the Human Mind Occur in the Physical Universe?* Nova York: Oxford University Press, 2007.

______. "Friedrich Nietzsche". In: ZALTA, E. N. (Org.). *Stanford Encyclopedia of Philosophy*, 2017. Disponível em: <https://plato.stanford.edu/entries/nietzsche/>.

APPIAH, K. A. *Cosmopolitanism: Ethics in a World of Strangers*. Nova York: Norton, 2006.

______. *The Honor Code: How Moral Revolutions Happen*. Nova York: Norton, 2010.

ARIELY, D. *Predictably Irrational: The Hidden Forces that Shape Our Decisions*. Ed. rev. Nova York: HarperCollins, 2010.

ARMITAGE, D.; BHABHA, H.; DENCH, E. et al. *The Teaching of the Arts and Humanities at Harvard College: Mapping the Future*, 2013. Disponível em: <http://artsandhumanities.fas.harvard.edu/files/humanities/files/mapping_the_future_31_may_2013.pdf>.

ARROW, K.; JORGENSON, D.; KRUGMAN, P. et al. "The Economists' Statement on Climate Change". *Redefining Progress*, 1997. Disponível em: <http://rprogress.org/publications/1997/econstatement.htm>.

ASAFU-ADJAYE, J.; BLOMQVIST, L., BRAND, S. et al. *An Ecomodernist Manifesto*, 2015. Disponível em: <http://www.ecomodernism.org/manifesto-english/>.

ASAL, V.; PATE, A. "The Decline of Ethnic Political Discrimination, 1950-2003". In: MARSHALL, M. G.; GURR, T. R. (Orgs.). *Peace and Conflict 2005: A Global Survey of Armed Conflicts, Self-Determination Movements, and Democracy*. College Park: Center for International Development and Conflict Management, University of Maryland, 2005.

ATKINS, P. *Four Laws That Drive the Universe*. Nova York: Oxford University Press, 2007.

ATKINSON, A. B.; HASELL, J.; MORELLI, S.; ROSER, M. *The Chartbook of Economic Inequality*, 2017. Disponível em: <https://www.chartbookofeconomicinequality.com/>.

ATRAN, S. *In Gods We Trust: The Evolutionary Landscape of Religion*. Nova York: Oxford University Press, 2002.

______"Genesis of Suicide Terrorism". *Science*, v. 299, pp. 1534-9, 2003.

______. "Research Police — How a University IRB Thwarts Understanding of Terrorism. *Institutional Review Blog*, 2007. Disponível em: <http://www.institutionalreviewblog.com/2007/05/scott-atran-research-police-how.html>.

AUSUBEL, J. H. "The Liberation of the Environment". *Daedalus*, v. 125, pp. 1-18, 1996.

______. "Renewable and Nuclear Heresies". *International Journal of Nuclear Governance, Economy, and Ecology*, v. 1, pp. 229-43, 2007.

______. *Nature Rebounds*. San Francisco: Long Now Foundation, 2015. Disponível em: <https://phe.rockefeller.edu/docs/Nature_Rebounds.pdf>.

______; GRÜBLER, A. "Working Less and Living Longer: Long-Term Trends in Working Time and Time Budgets". *Technological Forecasting and Social Change*, v. 50, pp. 195-213, 1995.

______; MARCHETTI, C. "Wood's H:C Ratio", 1998. Disponível em: <https://phe.rockefeller.edu/PDF_FILES/Wood_HC_Ratio.pdf>.

______; WERNICK, I. K.; WAGGONER, P. E. "Peak Farmland and the Prospect for Land Sparing". *Population and Development Review*, v. 38, pp. 221-42, 2012.

AUTOR, D. H. "Skills, Education, and the Rise of Earnings Inequality Among the 'Other 99 Percent'". *Science*, v. 344, pp. 843-51, 2014.

AVIATION SAFETY NETWORK. "Fatal Airliner (14+Passengers) Hull-Loss Accidents", 2017. Disponível em: <https://aviation-safety.net/statistics/period/stats.php?cat=A1>.

BAILEY, R. *The End of Doom: Environmental Renewal in the 21st Xentury*. Nova York: St. Martin's Press, 2015.

BALMFORD, A. *Wild Hope: On the Front Lines of Conservation Success*. Chicago: University of Chicago Press, 2012.

______; KNOWLTON, N. "Why Earth Optimism?". *Science*, v. 356, p. 225, 2017.

BANCO MUNDIAL. *Turn Down the Heat: Why a 4°C Warmer World Must be Avoided*. Washington: Banco Mundial, 2012a.

______. *World Development Report 2013: Jobs*. Washington: Banco Mundial, 2012b.

______. "Adult Literacy Rate, Population 15+ Years, Both Sexes (%)", 2016a, Disponível em: <http://data.worldbank.org/indicator/SE.ADT.LITR.ZS>.

______. "Air Transport, Passengers Carried", 2016b. Disponível em: <http://data.worldbank.org/indicator/IS.AIR.PSGR>.

______. "GDP per Capita Growth (Annual %)", 2016c. Disponível em: <http://data.worldbank.org/indicator/NY.GDP .PCAP.KD.ZG>.

BANCO MUNDIAL. "Gini Index (World Bank Estimate)", 2016d. Disponível em: <http://data.worldbank.org/indicator/SI.POV.GINI?locations=US>.

______. "International Tourism, Number of Arrivals", 2016e. Disponível em: <http://data.worldbank.org/indicator/ST.INT.ARVL>.

______. "Literacy Rate, Youth (Ages 15-24), Gender Parity Index (GPI)", 2016f. Disponível em: <http://data.worldbank.org/indicator/SE.ADT.1524.LT.FM.ZS>.

______. "PovcalNet: An Online Analysis Tool for Global Poverty Monitoring", 2016g. Disponível em: <http://iresearch.worldbank.org/PovcalNet/home.aspx>.

______. "Terrestrial Protected Areas (% of Total Land Area)", 2016h. Disponível em: <http://data.worldbank.org/indicator/ER.LND.PTLD.ZS>.

______. "Youth Literacy Rate, Population 15-24 Years, Both Sexes (%)", 2016(i). Disponível em: <http://data.worldbank.org/indicator/SE.ADT.1524.LT.ZS>.

______. "World Development Indicators: Deforestation and Biodiversity", 2017. Disponível em: <http://wdi.worldbank.org/table/3.4>.

BANERJEE, A. V.; DUFLO, E. *Poor Economics: A Radical Rethinking of the Way to Fight Global Poverty*. Nova York: PublicAffairs, 2011.

BARBER, N. "A Cross-National Test of the Uncertainty Hypothesis of Religious Belief". *Cross-Cultural Research*, v. 45, pp. 318-33, 2011.

BARDO, A. R.; LYNCH, S. M.; LAND, K. C. "The Importance of the Baby Boom Cohort and the Great Recession in Understanding Age, Period, and Cohort Patterns in Happiness". *Social Psychological and Peronality Science*, v. 8, pp. 341-50, 2017.

BARDON, A. "Transcendental Arguments". *Internet Encyclopedia of Philosophy*, [s.d.]. Disponível em: <http://www.iep.utm.edu/trans-ar/>.

BARLOW, D. H.; BULLIS, J. R.; COMER, J. S.; AMETAJ, A. A. "Evidence-Based Psychological Treatments: an Update and a Way Forward". *Annual Review of Clinical Psychology*, v. 9, pp. 1-27, 2013.

BARON, J. "Why Teach Thinking?". *Applied Psychology*, v. 42, pp. 191-237, 1993.

BASU, K. "Child Labor: Cause, Consequence, and Cure, with Remarks on International Labor Standards". *Journal of Economic Literature*, v. 37, pp. 1083-119, 1999.

BAUMAN, Z. *Modernity and the Holocaust*. Cambridge: Polity, 1989.

BAUMARD, N.; HYAFIL, A.; MORRIS, I.; BOYER, P. "Increased Affluence Explains the Emergence of Ascetic Wisdoms and Moralizing Religions". *Current Biology*, v. 25, pp. 10-5, 2015.

BAUMEISTER, R. "Machines Think But Don't Want, and Hence Aren't Dangerous". *Edge*, 2015. Disponível em: <https://www.edge.org/response-detail/26282>.

______; BRATSLAVSKY, E.; FINKENAUER, C.; VOHS, K. D. "Bad Is Stronger Than Good". *Review of General Psychology*, v. 5, pp. 323-70, 2001.

______; VOHS, K. D.; AAKER, J. L.; GARBINSKY, E. N. "Some Key Differences Between a Happy Life and a Meaningful Life". *Journal of Positive Psychology*, v. 8, pp. 505-16, 2013.

BAXTER, A. J.; SCOTT, K. M.; FERRARI, A. J. et al. "Challenging the Myth of an 'Epidemic' of Common Mental Disorders: Trends in the Global Prevalence of Anxiety and Depression Between 1990 and 2010". *Depression and Anxiety*, v. 31, pp. 506-16, 2014.

BEAN, L.; TELES, S. "God and Climate". *Democracy: A Journal of Ideas*, v. 40, 2016.

BEAVER, K. M.; SCHWARTZ, J. A.; NEDELEC, J. L. et al. "Intelligence Is Associated with Criminal Justice Processing: Arrest Through Incarceration". *Intelligence*, v. 41, pp. 277-88, 2013.

BEAVER, K. M.; VAUGHN, M. G.; DELISI, M. et al. "The Neuropsychological Underpinnings to Psychopathic Personality Traits in a Nationally Representative and Longitudinal Sample". *Psychiatric Quarterly*, v. 83, pp. 145-59, 2012.

BEHAVIORAL INSIGHTS TEAM. *EAST: Four Simple Ways to Apply Behavioral Insights*. Londres: Behavioral Insights, 2015.

BENDA, J. *The Treason of the Intellectuals*. New Brunswick, NJ: Transaction, 1927/2006.

BENEDEK, T. G.; ERLEN, J. "The Scientific Environment of the Tuskegee Study of Syphilis, 1920-1960". *Perspectives in Biology and Medicine*, v. 43, pp. 1-30, 1999.

BERLIN, I. "The Counter-Enlightenment". In: ______ (Org.). *Against the Current: Essays in the History of Ideas*. Princeton, NJ: Princeton University Press, 1979.

______. "The Pursuit of the Ideal". In: ______ (Org.). *The Crooked Timber of Humanity*. Princeton, NJ: Princeton University Press, 1988/2013.

BERMAN, P. *The Flight of the Intellectuals*. Nova York: Melville House, 2010.

BERNANKE, B. S. "How do People Really Feel About the Economy?". *Brookings Blog*, 2016. Disponível em: <https://www.brookings.edu/blog/ben-bernanke/2016/06/30/how-do-people-really-feel-about-the-economy/>.

BERRY, K.; LEWIS, P.; PELOPIDAS, B. et al. *Delegitimizing Nuclear Weapons: Examining the Validity of Nuclear Deterrence*. Monterey, CA: Monterey Institute of International Studies, 2010.

BESLEY, T.; KUDAMATSU, M. "Health and Democracy". *American Economic Review*, v. 96, pp. 313-8, 2006.

BETTMANN, O. L. *The Good Old Days — They Were Terrible!* Nova York: Random House, 1974.

BETZIG, L. *Despotism and Differential Reproduction*. Hawthorne, NY: Aldine de Gruyter, 1986.

BIRD, A. "Thomas Kuhn". In: ZALTA, E. N. (Org.). *Stanford Encyclopedia of Philosophy*, 2011. Disponível em: <https://plato.stanford.edu/entries/thomas-kuhn/>.

BLACKMORE, S. "Near-Death Experiences: In or Out of the Body?" *Skeptical Inquirer*, v. 16, pp. 34-45, 1991.

BLAIR, J. P.; SCHWEIT, K. W. *A Study of Active Shooter Incidents, 2000-2013*. Washington: Federal Bureau of Investigation, 2014.

BLEES, T. *Prescription for the Planet: The Painless Remedy for Our Energy and Environmental Crises*. North Charleston, SC: Booksurge, 2008.

BLIGHT, J. G.; NYE, J. S.; WELCH, D. A. "The Cuban Missile Crisis Revisited". *Foreign Affairs*, v. 66, pp. 170-88, 1987.

BLINKHORN, S. "Review of S. J. Gould's 'The Mismeasure of Man'". *Nature*, v. 296, p. 506, 1982.

BLOCK, N. "Advertisement for a Semantics for Psychology". In: FRENCH, P. A.; UEHLING, T. E.; WETTSTEIN, H. K. (Orgs.). *Midwest Studies in Philosophy: Studies in the Philosophy of Mind*. Minneapolis: University of Minnesota Press, 1986. v. 10.

______. "On a Confusion About a Function of Consciousness". *Behavioral and Brain Sciences*, v. 18, pp. 227-87, 1995.

BLOOM, P. "Religion, Morality, Evolution". *Annual Review of Psychology*, v. 63, pp. 179-99, 2012.

BLOOMBERG, M.; POPE, C. *Climate of Hope: How Cities, Businesses, and Citizens Can Save the Planet*. Nova York: St. Martin's Press, 2017.

BLUTH, C. *The Myth of Nuclear Proliferation*. School of Politics and International Studies, University of Leeds, 2011.

BOHLE, R. H. "Negativism as News Selection Predictor". *Journalism Quarterly*, v. 63, pp. 789-96, 1986.

BOND, M. "Risk School". *Nature*, v. 461, pp. 1189-92, 2009.

BOSTROM, A.; MORGAN, M. G.; FISCHHOFF, B.; READ, D. "What do People Know About Global Climate Change? 1. Mental Models". *Risk Analysis*, v. 14, pp. 959-71, 1994.

BOSTROM, N. *Superintelligence: Paths, Dangers, Strategies*. Nova York: Oxford University Press, 2016.

BOTELLO, M. A. "Mexico, tasa de homicidios por 100 mil habitantes desde 1931 a 2015". *MexicoMaxico*, 2016. Disponível em: <http://www.mexicomaxico.org/Voto/Homicidios100M.htm>.

BOURGET, D.; CHALMERS, D. J. "What do Philosophers Believe?". *Philosophical Studies*, v. 170, pp. 465-500, 2014.

BOURGUIGNON, F.; MORRISSON, C. "Inequality Among World Citizens, 1820-1992". *American Economic Review*, v. 92, pp. 727-44, 2002.

BOWERING, G. *Islamic Political Thought: An Introduction*. Princeton, NJ: Princeton University Press, 2015.

BOYD, B.; CARROLL, J.; GOTTSCHALL, J. (Orgs.). *Evolution, Literature, and Film: A Reader*. Nova York: Columbia University Press, 2010.

BOYD, R. "How to Be a Moral Realist". In: SAYRE-MCCORD, G. (Org.). *Essays on Moral Realism*. Ithaca, NY: Cornell University Press, 1988.

BOYER, Pascal. *Religion Explained: The Evolutionary Origins of Religious Thought*. Nova York: Basic Books, 2001.

BOYER, Paul. *By the Bomb's Early Light: American Thought and Culture at the Dawn of the Atomic Age*. Chapel Hill: University of North Carolina Press, 1985/2005.

______. "A Historical View of Scare Tactics". *Bulletin of the Atomic Scientists*, pp. 17-9, 1986.

BRAITHWAITE, J. "Near Death Experiences: The Dying Brain". *Skeptic*, v. 21, n. 2, 2008. Disponível em: <http://www.critical-thinking.org.uk/paranormal/near-death-experiences/the-dying-brain.php>.

BRAMAN, D.; KAHAN, D. M.; SLOVIC, P. et al. "The Second National Risk and Culture Study: Making Sense of — and Making Progress in — the American Culture War of Fact. *GW Law Faculty Publications and Other Works*, v. 211, 2007. Disponível em: <http://scholarship.law.gwu.edu/faculty_publications/211>.

BRANCH, T. *Parting the Waters: America in the King Years, 1954-63*. Nova York: Simon & Schuster, 1988.

BRAND, S. *Whole Earth Discipline: Why Dense Cities, Nuclear Power, Transgenic Crops, Restored Wildlands, and Geoengineering are Necessary*. Nova York: Penguin, 2009.

BRANWEN, G. "Terrorism Is Not Effective". Gwern.net, 2016. Disponível em: <https://www.gwern.net/Terrorism-is-not-Effective>.

BRAUDEL, F. *Civilization and Capitalism, 15th-18th Century*. Londres: Phoenix Press, 2002. v. 1: *The Structures of Everyday Life*.

BREGMAN, A. S. *Auditory Scene Analysis: The Perceptual Organization of Sound*. Cambridge, MA: MIT Press, 1990.

BREGMAN, R. *Utopia for Realists: The Case For a Universal Basic Income, Open Borders, and a 15-Hour Workweek*. Boston: Little, Brown, 2016.

BRENNAN, J. "Against Democracy". *National Interest*, 7 set. 2016.

BRICKMAN, P.; CAMPBELL, D. T. "Hedonic Relativism and Planning the Good Society". In: APPLEY, M. H. (Org.). *Adaptation-Level Theory: A Symposium*. Nova York: Academic Press, 1971.

BRIGGS, J. C. "Re: Accelerated Modern Human-Induced Species Losses: Entering the Sixth Mass

Extinction". *Science*, 2015. Disponível em: <http://advances.sciencemag.org/content/1/5/e1400253.e-letters>.

BRIGGS, J. C. "Global Biodiversity Loss: Exaggerated versus Realistic Estimates". *Environmental Skeptics and Critics*, v. 5, pp. 20-27, 2016.

BRINK, D. O. *Moral Realism and the Foundations of Ethics*. Nova York: Cambridge University Press, 1989.

BRITISH PETROLEUM. *BP Statistical Review of World Energy 2016*, jun. 2016.

BROCKMAN, J. "The Third Culture". *Edge*, 1991. Disponível em: <https://www.edge.org/conversation/john_brockman-the-third-culture>.

______. (Org.). *The New Humanists: Science at the Edge*. Nova York: Sterling, 2003.

______. (Org.). *What to Think About Machines that Think? Today's Leading Thinkers on the Age of Machine Intelligence*. Nova York: HarperPerennial, 2015.

BROOKS, R. "Mistaking Performance for Competence Misleads Estimates of AI's 21st Century Promise and Danger". *Edge*, 2015. Disponível em: <https://www.edge.org/response-detail/26057>.

______. "Artificial Intelligence". *Edge*, 2016. Disponível em: <https://www.edge.org/response-detail/26678>.

BROWN, A.; LEWIS, J. "Reframing the Nuclear De-Alerting Debate: Towards Maximizing Presidential Decision Time". *Nuclear Threat Initiative*, 2013. Disponível em: <http://nti.org/3521A>.

BROWN, D. E. *Human Universals*. Nova York: McGraw-Hill, 1991.

______. Human Universals and their Implications". In: ROUGHLEY, N. (Org.). *Being Humans: Anthropological Universality and Particularity in Transdisciplinary Perspectives*. Nova York: Walter de Gruyter, 2000.

BRUNNSCHWEILER, C. N.; LUJALA, P. "Economic Backwardness and Social Tension". University of East Anglia, 2015. Disponível em: <https://ideas.repec.org/p/uea/aepppr/2012_72.html>.

BRYCE, R. *Smaller Faster Lighter Denser Cheaper: How Innovation Keeps Proving the Catastrophists Wrong*. Nova York: Perseus, 2014.

BRYNJOLFSSON, E.; MCAFEE, A. "Will Humans Go the Way of Horses?". *Foreign Affairs*, jul./ago. 2015.

______. *The Second Machine Age: Work, Progress, and Prosperity in a Time of Brilliant Technologies*. Nova York: Norton, 2016.

BULLETIN OF THE ATOMIC SCIENTISTS. Doomsday Clock Timeline, 2017. Disponível em: <http://thebulletin.org/timeline>.

BUNCE, V. "The Prospects for a Color Revolution in Russia". *Daedalus*, v. 146, pp. 19-29, 2017.

BUREAU OF LABOR STATISTICS. "Census of Fatal Occupational Injuries", 2016a. Disponível em: <https://www.bls.gov/iif/oshcfoi1.htm>.

______. "Charts from the American Time Use Survey", 2016b. Disponível em: <https://www.bls.gov/tus/charts/>.

______. "Time Spent in Primary Activities and Percent of the Civilian Population Engaging in Each Activity, Averages per Day by Sex, 2015", 2016c. Disponível em: <https://www.bls.gov/news.release/atus.t01.htm>.

______. "College Enrollment and Work Activity of 2016 High School Graduates", 2017. Disponível em: <https://www.bls.gov/news.release/hsgec.nr0.htm>.

BURINGH, E.; VAN ZANDEN, J. "Charting the 'Rise of the West': Manuscripts and Printed Books in

Europe, a Long-Term Perspective From the Sixth Through Eighteenth Centuries". *Journal of Economic History*, v. 69, pp. 409-45, 2009.

BURNEY, D. A.; FLANNERY, T. F. "Fifty Millennia of Catastrophic Extinctions After Human Contact". *Trends in Ecology and Evolution*, v. 20, pp. 395-401.

BURNS, J. *Goddess of the Market: Ayn Rand and the American Right*. Nova York: Oxford University Press, 2009.

BURTLESS, G. "Income Growth and Income Inequality: The Facts May Surprise You". Brookings Blog, 2014. Disponível em: <https://www.brookings.edu/opinions/income-growth-and-income-inequality-the-facts-may-surprise-you/>.

BUTUROVIC, Z.; KLEIN, D. B. "Economic Enlightenment in Relation to College-Going, Ideology, and Other Variables: A Zogby Survey of Americans". *Economic Journal Watch*, v. 7, pp. 174-96, 2010.

CALIC, R. (Org.). *Secret Conversations With Hitler: The Two Newly-Discovered 1931 Interviews*. Nova York: John Day, 1971.

CAPLAN, B. *The Myth of the Rational Voter: Why Democracies Choose Bad Policies*. Princeton, NJ: Princeton University Press, 2007.

CAPLOW, T.; HICKS, L.; WATTENBERG, B. *The First Measured Century: An Illustrated Guide to Trends in America, 1900-2000*. Washington: AEI Press, 2001.

CARBONBRIEF. "Explainer: 10 Ways 'negative emissions' Could Slow Climate Change", 2016. Disponível em: <https://www.carbonbrief.org/explainer-10-ways-negative-emissions-could-slow-climate-change>.

CAREY, J. *The Intellectuals and the Masses: Pride and Prejudice Among the Literary Intelligentsia, 1880-1939*. Nova York: St. Martin's Press, 1993.

CAREY, M.; JACKSON, M.; ANTONELLO, A.; RUSHING, J. "Glaciers, Gender, and Science". *Progress in Human Geography*, v. 40, pp. 770-93, 2016.

CAREY, S. *The Origin of Concepts*. Cambridge, MA: MIT Press, 2009.

CARLSON, R. H. *Biology is Technology: The Promise, Peril, and New Business of Engineering Life*. Cambridge, MA: Harvard University Press, 2010.

CARROLL, S. M. *The Big Picture: On the Origins of Life, Meaning, and the Universe Itself*. Nova York: Dutton, 2016.

CARTER, R. *Breakthrough: The Saga of Jonas Salk*. Nova York: Trident Press, 1966.

CARTER, S. B.; GARTNER, S. S.; HAINES, M. R. et al. (Orgs.). *Historical Statistics of the United States: Earliest Times to the Present*. Nova York: Cambridge University Press, 2000. v. 1, parte A: *Population*.

CASE, A.; DEATON, A. Rising Morbidity and Mortality in Midlife Among White Non-Hispanic Americans in the 21st Century. *Proceedings of the National Academy of Sciences*, v. 112, pp. 15 078-83, 2015.

CENTER FOR SYSTEMIC PEACE. "Integrated Network for Societal Conflict Research Data Page, 2015. Disponível em: <http://www.systemicpeace.org/inscrdata.htm>.

CENTERS FOR DISEASE CONTROL. "Improvements in Workplace Safety — United States, 1900-1999". *CDC Morbidity and Mortality Weekly Report*, v. 48, pp. 461-9, 1999.

______. "Injury Prevention and Control: Data and Statistics (WISQARS)", 2015. Disponível em: <https://www.cdc.gov/injury/wisqars/>.

CENTRAL INTELLIGENCE AGENCY. "The World Factbook", 2016. Disponível em: <https://www.cia.gov/library/publications/the-world-factbook/>.

CHALK, F.; JONASSOHN, K. *The History and Sociology of Genocide: Analyses and Case Studies*. New Haven: Yale University Press, 1990.

CHALMERS, D. J. *The Conscious Mind: In Search of a Fundamental Theory*. Nova York: Oxford University Press, 1996.

CHANG, L. T. *Factory Girls: From Village to City in a Changing China*. Nova York: Spiegel & Grau, 2009.

CHEN, D. H. C.; DAHLMAN, C. J. *The Knowledge Economy, the KAM Methodology and World Bank Operations*. Washington: Banco Mundial, 2006. Disponível em: <http://documents.worldbank.org/curated/en/695211468153873436/The-knowledge-economy-the-KAM-methodology-and-World-Bank-operations>.

CHENOWETH, E. "Why Is Nonviolent Resistance on the Rise?". *Diplomatic Courier*, 2016. Disponível em: <http://www.diplomaticourier.com/2016/06/28/nonviolent-resistance-rise/>.

______; STEPHAN, M. J. *Why Civil Resistance Works: The Strategic Logic of Nonviolent Conflict*. Nova York: Columbia University Press, 2011.

CHERNEW, M.; CUTLER, D. M.; GHOSH, K.; LANDRUM, M. B. *Understanding the Improvement in Disability Free Life Expectancy in the U.S. Elderly Population*. Cambridge, MA: National Bureau of Economic Research, 2016.

CHIROT, D. *Modern Tyrants*. Princeton, NJ: Princeton University Press, 1996.

CIPOLLA, C. *Before the Industrial Revolution: European Society and Economy, 1000-1700*. 3. ed. Nova York: Norton, 1994.

CLARK, A. M.; SIKKINK, K. "Information Effects and Human Rights Data: Is the Good News About Increased Human Rights Information Bad News for Human Rights Measures?". *Human Rights Quarterly*, v. 35, pp. 539-68, 2013.

CLARK, D. M. T.; LOXTON, N. J.; TOBIN, S. J. "Declining Loneliness Over Time: Evidence from American Colleges and High Schools". *Personality and Social Psychology Bulletin*, v. 41, pp. 78-89, 2015.

CLARK, G. *A Farewell to Alms: A Brief Economic History of the World*. Princeton, NJ: Princeton University Press.

COHEN, G. L. "Party Over Policy: The Dominating Impact of Group Influence on Political Beliefs". *Journal of Personality and Social Psychology*, v. 85, pp. 808-22, 2003.

COLLIER, P. *The Bottom Billion: Why the Poorest Countries are Failing and What Can Be Done About It*. Nova York: Oxford University Press, 2007.

______; ROHNER, D. "Democracy, Development and Conflict". *Journal of the European Economic Association*, v. 6, pp. 531-40, 2008.

COLLINI, S. "Introduction". In: SNOW, C. P. *The Two Cultures*. Nova York: Cambridge University Press, 1998.

______. "Introduction". In: LEAVIS, F. R. *Two Cultures? The Significance of C. P. Snow*. Nova York: Cambridge University Press, 2013.

COMBS, B.; SLOVIC, P. "Newspaper Coverage of Causes of Death. *Journalism & Mass Comunication Quarterly*, v. 56, pp. 837-43, 1979.

CONNOR, S. "The Horror of Number: Can Humans Learn to Count?" Paper apresentado na Alexander Lecture, 2014. Disponível em: <http://stevenconnor.com/horror.html>.

______. *Living by Numbers: In Defence of Quantity*. Londres: Reaktion Books, 2016.

CONRAD, S. "Enlightenment in Global History: A Historiographical Critique". *American Historical Review*, v. 117, pp. 999-1027, 2012.

CONSELHO ECONÔMICO E SOCIAL DAS NAÇÕES UNIDAS. "World Crime Trends and Emerging Issues and Responses in the Field of Crime Prevention and Criminal Justice", 2014. Disponível em: <https://www.unodc.org/documents/data-and-analysis/statistics/crime/ECN.1520145_EN.pdf>.

COOK, M. *Ancient Religions, Modern Politics: The Islamic Case in Comparative Perspective*. Princeton, NJ: Princeton University Press, 2014.

COONTZ, S. *The Way We Never Were: American Families and the Nostalgia Trap*. Ed. rev. Nova York: Basic Books, 1992/2016.

CORLETT, A. *Examining an Elephant: Globalisation and the Lower Middle Class of the Rich World*. Londres: Resolution Foundation, 2016.

CORNWALL ALLIANCE FOR THE STEWARDSHIP OF CREATION. "The Cornwall Declaration on Environmental Stewardship", 2000. Disponível em: <http://cornwallalliance.org/landmark-documents/the-cornwall-declaration-on-environmental-stewardship/>.

COSMIDES, L.; TOOBY, J. "Cognitive Adaptations for Social Exchange". In: BARKOW, J. H.; COSMIDES, L.; TOOBY, J. (Orgs.). *The Adapted Mind: Evolutionary Psychology and the Generation of Culture*. Nova York: Oxford University Press, 1992.

COSTA, D. L. *The Evolution of Retirement: An American Economic History, 1880-1990*. Chicago: University of Chicago Press, 1998.

COSTA, P. T.; MCCRAE, R. R. "An Approach to the Attribution of Aging, Period, and Cohort Effects". *Psychological Bulletin*, v. 92, pp. 238-50, 1982.

COSTELLO, E. J.; ERKANLI, A.; ANGOLD, A. "Is There an Epidemic of Child or Adolescent Depression?". *Journal of Child Psychology and Psychiatry*, v. 47, pp. 1263-71, 2006.

COSTELLO, M. J.; MAY, R. M.; STORK, N. E. "Can We Name Earth's Species Before They Go Extinct?". *Science*, v. 339, pp. 413-6, 2013.

COUNCIL FOR SECULAR HUMANISM. *A Secular Humanist Declaration*, 1980. Disponível em: <https://www.secularhumanism.org/index.php/11>.

______. *Humanist Manifesto 2000*. Disponível em: <https://www.secularhumanism.org/index.php/1169>.

COUNCIL ON FOREIGN RELATIONS. "World Opinion on Human Rights". *Public Opinion on Global Issues*, 2011. Disponível em: <https://www.cfr.org/backgrounder/world-opinion-human-rights>.

______. "World Opinion on Transnational Threats: Weapons of Mass Destruction". *Public Opinion on Global Issues*, 2012. Disponível em: <http://www.cfr.org/thinktank/iigg/pop/>.

COURTOIS, S.; WERTH, N.; PANNÉ, J.-L. et al. *The Black Book of Communism: Crimes, Terror, Repression*. Cambridge, MA: Harvard University Press, 1999.

COURTWRIGHT, D. *No Right Turn: Conservative Politics in a Liberal America*. Cambridge, MA: Harvard University Press, 2010.

COWEN, T. *The Complacent Class: The Self-Defeating Quest for the American Dream*. Nova York: St. Martin's Press, 2017.

COYNE, J. A. *Faith versus Fact: Why Science and Religion Are Incompatible*. Nova York: Penguin, 2015.

CRAVENS, G. *Power to Save the World: The Truth About Nuclear Energy*. Nova York: Knopf, 2007.

CRONIN, A. K. *How Terrorism Ends: Understanding the Decline and Demise of Terrorist Campaigns*. Princeton, NJ: Princeton University Press, 2009.

CRONON, W. "The Trouble With Wilderness; Or, Getting Back to the Wrong Nature". In: ______ (Org.). *Uncommon Ground: Rethinking the Human Place in Nature*. Nova York: Norton.

CUNNINGHAM, H. "Combating Child Labour: The British Experience". In: CUNNINGHAM, H.; VIAZZO, P. P. (Orgs.). *Child Labour in Historical Perspective, 1800-1985: Case Studies from Europe, Japan and Colombia*. Florence: Unicef, 1996.

CUNNINGHAM, T. J.; CROFT, J. B.; LIU, Y. et al. "Vital Signs: Racial Disparities in Age-Specific Mortality Among Blacks or African Americans — United States, 1999-2015". *Morbidity and Mortality Weekly Report*, v. 66, pp. 444-56, 2017.

DALY, M. C.; OSWALD, A. J.; WILSON, D.; WU, S. "The Happiness-Suicide Paradox". *Federal Reserve Bank of San Francisco Working Papers*, 2010.

DAVIS, B. D. "Neo-Lysenkoism, IQ, and the Press". *Public Interest*, v. 73, pp. 41-59, 1983.

DAVIS, E.; MARCUS, G. F. "Commonsense Reasoning and Commonsense Knowledge in Artificial Intelligence. *Communications of the ACM*, v. 58, pp. 92-103, 2015.

DAWES, R. M.; FAUST, D.; MEEHL, P. E. "Clinical versus Actuarial Judgment". *Science*, v. 243, pp. 1668-74, 1989.

DAWKINS, R. *The Selfish Gene*. Ed. rev. Nova York: Oxford University Press, 1976/1989.

______. "Universal Darwinism". In: BENDALL, D. S. (Org.). *Evolution from Molecules to Men*. Nova York: Cambridge University Press, 1983.

______. *The Blind Watchmaker: Why the Evidence of Evolution Reveals a Universe Without Design*. Nova York: Norton, 1986.

______. *The God Delusion*. Nova York: Houghton Mifflin, 2006.

DE LAZARI-RADEK, K.; SINGER, P. "The Objectivity of Ethics and the Unity of Practical Reason". *Ethics*, v. 123, pp. 9-31, 2012.

DE RIBERA, O. S.; KAVISH, H.; BOUTWELL, B. B. "On the Relationship Between Psychopathy and General Intelligence: A Meta-Analytic Review". *bioR iv*, doi, 2017. Disponível em: <https://doi.org/10.1101/100693>.

DEARY, I. J. *Intelligence: A Very Short Introduction*. Nova York: Oxford University Press, 2001.

DEATH PENALTY INFORMATION CENTER. "Facts About the Death Penalty", 2017. Disponível em: <http://www.deathpenaltyinfo.org/documents/FactSheet.pdf>.

DEATON, A. "The Financial Crisis and the Well-Being of Americans". *Oxford Economic Papers*, pp. 1-26, 2011.

______. *The Great Escape: Health, Wealth, and the Origins of Inequality*. Princeton, NJ: Princeton University Press, 2013.

______. "Thinking About Inequality". *Cato's Letter*, v. 15, pp. 1-5, 2017.

DEEP DECARBONIZATION PATHWAYS PROJECT. *Pathways to Deep Decarbonization*. Paris: Institute for Sustainable Development and International Relations, 2015.

DEFRIES, R. *The Big Ratchet: How Humanity Thrives in the Face of Natural Crisis*. Nova York: Basic Books, 2014.

DEGLER, C. N. *In Search of Human Nature: The Decline and Revival of Darwinism in American Social Thought*. Nova York: Oxford University Press, 1991.

DEHAENE, S. "Signatures of Consciousness". *Edge*, 2009. Disponível em: <http://www.edge.org/3rd_culture/dehaene09/dehaene09_index.html>.

DEHAENE, S.; CHANGEUX, J.-P. "Experimental and Theoretical Approaches to Conscious Processing". *Neuron*, v. 70, pp. 200-27, 2011.

DELAMONTAGNE, R. G. "High Religiosity and Societal Dysfunction in the United States During the First Decade of the Twenty-First Century". *Evolutionary Psychology*, v. 8, pp. 617-57, 2010.

DENKENBERGER, D.; PEARCE, J. *Feeding Everyone no Matter What: Managing Food Security After Global Catastrophe*. Nova York: Academic Press, 2015.

DENNETT, D. C. *Breaking the Spell: Religion as a Natural Phenomenon*. Nova York: Penguin Books, 2006.

DESCIOLI, P. "The Side-Taking Hypothesis for Moral Judgment". *Current Opinion in Psychology*, v. 7, pp. 23-7.

DESCIOLI, P.; KURZBAN, R."Mysteries of Morality". *Cognition*, v. 112, pp. 281-99, 2009.

DESVOUSGES, W. H.; JOHNSON, F. R.; DUNFORD, R. W. et al. *Measuring Nonuse Damages Using Contingent Valuation: An Experimental Evaluation of Accuracy*. Research Triangle Park, NC: RTI International, 1992.

DEUTSCH, D. *The Beginning of Infinity: Explanations That Transform the World*. Nova York: Viking, 2011.

DEVEREUX, S. *Famine in the Twentieth Century*. Sussex: Institute of Development Studies, 2000. Disponível em: <http://www.ids.ac.uk/publication/famine-in-the-twentieth-century>.

DIAMANDIS, P.; KOTLER, S. *Abundance: The Future is Better Than You Think*. Nova York: Free Press, 2012.

DIAMOND, J. M. *Guns, Germs, and Steel: The Fates of Human Societies*. Nova York: Norton, 1997.

DINDA, S. "Environmental Kuznets Curve Hypothesis: A Survey". *Ecological Economics*, v. 49, pp. 431--55, 2004.

DOBBS, R.; MADGAVKAR, A.; MANYIKA, J. et al. *Poorer Than Their Parents? Flat or Falling Incomes in Advanced Economies*. McKinsey Global Institute, 2016.

DREGER, A. "The Controversy Surrounding 'The Man Who Would Be Queen': A Case History of the Politics of Science, Identity, and Sex in the Internet Age". *Archives of Sexual Behavior*, v. 37, pp. 366-421, 2008.

______. *Galileo's Middle Finger: Heretics, Activists, and the Search for Justice in Science*. Nova York: Penguin, 2015.

DRETSKE, F. I. *Knowledge and the Flow of Information*. Cambridge, MA: MIT Press, 1981.

DUARTE, J. L.; CRAWFORD, J. T.; STERN, C. et al. "Political Diversity Will Improve Social Psychological Science". *Behavioral and Brain Sciences*, v. 38, pp. 1-13, 2015.

DUNLAP, R. E.; GALLUP, G. H.; GALLUP, A. M. "Of Global Concern". *Environment: Science and Policy for Sustainable Development*, v. 35, pp. 7-39, 1993.

DUNTLEY, J. D.; BUSS, D. M. "Homicide Adaptations". *Aggression and Violent Behavior*, v. 16, pp. 399-410, 2011.

DUTTON, D. *The Art Instinct: Beauty, Pleasure, and Human Evolution*. Nova York: Bloomsbury Press, 2009.

EAGAN, K.; STOLZENBERG, E. B.; LOZANO, J. B. et al. *Undergraduate Teaching Faculty: The 2013-2014 HERI Faculty Survey*. Los Angeles: Higher Education Research Institute at UCLA, 2014.

EASTERBROOK, G. *The Progress Paradox: How Life Gets Better While People Feel Worse*. Nova York: Random House, 2003.

EASTERLIN, R. A. "Does Money Buy Happiness?". *Public Interest*, v. 30, pp. 3-10, 1973.

______. "Why Isn't the Whole World Developed?". *Journal of Economic History*, v. 41, pp. 1-19, 1981.

EASTERLY, W. *The White Man's Burden: Why the West's Efforts to Aid the Rest Have Done so Much Ill and so Little Good*. Nova York: Penguin, 2006.

EASTOP, E.-R. *Subcultural Cognition: Armchair Oncology in the Age of Misinformation*. Dissertação de mestrado, University of Oxford, 2015.

EBERSTADT, N.; SHAH, A. *Fertility Decline in the Muslim World: A Veritable Sea-Change, Still Curiously Unnoticed*. Washington: American Enterprise Institute, 2011.

EDDINGTON, A. S. *The Nature of the Physical World*. Andesite Press, 1928/2015.

EIBACH, R. P.; LIBBY, L. K. "Ideology of the Good Old Days: Exaggerated Perceptions of Moral Decline and Conservative Politics". In: JOST, J. T.; KAY, A.; THORISDOTTIR, H. (Orgs.). *Social and Psychological Bases of Ideology and System Justification*. Nova York: Oxford University Press, 2009.

EICHENGREEN, B. "Secular Stagnation: A Review of the Issues". In: TEULINGS, C.; BALDWIN, R. (Orgs.). *Secular Stagnation: Facts, Causes and Cures*. Londres: Centre for Economic Policy Research, 2014.

EISNER, M. "Modernization, Self-Control and Lethal Violence: The Long-Term Dynamics of European Homicide Rates in Theoretical Perspective". *British Journal of Criminology*, v. 41, pp. 618-38, 2001.

______. "Long-Term Historical Trends in Violent Crime". *Crime and Justice*, v. 30, pp. 83-142, 2003.

______. "From Swords to Words: Does Macro-Level Change in Self-Control Predict Long-Term Variation in Levels of Homicide?". *Crime and Justice*, v. 43, pp. 65-134, 2014a.

______. "Reducing Homicide by 50% in 30 years: Universal Mechanisms and Evidence-Based Public Policy". In: KRISCH, M.; EISNER, M.; MIKTON, C.; BUTCHART, A. (Orgs.). *Global Strategies to Reduce Violence by 50% in 30 Years: Findings from the WHO and University of Cambridge Global Violence Reduction Conference 2014*. Cambridge: Institute of Criminology, University of Cambridge, 2014b.

______. *How to Reduce Homicide by 50% in the Next 30 Years*. Rio de Janeiro: Instituto Igarapé, 2015.

ELIAS, N. *The Civilizing Process: Sociogenetic and Psychogenetic Investigations*. Ed. rev. Cambridge, MA: Blackwell, 1939/2000.

ENGLAND, J. L. "Dissipative Adaptation in Driven Self-Assembly. *Nature Nanotechnology*, v. 10, pp. 919--23, 2015.

EPSTEIN, A. *The Moral Case for Fossil Fuels*. Nova York: Penguin, 2014.

EPSTEIN, G. *Good Without God: What a Billion Nonreligious People Do Believe*. Nova York: William Morrow, 2009.

ERICKSEN, R. P.; HESCHEL, S. *Betrayal: German Churches and the Holocaust*. Minneapolis: Fortress Press, 1999.

ERWIN, D. *Extinction: How Life on Earth Nearly Ended 250 Million Years Ago*. Ed. rev. Princeton, NJ: Princeton University Press, 2015.

ESCRITÓRIO DO ALTO-COMISSÁRIO DAS NAÇÕES UNIDAS PARA OS DIREITOS HUMANOS. "International Covenant on Economic, Social and Cultural Rights", 1966. Disponível em: <http://www.ohchr.org/EN/ProfessionalInterest/Pages/CESCR.aspx>.

ESCRITÓRIO DAS NAÇÕES UNIDAS SOBRE DROGAS E CRIME. "Global Study on Homicide", 2013. Disponível em: <https://www.unodc.org/gsh/en/data.html>.

______. *Global Study on Homicide 2013*. Viena: Organização das Nações Unidas, 2014.

ESPOSITO, J. L.; MOGAHED, D. *Who Speaks for Islam? What a Billion Muslims Really Think*. Nova York: Gallup Press, 2007.

EVANS, D. "The Great AI Swindle". *Edge*, 2015. Disponível em: <https://www.edge.org/response-detail/26073>.

EVANS, G. "Challenges for the *Bulletin of the Atomic Scientists* at 70: Restoring Reason to the Nuclear Debate. Paper Presented at the Annual Clock Symposium". *Bulletin of the Atomic Scientists*, 2015.

______; OGILVIE-WHITE, T.; Thakur, R. *Nuclear Weapons: The State of Play 2015*. Canberra: Centre for Nuclear Non-Proliferation and Disarmament, Australian National University, 2014.

EVERETT, D. *Don't Sleep, There are Snakes: Life and Language in the Amazonian Jungle*. Nova York: Vintage, 2008.

EWALD, P. *Plague Time: The New Germ Theory of Disease*. Nova York: Anchor, 2000.

FADERMAN, L. *The Gay Revolution: The Story of the Struggle*. Nova York: Simon & Schuster, 2015.

FARISS, C. J. "Respect for Human Rights Has Improved Over Time: Modeling the Changing Standard of Accountability". *American Political Science Review*, v. 108, pp. 297-318, 2014.

FAWCETT, A. A.; IYER, G. C.; CLARKE, L. E. et al. "Can Paris Pledges Avert Severe Climate Change?". *Science*, v. 350, pp. 1168-9, 2015.

FEARON, J. D.; LAITIN, D. D. "Explaining Interethnic Cooperation". *American Political Science Review*, v. 90, pp. 715-35, 1996.

______. "Ethnicity, Insurgency, and Civil War". *American Political Science Review*, v. 97, pp. 75-90, 2003.

FEDERAL BUREAU OF INVESTIGATION. "Crime in the United States by Volume and Rate, 1996-2015", 2016a. Disponível em: <https://ucr.fbi.gov/crime-in-the-u.s/2015/crime-in-the-u.s.-2015/tables/table-1>.

______. "Hate Crime". *FBI Uniform Crime Reports*, 2016b. Disponível em: <https://ucr.fbi.gov/hate-crime>.

FEDERAL HIGHWAY ADMINISTRATION. *A Review of Pedestrian Safety Research in the United States and Abroad: Final Report*. Washington: US Department of Transportation, 2003. Disponível em: <https://www.fhwa.dot.gov/publications/research/safety/pedbike/03042/part2.cfm>.

FEDERATION OF AMERICAN SCIENTISTS. "Nuclear Weapons", [s.d.]. Disponível em: <https://fas.org/issues/nuclear-weapons/>.

FEINBERG, M.; WILLER, R. "Apocalypse Soon? Dire Messages Reduce Belief in Global Warming by Contradicting Just-World Beliefs". *Psychological Science*, v. 22, pp. 34-8, 2011.

FELDSTEIN, M. "Underestimating the Real Growth of GDP, Personal Income, and Productivity". *Journal of Economic Perspectives*, v. 31, pp. 145-64, 2017.

FERREIRA, F.; JOLLIFFE, D. M.; PRYDZ, E. B. "The International Poverty Line Has Just Been Raised to $1.90 a Day, But Global Poverty is Basically Unchanged. How Is That Even Possible?", 2015. Disponível em: <http://blogs.worldbank.org/developmenttalk/international-poverty-line-has-just-been-raised-190-day-global-poverty-basically-unchanged-how-even>.

FINKELHOR, D. "Trends in Child Welfare". Paper apresentado no Carsey Institute Policy Series, Department of Sociology, University of New Hampshire, 2014.

FINKELHOR, D.; SHATTUCK, A.; TURNER, H. A.; HAMBY, S. L. "Trends in Children's Exposure to Violence, 2003-2011". *JAMA Pediatrics*, v. 168, pp. 540-6, 2014.

FISCHER, C. S. "Bowling Alone: What's the score?". *Social Networks*, v. 27, pp. 155-67, 2005.

FISCHER, C. S. "The 2004 GSS Finding of Shrunken Social Networks: An Artifact?". *American Sociological Review*, v. 74, pp. 657-69, 2009.

______. *Still Connected: Family and Friends in America since 1970*. Nova York: Russell Sage Foundation, 2011.

FISKE, A. P.; RAI, T. *Virtuous Violence: Hurting and Killing to Create, Sustain, End, and Honor Social Relationships*. Nova York: Cambridge University Press, 2015.

FLETCHER, J. *Violence and Civilization: An Introduction to the Work of Norbert Elias*. Cambridge: Polity, 1997.

FLYNN, J. R. *What Is Intelligence?* Nova York: Cambridge University Press, 2007.

______. *Are We Getting Smarter? Rising IQ in the Twenty-First Century*. Nova York: Cambridge University Press, 2012.

FOA, R. S.; MOUNK, Y. "The Danger of Deconsolidation: The Democratic Disconnect". *Journal of Democracy*, v. 27, pp. 5-17, 2016.

FODOR, J. A. *Psychosemantics: The Problem of Meaning in the Philosophy of Mind*. Cambridge, MA: MIT Press, 1987.

______. *The Elm and the Expert: Mentalese and Its Semantics*. Cambridge, MA: MIT Press, 1994.

FOGEL, R. W. *The Escape from Hunger and Premature Death, 1700-2100*. Nova York: Cambridge University Press, 2004.

FOOD MARKETING INSTITUTE. "Supermarket Facts", 2017. Disponível em: <https://www.fmi.org/our-research/supermarket-facts>.

FOREMAN, C. "On Justice Movements: Why They Fail the Environment and the Poor". The Breakthrough, 2013. Disponível em: <http://thebreakthrough.org/index.php/journal/past-issues/issue-3/on-justice-movements>.

FORTNA, V. P. *Does Peacekeeping Work? Shaping Belligerents' Choices After Civil War*. Princeton, NJ: Princeton University Press, 2008.

______. "Do Terrorists Win? Rebels' Use of Terrorism and Civil War Outcomes". *International Organization*, v. 69, pp. 519-56, 2015.

FOUCAULT, M. *The History of Sexuality*. Nova York: Vintage, 1999.

FOUQUET, R.; PEARSON, P. J. G. "The Long Run Demand for Lighting: Elasticities and Rebound Effects in Different Phases of Economic Development". *Economics of Energy and Environmental Policy*, v. 1, pp. 83-100, 2012.

FRANCISCO. *Laudato Si': Encyclical Letter of the Holy Father Francis on Care for Our Common Home*. Cidade do Vaticano: Vaticano, 2015. Disponível em: <http://w2.vatican.va/content/francesco/en/encyclicals/documents/papa-francesco_20150524_enciclica-laudato-si.html>.

FRANKEL, M. *High Noon in the Cold War: Kennedy, Khrushchev, and the Cuban Missile Crisis*. Nova York: Ballantine Books, 2004.

FRANKFURT, H. G. *On Inequality*. Princeton, NJ: Princeton University Press, 2015.

FREED, J. *Back to the Future: Advanced Nuclear Energy and the Battle Against Climate Change*. Washington: Brookings Institution, 2014.

FREILICH, J. D.; CHERMAK, S. M.; BELLI, R.; GRUENEWALD, J.; PARKIN, W. S. "Introducing the United States Extremis Crime Database (ECDB)". *Terrorism and Political Violence*, v. 26, pp. 372-84, 2014.

FRIEDMAN, J. "What's Wrong with Libertarianism". *Critical Review*, v. 11, pp. 407-67, 1997.

FRYER, R. G. "An Empirical Analysis of Racial Differences in Police Use of Force". *National Bureau of Economic Research Working Papers*, pp. 1-63, 2016.

FUKUDA, K. "A Happiness Study Using Age-Period-Cohort Framework". *Journal of Happiness Studies*, v. 14, pp. 135-53, 2013.

FUKUYAMA, F. "The End of History?". *National Interest*, verão 1989.

FUNDO DAS NAÇÕES UNIDAS PARA A INFÂNCIA. *Female Genital Mutilation/Cutting: What Might the Future Hold?* Nova York: Unicef, 2014.

FURMAN, J. "Wal-Mart: A Progressive Success Story", 2005. Disponível em: <https://www.mackinac.org/archives/2006/walmart.pdf>.

______. "Poverty and the Tax Code". *Democracy: A Journal of Ideas*, v. 32, pp. 8-22, 2014.

FUTURE OF LIFE INSTITUTE. "Accidental Nuclear War: A Timeline of Close Calls", 2017. Disponível em: <https://futureoflife.org/background/nuclear-close-calls-a-timeline/>.

FYFE, J. J. "Police Use of Deadly Force: Research and Reform". *Justice Quarterly*, v. 5, pp. 165-205, 1988.

GAILLARD, R.; DEHAENE, S.; ADAM, C. et al. "Converging Intracranial Markers of Conscious Access". *PLOS Biology*, v. 7, pp. 472-92, 2009.

GALLUP. "Acceptance of Homosexuality: A Youth Movement", 2002. Disponível em: <http://www.gallup.com/poll/5341/Acceptance-Homosexuality-Youth-Movement.aspx>.

______. "Americans' Acceptance of Gay Relations Crosses 50% Threshold", 2010. Disponível em: <http://www.gallup.com/poll/135764/Americans-Acceptance-Gay-Relations-Crosses--Threshold.aspx>.

______. "Death Penalty", 2016. Disponível em: <http://www.gallup.com/poll/1606/death-penalty.aspx>.

GALOR, O.; MOAV, O. "The Neolithic Origins of Contemporary Variations in Life Expectancy", 2007. Disponível em: <http://dx.doi.org/10.2139/ssrn.1012650>.

GALTUNG, J.; RUGE, M. H. "The Structure of Foreign News". *Journal of Peace Research*, v. 2, pp. 64-91, 1965.

GARDNER, D. *Risk: The Science and Politics of Fear*. Londres: Virgin Books, 2008.

______. *Future Babble: Why Expert Predictions Fail — and Why We Believe Them Anyway*. Nova York: Dutton, 2010.

GARRARD, G. *Counter-Enlightenments: From the Eighteenth Century to the Present*. Nova York: Routledge, 2006.

GASH, T. *Criminal: The Truth About Why People Do Bad Things*. Londres: Allen Lane, 2016.

GAT, A. "Proving Communal Warfare Among Hunter-Gatherers: The Quasi-Rousseauan Error". *Evolutionary Anthropology*, v. 24, pp. 111-26, 2015.

GAUCHAT, G. "Politicization of Science in the Public Sphere: A Study of Public Trust in the United States, 1974 to 2010". *American Sociological Review*, v. 77, pp. 167-87, 2012.

GELL-MANN, M. *The Quark and the Jaguar: Adventures in the Simple and the Complex*. Nova York: W. H. Freeman, 1994.

GENTZKOW, M.; SHAPIRO, J. M. "What Drives Media Slant? Evidence from U.S. Daily Newspapers". *Econometrica*, v. 78, pp. 35-71, 2010.

GERVAIS, W. M.; NAJLE, M. B. "How Many Atheists Are There?". *Social Psychological and Personality Science*, v. 9, pp 3-10, 2017.

GHITZA, Y.; GELMAN, A. "The Great Society, Reagan's Revolution, and Generations of Presidential Voting", 2014. Disponível em: <http://www.stat.columbia.edu/~gelman/research/unpublished/cohort_voting_2014 0605.pdf>.

GIGERENZER, G. "How to Make Cognitive Illusions Disappear: Beyond 'Heuristics and Biases'". *European Review of Social Psychology*, v. 2, pp. 83-115, 1991.

______. *Simply Rational: Decision Making in the Real World*. Nova York: Oxford University Press, 2015.

______. "Fear of Dread Risks". *Edge*, 2016. Disponível em: <https://www.edge.org/response-detail/26645>.

GIGERENZER, G.; HOFFRAGE, U. "How to Improve Bayesian Reasoning Without Instruction: Frequency Formats". *Psychological Review*, v. 102, pp. 684-704, 1995.

GILBERT, D. T. *Stumbling on Happiness*. Nova York: Knopf, 2006.

GILES, J. "Internet Encyclopaedias Go Head to Head". *Nature*, v. 438, pp. 900-1, 2005.

GLAESER, E. L. *Triumph of the City: How Our Greatest Invention Makes Us Richer, Smarter, Greener, Healthier, and Happier.* Nova York: Penguin, 2011.

______. *Secular Joblessness*. Londres: Centre for Economic Policy Research, 2014.

______; PONZETTO, G. A. M.; SHLEIFER, A. "Why Does Democracy Need Education?". *Journal of Economic Growth*, v. 12, pp. 271-303, 2007.

______; LA PORTA, R.; LOPEZ-DE-SILANES, F.; SHLEIFER, A. "Do Institutions Cause Growth?". *Journal of Economic Growth*, v. 9, pp. 77-99, 2004.

GLEDITSCH, N. P. "The Liberal Moment Fifteen Years On". *International Studies Quarterly*, v. 52, pp. 691-712, 2008.

______; RUDOLFSEN, I. "Are Muslim Countries More Prone to Violence?". Paper apresentado na 57ª Convenção Annual da International Studies Association, Atlanta, 2016.

______; WALLENSTEEN, P.; ERIKSSON, M.; SOLLENBERG, M.; STRAND, H. "Armed Conflict, 1946-2001: A New Dataset". *Journal of Peace Research*, v. 39, pp. 615-37, 2002.

GLEICK, J. *The Information: A History, a Theory, a Flood*. Nova York: Pantheon, 2011.

GLENDON, M. A. "Knowing the Universal Declaration of Human Rights". *Notre Dame Law Review*, v. 73, pp. 1153-90, 1998.

______. "Foundations of Human Rights: The Unfinished Business". *American Journal of Jurisprudence*, v. 44, pp. 1-14, 1999.

______. *A World Made New: Eleanor Roosevelt and the Universal Declaration of Human Rights*. Nova York: Random House, 2001.

GLOBAL ZERO COMMISSION. "Global Zero Action Plan", 2010. Disponível em: <http://globalzero.org/files/gzap_6.0.pdf>.

______. "US Adoption of No-First-Use and Its Effects on Nuclear Proliferation by Allies", 2016. Disponível em: <http://www.globalzero.org/files/nfu_ally_proliferation.pdf>.

GLOVER, J. "Eugenics: Some Lessons from the Nazi Experience". In: HARRIS, J. R.; HOLM, S. (Orgs.). *The Future of Human Reproduction: Ethics, Choice, and Regulation*. Nova York: Oxford University Press, 1998.

______. *Humanity: A Moral History of the Twentieth Century*. Londres: Jonathan Cape, 1999.

GOERTZ, G.; DIEHL, P. F.; BALAS, A. *The Puzzle of Peace: The Evolution of Peace in the International System*. Nova York: Oxford University Press, 2016.

GOKLANY, I. M. *The Improving State of the World: Why We're Living Longer, Healthier, More Comfortable Lives on a Cleaner Planet*. Washington: Cato Institute, 2007.

GOLDIN, C.; KATZ, L. F. *The Race Between Education and Technology*. Cambridge, MA: Harvard University Press, 2010.

GOLDSTEIN, J. S. *Winning the War on War: The Decline of Armed Conflict Worldwide*. Nova York: Penguin, 2011.

______. "Is the Current Refugee Crisis the Worst since World War II?". Manuscrito não publicado, 2015. Disponível em: <http://www.joshuagoldstein.com/>.

GOLDSTEIN, R. N. *Reduction, Realism, and the Mind*. Tese de doutorado, Princeton University, 1976.

______. *Betraying Spinoza: The Renegade Jew Who Gave us Modernity*. Nova York: Nextbook/Schocken, 2006.

______. *Thirty-Six Arguments for the Existence of God: A Work of Fiction*. Nova York: Pantheon, 2010.

______. *Plato at the Googleplex: Why Philosophy Won't Go Away*. Nova York: Pantheon, 2013.

GÓMEZ, J. M.; VERDÚ, M.; GONZÁLEZ-MEGÍAS, A.; MÉNDEZ, M. "The Phylogenetic Roots of Human Lethal Violence". *Nature*, v. 538, pp. 233-7, 2016.

GORDON, R. J. "The Turtle's Progress: Secular Stagnation Meets the Headwinds". In: TEULINGS, C.; BALDWIN, R. (Orgs.). *Secular Stagnation: Facts, Causes and Cures*. Londres: Centre for Economic Policy Research, 2014.

______. *The Rise and Fall of American growth*. Princeton, NJ: Princeton University Press, 2016.

GOTTFREDSON, L. S. "Why *g* Matters: The Complexity of Everyday Life". *Intelligence*, v. 24, pp. 79-132, 1997.

GOTTLIEB, A. *The Dream of Enlightenment: The Rise of Modern Philosophy*. Nova York: Norton, 2016.

GOTTSCHALL, J. *The Storytelling Animal: How Stories Make Us Human*. Boston: Houghton Mifflin Harcourt, 2012.

GOTTSCHALL, J.; WILSON, D. S. (Orgs.). *The Literary Animal: Evolution and the Nature of Narrative*. Evanston, IL: Northwestern University Press, 2005.

GRAHAM, P. "The Refragmentation". *Paul Graham Blog*, 2016. Disponível em: <http://www.paulgraham.com/re.html>.

GRAYLING, A. C. *Toward the Light of Liberty: The Struggles for Freedom and Rights That Made the Modern Western World*. Nova York: Walker, 2007.

______. *The God Argument: The Case Against Religion and for Humanism*. Londres: Bloomsbury, 2013.

GREENE, J. *Moral Tribes: Emotion, Reason, and the Gap Between Us and Them*. Nova York: Penguin, 2013.

GREENSTEIN, S.; ZHU, F. "Do Experts or Collective Intelligence Write With More Bias? Evidence from *Encyclopædia Britannica* and Wikipedia". *Harvard Business School Working Paper*, 15-023, 2014.

GREENWOOD, J.; SESHADRI, A.; YORUKOGLU, M. "Engines of Liberation". *Review of Economic Studies*, v. 72, pp. 109-33.

GREGG, B. *Thick Moralities, Thin Politics: Social Integration Across Communities of Belief*. Durham, NC: Duke University Press, 2003.

GROSS, N.; SIMMONS, S. "The Social and Political Views of American College and University Professors". In: ______. (Orgs.). *Professors and Their Politics*. Baltimore: Johns Hopkins University Press, 2014.

GUERRERO VELASCO, R. "An Antidote to Murder". *Scientific American*, v. 313, pp. 46-50, 2015.

GUNSALUS, C. K.; BRUNER, E. M.; BURBULES, N. et al. *Improving the System for Protecting Human Subjects: Counteracting IRB Mission Creep* (nº LE06-016). University of Illinois, Urbana, 2006. Disponível em: <https://papers.ssrn.com/sol3/papers2.cfm?abstract_id=902995>.

GURR, T. R. "Historical Trends in Violent Crime: A Critical Review of the Evidence" in: MORRIS, N; TONRY, M. (eds.). *Crime nd Justice*. Chicago: University of Chicago Press, 1981.

GYLDENSTED, C. *From Mirrors to Movers: Five Elements of Positive Psychology in Constructive Journalism*. GGroup Publishers, 2015.

HAFER, R. W. "New Estimates on the Relationship Between IQ, Economic Growth and Welfare". *Intelligence*, v. 61, pp. 92-101, 2017.

HAHN, R.; BILUKHA, O.; CROSBY, A. et al. "Firearms Laws and the Reduction of Violence: A Systematic Review". *American Journal of Preventive Medicine*, v. 28, pp. 40-71, 2005.

HAIDT, J. *The Happiness Hypothesis: Finding Modern Truth in Ancient Wisdom*. Nova York: Basic Books, 2006.

______. *The Righteous Mind: Why Good People Are Divided by Politics and Religion*. Nova York: Pantheon, 2012.

HALPERN, D.; MASON, D. "Radical Incrementalism". *Evaluation*, v. 21, pp. 143-9, 2005.

HAMMEL, A. *Ending the Death Penalty: The European Experience in Global Perspective*. Basingstoke: Palgrave Macmillan, 2010.

HAMMOND, S. "The Future of Liberalism and the Politicization of Everything". *Niskanen Center Blog*, 2017. Disponível em: <https://niskanencenter.org/blog/future-liberalism-politicization-everything/>.

HAMPTON, K.; GOULET, L. S.; RAINIE, L.; PURCELL, K. *Social Networking Sites and Our Lives*. Washington: Pew Research Center, 2011.

HAMPTON, K.; RAINIE, L.; LU, W.; SHIN, I.; PURCELL, K. *Social Media and the Cost of Caring*. Washington: Pew Research Center, 2015.

HANSON, R.; YUDKOWSKY, E. *The Hanson-Yudkowsky AI-foom Debate ebook*. Machine Intelligence Research Institute, Berkeley, 2008.

HARFF, B. "No Lessons Learned From the Holocaust? Assessing Risks of Genocide and Political Mass Murder since 1955". *American Political Science Review*, v. 97, pp. 57-73, 2003.

______. "Assessing Risks of Genocide and Politicide". In: MARSHALL, M. G.; GURR, T. R. (Orgs.). *Peace and Conflict 2005: A Global Survey of Armed Conflicts, Self-Determination Movements, and Democracy*. College Park, MD: Center for International Development and Conflict Management, University of Maryland, 2005.

HARGRAVES, R. *Thorium: Energy Cheaper than Coal*. North Charleston, SC: CreateSpace, 2012.

HASEGAWA, T. *Racing the Enemy: Stalin, Truman, and the Surrender of Japan*. Cambridge, MA: Harvard University Press, 2006.

HASELL, J.; ROSER, M. "Famines". Our World in Data, 2017. Disponível em: <https://ourworldindata.org/famines/>.

HASKINS, R.; MARGOLIS, G. *Show Me the Evidence: Obama's Fight for Rigor and Results in Social Policy*. Washington: Brookings Institution, 2014.

HASLAM, N. "Concept Creep: Psychology's Expanding Concepts of Harm and Pathology". *Psychological Inquiry*, v. 27, pp. 1-17, 2016.

HASSETT, K. A.; MATHUR, A. *A New Measure of Consumption Inequality*. Washington: American Enterprise Institute, 2012.

HASTORF, A. H.; CANTRIL, H. "They Saw a Game; A Case Study". *Journal of Abnormal and Social Psychology*, v. 49, pp. 129-34, 1954.

HATHAWAY, O.; SHAPIRO, S. *The Internationalists: How a Radical Plan to Outlaw War Remade our World*. Nova York: Simon & Schuster, 2017.

HAYBRON, D. M. *Happiness: A Very Short Introduction*. Nova York: Oxford University Press, 2013.

HAYEK, F. A. "The Use of Knowledge in Society". *American Economic Review*, v. 35, pp. 519-30, 1945.

______. *The Constitution of Liberty: The Definitive Edition*. Chicago: University of Chicago Press, 1960/2011.

HAYFLICK, L. "The Future of Aging". *Nature*, v. 408, pp. 267-9, 2000.

HEDEGAARD, H.; CHEN, L.-H.; WARNER, M. "Drug-Poisoning Deaths Involving Heroin: United States, 2000-2013". *NCHS Data Brief*, n. 190, 2015.

HEGRE, H. "Democracy and Armed Conflict". *Journal of Peace Research*, v. 51, pp. 159-72, 2014.

______; KARLSEN, J.; NYGÅRD, H. M.; STRAND, H.; URDAL, H. "Predicting Armed Conflict, 2010-2050". *International Studies Quarterly*, v. 57, pp. 250-70, 2013.

HELLIER, C. "Nazi Racial Ideology Was Religious, Creationist and Opposed to Darwinism". Coelsblog: Defending Scientism, 2011. Disponível em: <https://coelsblog.wordpress.com/2011/11/08/nazi-racial-ideology-was-religious-creationist-and-opposed-to-darwinism/#sec4>.

HELLIWELL, J. F.; LAYARD, R.; SACHS, J. (Orgs.). *World Happiness Report 2016*. Nova York: Sustainable Development Solutions Network, 2016.

HENAO-RESTREPO, A. M.; CAMACHO, A.; LONGINI, I. M. et al. "Efficacy and Effectiveness of an rVSV-Vectored Vaccine in Preventing Ebola Virus Disease: Final Results from the Guinea Ring Vaccination, Open-Label, Cluster-Randomised Trial". *The Lancet*, v. 389, pp. 505-18, 2017.

HENRY, M.; SHIVJI, A.; DE SOUSA, T.; COHEN, R. *The 2015 Annual Homeless Assessment Report to Congress*. Washington: US Department of Housing and Urban Development, 2015.

HERMAN, A. *The Idea of Decline in Western History*. Nova York: Free Press, 1997.

HESCHEL, S. *The Aryan Jesus: Christian Theologians and the Bible in Nazi Germany*. Princeton, NJ: Princeton University Press, 2008.

HIDAKA, B. H. "Depression as a Disease of Modernity: Explanations for Increasing Prevalence". *Journal of Affective Disorders*, v. 140, pp. 205-14, 2012.

HIDALGO, C. A. *Why Information Grows: The Evolution of Order, from Atoms to Economies*. Nova York: Basic Books, 2015.

HIRSCHL, T. A.; RANK, M. R. "The Life Course Dynamics of Affluence". *PLOS ONE*, v. 10, n.1, p. e0116370, 2015.

HIRSCHMAN, A. O. *A Bias for Hope: Essays on Development and Latin America*. New Haven: Yale University Press, 1971.

______. *The Rhetoric of Reaction: Perversity, Futility, Jeopardy*. Cambridge, MA: Harvard University Press, 1991.

HIRSI ALI, A. *Heretic: Why Islam Needs a Reformation Now*. Nova York: HarperCollins, 2015a.

______. "Islam Is a Religion of Violence". *Foreign Policy*, 9 nov. 2015b.

HOFFMANN, M.; HILTON-TAYLOR, C.; ANGULO, A. et al. "The Impact of Conservation on the Status of the World's Vertebrates". *Science*, v. 330, pp. 1503-9, 2010.

HOLLANDER, P. *Political Pilgrims: Western Intellectuals in Search of the Good Society*. New Brunswick, NJ: Transaction, 1981/2014.

HORKHEIMER, M.; ADORNO, T. W. *Dialectic of Enlightenment*. Stanford: Stanford University Press. 1947/2007.

HORWITZ, A. V.; Wakefield, J. C. *The Loss of Sadness: How Psychiatry Transformed Normal Sorrow into Depressive Disorder*. Nova York: Oxford University Press, 2007.

HORWITZ, S. "Inequality, Mobility, and Being Poor in America". *Social Philosophy and Policy*, v. 31, pp. 70-91, 2015.

HOUSEL, M. "Everything Is Amazing and Nobody is Happy". *The Motley Fool*, 2013. Disponível em: <http://www.fool.com/investing/general/2013/11/29/everything-is-great-and-nobody-is--happy.aspx>.

HOUT, M.; FISCHER, C. S. "Explaining Why More Americans Have No Religious Preference: Political Backlash and Generational Succession, 1987-2012". *Sociological Science*, v. 1, pp. 423-47, 2014.

HOWARD, M. *The Invention of Peace and the Reinvention of War*. Londres: Profile Books, 2001.

HOWSON, C.; URBACH, P. *Scientific Reasoning: The Bayesian Approach*. 3. ed. Chicago: Open Court Publishing, 1989/2006.

HU, G.; BAKER, S. P. "An Explanation for the Recent Increase in the Fall Death Rate Among Older Americans: A Subgroup Analysis". *Public Health Reports*, v. 127, pp. 275-81, 2012.

HU, G.; MAMADY, K. "Impact of Changes in Specificity of Data Recording on Cause-Specific Injury Mortality in the United States, 1999-2010". *BMC Public Health*, v. 14, p. 1010, 2014.

HUBERMAN, M.; MINNS, C. "The Times They Are Not Changin': Days and Hours of Work in Old and New Worlds, 1870-2000". *Explorations in Economic History*, v. 44, pp. 538-67, 2007.

HUFF, T. E. *The Rise of Early Modern Science: Islam, China, and the West*. Nova York: Cambridge University Press, 1993.

HULTMAN, L.; KATHMAN, J.; SHANNON, M. "United Nations Peacekeeping and Civilian Protection in Civil War". *American Journal of Political Science*, v. 57, pp. 875-91, 2013.

HUMAN SECURITY CENTRE. *Human Security Report 2005: War and Peace in the 21st Century*. Nova York: Oxford University Press, 2005.

HUMAN SECURITY REPORT PROJECT. *Human Security Brief 2007*. Vancouver, BC: Human Security Report Project, 2007.

______. *Human Security Report 2009: The Shrinking Costs of War*. Nova York: Oxford University Press, 2009.

______. *Human Security Report 2009/2010: The Causes of Peace and the Shrinking Costs of War.* Nova York: Oxford University Press, 2011.

HUMPHRYS, M. "The Left's Historical Support for Tyranny and Terrorism, [s.d.]. Disponível em: <http://markhumphrys.com/left.tyranny.html>.

HUNT, L. *Inventing Human Rights: A History*. Nova York: Norton, 2007.

HUNTINGTON, S. P. *The Third Wave: Democratization in the Late Twentieth Century*. Norman: University of Oklahoma Press, 1991.

HYMAN, D. A. "The Pathologies of Institutional Review Boards". *Regulation*, v. 30, pp. 42-9, 2007.

INGLEHART, R. *Modernization and Postmodernization: Cultural, Economic, and Political Change in 43 Societies*. Princeton, NJ: Princeton University Press, 2007.

______. "How Much Should We Worry?". *Journal of Democracy*, v. 27, pp. 18-23, 2016.

INGLEHART, R. "Changing Values in the Islamic World and the West". In: MOADDEL, M.; GELFAND, M. J. (Orgs.). *Values, Political Action, and Change in the Middle East and the Arab Spring*. Nova York: Oxford University Press, 2017.

______; FOA, R.; PETERSON, C.; WELZEL, C. "Development, Freedom, and Rising Happiness: A Global Perspective (1981-2007)". *Perspectives on Psychological Science*, v. 3, pp. 264-85, 2008.

______; NORRIS, P. "Trump, Brexit, and the Rise of Populism: Economic Have-Nots and Cultural Backlash". Paper apresentado na Reunião Anual da American Political Science Association, Filadélfia, 2016.

______; WELZEL, C. *Modernization, Cultural Change, and Democracy*. Nova York: Cambridge University Press, 2005.

INSTITUTE FOR ECONOMICS AND PEACE. *Global Terrorism Index 2016*. Nova York: Institute for Economics and Peace, 2016.

INSTITUTO NACIONAL DE ESTADÍSTICA Y GEOGRAFÍA. "Registros administrativos: Mortalidad", 2016. Disponível em: <http://www.inegi.org.mx/est/contenidos/proyectos/registros/vitales/mortalidad/default.aspx>.

INSURANCE INSTITUTE FOR HIGHWAY SAFETY. "General Statistics", 2016. Disponível em: <http://www.iihs.org/iihs/topics/t/general-statistics/fatalityfacts/overview-of-fatality-facts>.

INTERGOVERNMENTAL PANEL ON CLIMATE CHANGE. *Climate Change 2014: Synthesis Report. Contribution of Working Groups I, II and III to the Fifth Assessment Report of the Intergovernmental Panel on Climate Change*. Genebra: IPCC, 2014.

INTERNATIONAL HUMANIST AND ETHICAL UNION. "The Amsterdam Declaration", 2002. Disponível em: <http://iheu.org/humanism/the-amsterdam-declaration/>.

INTERNATIONAL LABOUR ORGANIZATION. *Marking Progress against Child Labour: Global Estimates and Trends, 2000-2012*. Genebra: International Labour Organization, 2013.

IPSOS. "The Perils of Perception 2016", 2016. Disponível em: <https://perils.ipsos.com/>.

IRWIN, D. A. "The Truth About Trade". *Foreign Affairs*, 13 jun. 2016.

ISRAEL, J. I. *Radical Enlightenment: Philosophy and the Making of Modernity 1650-1750*. Nova York: Oxford University Press, 2001.

JACKSON, J. "Publishing the Positive: Exploring the Motivations for and the Consequences of Reading Solutions-Focused Journalism", 2016. Disponível em: <https://www.constructivejournalism.org/wp-content/uploads/2016/11/Publishing-the-Positive_MA-thesis-research-2016_Jodie-Jackson.pdf>.

JACOBS, A. "Introduction". In: AUDEN, W. H. *The Age of Anxiety: A Baroque Eclogue*. Princeton, NJ: Princeton University Press, 2011.

JACOBSON, M. Z.; DELUCCHI, M. A. "Providing All Global Energy with Wind, Water, and Solar Power". *Energy Policy*, v. 39, pp. 1154-69, 2011.

JACOBY, S. *Freethinkers: A History of American Secularism*. Nova York: Henry Holt, 2005.

JAMISON, D. T.; SUMMERS, L. H.; ALLEYNE, G. et al. "Global Health 2035: A World Converging within a Generation". *The Lancet*, v. 382, pp. 1898-955, 2013.

JEFFERSON, T. *Notes on the State of Virginia*. Chapel Hill: University of North Carolina Press, 1785/1955.

JENSEN, R. "The Digital Provide: Information (Technology), Market Performance, and Welfare in the South Indian Fisheries Sector". *Quarterly Journal of Economics*, v. 122, pp. 879-924, 2007.

JERVIS, R. "Force in Our Times". *International Relations*, v. 25, pp. 403-25, 2011.

JOHNSON, D. D. P. *Overconfidence and War: The Havoc and Glory of Positive Illusions*. Cambridge, MA: Harvard University Press, 2004.

JOHNSON, E. M. "Darwin's Connection to Nazi Eugenics Exposed". The Primate Diaries, 2009. Disponível em: <http://scienceblogs.com/primatediaries/2009/07/14/darwins-connection-to-nazi-eug/>.

______. "Deconstructing Social Darwinism: Parts I-IV". The Primate Diaries, 2010. Disponível em: <http://scienceblogs.com/primatediaries/2010/01/05/deconstructing-social-darwinis/>.

JOHNSON, N. F.; SPAGAT, M.; RESTREPO, J. A. et al. "Universal Patterns Underlying Ongoing Wars and Terrorism". arXiv.org, 2006. Disponível em: <http://arxiv.org/abs/physics/0605035>.

JOHNSTON, W. M.; DAVEY, G. C. L. "The Psychological Impact of Negative TV News Bulletins: The Catastrophizing of Personal Worries". *British Journal of Psychology*, v. 88, pp. 85-91, 1997.

JONES, R. P.; COX, D.; COOPER, B.; LIENESCH, R. *The Divide Over America's Future: 1950 or 2050? Findings from the 2016 American Values Survey*. Washington: Public Religion Research Institute, 2016a.

______. *Exodus: Why Americans Are Leaving Religion — and Why They're Unlikely to Come Back*. Washington: Public Religion Research Institute, 2016b.

______; ______; NAVARRO-RIVERA, J. *Believers, Sympathizers, and Skeptics: Why Americans are Conflicted About Climate Change, Environmental Policy, and Science*. Washington: Public Religion Research Institute, 2014.

JUSSIM, L.; KROSNICK, J.; VAZIRE, S. et al. "Political Bias". *Best Practices in Science*, 2017. Disponível em: <https://bps.stanford.edu/?page_id=3371>.

KAHAN, D. M. "Cognitive Bias and the Constitution of the Liberal Republic of Science. Yale Law School, Public Law Working Paper 270", 2012. Disponível em: <https://papers.ssrn.com/sol3/papers.cfm?abstract_id=2174032>.

______. "Climate-Science Communication and the Measurement Problem". *Political Psychology*, v. 36, pp. 1-43, 2015.

______; BRAMAN, D.; SLOVIC, P.; GASTIL, J.; COHEN, G. "Cultural Cognition of the Risks and Benefits of Nanotechnology". *Nature Nanotechnology*, v. 4, pp. 87-90.

______; JENKINS-SMITH, H.; BRAMAN, D. "Cultural Cognition of Scientific Consensus". *Journal of Risk Research*, v. 14, pp. 147-74, 2011.

______; ______; TARANTOLA, T.; SILVA, C. L.; BRAMAN, D. "Geoengineering and Climate Change Polarization: Testing a Two-Channel Model of Science Communication". *Annals of the American Academy of Political and Social Science*, v. 658, pp. 193-222, 2012.

______; PETERS, E.; DAWSON, E. C.; SLOVIC, P. "Motivated Numeracy and Enlightened Self-Gover nment". 2013. Disponível em: <https://papers.ssrn.com/sol3/papers.cfm?abstract_id=231 9992>.

______; ______; WITTLIN, M. et al. "The Polarizing Impact of Science Literacy and Numeracy on Perceived Climate Change Risks". *Nature Climate Change*, v. 2, pp. 732-5, 2012.

______; WITTLIN, M.; PETERS, E. et al. "The Tragedy of the Risk-Perception Commons: Culture Conflict, Rationality Conflict, and Climate Change. Cultural Cognition Project Working Paper 89", 2011. Disponível em: <https://papers.ssrn.com/sol3/papers.cfm?abstract_id=1871503>.

KAHNEMAN, D. *Thinking, Fast and Slow*. Nova York: Farrar, Straus & Giroux, 2011.

______; KRUEGER, A.; SCHKADE, D.; SCHWARZ, N.; STONE, A. "A Survey Method for Characterizing Daily Life Experience: The Day Reconstruction Method". *Science*, v. 306, pp. 1776-80, 2004.

KANAZAWA, S. "Why Liberals and Atheists Are More Intelligent". *Social Psychology Quarterly*, v. 73, pp. 33-57, 2010.

KANE, T. "Piketty's Crumbs". *Commentary*, 14 abr. 2016.

KANT, I. *An Answer to the Question: What Is Enlightenment?* Londres: Penguin, 1784/1991.

______. "Perpetual Peace: A Philosophical Sketch". In: ______. *Perpetual Peace and Other Essays*. Indianápolis: Hackett, 1795/1983. Disponível em: <http://www.mtholyoke.edu/acad/intrel/kant/kant1.htm>.

KASTURIRATNE, A.; WICKREMASINGHE, A. R.; DE SILVA, N. et al. "The Global Burden of Snakebite: A Literature Analysis and Modelling Based on Regional Estimates of Envenoming and Deaths". *PLOS Medicine*, v. 5, 2008.

KEITH, D. *A Case for Climate Engineering*. Cambridge, MA: MIT Press, 2013.

______. "Patient Geoengineering". Paper apresentado em Seminars About Long-term Thinking, San Francisco, 2015. Disponível em: <http://longnow.org/seminars/02015/feb/17/patient-geoengineering/>.

______; WEISENSTEIN, D.; DYKEMA, J.; KEUTSCH, F. "Stratospheric Solar Geoengineering without Ozone Loss". *Proceedings of the National Academy of Sciences*, v. 113, pp. 14910-4, 2016.

KELLEY, J.; EVANS, M. D. R. "Societal Inequality and Individual Subjective Well-Being: Results from 68 Societies and Over 200,000 Individuals, 1981-2008". *Social Science Research*, v. 62, pp. 1-23, 2017.

KELLY, K. *What Technology Wants*. Nova York: Penguin, 2010.

______. "Myth of the Lone Villain". *The Technium*, 2013. Disponível em: <http://kk.org/thetechnium/myth-of-the-lon/>.

______. *The Inevitable: Understanding the 12 Technological Forces that Will Shape our Future*. Nova York: Viking, 2016.

______. "The AI Cargo Cult: The Myth of a Superhuman AI". *Wired*, 2017. Disponível em: <https://www.wired.com/2017/04/the-myth-of-a-superhuman-ai/>.

KENNEDY, D. *Don't Shoot: One Man, a Street Fellowship, and the End of Violence in Inner-City America*. Nova York: Bloomsbury, 2011.

KENNY, C. *Getting Better: Why Global Development Is Succeeding — and How We Can Improve the World Even More*. Nova York: Basic Books, 2011.

KESSLER, R. C.; BERGLUND, P.; DEMLER, O. et al. "The Epidemiology of Major Depressive Disorder: Results from the National Comorbidity Survey Replication (NCS-R)". *Journal of the American Medical Association*, v. 289, pp. 3095-105, 2003.

______; BERGLUND, P.; DEMLER, O. et al. "Lifetime Prevalence and Age-of-Onset Sistributions of DSM-IV Disorders in the National Comorbidity Survey Replication". *Archives of General Psychiatry*, v. 62, pp. 593-602, 2005.

KEVLES, D. J. *In the Name of Eugenics: Genetics and the Uses of Human Heredity*. Cambridge, MA: Harvard University Press, 1985.

KHARECHA, P. A.; HANSEN, J. E. "Prevented Mortality and Greenhouse Gas Emissions from Historical and Projected Nuclear Power". *Environmental Science & Technology*, v. 47, pp. 4889-95, 2013.

KHARRAZI, R. J.; NASH, D.; MIELENZ, T. J. "Increasing Trend of Fatal Falls in Older Adults in the United States, 1992 to 2005: Coding Practice or Repording Quality?". *Journal of the American Geriatrics Society*, v. 63, pp. 1913-7, 2015.

KIM, J.; SMITH, T. W.; KANG, J.-H. "Religious Affiliation, Religious Service Attendance, and Mortality". *Journal of Religion and Health*, v. 54, pp. 2052-72, 2015.

KING, D.; SCHRAG, D.; DADI, Z. et al. *Climate Change: A Risk Assessment*. Cambridge: University of Cambridge Centre for Science and Policy, 2015.

KITCHER, P. *Kant's Transcendental Psychology*. Nova York: Oxford University Press, 1990.

KLEIN, D. B.; BUTUROVIC, Z. "Economic Enlightenment Revisited: New Results Again Find Little Relationship Between Education and Economic Enlightenment But Vitiate Prior Evidence of the Left Being Worse". *Economic Journal Watch*, v. 8, pp. 157-73, 2011.

KLITZMAN, R. L. *The Ethics Police? The Struggle to Make Human Research Safe*. Nova York: Oxford University Press, 2015.

KOCHANEK, K. D.; MURPHY, S. L.; XU, J.; TEJADA-VERA, B. "Deaths: Final Data for 2014". *National Vital Statistics Reports*, v. 65, n. 4, 2016. Disponível em: <http://www.cdc.gov/nchs/data/nvsr/nvsr65/nvsr65_04.pdf>.

KOHUT, A.; TAYLOR, P. J.; KEETER, S. et al. *The Generation Gap and the 2012 Election*. Washington: Pew Research Center, 2011. Disponível em: <http://www.people-press.org/files/legacy-pdf/11-3-11%20Generations%20Release.pdf>.

KOLOSH, K. "Injury Facts Statistical Highlights", 2014. Disponível em: <http://www.nsc.org/SafeCommunitiesDocuments/Conference-2014/Injury-Facts-Statistical-Analysis-Kolosh.pdf>.

KONINGSTEIN, R.; FORK, D. "What It Would Really Take to Reverse Climate Change". *IEEE Spectrum*, 2014. Disponível em: <http://spectrum.ieee.org/energy/renewables/what-it-would-really--take-to-reverse-climate-change>.

KRÄENBRING, J.; MONZON PENZA, T.; GUTMANN, J. et al. "Accuracy and Completeness of Drug Information in Wikipedia: A Comparison with Standard Textbooks of Pharmacology". *PLOS ONE*, v. 9, p. e106930, 2014.

KRAUSS, L. M. *A Universe from Nothing: Why There is Something Rather Than Nothing*. Nova York: Free Press, 2012.

KRISCH, M.; EISNER, M.; MIKTON, C.; Butchart, A. (Orgs.). *Global Strategies to Reduce Violence by 50% in 30 Years: Findings from the WHO and University of Cambridge Global Violence Reduction Conference 2014*. Cambridge: Institute of Criminology, University of Cambridge, 2015.

KRISTENSEN, H. M. "U.S. Nuclear Stockpile Numbers Published enroute to Hiroshima". Federation of American Scientists Strategic Security Blog, 2016. Disponível em: <https://fas.org/blogs/security/2016/05/hiroshima-stockpile/>.

KRISTENSEN, H. M.; NORRIS, R. S. "Status of World Nuclear Forces". Federation of American Scientists, 2016a. Disponível em: <https://fas.org/issues/nuclear-weapons/status-world-nuclear-forces/>.

______. "United States Nuclear Forces, 2016". *Bulletin of the Atomic Scientists*, v. 72, pp. 63-73, 2016b.

KRUG, E. G.; DAHLBERG, L. L.; MERCY, J. A. et al. (Orgs.). *World Report on Violence and Health*. Genebra: Organização Mundial da Saúde, 2002.

KUHN, D. *The Skills of Argument*. Nova York: Cambridge University Press, 1991.

KUNCEL, N. R.; KLIEGER, D. M.; CONNELLY, B. S.; ONES, D. S. "Mechanical versus Clinical Data Combination in Selection and Admissions Decisions: A Meta-Analysis". *Journal of Applied Psychology*, v. 98, pp. 1060-72, 2013.

KUNDA, Z. "The Case for Motivated Reasoning". *Psychological Bulletin*, v. 108, pp. 480-98, 1990.

KURAN, T. "Why the Middle East is Economically Underdeveloped: Historical Mechanisms of Institutional Stagnation". *Journal of Economic Perspectives*, v. 18, pp. 71-90, 2004.

KURLANSKY, M. *Nonviolence: Twenty-five Lessons from the History of a Dangerous Idea*. Nova York: Modern Library, 2016.

KURZBAN, R.; TOOBY, J.; COSMIDES, L. "Can Race Be Erased? Coalitional Computation and Social Categorization". *Proceedings of the National Academy of Sciences*, v. 98, pp. 15 387-92, 2001.

KUZNETS, S. "Economic Growth and Income Inequality". *American Economic Review*, v. 45, pp. 1-28, 1955.

LACINA, B. "Explaining the Severity of Civil Wars". *Journal of Conflict Resolution*, v. 50, pp. 276-89, 2006.

______; GLEDITSCH, N. P. "Monitoring Trends in Global Combat: A New Dataset in Battle Deaths". *European Journal of Population*, v. 21, pp. 145-66, 2005.

LAKE, B. M.; ULLMAN, T. D.; TENENBAUM, J. B.; GERSHMAN, S. J. "Building Machines That Learn and Think Like People". *Behavioral and Brain Sciences*, v. 39, pp. 1-101, 2017.

LAKNER, M.; LAKNER, C. "Global Income Distribution: From the Fall of the Berlin Wall to the Great Recession". *World Bank Economic Review*, v. 30, pp. 203-32, 2016.

LAMPERT, L. *Leo Strauss and Nietzsche*. Chicago: University of Chicago Press, 1996.

LANCET INFECTIOUS DISEASES EDITORS. "Clearing the Myths of Time: Tuskegee Revisited". *The Lancet Infectious Diseases*, v. 5, p. 127, 2005.

LAND, K. C.; MICHALOS, A. C.; SIRGY, J. (Orgs.). *Handbook of Social Indicators and Quality of Life Research*. Nova York: Springer, 2012.

LANE, N. *The Vital Question: Energy, Evolution, and the Origins of Complex Life*. Nova York: Norton, 2015.

LANIER, J. "The Myth of AI". *Edge*, 2014. Disponível em: <https://www.edge.org/conversation/jaron_lanier-the-myth-of-ai>.

LANKFORD, A. *The Myth of Martyrdom*. Nova York: Palgrave Macmillan, 2013.

______; MADFIS, E. "Don't Name Them, Don't Show Them, But Report Everything Else: A Pragmatic Proposal for Denying Mass Killers the Attention They Seek and Deterring Future Offenders". *American Behavioral Scientist*, v. 62, pp. 260-79, 2018.

LATZER, B. *The Rise and Fall of Violent Crime in America*. Nova York: Encounter Books, 2016.

LAUDAN, R. "Was the Agricultural Revolution a Terrible Mistake? Not If You Take Food Processing into Account", 2016. Disponível em: <http://www.rachellaudan.com/2016/01/was-the-agricultural-revolution-a-terrible-mistake.html>.

LAW, S. *Humanism: A Very Short Introduction*. Nova York: Oxford University Press, 2011.

LAWSON, S. "Beyond Cyber-Doom: Assessing the Limits of by Hypothetical Scenarios in the Framing of Cyber-Threats". *Journal of Information Technology & Politics*, v. 10, pp. 86-103, 2013.

LAYARD, R. *Happiness: Lessons from a New Science*. Nova York: Penguin, 2015.

LE QUÉRÉ, C.; ANDREW, R. M.; CANADELL, J. G. et al. "Global Carbon Budget 2016". *Earth System Science Data*, v. 8, pp. 605-49, 2016.

LEAVIS, F. R. *Two Cultures? The Significance of C. P. Snow*. Nova York: Cambridge University Press, 1962/2013.

LEE, J.-W.; LEE, H. "Human Capital in the Long Run". *Journal of Development Economics*, v. 122, pp. 147-69, 2016.

LEETARU, K. "Culturomics 2.0: Forecasting Large-Scale Human Behavior Using Global News Media Tone in Time and Space". *First Monday*, v. 16, n. 9, 2011. Disponível em: <http://firstmonday.org/article/view/3663/3040>.

LEON, C. B. "The Life of American Workers in 1915". *Monthly Labor Review*, 2016. Disponível em: <http://www.bls.gov/opub/mlr/2016/article/the-life-of-american-workers-in-1915.htm>.

LEONARD, T. C. "Origins of the Myth of Social Darwinism: The Ambiguous Legacy of Richard Hofstadter's 'Social Darwinism in American Thought'". *Journal of Economic Behavior & Organization*, v. 71, pp. 37-51, 2009.

LERDAHL, F.; JACKENDOFF, R. *A Generative Theory of Tonal Music*. Cambridge, MA: MIT Press, 1983.

LEVIN, Y. "Conservatism in an Age of Alienation". *Modern Age*, primavera 2017. Disponível em: <https://eppc.org/publications/conservatism-in-an-age-of-alienation/>.

LEVINSON, A. "Environmental Kuznets Curve". In: DURLAUF, S. N.; BLUME, L. E. (Orgs.). *The New Palgrave Dictionary of Economics*. 2. ed. Nova York: Palgrave Macmillan, 2008.

LEVITSKY, S.; WAY, L. "The Myth of Democratic Recession". *Journal of Democracy*, v. 26, pp. 45-58, 2015.

LEVITT, S. D. "Understanding Why Crime Fell in the 1990s: Four Factors That Explain the Decline and Six That Do Not". *Journal of Economic Perspectives*, v. 18, pp. 163-90, 2004.

LEVY, J. S. *War in the Modern Great Power System 1495-1975*. Lexington: University Press of Kentucky, 1983.

______; THOMPSON, W. R. *The Arc of War: Origins, Escalation, and Transformation*. Chicago: University of Chicago Press, 2011.

LEWINSOHN, P. M.; ROHDE, P.; SEELEY, J. R.; FISCHER, S. A. "Age-Cohort Changes in the Lifetime Occurrence of Depression and Other Mental Disorders". *Journal of Abnormal Psychology*, v. 102, pp. 110-20, 1993.

LEWIS, B. *Race and Slavery in the Middle East: An Historical Enquiry*. Nova York: Oxford University Press, 1990/1992.

______. *What Went Wrong? The Clash Between Islam and Modernity in the Middle East*. Nova York: HarperPerennial, 2002.

LEWIS, J. E.; DEGUSTA, D.; MEYER, M. R. et al. "The Mismeasure of Science: Stephen Jay Gould versus Samuel George Morton on Skulls and Bias". *PLOS Biology*, v. 9, p. e1001071, 2011.

LEWIS, M. *The Undoing Project: A Friendship That Changed our Minds*. Nova York: Norton, 2016.

LIEBENBERG, L. *The Art of Tracking: The Origin of Science*. Cidade do Cabo: David Philip, 1990.

______. *The Origin of Science: On the Evolutionary Roots of Science and Its Implications for Self-Education and Citizen Science*. Cidade do Cabo: CyberTracker, 2014. Disponível em: <http://www.cybertracker.org/science/the-origin-of-science/>.

LILIENFELD, S. O.; AMMIRATI, R.; LANDFIELD, K. "Giving Debiasing Away". *Perspectives on Psychological Science*, v. 4, pp. 390-8, 2009.

______; RITSCHEL, L. A.; LYNN, S. J. et al. "Why Many Clinical Psychologists Are Resistant to Evidence-Based Practice: Root Causes and Constructive Remedies". *Clinical Psychology Review*, v. 33, pp. 883-900, 2013.

LILLA, M. *The Reckless Mind: Intellectuals in Politics*. Nova York: New York Review of Books, 2001.

______. *The Shipwrecked Mind: On Political Reaction*. Nova York: New York Review of Books, 2016.

LINDERT, P. *Growing Public: Social Spending and Economic Growth since the Eighteenth Century*. Nova York: Cambridge University Press, 2004. v. 1: *The Story*.

LINKER, D. *The Theocons: Secular America under Siege*. Nova York: Random House, 2007.

LIU, L.; OZA, S.; HOGAN, D. et al. "Global, Regional, and National Causes of Child Mortality in 2000-13, with Projections to Inform Post-2015 Priorities: An Updated Systematic Analysis". *The Lancet*, v. 385, pp. 430-40, 2014.

LIVINGSTONE, M. S. *Vision and Art: The Biology of Seeing*. Ed. rev. e atualizada. Nova York: Harry Abrams, 2014.

LLOYD, S. *Programming the Universe: A Quantum computer scientist takes on the cosmos*. Nova York: Vintage, 2006.

LODGE, D. *Consciousness and the Novel*. Cambridge, MA: Harvard University Press, 2002.

LÓPEZ, R. E.; HOLLE, R. L. "Changes in the Number of Lightning Deaths in the United States During the Twentieth Century". *Journal of Climate*, v. 11, pp. 2070-7, 1998.

LORD, C. G.; ROSS, L.; LEPPER, M. R. "Biased Assimilation and Attitude Polarization: The Effects of Prior Theories on Subsequently Considered Evidence". *Journal of Personality and Social Psychology*, v. 37, pp. 2098-109, 1979.

LOVERING, J.; TREMBATH, A.; SWAIN, M.; LAVIN, L. "Renewables and Nuclear at a Glance". The Breakthrough, 2015. Disponível em: <http://thebreakthrough.org/index.php/issues/energy/renewables-and-nuclear-at-a-glance>.

LUARD, E. *War in International Society*. New Haven: Yale University Press, 1986.

LUCAS, R. E. "On the Mechanics of Economic Development". *Journal of Monetary Economics*, v. 22, pp. 3-42, 1988.

LUKIANOFF, G. *Unlearning Liberty: Campus Censorship and the End of American Debate*. Nova York: Encounter Books, 2012.

______. *Freedom from Speech*. Nova York: Encounter Books, 2014.

LURIA, A. R. *Cognitive Development: Its Cultural and Social Foundations*. Cambridge, MA: Harvard University Press, 1976.

LUTZ, W.; BUTZ, W. P.; SAMIR, K. C. (Orgs.). *World Population and Human Capital in the Twenty-First Century*. Nova York: Oxford University Press, 2014.

______; CUARESMA, J. C.; ABBASI-SHAVAZI, M. J. "Demography, Education, and Democracy: Global Trends and the Case of Iran". *Population and Development Review*, v. 36, pp. 253-81, 2010.

LYNN, R.; HARVEY, J.; NYBORG, H. "Average Intelligence Predicts Atheism Rates Across 137 Nations". *Intelligence*, v. 37, pp. 11-5, 2009.

MACASKILL, W. *Doing Good Better: How Effective Altruism and Can Help You Make a Difference*. Nova York: Penguin, 2015.

MACNAMARA, J. *Through the Rearview Mirror: Historical Reflections on Psychology*. Cambridge, MA: MIT Press, 1999.

MADDISON PROJECT. "Maddison Project", 2014. Disponível em: <http://www.ggdc.net/maddison/maddison-project/home.htm>.

MAHBUBANI, K. *The Great Convergence: Asia, the West, and the Logic of One World*. Nova York: PublicAffairs, 2013.

______; SUMMERS, L. H. "The Fusion of Civilizations". *Foreign Affairs*, maio/jun. 2016.

MAKARI, G. *Soul Machine: The Invention of the Modern Mind*. Nova York: Norton, 2015.

MAKEL, M. C.; KELL, H. J.; LUBINSKI, D.; PUTALLAZ, M.; BENBOW, C. P. "When Lightning Strikes Twice: Profoundly Gifted, Profoundly Accomplished". *Psychological Science*, v. 27, pp. 1004-18, 2016.

MANKIW, G. "Defending the One Percent". *Journal of Economic Perspectives*, v. 27, pp. 21-34, 2013.

MANN, T. E.; ORNSTEIN, N. J. *It's Even Worse Than It Looks: How the American Constitutional System Collided with the New Politics of Extremism*. Ed. rev. Nova York: Basic Books, 2012/2016.

MARCUS, G. "Machines Won't Be Thinking Anytime Soon". *Edge*, 2015. Disponível em: <https://www.edge.org/response-detail/26175>.

______. "Is Big Data Taking Us Closer to the Deeper Questions in Artificial Intelligence?". *Edge*, 2016. Disponível em: <https://www.edge.org/conversation/gary_marcus-is-big-data-taking-us-closer-to-the-deeper-questions-in-artificial>.

MARITAIN, J. "Introduction". In: UNESCO. *Human Rights: Comments and Interpretations*. Nova York: Columbia University Press, 1949.

MARLOWE, F. *The Hadza: Hunter-gatherers of Tanzania*. Berkeley: University of California Press, 2010.

MARSHALL, M. G. "Major Episodes of Political Violence, 1946-2015". Vienna, VA: Center for Systemic Peace, 2016. Disponível em: <http://www.systemicpeace.org/warlist/warlist.htm>.

______; GURR, T. R. "Polity IV Individual Country Regime Trends, 1946-2013". Vienna, VA: Center for Systemic Peace, 2014. Disponível em: <http://www.systemicpeace.org/polity/polity4x.htm>.

______; ______; HARFF, B. *PITF State Failure Problem Set: Internal Wars and Failures of Governance, 1955-2008. Dataset and Coding Guidelines*. Vienna, VA: Center for Systemic Peace, 2009. Disponível em: <http://www.systemicpeace.org/inscr/PITFProbSetCodebook2014.pdf>.

______; ______; JAGGERS, K. *Polity IV project: Political Regime Characteristics and Transitions, 1800-2015, Dataset Users' Manual*. Vienna, VA: Center for Systemic Peace, 2016. Disponível em: <http://systemicpeace.org/inscrdata.html>.

MATHERS, C. D.; SADANA, R.; SALOMON, J. A.; MURRAY, C. J. L.; Lopez, A. D. "Healthy Life Expectancy in 191 Countries, 1999". *The Lancet*, v. 357, pp. 1685-91, 2001.

MATTISSON, C.; BOGREN, M.; NETTELBLADT, P.; MUNK-JÖRGENSEN, P.; BHUGRA, D. "First Incidence Depression in the Lundby Study: A Comparison of the Two Time Periods 1947-1972 and 1972-1997". *Journal of Affective Disorders*, v. 87, pp. 151-60, 2005.

MCCLOSKEY, D. N. "Bourgeois Virtue". *American Scholar*, v. 63, pp. 177-91, 1994.

______. "Bourgeois Virtue and the History of P and S". *Journal for Economic History*, v. 58, pp. 297-317, 1998.

______. "Measured, Unmeasured, Mismeasured, and Unjustified Pessimism: A Review Essay of Thomas Piketty's 'Capital in the Twenty-first Century'". *Erasmus Journal of Philosophy and Economics*, v. 7, pp. 73-115, 2014.

MCCULLOUGH, M. E. *Beyond Revenge: The Evolution of the Forgiveness Instinct*. San Francisco: Jossey-Bass, 2008.

MCEVEDY, C.; JONES, R. *Atlas of World Population History*. Londres: Allen Lane, 1978.

MCGINN, C. *Problems in Philosophy: The Limits of Inquiry*. Cambridge, MA: Blackwell, 1993.

MCGINNIS, J. O. "The Original Constitution and Our Origins". *Harvard Journal of Law and Public Policy*, v. 19, pp. 251-61, 1996.

______. "The Human Constitution and Constitutive Law: A Prolegomenon". *Journal of Contemporary Legal Issues*, v. 8, pp. 211-39, 1997.

MCKAY, C. *Extraordinary Popular Delusions and the Madness of Crowds*. Nova York: Wiley, 1841/1995.

MCMAHON, D. M. *Enemies of the Enlightenment: The French Counter-Enlightenment and the Making of Modernity*. Nova York: Oxford University Press, 2001.

______. *Happiness: A History*. Nova York: Grove/Atlantic, 2006.

MCNALLY, R. J. "The Expanding Empire of Psychopathology: The Case of PTSD". *Psychological Inquiry*, v. 27, pp. 46-9, 2016.

MCNAUGHTON-CASSILL, M. E. "The News Media and Psychological Distress". *Anxiety, Stress, and Coping*, v. 14, pp. 193-211, 2001.

______; SMITH, T. "My World is OK, But Yours Is Not: Television News, the Optimism Gap, and Stress". *Stress and Health*, v. 18, pp. 27-33, 2002.

MEEHL, P. E. *Clinical versus Statistical Prediction: A Theoretical Analysis and a Review of the Evidence*. Brattleboro, VT: Echo Point Books, 1954/2013.

MEESKE, A. J.; RILEY, E. P.; ROBINS, W. P. et al. "SEDS Proteins Are a Widespread Family of Bacterial Cell Wall Polymerases". *Nature*, v. 537, pp. 634-8, 2016.

MELANDER, E.; PETTERSSON, T.; THEMNÉR, L. "Organized Violence, 1989-2015". *Journal of Peace Research*, v. 53, pp. 727-42, 2016.

MELLERS, B. A.; HERTWIG, R.; KAHNEMAN, D. "Do Frequency Representations Eliminate Conjunction Effects? An Exercise in Adversarial Collaboration". *Psychological Science*, v. 12, pp. 269-75, 2011.

______; UNGAR, L.; BARON, J. et al. "Psychological Strategies for Winning a Geopolitical Forecasting Tournament". *Psychological Science*, v. 25, pp. 1106-15, 2014.

MENSCHENFREUND, Y. "The Holocaust and the Trial of Modernity". *Azure*, v. 39, pp. 58-83, 2010. Disponível em: <http://azure.org.il/include/print.php?id=526>.

MERCIER, H.; SPERBER, D. "Why Do Humans Reason? Arguments for an Argumentative Theory". *Behavioral and Brain Sciences*, v. 34, pp. 57-111, 2011.

______. *The Enigma of Reason*. Cambridge, MA: Harvard University Press, 2017.

MERQUIOR, J. G. *Foucault*. Berkeley: University of California Press, 1985.

MERTON, R. K. "The Normative Structure of Science". In: ______ (Org.). *The Sociology of Science: Theoretical and Empirical Investigations*. Chicago: University of Chicago Press, 1942/1973.

MEYER, B. D.; SULLIVAN, J. X. "The Material Well-Being of the Poor and Middle Class since 1980". Washington: American Enterprise Institute, 2011.

______. "Winning the War: Poverty from the Great Society to the Great Recession". *Brookings Papers on Economic Activity*, pp. 133-200, 2012.

______. "Consumption and Income Inequality in the U.S. since the 1960s". NBER Working Paper 23655, 2017a. Disponível em: <https://www3.nd.edu/~jsulliv4/Inequality3.6.pdf>.

______. "Annual Report on U.S. Consumption Poverty: 2016", 2017b. Disponível em: <https://www3.nd.edu/~jsulliv4/jxs_papers/Inequality6.5.pdf>.

MICHEL, J.-B.; SHEN, Y. K.; AIDEN, A. P. et al. "Quantitative Analysis of Culture Using Millions of Digitized Books". *Science*, v. 331, pp. 176-82, 2011.

MILANOVIĆ, B. *Global Income Inequality by the Numbers: In History and Now — an Overview*. Washington: World Bank Development Research Group, 2012.

______. *Global Inequality: A New Approach for the Age of Globalization*. Cambridge, MA: Harvard University Press, 2016.

MILLER, M.; AZRAEL, D.; BARBER, C. "Suicide Mortality in the United States: The Importance of Attending to Method in Understanding Population-Level Disparities in the Burden of Suicide". *Annual Review of Public Health*, v. 33, pp. 393-408, 2012.

MILLER, R. A.; ALBERT, K. "If It Leads, It Bleeds (and If It Bleeds, It Leads): Media Coverage and Fatalities in Militarized Interstate Disputes". *Political Communication*, v. 32, pp. 61-82, 2015.

MILLER, T. R.; LAWRENCE, B. A.; CARLSON, N. N. et al. "Perils of Police Action: A Cautionary Tale from US Data Sets". *Injury Prevention*, 2016.

MOATSOS, M.; BATEN, J.; FOLDVARI, P. et al. "Income Inequality since 1820". In: VAN ZANDEN, J.; BATEN, J.; D'ERCOLE, M. M. et al. (Orgs.). *How Was Life? Global Well-Being since 1820*. Paris: OECD Publishing, 2014.

MOKYR, J. *The Enlightened Economy: An Economic History of Britain, 1700-1850*. New Haven: Yale University Press, 2012.

______. "Secular Stagnation? Not in Your Life". In: TEULINGS, C.; BALDWIN, R. (Orgs.). *Secular Stagnation: Facts, Causes and Cures*. Londres: Centre for Economic Policy Research, 2014.

MONTGOMERY, S. L.; Chirot, D. *The Shape of the New: Four Big Ideas and How They Made the Modern World*. Princeton, NJ: Princeton University Press, 2015.

MOONEY, C. *The Republican War on Science*. Nova York: Basic Books, 2005.

MOREWEDGE, C. K.; YOON, H.; SCOPELLITI, I. et al. "Debiasing Decisions: Improved Decision Making with a Single Training Intervention". *Policy Insights from the Behavioral and Brain Sciences*, v. 2, pp. 129-40, 2015.

MORTON, O. *The Planet Remade: How Geoengineering Could Change the World*. Princeton, NJ: Princeton University Press, 2015.

MOSS, J. "Could Morton Do It Today?". *University of Chicago Record*, v. 40, pp. 27-8, 2005.

MOZGOVOI, A. "Recollections of Vadim Orlov (USSR submarine B-59)". *The Cuban Samba of the Quartet of Foxtrots: Soviet Submarines in the Caribbean Crisis of 1962*, 2002. Disponível em: <http://nsarchive.gwu.edu/nsa/cuba_mis_cri/020000%20Recollections%20of%20Vadim%20Orlov.pdf>.

MUELLER, J. *Retreat from Doomsday: The Obsolescence of Major War*. Nova York: Basic Books, 1989.

______. *Capitalism, Democracy, and Ralph's Pretty Good Grocery*. Princeton, NJ: Princeton University Press, 1999.

______. *The Remnants of War*. Ithaca, NY: Cornell University Press, 2004a.

______. "Why Isn't There More Violence?" *Security Studies*, v. 13, pp. 191-203, 2004b.

______. *Overblown: How Politicians and the Terrorism Industry Inflate National Security Threats, and Why We Believe Them*. Nova York: Free Press, 2006.

______. "War Has Almost Ceased to Exist: An Assessment". *Political Science Quarterly*, v. 124, pp. 297-321, 2009.

______. *Atomic Obsession: Nuclear Alarmism from Hiroshima to Al-Qaeda*. Nova York: Oxford University Press, 2010a.

______. "Capitalism, Peace, and the Historical Movement of Ideas". *International Interactions*, v. 36, pp. 169-84, 2010b.

______. "Terror Predictions", 2012. Disponível em: <https://politicalscience.osu.edu/faculty/jmueller/PREDICT.pdf>.

______. "Did History End? Assessing the Fukuyama Thesis". *Political Science Quarterly*, v. 129, pp. 35-54, 2014.

______. "Embracing Threatlessness: US Military Spending, Newt Gingrich, and the Costa Rica Option", 2016. Disponível em: <https://politicalscience.osu.edu/faculty/jmueller/CNArestraintCato16.pdf>.

MUELLER, J.; FRIEDMAN, B. "The Cyberskeptics", 2014. Disponível em: <https://www.cato.org/research/cyberskeptics>.

______; STEWART, M. G. "Hardly Existential: Thinking Rationally About Terrorism". *Foreign Affairs*, 2 abr. 2010.

______. *Chasing Ghosts: The Policing of Terrorism*. Nova York: Oxford University Press, 2016a.

______. "Conflating Terrorism and Insurgency". *Lawfare*, 2016b. Disponível em: <https://www.lawfareblog.com/conflating-terrorism-and-insurgency>.

MUGGAH, R. "Fixing Fragile Cities". *Foreign Affairs*, 15 jan. 2015.

______. "Terrorism Is on the Rise — But There's a Bigger Threat We're Not Talking About". *World Economic Forum Global Agenda*, 2016. Disponível em: <https://www.weforum.org/agenda/2016/04/terrorism-is-on-the-rise-but-there-s-a-bigger-threat-we-re-not-talking-about/>.

MUGGAH, R.; SZABÓ DE CARVALHO, I. "The End of Homicide". *Foreign Affairs*, 7 set. 2016.

MÜLLER, J.-W. *What Is Populism?* Filadélfia: University of Pennsylvania Press, 2016.

MÜLLER, V. C.; BOSTROM, N. "Future Progress in Artificial Intelligence: A Survey of Expert Opinion". In: ______. (Org.). *Fundamental Issues of Artificial Intelligence*. Nova York: Springer, 2014.

MULLIGAN, C. B.; GIL, R.; SALA-I-MARTIN, X. "Do Democracies Have Different Public Policies Than Nondemocracies?" *Journal of Economic Perspectives*, v. 18, pp. 51-74, 2004.

MUNCK, G. L.; VERKUILEN, J. "Conceptualizing and Measuring Democracy: Evaluating Alternative Indices". *Comparative Political Studies*, v. 35, pp. 5-34, 2002.

MURPHY, J. M.; LAIRD, N. M.; MONSON, R. R. et al. "A 40-year Perspective on the Prevalence of Depression: The Stirling County Study". *Archives of General Psychiatry*, v. 57, pp. 209-15, 2000.

MURPHY, J. P. M. "Hitler Was *Not* an Atheist". *Free Inquiry*, v. 19, n. 2, 1999.

MURPHY, S. K.; ZENG, M.; HERZON, S. B. "A Modular and Enantioselective Synthesis of the Pleuromutilin Antibiotics". *Science*, v. 356, pp. 956-9, 2017.

MURRAY, C. *Human Accomplishment: The Pursuit of Excellence in the Arts and Aciences, 800 B.C. to 1950*. Nova York: HarperPerennial, 2003.

MURRAY, C. J. L. et al. (487 coautores). "Disability-Adjusted Life Years (DALYS) for 291 Diseases and Injuries in 21 Regions, 1990-2010: A Systematic Analysis for the Global Burden of Disease Study 2010". *The Lancet*, v. 380, pp. 2197-223, 2012.

MUSOLINO, J. *The Soul Fallacy: What Science Shows We Gain from Letting Go of Our Soul Beliefs*. Amherst, NY: Prometheus Books, 2015.

MYHRVOLD, N. "Commentary on Jaron Lanier's 'The Myth of AI'". *Edge*, 2014. Disponível em: <https://www.edge.org/conversation/jaron_lanier-the-myth-of-ai#25983>.

NAAM, R. "Top Five Reasons 'the Singularity' Is a Misnomer". *Humanity+*, 2010. Disponível em: <http://hplusmagazine.com/2010/11/11/top-five-reasons-singularity-misnomer/>.

______. *The Infinite Resource: The Power of Ideas on a Finite Planet*. Lebanon, NH: University Press of New England, 2013.

NADELMANN, E. A. "Global Prohibition Regimes: The Evolution of Norms in International Society". *International Organization*, v. 44, pp. 479-526, 1990.

NAGDY, M.; ROSER, M. "Military Spending". Our World in Data, 2016a. Disponível em: <https://ourworldindata.org/military-spending/>.

NAGDY, M.; ROSER, M. "Optimism and Pessimism". Our World in Data, 2016b. Disponível em: <https://ourworldindata.org/optimism-pessimism/>.

______. "Projections of Future Education". Our World in Data, 2016c. Disponível em: <https://ourworldin data.org/projections-of-future-education/>.

NAGEL, T. *The Possibility of Altruism*. Princeton, NJ: Princeton University Press, 1970.

______. "What Is It Like to Be a Bat?". *Philosophical Review*, v. 83, pp. 435-50, 1974.

______. *The Last Word*. Nova York: Oxford University Press, 1997.

______. *Mind and Cosmos: Why the Materialist Neo-Darwinian Conception of Nature Is Almost Certainly False*. Nova York: Oxford University Press, 2012.

NASH, G. H. *Reappraising the Right: The Past and Future of American Conservatism*. Wilmington, DE: Intercollegiate Studies Institute, 2009.

NATIONAL ASSESSMENT OF ADULT LITERACY. "Literacy from 1870 to 1979", [s.d.]. Disponível em: <https://nces.ed.gov/naal/lit_history.asp>.

NATIONAL CENTER FOR HEALTH STATISTICS. *Health, United States, 2013*. Hyattsville, MD: National Center for Health Statistics, 2014.

NATIONAL CENTER FOR STATISTICS AND ANALYSIS. *Traffic Safety Facts 1995 — Pedestrians*. Washington: National Highway Traffic Safety Administration, 1995. Disponível em: <https://crashstats.nhtsa.dot.gov/Api/Public/ViewPublication/95F9>.

______. *Pedestrians: 2005 Data*. Washington: National Highway Traffic Safety Administration, 2006. Disponível em: <https://crashstats.nhtsa.dot.gov/Api/Public/ViewPublication/810624>.

______. *Pedestrians: 2014 Data*. Washington: National Highway Traffic Safety Administration, 2016. Disponível em: <https://crashstats.nhtsa.dot.gov/Api/Public/ViewPublication/812270>.

______. *Pedestrians: 2015 Data*. Washington: National Highway Traffic Safety Administration, 2017. Disponível em: <https://crashstats.nhtsa.dot.gov/Api/Public/Publication/812375>.

NATIONAL CONSORTIUM FOR THE STUDY OF TERRORISM AND RESPONSES TO TERRORISM. *Global Terrorism Database*, 2016. Disponível em: <https://www.start.umd.edu/gtd/>.

NATIONAL INSTITUTE ON DRUG ABUSE. "DrugFacts: High School and Youth Trends", 2016. Disponível em: <https://www.drugabuse.gov/publications/drugfacts/high-school-youth-trends>.

NATIONAL SAFETY COUNCIL. *Injury Facts, 2011 Edition*. Itasca, IL: National Safety Council, 2011.

______. *Injury Facts, 2016 Edition*. Itasca, IL: National Safety Council, 2016.

NEMIROW, J.; KRASNOW, M.; HOWARD, R.; PINKER, S. "Ineffective Charitable Altruism Suggests Adaptations for Partner Choice". Apresentado na reunião anual da Human Behavior and Evolution Society, Vancouver, 2016.

New York Times. "Election 2016: Exit Polls", 8 nov. 2016. Disponível em: <https://www.nytimes.com/interactive/2016/11/08/us/politics/election-exit-polls.html?_r=0>.

NEWMAN, M. E. J. "Power Laws, Pareto Distributions and Zipf's Law". *Contemporary Physics*, v. 46, pp. 323-51, 2005.

NIETZSCHE, F. *On the Genealogy of Morals*. Nova York: Penguin, 1887/2014.

NISBET, R. *History of the Idea of Progress*. New Brunswick, NJ: Transaction, 1980/2009.

NORBERG, J. *Progress: Ten Reasons to Look Forward to the Future*. Londres: Oneworld, 2016.

NORDHAUS, T. "Back from the Energy Future: What Decades of Failed Forecasts Say About Clean Energy and Climate Change". *Foreign Affairs*, 18 out. 2016.

______; LOVERING, J. "Does Climate Policy Matter? Evaluating the Efficacy of Emissions Caps and

Targets Around the World". The Breakthrough, 2016. Disponível em: <http://thebreak through.org/issues/Climate-policy/does-climate-policy-matter>.

NORDHAUS, T.; SHELLENBERGER, M. *Break Through: From the Death of Environmentalism to the Politics of Possibility*. Boston: Houghton Mifflin, 2007.

______. "The Long Death of Environmentalism". The Breakthrough, 2016. Disponível em: <http://thebreakthrough.org/archive/the_long_death_of_environmenta>.

______. "How the Left Came to Reject Cheap Energy for the Poor: The Great Progressive Reversal, Part Two". The Breakthrough, 2013. Disponível em: <http://thebreakthrough.org/index.php/voices/michael-shellenberger-and-ted-nordhaus/the-great-progressive-reversal>.

NORDHAUS, W. "Resources as a Constraint on Growth". *American Economic Review*, v. 64, pp. 22-6, 1974.

______. "Do Real-Output and Real-Wage Measures Capture Reality? The History of Lighting Suggests Not". In: BRESNAHAN, T. F.; GORDON, R. J. (Orgs.). *The Economics of New Goods*. Chicago: University of Chicago Press, 1996.

______. *The Climate Casino: Risk, Uncertainty, and Economics for a Warming World*. New Haven: Yale University Press, 2013.

NORENZAYAN, A. *Big Gods: How Religion Transformed Cooperation and Conflict*. Princeton, NJ: Princeton University Press, 2015.

NORMAN, A. "Why We Reason: Intention-Alignment and the Genesis of Human Rationality". *Biology and Philosophy*, v. 31, pp. 685-704, 2016.

NORRIS, P.; INGLEHART, R. "Populist-Authoritarianism", 2016. Disponível em: <https://www.electoralintegrityproject.com/populistauthoritarianism/>.

NORTH, D. C.; WALLIS, J. J.; WEINGAST, B. R. *Violence and Social Orders: A Conceptual Framework for Interpreting Recorded Human History*. Nova York: Cambridge University Press, 2009.

NORVIG, P. "Ask Not Can Machines Think, Ask How Machines Fit into the Mechanisms We Design". *Edge*, 2015. Disponível em: <https://www.edge.org/response-detail/26055>.

NOZICK, R. *Anarchy, State, and Utopia*. Nova York: Basic Books, 1974.

NUSSBAUM, M. *Women and Human Development: The Capabilities Approach*. Nova York: Cambridge University Press, 2000.

______. "Who Is the Happy Warrior? Philosophy Poses Questions to Psychology". *Journal of Legal Studies*, v. 37, pp. 81-113, 2008.

______. *Not for Profit: Why Democracy Needs the Humanities*. Ed. rev. e atualizada. Princeton, NJ: Princeton University Press, 2016.

NYHAN, B. "Building a Better Correction". *Columbia Journalism Review*, 2013. Disponível em: <http://archives.cjr.org/united_states_project/building_a_better_correction_nyhan_new_misperception_research.php>.

OCDE. *Social Expenditure 1960-1990: Problems of Growth and Control*. Paris: OECD Publishing, 1985.

______. "Social Expenditure Update — Social Spending Is Falling in Some Countries, But in Many Others it Remains at Historically High Levels", 2014. Disponível em: <https://www.oecd.org/els/soc/OECD2014-SocialExpenditure_Update19Nov_Rev.pdf>.

______. *Education at a Glance 2015: OECD Indicators*. Paris: OECD Publishing, 2015a.

______. "Suicide Rates", 2015b . Disponível em: <https://data.oecd.org/healthstat/suicide-rates.htm>.

OCDE. "Income Distribution and Poverty", 2016. Disponível em: <http://stats.oecd.org/Index.aspx?DataSetCode=IDD>.

______. "Social Expenditure: Aggregated Data", 2017. Disponível em: <http://stats.oecd.org/Index.aspx?datasetcode=SOCX_AGG>.

Ó GRÁDA, C. *Famine: A Short History*. Princeton, NJ: Princeton University Press, 2009.

O'NEILL, S.; NICHOLSON-COLE, S. "'Fear Won't Do It': Promoting Positive Engagement with Climate Change Through Visual and Iconic Representations". *Science Communication*, v. 30, pp. 355-79, 2009.

O'NEILL, W. L. *American High: The Years of Confidence, 1945-1960*. Nova York: Simon & Schuster, 1989.

OEPPEN, J.; VAUPEL, J. W. "Broken Limits to Life Expectancy". *Science*, v. 296, pp. 1029-31, 2002.

OESTERDIEKHOFF, G. W. "The Nature of 'Premodern' Mind: Tylor, Frazer, Lévy-Bruhl, Evans-Pritchard, Piaget, and Beyond". *Anthropos*, v. 110, pp. 15-25, 2015.

OFFICE FOR NATIONAL STATISTICS. "UK Environmental Accounts: How Much Material is the UK Consuming?", 2016. Disponível em: <https://www.ons.gov.uk/economy/environmentalac counts/articles/ukenvironmentalaccountshowmuchmaterialistheukconsuming/uken vironmentalaccount show much materialistheukconsuming>.

______. "Homicide", 2017. Disponível em <https://www.ons.gov.uk/peoplepopulationandcommunity/crimeandjustice/compendium/focusonviolentcrimeandsexualoffences/yearendingmarch2016/homicide>.

OHLANDER, J. *The Decline of Suicide in Sweden, 1950-2000*. Tese de doutorado, Pennsylvania State University, 2010.

OLFSON, M.; DRUSS, B. G.; MARCUS, S. C. "Trends in Mental Health Care Among Children and Adolescents". *New England Journal of Medicine*, v. 372, pp. 2029-38, 2015.

OMOHUNDRO, S. M. "The Basic AI Drives". In: WANG, P.; GOERTZEL, B.; FRANKLIN, S. (Orgs.). *Artificial General Intelligence 2008: Proceedings of the First AGI Conference*. Amsterdam: IOS Press, 2008.

ORESKES, N.; CONWAY, E. *Merchants of Doubt: How a Handful of Scientists Obscured the Truth on Issues from Tobacco Smoke to Global Warming*. Nova York: Bloomsbury Press, 2010.

ORGANIZAÇÃO DAS NAÇÕES UNIDAS. "Universal Declaration of Human Rights", 1948. Disponível em: <http://www.un.org/en/universal-declaration-human-rights/index.html>.

______. *The Millennium Development Goals Report 2015*. Nova York: Organização das Nações Unidas, 2015a.

______. "Millennium Development Goals, Goal 3: Promote Gender Equality and Empower Women", 2015b. Disponível em: <http://www.un.org/millenniumgoals/gender.shtml>.

ORGANIZAÇÃO DAS NAÇÕES UNIDAS PARA ALIMENTAÇÃO E AGRICULTURA. *State of the World's Forests 2012*. Roma: FAO, 2012.

______. *The State of Food Insecurity in the Eorld*. Roma: FAO, 2014.

ORGANIZAÇÃO MUNDIAL DA SAÚDE. *Injuries and Violence: The Facts 2014*. Genebra: Organização Mundial da Saúde, 2014. Disponível em: <http://www.who.int/violence_injury_prevention/media/news/2015/Injury_violence _facts_2014/en/>.

______. "European Health for All Database (HFA-DB)", 2015a. Disponível em: <https://gateway.euro.who.int/en/datasets/european-health-for-all-database/>.

ORGANIZAÇÃO MUNDIAL DA SAÚDE. *Global Technical Strategy for Malaria, 2016-2030*. Genebra: Organização Mundial da Saúde, 2015b. Disponível em: <http://apps.who.int/iris/bitstream/10665/176712/1/9789241564991_eng.pdf?ua=1&ua=1>.

______. *Trends in Maternal Mortality, 1990 to 2015*. Genebra: Organização Mundial da Saúde, 2015c. Disponível em: <http://apps.who.int/iris/bitstream/10665/194254/1/9789241565141_eng.pdf?ua=1>.

______. "Global Health Observatory (GHO) Data", 2016a. Disponível em: <http://www.who.int/gho/mortality_burden_disease/life_tables/situation_trends/en/>.

______. "A Research and Development Blueprint for Action to Prevent Epidemics", 2016b. Disponível em: <http://www.who.int/blueprint/en/>.

______. "Road Safety: Estimated Number of Road Traffic Deaths, 2013", 2016c. Disponível em: <http://gamapserver.who.int/gho/interactive_charts/road_safety/road_traffic_deaths/atlas.html>.

______. "Suicide", 2016d. Disponível em: <http://www.who.int/mediacentre/factsheets/fs398/en/>.

______. "European Health Information Gateway: Deaths (#), All Causes", 2017a. Disponível em: <https://gateway.euro.who.int/en/indicators/hfamdb-indicators/hfamdb_98-deaths-all-causes/>.

______. "Suicide Rates, Crude: Data by Country", 2017b. Disponível em: <http://apps.who.int/gho/data/node.main.MHSUICIDE?lang=en>.

______. "The Top 10 Causes of Death", 2017c. Disponível em: <http://www.who.int/mediacentre/fact sheets/fs310/en/>.

ORGANIZAÇÃO MUNDIAL DO TRABALHO. *Marking Progress Against Child Labour: Global Estimates and Trends, 2000-2012*. Genebra: Organização Mundial do Trabalho, 2013.

ORTIZ-OSPINA, E.; LEE, L.; ROSER, M. "Suicide". Our World in Data, 2016. Disponível em: <https://our worldindata.org/suicide/>.

ORTIZ-OSPINA, E.; ROSER, M. "Child Labor". Our World in Data, 2016a. Disponível em: <https://our worldindata.org/child-labor/>.

______. "Public Spending". Our World in Data, 2016b. Disponível em: <https://ourworldindata.org/public-spending/>.

______. "Trust". Our World in Data, 2016c. Disponível em: <https://ourworldindata.org/trust/>.

______. "World Population Growth". Our World in Data, 2016d. Disponível em: <https://our worl dindata.org/world-population-growth/>.

______. "Happiness and Life Satisfaction". Our World in Data, 2017. Disponível em: <https://our wordindata.org/happiness-and-life-satisfaction/>.

OSGOOD, C. E. *An Alternative to War or Surrender*. Urbana: University of Illinois Press, 1962.

OTIENO, C.; SPADA, H.; RENKL, A. "Effects of News Frames on Perceived Risk, Emotions, and Learning". *PLOS ONE*, v. 8, pp. 1-12, 2013.

OTTERBEIN, K. F. *How War Began*. College Station: Texas A&M University Press, 2004.

OTTOSSON, D. *LGBT World Legal Wrap up Survey*. Bruxelas: International Lesbian and Gay Association, 2006.

______. *State-Sponsored Homophobia*. Bruxelas: International Lesbian, Gay, Bisexual, Trans, and Intersex Association, 2009.

PACALA, S.; SOCOLOW, R. "Stabilization Wedges: Solving the Climate Problem for the Next 50 years with Current Technologies". *Science*, v. 305, pp. 968-72, 2004.

PAGDEN, A. *The Enlightenment: And Why It Still Matters*. Nova York: Random House, 2013.
PAGEL, M. "Machines That Can Think Will Do More Good Than Harm". *Edge*, 2015. Disponível em: <https://www.edge.org/response-detail/26038>.
PAINE, T. *Thomas Paine Ultimate Collection: Political Works, Philosophical Writings, Speeches, Letters and Biography*. Praga: e-artnow, 1778/2016.
PAPINEAU, D. "Naturalism". In: ZALTA, E. N. (Orgs.). *Stanford Encyclopedia of Philosophy*, 2015. Disponível em: <https://plato.stanford.edu/entries/naturalism/>.
PARACHINI, J. "Putting WMD Terrorism into Perspective". *Washington Quarterly*, v. 26, pp. 37-50, 2003.
PARFIT, D. "Equality and Priority". *Ratio*, v. 10, pp. 202-21, 1997.
______. *On What Matters*. Nova York: Oxford University Press, 2011.
PATEL, A. 2008. *Music, Language, and the Brain*. Nova York: Oxford University Press, 2008.
PATTERSON, O. *Slavery and Social Death*. Cambridge, MA: Harvard University Press, 1985.
PAUL, G. S. "The Chronic Dependence of Popular Religiosity upon Dysfunctional Psychosociological Conditions". *Evolutionary Psychology*, v. 7, pp. 398-441, 2009.
______. "The Health of Nations". *Skeptic*, v. 19, pp. 10-6, 2014.
PAUL, G. S.; ZUCKERMAN, P. "Why the Gods Are Not Winning". *Edge*, 2007. Disponível em: <https://www.edge.org/conversation/gregory_paul-phil_zuckerman-why-the-gods-are-not-winning>.
PAYNE, J. L. *A History of Force: Exploring the Worldwide Movement Against Habits of Coercion, Bloodshed, and Mayhem*. Sandpoint, ID: Lytton Publishing, 2014.
______. "The Prospects for Democracy in High-Violence Societies". *Independent Review*, v. 9, pp. 563-72, 2005.
PBL NETHERLANDS ENVIRONMENTAL ASSESSMENT AGENCY. *History Database of the Global Environment: Population*, [s.d.]. Disponível em: <http://themasites.pbl.nl/tridion/en/themasites/hyde/basicdrivingfactors/population/index-2.html>.
PEGULA, S.; JANOCHA, J. "Death on the Job: Fatal Work Injuries in 2011". *Beyond the Numbers*, v. 2, n. 22, 2013. Disponível em: <http://www.bls.gov/opub/btn/volume-2/death-on-the-job-fatal-work-injuries-in-2011.htm>.
PELHAM, N. *Holy Lands: Reviving Pluralism in the Middle East*. Nova York: Columbia Global Reports, 2016.
PENTLAND, A. "The Human Nervous System Has Come Alive". *Edge*, 2007. Disponível em: <https://www.edge.org/response-detail/11497>.
PERLMAN, J. E. *The Myth of Marginality: Urban Poverty and Politics in Rio de Janeiro*. Berkeley: University of California Press, 1976.
PETERSON, M. B. "Evolutionary Political Psychology: On the Origin and Structure of Heuristics and Biases in Politics". *Advances in Political Psychology*, v. 36, pp. 45-78, 2015.
PETTERSSON, T.; WALLENSTEEN, P. "Armed Conflicts, 1946-2014". *Journal of Peace Research*, v. 52, pp. 536-50, 2015.
PEW RESEARCH CENTER. *Gender Equality Universally Embraced, But Inequalities Acknowledged*. Washington: Pew Research Center, 2010.
______. *The Global Religious Landscape*. Washington: Pew Research Center, 2012a.
______. *Trends in American Values, 1987-2012*. Washington: Pew Research Center, 2012b.
______. *The World's Muslims: Unity and Diversity*. Washington: Pew Research Center, 2012c.
______. *The World's Muslims: Religion, Politics, and Society*. Washington: Pew Research Center, 2013.

PEW RESEARCH CENTER. *Political Polarization in the American Public*. Washington: Pew Research Center, 2014.

______. *America's Changing Religious Landscape*. Washington: Pew Research Center, 2015a.

______. *Views About Climate Change, by Education and Science Knowledge*. Washington: Pew Research Center, 2015b.

PHELPS, E. A. *Mass Flourishing: How Grassroots Innovation Created Jobs, Challenge, and Change*. Princeton, NJ: Princeton University Press, 2013.

PHILLIPS, J. S. "A Changing Epidemiology of Suicide? The Influence of Birth Cohorts on Suicide Rates in the United States". *Social Science and Medicine*, v. 114, pp. 151-60, 2014.

PIETSCHNIG, J.; VORACEK, M. "One Century of Global IQ Gains: A Formal Meta-Analysis of the Flynn Effect (1909-2013)". *Perspectives on Psychological Science*, v. 10, pp. 282-306, 2015.

PIKETTY, T. *Capital in the Twenty-First Century*. Cambridge, MA: Harvard University Press, 2013.

PINKER, S. *The Language Instinct*. Nova York: HarperCollins, 1994/2007.

______. *How the Mind Works*. Nova York: Norton, 1997/2009.

______. *Words and Rules: The Ingredients of Language*. Nova York: HarperCollins, 1999/2001.

______. *The Blank Slate: The Modern Denial of Human Nature*. Nova York: Penguin, 2002/2016.

______. "The Evolutionary Psychology of Religion". *Freethought Today*, 2005. Disponível em: <https://ffrf.org/about/getting-acquainted/item/13184-the-evolutionary-psychology-of-religion>.

______. "Preface to 'Dangerous Ideas?'". *Edge*, 2006. Disponível em: <https://www.edge.org/conver sation/steven_pinker-preface-to-dangerous-ideas>.

______. *The Stuff of Thought: Language as a Window into Human Nature*. Nova York: Penguin, 2007a.

______. "Toward a Consilient Study of Literature: Review of J. Gottschall & D. S. Wilson's 'The Literary Animal: Evolution and the Nature of Narrative'". *Philosophy and Literature*, v. 31, pp. 162-78, 2007b.

______. "The Moral Instinct". *New York Times Magazine*, 13 jan. 2008a.

______. "The Stupidity of Dignity". *New Republic*, 28 maio 2008b.

______. "The Cognitive Niche: Coevolution of Intelligence, Sociality, and Language". *Proceedings of the National Academy of Sciences*, v. 107, pp. 8993-9, 2010.

______. *The Better Angels of Our Nature: Why Violence Has Declined*. Nova York: Penguin, 2011.

______. "The False Allure of Group Selection". *Edge*, 2012. Disponível em: <http://edge.org/conver sation/steven_pinker-the-false-allure-of-group-selection>.

______. "George A. Miller (1920-2012)". *American Psychologist*, v. 68, pp. 467-8, 2013a.

______. "Science Is Not Your Enemy". *New Republic*, 6 ago. 2013b.

______; WIESELTIER, L. "Science Vs. the Humanities, round III". *New Republic*, 26 set. 2013.

PINKER, Susan. *The Village Effect: How Face-to-Face Contact Can Make Us Healthier, Happier, and Smarter*. Nova York: Spiegel & Grau, 2014.

PLOMIN, R.; DEARY, I. J. "Genetics and Intelligence Differences: Five Special Findings". *Molecular Psychiatry*, v. 20, pp. 98-108, 2015.

PLOS MEDICINE EDITORS. "The Paradox of Mental Health: Over-Treatment and Under-Recognition". *PLOS Medicine*, v. 10, p. e1001456, 2013.

PLUMER, B. "Global Warming, Explained". *Vox*, 2015. Disponível em: <http://www.vox.com/cards/global-warming/what-is-global-warming>.

POPPER, K. *The Open Society and Its Enemies*. Princeton, NJ: Princeton University Press, 1945/2013.

POPPER, K. *Realism and the Aim of Science*. Londres: Routledge, 1983.

PORTER, M. E.; STERN, S.; GREEN, M. *Social Progress Index 2016*. Washington: Social Progress Imperative, 2016.

PORTER, R. *The Creation of the Modern World: The Untold Story of the British Enlightenment*. Nova York: Norton, 2000.

POTTS, M.; HAYDEN, T. *Sex and War: How Biology Explains Warfare and Terrorism and Offers a Path to a Safer World*. Dallas, TX: Benbella Books, 2008.

POWELL, J. L. "Climate Scientists Virtually Unanimous: Anthropogenic Global Warming Is True". *Bulletin of Science, Technology & Society*, v. 35, pp. 121-4, 2015.

PRADOS DE LA ESCOSURA, L. "World Human Development, 1870-2007". *Review of Income and Wealth*, v. 61, pp. 220-47, 2015.

PRATTO, F.; SIDANIUS, J.; LEVIN, S. "Social Dominance Theory and the Dynamics of Intergroup Relations: Taking Stock and Looking Forward". *European Review of Social Psychology*, v. 17, pp. 271--320, 2006.

PREBLE, C. *John F. Kennedy and the Missile Gap*. DeKalb: Northern Illinois University Press, 2004.

PRICE, R. G. "The Mis-Portrayal of Darwin as a Racist". RationalRevolution.net, 2006. Disponível em: <http://www.rationalrevolution.net/articles/darwin_nazism.htm>.

PROCTOR, B. D.; SEMEGA, J. L.; KOLLAR, M. A. *Income and Poverty in the United States: 2015*. Washington: United States Census Bureau, 2016. Disponível em: <http://www.census.gov/content/dam/Census/library/publications/2016/demo/p60-256.pdf>.

PROCTOR, R. N. *Racial Hygiene: Medicine under the Nazis*. Cambridge, MA: Harvard University Press, 1988.

PROGRAMA DAS NAÇÕES UNIDAS PARA O DESENVOLVIMENTO. *Arab Human Development Report 2002: Creating Opportunities for Future Generations*. Nova York: Oxford University Press, 2003.

______. *Human Development Report 2011*. Nova York: Organização das Nações Unidas, 2011.

______. "Human Development Index (HDI)", 2016. Disponível em: <http://hdr.undp.org/en/content/human-development-index-hdi>.

PRONIN, E.; LIN, D. Y.; Ross, L. "The Bias Blind Spot: Perceptions of Bias in Self versus Others". *Personality and Social Psychology Bulletin*, v. 28, pp. 369-81, 2002.

PRYOR, F. L. "Are Muslim Countries Less Democratic?". *Middle East Quarterly*, v. 14, pp. 53-8, 2007.

PUBLIUS DECIUS MUS (Michael Anton). "The Flight 93 Election". *Claremont Review of Books Digital*, 2016. Disponível em: <http://www.claremont.org/crb/basicpage/the-flight-93-election/>.

PUTNAM, R. D.; CAMPBELL, D. E. *American Grace: How Religion Divides and Unites Us*. Nova York: Simon & Schuster, 2010.

QUARANTELLI, E. L. "Conventional Beliefs and Counterintuitive Realities". *Social Research*, v. 75, pp. 873-904, 2008.

RACHELS, J.; RACHELS, S. *The Elements of Moral Philosophy*. Columbus, OH: McGraw-Hill, 2008.

RADELET, S. *The Great Surge: The Ascent of the Developing World*. Nova York: Simon & Schuster, 2015.

RAILTON, P. "Moral Realism". *Philosophical Review*, v. 95, pp. 163-207, 1986.

RANDLE, M.; ECKERSLEY, R. "Public Perceptions of Future Threats to Humanity and Different Societal Responses: A Cross-National Study". *Futures*, v. 72, pp. 4-16, 2015.

RAWCLIFFE, C. *Medicine and Society in Later Medieval England*. Stroud: Sutton, 1998.

RAWLS, J. *A Theory of Justice*. Cambridge, MA: Harvard University Press, 1976.

RAY, J. L. "The Abolition of Slavery and the End of International War". *International Organization*, v. 43, pp. 405-39, 1989.

REDLAWSK, D. P.; CIVETTINI, A. J. W.; EMMERSON, K. M. "The Affective Tipping Point: Do Motivated Reasoners Ever 'Get It'?" *Political Psychology*, v. 31, pp. 563-93, 2010.

REESE, B. *Infinite Progress: How the Internet and Technology Will End Ignorance, Disease, Poverty, Hunger, and War*. Austin, TX: Greenleaf Book Group Press, 2013.

REVERBY, S. M. (Org.). *Tuskegee's Truths: Rethinking the Tuskegee Syphilis Study*. Chapel Hill: University of North Carolina Press, 2000.

RHODES, R. *The Twilight of the Bombs*. Nova York: Knopf, 2010.

RICE, J. W.; OLSON, J. K.; COLBERT, J. T. "University Evolution Education: The Effect of Evolution Instruction on Biology Majors' Content Knowledge, Attitude Toward Evolution, and Theistic Position". *Evolution: Education and Outreach*, v. 4, pp. 137-44, 2011.

RICHARDS, R. J. *Was Hitler a Darwinian? Disputed Questions in the History of Evolutionary Theory*. Chicago: University of Chicago Press, 2013.

RID, T. "Cyber War Will Not Take Place". *Journal of Strategic Studies*, v. 35, pp. 5-32, 2012.

RIDLEY, M. *Genome: The Autobiography of a Species in 23 Chapters*. Nova York: HarperCollins, 2000.

______. *The Rational Optimist: How Prosperity Evolves*. Nova York: HarperCollins, 2010.

RIDOUT, T. N.; GROSSE, A. C.; APPLETON, A. M. "News Media Use and Americans' Perceptions of Global Threat". *British Journal of Political Science*, v. 38, pp. 575-93, 2008.

RIJPMA, A. "A Composite View of Well-Being since 1820". In: VAN ZANDEN, J.; BATEN, J.; D'ERCOLE, M. M. et al. (Orgs.). *How Was Life? Global Well-Being since 1820*. Paris: OECD Publishing, 2014.

RILEY, J. C. "Estimates of Regional and Global Life Expectancy, 1800-2001". *Population and Development Review*, v. 31, pp. 537-43, 2005.

RINDERMANN, H. "Relevance of Education and Intelligence for the Political Development of Nations: Democracy, Rule of Law and Political Liberty". *Intelligence*, v. 36, pp. 306-22, 2008.

______. "Intellectual Classes, Technological Progress and Economic Development: The Rise of Cognitive Capitalism". *Personality and Individual Differences*, v. 53, pp. 108-13, 2012.

RISSO, M. I. "Intentional Homicides in São Paulo City: A New Perspective". *Stability: International Journal of Security & Development*, v. 3, art. 19, 2014.

RITCHIE, H.; ROSER, M. "CO_2 and Other Greenhouse Gas Emissions". Our World in Data, 2017. Disponível em: <https://ourworldindata.org/co2-and-other-greenhouse-gas-emissions/>.

RITCHIE, S. *Intelligence: All That Matters*. Londres: Hodder & Stoughton, 2015.

RITCHIE, S.; BATES, T. C.; DEARY, I. J. "Is Education Associated with Improvements in General Cognitive Ability, or in Specific Skills?". *Developmental Psychology*, v. 51, pp. 573-82, 2015.

RIZVI, A. A. *The Atheist Muslim: A Journey from Religion to Reason*. Nova York: St. Martin's Press, 2016.

ROBINSON, F. S. *The Case for Rational Optimism*. New Brunswick, NJ: Transaction, 2009.

ROBINSON, J. "Americans Less Rushed But No Happier: 1965-2010 Trends in Subjective Time and Happiness". *Social Indicators Research*, v. 113, pp. 1091-104.

ROBOCK, A.; TOON, O. B. "Self-Assured Destruction: The Climate Impacts of Nuclear War". *Bulletin of the Atomic Scientists*, v. 68, pp. 66-74, 2012.

ROMER, P. "Conditional Optimism About Progress and Climate". Paul Romer.net, 2016. Disponível em: <https://paulromer.net/conditional-optimism-about-progress-and-climate/>.

ROMER, P.; NELSON, R. R. Science, Economic Growth, and Public Policy". In: SMITH, B. L. R.; BARFIELD, C. E. (Orgs.). *Technology, R&D, and the Economy*. Washington: Brookings Institution, 1996.

ROOS, J. M. "Measuring Science or Religion? A Measurement Analysis of the National Science Foundation Sponsored Science Literacy Scale, 2006-2010". *Public Understanding of Science*, v. 23, pp. 797-813, 2014.

ROPEIK, D.; GRAY, G. *Risk: A Practical Guide for Deciding What's Really Safe and What's Really Dangerous in the World Around You*. Boston: Houghton Mifflin, 2002.

ROSE, S. J. *The Growing Size and Incomes of the Upper Middle Class*. Washington: Urban Institute, 2016.

ROSEN, J. "Here's How the World Could End — and What We Can Do About It". *Science*, 2016. Disponível em: <http://www.sciencemag.org/news/2016/07/here-s-how-world-could-end--and-what-we-can-do-about-it>.

ROSENBERG, N.; BIRDZELL, L. E. Jr. *How the West Grew Rich: The Economic Transformation of the Industrial World*. Nova York: Basic Books, 1986.

ROSENTHAL, B. G. *New Myth, New World: From Nietzsche to Stalinism*. University Park Penn State University Press, 2002.

ROSER, M. "Child Mortality". Our World in Data, 2016a. Disponível em: <https://ourworldindata.org/child-mortality/>.

______. "Democracy". Our World in Data, 2016b. Disponível em: <https://ourworldindata.org/democracy/>.

______. "Economic Growth". Our World in Data, 2016c. Disponível em: <https://ourworldindata.org/economic-growth/>.

______. "Food per Person". Our World in Data, 2016d. Disponível em: <https://ourworldindata.org/food-per-person/>.

______. "Food Prices". Our World in Data, 2016e. Disponível em: <https://ourworldindata.org/food-prices/>.

______. "Forests Cover". Our World in Data, 2016f. Disponível em: <https://ourworldindata.org/forests>.

______. "Global Economic Inequality". Our World in Data, 2016g. Disponível em: <https://our worldindata.org/global-economic-inequality/>.

______. "Human Development Index (HDI)". Our World in Data, 2016h. Disponível em: <https://our worldindata.org/human-development-index/>.

______. "Human Rights". Our World in Data, 2016i. Disponível em: <https://ourworldindata.org/human-rights/>.

______. "Hunger and Undernourishment". Our World in Data, 2016j. Disponível em: <https://our worldindata.org/hunger-and-undernourishment/>.

______. "Income Inequality". Our World in Data, 2016k. Disponível em: <https://ourworldindata.org/income-inequality/>.

______. "Indoor Air Pollution". Our World in Data, 2016l. Disponível em: <https://ourworldindata.org/indoor-air-pollution/>.

______. "Land Use in Agriculture". Our World in Data, 2016m. Disponível em: <https://ourworldindata. org/yields-and-land-use-in-agriculture/>.

______. "Life Expectancy". Our World in Data, 2016n. Disponível em: <https://ourworldindata.org/life-expectancy/>.

ROSER, M. "Light". Our World in Data, 2016o. Disponível em: <https://ourworldindata.org/light/>.
______. "Maternal Mortality". Our World in Data, 2106p. Disponível em: <https://ourworldindata.org/maternal-mortality/>.
______. "Natural Catastrophes". Our World in Data, 2016q. Disponível em: <https://ourworldindata.org/natural-catastrophes/>.
______. "Oil Spills". Our World in Data, 2016r. Disponível em: <https://ourworldindata.org/oil-spills/>.
______. "Treatment of Minorities". Our World in Data, 2016s. Disponível em: <https://ourworldindata.org/treatment-of-minorities/>.
______. "Working Hours". Our World in Data, 2016t. Disponível em: <https://ourworldindata.org/working-hours/>.
______. "Yields". Our World in Data, 2016u. Disponível em: <https://ourworldindata.org/yields-and-land-use-in-agriculture/>.
______. "Happiness and Life Satisfaction". Our World in Data, 2017. Disponível em: <https://ourworldindata.org/happiness-and-life-satisfaction/>.
______; NAGDY, M. "Primary Education". Our World in Data, 2016. Disponível em: <https://ourworldindata.org/primary-education-and-schools/>.
______; ORTIZ-OSPINA, E. "Global Rise of Education". Our World in Data, 2016a. Disponível em: <https://ourworld indata.org/global-rise-of-education/>.
______. "Literacy". Our World in Data, 2016b. Disponível em: <https://ourworldindata.org/literacy/>.
ROTH, R. *American Homicide*. Cambridge, MA: Harvard University Press, 2009.
ROZENBLIT, L.; KEIL, F. C. "The Misunderstood Limits of Folk Science: An Illusion of Explanatory Depth". *Cognitive Science*, v. 26, pp. 521-62, 2002.
ROZIN, P.; ROYZMAN, E. B. "Negativity Bias, Negativity Dominance, and Contagion". *Personality and Social Psychology Review*, v. 5, pp. 296-320, 2001.
RUDDIMAN, W. F.; FULLER, D. Q.; KUTZBACH, J. E. et al. "Late Holocene Climate: Natural or Anthropogenic?". *Reviews of Geophysics*, v. 54, pp. 93-118, 2016.
RUMMEL, R. J. *Death by Government*. New Brunswick, NJ: Transaction, 1994.
______. *Statistics of Democide*. New Brunswick, NJ: Transaction, 1997.
RUSSELL, B. *A History of Western Philosophy*. Nova York: Simon & Schuster, 1945/1972.
RUSSELL, S. "Will They Make Us Better People?". *Edge*, 2015. Disponível em: <https://www.edge.org/response-detail/26157>.
RUSSETT, B. "Capitalism *or* Democracy? Not So Fast". *International Interactions*, v. 36, pp. 198-205, 2010.
______; ONEAL, J. *Triangulating Peace: Democracy, Interdependence, and International Organizations*. Nova York: Norton, 2001.
SACERDOTE, B. *Fifty Years of Growth in American Consumption, Income, and Wages*. Cambridge, MA: National Bureau of Economic Research, 2017. Disponível em: <http://www.nber.org/papers/w23292>.
SACKS, D. W.; STEVENSON, B.; WOLFERS, J. *The New Stylized Facts About Income and Subjective Well-Being*. Bonn: IZA Institute for the Study of Labor, 2012.
SAGAN, S. D. "The Case for No First Use". *Survival*, v. 51, pp. 163-82, 2009a.

SAGAN, S. D. "The Global Nuclear Future". *Bulletin of the American Academy of Arts and Sciences*, v. 62, pp. 21-3, 2009b.

______. "Shared Responsibilities for Nuclear Disarmament". *Daedalus*, v. 138, pp. 157-68, 2009c.

______. "Nuclear Programs with Sources". Center for International Security and Cooperation, Stanford University, 2010.

SAGE, J. C. *Birth Cohort Changes in Anxiety from 1993-2006: A Cross-Temporal Meta-Analysis*. Dissertação de mestrado, San Diego State University, San Diego, 2010.

SANCHEZ, D. L.; NELSON, J. H.; JOHNSTON, J. C. et al. "Biomass Enables the Transition to a Carbon--Negative Power System Across Western North America". *Nature Climate Change*, v. 5, pp. 230-4, 2015.

SANDMAN, P. M.; VALENTI, J. M. "Scared Stiff — or Scared into Action". *Bulletin of the Atomic Scientists*, v. 42, pp. 12-6, 1986.

SATEL, S. L. *PC, M.D.: How Political Correctness is Corrupting Medicine*. Nova York: Basic Books, 2000.

______. "The Limits of Bioethics". *Policy Review*, fev./mar. 2010.

______. "Taking on the Scourge of Opioids". *National Affairs*, pp. 1-19, verão 2017.

SAUNDERS, P. *Beware False Prophets: Equality, the Good Society and the Spirit Level*. Londres: Policy Exchange, 2010.

SAVULESCU, J. "Bioethics: Why Philosophy Is Essential for Progress". *Journal of Medical Ethics*, v. 41, pp. 28-33, 2015.

SAYER, L. C.; BIANCHI, S. M.; ROBINSON, J. P. "Are Parents Investing Less in Children? Trends in Mothers' and Fathers' Time with Children". *American Journal of Sociology*, v. 110, pp. 1-43, 2004.

SAYRE-MCCORD, G. *Essays on Moral Realism*. Ithaca, NY: Cornell University Press, 1988.

______. "Moral Realism". In: ZALTA, E. N. (Org.). *Stanford Encyclopedia of Philosophy*, 2015. Disponível em: <https://plato.stanford.edu/entries/moral-realism/>.

SCHANK, R. C. "Machines That Think Are in the Movies". *Edge*, 2015. Disponível em: <https://www.edge.org/response-detail/26037>.

SCHEIDEL, W. *The Great Leveler: Violence and the History of Inequality from the Stone Age to the Twenty-First Century*. Princeton, NJ: Princeton University Press, 2017.

SCHELLING, T. C. *The Strategy of Conflict*. Cambridge, MA: Harvard University Press, 1960.

______. "A World Without Nuclear Weapons?". *Daedalus*, v. 138, pp. 124-9, 2009.

SCHLOSSER, E. *Command and Control: Nuclear Weapons, the Damascus Accident, and the Illusion of Safety*. Nova York: Penguin, 2013.

SCHNEIDER, C. E. *The Censor's Hand: The Misregulation of Human-Subject Research*. Cambridge, MA: MIT Press, 2015.

SCHNEIDER, G.; GLEDITSCH, N. P. "The Capitalist Peace: The Origins and Prospects of a Liberal Idea". *International Interactions*, v. 36, pp. 107-14, 2010.

SCHNEIER, B. *Schneier on Security*. Nova York: Wiley, 2008.

SCHRAG, D. "Coal as a Low-Carbon Fuel?". *Nature Geoscience*, v. 2, pp. 818-20, 2009.

SCHRAG, Z. M. *Ethical Imperialism: Institutional Review Boards and the Social Sciences, 1965-2009*. Baltimore: Johns Hopkins University Press, 2010.

SCHRAUF, R. W.; SANCHEZ, J. "The Preponderance of Negative Emotion Words in the Emotion Lexicon: A Cross-Generational and Cross-Linguistic Study". *Journal of Multilingual and Multicultural Development*, v. 25, pp. 266-84, 2004.

SCHUCK, P. H. *Why Government Fails So Often: And How It Can Do Better*. Princeton, NJ: Princeton University Press, 2015.

SCOBLIC, J. P. "What Are Nukes Good For?". *New Republic*, 7 abr. 2010.

SCOTT, J. C. *Seeing Like a State: How Certain Schemes to Improve the Human Condition Failed*. New Haven: Yale University Press, 1998.

SCOTT, R. A. *Miracle Cures: Saints, Pilgrimage, and the Healing Powers of Belief*. Berkeley: University of California Press, 2010.

SECHSER, T. S.; FUHRMANN, M. *Nuclear Weapons and Coercive Diplomacy*. Nova York: Cambridge University Press, 2017.

SEHU, Y.; CHEN, L.-H.; HEDEGAARD, H. "Death Rates from Unintentional Falls Among Adults Aged ≥ 65 Years, by Sex — United States, 2000-2013". *CDC Morbidity and Mortality Weekly Report*, v. 64, p. 450, 2015.

SEIPLE, I. B.; ZHANG, Z.; JAKUBEC, P. et al. "A Platform for the Discovery of New Macrolide Antibiotics". *Nature*, v. 533, pp. 338-45, 2016.

SEMEGA, J. L.; FONTENOT, K. R.; KOLLAR, M. A. "Income and Poverty in the United States: 2016". Washington: United States Census Bureau, 2017. Disponível em: <https://www.census.gov/library/publications/2017/demo/p60-259.html>.

SEN, A. *Poverty and Famines: An Essay on Entitlement and Deprivation*. Nova York: Oxford University Press, 1984.

______. *On Ethics and Economics*. Oxford: Blackwell, 1987.

______. *Development as Freedom*. Nova York: Knopf, 1999.

______. "East and West: The Reach of Reason". *New York Review of Books*, 20 jul. 2000.

______. *The Argumentative Indian: Writings on Indian History, Culture and Identity*. Nova York: Farrar, Straus & Giroux, 2005.

______. *The Idea of Justice*. Cambridge, MA: Harvard University Press, 2009.

SERVICE, R. F. "Fossil Power, Guilt Free". *Science*, v. 356, pp. 796-9, 2017.

SESARDI , N. *When Reason Goes on Holiday: Philosophers in Politics*. Nova York: Encounter, 2016.

SHEEHAN, J. J. *Where Have All the Soldiers Gone? The Transformation of Modern Europe*. Boston: Houghton Mifflin, 2008.

SHELLENBERGER, M. "Nuclear Technology, Innovation and Economics". *Environmental Progress*, 2017. Disponível em: <http://www.environmentalprogress.org/nuclear-technology-innovation-economics/>.

SHELLENBERGER, M.; NORDHAUS, T. "Has There Been a Great Progressive Reversal? How the Left Abandoned Cheap Electricity". AlterNet, 2013. Disponível em: <https://www.alternet.org/environment/how-progressives-abandoned-cheap-electricity>.

SHERMER, M. (Org.). *The Skeptic Encyclopedia of Pseudoscience*. Denver: ABC-CLIO, 2002. v. 1-2.

______. *The Moral Arc: How Science and Reason Lead Humanity Toward Truth, Justice, and Freedom*. Nova York: Henry Holt, 2015.

______. *Heavens on Earth: The Scientific Search for the Afterlife, Immortality, and Utopia*. Nova York: Henry Holt, 2018.

SHIELDS, J. A.; DUNN, J. M. *Passing on the Right: Conservative Professors in the Progressive University*. Nova York: Oxford University Press, 2016.

SHTULMAN, A. "Qualitative Differences Between Naive and Scientific Theories of Evolution". *Cognitive Psychology*, v. 52, pp. 170-94, 2006.

SHWEDER, R. A. "Tuskegee Re-Examined". *Spiked*, 2004. Disponível em: <http://www.spiked-online.com/newsite/article/14972#.WUdPYOVySYM>.

SIDANIUS, J.; PRATTO, F. *Social Dominance*. Nova York: Cambridge University Press, 1999.

SIEBENS, J. *Extended Measures of Well-Being: Living Conditions in the United States, 2011*. Washington: US Census Bureau, 2013. Disponível em: <https://www.census.gov/prod/2013pubs/p70-136.pdf>.

SIEGEL, R.; NAISHADHAM, D.; Jemal, A. "Cancer Statistics, 2012". *CA: A Cancer Journal for Clinicians*, v. 62, pp. 10-29, 2012.

SIKKINK, K. *Evidence for Hope: Making Human Rights Work in the 21st Century*. Princeton, NJ: Princeton University Press, 2017.

SILVER, N. *The Signal and the Noise: Why so Many Predictions Fail — But Some Don't*. Nova York: Penguin, 2015.

SIMON, J. *The Ultimate Resource*. Princeton, NJ: Princeton University Press, 1981.

SINGER, P. *The Expanding Circle: Ethics and Sociobiology*. Princeton, NJ: Princeton University Press, 1981/2011.

______. *The Life You Can Save: How to Do Your Part to End World Poverty*. Nova York: Random House, 2010.

SINGH, J. P.; GRANN, M.; FAZEL, S. "A Comparative Study of Violence Risk Assessment Tools: A Systematic Review and Metaregression Analysis of 68 Studies Involving 25,980 Participants". *Clinical Psychology Review*, v. 31, pp. 499-513, 2011.

SLINGERLAND, E. *What Science Offers the Humanities: Integrating Body and Culture*. Nova York: Cambridge University Press, 2008.

SLOMAN, S.; FERNBACH, P. *The Knowledge Illusion: Why We Never Think Alone*. Nova York: Penguin, 2017.

SLOVIC, P. "Perception of Risk". *Science*, v. 236, pp. 280-5, 1987.

______; FISCHHOFF, B.; LICHTENSTEIN, S. "Facts versus Fears: Understanding Perceived Risk". In: KAHNEMAN, D.; SLOVIC, P.; TVERSKY, A. (Orgs.). *Judgment under Uncertainty: Heuristics and Biases*. Nova York: Cambridge University Press, 1982.

SMART, J. J. C.; WILLIAMS, B. *Utilitarianism: For and Against*. Nova York: Cambridge University Press, 1973.

SMITH, A. *The Wealth of Nations*. Nova York: Classic House Books, 1776/2009.

SMITH, E. A.; HILL, K.; MARLOWE, F. et al. "Wealth Transmission and Inequality Among Hunter-Gatherers". *Current Anthropology*, v. 51, pp. 19-34, 2010.

SMITH, H. L. "Advances in Age-Period-Cohort Analysis". *Sociological Methods and Research*, v. 36, pp. 287-96, 2008.

SMITH, T. W.; SON, J.; SCHAPIRO, B. *General Social Survey Final Report: Trends in Psychological Well-Being, 1972-2014*. Chicago: National Opinion Research Center at the University of Chicago, 2015.

SNOW, C. P. *The Two Cultures*. Nova York: Cambridge University Press, 1959/1998.

______. "The Moral Un-Neutrality of Science". *Science*, v. 133, pp. 256-9, 1961.

SNOWDON, C. *The Spirit Level Delusion: Fact-Checking the Left's New Theory of Everything*. Ripon: Little Dice, 2010.

______. The Spirit Level Delusion (blog), 2016. Disponível em: <http://spiritleveldelusion.blogspot.co.uk/>.

SNYDER, T. D. (Org.). *120 Years of American Education: A Statistical Portrait*. Washington: National Center for Education Statistics, 1993.

SOMIN, I. *Democracy and Political Ignorance: Why Smaller Government Is Smarter*. 2. ed. Stanford, CA: Stanford University Press, 2016.

SOWELL, T. *Knowledge and Decisions*. Nova York: Basic Books, 1980.

______. *A Conflict of Visions: Ideological Origins of Political Struggles*. Nova York: Quill, 1987.

______. *Race and Culture: A World View*. Nova York: Basic Books, 1994.

______. *The Vision of the Anointed: Self-Congratulation as a Basis for Social Policy*. Nova York: Basic Books, 1995.

______. *Migrations and Cultures: A World View*. Nova York: Basic Books, 1996.

______. *Conquests and Cultures: An International History*. Nova York: Basic Books, 1998.

______. *Intellectuals and Society*. Nova York: Basic Books, 2010.

______. *Wealth, Poverty, and Politics: An International Perspective*. Nova York: Basic Books, 2015.

SPAGAT, M. "Is the Risk of War Declining?". *Sense About Science USA*, 2015. Disponível em: <http://www.senseaboutscience usa.org/is-the-risk-of-war-declining/>.

SPAGAT, M. "Pinker versus Taleb: A Non-Deadly Quarrel Over the Decline of Violence", 2017. Disponível em: <http://personal.rhul.ac.uk/uhte/014/York%20talk%20Spagat.pdf>.

STANSELL, C. *The Feminist Promise: 1792 to the Present*. Nova York: Modern Library, 2010.

STANTON, S. J.; BEEHNER, J. C.; SAINI, E. K. et al. "Dominance, Politics, and Physiology: Voters' Testosterone Changes on the Night of the 2008 United States Presidential Election". *PLOS ONE*, v. 4, p. e7543, 2009.

STARMANS, C.; SHESKIN, M.; BLOOM, P. "Why People Prefer Unequal Societies". *Nature Human Behavior*, v. 1, pp. 1-7, 2017.

STATISTICS TIMES. "List of European Countries by Population (2015)", 2015. Disponível em: <http://statisticstimes.com/population/european-countries-by-population.php>.

STEIGMANN-GALL, R. *The Holy Reich: Nazi Conceptions of Christianity, 1919-1945*. Nova York: Cambridge University Press, 2003.

STEIN, G. (Org.). *The Encyclopedia of the Paranormal*. Amherst, NY: Prometheus Books, 1996.

STENGER, V. J. *The Fallacy of Fine-Tuning: Why the Universe Is Not Designed for Us*. Amherst, NY: Prometheus Books, 2011.

STEPHENS-DAVIDOWITZ, S. "The Cost of Racial Animus on a Black Candidate: Evidence Using Google Search Data". *Journal of Public Economics*, v. 118, pp. 26-40, 2014.

______. *Everybody Lies: Big Data, New Data, and What the Internet Reveals About Who We Really Are*. Nova York: HarperCollins, 2017.

STERN, D. "The Environmental Kuznets Curve: A Primer". Centre for Climate Economics and Policy, Crawford School of Public Policy, Australian National University, 2014.

STERNHELL, Z. *The Anti-Enlightenment Tradition*. New Haven: Yale University Press, 2010.

STEVENS, J. A.; RUDD, R. A. "Circumstances and Contributing Causes of Fall Deaths Among Persons Aged 65 and Older: United States, 2010". *Journal of the American Geriatrics Society*, v. 62, pp. 470-5, 2014.

STEVENSON, B.; WOLFERS, J. "Economic Growth and Subjective Well-Being: Reassessing the Easterlin Paradox". *Brookings Papers on Economic Activity*, pp. 1-87, primavera 2008a.

______. "Happiness Inequality in the United States". *Journal of Legal Studies*, v. 37, pp. S33-S79, 2008b.

STEVENSON, B.; WOLFERS, J. "The Paradox of Declining Female Happiness". *American Economic Journal: Economic Policy*, v. 1, pp. 190-225, 2009.

STEVENSON, L.; HABERMAN, D. L. *Ten Theories of Human Nature*. Nova York: Oxford University Press, 1998.

STOKES, B. *Happiness is Increasing in Many Countries — But Why?* Washington: Pew Reseach Center, 2007. Disponível em: <http://www.pewglobal.org/2007/07/24/happiness-is-increasing-in-many-countries-but-why/#rich-and-happy>.

STORK, N. E. "Re-Assessing Current Extinction Rates". *Biodiversity and Conservation*, v. 19, pp. 357-71, 2010.

STUERMER, M.; SCHWERHOFF, G. "Non-Renewable Resources, Extraction Technology, and Endogenous Growth". National Bureau of Economic Research, 2016. Disponível em: <https://paulromer.net/wp-content/uploads/2016/07/Stuermer-Schwerhoff-160716.pdf>.

SUCKLING, K.; MEHRHOF, L. A.; BEAM, R.; HARTL, B. *A Wild Success: A Systematic Review of Bird Recovery under the Endangered Species Act*. Tucson, AZ: Center for Biological Diversity, 2016. Disponível em: <http://www.esasuccess.org/pdfs/WildSuccess.pdf>.

SUMMERS, L. H. "The Inequality Puzzle". *Democracy: A Journal of Ideas*, v. 33, 2014a.

______. "Reflections on the 'New Secular Stagnation Hypothesis'". In: TEULINGS, C.; BALDWIN, R. (Orgs.). *Secular Stagnation: Facts, Causes and Cures*. Londres: Centre for Economic Policy Research, 2014b.

______. "The Age of Secular Stagnation". *Foreign Affairs*, 15 fev. 2016.

SUMMERS, L. H.; BALLS, E. *Report of the Commission on Inclusive Prosperity*. Washington: Center for American Progress, 2015.

SUNSTEIN, C. R. *Simpler: The Future of Government*. Nova York: Simon & Schuster, 2013.

SUTHERLAND, R. "The Dematerialization of Consumption". *Edge*, 2016. Disponível em: <https://www.edge.org/response-detail/26750>.

SUTHERLAND, S. *Irrationality: The Enemy Within*. Londres: Penguin, 1992.

SUTIN, A. R.; TERRACCIANO, A.; MILANESCHI, Y. et al. "The Effect of Birth Cohort on Well-Being: The Legacy of Economic Hard Times". *Psychological Science*, v. 24, pp. 379-85, 2013.

TABER, C. S.; LODGE, M. "Motivated Skepticism in the Evaluation of Political Beliefs". *American Journal of Political Science*, v. 50, pp. 755-69, 2006.

TANNENWALD, N. "Stigmatizing the Bomb: Origins of the Nuclear Taboo". *International Security*, v. 29, pp. 5-49, 2005.

TAYLOR, P. *The Next America: Boomers, Millennials, and the Looming Generational Showdown*. Washington: PublicAffairs, 2016a.

______. *The Demographic Trends Shaping American Politics in 2016 and Beyond*. Washington: Pew Research Center, 2016b.

TEBEAU, M. "Accidents". *Encyclopedia of Children and Childhood in History and Society*, 2016. Disponível em: <http://www.faqs.org/childhood/A-Ar/Accidents.html>.

TEGMARK, M. "Parallel Universes". *Scientific American*, v. 288, pp. 41-51, 2003.

TEIXEIRA, R.; HALPIN, J.; BARRETO, M.; PANTOJA, A. *Building an All-In Nation: A View From the American Public*. Washington: Center for American Progress, 2013.

TERRACCIANO, A. "Secular Trends and Personality: Perspectives from Longitudinal and Cross-Cultural

Studies — Commentary on Trzesniewski & Donnellan (2010)". *Perspectives on Psychological Science*, v. 5, pp. 93-6, 2010.

TERRY, Q. C. *Golden Rules and Silver Rules of Humanity: Universal Wisdom of Civilization*. Berkeley: AuthorHouse, 2008.

TETLOCK, P. E. "Social Functionalist Frameworks for Judgment and Choice: Intuitive Politician, Theologian, and Prosecutors". *Psychological Review*, v. 109, pp. 451-71, 2002.

______. "All It Takes to Improve Forecasting Is Keep Score". Paper apresentado nos Seminars About Long-Term Thinking, San Francisco, 2015. Disponível em: <http://longnow.org/seminars/02015/\nov/23/super forecasting/>.

TETLOCK, P. E.; GARDNER, D. *Superforecasting: The Art and Science of Prediction*. Nova York: Crown, 2015.

______; MELLERS, B. A.; SCOBLIC, J. P. "Bringing Probability Judgments into Policy Debates via Forecasting Tournaments". *Science*, v. 355, pp. 481-3, 2017.

TEULINGS, C.; BALDWIN, R. (Orgs.). *Secular Stagnation: Facts, Causes and Cures*. Londres: Centre for Economic Policy Research, 2014.

THOMAS, C. D. *Inheritors of the Earth: How Nature Is Thriving in an Age of Extinction*. Nova York: PublicAffairs, 2017.

THOMAS, K. A.; DESCIOLI, P.; HAQUE, O. S.; PINKER, S. "The Psychology of Coordination and Common Knowledge". *Journal of Personality and Social Psychology*, v. 107, pp. 657-76, 2014.

THOMAS, K. A.; DESCIOLI, P.; PINKER, S. "Common Knowledge, Coordination, and the Logic of Self-Conscious Emotions". Department of Psychology, Harvard University, 2018.

THOMAS, K. H.; GUNNELL, D. "Suicide in England and Wales 1861-2007: A Time Trends Analysis". *International Journal of Epidemiology*, v. 39, pp. 1464-75, 2010.

THOMPSON, D. "How Airline Ticket Pries Fell 50% in 30 Years (and Why Nobody Noticed)". *The Atlantic*, 28 fev. 2013.

THYNE, C. L. "ABC's, 123's, and the Golden Rule: The Pacifying Effect of Education on Civil War, 1980-1999". *International Studies Quarterly*, v. 50, pp. 733-54, 2006.

TONIOLO, G.; VECCHI, G. "Italian Children at Work, 1881-1961". *Giornale degli Economisti e Annali di Economia*, v. 66, pp. 401-27, 2007.

TOOBY, J. "The Iron Law of Intelligence". *Edge*, 2015. Disponível em: <https://www.edge.org/response-detail/26197>.

______. "Coalitional Instincts". *Edge*, 2017. Disponível em: <https://www.edge.org/response-detail/27168>.

______; COSMIDES, L.; BARRETT, H. C. "The Second Law of Thermodynamics Is the First Law of Psychology: Evolutionary Developmental Psychology and the Theory of Tandem, Coordinated Inheritances". *Psychological Bulletin*, v. 129, pp. 858-65, 2003.

______; DEVORE, I. "The Reconstruction of Hominid Behavorial Evolution Through Strategic Modeling". In: KINZEY, W. G. (Org.). *The Evolution of Human Behavior: Primate Models*. Albany, NY: SUNY Press, 1987.

TOPOL, E. *The Creative Destruction of Medicine: How the Digital Revolution Will Create Better Health Care*. Nova York: Basic Books, 2012.

TRIVERS, R. L. *Natural Selection and Social Theory: Selected Papers of Robert Trivers*. Nova York: Oxford University Press, 2002.

TRZESNIEWSKI, K. H.; DONNELLAN, M. B. "Rethinking 'Generation Me': A Study of Cohort Effects from 1976-2006". *Perspectives on Psychological Science*, v. 5, pp. 58-75, 2010.

TUPY, M. L. "We Work Less, Have More Leisure Time and Earn More Money". HumanProgress, 2016. Disponível em: <http://humanprogress.org/blog/we-work-less-have-more-leisure-time--and-earn-more-money>.

TVERSKY, A.; KAHNEMAN, D. "Availability: A Heuristic for Judging Frequency and Probability". *Cognitive Psychology*, v. 4, pp. 207-32, 1973.

TWENGE, J. M. "The Age of Anxiety? The Birth Cohort Change in Anxiety and Neuroticism, 1952--1993". *Journal of Personality and Social Psychology*, v. 79, pp. 1007-21, 2000.

______. "Time Period and Birth Cohort Differences in Depressive Symptoms in the U.S., 1982-2013". *Social Indicators Research*, v. 121, pp. 437-54, 2015.

TWENGE, J. M.; CAMPBELL, W. K.; CARTER, N. T. "Declines in Trust in Others and Confidence in Institutions Among American Adults and Late Adolescents, 1972-2012". *Psychological Science*, v. 25, pp. 1914-23, 2014.

TWENGE, J. M.; GENTILE, B.; DEWALL, C. N. et al. "Birth Cohort Increases in Psychopathology among Young Americans, 1938-2007: A Cross-Temporal Meta-Analysis of the MMPI". *Clinical Psychology Review*, v. 30, pp. 145-54, 2010.

______; NOLEN-HOEKSEMA, S. "Age, Gender, Race, Socioeconomic Status, and Birth Cohort Differences on the Children's Depression Inventory: A Meta-Analysis". *Journal of Abnormal Psychology*, v. 111, pp. 578-88, 2002.

______; SHERMAN, R. A.; LYUBOMIRSKY, S. "More Happiness for Young People and Less for Mature Adults: Time Period Differences in Subjective Well-Being in the United States, 1972-2014". *Social Psychological and Personality Science*, v. 7, pp. 131-41, 2016.

UL HAQ, M. *Reflections on Human Development*. Nova York: Oxford University Press, 1996.

UNAIDS: PROGRAMA CONJUNTO DAS NAÇÕES UNIDAS SOBRE HIV/AIDS. *Fast-track: Ending the AIDS epidemic by 2030*. Genebra: Unaids, 2016.

UNION OF CONCERNED SCIENTISTS. "Close Calls with Nuclear Weapons", 2015a. Disponível em: <http://www.ucsusa.org/sites/default/files/attach/2015/04/Close%20Calls%20with%20Nuclear%20Weapons.pdf>.

______. "Leaders Urge Taking Weapons off Hair-Trigger Alert", 2015b. Disponível em: <http://www.ucsusa.org/nuclear-weapons/hair-trigger-alert/leaders#.WUXS6evySYN>.

UNITED NATIONS OFFICE FOR DISARMAMENT AFFAIRS. "Treaty on the Non-Proliferation of Nuclear Weapons (NPT)", [s.d.]. Disponível em: <https://www.un.org/disarmament/wmd/nuclear/npt/text>.

UNITED STATES CENSUS BUREAU. "Educational Attainment in the United States, 2015", 2016. Disponível em: <https://www.census.gov/content/dam/Census/library/publications/2016/demo/p20-578.pdf>.

______. "Population and Housing Unit Estimates", 2017. Disponível em: <https://www.census.gov/programs-surveys/popest/data.html>.

UNITED STATES DEPARTMENT OF DEFENSE. "Stockpile Numbers, End of Fiscal Years 1962-2015", 2016. Disponível em: <http://open.defense.gov/Portals/23/Documents/frddwg/2015_Tables_UNCLASS.pdf>.

UNITED STATES DEPARTMENT OF LABOR. "Women in the Labor Force", 2016. Disponível em: <https://www.dol.gov/wb/stats/NEWSTATS/facts.htm>.

UNITED STATES ENVIRONMENTAL PROTECTION AGENCY. "Air Quality — National Summary", 2016. Disponível em: <https://www.epa.gov/air-trends/air-quality-national-summary>.

UNZ, D.; SCHWAB, F.; WINTERHOFF-SPURK, P. "TV News — The Daily Horror? Emotional Effects of Violent Television News". *Journal of Media Psychology*, v. 20, pp. 141-55, 2008.

UPPSALA CONFLICT DATA PROGRAM. "UCDP datasets", 2007. Disponível em: <http://www.ucdp.uu.se/downloads/>.

VAN BAVEL, B.; RIJPMA, A. "How Important Were Formalized Charity and Social Spending Before the Rise of the Welfare State? A Long-Run Analysis of Selected Western European Cases, 1400-1850". *Economic History Review*, v. 69, pp. 159-87, 2016.

VAN LEEUWEN, B.; VAN LEEWEN-LI, J. "Education Since 1820". In: VAN ZANDEN, J.; BATEN, J.; D'ERCOLE, M. M. et al. (Orgs.). *How Was Life? Global Well-Being since 1820*. Paris: OECD Publishing, 2014.

VAN ZANDEN, J.; BATEN, J.; D'ERCOLE, M. M. et al. (Orgs.). *How Was Life? Global Well-Being since 1820*. Paris: OECD Publishing, 2014.

VÄRNIK, P. "Suicide in the World". *International Journal of Environmental Research and Public Health*, v. 9, pp. 760-71, 2012.

VEENHOVEN, R. "Life Is Getting Better: Societal Evolution and Fit with Human Nature". *Social Indicators Research*, v. 97, pp. 105-22, 2010.

______. "World Database of Happiness", [s.d.]. Disponível em: <http://worlddatabaseofhappiness.eur.nl/>.

VERHULST, B.; EAVES, L.; HATEMI, P. K. "Erratum to 'Correlation Not Causation: The Relationship Between Personality Traits and Political Ideologies'". *American Journal of Political Science*, v. 60, pp. E3-E4, 2016.

VOAS, D.; CHAVES, M. "Is the United States a Counterexample to the Secularization Thesis?". *American Journal of Sociology*, v. 121, pp. 1517-56, 2016.

WALTHER, B. A.; EWALD, P. W. "Pathogen Survival in the External Environment and the Evolution of Virulence". *Biological Review*, v. 79, pp. 849-69, 2004.

WATSON, W. *The Inequality Trap: Fighting Capitalism Instead of Poverty*. Toronto: University of Toronto Press, 2015.

WEAVER, C. L. "Support of the Elderly Before the Depression: Individual and Collective Arrangements". *Cato Journal*, v. 7, pp. 503-25, 1987.

WELCH, D. A.; BLIGHT, J. G. "The Eleventh Hour of the Cuban Missile Crisis: An Introduction to the ExComm Transcripts". *International Security*, v. 12, pp. 5-29, 1987-8.

WELZEL, C. *Freedom Rising: Human Empowerment and the Quest for Emancipation*. Nova York: Cambridge University Press, 2013.

WHAPLES, R. "Child Labor in the United States". In: ______. (Org.). EH.net Encyclopedia, 2005. Disponível em: <http://eh.net/encyclopedia/child-labor-in-the-united-states/>.

WHITE, M. *Atrocities: The 100 Deadliest Episodes in Human History*. Nova York: Norton, 2011.

WHITMAN, D. *The Optimism Gap: The I'm OK — They're Not Syndrome and the Myth of American Decline*. Nova York: Bloomsbury USA, 1998.

WIESELTIER, L. "Crimes Against Humanities". *New Republic*, 3 set. 2013.

WILKINSON, R.; PICKETT, K. *The Spirit Level: Why More Equal Societies Almost Always Do Better*. Londres: Allen Lane, 2009.

WILKINSON, W. "Revitalizing Liberalism in the Age of Brexit and Trump". *Niskanen Center Blog*, 2016a. Disponível em: <https://niskanencenter.org/blog/revitalizing-liberalism-age-brexit-trump/>.

WILKINSON, W. "What If We Can't Make Government Smaller?". Niskanen Center Blog, 2016b. Disponível em: <https://niskanencenter.org/blog/cant-make-government-smaller/>.

WILLIAMS, J. H.; HALEY, B.; KAHRL, F. et al. *Pathways to Deep Decarbonization in the United States*. Ed. rev. San Francisco: Institute for Sustainable Development and International Relations, 2014.

WILLINGHAM, D. T. "Critical Thinking: Why Is It So Hard to Teach?". *American Educator*, pp. 8-19, 2007.

WILLNAT, L.; WEAVER, D. H. *The American Journalist in the Digital Age*. Bloomington: Indiana University School of Journalism, 2014.

WILSON, E. O. *Consilience: The Unity of Knowledge*. Nova York: Knopf, 1998.

WILSON, M.; DALY, M. "The Man Who Mistook His Wife for a Chattel". In: BARKOW, J. H.; COSMIDES, L.; TOOBY, J. (Orgs.). *The Adapted Mind: Evolutionary Psychology and the Generation of Culture*. Nova York: Oxford University Press, 1992.

WILSON, W. "The Winning Weapon? Rethinking Nuclear Weapons in Light of Hiroshima". *International Security*, v. 31, pp. 162-79, 2007.

WIN-GALLUP INTERNATIONAL. "Global Index of Religiosity and Atheism", 2012. Disponível em: <http://www.wingia.com/web/files/news/14/file/14.pdf>.

WINSHIP, S. "Overstating the Costs of Inequality". *National Affairs*, primavera 2013.

WOLF, M. *Proust and the Squid: The Story and Science of the Reading Brain*. Nova York: HarperCollins, 2007.

WOLIN, R. *The Seduction of Unreason: The Intellectual Romance with Fascism from Nietzsche to Postmodernism*. Princeton, NJ: Princeton University Press, 2004.

WOOD, G. *The Way of the Strangers: Encounters with the Islamic State*. Nova York: Random House, 2017.

WOODLEY, M. A.; TE NIJENHUIS, J.; MURPHY, R. "Were the Victorians Cleverer Than Us? The Decline in General Intelligence Estimated from a Meta-Analysis of the Slowing of Simple Reaction Time". *Intelligence*, v. 41, pp. 843-50, 2013.

WOODWARD, B.; SHURKIN, J.; GORDON, D. *Scientists Greater Than Einstein: The Biggest Lifesavers of the Twentieth Century*. Fresno, CA: Quill Driver, 2009.

WOOLF, A. F. *The New START Treaty: Central Limits and Key Provisions*. Washington: Congressional Research Service, 2017. Disponível em: <https://fas.org/sgp/crs/nuke/R41219.pdf>.

WOOTTON, D. *The Invention of Science: A New History of the Scientific Revolution*. Nova York: HarperCollins, 2015.

WRANGHAM, R. W. *Catching Fire: How Cooking Made Us Human*. Nova York: Basic Books, 2009.

______; GLOWACKI, L. "Intergroup Aggression in Chimpanzees and War in Nomadic Hunter-Gatherers". *Human Nature*, v. 23, pp. 5-29, 2012.

YOUNG, O. R. "Effectiveness of International Environmental Regimes: Existing Knowledge, Cutting-Edge Themes, and Research Strategies". *Proceedings of the National Academy of Sciences*, v. 108, pp. 19 853-60, 2011.

YUDKOWSKY, E. "Artificial Intelligence as a Positive and Negative Factor in Global Risk". In: BOSTROM, N.; IRKOVI , M. (Orgs.). *Global Catastrophic Risks*. Nova York: Oxford University Press, 2008.

ZELIZER, V. A. *Pricing the Priceless Child: The Changing Social Value of Children*. Nova York: Basic Books, 1985.

ZIMRING, F. E. *The Great American Crime Decline*. Nova York: Oxford University Press, 2007.

ZUCKERMAN, P. "Atheism: Contemporary Numbers and Patterns". In: MARTIN, M. (Org.). *The Cambridge Companion to Atheism*. Nova York: Cambridge University Press, 2007.

Índice remissivo

Os números de páginas em *itálico* indicam os gráficos

1ª EDIÇÃO [2018] 6 reimpressões

ESTA OBRA FOI COMPOSTA EM DANTE PELO ESTÚDIO O.L.M. / FLAVIO PERALTA
E IMPRESSA EM OFSETE PELA GEOGRÁFICA SOBRE PAPEL PÓLEN SOFT
DA SUZANO S.A. PARA A EDITORA SCHWARCZ EM JULHO DE 2021